地震波的生成与传播

[美] 何塞·普约尔（Jose Pujol） 著

马德堂 朱光明 李忠生 武银婷 全红娟 译

地 震 出 版 社

图书在版编目（CIP）数据

地震波的生成与传播 /（美）何塞 · 普约尔（Jose Pujol）著；马德堂等译.—北京：地震出版社，2020.9（2021.9重印）

书名原文：Elastic Wave Propagation and Generation in Seismology

ISBN 978-7-5028-5202-3

Ⅰ.①地…　Ⅱ.①何…　②马…　Ⅲ.①地震波一研究　Ⅳ.①P315.3

中国版本图书馆CIP数据核字（2020）第167432号

地震版　XM5018/P（6002）

著作权合同登记　图字：01-2020-5543

地震波的生成与传播

［美］何塞 · 普约尔（Jose Pujol）　著　马德堂　朱光明　李忠生　武银婷　全红娟　译

责任编辑：王亚明

责任校对：刘素剑

出版发行：地震出版社

北京市海淀区民族大学南路9号　　邮编：100081

发行部：68423031　68467991　　传真：68467991

总编室：68462709　68423029　　传真：68455221

专业部：68467971

http：//seismologicalpress.com

E-mail：dz_press@163.com

经销：全国各地新华书店

印刷：北京广达印刷有限公司

版（印）次：2020年9月第一版　2021年9月第二次印刷

开本：787×1092　1/16

字数：420千字

印张：22.75

书号：ISBN 978-7-5028-5202-3

定价：78.00元

译者序

“地震波的生成与传播”是与地震学科相关专业的基础理论课程，与之相应的教材已有很多。例如，名为《地震波》《地震学教程》《定量地震学》《高等地震学》《地震学原理》等的教材，它们大多被综合性大学研究天然地震专业的师生选用；再如，名为《地震波理论》《弹性波理论》《地震波动力学基础》《地震波理论与方法》《半空间介质与地震波传播》等的教材，它们大多被石油地球物理勘探、地球探测与信息技术等能源和工程勘察专业的师生选用。这些教材编写得都很好，也都很有特色。

那为什么还要翻译本书呢？我们主要是为了进一步提高这门课程的教学质量，解决目前研究生学习这门课时存在的困难。近年来研究生的生源面较广，学生们的前期理论基础参差不齐，有些学生虽然学习了这门课程，但阅读专业文献时仍然有难度，甚至在文献的开头就读不下去。在后期的研究工作中，也存在诸多问题，如不善于从基础理论出发来寻找解决问题的途径，不能依据基础理论来分析判断研究思路的正误和可行性，不善于从基础理论层面找到灵感，以实现原始创新。要解决这些问题，就需要我们在教材中要适当加深和拓宽理论基础，并与国际接轨。但是，目前有相当一部分学生已经感到学这门课很吃力，物理概念抽象、难以理解，理论公式推导繁难，甚至推导不下去，如果再加深和拓宽理论基础，学习会更加困难。这又要求我们适当降低起点，熟悉（和复习）一些必要的数学知识和工具，如矢量分析、场论、张量、偏微分方程及其求解、傅里叶变换、广义函数等，对问题涉及的物理概念以及对物理过程的表达给出更清晰的说明，并且对某些重要的结果补充更细致的推导过程。

翻译本书的目标可归结为：适当加深和拓宽理论基础；适当降低难度，使读者易于入门，易于理解和掌握；适当加强对震源问题的研究；适当考虑天然地震和勘探地震所依据的共同理论基础。这些目标恰好与英国剑桥大学出版社出版的 *Elastic Wave Propagation and Generation in Seismology* 一书的内容一致。例如，为了加深和拓宽理论基础，这本书在描述弹性运动的两个主要物理量——应变和应力时，直接用连续介质力学中引入的拉格朗日观点和欧拉观点；在考虑弹性运动的能量守恒时，同时加入了热力学定律，从而可方便地考虑运动能量的损耗；在讨论应力应变关系时，引入应变能函数，线性近似就是线弹性近似；在求解复杂的矢量波动方程时，直接用矢量波动方程的矢量解，得到互相分离的 P 波、SV 波、SH 波；在研究频散波的传播特征时，从相位函数的泰勒展开取不同近似，从而引入稳相法和艾里相等。再如，为了降低起点，使书的内容易懂易学，本书一方面将矢量分析概要、张量和并矢导论，系统简明地整理成一章，便于自学，便于复习，便于查找；另一方面，在公式推导中，步骤较细，每一个应用都是一个练习的实例，读者可以自己练习。现在可以说，书中公式，读者只要循序渐进，自己都能推出来，不会出现卡顿的情况。另外，11 章的内容中，有两章专门用于讨论震源问题，可见对震源问题的重视，这也正是当前需要加强的。鉴于此，我们全文翻译了剑桥大学出版社出版的这本著作，作为地震专业研究生学习这门课程的主要参考教材。

参与翻译本书的共有五位老师：全红娟译第 1 章、附录和问题解答提示，并做了一些录入和图形绘制工作；武银婷译第 2 ～ 5 章及中英文对照表，并做了一些录入、整理、图形绘制以及联系出版社等工作；李忠生译第 6 章和第 7 章；马德堂译第 8 ～ 11 章，并主持各章节编写问题的讨论；朱光明参与全书的翻译并承担全书的审校工作。

本书用到了很多前人的资料，剑桥大学出版社同意引用已出版的原著材料，译者在此表示衷心感谢。由于译者水平有限，对原作的理解难免有偏差之处，欢迎读者批评指正。

译者
2020 年 5 月

对弹性波生成与传播的理论进行研究是一项重要而令人望而生畏的艰巨任务，这是其固有的数学上的复杂性导致的。目前，关于这一课题的可用书籍要么是高深的专著，要么是导论性的概述教材。高深的专著要求读者具有很强的数学功底和（或）扎实的专业知识基础，这超出了一般地震学专业学生的水平；而导论性书籍在涉及复杂问题时通常跳过较难的数学推导，让读者去参考高深专著。我们真正需要的是具有完整推导过程的教材，让读者有机会获得理论推导的工具和训练，让他们能够提出并解决中等难度的问题，并能涉足文献中讨论的更高难度的问题。当然，这个想法并没有什么新意，许多物理、数学和工程学书籍就是这样做的，但遗憾的是，还没有人将这种想法专门应用于地震学。因此，对于学生，没有包含较强的定量或理论分析内容的地震学课程，或对于观测地震学家，感兴趣于对所采用的分析或处理技术有透彻的理解，但均没有达到容易接受的理论训练效果。结果是，掌握地震学理论的人与没掌握地震学理论的人之间的鸿沟越来越大。当可用的数据分析和处理的计算机软件包越来越多时，最重要的是用户需要使用这些软件包的知识，而不仅仅是把软件包当作黑盒子。

本书的目的是填补地震学文献中现存的缺漏，指导思想是从基本原理出发，逐步转向更深的主题，而不采用诸如“可以证明”或“参考 Aki 和 Richards(1980)”这样的方式。为了充分利用本书，希望读者有初等水平的矢量微积分学和偏微分方程理论的知识基础，有傅里叶变换方面的一些知识也是很方便的，但是书中除了第 6 章中的一节和第 11 章之外，很少用到傅里叶变换。即使这样，希望没有这些知识背景的读者也能从本书的解释题材和例子中获益。

本书的选材深受 Ben-Menahem 和 Singh(1981) 以及 Aki 和 Richards(1980) 的书的影响，也受益于 Achenbach(1973)、Burridge(1976)、Eringen 和 Suhubi(1975)、

Hudson(1980) 及 Sokolnikoff(1956) 等人的著作。事实上，书中不同章节题材的选取遵循“摘和选”的原则，总体目标是尽可能简单地进行陈述，但同时确保各个主题固有的复杂性。该想法并不新鲜，爱因斯坦曾用一句话对此做了总结，即“应该使每件事都变得尽可能简单，而不只是比较简单”（Ben-Menahem 和 Singh，1981）。由于本书注重基本理论，所以不涉及数据观测和数据分析。但是，主题的选取在一定程度上是基于这一前提的，即这些主题应适用于对观测数据的分析。各章的内容简要概述如下。

第 1 章是对笛卡儿张量的介绍。张量对于透彻理解应力和应变是至关重要的。当然，在不涉及张量分析细节的情况下也可以引入这两个主要物理量——应力和应变，但是后一种做法没有从张量分析角度提供的概念清晰。此外，本章所选的题材在第 9 章和第 10 章所讨论的地震矩张量中有直接应用。完整起见，本章内容还包括了与矢量有关的结果总结，并假设这些结果是大家熟知的。这一章还介绍了并矢，并矢在某些情况下可方便地表示张量，这在一些相关文献中可以看到。

第 2 章和第 3 章分别描述了应变张量、旋转张量和应力张量。题材的陈述基于连续介质力学的方法，该方法比其他方法在概念上提供了更清晰的架构，且具有广泛的适用性。例如，虽然在地震学中很少区分运动的拉格朗日描述和欧拉描述，但是读者应该关注它们，因为就像在 Dahlen 和 Tromp(1998) 的书中所证明的那样，这两种描述可能在理论研究中很重要。由于莫尔圆在地震断裂研究中具有一定的重要性，这里详细讨论了应力莫尔圆。

第 4 章介绍了将应力和应变联系起来的胡克定律，还引入了实际上可用来证明胡克定律的能量关系。本章还讨论了几种经典弹性参数，推导了弹性波方程，并介绍了 P 波和 S 波。

第 5 章讨论了无限介质中标量波方程、矢量波方程和弹性波方程的解。标量波方程的处理相当传统，矢量波方程却不同。求解矢量波方程的基本思想是求出矢量解，对于弹性波方程的情况，可以直接引出 P 波、SV 波和 SH 波运动的概念。应用 Ben-Menahem 和 Singh 采用过的这种方法，绕开了基于势的更传统的方法。由于位移是可以观测的而势不能，因此特别是在不增加复杂性的情况下，发展基于矢量解的理论是很有意义的。

第 6 章中采用了第 5 章中推导的 P 波、SV 波和 SH 波的矢量解，它涵盖了简单模型 (半空间和半空间之上有一覆盖层) 中的体波。由于它们在实际应用中具有一定的重要性，本章对各种不同情况进行了详细讨论。在导论性书籍中通常被忽略的两个重要问题在这里也得到了充分的重视：第一个问题是当入射角大于临界角时波形的变化；第二个问题是由于地表低速层的存在而引起地面运动的放大，这在地震灾害研究中是很重要的。

第 7 章讨论简单模型中的面波，包括弹性性质沿垂向连续变化模型中的面波，并对频散问题进行了深入分析。地震学书籍中关于频散的讨论通常仅限于说明相速度和群速度的存在，与此不同的是，这里给出了一个频散系统的例子，这个例子实际上展示了面波的周期是如何随时间和位置函数的变化而变化的。

第 8 章讨论了标量波方程和弹性波方程的射线理论。除了讨论包括费马原理证明在内的运动学方面的理论之外，本章还讨论了非常重要的关于 P 波和 S 波的振幅问题。该问题是在所谓的射线中心坐标系下讨论的，其中的推导还没有现成的成果可借鉴。这种坐标系简化了振幅的计算，为利用射线理论计算合成地震记录奠定了目前先进的技术基础。

第 9 章开始讨论无限介质中的地震点源问题。最简单的震源是沿某个坐标轴方向的点力，但要得到相应的解需要付出相当大的努力。一旦这个问题得到了解决，就很容易找到与力的组合相应问题的解，如力偶以及组合问题的解，这些力的组合问题引出了力矩张量的概念。

第 10 章专门讨论了断层滑动引起的地震问题，并证明了这样的地震等价于双力偶的作用。根据这一重要结果，或多或少可以直接求出与沿任意方向滑动的断层相应的矩张量。尽管地球很明显是有界的，也不是均匀的，但第 9 章和第 10 章给出的理论在地震学中产生了重大的影响，至今仍是研究天然地震的主要工具之一，尤其是在与射线理论相结合时。

第 11 章是关于衰减的讨论，这是一个非常大的涉及地震学和物理学多方面的研究内容，实际上仅衰减问题就值得出一本专著。因此，把内容限制在只讨论衰减的基本方面。其中之一是因果关系的约束，它在衰减研究中起着至关重要的作用，而且由于它在大多数地震学书籍中没有被很好地涵盖，因此在这里做了重点讨论。因果关系已经被数学家、物理学家和工程师们研究过，许多基本定理依赖于复变函数理论。因此，这里引用了一些基本结果，而不试图给出解释，但确保处理的独立性。利用地震数据测量衰减在文献中得到了大量的关注，因此，除了简要介绍被广泛应用的谱比值方法以及将该方法应用于加窗数据时产生的鲜为人知的偏差效应之外，这里不再做过多讨论。由于散射可能是引起衰减的一个重要因素，所以这里以基于薄互层介质对波的振幅和形状的影响为例结束本章。

本书结尾有几个附录，旨在提供背景资料。附录 A 介绍了分布理论，它是研究偏微分方程（及其他领域）的一个重要工具。狄拉克 δ 函数是分布的一个最著名的例子，它通常被当作“不正常”的函数引入，然后被当作正常函数来处理。就像附录 A 所做的那样，只要给出足够细致的分析，分布理论的最基本方面是很容易掌握的，上述不一致性问题就得到解决了。分布理论已经成为地球物理和地震学文献中的一部分［例如，Bourbie 等（1987）、Dahlen 和 Tromp（1998）］，附录 A 将使读者基本理解所讨论的概念。附录 B 讨论了希尔伯特变换，它是研究因果关系的一个基本工具，在讨论波以大于临界角的角度入射到界面时要用到，附录 B 还给出了该变换的数值计算方法。附录 C 导出了三维标量波方程的格林函数。格林函数对于解决第 9 章讨论的问题是必不可少的，尽管格林函数很重要，但常常只是被引用，而不做推导。最后两个附录分别详细推导了第 9 章中给出的两个基本方程，它们分别是关于由一个单力和一个任意矩张量引起的位移方程。

书中还包括了一些简短的历史回顾。通常情况下，科学书籍呈现的是一个成品，而不能让读者感受到在理论正式形成之前所经历的争辩历程。意识到这种争辩应该成为每一位未来科学家教育的一部分，因为科学很少以通常呈现的那样整齐而线性的方式取得进展。地震学以及作为地震学基础的弹性力学也有其争议，了解我们目前对地震理论的理解是如何产生的是很有指导意义的。因此，强烈推荐 Ben-Menahem(1995) 对地震学历史进行的启发性回顾。

本书的一个重要组成部分是问题（值得进一步思考的问题）。弄懂这些问题有助于读者巩固书中所讨论的概念和技术。所有列出的问题都在问题提示中给出了提示，在掌握了背景材料后，解决这些问题应该不会很难。此外，在下面的专门网站上提供了完整的答案：http://publishing.cambridge.org/resources/0521817307。

由于计算机在研究中的重要性是显而易见的，而且从理论到计算机计算并不总是一帆风顺的，所以生成用于绘制第 6 ～ 10 章中大部分图形的数据的 Fortran 和 Matlab 代码已在上述网站上提供了。

本书基于我在孟菲斯大学（University of Memphis）教了十多年研究生课程的课堂笔记撰写而成。题材的覆盖量取决于学生的背景，但总有 70% 左右的题材被覆盖。

何塞·普约尔

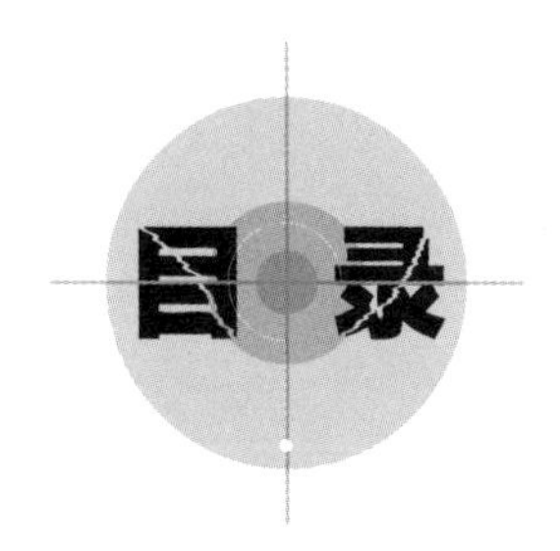

第1章 张量和并矢……1

1.1 引言……1

1.2 矢量分析概要……2

1.3 笛卡儿坐标系的旋转及矢量的解析定义……5

1.4 笛卡儿张量……8

1.5 无限小旋转……21

1.6 并矢和并矢符号……23

问题……27

第2章 形变、应变张量和旋转张量……29

2.1 引言……29

2.2 运动的描述：拉格朗日观点和欧拉观点……29

2.3 有限应变张量……31

2.4 无限小应变张量……32

2.5 旋转张量……36

2.6 应变张量和旋转张量的并矢形式……37

2.7 简单应变场的例子……38

问题……41

第3章　应力张量 …… 43
3.1　引言 …… 43
3.2　关于连续介质力学的一些概念 …… 43
3.3　应力矢量 …… 47
3.4　应力张量 …… 49
3.5　运动方程、应力张量的对称性 …… 51
3.6　应力的主方向 …… 52
3.7　应力张量的球分量和偏分量 …… 53
3.8　法应力矢量和切应力矢量 …… 54
3.9　法应力矢量和切应力矢量的稳态值和方向 …… 55
3.10　应力莫尔圆 …… 59
问题 …… 61

第4章　线弹性-弹性波方程 …… 63
4.1　引言 …… 63
4.2　小形变近似下的运动方程 …… 63
4.3　热力学考虑 …… 64
4.4　应变能 …… 66
4.5　线弹性和超弹性形变 …… 67
4.6　各向同性弹性固体 …… 69
4.7　各向同性弹性固体的应变能密度 …… 72
4.8　均匀各向同性介质中的弹性波方程 …… 72
问题 …… 74

第5章　无限介质中的标量波和弹性波 …… 75
5.1　引言 …… 75
5.2　一维标量波动方程 …… 75

5.3 三维标量波动方程……78
5.4 平面简谐波和叠加原理……80
5.5 球面波……83
5.6 矢量波动方程和矢量解……84
5.7 矢量赫姆霍兹方程……88
5.8 不考虑体力项作用的弹性波方程……89
5.9 简谐波的能流……95
问题……96

第6章 平面边界条件下简单模型中的平面波……98
6.1 引言……98
6.2 位移……99
6.3 边界条件……101
6.4 应力矢量……102
6.5 波入射到自由表面……103
6.6 波入射到固体-固体分界面上……115
6.7 波入射到固体-液体界面……126
6.8 P波入射到液体-固体界面……127
6.9 固体半无限空间上覆盖一固体层……128
问题……140

第7章 简单模型中的面波-频散波……142
7.1 引言……142
7.2 位移……142
7.3 勒夫波……144
7.4 瑞利波……153
7.5 斯通利波……160

7.6 频散波的传播……162
问题……175

第8章 射线理论……177
8.1 引言……177
8.2 三维标量波动方程的射线理论……178
8.3 弹性波方程的射线理论……179
8.4 波前和射线……183
8.5 射线的微分几何……187
8.6 变分原理、费马原理……192
8.7 射线振幅……195
8.8 例子……206
问题……211

第9章 无限均匀介质中的地震点震源……213
9.1 引言……213
9.2 带有震源项的标量波动方程……213
9.3 矢量场的赫姆霍兹分解……215
9.4 弹性波方程的拉梅解……216
9.5 在x_j轴方向有一集中力作用的弹性波动方程……218
9.6 弹性波动方程的格林函数……226
9.7 集中力沿任意方向的弹性波波动方程……227
9.8 集中力力偶和偶极子……227
9.9 矩张量源、远场……230
9.10 双力偶与压缩拉张偶极子对的等价性……234
9.11 拉张和压缩轴……235
9.12 单力偶$\boldsymbol{M}_{31}$和双力偶$\boldsymbol{M}_{13}+\boldsymbol{M}_{31}$的辐射花样……236

9.13 矩张量源、总场……239
问题……241

第10章 无限介质中的地震震源……243
10.1 引言……243
10.2 表示定理……244
10.3 体内存在不连续面时的高斯定理……246
10.4 与断层面滑动等效的体力……247
10.5 地质体破裂、沿水平断裂面滑动、点源近似、双力偶……249
10.6 地震矩张量……252
10.7 断面沿任意方向滑动的矩张量……254
10.8 共轭面参数之间的关系……259
10.9 辐射花样和震源机制……260
10.10 总场、静位移……265
10.11 远场的射线理论……269
问题……272

第11章 黏弹性衰减……273
11.1 引言……273
11.2 简谐运动、自由和阻尼振荡……275
11.3 黏弹性介质中沿一条线传播的波……278
11.4 带复速度的标量波动方程……279
11.5 地震波在地球介质中的衰减……281
11.6 因果关系的数学考虑及应用……284
11.7 Futterman关系式……289
11.8 Kalinin和Azimi的关系、复波速……292
11.9 t^*……294

11.10　谱比值法、时窗偏差……295
11.11　薄层状介质和散射衰减……296
问题……298

附录……299
附录A　分布理论导论……299
附录B　希尔伯特变换……308
附录C　三维标量波动方程的格林函数……310
附录D　对式（9.5.12）的证明……313
附录E　对式（9.13.1）的证明……315

问题解答提示……317

中英文对照表……330

参考文献……338

第1章　张量和并矢

1.1　引言

在理论物理中，张量起了很重要的基础性作用，因为以张量形式表达的物理定律不依赖于所采用的坐标系(Morse 和 Feshbach，1953)。在说明这一点之前，思考 Segel (1977)提供的一个简单的例子。牛顿第二定律是 $\boldsymbol{F}=m\boldsymbol{a}$，其中 $\boldsymbol{F}$ 和 $\boldsymbol{a}$ 都是矢量，分别表示作用于质量为 m 的物体上的力及其引起的加速度。这个基本定律的表达不需要建立坐标系。当然，为了在某些特定情况下应用该定律，选择一个能使数学关系式简化的坐标系可带来方便，但是采用任何其他的坐标系同样可以接受。下面再思考第3章中关于弹性的一个例子。在弹性固体中穿过某面元的应力矢量 $\boldsymbol{T}$(力/面积)经由应力张量与垂直于该面元的矢量 $\boldsymbol{n}$ 联系起来，其间关系式的推导是在笛卡儿坐标系中沿三个坐标面构成的四面体中进行的。因此，我们自然会问：如果采用与笛卡儿直角坐标系(以下简称“直角坐标系”)不同的坐标系(如球坐标系、柱坐标系或其他的曲线坐标系)，是否会得到同样的结果？另外一个例子是在直角坐标系下推导出弹性波方程，如第4章中的讨论，我们可以导出两种形式的方程：一种是分量形式，另一种是带有梯度、散度、旋度等物理量的矢量形式。同样会有一些与坐标系相关的问题，如这两种形式的方程都适用于非直角坐标系吗？读者可能已经知道，只有后一种形式的方程适用于非笛卡儿坐标系，但是读者或许没有意识到这一事实是有数学依据的，即从数学角度可以证明梯度、散度和旋度是不依赖于坐标系的(Morse 和 Feshbach，1953)。这些问题在导论性的教科书中一般不做讨论，因而读者不易抓住矢量和张量概念的更深层含义。仅当人们意识到这些物理量(如力、加速度、应力张量等)及它们之间的关系是不依赖于坐标系而存在的，对张量才会有比一般讨论更深刻的领悟。然而，在不深入分析张量细节的情况下，研究应力和应变的基本原理也是有可能的。因此，本章的某些部分对于本书的其余部分并不都是必需的。

从广泛意义上讲，张量分析涉及任意曲线坐标系。更具限定性的张量分析方法只限于正交曲线坐标系，如柱坐标系和球坐标系。这些坐标系有一个共性，就是在空间给定点处的单位矢量是正交的。还有直角坐标系，它也是正交坐标系。一般正交坐标系和直角坐标系的主要差别在于后者的单位矢量不像位置的函数那样随位置的变化而变化，而前者的单位矢量会这样变化。球坐标系的单位矢量将在9.9.1小节中给出。由于非笛卡儿坐标系中的张量理论是极其复杂的，故本书仅限于在笛卡儿坐标系下的研究。但是，某些特别重要的关系将同时用并矢(见1.6节)的形式写出，并矢给出了张量的一种与坐标系无关的符号表示。值得注意的是，如在结晶体研究中，斜角坐标系或许会有重要的应用。但是，下面只考虑直角坐标系。

1.2 矢量分析概要

矢量 $\boldsymbol{a}$ 定义为一个既有幅值大小又有方向的有向线段，幅值（或长度）用 $|\boldsymbol{a}|$ 表示。两个矢量的和或差以及一个矢量与一个标量（实数）的乘积按几何法则确定。

设两个矢量 $\boldsymbol{a}$ 和 $\boldsymbol{b}$，它们之间的标量积（或点积）和矢量积（或叉积）分别定义为

$$\boldsymbol{a} \cdot \boldsymbol{b} = |\boldsymbol{a}||\boldsymbol{b}|\cos\alpha \tag{1.2.1}$$

和

$$\boldsymbol{a} \times \boldsymbol{b} = (|\boldsymbol{a}||\boldsymbol{b}|\sin\alpha)\boldsymbol{n} \tag{1.2.2}$$

式中，α 是矢量 $\boldsymbol{a}$、$\boldsymbol{b}$ 之间的夹角；$\boldsymbol{n}$ 是垂直于 $\boldsymbol{a}$、$\boldsymbol{b}$ 的单位矢量（长度等于1）。$\boldsymbol{a}$、$\boldsymbol{b}$ 和 $\boldsymbol{n}$ 三个矢量形成右手坐标系。

用几何法则可导出矢量积的一个重要性质，即它符合分配律

$$(\boldsymbol{a} + \boldsymbol{b}) \times \boldsymbol{c} = \boldsymbol{a} \times \boldsymbol{c} + \boldsymbol{b} \times \boldsymbol{c} \tag{1.2.3}$$

通过引入直角坐标系，我们可用矢量的三个分量来表示该矢量。设 $\boldsymbol{e}_1 = (1, 0, 0)$、$\boldsymbol{e}_2 = (0, 1, 0)$、$\boldsymbol{e}_3 = (0, 0, 1)$ 是图1.1中沿 x_1、x_2 和 x_3 轴的三个单位矢量，则任意矢量 $\boldsymbol{v}$ 可以写成

$$\boldsymbol{v} = (v_1, v_2, v_3) = v_1\boldsymbol{e}_1 + v_2\boldsymbol{e}_2 + v_3\boldsymbol{e}_3 = \sum_{i=1}^{3} v_i\boldsymbol{e}_i \tag{1.2.4}$$

式中，分量 v_1、v_2、v_3 分别是 $\boldsymbol{v}$ 在三个坐标轴方向上的正交投影（见图1.1）。

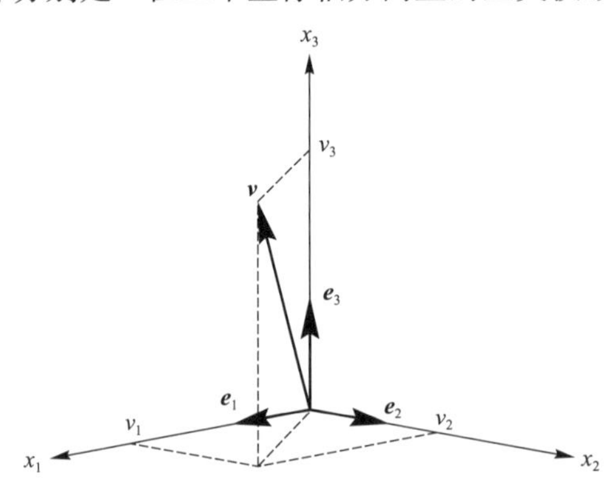

图1.1 笛卡儿直角坐标系及矢量分解图

图中 $\boldsymbol{e}_1$、$\boldsymbol{e}_2$、$\boldsymbol{e}_3$ 为三个坐标轴方向上的单位矢量，任意矢量 $\boldsymbol{v}$ 可分解为分量 v_1、v_2、v_3。

在后面的章节中，遵照以下约定：粗斜体字母表示矢量；带有下标的斜体字母表示分量，分量一般是标量，但带有下标的粗斜体字母（如 $\boldsymbol{e}_j$）仍是矢量。如果需要写出单位矢量 $\boldsymbol{e}_j$ 的第 k 个分量，则可写为 $(\boldsymbol{e}_j)_k$，如 $(\boldsymbol{e}_2)_1 = 0$、$(\boldsymbol{e}_2)_2 = 1$ 和 $(\boldsymbol{e}_2)_3 = 0$。除此之外，虽然矢量通常写成行的形式[如式(1.2.4)]，但是当涉及矩阵运算时，也可将其

视为列矢量，即三行一列的矩阵。例如，标量积 $\boldsymbol{a}\cdot\boldsymbol{b}$ 的矩阵形式是 $\boldsymbol{a}^{\mathrm{T}}\boldsymbol{b}$，其中“T”表示矩阵转置。

三个单位矢量两两之间的标量积为

$$\boldsymbol{e}_1\cdot\boldsymbol{e}_2=\boldsymbol{e}_2\cdot\boldsymbol{e}_3=\boldsymbol{e}_1\cdot\boldsymbol{e}_3=0 \tag{1.2.5}$$

$$\boldsymbol{e}_1\cdot\boldsymbol{e}_1=\boldsymbol{e}_2\cdot\boldsymbol{e}_2=\boldsymbol{e}_3\cdot\boldsymbol{e}_3=1 \tag{1.2.6}$$

可统一写成

$$\boldsymbol{e}_i\cdot\boldsymbol{e}_j=\delta_{ij}=\begin{cases}1, & i=j\\ 0, & i\neq j\end{cases} \tag{1.2.7}$$

式中，δ_{ij}为克罗内克函数，它是二阶张量(见后面的讨论)。为表明δ_{ij}的性质，在式(1.2.7)中让i取2、j取k，则当$k=2$时，标量积等于1；当$k=1$或3时，标量积为0。

下面导出用单位矢量 $\boldsymbol{e}_i$ 来表示矢量 $\boldsymbol{v}$ 的另一种形式。将式(1.2.4)表示的矢量 $\boldsymbol{v}$ 与单位矢量 $\boldsymbol{e}_i$ 作标量积，得

$$\boldsymbol{v}\cdot\boldsymbol{e}_i=\left(\sum_{k=1}^{3}v_k\boldsymbol{e}_k\right)\cdot\boldsymbol{e}_i=\sum_{k=1}^{3}v_k\boldsymbol{e}_k\cdot\boldsymbol{e}_i=\sum_{k=1}^{3}v_k(\boldsymbol{e}_k\cdot\boldsymbol{e}_i)=v_i \tag{1.2.8}$$

式(1.2.8)表明，$\boldsymbol{v}$ 的第 i 个分量可写为矢量 $\boldsymbol{v}$ 和第 i 个单位矢量 $\boldsymbol{e}_i$ 的标量积，即

$$v_i=\boldsymbol{v}\cdot\boldsymbol{e}_i \tag{1.2.9}$$

将式(1.2.9)代入式(1.2.4)，得到

$$\boldsymbol{v}=\sum_{i=1}^{3}v_i\boldsymbol{e}_i=\sum_{i=1}^{3}(\boldsymbol{v}\cdot\boldsymbol{e}_i)\boldsymbol{e}_i \tag{1.2.10}$$

用矢量的分量形式给出矢量的长度，为

$$|\boldsymbol{v}|=\sqrt{v_1^2+v_2^2+v_3^2}=(\boldsymbol{v}\cdot\boldsymbol{v})^{1/2} \tag{1.2.11}$$

用矢量的分量形式给出两矢量的标量积和矢量积，分别为

$$\boldsymbol{u}\cdot\boldsymbol{v}=u_1v_1+u_2v_2+u_3v_3 \tag{1.2.12}$$

$$\boldsymbol{u}\times\boldsymbol{v}=(u_2v_3-u_3v_2)\boldsymbol{e}_1+(u_3v_1-u_1v_3)\boldsymbol{e}_2+(u_1v_2-u_2v_1)\boldsymbol{e}_3 \tag{1.2.13}$$

矢量以及矢量之间的标量积和矢量积等运算的定义都不依赖于坐标系。不借助于矢量分量而导出的矢量间的关系，在以分量形式表示时，不管采用什么坐标系都是成立的。当然，同一矢量在不同的坐标系中(一般)会有不同的分量，但它们代表同一个几何实体。这对于笛卡儿坐标系或者更一般的坐标系(如球坐标系和柱坐标系等)都是成立的，但是下面只考虑笛卡儿坐标系。

假设需要基于对其他矢量的分量的运算来定义一个新矢量，那么鉴于1.1节中的评述，我们有理由相信，并不是任何运算的结果本质上都不依赖于所采用的坐标系，下面的例子可以说明这一点。简明起见，这里用的是二维空间中的矢量。设给定的矢量为$\boldsymbol{u}=(u_1,u_2)$，λ是一个非零的常量，将$\boldsymbol{u}$的各分量都加上λ后定义一个新矢量$\boldsymbol{v}$，即$\boldsymbol{v}=(u_1+\lambda,u_2+\lambda)$，那么这样运算的结果是否依赖于所采用的坐标系呢？为了回答这个问题，在图上画出矢量$\boldsymbol{u}$和$\boldsymbol{v}$(见图1.2a)，旋转原坐标系，在新坐标系下将$\boldsymbol{u}$分解为新分量u_1'和u_2'，每个新分量都加上λ，画出新矢量$\boldsymbol{v}'=(u_1'+\lambda,u_2'+\lambda)$。很显然，$\boldsymbol{v}$和$\boldsymbol{v}'$并不是同一个几何实体。因此，这种运算的结果依赖于所采用的坐标系。

再考虑以下定义：$\boldsymbol{v}=(\lambda u_1,\lambda u_2)$。在做了与前面类似的坐标旋转运算后，易见，$\boldsymbol{v}=\boldsymbol{v}'$(图1.2b)。这不奇怪，因为这个定义对应于标量乘以矢量的运算，该运算的结果不依赖于所采用的坐标系。

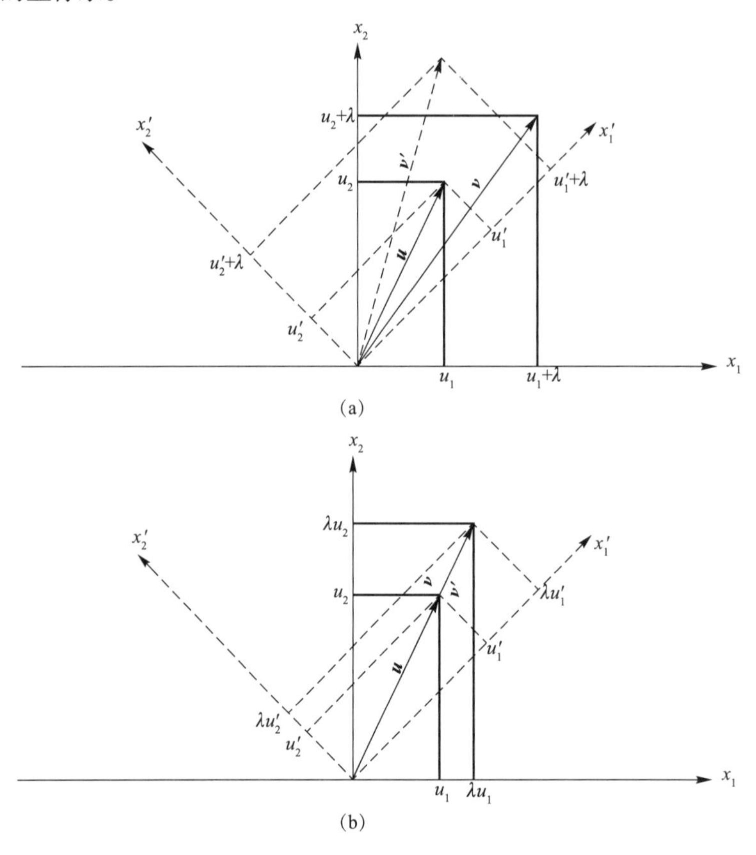

图1.2　矢量运算对坐标系的依赖性说明图

(a)由矢量$\boldsymbol{u}$得到矢量$\boldsymbol{v}$和$\boldsymbol{v}'$。矢量$\boldsymbol{v}$是将常数λ加到$\boldsymbol{u}$的分量u_1和u_2上得到的，矢量$\boldsymbol{v}'$是将常数λ加到经坐标系旋转后$\boldsymbol{u}$的分量u_1'和u_2'上得到的。因为$\boldsymbol{v}$和$\boldsymbol{v}'$不相同，所以可以给出结论，将一个常数加到矢量的各分量上的结果依赖于所采用的坐标系。(b)矢量$\boldsymbol{v}$是用常数λ乘以矢量$\boldsymbol{u}$的各分量得到的，矢量$\boldsymbol{v}'$是用常数λ乘以经坐标系旋转后$\boldsymbol{u}$的各分量得到的。这时，矢量$\boldsymbol{v}$和$\boldsymbol{v}'$相同，这正好与标量乘以矢量定义的运算得到的结果一致，这种运算的结果不依赖于所采用的坐标系。引自Santalo(1969)

接下来再看一个较复杂的例子。假设给定两个矢量$\boldsymbol{u}$和$\boldsymbol{v}$，按下式定义矢量$\boldsymbol{w}$，即

$$\boldsymbol{w}=(u_2v_3+u_3v_2)\boldsymbol{e}_1+(u_3v_1+u_1v_3)\boldsymbol{e}_2+(u_1v_2+u_2v_1)\boldsymbol{e}_3 \qquad (1.2.14)$$

注意，此式与两矢量的矢量积[见式(1.2.13)]唯一的差别就是用加号(+)代替了减号(-)。如前所述，这里的问题仍然是这样定义的矢量是否不依赖于坐标系。然而，针对这个例子，我们并不能直截了当地找到答案。我们应该做的是，在原坐标系下计算分量w_1、w_2、w_3，并画出$\boldsymbol{w}$，再进行坐标系旋转，求出$\boldsymbol{u}$和$\boldsymbol{v}$在新坐标系下的分量u_1'、u_2'、u_3'和v_1'、v_2'、v_3'，计算w_1'、w_2'和w_3'，并画出矢量$\boldsymbol{w}'$，然后与原坐标系下的矢量$\boldsymbol{w}$比较。如果发现两矢量不同，则表明式(1.2.14)定义的矢量依赖于坐标系。如果两矢量相等，则暂时可以说，式(1.2.14)定义的矢量不依赖于坐标系，但这个结论可能会不正确，

因为或许还有别的旋转使 $\boldsymbol{w}$ 和 $\boldsymbol{w}'$不相等。

这些例子说明，为了确定用矢量的分量定义的矢量是否不依赖于所采用的坐标系，要求矢量定义本身能自动地回答这个问题，只有这样，才能用更一般的方法来回答前面的问题。但是在引入矢量的新定义之前，我们必须在某种程度上更细致地研究坐标系旋转，下面就来进行这个研究。

1.3　笛卡儿坐标系的旋转及矢量的解析定义

设 Ox_1、Ox_2 和 Ox_3 表示一个笛卡儿坐标系，而 Ox_1'、Ox_2'和 Ox_3'表示另一个由原坐标系围绕原点 O 旋转后的新坐标系(见图 1.3)，再设 $\boldsymbol{e}_1$、$\boldsymbol{e}_2$、$\boldsymbol{e}_3$ 和 $\boldsymbol{e}_1'$、$\boldsymbol{e}_2'$、$\boldsymbol{e}_3'$分别是沿原坐标系和旋转后坐标系三个坐标轴的单位矢量。用 a_{ij}标记 Ox_i'和 Ox_j 之间夹角的余弦，即通常所讲的方向余弦，并且 $\boldsymbol{e}_i'$和 $\boldsymbol{e}_j$ 之间的关系满足

$$\boldsymbol{e}_i' \cdot \boldsymbol{e}_j = a_{ij} \tag{1.3.1}$$

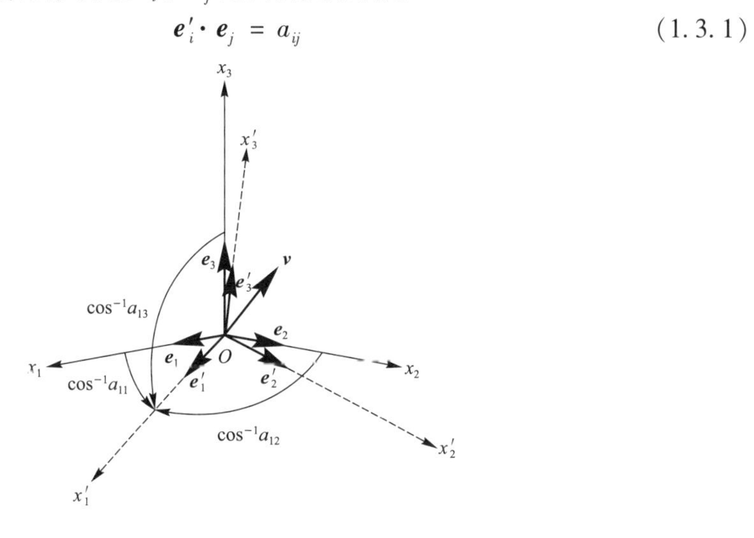

图 1.3　坐标系旋转图

带“′”和不带“′”的量分别指旋转后的和原始的坐标系中的量，两个坐标系均为直角坐标系。a_{ij}表示标量积 $\boldsymbol{e}_i' \cdot \boldsymbol{e}_j$，矢量 $\boldsymbol{v}$ 与坐标系的选择无关，图中标出了三个与 $\boldsymbol{e}_1'$有关的角度。

已知任意矢量 $\boldsymbol{v}$ 在原坐标系中的分量为 v_1、v_2 和 v_3，求它在旋转后坐标系中的分量 v_1'、v_2'和 v_3'。首先考虑与坐标轴相应的单位矢量之间的关系，利用式(1.3.1)，我们可将单位矢量 $\boldsymbol{e}_i'$写为(见问题 1.3a)

$$\boldsymbol{e}_i' = a_{i1}\boldsymbol{e}_1 + a_{i2}\boldsymbol{e}_2 + a_{i3}\boldsymbol{e}_3 = \sum_{j=1}^{3} a_{ij}\boldsymbol{e}_j \tag{1.3.2}$$

另外，在原坐标系和旋转后的坐标系中，矢量 $\boldsymbol{v}$ 可分别写为

$$\boldsymbol{v} = \sum_{j=1}^{3} v_j\boldsymbol{e}_j \tag{1.3.3}$$

和

$$\boldsymbol{v} = \sum_{i=1}^{3} v'_i \boldsymbol{e}'_i \tag{1.3.4}$$

将式(1.3.2)代入式(1.3.4)，得

$$\boldsymbol{v} = \sum_{i=1}^{3} v'_i \sum_{j=1}^{3} a_{ij}\boldsymbol{e}_j \equiv \sum_{j=1}^{3}\left(\sum_{i=1}^{3} a_{ij}v'_i\right)\boldsymbol{e}_j \tag{1.3.5}$$

因为式(1.3.3)和式(1.3.5)表示同一个矢量，并且三个单位矢量相互独立，所以可得

$$v_j = \sum_{i=1}^{3} a_{ij}v'_i \tag{1.3.6}$$

如果用$\boldsymbol{e}'_i$表示$\boldsymbol{e}_j$，并代入式(1.3.3)，同理可得(见问题1.3b)

$$v'_i = \sum_{j=1}^{3} a_{ij}v_j \tag{1.3.7}$$

注意，在式(1.3.6)中是对a_{ij}的第一个下标i求和，而在式(1.3.7)中是对第二个下标j求和，这个区别很重要。

在此基础上，引入矢量的解析定义，即：如果将三个标量作为分量表示的某量在坐标系旋转前后的分量按式(1.3.7)进行变换，则称该量为矢量。这个定义的意义是，如果要用一组运算规则来定义一个矢量，就需要验证这个矢量的分量是否满足坐标变换方程式(1.3.7)。

为了简化表达式中繁复的求和符号，引入以下爱因斯坦求和约定。

(1)一个单项中同一指标出现的次数不多于两次；重复出现的指标称为哑指标，只出现一次的指标称为自由指标。

(2)哑指标表示按该指标取1、2和3求和，省去了相应的求和符号。

(3)自由指标表示该指标取1、2和3，对应三个表达式。

(4)哑指标的符号可以替换为与式中已有符号不重复的其他符号。

(5)自由指标的符号也可以替换为与式中已有符号不重复的其他符号。

例如，根据爱因斯坦求和约定，下列写法是正确的，即

$$\boldsymbol{v} = \sum_{j=1}^{3} v_j\boldsymbol{e}_j = v_j\boldsymbol{e}_j \tag{1.3.8}$$

$$v_j = \sum_{i=1}^{3} a_{ij}v'_i = a_{ij}v'_i \tag{1.3.9}$$

$$v'_i = \sum_{j=1}^{3} a_{ij}v_j = a_{ij}v_j \tag{1.3.10}$$

$$v_j = a_{ij}v'_i = a_{kj}v'_k = a_{lj}v'_l \tag{1.3.11}$$

式(1.3.11)表明，重复指标i可以用重复指标k或l来代替。

不正确的写法，如

$$v_j = a_{jj}v'_j \tag{1.3.12}$$

在右项中指标j出现多于两次。再如

$$v_j = a_{ik}v'_i \tag{1.3.13}$$

错误在于自由指标j只在右项中变为k，而左项中没变。如果写成

$$v_k = a_{ik} v'_i \tag{1.3.14}$$

则符合爱因斯坦求和约定，因为等式左右两边自由指标 j 都被 k 代替了。

此外，式(1.3.10)还可写成矩阵与矢量的乘积形式，即

$$\boldsymbol{v}' = \begin{pmatrix} v'_1 \\ v'_2 \\ v'_3 \end{pmatrix} = \begin{pmatrix} a_{11} & a_{12} & a_{13} \\ a_{21} & a_{22} & a_{23} \\ a_{31} & a_{32} & a_{33} \end{pmatrix} \begin{pmatrix} v_1 \\ v_2 \\ v_3 \end{pmatrix} \equiv \boldsymbol{A}\boldsymbol{v} \tag{1.3.15}$$

式中，$\boldsymbol{A}$ 是元素为 a_{ij} 的矩阵。

显然，式(1.3.9)也可写为转置矩阵与矢量乘积的形式，即

$$\boldsymbol{v} = \boldsymbol{A}^{\mathrm{T}} \boldsymbol{v}' \tag{1.3.16}$$

式中，上标"T"表示矩阵转置。

将式(1.3.10)代入式(1.3.9)，可导出矩阵 $\boldsymbol{A}$ 的一个重要性质，即

$$v_j = a_{ij} a_{ik} v_k \tag{1.3.17}$$

式(1.3.17)表明，$\boldsymbol{v}$ 的三个分量中的任意一个都可表达为其三个分量的组合。但由于矩阵 $\boldsymbol{A}$ 的每个元素 a_{ij} 都是常量，为使式(1.3.17)对于任意矢量 $\boldsymbol{v}$ 成立，故该式的右边必须等于 v_j。这表明，当 $j=k$ 时，$a_{ij}a_{ik}$ 必须等于1；当 $j \neq k$ 时，$a_{ij}a_{ik}$ 必须等于0。因此，由式(1.2.7)中 δ_{jk} 的定义可得

$$a_{ij} a_{ik} = \delta_{jk} \tag{1.3.18}$$

类似地，将式(1.3.9)代入式(1.3.10)，可导出

$$a_{ij} a_{kj} = \delta_{ik} \tag{1.3.19}$$

在式(1.3.19)中，令 $i=k$，写出全式，可得

$$1 = a_{i1}^2 + a_{i2}^2 + a_{i3}^2 = |\boldsymbol{e}'_i|^2, \quad i = 1,2,3 \tag{1.3.20}$$

等式的右边可由式(1.3.2)得到。

当 $i \neq k$ 时，由式(1.3.19)可得

$$0 = a_{i1} a_{k1} + a_{i2} a_{k2} + a_{i3} a_{k3} = \boldsymbol{e}'_i \cdot \boldsymbol{e}'_k \tag{1.3.21}$$

等式右边的项也可由式(1.3.2)得到。因此，式(1.3.19)表明，$\boldsymbol{e}'_j$ 是互相正交的单位矢量。式(1.3.18)表明，$\boldsymbol{e}_i$ 也是互相正交的单位矢量。任何具有这些性质的矢量集都被称为正交矢量集。

式(1.3.18)和式(1.3.19)可用矩阵形式写为

$$\boldsymbol{A}^{\mathrm{T}} \boldsymbol{A} = \boldsymbol{A}\boldsymbol{A}^{\mathrm{T}} = \boldsymbol{I} \tag{1.3.22}$$

式中，$\boldsymbol{I}$ 是单位矩阵。

式(1.3.22)还可改写为

$$\boldsymbol{A}^{\mathrm{T}} = \boldsymbol{A}^{-1}; \quad (\boldsymbol{A}^{\mathrm{T}})^{-1} = \boldsymbol{A} \tag{1.3.23}$$

式中，上角标"-1"表示对矩阵求逆。并且，由式(1.3.22)可得到

$$|\boldsymbol{A}\boldsymbol{A}^{\mathrm{T}}| = |\boldsymbol{A}||\boldsymbol{A}^{\mathrm{T}}| = |\boldsymbol{A}|^2 = |\boldsymbol{I}| = 1 \tag{1.3.24}$$

式中，"| |"表示矩阵的行列式。

行列式平方等于1的矩阵对应的线性变换，称为正交变换。当 $|\boldsymbol{A}|=1$ 时，该变换对应于旋转；当 $|\boldsymbol{A}|=-1$ 时，该变换对应于一个坐标面内某个坐标轴的镜像反射。一个反射的例子：变换时保留 x_1 轴和 x_2 轴不变，只用 $-x_3$ 轴来代替 x_3 轴。反射会改变

空间的取向：如果原坐标系是右手系，那么新坐标系将是左手系；反之亦然。

1.4 笛卡儿张量

描述弹性介质中物质运动的物理量，除标量和矢量外，还有张量，如以下几个张量。

(1)应变张量 ε_{ij} 。

$$\varepsilon_{ij} = \frac{1}{2}\left(\frac{\partial u_i}{\partial x_j} + \frac{\partial u_j}{\partial x_i}\right), \quad i,j = 1,2,3 \tag{1.4.1}$$

式中，矢量 $\boldsymbol{u} = (u_1, u_2, u_3)$ 是形变物体内质点的位移。

(2)应力张量 τ_{ij}。

$$T_i = \tau_{ij} n_j, \quad i = 1,2,3 \tag{1.4.2}$$

式中，T_i 和 n_j 分别为应力矢量的分量和面法线矢量的分量。

(3)表示应力与应变关系的弹性张量 c_{ijkl}。

$$\tau_{ij} = c_{ijkl}\varepsilon_{kl} \tag{1.4.3}$$

这三个物理量都是张量，但它们之间也有差别。例如，ε_{ij}是用位移分量的导数通过运算来定义的，τ_{ij}是在两矢量之间的关系中出现的，c_{ijkl}则是在两个张量之间的关系中出现的。

矢量和张量之间的一些差别列举如下。第一，矢量既可以用单一符号(如 $\boldsymbol{u}$)表示，也可以用其分量(如 u_j)表示，而张量只能用其分量(如 ε_{ij})表示，只有在引入并矢以后才能用单一符号表示。第二，矢量的分量只有一个下标，而张量的分量有两个或多个下标。第三，在三维空间中，矢量有三个分量，张量 ε_{ij} 和 τ_{ij} 都有 9(3×3)个分量，而张量 c_{ijkl} 有 81(3×3×3×3)个分量。ε_{ij}、τ_{ij}称为二阶张量，c_{ijkl}称为四阶张量，张量的阶数由其自由指标个数 n 确定，张量的分量个数为 3^n 个。

显然，张量比矢量有更多的变化，且因为张量也是用其分量定义的，所以矢量的分量在不同坐标系中具有多样性和矢量本身不依赖于坐标系而变的特性对于张量也适用。例如，对于式(1.4.2)，考虑张量之间的关系与坐标系的选择无关，所以当坐标系旋转后，必须有

$$T'_l = \tau'_{lk} n'_k \tag{1.4.4}$$

换句话说，坐标系改变，但张量关系式的函数形式仍然不变。因此，我们需要求出分别满足式(1.4.2)和式(1.4.4)的 τ_{ij} 和 τ'_{lk}之间的关系。为此，用 a_{li}乘以式(1.4.2)，并对指标 i 求和，得

$$a_{li} T_i = a_{li}\tau_{ij} n_j \tag{1.4.5}$$

将式(1.3.10)中的 $\boldsymbol{v}$ 用 $\boldsymbol{T}$ 代替，得 $T'_i = a_{ij}T_j$。然后，用指标 l 来代替 i，用指标 i 来代替 j，得

$$T'_l = a_{li} T_i \tag{1.4.6a}$$

再将式(1.3.9)中的 $\boldsymbol{v}$ 用 $\boldsymbol{n}$ 来代替，得 $n_j = a_{ij} n'_i$，并用指标 k 代替 i，得

$$n_j = a_{kj} n'_k \tag{1.4.6b}$$

从而有

$$T'_l = a_{li} T_i = a_{li} \tau_{ij} n_j = a_{li} \tau_{ij} a_{kj} n'_k = (a_{li} a_{kj} \tau_{ij}) n'_k \tag{1.4.7}$$

用式(1.4.4)减去式(1.4.7)，得

$$(\tau'_{lk} - a_{li} a_{kj} \tau_{ij}) n'_k = 0 \tag{1.4.8}$$

因为 n'_k 是一任意矢量，所以括号中的因子必定等于零(见问题1.7)，于是

$$\tau'_{lk} = a_{li} a_{kj} \tau_{ij} \tag{1.4.9}$$

注意，式(1.4.9)不依赖于式(1.4.2)中所涉及各量的物理意义，只依赖于这些量之间的函数关系，由此引出下面的定义。

二阶张量：设某九个量在坐标系旋转变换($v'_i = a_{ij} v_j$)的前后分别为 t_{ij} 和 t'_{ij}，如果它们满足以下变换关系，即

$$t'_{ij} = a_{il} a_{jk} t_{lk} \tag{1.4.10}$$

则称这九个量构成一个二阶张量，t_{ij} 是二阶张量的分量。

为了用 t'_{ij} 表示 t_{ij}，可用 $a_{im} a_{jn}$ 乘以式(1.4.10)，再对指标 i 和 j 求和，并利用克罗内克函数，得

$$a_{im} a_{jn} t'_{ij} = a_{im} a_{jn} a_{il} a_{jk} t_{lk} = a_{im} a_{il} a_{jn} a_{jk} t_{lk} = \delta_{lm} \delta_{kn} t_{lk} = t_{mn} \tag{1.4.11}$$

因此，有

$$t_{mn} = a_{im} a_{jn} t'_{ij} \tag{1.4.12}$$

式(1.4.12)和式(1.4.10)类似，需要强调的是指标要严格按照规定排列。

式(1.4.11)表明了克罗内克函数的重要作用，即对于给定的 m 和 n，表达式 $\delta_{lm} \delta_{kn} t_{lk}$ 是对 l 和 k 的双重求和，应包含九项，但由于 δ_{lm} 和 δ_{kn} 仅当 $l = m$ 和 $k = n$ 时等于1，其他情况下均等于零，所以求和式 $\delta_{lm} \delta_{kn} t_{lk}$ 中唯一不为零的项是 t_{mn}，即形式上，等式 $\delta_{lm} \delta_{kn} t_{lk} = t_{mn}$ 可以通过用 m 和 n 来代替 t_{lk} 中的 l 和 k，并略去 δ 符号导出。

***n* 阶张量**：设某 3^n 个量在坐标系旋转($v'_i = a_{ij} v_j$)前后分别为 $t_{i_1 i_2 \cdots i_n}$ 和 $t'_{i_1 i_2 \cdots i_n}$，如果它们满足以下变换关系，即

$$t'_{i_1 i_2 \cdots i_n} = a_{i_1 j_1} a_{i_2 j_2} \cdots a_{i_n j_n} t_{j_1 j_2 \cdots j_n} \tag{1.4.13}$$

则称这 3^n 个量构成一个 n 阶张量，$t_{i_1 i_2 \cdots i_n}$ 为其分量。其中，指标 $i_1, i_2, \cdots, i_n$ 和 $j_1, j_2, \cdots, j_n$ 都分别取1,2,3。

例如，三阶张量满足的关系式为

$$t'_{ijk} = a_{il} a_{jm} a_{kn} t_{lmn} \tag{1.4.14a}$$

$$t_{mnp} = a_{im} a_{jn} a_{kp} t'_{ijk} \tag{1.4.14b}$$

式中，带“′”的量为新坐标系下的量，其下标分别对应方向余弦的第一个下标；不带“′”的量为原坐标系下的量，其下标分别对应方向余弦的第二个下标。

张量的定义也可以扩展到矢量和标量。矢量和标量可分别看成一阶张量和零阶张量，相应自由指标的个数分别是一个和零个，但是这并不能说明不允许有哑指标。例如下面引入的 t_{jj} 和 $u_{i,i}$，其自由指标的个数是零，因此是零阶张量或标量。

关于式(1.4.10)和式(1.4.13)的一个重要推论：如果张量的所有分量在一个给定坐标系中全为零，则其所有分量在任何其他坐标系中也全都为零。

下面将用分量形式来表示矢量和张量。例如，用 u_i、u_j 和 u_m 等表示同一个矢量 $\boldsymbol{u}$，用 t_{ij}、t_{ik} 和 t_{mn} 等表示同一个张量。如前所述，张量没有整体的符号，只有引入并矢的概念后，才能给出张量整体的单一符号。但二阶张量是一个特例，因为二阶张量与 3×3 的矩阵相对应，即可用 3×3 的矩阵表示。例如，张量 t_{ij} 对应于矩阵 $\boldsymbol{T}$。

$$\boldsymbol{T} = \begin{pmatrix} t_{11} & t_{12} & t_{13} \\ t_{21} & t_{22} & t_{23} \\ t_{31} & t_{32} & t_{33} \end{pmatrix} \tag{1.4.15}$$

引入矩阵形式($\boldsymbol{T}$)可使表示简化，由式(1.4.10)可得

$$t'_{ij} = a_{il}a_{jk}t_{lk} = a_{il}t_{lk}a_{jk} \tag{1.4.16}$$

其可用矩阵形式简单地写成

$$\boldsymbol{T}' = \boldsymbol{A}\boldsymbol{T}\boldsymbol{A}^{\mathrm{T}} \tag{1.4.17}$$

式中

$$\boldsymbol{A} = \begin{pmatrix} a_{11} & a_{12} & a_{13} \\ a_{21} & a_{22} & a_{23} \\ a_{31} & a_{32} & a_{33} \end{pmatrix}, \quad \boldsymbol{T}' = \begin{pmatrix} t'_{11} & t'_{12} & t'_{13} \\ t'_{21} & t'_{22} & t'_{23} \\ t'_{31} & t'_{32} & t'_{33} \end{pmatrix} \tag{1.4.18}$$

式(1.4.17)在实际计算中非常有用，它就是三维坐标系旋转变换公式。

为了用 $\boldsymbol{T}'$来表示 $\boldsymbol{T}$，式(1.4.12)重写为

$$t_{mn} = a_{im}a_{jn}t'_{ij} = a_{im}t'_{ij}a_{jn} \tag{1.4.19}$$

写成矩阵形式为

$$\boldsymbol{T} = \boldsymbol{A}^{\mathrm{T}}\boldsymbol{T}'\boldsymbol{A} \tag{1.4.20}$$

或者，将式(1.4.17)左乘 $\boldsymbol{A}^{-1}$，右乘$(\boldsymbol{A}^{\mathrm{T}})^{-1}$，再根据式(1.3.23)得到式(1.4.20)。

1.4.1 张量的运算

1)两个同阶张量的相加或相减

新张量的分量是两个张量对应分量的和或差。例如，两个张量的分量分别是 t_{ij} 和 s_{ij}，则相加或相减后新张量的分量为

$$b_{ij} = t_{ij} \pm s_{ij} \tag{1.4.21}$$

经验证，b_{ij}确实是张量。由于 t_{ij}和 s_{ij}为张量，故根据式(1.4.10)，可知它们在旋转坐标系后的分量分别为

$$t'_{ij} = a_{il}a_{jm}t_{lm} \tag{1.4.22}$$

$$s'_{ij} = a_{il}a_{jm}s_{lm} \tag{1.4.23}$$

将式(1.4.22)与式(1.4.23)相加或相减，得

$$b'_{ij} = t'_{ij} \pm s'_{ij} = a_{il}a_{jm}(t_{lm} \pm s_{lm}) = a_{il}a_{jm}b_{lm} \tag{1.4.24}$$

式(1.4.24)表明，b_{ij}在坐标系旋转前后按式(1.4.10)进行变换，因此 b_{ij}是张量。

2)标量乘以张量

新张量的每一个分量是原张量对应的分量乘以该标量。例如，标量 λ 乘以张量 t_{ij} 得到新张量 b_{ij}，则其分量为

$$b_{ij} = \lambda t_{ij} \tag{1.4.25}$$

为了证明 b_{ij}是张量，类似地，可将 b_{ij}按式(1.4.10)进行变换，即

$$b'_{ij} = \lambda t'_{ij} = \lambda a_{il}a_{jm}t_{lm} = a_{il}a_{jm}(\lambda t_{lm}) = a_{il}a_{jm}b_{lm} \tag{1.4.26}$$

3) 两个张量的外积

两个张量做外积得到的新张量，它的阶数是这两个张量阶数之和，它的分量是这两个张量对应分量的乘积。注意，这两个张量不要用相同的指标符号。例如，t_{ij}和 u_k做外积的结果为

$$s_{ijk} = t_{ij}u_k \tag{1.4.27}$$

为了证明 s_{ijk}是张量，同样地，可将 s_{ijk}按式(1.4.10)进行变换，即

$$s'_{ijk} = t'_{ij}u'_k = a_{il}a_{jm}t_{lm}a_{kn}u_n = a_{il}a_{jm}a_{kn}t_{lm}u_n = a_{il}a_{jm}a_{kn}s_{lmn} \tag{1.4.28}$$

另一个例子是两矢量 $\boldsymbol{a}$ 和 $\boldsymbol{b}$ 的外积是具有分量 a_ib_j 的张量。后面在引入并矢时，将再次考虑这个特殊的外积。

4) 缩阶

缩阶针对二阶或更高阶张量，令其中的两个指标相等，则这两个指标变成了同一个哑指标，张量的阶数减少了两阶。例如，对二阶张量 t_{ij}进行缩并，得到的是标量(零阶张量)，即

$$t_{ii} = t_{11} + t_{22} + t_{33} \tag{1.4.29}$$

这便是熟知的张量 t_{ij}的迹。注意，当 t_{ij}用矩阵表示时，t_{ii}对应于矩阵对角线上元素的和，一般称为矩阵的迹。缩阶的另一个例子是求矢量场的散度。

5) 两个张量的内积或缩并

两个张量的内积或缩并指对给定的两个张量先做外积，然后从每个张量中取一个指标做缩阶。例如，矢量 $\boldsymbol{a}$ 和 $\boldsymbol{b}$ 的标量积等于它们的内积 a_ib_i，所以也将两个张量的内积称为两个张量的缩并。作为推广，如在式(1.4.5)和式(1.4.11)中涉及 a_{ij}的乘积，也可称为缩并。

1.4.2 对称张量和反对称张量

如果二阶张量 t_{ij}的分量满足

$$t_{ij} = t_{ji} \tag{1.4.30}$$

则称 t_{ij}为对称张量；如果二阶张量 t_{ij}的分量满足

$$t_{ij} = -t_{ji} \tag{1.4.31}$$

则称 t_{ij}为反对称张量。

任何二阶张量 b_{ij}都有下面的恒等式，即

$$b_{ij} \equiv \frac{1}{2}b_{ij} + \frac{1}{2}b_{ij} + \frac{1}{2}b_{ji} - \frac{1}{2}b_{ji} = \frac{1}{2}(b_{ij} + b_{ji}) + \frac{1}{2}(b_{ij} - b_{ji}) \tag{1.4.32}$$

很显然，两括号中的项分别是对称张量和反对称张量。因此，b_{ij}可写成

$$b_{ij} = s_{ij} + a_{ij} \tag{1.4.33}$$

式中

$$s_{ij} = s_{ji} = \frac{1}{2}(b_{ij} + b_{ji}) \tag{1.4.34}$$

$$a_{ij} = -a_{ji} = \frac{1}{2}(b_{ij} - b_{ji}) \tag{1.4.35}$$

实际上，前面讨论过的克罗内克函数、应变张量[见式(1.4.1)]和应力张量都是对称张量。

高阶张量的对称和反对称性是指关于指标对的对称性。如果关于所有指标对都对称(反对称)，则此张量是完全对称(反对称)的张量。例如，若 t_{ijk}是完全对称的，则

$$t_{ijk} = t_{jik} = t_{ikj} = t_{kji} = t_{kij} = t_{jki} \tag{1.4.36}$$

若 t_{ijk}是完全反对称的，则

$$t_{ijk} = -t_{jik} = -t_{ikj} = t_{kij} = -t_{kji} = t_{jki} \tag{1.4.37}$$

后面将引入置换符号是反对称张量的一个例子。

1.4.3 张量的微分

设 t_{ij}是坐标 $x_i(i = 1,2,3)$ 的函数，由式(1.4.10)可知

$$t'_{ij} = a_{ik}a_{jl}t_{kl} \tag{1.4.38}$$

两边对 x'_m求偏导，有

$$\frac{\partial t'_{ij}}{\partial x'_m} = a_{ik}a_{jl}\frac{\partial t_{kl}}{\partial x_s}\frac{\partial x_s}{\partial x'_m} \tag{1.4.39}$$

等式右边用了求导的链式法则，并对指标 s 做了隐式求和。另外，注意到(见问题1.8)

$$x_s = a_{ms}x'_m \tag{1.4.40}$$

因而，有

$$\frac{\partial x_s}{\partial x'_m} = a_{ms} \tag{1.4.41}$$

利用式(1.4.41)，并引入下面记号，即

$$\frac{\partial t'_{ij}}{\partial x'_m} \equiv t'_{ij,m}; \quad \frac{\partial t_{kl}}{\partial x_s} \equiv t_{kl,s} \tag{1.4.42}$$

则式(1.4.39)变为

$$t'_{ij,m} = a_{ik}a_{jl}a_{ms}t_{kl,s} \tag{1.4.43}$$

这表明，$t_{kl,s}$是一个三阶张量。

对于高阶张量，同样的论证表明每求导一次得到的新张量将增加一阶。但是必须强调，在一般的曲线坐标系中，这种求导运算并不生成一个张量。

1.4.4 置换符号 ϵ_{ijk}

置换符号 ϵ_{ijk}定义为

$$\epsilon_{ijk} = \begin{cases} 0, & \text{当任意两个指标重复时} \\ 1, & \text{当 } ijk \text{ 是 123 的偶排列时} \\ -1, & \text{当 } ijk \text{ 是 123 的奇排列时} \end{cases} \tag{1.4.44}$$

将排列 ijk 重排为 123 时，需要交换 i、j、k 次序的次数是偶数(或奇数)，则称该排列为偶(或奇)排列。例如，从 213 到 123 只需交换一次，所以排列 213 为奇排列。再如，从 231 到 123，需要交换两次——231→213→123，因而排列 231 为偶排列。在考虑所有可能的组合之后，可得到

$$\epsilon_{123} = \epsilon_{231} = \epsilon_{312} = 1 \tag{1.4.45}$$

$$\epsilon_{132} = \epsilon_{321} = \epsilon_{213} = -1 \tag{1.4.46}$$

置换符号也称为交替符号或 Levi - Civita 符号。定义式式(1.4.44)具有普遍意义，可以推广到多于三个指标的情况。下面等价的定义只适用于三个指标的情况，但是它更便于实际使用。置换符号的等价定义为

$$\epsilon_{ijk} = \begin{cases} 0, & \text{当任意两个指标重复时} \\ 1, & \text{当 } ijk \text{ 按顺序循环时} \\ -1, & \text{当 } ijk \text{ 不按顺序循环时} \end{cases} \tag{1.4.47}$$

如果三个不同的指标等于 123、231 或 312，则它们是按顺序循环的；如果它们等于 132、321 或 213，则它们是不按顺序循环的，见图 1.4。

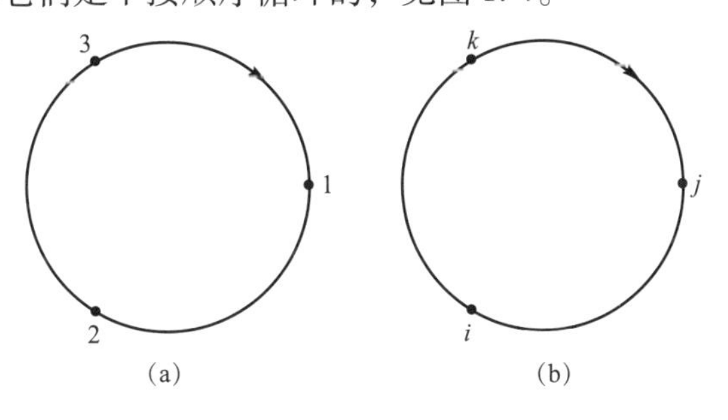

图 1.4　按顺序循环示意图

(a)用于判断整数 1、2、3 的组合是否按顺序循环(按箭头指示方向)，如组合 312 是按顺序循环的，而 213 是不按顺序循环的；(b)对于任意的指标 i、j、k，如果组合 ikj 被定义为按顺序循环，则组合 kji 和 jik 是按顺序循环的，而 kij 和 ijk 是不按顺序循环的

置换符号在下面的应用中起着很重要的作用，因此必须很好地理解它的性质。当表达式中用置换符号 ϵ_{ijk} 时，i、j、k 的值一般不是特定的。此外，一个表达式中可能同时出现 ϵ_{jik} 和 ϵ_{kij}，这时必须用其中之一表示另一个。为此，假设 jik 是按顺序循环的(见图 1.4)，检查 kij 循环顺序是否与其相同，若顺序不同，则 $\epsilon_{kij} = -\epsilon_{jik}$。

置换符号是一个张量吗？不完全是。如果坐标旋转变换矩阵 $\boldsymbol{A}$ 的行列式等于1，则 ϵ_{ijk}对应的变换后的分量按照式(1.4.14a)计算，此时置换符号可看成一个张量。但如果 $\boldsymbol{A}$ 的行列式等于 -1，则 ϵ_{ijk}对应的变换后的分量将按照式(1.4.14a)的右边乘以 -1 进行运算，称具有这种变换规律的实体为虚张量。另外一个熟悉的例子是矢量积，它产生一个虚矢量，而不是一个矢量。

ϵ_{ijk}的另一个重要特征是其分量不依赖于所选的坐标系(见1.4.7小节)。

1.4.5 张量的应用和例子

下面假设所用到的标量、矢量和张量都是 x_1、x_2 和 x_3 的函数，并且涉及这些量的导数都存在。

(1)通过二阶张量 $u_{i,j}$缩并得到标量 $u_{i,i}$，当把这个表达式写完全时，显然它对应于 u 的散度，即

$$u_{i,i} = \frac{\partial u_1}{\partial x_1} + \frac{\partial u_2}{\partial x_2} + \frac{\partial u_3}{\partial x_3} = \operatorname{div}\boldsymbol{u} = \nabla\cdot\boldsymbol{u} \tag{1.4.48}$$

最后一个等式中引入矢量算子∇，它也可以写成

$$\nabla = \left(\frac{\partial}{\partial x_1}, \frac{\partial}{\partial x_2}, \frac{\partial}{\partial x_3}\right) \tag{1.4.49}$$

这里，∇的定义只适用于直角坐标系。

(2)标量函数$f(x_1, x_2, x_3)$对 x_i 的偏导数是f的梯度的第 i 个分量，即

$$\frac{\partial f}{\partial x_i} = (\nabla f)_i = f_{,i} \tag{1.4.50}$$

(3)标量函数f的二阶偏导数的和是f的拉普拉斯式，即

$$f_{ii} = \frac{\partial^2 f}{\partial x_1^2} + \frac{\partial^2 f}{\partial x_2^2} + \frac{\partial^2 f}{\partial x_3^2} = \nabla^2 f \tag{1.4.51}$$

(4)矢量分量 u_i 的二阶偏导数 $u_{i,jk}$通过缩并得到 $u_{i,jj}$，它就是矢量 $\boldsymbol{u}$ 的拉普拉斯式的第 i 个分量，即

$$\nabla^2\boldsymbol{u} = (\nabla^2 u_1, \nabla^2 u_2, \nabla^2 u_3) = (u_{1,jj}, u_{2,jj}, u_{3,jj}) \tag{1.4.52}$$

这个定义也只适用于直角坐标系。在一般正交坐标系中，矢量的拉普拉斯式定义为

$$\nabla^2\boldsymbol{u} = \nabla(\nabla\cdot\boldsymbol{u}) - \nabla\times\nabla\times\boldsymbol{u} \tag{1.4.53}$$

这里恰当地使用了梯度、散度和旋度的表达式。对于直角坐标系，可得到与式(1.4.53)同样的表达式(见问题1.9)。

(5)克罗内克函数是一个二阶张量。应用式(1.4.10)，可得到

$$\delta'_{ij} = a_{il}a_{jk}\delta_{lk} = a_{il}a_{jl} = \delta_{ij} \tag{1.4.54}$$

这表明，δ_{ij}是一个张量。注意，对第一个等式右边项中的 l 和 k 双重求和，应该有九项，根据 δ 的定义，只当 $l=k$ 时有非零项，所以 δ 取值为1的项共有三项，最后的等式由式(1.3.19)得到。

(6)设 $\boldsymbol{B}$ 是具有元素 b_{ij}的 3×3 矩阵，则 $\boldsymbol{B}$ 的行列式为

$$|\boldsymbol{B}| \equiv \begin{vmatrix} b_{11} & b_{12} & b_{13} \\ b_{21} & b_{22} & b_{23} \\ b_{31} & b_{32} & b_{33} \end{vmatrix} = \epsilon_{ijk} b_{1i} b_{2j} b_{3k} = \epsilon_{ijk} b_{i1} b_{j2} b_{k3} \tag{1.4.55}$$

后两个等式分别对应于按行列式的行或列展开，容易直接验证式(1.4.55)的正确性。实际上，式(1.4.55)就是行列式的定义。

(7) $\boldsymbol{u}$ 与 $\boldsymbol{v}$ 的矢量积的第 i 个分量为

$$(\boldsymbol{u} \times \boldsymbol{v})_i = \epsilon_{ijk} u_j v_k \tag{1.4.56}$$

(8)矢量 $\boldsymbol{u}$ 的旋度的第 i 个分量为

$$(\mathrm{curl}\boldsymbol{u})_i = (\nabla \times \boldsymbol{u})_i = \epsilon_{ijk} \frac{\partial}{\partial x_j} u_k = \epsilon_{ijk} u_{k,j} \tag{1.4.57}$$

(9)若 S_{ij} 和 A_{ij} 分别是对称张量和反对称张量，则

$$S_{ij} A_{ij} = 0 \tag{1.4.58}$$

证明如下：

$$S_{ij} A_{ij} = -S_{ij} A_{ji} = -S_{ji} A_{ij} = -S_{ij} A_{ij} = 0 \tag{1.4.59}$$

在第一个等式中，利用了 A_{ij} 的反对称性[见式(1.4.31)]，第二个等式由哑指标 i 和 j 相交换得到，第三个等式利用了 S_{ij} 的对称性，最后一个等式成立是因为 $S_{ij}A_{ij}$ 是一个标量，譬如 α，而 $S_{ij}A_{ij} = -S_{ij}A_{ij}$，即 $\alpha = -\alpha$，这意味着 α 必须是零。

(10)如果 B_{ij} 是一个对称张量，则

$$\epsilon_{ijk} B_{jk} = 0 \tag{1.4.60}$$

此式的证明与上式的证明类似。

(11)证明

$$\nabla \times \nabla \phi = \boldsymbol{0} \tag{1.4.61}$$

式中，ϕ 是一标量函数；$\boldsymbol{0}$ 表示零矢量。

证：设 $\nabla\phi = \boldsymbol{u}$，则 $u_k = \phi_{,k}$，并且

$$(\nabla \times \nabla \phi)_i = (\nabla \times \boldsymbol{u})_i = \epsilon_{ijk} u_{k,j} = \epsilon_{ijk} (\phi_{,k})_{,j} = \epsilon_{ijk} \phi_{,kj} = \epsilon_{ijk} \phi_{,jk} = 0 \tag{1.4.62}$$

最后的等式成立是因为求导与次序无关，即 $\phi_{,kj} = \phi_{,jk}$，也就是 $\phi_{,jk}$ 关于 j 和 k 是对称的，再利用式(1.4.60)，可得到式(1.4.62)。

(12)证明：

$$\nabla \cdot \nabla \times \boldsymbol{u} = 0 \tag{1.4.63}$$

证：设 $\nabla \times \boldsymbol{u} = \boldsymbol{v}$，则 $v_i = \epsilon_{ijk} u_{k,j}$，并且

$$\nabla \cdot \nabla \times \boldsymbol{u} = \nabla \cdot \boldsymbol{v} = v_{i,i} = (\epsilon_{ijk} u_{k,j})_{,i} = \epsilon_{ijk} u_{k,ji} = 0 \tag{1.4.64}$$

因为 ϵ_{ijk} 不依赖于 x_i，所以它的导数为零。因此，有

$$(\epsilon_{ijk} u_{k,j})_{,i} = (\epsilon_{ijk})_{,i} u_{k,j} + \epsilon_{ijk} u_{k,ji} = \epsilon_{ijk} u_{k,ji}$$

又因为 $u_{k,ji}(=u_{k,ij})$ 是对称的，根据式(1.4.60)，有

$$\epsilon_{ijk} u_{k,ji} = 0$$

(13)置换符号和克罗内克函数之间的关系为

$$\epsilon_{ijr} \epsilon_{pqr} = \delta_{ip} \delta_{jq} - \delta_{iq} \delta_{jp} \tag{1.4.65}$$

式(1.4.65)第一个和第二个 δ 符号的第一个指标是 i 和 j，对应第一个置换符号的指标 i 和 j，第二个指标是 p 和 q，对应第二个置换符号的指标 p 和 q；第三个和第四个 δ 符号的第一个指标是 i 和 j，仍然对应第一个置换符号的指标 i 和 j，但是它们的第二个指标是 q 和 p，交叉互换以后才对应第二个置换符号的指标 p 和 q，可按 1-1、2-2、1-2、2-1 的顺序来记忆。式(1.4.65)给出的关系非常有用。

(14)证明：

$$\nabla\times(\boldsymbol{a}\times\boldsymbol{b}) = \boldsymbol{b}\cdot\nabla\boldsymbol{a} + \boldsymbol{a}(\nabla\cdot\boldsymbol{b}) - \boldsymbol{b}(\nabla\cdot\boldsymbol{a}) - \boldsymbol{a}\cdot\nabla\boldsymbol{b} \tag{1.4.66}$$

证：设 $\boldsymbol{v}=\boldsymbol{a}\times\boldsymbol{b}$，则 $v_q=\epsilon_{qjk}a_jb_k$，并且

$$\begin{aligned}
[\nabla\times(\boldsymbol{a}\times\boldsymbol{b})]_l &= (\nabla\times\boldsymbol{v})_l = \epsilon_{lpq}v_{q,p} = \epsilon_{lpq}\epsilon_{qjk}(a_jb_k)_{,p} = \epsilon_{lpq}\epsilon_{jkq}(a_{j,p}b_k + a_jb_{k,p}) \\
&= (\delta_{lj}\delta_{pk} - \delta_{lk}\delta_{pj})(a_{j,p}b_k + a_jb_{k,p}) \\
&= \delta_{lj}\delta_{pk}a_{j,p}b_k + \delta_{lj}\delta_{pk}a_jb_{k,p} - \delta_{lk}\delta_{pj}a_{j,p}b_k - \delta_{lk}\delta_{pj}a_jb_{k,p} \\
&= a_{l,p}b_p + a_lb_{p,p} - a_{p,p}b_l - a_pb_{l,p} \\
&= (\boldsymbol{b}\cdot\nabla\boldsymbol{a})_l + a_l(\nabla\cdot\boldsymbol{b}) - b_l(\nabla\cdot\boldsymbol{a}) - (\boldsymbol{a}\cdot\nabla\boldsymbol{b})_l
\end{aligned} \tag{1.4.67}$$

此证明可作为说明指标记号重要性的例子，因为常规的证明比这要长得多。但是必须注意，运用指标时需要仔细、小心。除了用观察指标只重复一次的方法来选定哑指标外，还要认清 l 是自由指标也非常重要，l 不能用式中的其他字母来代替。因而，式(1.4.67)中的 δ_{lj} 和 δ_{lk} 起作用的项分别是用 l 来代替 j 和用 l 来代替 k 后的项，若反过来用 j 来代替 l 和用 k 来代替 l 则是不正确的。对于式(1.4.67)中的其他 δ，由于它们的两个下标都是哑指标，所以它们下标中的任一个都可用另一个代替。另外，应注意式(1.4.67)中的最后等式，由于 $\nabla\cdot\boldsymbol{a}$ 和 $\nabla\cdot\boldsymbol{b}$ 是标量，因此容易写出包含它们的两项，其余两项 $a_{l,p}b_p$ 和 $a_pb_{l,p}$ 必须理解为张量和矢量之间的标量积。在这两项中，张量都是矢量的梯度，这在定义应变张量的式(1.4.1)中已经遇到过。

(15)假设 t_i 是一个矢量、v_{jk} 是一个任意张量，若关系式

$$u_{ijk}v_{jk} = t_i \tag{1.4.68}$$

成立，则意味着 u_{ijk} 是一个张量。下面是基于 Santalo(1969)的推导。首先写出

$$u'_{ijk}v'_{jk} = t'_i \tag{1.4.69}$$

其次由式(1.4.68)用不带“′”坐标系中的分量来表示 t'_i 和 v'_{jk}，得到

$$u'_{ijk}a_{jl}a_{ks}v_{ls} = a_{im}t_m = a_{im}u_{mls}v_{ls} \tag{1.4.70}$$

整理后，有

$$(u'_{ijk}a_{jl}a_{ks} - a_{im}u_{mls})v_{ls} = 0 \tag{1.4.71}$$

因为 v_{ls} 是任意的，故式(1.4.71)中带括号的因子必须等于零，即

$$u'_{ijk}a_{jl}a_{ks} = a_{im}u_{mls} \tag{1.4.72}$$

为了证明 u_{ijk} 是一个张量，必须验证它满足式(1.4.14a)。为此，需要先用 a_{ql} 和 a_{ps} 缩并式(1.4.72)，再由正交关系式(1.3.19)，可得到

$$u'_{ijk}\delta_{jq}\delta_{kp} = u'_{iqp} = a_{im}a_{ql}a_{ps}u_{mls} \tag{1.4.73}$$

因此，u_{ijk} 是一个张量。

这个结果是所谓的微商定理的一个特例。微商定理表明，如果一个实体矢量与任意一个张量缩并得到另一个张量，则该实体是一个张量。

1.4.6 对称二阶张量的对角化

对于涉及二阶对称张量(如应变或应力张量)的问题，若选择合适的坐标系，使得在该坐标系下张量的分量仅当两指标相等时才有非零值，那么问题的研究将变得简单些。换句话说，如果 t_{ij} 是对称张量，则需要找一个新坐标系，使得在新坐标系中，只有 t'_{11}、t'_{22} 和 t'_{33} 是非零分量。当这种目标实现时，称张量被对角化了，这与矩阵的对角化类似。这里的主要问题在于确定使张量对角化的变换关系式，所以接下来我们就从张量的坐标变换关系式出发来导出所需的结果。

由式(1.4.10)可知

$$t'_{ij} = a_{ik}a_{jl}t_{kl} \tag{1.4.74}$$

式中，t_{kl} 为已知张量，不要求对称；t'_{ij} 和 a_{jl} 都是必须确定的未知量。对等式两边用 a_{jm} 缩并，然后利用 a_{ij} 的正交性和克罗内克函数的性质，可得

$$a_{jm}t'_{ij} = a_{jm}a_{ik}a_{jl}t_{kl} = a_{ik}\delta_{lm}t_{kl} = a_{ik}t_{km} \tag{1.4.75}$$

将式(1.4.75)写成完整形式，为

$$a_{ik}t_{km} = a_{jm}t'_{ij} = a_{1m}t'_{i1} + a_{2m}t'_{i2} + a_{3m}t'_{i3} \tag{1.4.76}$$

令 $i = 1,2,3$，并且只有 t'_{11}、t'_{22}、t'_{33} 是非零元素，于是有

$$a_{1k}t_{km} = a_{1m}t'_{11} + a_{2m}t'_{12} + a_{3m}t'_{13} = a_{1m}t'_{11} \tag{1.4.77a}$$

$$a_{2k}t_{km} = a_{1m}t'_{21} + a_{2m}t'_{22} + a_{3m}t'_{23} = a_{2m}t'_{22} \tag{1.4.77b}$$

$$a_{3k}t_{km} = a_{1m}t'_{31} + a_{2m}t'_{32} + a_{3m}t'_{33} = a_{3m}t'_{33} \tag{1.4.77c}$$

若记

$$u_k = a_{1k},\ v_k = a_{2k},\ w_k = a_{3k},\ k = 1,2,3 \tag{1.4.78}$$

u_k、v_k 和 w_k 可分别看成三个矢量 $\boldsymbol{u}$、$\boldsymbol{v}$ 和 $\boldsymbol{w}$ 的分量，则式(1.4.77a)~式(1.4.77c)变为

$$u_k t_{km} = u_m t'_{11} \tag{1.4.79a}$$

$$v_k t_{km} = v_m t'_{22} \tag{1.4.79b}$$

$$w_k t_{km} = w_m t'_{33} \tag{1.4.79c}$$

这三个方程有同样的形式，即

$$z_k t_{km} = \lambda z_m,\quad m = 1,2,3 \tag{1.4.80}$$

式中，z 是 u、v 或者 w；λ 是 t'_{11}、t'_{22} 或者 t'_{33}。

利用 $z_m \equiv \delta_{km}z_k$，式(1.4.80)可写为

$$z_k t_{km} - \delta_{km}\lambda z_k = 0,\quad m = 1,2,3 \tag{1.4.81}$$

式(1.4.81)可重写为

$$(t_{km} - \delta_{km}\lambda)z_k = 0,\quad m = 1,2,3 \tag{1.4.82}$$

此式表示关于三个未知量 z_1、z_2 和 z_3 的线性方程组，且这个方程组是齐次的，因为每个方程的右边都等于零。齐次线性方程组有非零解的条件是其系数行列式的值为零，即

$$|t_{km} - \delta_{km}\lambda| = 0 \tag{1.4.83}$$

将行列式写成完全形式并展开，得

$$\begin{vmatrix} t_{11}-\lambda & t_{12} & t_{13} \\ t_{21} & t_{22}-\lambda & t_{23} \\ t_{31} & t_{32} & t_{33}-\lambda \end{vmatrix} = -\lambda^3 + A\lambda^2 - B\lambda + C = 0 \tag{1.4.84}$$

其中

$$A = t_{ii}; \quad C = |t_{km}| \tag{1.4.85}$$

对称张量 B 为

$$B = t_{11}t_{22} - t_{12}^2 + t_{22}t_{33} - t_{23}^2 + t_{11}t_{33} - t_{13}^2 \tag{1.4.86}$$

式中，A、B 和 C 均不依赖于所选坐标系，称它们为 t_{ij}的不变量；如前所述，t_{ii}被称为 t_{ij}的迹[见式(1.4.29)]。

式(1.4.84)是 λ 的三次方程，所以它有三个根，即 λ_1、λ_2 和 λ_3。这些根称为 t_{ij}的特征值或固有值，三个对应的矢量 u_k、v_k 和 w_k 称为特征矢量或固有矢量。在一般非对称的情况下，特征值可以是实数或复数，但是，对于只有实数分量的对称张量，特征值是实数(见问题 1.14)，虽然这三个实数不必全都不同。当三个特征值互不相同时，三个特征矢量是唯一的、互相正交的。如果某一个根是重根，则只有与不重复特征值相应的特征矢量才是唯一的，可以选择其他两个特征矢量，形成正交集。当三个特征值相等时(三重根)，张量是克罗内克函数的倍数，并且任意矢量都是一个特征矢量。

最后，对于对称张量，式(1.4.80)可写为

$$t_{mk}z_k = \lambda z_m, \quad m = 1,2,3 \tag{1.4.87}$$

或

$$\boldsymbol{T}\boldsymbol{z} = \lambda \boldsymbol{z} \tag{1.4.88}$$

式中，$\boldsymbol{T}$ 是 t_{ij}的矩阵；$\boldsymbol{z}$ 是矢量，其分量为 z_k。

【示例】

请将下列二阶对称张量对角化。

$$t_{ij} = \begin{pmatrix} 1 & -1 & -1 \\ -1 & 1 & -1 \\ -1 & -1 & 1 \end{pmatrix} \tag{1.4.89}$$

首先，求 t_{ij}的特征值，即解其相应的特征方程，有

$$\begin{vmatrix} 1-\lambda & -1 & -1 \\ -1 & 1-\lambda & -1 \\ -1 & -1 & 1-\lambda \end{vmatrix} = (1-\lambda)^3 - 3(1-\lambda) - 2 = 0 \tag{1.4.90}$$

得到三个根：$\lambda_1 = -1$，$\lambda_2 = \lambda_3 = 2$。

先求第一个特征值 λ_1 对应的特征向量 $\boldsymbol{u}$。用 λ_1 代替式(1.4.79a)中的 t'_{11}(注意，k 是哑指标，m 是自由指标)，展开后，得

$$u_1t_{11} + u_2t_{21} + u_3t_{31} = \lambda_1 u_1 \tag{1.4.91a}$$

$$u_1t_{12} + u_2t_{22} + u_3t_{32} = \lambda_1 u_2 \tag{1.4.91b}$$

$$u_1t_{13} + u_2t_{23} + u_3t_{33} = \lambda_1 u_3 \tag{1.4.91c}$$

因为 t_{ij}是对称的，故方程可用矩阵形式写成

$$\begin{pmatrix} t_{11}-\lambda_1 & t_{12} & t_{13} \\ t_{21} & t_{22}-\lambda_1 & t_{23} \\ t_{31} & t_{32} & t_{33}-\lambda_1 \end{pmatrix}\begin{pmatrix} u_1 \\ u_2 \\ u_3 \end{pmatrix} = \mathbf{0} \tag{1.4.92}$$

代入 t_{ij}各分量的值及 λ_1 值，得

$$\begin{pmatrix} 1-(-1) & -1 & -1 \\ -1 & 1-(-1) & -1 \\ -1 & -1 & 1-(-1) \end{pmatrix}\begin{pmatrix} u_1 \\ u_2 \\ u_3 \end{pmatrix} = \begin{pmatrix} 0 \\ 0 \\ 0 \end{pmatrix}$$

进行矩阵相乘运算得到以下三个方程，即

$$2u_1 - u_2 - u_3 = 0 \tag{1.4.93a}$$

$$-u_1 + 2u_2 - u_3 = 0 \tag{1.4.93b}$$

$$-u_1 - u_2 + 2u_3 = 0 \tag{1.4.93c}$$

由导出式(1.4.92)的方法可知，上面三个方程中至少有一个是其余两方程的线性组合(在这个例子中，最后一个方程是前面两个方程的和再改变符号)，因此，三个方程中有一个是冗余的，可以忽略。此外，$u_i(i=1, 2, 3)$中的两个将依赖于另一个。因此，可以写成

$$u_2 + u_3 = 2u_1 \tag{1.4.94a}$$

$$2u_2 - u_3 = u_1 \tag{1.4.94b}$$

解方程式(1.4.94)，求出 u_2 和 u_3，得 $u_2 = u_1, u_3 = u_1$，于是 $\boldsymbol{u} = (u_1, u_1, u_1)$。据式(1.4.78)的第一个等式求 u_1，有 $u_1 = a_{11}, u_2 = a_{12}, u_3 = a_{13}$。所以，$\boldsymbol{u}$ 的元素受正交条件式(1.3.19)的约束。此时，将式(1.3.19)中的 k 置为 i，得

$$a_{i1}a_{k1} + a_{i2}a_{k2} + a_{i3}a_{k3} = a_{i1}^2 + a_{i2}^2 + a_{i3}^2 = 1 \tag{1.4.95}$$

当 $i=1$ 时，可得

$$a_{11}^2 + a_{12}^2 + a_{13}^2 \equiv u_1^2 + u_2^2 + u_3^2 = |\boldsymbol{u}|^2 = 3u_1^2 = 1 \tag{1.4.96}$$

根据式(1.4.96)，有

$$\boldsymbol{u} = \frac{1}{\sqrt{3}}(1,1,1) \tag{1.4.97}$$

再求第二个特征值 $\lambda_2=2$ 对应的特征向量 $\boldsymbol{v}$。将式(1.4.92)中的 λ_1 换为 λ_2，得

$$\begin{pmatrix} 1-2 & -1 & -1 \\ -1 & 1-2 & -1 \\ -1 & -1 & 1-2 \end{pmatrix}\begin{pmatrix} v_1 \\ v_2 \\ v_3 \end{pmatrix} = \begin{pmatrix} 0 \\ 0 \\ 0 \end{pmatrix}$$

它可以写成具有三个同样方程的方程组，即

$$\begin{cases} v_1 + v_2 + v_3 = 0 \\ v_1 + v_2 + v_3 = 0 \\ v_1 + v_2 + v_3 = 0 \end{cases} \tag{1.4.98}$$

这意味着，三个分量之一(如 v_1)要用其他两个分量表示。譬如，$v_1 = -v_2 - v_3$，从而 $\boldsymbol{v} = (-v_2 - v_3, v_2, v_3)$。注意，不管 v_2、v_3 取什么值，因为 $\boldsymbol{u}$ 和 $\boldsymbol{v}$ 正交，所以都有 $\boldsymbol{u}\cdot\boldsymbol{v}=0$。换言之，$\boldsymbol{v}$ 是在垂直于 $\boldsymbol{u}$ 的平面内。由于对 v_2 和 v_3 不再有进一步的约束，

所以可对它们中任何一个的值进行选取。譬如，选取 $v_3=0$，这时 $\boldsymbol{v}=(-v_2-v_3,v_2,v_3)=(-v_2,v_2,0)$。在约束条件式(1.4.95)中取 $i=2$，得

$$a_{21}^2+a_{22}^2+a_{23}^2\equiv v_1^2+v_2^2+v_3^2=2v_2^2=1 \tag{1.4.99}$$

于是，有

$$\boldsymbol{v}=\frac{1}{\sqrt{2}}(-1,1,0) \tag{1.4.100}$$

如果 $\lambda_i(i=1,2,3)$ 的三个值互不相同，则第三个特征矢量将在式(1.4.92)中用 λ_3 来代替 λ_1 后求得。但是，在这个例子中，λ_i 中有两个相等，特征矢量不能那样求。考虑特征矢量 $\boldsymbol{w}$ 必须垂直于 $\boldsymbol{u}$，同时垂直于 $\boldsymbol{v}$，所以可选择

$$\boldsymbol{w}=\boldsymbol{u}\times\boldsymbol{v}=\frac{1}{\sqrt{6}}(-1,-1,2) \tag{1.4.101}$$

在约束条件式(1.4.95)中，对于第三个矢量 $\boldsymbol{w}$，取 $i=3$，得

$$a_{31}^2+a_{32}^2+a_{33}^2\equiv w_1^2+w_2^2+w_3^2=1 \tag{1.4.102}$$

式(1.4.101)给出的 $\boldsymbol{w}$ 已满足这个条件。

因为 $\boldsymbol{u}$、$\boldsymbol{v}$ 和 $\boldsymbol{w}$ 分别是变换矩阵式(1.4.78)的第一行、第二行和第三行，故可得

$$\boldsymbol{A}=\frac{1}{\sqrt{6}}\begin{pmatrix}\sqrt{2} & \sqrt{2} & \sqrt{2}\\ -\sqrt{3} & \sqrt{3} & 0\\ -1 & -1 & 2\end{pmatrix} \tag{1.4.103}$$

利用式(1.4.17)，容易验证用矩阵 $\boldsymbol{A}$ 作坐标系旋转，矩阵 t_{ij} 会变为 $t'_{11}=-1$，$t'_{22}=2$，$t'_{33}=2$ 的对角矩阵(见问题1.15)。还应注意到，$t_{ii}=t'_{ii}=3$，可见矩阵的迹在旋转后仍保持不变(见问题1.16)。

1.4.7 各向同性张量

如果一个张量在任意坐标系中都有相同的分量，则称该张量是各向同性张量，所有分量都为零的张量除外。各向同性张量在应用(如弹性)中非常重要。下面是关于各向同性张量的一些重要结论。

(1)不存在各向同性矢量或虚矢量。

(2)唯一的二阶各向同性张量是 $\lambda\delta_{ij}$，其中 λ 是一个标量。

(3)在三维空间中，不存在三阶各向同性张量，唯一的三阶各向同性虚张量是 $\lambda\epsilon_{ijk}$，其中 λ 是一个标量。

(4)唯一的四阶各向同性张量是

$$c_{ijkl}=\lambda\delta_{ij}\delta_{kl}+\mu(\delta_{ik}\delta_{jl}+\delta_{il}\delta_{jk})+\nu(\delta_{ik}\delta_{jl}-\delta_{il}\delta_{jk}) \tag{1.4.104}$$

式中，λ、μ 和 ν 是标量。式(1.4.104)在各向同性介质波的传播理论中起到了很重要的作用。

1.4.8 与二阶反对称张量关联的矢量

若 W_{ij} 是一个反对称张量，则有

$$W_{ij} = -W_{ji} \tag{1.4.105}$$

和

$$W_{JJ} = 0, \quad J = 1,2,3 \tag{1.4.106}$$

这里不对大写字母指标 J 求和。因此，反对称张量可以只用三个独立的分量来描述，这三个独立的分量可认为是某个矢量 $\boldsymbol{w} = (w_1, w_2, w_3)$ 的分量，称矢量 $\boldsymbol{w}$ 为与反对称张量 W_{ij} 关联的矢量。显然，w_i 对应于 W_{12}、W_{13} 或 W_{23}（看成 W_{ij} 的三个独立分量）。问题是，如何将这两组分量联系起来？这里，借助于置换符号，令

$$W_{ij} = \epsilon_{ijk} w_k \tag{1.4.107}$$

当 $i=j$ 时，此表达式的右边为零；当 i 和 j 交换时，此表达式的右边改变符号，因此满足 W_{ij} 的反对称性质。

为了由 W_{ij} 求 w_k，将式(1.4.107)展开，写成完整形式，指标 i 只取1和2，指标 j 对应取2和1，得到

$$W_{12} = \epsilon_{123} w_3 = w_3 \tag{1.4.108}$$

$$W_{21} = \epsilon_{213} w_3 = -w_3 \tag{1.4.109}$$

用式(1.4.108)减去式(1.4.109)，得

$$w_3 = (W_{12} - W_{21})/2 = W_{12} \tag{1.4.110}$$

类似地，由 i 和 j 的其他组合，得到

$$w_1 = (W_{23} - W_{32})/2 = W_{23} \tag{1.4.111}$$

$$w_2 = (W_{31} - W_{13})/2 = -W_{13} \tag{1.4.112}$$

用置换符号可以统一将式(1.4.110)～式(1.4.112)写成(见问题1.17～问题1.19)

$$w_i = \frac{1}{2}\epsilon_{ijk} W_{jk} \tag{1.4.113}$$

1.4.9 散度或高斯定理

设 $\boldsymbol{v}(\boldsymbol{x})$ 是体积 V 内的矢量场，S 是包围体积 V 的封闭面，$\boldsymbol{n}(\boldsymbol{x})$ 是 S 的外法向矢量，并设矢量场 $\boldsymbol{v}$ 及其散度 $\nabla \cdot \boldsymbol{v}$ 在 V 内及 S 上连续，则矢量场的散度定理表述为

$$\int_V \nabla \cdot \boldsymbol{v} \mathrm{d}V = \int_S \boldsymbol{v} \cdot \boldsymbol{n} \mathrm{d}S \tag{1.4.114}$$

写成分量形式，为

$$\int_V v_{i,i} \mathrm{d}V = \int_S v_i n_i \mathrm{d}S \tag{1.4.115}$$

1.5 无限小旋转

无限小旋转在应变分析中很重要，因此有必要对其进行详细讨论。首先引入无限小旋转的概念。

单位矩阵 δ_{ij} 表示一种坐标轴的旋转，这种旋转使任意矢量的分量在旋转前后不变，即

$$x'_i = \delta_{ij} x_j = x_i \tag{1.5.1}$$

无限小旋转的旋转矩阵元素 ω_{ij} 与用于旋转的单位矩阵元素 δ_{ij} 只差一个无限小量 α_{ij}，即

$$\omega_{ij} = \delta_{ij} + \alpha_{ij}, \quad |\alpha_{ij}| \ll 1 \tag{1.5.2}$$

无限小旋转的一个重要性质是，如果对矢量进行多次旋转，则旋转次序可以前后交换。这种性质可通过考察无限小旋转 $\delta_{ij}+\beta_{ij}$ 对矢量 $\boldsymbol{v}$ 的旋转结果来检验，矢量 $\boldsymbol{v}$ 是将另一个无限小旋转 $\delta_{ij}+\alpha_{ij}$ 施加到矢量 $\boldsymbol{u}$ 上得到的。设矢量 $\boldsymbol{v}$ 旋转的结果是矢量 $\boldsymbol{w}$，则其分量为

$$\begin{aligned} w_i &= (\delta_{ij} + \beta_{ij}) v_j = (\delta_{ij} + \beta_{ij})(\delta_{jk} + \alpha_{jk}) u_k \\ &= (\delta_{ik} + \beta_{ik} + \alpha_{ik} + \beta_{ij}\alpha_{jk}) u_k = (\delta_{ik} + \beta_{ik} + \alpha_{ik}) u_k \end{aligned} \tag{1.5.3}$$

在最后一步中，忽略了二阶项 $\beta_{ij}\alpha_{jk}$。由式(1.5.3)可知，$\beta_{ik}+\alpha_{ik}=\alpha_{ik}+\beta_{ik}$。也就是说，改变对矢量进行多次旋转中旋转的先后次序，不影响最后旋转的结果，即无限小旋转的次序可以先后互相交换。有限量的旋转，是没有这种性质的。

无限小旋转还有一个重要性质：若 $\omega_{ij}=\delta_{ij}+\alpha_{ij}$ 是一个无限小旋转，则 $\alpha_{ij}=-\alpha_{ji}$，即 α_{ij} 为反对称张量。为了说明这一点，利用式(1.3.23)来求逆旋转矩阵元素，有

$$(\omega^{-1})_{ij} = (\omega^{\mathrm{T}})_{ij} = \delta_{ji} + \alpha_{ji} \tag{1.5.4}$$

利用矩阵与其逆矩阵的乘积是单位矩阵的关系，得

$$\delta_{ij} = \omega_{ik}(\omega^{-1})_{kj} = (\delta_{ik} + \alpha_{ik})(\delta_{jk} + \alpha_{jk}) = \delta_{ij} + \alpha_{ij} + \alpha_{ji} \tag{1.5.5}$$

式(1.5.5)略去了二阶项 $\alpha_{ik}\alpha_{jk}$。由式(1.5.5)可得到 $\alpha_{ij}+\alpha_{ji}=0$，即

$$\alpha_{ij} = -\alpha_{ji} \tag{1.5.6}$$

因此，α_{ij} 是反对称的。而这意味着 α_{ij} 和 ω_{ij} 的对角元素分别是 0 和 1。这个结论与任何旋转矩阵的元素都是方向余弦一致，并且这些方向余弦都不可能大于 1。

接下来讨论任意矢量 $\boldsymbol{v}$ 经无限小旋转后得到的矢量 $\boldsymbol{v}'$。

$$v'_i = (\delta_{ij} + \alpha_{ij}) v_j = v_i + \alpha_{ij} v_j = v_i + \mathrm{d}v_i \tag{1.5.7}$$

式中

$$\mathrm{d}v_i = \alpha_{ij} v_j \tag{1.5.8}$$

因此，有

$$\boldsymbol{v}' = \boldsymbol{v} + \mathrm{d}\boldsymbol{v} \tag{1.5.9}$$

因为旋转变换保持矢量的长度不变(见问题 1.6)，所以式(1.5.9)表明，$|\mathrm{d}\boldsymbol{v}|$ 必须比 $|\boldsymbol{v}|$ 小得多，以至于当取一级近似时，有 $|\boldsymbol{v}|=|\boldsymbol{v}'|$。

为了确定 $\mathrm{d}\boldsymbol{v}$ 和 $\boldsymbol{v}$ 之间的夹角，计算它们的标量积，有

$$\mathrm{d}\boldsymbol{v} \cdot \boldsymbol{v} = \mathrm{d}v_i v_i = \alpha_{ij} v_j v_i = -\alpha_{ij} v_i v_j = 0 \tag{1.5.10}$$

最后的等式是由于 α_{ij} 是反对称的，而 $v_i v_j$ 是对称的。因此，$\mathrm{d}\boldsymbol{v}$ 位于与 $\boldsymbol{v}$ 垂直的平面内。

前面曾讨论过 $\boldsymbol{w}=(w_1, w_2, w_3)$ 是与反对称张量 W_{ij} 关联的矢量。这里假设 $\boldsymbol{a}$ 是与反对称张量 α_{ij} 关联的矢量，由式(1.4.107)知 $\alpha_{ij}=\epsilon_{ijk}a_k$，从而 $\mathrm{d}\boldsymbol{v}$ 与 $\boldsymbol{a}$ 的标量积为

$$\mathrm{d}\boldsymbol{v} \cdot \boldsymbol{a} = \mathrm{d}v_i a_i = \alpha_{ij} v_j a_i = \epsilon_{ijk} a_k v_j a_i = 0 \tag{1.5.11}$$

式中，最后的等式是考虑 ϵ_{ijk} 和 $a_k a_i$ 对于指标 i 和 k 分别是反对称和对称张量而得出的。

这个结果表明，d$\boldsymbol{v}$ 也垂直于 $\boldsymbol{a}$，还表明，无限小旋转的旋转轴是与其反对称张量 α_{ij} 关联的矢量 $\boldsymbol{a}$（见图1.5）。

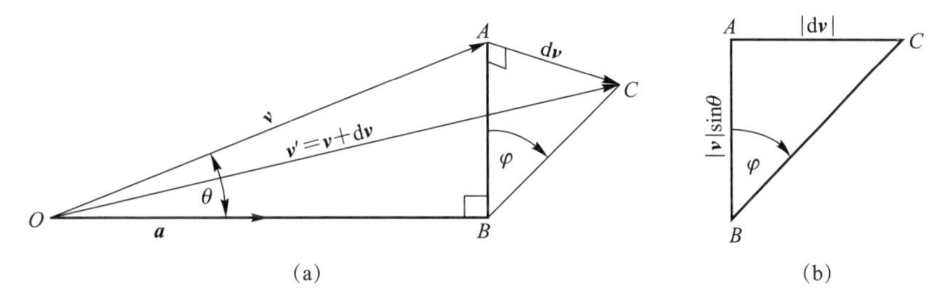

图1.5　无限小旋转的几何图形

(a)矢量 $\boldsymbol{v}$ 围绕矢量 $\boldsymbol{a}$ 做无限小旋转的几何图形，两矢量之间的夹角是 θ，旋转矢量 $\boldsymbol{v}'$ 的旋转角是 φ；(b)左图中 $\triangle ACB$ 的详细显示

因为 d$\boldsymbol{v}$ 既垂直于 $\boldsymbol{v}$，又垂直于 $\boldsymbol{a}$，故 d$\boldsymbol{v}$ 必平行于 $\boldsymbol{v}\times\boldsymbol{a}$，容易验证

$$
\begin{aligned}
(\boldsymbol{v}\times\boldsymbol{a})_l &= \epsilon_{lmn}v_m a_n = \frac{1}{2}v_m\epsilon_{lmn}\epsilon_{npq}\alpha_{pq} = \frac{1}{2}v_m(\delta_{lp}\delta_{mq}-\delta_{lq}\delta_{mp})\alpha_{pq} \\
&= \frac{1}{2}(\alpha_{lm}v_m-\alpha_{ml}v_m) = \alpha_{lm}v_m = \mathrm{d}v_l
\end{aligned}
\tag{1.5.12}
$$

因此

$$
\mathrm{d}\boldsymbol{v} = \boldsymbol{v}\times\boldsymbol{a} \tag{1.5.13}
$$

$$
|\mathrm{d}\boldsymbol{v}| = |\boldsymbol{v}||\boldsymbol{a}|\sin\theta \tag{1.5.14}
$$

最后，求旋转角 φ，它是 $\boldsymbol{a}$ 和 $\boldsymbol{v}$ 所在平面以及 $\boldsymbol{a}$ 和 $\boldsymbol{v}'$ 所在平面之间的夹角。按图1.5所示的几何关系，可求得

$$
\varphi \approx \tan\varphi = \frac{\overline{CA}}{\overline{AB}} = \frac{|\mathrm{d}\boldsymbol{v}|}{|\boldsymbol{v}|\sin\theta} = |\boldsymbol{a}| \tag{1.5.15}
$$

结论：若 $\omega_{ij}=\delta_{ij}+\alpha_{ij}$ 是一个无限小旋转，并且 $\boldsymbol{a}$ 是与 α_{ij} 关联的矢量，则 ω_{ij} 等价于围绕轴 $\boldsymbol{a}$ 旋转角度 $|\boldsymbol{a}|$。

1.6　并矢和并矢符号

如前所述，矢量既可用单一符号表示，又可用它的分量表示，但张量只能用其分量定义。为了用单一符号来表示张量，Gibbs（Wilson，1901）引入并矢和并矢符号。因为并矢符号具有符号表示的所有优点，所以在用于简单问题时很方便。一旦建立了符号之间运算的规则，数学推导就会简化，物理量之间的关系也会变得更清晰，因为它们不会被用分量形式表示的同一关系的指标掩盖。但是，当涉及高阶张量时，符号表示不再方便，因为需要更多的符号和规则来表明它们之间的新运算。并矢符号的另一个优点就是所涉及的关系不依赖于坐标系，这使得当需要在非笛卡儿坐标系下写出这些关系时非常方便。然而，值得注意的是，必须对这种不依赖于坐标系的性质加以证明。例如，弹性波方程通常采用矢量形式写出，虽然它是在笛卡儿坐标系下导出的。这是因为如1.1节所述，梯度、散度、旋度都是不依赖于坐标系的。另外，应力和应变张量的笛卡儿坐标系下的表达式不能用于其他坐标系。

Ben-Memahem 和 Singh(1981)大量使用了并矢符号，Chou 和 Pagano(1967)、Goodbody(1982)、Morse 和 Feshbach(1953)及 Nadeau(1964)等对并矢符号进行了详细讨论，Mase(1970)给出了许多样例。下面的讨论是导论性的，目的是帮助读者了解并矢符号的最基本知识，并矢符号将用大写斜花体字母表示。

1.6.1 并矢

并矢是由两个矢量并列在一起而形成的一个实体。设 $\boldsymbol{u}$ 和 $\boldsymbol{v}$ 是两个任意矢量，则它们可形成两个并矢，即 $\boldsymbol{uv}$ 和 $\boldsymbol{vu}$，通常 $\boldsymbol{uv}$ 和 $\boldsymbol{vu}$ 是不相同的。并矢的前一个矢量称为先行矢量，后一个矢量称为后继矢量。并矢可用其与矢量的运算规则来定义。设 $\boldsymbol{a}$、$\boldsymbol{b}$ 和 $\boldsymbol{c}$ 是三个任意矢量，大写斜花体字母 $\mathcal{D}$ 是并矢 $\boldsymbol{ad}$ 的单一符号表示，则并矢 $\mathcal{D}$ 和矢量 $\boldsymbol{c}$ 的标量积为

$$\mathcal{D}\cdot\boldsymbol{c}=(\boldsymbol{ab})\cdot\boldsymbol{c}=\boldsymbol{a}(\boldsymbol{b}\cdot\boldsymbol{c})\equiv(\boldsymbol{b}\cdot\boldsymbol{c})\boldsymbol{a} \tag{1.6.1}$$

式中，括号中的因子是两矢量的标量积，其运算结果是标量，因此并矢 $\mathcal{D}$(张量)和矢量 $\boldsymbol{c}$ 的标量积是矢量。

设 $\mathcal{S}$ 和 $\mathcal{T}$ 是两个并矢，则其和或差是一个新的并矢，即

$$(\mathcal{S}\pm\mathcal{T})\cdot\boldsymbol{d}=\mathcal{S}\cdot\boldsymbol{d}\pm\mathcal{T}\cdot\boldsymbol{d} \tag{1.6.2}$$

式中，$\boldsymbol{d}$ 是任意矢量。

并矢还满足下列一些关系，即

$$\boldsymbol{a}(\boldsymbol{b}+\boldsymbol{c})=\boldsymbol{ab}+\boldsymbol{ac} \tag{1.6.3}$$

$$(\boldsymbol{a}+\boldsymbol{b})\boldsymbol{c}=\boldsymbol{ac}+\boldsymbol{bc} \tag{1.6.4}$$

$$(\boldsymbol{a}+\boldsymbol{b})(\boldsymbol{c}+\boldsymbol{d})=\boldsymbol{ac}+\boldsymbol{ad}+\boldsymbol{bc}+\boldsymbol{bd} \tag{1.6.5}$$

$$(\lambda+\mu)\boldsymbol{ab}=\lambda\boldsymbol{ab}+\mu\boldsymbol{ab} \tag{1.6.6}$$

$$(\lambda\boldsymbol{a})\boldsymbol{b}=\boldsymbol{a}(\lambda\boldsymbol{b})=\lambda\boldsymbol{ab} \tag{1.6.7}$$

式中，λ、μ 是标量。

验证这些关系是很简单的，这里以验证第一个等式为例。因为 $\boldsymbol{b}+\boldsymbol{c}$ 是一个矢量，所以式(1.6.3)的左边是并矢。下面计算这个并矢与任意矢量 $\boldsymbol{d}$ 的标量积，应用矢量之间标量积的性质，得到

$$[\boldsymbol{a}(\boldsymbol{b}+\boldsymbol{c})]\cdot\boldsymbol{d}=\boldsymbol{a}[(\boldsymbol{b}+\boldsymbol{c})\cdot\boldsymbol{d}]=\boldsymbol{a}(\boldsymbol{b}\cdot\boldsymbol{d}+\boldsymbol{c}\cdot\boldsymbol{d})=\boldsymbol{a}(\boldsymbol{b}\cdot\boldsymbol{d})+\boldsymbol{a}(\boldsymbol{c}\cdot\boldsymbol{d})$$
$$=(\boldsymbol{ab})\cdot\boldsymbol{d}+(\boldsymbol{ac})\cdot\boldsymbol{d}=(\boldsymbol{ab}+\boldsymbol{ac})\cdot\boldsymbol{d}$$

其中，第一步和最后一步分别用了式(1.6.1)和式(1.6.2)。由矢量 $\boldsymbol{d}$ 的任意性可得 $\boldsymbol{a}(\boldsymbol{b}+\boldsymbol{c})=\boldsymbol{ab}+\boldsymbol{ac}$。

1.6.2 并矢符号

并矢符号可解释为二阶张量的符号表示。一个并矢与一个矢量做标量积时得到的结果是另一个矢量。如果 $\mathcal{T}$ 和 $\boldsymbol{u}$ 是任意的并矢和矢量，则

$$\mathcal{T}\cdot \boldsymbol{u}=\boldsymbol{v} \tag{1.6.8}$$

式中，$\boldsymbol{v}$ 一般是与 $\boldsymbol{u}$ 不同的矢量。下面将引入几个并矢符号的定义和性质。

(1)并矢符号的九元形式和分量。在讨论最一般的情况之前，先考虑由并矢相加得到的并矢符号，即

$$\mathcal{D}=\sum_{i=1}^{n}\boldsymbol{u}_i\boldsymbol{v}_i \tag{1.6.9}$$

式中，n 是任意的有限整数；下标 i 表示第 i 个矢量，而不是矢量的分量。使用求和符号是为了使下面方程的意义更清楚。下面利用式(1.2.10)将 $\boldsymbol{u}_i$ 和 $\boldsymbol{v}_i$ 写为

$$\boldsymbol{u}_i=\sum_{k=1}^{3}(\boldsymbol{u}_i\cdot\boldsymbol{e}_k)\,\boldsymbol{e}_k \tag{1.6.10}$$

$$\boldsymbol{v}_i=\sum_{l=1}^{3}(\boldsymbol{v}_i\cdot\boldsymbol{e}_l)\,\boldsymbol{e}_l \tag{1.6.11}$$

将式(1.6.10)和式(1.6.11)代入式(1.6.9)，得到

$$\mathcal{D}=\sum_{i=1}^{n}\left[\sum_{k=1}^{3}(\boldsymbol{u}_i\cdot\boldsymbol{e}_k)\boldsymbol{e}_k\right]\left[\sum_{l=1}^{3}(\boldsymbol{v}_i\cdot\boldsymbol{e}_l)\boldsymbol{e}_l\right] \tag{1.6.12}$$

考虑式(1.6.12)右边两个小括号中的因子都是标量，交换求和次序，但不能改变并矢 $\boldsymbol{e}_k\boldsymbol{e}_l$ 中矢量的次序，并利用式(1.6.7)，式(1.6.12)可以重写为

$$\mathcal{D}=\sum_{k,l=1}^{3}\left[\sum_{i=1}^{n}(\boldsymbol{u}_i\cdot\boldsymbol{e}_k)(\boldsymbol{v}_i\cdot\boldsymbol{e}_l)\right]\boldsymbol{e}_k\boldsymbol{e}_l \tag{1.6.13}$$

用 d_{kl}代替式(1.6.13)右边括号中的标量并利用求和约定，得到

$$\mathcal{D}=\sum_{k,l=1}^{3}d_{kl}\boldsymbol{e}_k\boldsymbol{e}_l=d_{kl}\boldsymbol{e}_k\boldsymbol{e}_l \tag{1.6.14}$$

此式表明，并矢符号 $\mathcal{D}$ 可写为九项的和，式(1.6.14)称为并矢的九元形式。

可按下面的方法得到 $\mathcal{D}$ 的分量。利用式(1.6.14)和式(1.2.7)可以得到

$$\boldsymbol{e}_m\cdot\mathcal{D}=\boldsymbol{e}_m\cdot(d_{kl}\boldsymbol{e}_k\boldsymbol{e}_l)=d_{kl}(\boldsymbol{e}_m\cdot\boldsymbol{e}_k)\boldsymbol{e}_l=d_{kl}\delta_{mk}\boldsymbol{e}_l=d_{ml}\boldsymbol{e}_l \tag{1.6.15}$$

和

$$\boldsymbol{e}_m\cdot\mathcal{D}\cdot\boldsymbol{e}_n=d_{ml}\boldsymbol{e}_l\cdot\boldsymbol{e}_n=d_{mn} \tag{1.6.16}$$

标量 d_{mn}是并矢符号 $\mathcal{D}$ 的 mn 分量。作为第一个例子，设 $\mathcal{D}=\boldsymbol{ab}$，则

$$\mathcal{D}=(a_i\boldsymbol{e}_i)(b_j\boldsymbol{e}_j)=a_ib_j\boldsymbol{e}_i\boldsymbol{e}_j \tag{1.6.17}$$

$\mathcal{D}$ 的分量是

$$d_{pq}=a_ib_j\boldsymbol{e}_p\cdot\boldsymbol{e}_i\boldsymbol{e}_j\cdot\boldsymbol{e}_q=a_pb_q \tag{1.6.18}$$

因此，并矢 $\boldsymbol{ab}$ 对应于1.4.1小节中引入的 $\boldsymbol{a}$ 和 $\boldsymbol{b}$ 的外积。

作为第二个例子，考虑并矢符号 $\mathcal{D}=\boldsymbol{ab}-\boldsymbol{ba}$。由式(1.6.18)易知，该并矢符号的分量为 $a_ib_j-b_ia_j$。将该并矢符号的所有分量写成矩阵形式，为

$$\begin{pmatrix} 0 & a_1b_2-b_1a_2 & a_1b_3-b_1a_3 \\ a_2b_1-b_2a_1 & 0 & a_2b_3-b_2a_3 \\ a_3b_1-b_3a_1 & a_3b_2-b_3a_2 & 0 \end{pmatrix} \tag{1.6.19}$$

如问题1.20的讨论，这个矩阵的元素与 $\boldsymbol{a}\times\boldsymbol{b}$ 的元素是直接相关的。

为了求得一般的并矢符号 $\mathcal{T}$的分量，设式(1.6.8)中的矢量 $\boldsymbol{u}$ 是单位矢量之一，如

$\boldsymbol{e}_q$。在这种情况下，得到的矢量将被写成

$$\mathcal{T}\cdot\boldsymbol{e}_q = t_{1q}\boldsymbol{e}_1 + t_{2q}\boldsymbol{e}_2 + t_{3q}\boldsymbol{e}_3 = t_{kq}\boldsymbol{e}_k \tag{1.6.20}$$

用 $\boldsymbol{e}_p$ 与式(1.6.20)中的矢量做标量积，得

$$\boldsymbol{e}_p\cdot\mathcal{T}\cdot\boldsymbol{e}_q = t_{kq}\boldsymbol{e}_p\cdot\boldsymbol{e}_k = t_{pq} \tag{1.6.21}$$

式中，t_{pq}是 $\mathcal{T}$的 pq 分量。此式类似于给出矢量分量的式(1.2.9)。

式(1.6.21)表明，$\mathcal{T}$可以写成九元形式，即

$$\mathcal{T} = t_{ij}\boldsymbol{e}_i\boldsymbol{e}_j \tag{1.6.22}$$

这也可以通过下式求得 $\mathcal{T}$的分量得到验证，即

$$\boldsymbol{e}_p\cdot\mathcal{T}\cdot\boldsymbol{e}_q = t_{ij}\boldsymbol{e}_p\cdot\boldsymbol{e}_i\boldsymbol{e}_j\cdot\boldsymbol{e}_q = t_{pq} \tag{1.6.23}$$

(2)一个并矢符号与一个矢量的标量积的分量。给定并矢符号 $\mathcal{T}$和矢量 $\boldsymbol{v}$，它们的标量积的分量由下式确定，即

$$\mathcal{T}\cdot\boldsymbol{v} = t_{ij}\boldsymbol{e}_i\boldsymbol{e}_j\cdot\boldsymbol{v} = t_{ij}\boldsymbol{e}_i(\boldsymbol{e}_j\cdot\boldsymbol{v}) = t_{ij}\boldsymbol{e}_i v_j = (t_{ij}v_j)\boldsymbol{e}_i \tag{1.6.24}$$

这意味着 $\mathcal{T}\cdot\boldsymbol{v}$ 的第 i 个分量为

$$(\mathcal{T}\cdot\boldsymbol{v})_i = t_{ij}v_j \tag{1.6.25}$$

式(1.6.25)的右边可解释为一个矩阵和一个矢量的乘积。

(3)单位并矢或等幂元。单位并矢 $\mathcal{I}$ 是指对任意给定的矢量 $\boldsymbol{v}$，下式恒成立的并矢，即

$$\mathcal{I}\cdot\boldsymbol{v} = \boldsymbol{v}\cdot\mathcal{I} = \boldsymbol{v} \tag{1.6.26}$$

为了求得 $\mathcal{I}$的表达式，将 $\boldsymbol{v}$ 写为

$$\boldsymbol{v} = (\boldsymbol{v}\cdot\boldsymbol{e}_1)\boldsymbol{e}_1 + (\boldsymbol{v}\cdot\boldsymbol{e}_2)\boldsymbol{e}_2 + (\boldsymbol{v}\cdot\boldsymbol{e}_3)\boldsymbol{e}_3 = \boldsymbol{v}\cdot(\boldsymbol{e}_1\boldsymbol{e}_1 + \boldsymbol{e}_2\boldsymbol{e}_2 + \boldsymbol{e}_3\boldsymbol{e}_3) \tag{1.6.27}$$

比较式(1.6.26)和式(1.6.27)，得到

$$\mathcal{I} = \boldsymbol{e}_1\boldsymbol{e}_1 + \boldsymbol{e}_2\boldsymbol{e}_2 + \boldsymbol{e}_3\boldsymbol{e}_3 \tag{1.6.28}$$

利用式(1.6.26)或式(1.6.28)，可得到 $\mathcal{I}$的分量为

$$\boldsymbol{e}_i\cdot\mathcal{I}\cdot\boldsymbol{e}_j = \boldsymbol{e}_i\cdot(\mathcal{I}\cdot\boldsymbol{e}_j) = \boldsymbol{e}_i\cdot\boldsymbol{e}_j = \delta_{ij} \tag{1.6.29}$$

注意，$\mathcal{I}$与单位矩阵具有相同的分量。

(4)并矢相加或相减的分量。给定两个并矢 $\mathcal{S}$ 和 $\mathcal{T}$，它们的和或差的分量可以写为

$$\boldsymbol{e}_i\cdot(\mathcal{S}\pm\mathcal{T})\cdot\boldsymbol{e}_j = \boldsymbol{e}_i\cdot\mathcal{S}\cdot\boldsymbol{e}_j \pm \boldsymbol{e}_i\cdot\mathcal{T}\cdot\boldsymbol{e}_j = s_{ij} + t_{ij} \tag{1.6.30}$$

(5)并矢的共轭。对于并矢 $\mathcal{T}=t_{ij}\boldsymbol{e}_i\boldsymbol{e}_j$，它的共轭记为 $\mathcal{T}_c$，此时 $\mathcal{T}_c$ 是满足下式的并矢，即

$$\mathcal{T}_c = t_{ji}\boldsymbol{e}_i\boldsymbol{e}_j = t_{ij}\boldsymbol{e}_j\boldsymbol{e}_i \tag{1.6.31}$$

$\mathcal{T}$和 $\mathcal{T}_c$ 间的关系与矩阵和它的转置间的关系类似。

根据式(1.6.25)，可以证明(见问题 1.22)

$$\mathcal{T}_c\cdot\boldsymbol{v} = \boldsymbol{v}\cdot\mathcal{T} \tag{1.6.32}$$

(6)对称和反对称并矢。对称并矢 $\mathcal{T}$是满足下式的并矢，即

$$\mathcal{T} = \mathcal{T}_c \tag{1.6.33}$$

而反对称并矢 $\mathcal{T}$是满足下式的并矢，即

$$\mathcal{T} = -\mathcal{T}_c \tag{1.6.34}$$

这些定义类似于由式(1.4.30)和式(1.4.31)给出的二阶对称张量和反对称张量的

定义。反对称并矢的一个例子是 $\boldsymbol{ab}-\boldsymbol{ba}$。

对于任意给定的并矢 $\mathcal{T}$，它总可以分解为一个对称并矢与一个反对称并矢的和，即

$$\mathcal{T}=\frac{1}{2}(\mathcal{T}+\mathcal{T}_c)+\frac{1}{2}(\mathcal{T}-\mathcal{T}_c) \tag{1.6.35}$$

式中，等号右边的第一项是对称并矢，第二项是反对称并矢。式(1.6.35)与式(1.4.33)~式(1.4.35)中的张量类似。

任意一个对称并矢 $\mathcal{S}$ 有六个独立的分量，但可以通过合适的坐标旋转将其写成仅有三分量的形式(Nadeau，1964)，为

$$\mathcal{S}=\lambda_1\boldsymbol{e}'_1\boldsymbol{e}'_1+\lambda_2\boldsymbol{e}'_2\boldsymbol{e}'_2+\lambda_3\boldsymbol{e}'_3\boldsymbol{e}'_3 \tag{1.6.36}$$

这就是与1.4.6小节中讨论的张量对角化对应的并矢对角化。并且，λ_i 和 $\boldsymbol{e}'_i$是 $\mathcal{S}$ 的特征值和特征向量。

问　题

1.1　给出一个坐标变换矩阵行列式 $|\boldsymbol{A}|=-1$ 的坐标变换的简单例子，并用图形表示。

1.2　利用方向余弦的定义，导出关于 x_2 轴顺时针和逆时针旋转 α 角度的坐标变换矩阵表达式，并绘图显示所有涉及的角度。

1.3　(a)验证式(1.3.2)。

　　(b)验证式(1.3.7)。

1.4　对于图1.2，矢量 $\boldsymbol{u}$ 的两个分量 u_1 和 u_2 分别为0.3和0.5，坐标轴旋转了40°，图1.2(a)和图1.2(b)中的 λ 分别为0.25和1.3。请给出两种情况下关于坐标轴 $\boldsymbol{v}$ 和 $\boldsymbol{v}'$ 的坐标。

1.5　利用爱因斯坦求和约定证明下列关系：

(a) $\nabla\cdot(\boldsymbol{a}\times\boldsymbol{b})=\boldsymbol{b}\cdot(\nabla\times\boldsymbol{a})-\boldsymbol{a}\cdot(\nabla\times\boldsymbol{b})$。

(b) $\nabla\cdot(f\boldsymbol{a})=(\nabla f)\cdot\boldsymbol{a}+f(\nabla\cdot\boldsymbol{a})$。式中，$f$ 为标量。

(c) $\nabla\times(f\boldsymbol{a})=(\nabla f)\times\boldsymbol{a}+f(\nabla\times\boldsymbol{a})$。

(d) $\nabla\times\boldsymbol{r}=0$，其中 $\boldsymbol{r}=(x_1,x_2,x_3)$。

(e) $(\boldsymbol{a}\cdot\nabla)\boldsymbol{r}=\boldsymbol{a}$。

(f) $\nabla|\boldsymbol{r}|=\boldsymbol{r}/|\boldsymbol{r}|$。

1.6　证明：正交变换保持矢量的长度不变。

1.7　证明：如果下面的等式对于任意矢量 n_k 成立，则其括号中的因子必为零。

$$(\tau'_{lk}-a_{li}a_{kj}\tau_{ij})n'_k=0$$

1.8　说明式(1.4.40)为什么是正确的。

1.9　验证在笛卡儿坐标系下以下关系式成立：

$$\nabla^2\boldsymbol{u}=\nabla(\nabla\cdot\boldsymbol{u})-\nabla\times\nabla\times\boldsymbol{u}$$

1.10　证明：如果下式成立，则式中 a_{jk}是对称的。

$$\epsilon_{ijk}a_{jk} = 0$$

1.11 设 $\boldsymbol{B}$ 是一个 3×3 的任意矩阵，其元素为 b_{ij}，其行列式为 $|\boldsymbol{B}|$。利用爱因斯坦求和标记法证明：

(a)如果交换 $\boldsymbol{B}$ 的两行(或列)，则行列式变为 $-|\boldsymbol{B}|$。

(b)如果 $\boldsymbol{B}$ 有两个相等的行(或列)，那么 $|\boldsymbol{B}|=0$。

(c) $\epsilon_{lmn}|\boldsymbol{B}| = \epsilon_{ijk}b_{il}b_{jm}b_{kn} = \epsilon_{ijk}b_{li}b_{mj}b_{nk}$ 。

1.12 证明：$\epsilon_{lmn}a_{kn} = \epsilon_{ijk}a_{il}a_{jm}$(Jeffreys，1956)。

1.13 证明：对于给定的两个矢量 $\boldsymbol{u}$ 和 $\boldsymbol{v}$，它们的矢量积是一个矢量[即验证矢量积的结果满足式(1.3.10)成立]。

1.14 设 T_{ij}是具有实分量的二阶对称张量。

(a)证明：T_{ij}的特征值是实数。

(b)给出 T_{ij}的特征向量构成正交集的条件。

1.15 验证将式(1.4.103)作为旋转矩阵进行坐标轴旋转之后，式(1.4.89)给出的张量被对角化。

1.16 (a)证明：二阶张量的迹在坐标轴旋转变换下是不变的。

(b)证明：若张量 t_{ij}的与其特征值 λ 对应的特征向量为 $\boldsymbol{v}$，则在坐标轴旋转后，张量 t'_{ij}的与其特征值 λ 对应的特征向量为 $\boldsymbol{v}'$。

1.17 证明：式(1.4.107)和式(1.4.113)是等价的。

1.18 证明：由式(1.4.113)给出的 w_i 是一个矢量[即验证 $\boldsymbol{w}=(w_1, w_2, w_3)$满足式(1.3.10)]。

1.19 设 W_{ij}是一个反对称张量。

(a)证明：W_{ij}的一个特征值为 0，另两个特征值为虚数 $\pm i|\boldsymbol{w}|$，其中 $\boldsymbol{w}$ 是与 W_{ij} 关联的矢量(见 1.4.8 小节)。

(b)证明：W_{ij}的与特征值 0 相对应的特征向量为 $\boldsymbol{w}$。

1.20 验证与反对称张量 $a_ib_j - b_ia_j$ 关联的矢量是 $\boldsymbol{a}\times\boldsymbol{b}$。

1.21 在问题 1.2 中的顺时针旋转是无限小旋转的假设下，重写其旋转矩阵。若要用无限小旋转矩阵近似有限旋转矩阵，并且所涉及的近似误差的绝对值不能超过 1%，那么 α 应该小到多少度?

1.22 验证 $\mathcal{T}_c\cdot\boldsymbol{v}=\boldsymbol{v}\cdot\mathcal{T}$。

第2章　形变、应变张量和旋转张量

2.1　引言

弹性理论是地震学理论的核心，往往被当作连续介质力学一般问题研究的一个分支。尽管在地震波理论的导论中并不要求讨论连续介质力学的一般方法，但是出于下面两个原因，这里仍然加以介绍。第一，当使用更严格的方法求解弹性力学问题时，推导和求解往往变得很困难，而连续介质力学提供了一些有用的观点，这些观点要么没有被提出过，要么很不容易得到。第二，连续介质力学也是解决现代地震学问题的基本理论，这一点可以从 Aki 和 Richards(1980)书中方框 8.5 的讨论和提到的参考文献中看出，也可以参阅 Dahlen 和 Tromp(1998)的书。

连续介质力学研究物体的形变和运动，忽略物质(分子、原子、亚原子)的离散性质，从整体上研究它们所涉及现象之间的联系，而不考虑小尺度上物质的结构。这一现象学方法，可通过几个基本概念(应力、应变、运动)和基本原理(见第3章)导出原则上可用于所有介质类型(如不同类型的固体和液体)的一般关系。不过这些关系在解决某些具体问题时尚不够用，还需要给出本构方程。本构方程可以用来定义如理想流体、黏滞流体和完全弹性体等理想物质。因此，虽然连续介质力学不考虑物质的实际性质，但通过不同的本构规律以及通过给出具体物质所对应的参数值，仍然会反映物质的性质。

例如，对于弹性固体，本构方程式(1.4.3)表示的是应力与应变之间的关系。将这一方程与连续介质力学方程结合，可得到弹性波方程。不过在用弹性波方程求解特定问题之前，必须确定弹性参数 c_{ijkl}。在最简单的各向同性介质的情况下，确定两个弹性参数 λ 和 μ 就够了；而在最一般的情况下，需要给出 21 个弹性参数。对于任何一种情况，这些参数都取决于所考虑介质的类型。特别是对于地球介质，这些参数的跨度很大，因为不同类型的岩石和矿物，涉及不同的化学成分、结构、温度、压力等因素，使得它们具有不同的物理性质。

2.2　运动的描述：拉格朗日观点和欧拉观点

应变和旋转是形变的两种表现形式。当一个物体发生形变时，物体中质点之间的相对位置会发生变化。为了理解这一点，考虑下面的实验。在膨胀气球的表面标记出与一个正方形的四个顶点相对应的点，而后在四个点邻近处挤压气球。实验的结果是四个点的相对位置改变了，正方形四个顶点处的角度也可能改变了。如果缓慢地进行挤压，我们还可以观察到四个点的位置是随时间连续变化的。如果希望从数学角度来描述四个点中某一点的位置变化，那么必须求出一个能描述该点坐标演变的函数。这个函数将依赖于这一点原来的位置以及观测的时间。或者换一种方式，我们可以利用已知形变后某一时刻某一点的位置求该点形变前的初始位置。下面将从一般观点出发来讨论这些问题。虽然重点是讨论小形变问题，但这些问题是构成地球中波传播理论的一个基本元素。

图 2.1 所示为形变前物体内部的体积 V_0 以及在形变过程中保持固定不变的外部参考坐标系。下面描述的所有位置都参照此坐标系，用大写和小写字母来区分无形变状态(形变前状态)和有形变状态(形变后状态)。注意，这并不是表示要采用两组不同的坐标系。V_0 是形变开始时 t_0 时刻质点占据的体积，$V(t)$ 是 t_0+t 时刻原来 V_0 中的质点(位移后)占据的体积。

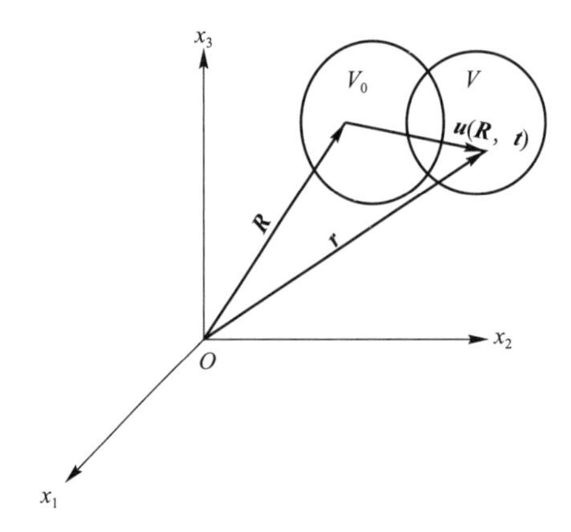

图 2.1　形变前后质点的位置和物质体积及由形变产生的位移

图中 V_0 表示形变前给定物质的体积，V 表示形变后的体积。$\boldsymbol{R}$ 和 $\boldsymbol{r}$ 分别表示形变前后质点的位置矢量。位移矢量 $\boldsymbol{u}(\boldsymbol{R},t)$ 是 $\boldsymbol{r}$ 和 $\boldsymbol{R}$ 的差，它是形变前位置 $\boldsymbol{R}$ 的函数。

设 $\boldsymbol{R}=(X_1,X_2,X_3)$ 代表物体形变前质点的位置矢量，而 $\boldsymbol{r}=(x_1,x_2,x_3)$ 代表形变后质点(原来位于 $\boldsymbol{R}$ 处)相应的位置矢量(见图 2.1)。矢量 $\boldsymbol{R}$ 唯一标记物体中的质点，而矢量 $\boldsymbol{r}$ 描述质点的运动。类似地，当涉及质点时，将用大写字母。因为用 $\boldsymbol{R}$ 来标记初始时在体积 V_0 内的任意质点，所以矢量

$$\boldsymbol{r}=\boldsymbol{r}(\boldsymbol{R},t) \tag{2.2.1}$$

表示形变前 V_0 中所有质点的运动(形变)。

式(2.2.1)的分量可写成

$$r_i=x_i=x_i(X_1,X_2,X_3,t),\quad i=1,2,3 \tag{2.2.2}$$

此外，由微积分学中熟知的结果可知，如果已知 $\boldsymbol{r}=\boldsymbol{r}(\boldsymbol{R},t)$，并且雅可比式

$$J=\frac{\partial(x_1,x_2,x_3)}{\partial(X_1,X_2,X_3)}=\begin{vmatrix}\dfrac{\partial x_1}{\partial X_1} & \dfrac{\partial x_1}{\partial X_2} & \dfrac{\partial x_1}{\partial X_3}\\ \dfrac{\partial x_2}{\partial X_1} & \dfrac{\partial x_2}{\partial X_2} & \dfrac{\partial x_2}{\partial X_3}\\ \dfrac{\partial x_3}{\partial X_1} & \dfrac{\partial x_3}{\partial X_2} & \dfrac{\partial x_3}{\partial X_3}\end{vmatrix} \tag{2.2.3}$$

存在且不为零，则可写出用 $\boldsymbol{r}$ 表示 $\boldsymbol{R}$ 的表达式，为

$$\boldsymbol{R} = \boldsymbol{R}(\boldsymbol{r},t) \tag{2.2.4}$$

其分量形式为

$$R_i = X_i = X_i(x_1,x_2,x_3,t), \quad i = 1,2,3 \tag{2.2.5}$$

式(2.2.1)对应于运动的拉格朗日(或物质)描述，而式(2.2.4)对应于欧拉(或空间)描述。

下面选择参考时间 $t_0=0$，使得

$$\boldsymbol{r}(\boldsymbol{R},t_0) \equiv \boldsymbol{R} \tag{2.2.6}$$

而 $\boldsymbol{r}(\boldsymbol{R},t)$ 表示在时间 $t=0$ 时，$\boldsymbol{R}$ 处质点的当前位置。

在拉格朗日描述中，追踪指定质点 $\boldsymbol{R}$ 的运动；在欧拉描述中，则观察在某个时刻 t 占据给定空间位置 $\boldsymbol{r}$ 的那个质点。

2.3　有限应变张量

设 $\mathrm{d}\boldsymbol{R}$ 和 $\mathrm{d}\boldsymbol{r}$ 是对应于 $\boldsymbol{R}$ 和 $\boldsymbol{r}$ 的线元矢量(见图 2.2)，即

$$\mathrm{d}\boldsymbol{R} = (\mathrm{d}X_1,\mathrm{d}X_2,\mathrm{d}X_3) \tag{2.3.1}$$

$$\mathrm{d}\boldsymbol{r} = (\mathrm{d}x_1,\mathrm{d}x_2,\mathrm{d}x_3) \tag{2.3.2}$$

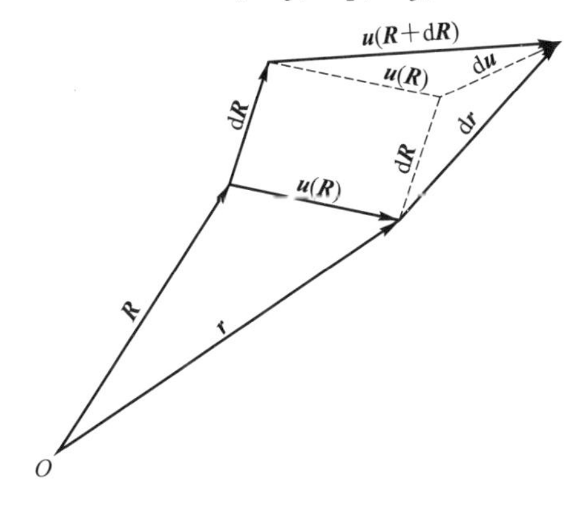

图 2.2　形变前后形变中两相邻质点之间几何关系所经历的变化

图中考虑两相邻点之间矢量 d$\boldsymbol{R}$ 所经历的变化，d$\boldsymbol{R}$ 在形变后变成 d$\boldsymbol{r}$(Sokolnikoff，1956)。

它们分别表示两个相邻点之间在形变前和形变后构成的相对位置矢量。其长度分别为

$$\mathrm{d}S = |\mathrm{d}\boldsymbol{R}| = (\mathrm{d}\boldsymbol{R}\cdot\mathrm{d}\boldsymbol{R})^{1/2} = (\mathrm{d}X_i\mathrm{d}X_i)^{1/2} \tag{2.3.3}$$

$$\mathrm{d}s = |\mathrm{d}\boldsymbol{r}| = (\mathrm{d}\boldsymbol{r}\cdot\mathrm{d}\boldsymbol{r})^{1/2} = (\mathrm{d}x_i\mathrm{d}x_i)^{1/2} \tag{2.3.4}$$

可用长度的变化来量化形变，为此，考虑它们的平方差，有

$$(\mathrm{d}s)^2 - (\mathrm{d}S)^2 = \mathrm{d}x_i\mathrm{d}x_i - \mathrm{d}X_k\mathrm{d}X_k \tag{2.3.5}$$

利用拉格朗日描述[式(2.2.1)]，可将式(2.3.5)写为

$$(\mathrm{d}s)^2 - (\mathrm{d}S)^2 = \frac{\partial x_i}{\partial X_k}\mathrm{d}X_k\frac{\partial x_i}{\partial X_l}\mathrm{d}X_l - \mathrm{d}X_k\mathrm{d}X_l\delta_{kl} \tag{2.3.6}$$

其中使用了链式规则

$$dx_i = \frac{\partial x_i}{\partial X_j} dX_j \equiv x_{i,j} dX_j \tag{2.3.7}$$

将式(2.3.6)的右边两项合并为一项，得

$$(ds)^2 - (dS)^2 = (x_{i,k} x_{i,l} - \delta_{kl}) dX_k dX_l \equiv 2L_{kl} dX_k dX_l \tag{2.3.8}$$

其中

$$L_{kl} = \frac{1}{2}(x_{i,k} x_{i,l} - \delta_{kl}) \tag{2.3.9}$$

被称为格林(或拉格朗日)有限应变张量。

在欧拉描述中[式(2.2.4)]，等价的结果是

$$(ds)^2 - (dS)^2 = (\delta_{kl} - X_{i,k} X_{i,l}) dx_k dx_l \equiv 2E_{kl} dx_k dx_l \tag{2.3.10}$$

其中

$$E_{kl} = \frac{1}{2}(\delta_{kl} - X_{i,k} X_{i,l}) \tag{2.3.11}$$

被称为欧拉(或 Almansi)有限应变张量。

引入位移矢量 $\boldsymbol{u}$(见图2.1)

$$\boldsymbol{u}(\boldsymbol{R}, t) = \boldsymbol{r} - \boldsymbol{R} \tag{2.3.12}$$

位移的一个例子就是天然地震时人们感觉到的地动。按分量形式，式(2.3.12)可写成

$$u_i = x_i - X_i \tag{2.3.13}$$

对于拉格朗日描述，用 X_i 表示 x_i，从而有

$$x_i = u_i + X_i \tag{2.3.14}$$

因此

$$x_{i,k} = \frac{\partial x_i}{\partial X_k} = u_{i,k} + \delta_{ik} \tag{2.3.15}$$

$$L_{kl} = \frac{1}{2}[(u_{i,k} + \delta_{ik})(u_{i,l} + \delta_{il}) - \delta_{kl}] = \frac{1}{2}(u_{l,k} + u_{k,l} + u_{i,k} u_{i,l}) \tag{2.3.16}$$

利用欧拉描述，则用 x_i 表示 X_i，有

$$X_i = x_i - u_i \tag{2.3.17}$$

因此

$$X_{i,k} = \frac{\partial X_i}{\partial x_k} = \delta_{ik} - u_{i,k} \tag{2.3.18}$$

$$E_{kl} = \frac{1}{2}(u_{l,k} + u_{k,l} - u_{i,k} u_{i,l}) \tag{2.3.19}$$

2.4 无限小应变张量

假设形变非常小，因此式(2.3.16)和式(2.3.19)中的导数乘积可以忽略。在这种情况下，引入无限小应变张量，有

$$\varepsilon_{kl}=\frac{1}{2}(u_{k,l}+u_{l,k}) \tag{2.4.1}$$

在小形变假设下，没必要再区分拉格朗日描述和欧拉描述。所以在一阶近似下，对于一阶偏导数，有下式成立

$$\frac{\partial}{\partial x_l}=\frac{\partial}{\partial X_l} \tag{2.4.2}$$

但是在下面的讨论中，仍然保持两者间的区别，以便明确形变中涉及的是哪些量。

下文涉及的应变张量都是指无限小应变张量 ε_{kl}。由定义可知，ε_{kl}是对称张量，对角元素是 $\varepsilon_{JJ}=u_{J,J}$(这里不按哑指标规则求和)，这些对角元素被称为正应变，而 $\varepsilon_{ij}(i\neq j)$被称为切应变。因为 ε_{kl}是对称的，所以它可以按 1.4.6 小节所述方法进行对角化。ε_{kl}的特征向量被称为应变的主方向，特征值被称为主应变。

式(2.4.1)表明了如何计算给定的可导位移场 $\boldsymbol{u}(\boldsymbol{R},t)$ 的应变张量。另外，式(2.4.1)可看成由六个方程组成的关于三个未知量 u_1、u_2、u_3 的方程组。因为方程的个数大于未知量的个数，所以当应变分量取任意值时，该方程组一般来说无解。这就引出了以下问题：对 $\varepsilon_{kl}(\boldsymbol{R},t)$ 必须加什么约束，才能保证 $\boldsymbol{u}(\boldsymbol{R},t)$ 是一个单值连续位移场？答案是应变分量必须满足以下方程，即

$$\varepsilon_{ij,kl}+\varepsilon_{kl,ij}-\varepsilon_{ik,jl}-\varepsilon_{jl,ik}=0 \tag{2.4.3}$$

式(2.4.3)包括 $3^4=81$ 个方程，但这些方程中有些是必然成立的恒等式，有些是因为 ε_{jl}的对称性而重复的，因此式(2.4.3)中独立的方程减少至六个，这六个方程称为兼容性方程或兼容性条件。其中，有代表性的两个方程是(见问题 2.1)

$$2\varepsilon_{23,23}=\varepsilon_{22,33}+\varepsilon_{33,22} \tag{2.4.4}$$

$$\varepsilon_{33,12}=-\varepsilon_{12,33}+\varepsilon_{23,13}+\varepsilon_{31,23} \tag{2.4.5}$$

2.4.1　应变张量 ε_{ij}的几何意义

本小节将讨论 ε_{ij}的对角元素和非对角元素分别与形变体的长度和角度的变化有关，而 ε_{ij}的迹(对角线元素的和)与体积变化有关。

首先，考虑对角元素。对于小形变，由式(2.3.8)、式(2.3.16)和式(2.4.1)可得到

$$(\mathrm{d}s)^2-(\mathrm{d}S)^2=2\varepsilon_{kl}\mathrm{d}X_k\mathrm{d}X_l \tag{2.4.6}$$

另外，$\mathrm{d}s\approx\mathrm{d}S$[式(2.4.18)]，因此

$$(\mathrm{d}s)^2-(\mathrm{d}S)^2=(\mathrm{d}s-\mathrm{d}S)(\mathrm{d}s+\mathrm{d}S)\approx 2\mathrm{d}S(\mathrm{d}s-\mathrm{d}S) \tag{2.4.7}$$

将此近似式代入式(2.4.6)后再除以$(\mathrm{d}S)^2$，得

$$\frac{(\mathrm{d}s)^2-(\mathrm{d}S)^2}{(\mathrm{d}S)^2}=\frac{2\mathrm{d}S(\mathrm{d}s-\mathrm{d}S)}{(\mathrm{d}S)^2}=\frac{2(\mathrm{d}s-\mathrm{d}S)}{\mathrm{d}S}=2\varepsilon_{kl}\frac{\mathrm{d}X_k\mathrm{d}X_l}{(\mathrm{d}S)^2}$$

因此，有

$$\frac{\mathrm{d}s-\mathrm{d}S}{\mathrm{d}S}=\varepsilon_{kl}\frac{\mathrm{d}X_k\mathrm{d}X_l}{(\mathrm{d}S)^2} \tag{2.4.8}$$

式(2.4.8)左边是原线元 $\mathrm{d}S$ 每单位长度的变化。另外，因为 $\mathrm{d}X_i$ 是 $\mathrm{d}\boldsymbol{R}$ 的第 i 个元素，$\mathrm{d}S$ 是 $\mathrm{d}\boldsymbol{R}$ 的长度，所以 $\mathrm{d}X_i/\mathrm{d}S$ 表示这个线元的方向余弦。

假设线元是沿 X_1 轴方向的，于是

$$\frac{\mathrm{d}X_1}{\mathrm{d}S}=1,\ \frac{\mathrm{d}X_2}{\mathrm{d}S}=0,\ \frac{\mathrm{d}X_3}{\mathrm{d}S}=0 \tag{2.4.9}$$

再由式(2.4.8)，可得

$$\frac{\mathrm{d}s-\mathrm{d}S}{\mathrm{d}S}=\varepsilon_{11} \tag{2.4.10}$$

类似地，如果线元是沿 X_2 轴或者 X_3 轴的，则相对变化是 ε_{22} 或 ε_{33}。因此，应变张量的对角元素，称为正应变，表示沿坐标轴方向的原线元的长度相对变化。

为了分析应变张量的非对角元素的几何意义，考虑分别沿 X_1 轴和 X_2 轴的两个线元 $\mathrm{d}\boldsymbol{R}^{(1)}=(\mathrm{d}S_1,0,0)$ 和 $\mathrm{d}\boldsymbol{R}^{(2)}=(0,\mathrm{d}S_2,0)$，形变后这两个线元变为 $\mathrm{d}\boldsymbol{r}^{(1)}$ 和 $\mathrm{d}\boldsymbol{r}^{(2)}$。形变前后线元分量之间的关系由式(2.3.7)给出，即

$$\mathrm{d}x_i^{(1)}=x_{i,k}\mathrm{d}X_k^{(1)}=x_{i,1}\mathrm{d}S_1,\quad i=1,2,3 \tag{2.4.11}$$

$$\mathrm{d}x_i^{(2)}=x_{i,k}\mathrm{d}X_k^{(2)}=x_{i,2}\mathrm{d}S_2,\quad i=1,2,3 \tag{2.4.12}$$

利用式(2.3.15)还可得到

$$\mathrm{d}\boldsymbol{r}^{(1)}=(\mathrm{d}x_1^{(1)},\mathrm{d}x_2^{(1)},\mathrm{d}x_3^{(1)})=(1+u_{1,1},u_{2,1},u_{3,1})\mathrm{d}S_1 \tag{2.4.13}$$

$$\mathrm{d}\boldsymbol{r}^{(2)}=(\mathrm{d}x_1^{(2)},\mathrm{d}x_2^{(2)},\mathrm{d}x_3^{(2)})=(u_{1,2},1+u_{2,2},u_{3,2})\mathrm{d}S_2 \tag{2.4.14}$$

忽略二次项(在无限小形变假设下)，$\mathrm{d}\boldsymbol{r}^{(1)}$ 的长度由下式给出，即

$$\mathrm{d}s_1=(\mathrm{d}\boldsymbol{r}^{(1)}\cdot\mathrm{d}\boldsymbol{r}^{(1)})^{1/2}=(1+2u_{1,1})^{1/2}\mathrm{d}S_1=(1+u_{1,1})\mathrm{d}S_1 \tag{2.4.15}$$

最后一步只取了平方根函数的幂级数展开式的前两项(见问题2.2)。类似地，可求出

$$\mathrm{d}s_2=(1+u_{2,2})\mathrm{d}S_2 \tag{2.4.16}$$

式(2.4.15)也可写为

$$\frac{\mathrm{d}s_1-\mathrm{d}S_1}{\mathrm{d}S_1}=u_{1,1}=\varepsilon_{11} \tag{2.4.17}$$

此式与式(2.4.10)相同。

由式(2.4.15)和式(2.4.16)可知，如果 $1\gg|u_{J,J}|$，则有

$$\mathrm{d}s_J\approx\mathrm{d}S_J,\quad J=1,2 \tag{2.4.18}$$

对于 $\mathrm{d}\boldsymbol{r}^{(1)}$ 与 $\mathrm{d}\boldsymbol{r}^{(2)}$ 的标量积，利用式(2.4.13)、式(2.4.14)和式(2.4.18)，并忽略二阶项，可求得

$$\mathrm{d}\boldsymbol{r}^{(1)}\cdot\mathrm{d}\boldsymbol{r}^{(2)}=\mathrm{d}s_1\mathrm{d}s_2\cos\theta\approx(u_{1,2}+u_{2,1})\mathrm{d}S_1\mathrm{d}S_2\approx2\varepsilon_{12}\mathrm{d}S_1\mathrm{d}S_2 \tag{2.4.19}$$

式中，θ 是两线元之间的夹角(见图2.3)。现假设 $\gamma=\frac{\pi}{2}-\theta$，因为在形变前两线元之间的夹角是 $\frac{\pi}{2}$，所以 γ 表示由形变引起的线元之间的角度变化。将 γ 代入式(2.4.19)，并考虑小形变情况下的近似关系 $\sin\gamma\approx\gamma$，可得到

$$\varepsilon_{12}=\frac{1}{2}\gamma \tag{2.4.20}$$

因此，ε_{12} 表示原来沿 X_1 轴和 X_2 轴的两线元之间角度变化量的一半。类似的解释适用于其他的非对角元素。

最后，考虑一个无限小平行六面体，形变前该平行六面体的边沿坐标轴，边长分

别等于 dS_1、dS_2 和 dS_3，在形变后，相应的长度分别变成 ds_1、ds_2 和 ds_3。利用式(2.4.15)、式(2.4.16)以及 ds_3 类似关系，形变体的体积变为

$$ds_1 ds_2 ds_3 = (1 + u_{i,i}) dS_1 dS_2 dS_3 \tag{2.4.21}$$

如果 V_0 和 $V_0 + dV$ 分别是形变前后小体元的体积，则式(2.4.21)可写成

$$\frac{dV}{V_0} = u_{i,i} = \nabla \cdot \boldsymbol{u} = \varepsilon_{ii} \tag{2.4.22}$$

最后的等式来自式(2.4.1)。体积的相对变化与位移矢量 $\boldsymbol{u}$ 的散度(∇)之间的这一关系与推导它时所用的坐标系无关，因为 $u_{i,i}$是 ε_{ij}的迹，是不依赖于坐标系的不变量。

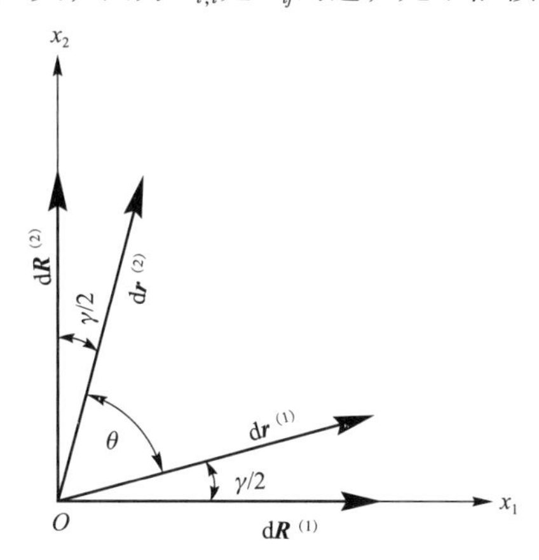

图 2.3　应变张量非对角元素的几何解释图

图中两线元原来沿坐标轴成 90°夹角，形变后两线元之间夹角变为 θ。

2.4.2　ε_{ij}是张量的证明

为了证明 ε_{ij}是一个张量，必须证明在坐标轴旋转前后其分量是按下式进行变换的[见式(1.4.9)]，即

$$\varepsilon'_{kl} = a_{ki} a_{lj} \varepsilon_{ij} \tag{2.4.23}$$

为了证明式(2.4.23)，我们可以用新坐标原点位于 $\boldsymbol{R}$ 的末端的方式进行坐标变换。于是我们可以用 X_i 来代替 dX_i，而 X_i(暂时)表示相对于新原点的局部坐标。

利用式(2.4.7)，可将式(2.4.6)写为

$$k \equiv dS(ds - dS) = \varepsilon_{ij} X_i X_j \tag{2.4.24}$$

因为 k 是一个与矢量长度有关的量，所以它与描述形变所用的坐标系无关。式(2.4.24)表示一个二次函数，称为应变二次曲面。在局部坐标旋转之后，新旧坐标满足如下关系，即

$$X'_i = a_{ij} X_j \tag{2.4.25}$$

$$X_i = a_{ji} X'_j \tag{2.4.26}$$

其与式(2.4.24)等价的关系式为

$$k = \varepsilon'_{ij} X'_i X'_j \tag{2.4.27}$$

因此，由式(2.4.24)和式(2.4.27)可得

$$\varepsilon_{ij}X_iX_j = \varepsilon'_{ij}X'_iX'_j \tag{2.4.28}$$

将式(2.4.26)代入式(2.4.28)，得到

$$\varepsilon_{ij}a_{ki}X'_k a_{lj}X'_l = \varepsilon'_{kl}X'_kX'_l \tag{2.4.29}$$

式(2.4.29)可改写为

$$(a_{ki}a_{lj}\varepsilon_{ij} - \varepsilon'_{kl})X'_kX'_l = 0 \tag{2.4.30}$$

此式对于任意的 $X'_kX'_l$ 都成立，这就意味着括号中的项必须等于零。因此，有

$$\varepsilon'_{kl} = a_{ki}a_{lj}\varepsilon_{ij} \tag{2.4.31}$$

这就证明了 ε_{ij} 是一个张量(Sokolnikoff，1956)。

2.5 旋转张量

在2.4节中通过分析线元长度的变化引入了应变张量，但是应变并不能代表形变的全部效应，为理解这一点，参见图2.2。位移矢量 $\boldsymbol{u}$ 是被研究物体中点的坐标 $\boldsymbol{R}$ 的函数，为了突显这种依赖关系，将 $\boldsymbol{u}$ 写为 $\boldsymbol{u}(\boldsymbol{R})$。一般来说，不同点的位移不同。因此，$\boldsymbol{u}(\boldsymbol{R}+\mathrm{d}\boldsymbol{R})-\boldsymbol{u}(\boldsymbol{R})$ 完全描述 $\boldsymbol{R}$ 附近的形变。用泰勒级数展开这个差，在小形变假设条件下可以得到

$$\mathrm{d}u_i = u_i(\boldsymbol{R}+\mathrm{d}\boldsymbol{R}) - u_i(\boldsymbol{R}) = \frac{\partial u_i}{\partial X_j}\mathrm{d}X_j = u_{i,j}\mathrm{d}X_j \tag{2.5.1}$$

因为假设发生小形变，所以可以忽略关于 $\mathrm{d}X_j$ 的高阶项。

从1.4.3小节中可知 $u_{i,j}$ 是一个张量，它可以写为两个张量的和，一个是对称张量，另一个是反对称张量(参见1.4.2小节)。将式(2.5.1)中的最后一项加上 $u_{j,i}\mathrm{d}X_j/2$，再减去 $u_{j,i}\mathrm{d}X_j/2$，经过整理，得

$$\mathrm{d}u_i = \frac{1}{2}(u_{i,j}+u_{j,i})\mathrm{d}X_j + \frac{1}{2}(u_{i,j}-u_{j,i})\mathrm{d}X_j = (\varepsilon_{ij}+\omega_{ij})\mathrm{d}X_j \tag{2.5.2}$$

式中

$$\omega_{ij} = \frac{1}{2}(u_{i,j}-u_{j,i}) \tag{2.5.3}$$

张量 ω_{ij} 是反对称的，按1.5节中的分析，它似乎与某种无限小旋转有关，下面来证明情况的确如此。注意到(见图2.2)

$$\mathrm{d}\boldsymbol{r} = \mathrm{d}\boldsymbol{R} + \mathrm{d}\boldsymbol{u} \tag{2.5.4}$$

或

$$\mathrm{d}x_i = \mathrm{d}X_i + \mathrm{d}u_i \tag{2.5.5}$$

于是利用式(2.5.2)、式(2.5.5)以及 $\mathrm{d}X_i = \mathrm{d}X_j\delta_{ij}$ 得到

$$\mathrm{d}x_i = \mathrm{d}X_i + (\varepsilon_{ij}+\omega_{ij})\mathrm{d}X_j = [\varepsilon_{ij} + (\delta_{ij}+\omega_{ij})]\mathrm{d}X_j \tag{2.5.6}$$

由1.5节可知，$\delta_{ij}+\omega_{ij}$ 表示一种无限小旋转，由于这个原因，ω_{ij} 被称为旋转张量。因此，线元 $\mathrm{d}\boldsymbol{R}$ 的形变由两部分组成，一部分是已经讨论过的应变张量，另一部分是 $\mathrm{d}\boldsymbol{R}$ 的无限小旋转。特别需要注意的是，这里的旋转是与特定 $\mathrm{d}\boldsymbol{R}$ 有关的局部旋转，而不是整体旋转。

与反对称张量 ω_{ij} 相关联的矢量 w_i [见式(1.4.113)]为

$$
\begin{aligned}
w_i &= \frac{1}{2}\epsilon_{ijk}\omega_{jk} = \frac{1}{4}\left(\epsilon_{ijk}u_{j,k} - \epsilon_{ijk}u_{k,j}\right) = \frac{1}{4}(\epsilon_{ijk}u_{j,k} - \epsilon_{ikj}u_{j,k}) \\
&= -\frac{1}{2}\epsilon_{ikj}u_{j,k} = -\frac{1}{2}(\nabla\times\boldsymbol{u})_i
\end{aligned}
\tag{2.5.7}
$$

这里使用了关系 $\epsilon_{ijk}u_{k,j} = \epsilon_{ikj}u_{j,k}$，因为 j 和 k 是哑指标且有 $\epsilon_{ijk} = -\epsilon_{ikj}$。

式(2.5.6)和式(2.5.7)表明，$\delta_{ij}+\omega_{ij}$ 是由矢量元 $\mathrm{d}\boldsymbol{R}$ 围绕平行于 $\nabla\times\boldsymbol{u}$ 的轴旋转一个小角度 $\frac{1}{2}|\nabla\times\boldsymbol{u}|$ 得到的。

最后，根据式(2.5.2)和式(1.4.107)，旋转张量对 $\mathrm{d}u_i$ 的贡献可以写成

$$
\omega_{ij}\mathrm{d}X_j = \epsilon_{ijk}w_k\mathrm{d}X_j = (\mathrm{d}\boldsymbol{R}\times\boldsymbol{w})_i \tag{2.5.8}
$$

2.6　应变张量和旋转张量的并矢形式

为了用并矢形式写出应变张量和旋转张量，首先记

$$
u_{i,j} = \frac{\partial}{\partial X_j}u_i = (\nabla\boldsymbol{u})_{ji} \tag{2.6.1}
$$

下面引入并矢 $\boldsymbol{u}\nabla$，它与 $\nabla\boldsymbol{u}$ 共轭，用指标的形式写为

$$
(\boldsymbol{u}\nabla)_{ji} = (\nabla\boldsymbol{u})_{ij} = u_{j,i} \tag{2.6.2}
$$

并矢 $\boldsymbol{u}\nabla$ 称为位移梯度。利用这两个并矢以及式(2.4.1)，应变张量可用并矢形式写为

$$
\mathcal{E} = \frac{1}{2}(\boldsymbol{u}\nabla + \nabla\boldsymbol{u}) \tag{2.6.3}
$$

当 $\mathcal{E}$ 对角化后，它可写成

$$
\mathcal{E} = \epsilon_1\boldsymbol{e}_1'\boldsymbol{e}_1' + \epsilon_2\boldsymbol{e}_2'\boldsymbol{e}_2' + \epsilon_3\boldsymbol{e}_3'\boldsymbol{e}_3' \tag{2.6.4}
$$

式中，ϵ_1、ϵ_2、ϵ_3 和 $\boldsymbol{e}_1'$、$\boldsymbol{e}_2'$、$\boldsymbol{e}_3'$ 分别是 $\mathcal{E}$ 的主应变和主应变方向。

式(2.5.1)可重写为

$$
\mathrm{d}u_i = u_{i,j}\mathrm{d}X_j = (\boldsymbol{u}\nabla)_{ij}\mathrm{d}X_j = (\boldsymbol{u}\nabla\cdot\mathrm{d}\boldsymbol{R})_i \tag{2.6.5}
$$

因此

$$
\mathrm{d}\boldsymbol{u} = \boldsymbol{u}\nabla\cdot\mathrm{d}\boldsymbol{R} \tag{2.6.6}
$$

用矩阵形式，式(2.6.6)可写成

$$
\begin{pmatrix}\mathrm{d}u_1\\ \mathrm{d}u_2\\ \mathrm{d}u_3\end{pmatrix} = \begin{pmatrix}u_{1,1} & u_{1,2} & u_{1,3}\\ u_{2,1} & u_{2,2} & u_{2,3}\\ u_{3,1} & u_{3,2} & u_{3,3}\end{pmatrix}\begin{pmatrix}\mathrm{d}X_1\\ \mathrm{d}X_2\\ \mathrm{d}X_3\end{pmatrix} \tag{2.6.7}
$$

将式(2.6.6)等号右边的 $\boldsymbol{u}\nabla$ 加上再减去 $\frac{1}{2}\nabla\boldsymbol{u}$ 后，得到

$$
\mathrm{d}\boldsymbol{u} = \left[\frac{1}{2}(\boldsymbol{u}\nabla + \nabla\boldsymbol{u}) + \frac{1}{2}(\boldsymbol{u}\nabla - \nabla\boldsymbol{u})\right]\cdot\mathrm{d}\boldsymbol{R} \tag{2.6.8}
$$

如果记

$$\frac{1}{2}(\boldsymbol{u}\nabla-\nabla\boldsymbol{u})_{ij}=\omega_{ij} \tag{2.6.9}$$

则 ω_{ij} 与式(2.5.3)中的旋转张量相同。因此，旋转张量可用并矢形式写成

$$\Omega=\frac{1}{2}(\boldsymbol{u}\nabla-\nabla\boldsymbol{u}) \tag{2.6.10}$$

最后，将式(2.6.8)代入式(2.5.4)并利用 $\mathrm{d}\boldsymbol{R}\equiv\mathcal{I}\cdot\mathrm{d}\boldsymbol{R}$(其中 $\mathcal{I}$ 是单位并矢)，得

$$\mathrm{d}\boldsymbol{r}=\left[\mathcal{I}+\frac{1}{2}(\boldsymbol{u}\nabla-\nabla\boldsymbol{u})+\frac{1}{2}(\boldsymbol{u}\nabla+\nabla\boldsymbol{u})\right]\cdot\mathrm{d}\boldsymbol{R}\equiv(\mathcal{R}+\mathcal{E})\cdot\mathrm{d}\boldsymbol{R} \tag{2.6.11}$$

式中，$\mathcal{R}$ 是并矢，即

$$\mathcal{R}=\mathcal{I}+\Omega \tag{2.6.12}$$

式(2.6.3)和式(2.6.10)可用于任意正交曲线坐标系。这需要用 $\nabla\boldsymbol{u}$ 和 $\boldsymbol{u}\nabla$ 的分量表达式。在柱坐标系和球坐标系下的相应结果可在 Chou 和 Pagano(1967)、Auld(1990)，以及 Ben-Menahem 和 Singh(1981)的文献中找到。

2.7 简单应变场的例子

在下面的例子中都假设是小形变，这意味着满足近似关系 $\tan\alpha\approx\alpha$。

1)拉伸

如图 2.4 所示，拉伸形变定义为

$$\boldsymbol{r}=\alpha\boldsymbol{R},\quad \alpha>1 \tag{2.7.1}$$

或写成分量形式，为

$$x_i=\alpha X_i \tag{2.7.2}$$

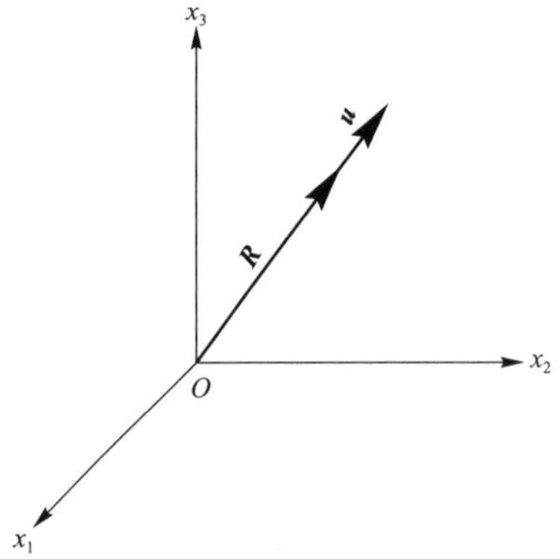

图 2.4 简单应变场——拉伸应变的几何图形

图中，矢量 $\boldsymbol{u}$ 沿 $\boldsymbol{R}$ 方向，矢量 $\boldsymbol{r}=\boldsymbol{u}+\boldsymbol{R}$；在压缩的情况下，$\boldsymbol{u}$ 指向原点。

位移

$$\boldsymbol{u}=\boldsymbol{r}-\boldsymbol{R}=(\alpha-1)\boldsymbol{R} \tag{2.7.3}$$

或

$$u_i = x_i - X_i = (\alpha - 1)X_i \tag{2.7.4}$$

应变张量

$$\varepsilon_{ij} = \frac{1}{2}(u_{i,j} + u_{j,i}) = \frac{\alpha - 1}{2}(X_{i,j} + X_{j,i}) = \frac{\alpha - 1}{2}(\delta_{ij} + \delta_{ji}) = (\alpha - 1)\delta_{ij} \tag{2.7.5}$$

旋转张量

$$\omega_{ij} = \frac{1}{2}(u_{i,j} - u_{j,i}) = 0 \tag{2.7.6}$$

可见，在拉伸形变中不涉及旋转。因为 δ_{ij} 是各向同性张量，所以 ε_{ij} 是各向同性的，并且其分量在任意坐标系中都是相同的，写成矩阵形式为

$$\mathcal{E} = \begin{pmatrix} \alpha - 1 & 0 & 0 \\ 0 & \alpha - 1 & 0 \\ 0 & 0 & \alpha - 1 \end{pmatrix} \tag{2.7.7}$$

相对体积变化

$$\nabla \cdot \boldsymbol{u} = u_{i,i} = 3(\alpha - 1) \tag{2.7.8}$$

如果 $\alpha < 1$，则应变场是压缩场。

2) 简单切应变

简单切应变（有些人也称它为纯切应变）的形变如图 2.5(a) 所示，其位移定义为

$$\boldsymbol{u} = \alpha X_2 \boldsymbol{e}_1 \tag{2.7.9}$$

或者

$$u_1 = \alpha X_2; \quad u_2 = 0; \quad u_3 = 0 \tag{2.7.10}$$

应变张量和旋转张量的分量分别为

$$\varepsilon_{12} = \varepsilon_{21} = \frac{\alpha}{2}; \quad \varepsilon_{ij} = 0, \quad ij \neq 12, 21 \tag{2.7.11}$$

$$\omega_{12} = -\omega_{21} = \frac{\alpha}{2}; \quad \omega_{ij} = 0, \quad ij \neq 12, 21 \tag{2.7.12}$$

将式 (2.7.11) 和式 (2.7.12) 写成矩阵形式，为

$$\mathcal{E} = \begin{pmatrix} 0 & \alpha/2 & 0 \\ \alpha/2 & 0 & 0 \\ 0 & 0 & 0 \end{pmatrix}; \quad \boldsymbol{\Omega} = \begin{pmatrix} 0 & \alpha/2 & 0 \\ -\alpha/2 & 0 & 0 \\ 0 & 0 & 0 \end{pmatrix} \tag{2.7.13}$$

因为 $\nabla \cdot \boldsymbol{u} = 0$，所以简单切应变没有体积变化。

研究 $\mathcal{R}$ 表明，它对应于围绕 X_3 轴的旋转，旋转角度为 $\alpha/2$。这也可以利用式 (2.5.7) 求得（见问题 2.3）

$$w_i = -\frac{1}{2}(\nabla \times \boldsymbol{u})_i = \frac{\alpha}{2}\delta_{i3} \tag{2.7.14}$$

或

$$\boldsymbol{w} = \frac{\alpha}{2}\boldsymbol{e}_3 \tag{2.7.15}$$

图 2.5(a) 显示出有关量的几何关系，即 $\frac{u_1}{X_2} = \tan\alpha$。对于小形变，$u_1$ 所对应的角度

也很小，可用它的正切代替，由$\frac{u_1}{X_2}=\alpha$给出。因此，形变引起的角度变化一半是由应变张量引起的，另一半则是由旋转张量引起的。这类形变的一个例子是切向滑动的一叠卡片。

3）纯切应变

纯切应变的形变如图2.5(b)所示，其位移定义为

$$\boldsymbol{u}=\alpha(X_1\boldsymbol{e}_1-X_2\boldsymbol{e}_2) \tag{2.7.16}$$

或

$$u_1=\alpha X_1;\quad u_2=-\alpha X_2;\quad u_3=0 \tag{2.7.17}$$

应变张量的分量为

$$\varepsilon_{11}=\alpha;\quad \varepsilon_{22}=-\alpha;\quad \varepsilon_{ij}=0,\quad ij\neq 11,22 \tag{2.7.18}$$

旋转张量的分量全为零，所以不发生旋转。在这种情况下，$\nabla\cdot\boldsymbol{u}=0$。

用矩阵形式，可将式(2.7.18)变成

$$\mathcal{E}=\begin{pmatrix}\alpha & 0 & 0\\ 0 & -\alpha & 0\\ 0 & 0 & 0\end{pmatrix} \tag{2.7.19}$$

注意，应变张量已是对角形式。

4）另一种纯切应变

另一种纯切应变如图2.5(c)所示，其位移定义为

$$\boldsymbol{u}=\alpha(X_2\boldsymbol{e}_1+X_1\boldsymbol{e}_2) \tag{2.7.20}$$

或者

$$u_1=\alpha X_2;\quad u_2=\alpha X_1;\quad u_3=0 \tag{2.7.21}$$

应变张量的分量为

$$\varepsilon_{12}=\varepsilon_{21}=\alpha;\quad \varepsilon_{ij}=0,\quad ij\neq 12,21 \tag{2.7.22}$$

用矩阵形式表示为

$$\mathcal{E}=\begin{pmatrix}0 & \alpha & 0\\ \alpha & 0 & 0\\ 0 & 0 & 0\end{pmatrix} \tag{2.7.23}$$

$\mathcal{E}$的一个有趣的性质是当它围绕X_3轴旋转45°之后变成

$$\mathcal{E}'=\begin{pmatrix}\alpha & 0 & 0\\ 0 & -\alpha & 0\\ 0 & 0 & 0\end{pmatrix} \tag{2.7.24}$$

这与式(2.7.19)中的$\mathcal{E}$相等(见问题2.4)。

对于这种应变，旋转张量的所有分量都为零，并且也有$\nabla\cdot\boldsymbol{u}=0$。

5）纯旋转

纯旋转形变如图2.5(d)所示，其位移定义为

$$\boldsymbol{u}=\alpha(X_2\boldsymbol{e}_1-X_1\boldsymbol{e}_2) \tag{2.7.25}$$

或者

$$u_1 = \alpha X_2; \quad u_2 = -\alpha X_1; \quad u_3 = 0 \tag{2.7.26}$$

应变张量的分量全为零，而旋转张量的分量是

$$\omega_{12} = -\omega_{21} = \alpha; \quad \omega_{ij} = 0, \quad ij \neq 12,21 \tag{2.7.27}$$

用矩阵形式写成

$$\boldsymbol{\Omega} = \begin{pmatrix} 0 & \alpha & 0 \\ -\alpha & 0 & 0 \\ 0 & 0 & 0 \end{pmatrix} \tag{2.7.28}$$

在这种情况下，仍然有$\nabla \cdot \boldsymbol{u} = 0$。

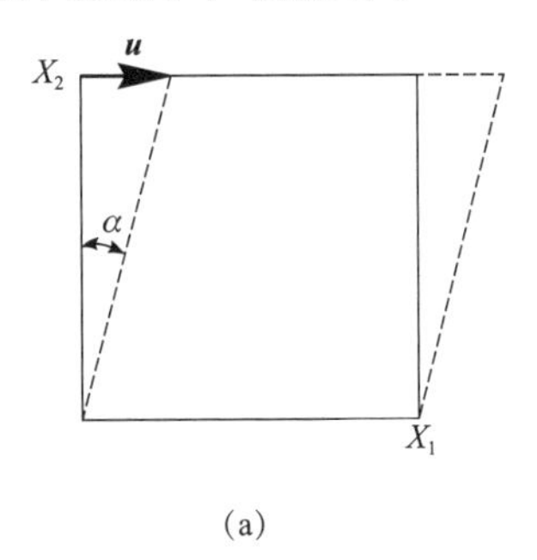

(a)

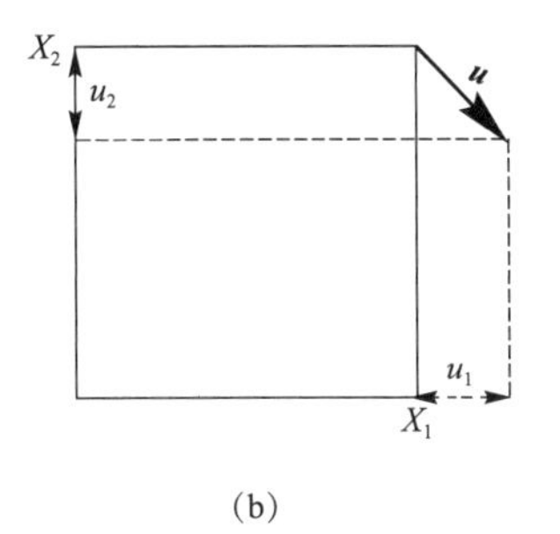

(b)

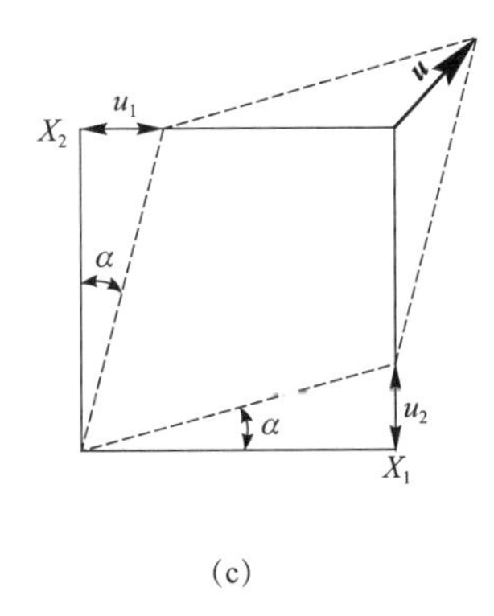

(c)

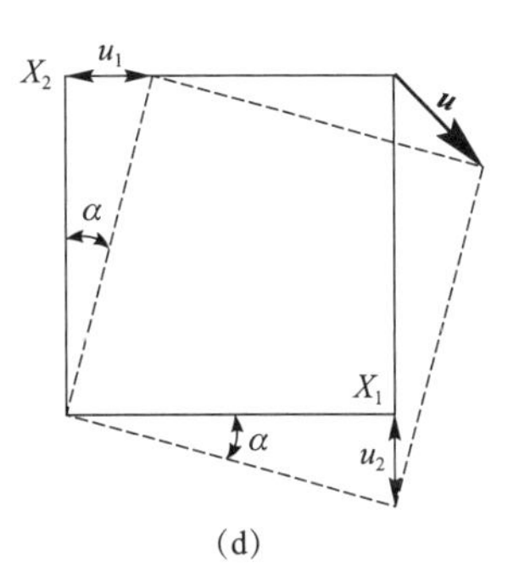

(d)

图 2.5　另外几个简单应变场的几何图形

(a)简单切应变；(b)纯切应变；(c)另一种纯切应变；(d)纯旋转

问　题

2.1　利用应变张量的定义，证明式(2.4.4)和式(2.4.5)成立。

2.2　验证式(2.4.13)和式(2.4.15)。

2.3　验证式(2.7.14)和式(2.7.15)。

2.4　验证式(2.7.24)可由式(2.7.23)对角化得到。

2.5　令ρ_0和ρ是物体变形前体积V_0和变形后体积V的密度(在这个过程中质量是守恒的，也就是说质量既没有增加也没有减少)。证明：对一阶近似，有

$$\frac{\rho - \rho_0}{\rho_0} = -\nabla\cdot \boldsymbol{u}$$

2.6　验证

$$\boldsymbol{\Omega} = \mathcal{I} \times \left(\frac{1}{2}\nabla\times \boldsymbol{u}\right)$$

其中，$\boldsymbol{\Omega}$由式(2.6.10)给出。利用下面的定义：

$$\boldsymbol{au} \times \boldsymbol{v} = \boldsymbol{a}(\boldsymbol{u} \times \boldsymbol{v})$$

式中，$\boldsymbol{a}$、$\boldsymbol{u}$ 和 $\boldsymbol{v}$ 是任意矢量(Ben-Menahem 和 Singh，1981)。

2.7　考虑二次型

$$f = \boldsymbol{x}^{\mathrm{T}}\boldsymbol{Tx}$$

式中，$\boldsymbol{x}$ 是一个非零的任意矢量；$\boldsymbol{T}$ 是一个二阶张量 t_{ij} 的矩阵表示。若 $f>0$，则我们可以认为 $\boldsymbol{T}$(即 t_{ij})是正定的(Noble 和 Daniel，1977)。

证明：正定矩阵的特征值是正的。

这个结果的重要性在于，如果 $\boldsymbol{x}$ 表示变量 x_1、x_2 和 x_3，那么这个二次型是椭球面的方程(Noble 和 Daniel，1977)。

2.8

(a)验证

$$\mathrm{d}\boldsymbol{R} = \mathrm{d}\boldsymbol{r}\cdot(\mathcal{I} - \nabla\boldsymbol{u})$$

式中，微分是关于变量 $\boldsymbol{x}$ 的微分(欧拉描述)。这里和接下来，均忽略高阶项。

(b)考虑在球心为 P，半径为 $|\mathrm{d}\boldsymbol{R}| = D$ 的球面上的一组点，证明：

$$D^2 = \mathrm{d}\boldsymbol{R}\cdot\mathrm{d}\boldsymbol{R} = \mathrm{d}\boldsymbol{r}\cdot(\mathcal{I} - 2\mathcal{E})\cdot\mathrm{d}\boldsymbol{r}$$

由于 D 是正值，故上式括号中的并矢必须是正定的(见问题2.7)。

(c)假设 $\mathcal{E}$ 已经对角化。在旋转后的系统中，$\mathrm{d}\boldsymbol{r}$ 变为

$$\mathrm{d}\boldsymbol{r}' = \mathrm{d}x'_1\boldsymbol{e}'_1 + \mathrm{d}x'_2\boldsymbol{e}'_2 + \mathrm{d}x'_3\boldsymbol{e}'_3$$

证明：在旋转后的系统中，步骤(b)的方程变为

$$(1-2\epsilon_1)(\mathrm{d}x'_1)^2 + (1-2\epsilon_2)(\mathrm{d}x'_2)^2 + (1-2\epsilon_3)(\mathrm{d}x'_3)^2 = D^2$$

这是用 $\mathrm{d}x'_i$ 表示的椭球体方程，称为材料应变椭球体(Eringen，1967)。

(d)设 V_0 和 V 分别是半径为 D 的球体和应变椭球体的体积，证明：

$$V = \frac{4\pi}{3}D^3(1 + \epsilon_1 + \epsilon_2 + \epsilon_3)$$

和

$$\frac{V - V_0}{V_0} = \nabla\cdot\boldsymbol{u}$$

(Ben-Menahem 和 Singh，1981)。

第 3 章　应力张量

3.1　引言

弹性理论的发展从 17 世纪 60 年代伽利略时代开始，距今已有三个多世纪。其中最困难的问题是如何理解弹性体内部的力的作用，人们通过假设物体分子之间存在着吸引力和排斥力来研究这一问题。基于这种假设最成功的理论是纳维尔于 1821 年提出的在弹性均匀固体中的运动方程。虽然纳维尔的研究结果本质上是正确的，但是其在引入分子之间力的假设时只需要一个弹性常数，而事实上，即使表征各向同性弹性固体也需要两个弹性常数 λ 和 μ（见 4.6 节）。但有趣的是，早期研究人员由简单分子理论得到的研究结果可以通过令 P 波和 S 波速度之比等于$\sqrt{3}$这一最一般的情况推导得到。纳维尔的工作引起著名数学家柯西的注意，他在 1822 年引入了应力的概念。正如人们如今所知道的，柯西引入了物体内表面上的压力，以代替分子之间的力，该压力不像静水压力那样与表面垂直，这就导致了应力概念的产生。应力比应变复杂得多，若要完整地研究应力，则需要补充连续介质力学的一些概念。有关资料可参阅 Atkin 和 Fox（1976）、Hunter（1976）、Mase（1970）的文献。本章首先简要补充连续介质力学关于物理量变化的时间速率、质点加速度、质量、动量、守恒等概念，导出运动方程，而后仔细分析应力分量的对称性、应力的主方向、应力的球分量和偏分量，以及法应力矢量和切应力矢量等。

3.2　关于连续介质力学的一些概念

利用在 2.2 节中引入的运动的欧拉描述，设 $p(\boldsymbol{r},t)$ 表示在给定位置 $\boldsymbol{r}$ 和给定时刻 t 介质的某些物理性质（如压力、温度、速度等）的值。随着时间 t 的变化，不同的质点（由不同的 $\boldsymbol{R}$ 值标识）会占据同样的一个空间点 $\boldsymbol{r}$。现在我们来关注某一单个质点 $\boldsymbol{R}$。利用

$$\boldsymbol{r} = \boldsymbol{r}(\boldsymbol{R},t) \tag{3.2.1}$$

可得

$$P(\boldsymbol{R},t) = p(\boldsymbol{r}(\boldsymbol{R},t),t) \tag{3.2.2}$$

注意，一般来说，P 和 p 有不同的函数形式①。

当物体运动时，其物理性质随时间变化的速率依赖于描述物体运动的方法。为给出下面的定义，考虑以下情况[基于 Bird 等(1960)]。假设要测量一条河作为位置和时间函数的某些物理性质(如温度)随时间变化的速率，那么至少可以做两件事。一件是在某个相对于河岸保持固定的点上进行测量，这个点的位置为 $\boldsymbol{r}$(在某个坐标系中给出)，用这种方法测出的物理性质随时间的局部变化速率是 $p(\boldsymbol{r},t)$ 对于 t 的偏导数，标记为$\partial p/\partial t$。第二件是从沿河漂浮的独木舟上测量这种性质，这个独木舟(它可以表示连续介质中的一个质点)用矢量 $\boldsymbol{R}$(与上面引用的固定点的矢量 $\boldsymbol{r}$ 有同样的原点)标识，用这种方法测出的物理性质随时间的变化速率称为 P 的随体导数、实质导数或物质导数，更明确地说，是 P 的物质时间导数，记为$\frac{\mathrm{D}P}{\mathrm{D}t}$，是随标识 $\boldsymbol{R}$ 的质点一起运动的观测者记录的 P 随时间变化的速率，写成

$$\frac{\mathrm{D}P}{\mathrm{D}t}=\left.\frac{\partial P(\boldsymbol{R},t)}{\partial t}\right|_{\boldsymbol{R}\text{固定}} \tag{3.2.3}$$

式中，P 可以表示任意的标量、矢量、张量形式的介质物理量。

如果把 P 用 $\boldsymbol{r}$ 表示[见式(3.2.2)]，那么物质导数变为

$$\frac{\mathrm{D}p}{\mathrm{D}t}=\left.\frac{\partial p(\boldsymbol{r},t)}{\partial t}\right|_{\boldsymbol{r}\text{固定}}+\frac{\partial p(\boldsymbol{r},t)}{\partial x_k}\left.\frac{\partial x_k}{\partial t}\right|_{\boldsymbol{R}\text{固定}} \tag{3.2.4}$$

这里利用了式(3.2.1)和求偏导数的链式规则。简明起见，除了这两个公式之外，后面的公式中将舍去下标 $\boldsymbol{r}$、$\boldsymbol{R}$ 和“固定”这样的标记。

式(3.2.4)中右边的第一项是上面定义的介质物理量随时间的局部变化速率；第二项称为变化的传递速率，由介质中的质点运动引起。物质导数也被称为实质导数或随体导数。

按连续介质力学的概念，质点速度、质点加速度等定义如下。

质点速度定义为质点位置矢量的物质时间变化率，即

$$\boldsymbol{v}=\frac{\mathrm{D}\boldsymbol{r}}{\mathrm{D}t}=\left.\frac{\partial \boldsymbol{r}(\boldsymbol{R},t)}{\partial t}\right|_{\boldsymbol{R}} \tag{3.2.5}$$

或者写成分量形式，为

$$v_k=\frac{\partial x_k}{\partial t} \tag{3.2.6}$$

如定义所述，$\boldsymbol{v}$ 是某个特定质点(用 $\boldsymbol{R}$ 标识)的位置和时间 t 的函数，它是一种物质描述，因此，应该用 $\boldsymbol{V}$ 来代替 $\boldsymbol{v}$，但这并不总是需要加以区别。据此，再利用式(2.2.4)，即 $\boldsymbol{R}=\boldsymbol{R}(\boldsymbol{r},t)$，可以写出

$$\boldsymbol{v}=\boldsymbol{V}(\boldsymbol{R},t)=\boldsymbol{V}(\boldsymbol{R}(\boldsymbol{r},t),t)=\boldsymbol{v}(\boldsymbol{r},t) \tag{3.2.7}$$

式中，$\boldsymbol{v}(\boldsymbol{r},t)$ 表示空间描述的速度场。在空间描述中，已知的是介质中每个点的速度 $\boldsymbol{v}$。而在给定 t 时刻，恰好位于 $\boldsymbol{r}$ 处的质点 $\boldsymbol{R}$ 具有速度 $\boldsymbol{v}(\boldsymbol{r},t)$ (Eringen, 1967)。

① 这可用一个简单的例子来说明。设$f(x,y)=x^2+y^2$，引入变量的变化 $x=x(X,Y)=X+\lambda Y$，$y=y(X,Y)=Y$，则 $F(X,Y)=f(x(X,Y),y(X,Y))=X^2+(1+\lambda^2)Y^2+2\lambda XY$。因此，$f$ 和 F 有不同的函数形式。

比较式(3.2.4)和式(3.2.6)，可知式(3.2.4)右边的第二项是∇p和$\boldsymbol{v}$的标量积。因此，式(3.2.4)可重写为

$$\frac{\mathrm{D}p}{\mathrm{D}t} = \frac{\partial p}{\partial t} + (\boldsymbol{v} \cdot \nabla)p \tag{3.2.8}$$

用$\boldsymbol{u}$表示$\boldsymbol{r}$[见式(2.3.12)]，再由式(3.2.5)可得

$$\boldsymbol{v} = \frac{D(\boldsymbol{u} + \boldsymbol{R})}{\mathrm{D}t} = \left.\frac{\partial\ (\boldsymbol{u}(\boldsymbol{R},t) + \boldsymbol{R})}{\partial t}\right|_{\boldsymbol{R}} = \frac{\partial \boldsymbol{u}(\boldsymbol{R},t)}{\partial t} \tag{3.2.9}$$

因为$\boldsymbol{R}$与时间无关，所以$\dfrac{\partial \boldsymbol{R}}{\partial t}=0$。

如果用空间描述给出$\boldsymbol{u}$，则利用式(3.2.4)可得

$$v_k = \frac{\partial u_k}{\partial t} + \frac{\partial u_k}{\partial x_l}\frac{\partial x_l}{\partial t} = \frac{\partial u_k}{\partial t} + (\boldsymbol{v} \cdot \nabla)u_k \tag{3.2.10}$$

或写成矢量形式，有

$$\boldsymbol{v} = \frac{\partial \boldsymbol{u}}{\partial t} + (\boldsymbol{v} \cdot \nabla)\boldsymbol{u} \tag{3.2.11}$$

注意，此时速度是用隐式形式给出的。

质点加速度是质点速度的物质导数，即

$$\boldsymbol{a} = \frac{D\boldsymbol{v}}{\mathrm{D}t} \tag{3.2.12}$$

用欧拉描述，则有

$$a_k = \frac{\partial v_k}{\partial t} + \frac{\partial v_k}{\partial x_l}\frac{\partial x_l}{\partial t} = \frac{\partial v_k}{\partial t} + (\boldsymbol{v} \cdot \nabla)v_k \tag{3.2.13}$$

或用矢量形式描述，有

$$\boldsymbol{a} = \frac{\partial \boldsymbol{v}}{\partial t} + (\boldsymbol{v} \cdot \nabla)\boldsymbol{v} \tag{3.2.14}$$

通过后面的例子，我们可对以上速度和加速度的定义有更清楚的理解。

为了这一节内容的完整性，下面增加几种物理性质的基本定义和基本原理。

质量：一个体积为V、具有变密度ρ的物体的质量是

$$m = \int_V \rho \mathrm{d}V \tag{3.2.15}$$

线动量：

$$\boldsymbol{P} = \int_V \rho \boldsymbol{v} \mathrm{d}V \tag{3.2.16}$$

角动量：

$$\boldsymbol{M} = \int_V \boldsymbol{r} \times \rho \boldsymbol{v} \mathrm{d}V \tag{3.2.17}$$

后面的两个定义可以看成经典力学中类似概念的扩展。

质量守恒：

$$\frac{\mathrm{d}m}{\mathrm{d}t} = 0 \tag{3.2.18}$$

线动量守恒：

$$\frac{d\boldsymbol{P}}{dt} = \text{施加到物体上的力的总和} \tag{3.2.19}$$

角动量守恒：

$$\frac{d\boldsymbol{M}}{dt} = \text{施加到物体上的围绕原点的扭矩之和} \tag{3.2.20}$$

最后两个原理在经典力学中有对应的原理，是由 18 世纪著名的数学家欧拉给出的，特别是线动量守恒与牛顿第二定律是等价的。需要注意的是，这些原理已被基于它们的理论的有效性证实为公理(Atkin 和 Fox，1980)。

【示例】

考虑以下运动

$$x_1 = X_1 + atX_2 \tag{3.2.21a}$$

$$x_2 = X_2 \tag{3.2.21b}$$

$$x_3 = (1 + bt)X_3 \tag{3.2.21c}$$

式中，a 和 b 是常数。因为式(3.2.21)是用 $\boldsymbol{R}$ 的函数表示 $\boldsymbol{r}$ 的，所以它对应于拉格朗日描述(见 2.2 节)。相应的速度和加速度的关系式为

$$\boldsymbol{v} = \left(\frac{\partial x_1}{\partial t}, \frac{\partial x_2}{\partial t}, \frac{\partial x_3}{\partial t}\right) = (aX_2, 0, bX_3) \tag{3.2.22}$$

$$\boldsymbol{a} = \left(\frac{\partial^2 x_1}{\partial t^2}, \frac{\partial^2 x_2}{\partial t^2}, \frac{\partial^2 x_3}{\partial t^2}\right) = (0,0,0) \tag{3.2.23}$$

为了用欧拉描述计算速度和加速度，首先由式(3.2.21)求解 $\boldsymbol{R}$，有

$$X_1 = x_1 - atx_2 \tag{3.2.24a}$$

$$X_2 = x_2 \tag{3.2.24b}$$

$$X_3 = \frac{x_3}{1 + bt} \tag{3.2.24c}$$

速度可以通过将式(3.2.24)直接代入式(3.2.22)得到，有

$$\boldsymbol{v} = \left(ax_2, 0, \frac{bx_3}{1 + bt}\right) \tag{3.2.25}$$

或者可利用定义式式(3.2.10)按以下方法确定。首先，写出位移矢量的分量，为

$$u_1 = x_1 - X_1 = atx_2 \tag{3.2.26a}$$

$$u_2 = x_2 - X_2 = 0 \tag{3.2.26b}$$

$$u_3 = x_3 - X_3 = \frac{btx_3}{1 + bt} \tag{3.2.26c}$$

应用这些定义时一定要记住 $\boldsymbol{r}$ 必须是固定的，而后利用

$$u_{1,1} = u_{1,3} = 0; \quad u_{1,2} = at \tag{3.2.27a}$$

$$u_{2,1} = u_{2,2} = u_{2,3} = 0 \tag{3.2.27b}$$

$$u_{3,1} = u_{3,2} = 0; \quad u_{3,3} = \frac{bt}{1 + bt} \tag{3.2.27c}$$

给出

$$v_1 = ax_2 + atv_2 \tag{3.2.28a}$$

$$v_2 = 0 \tag{3.2.28b}$$

$$v_3 = \frac{bx_3}{1+bt} - \frac{b^2 t x_3}{(1+bt)^2} + \frac{btv_3}{1+bt} \tag{3.2.28c}$$

将式(3.2.28a)~式(3.2.28c)看成关于未知量 v_1、v_2、v_3 的方程组。将式(3.2.28b)代入式(3.2.28a)，得到 v_1，再由式(3.2.28c)求得 v_3，从而有

$$\boldsymbol{v} = \left(ax_2, 0, \frac{bx_3}{1+bt}\right) \tag{3.2.29}$$

此式与式(3.2.25)相同。

为了确定加速度，由式(3.2.13)和(3.2.29)可得

$$\boldsymbol{a} = \left(0, 0, -\frac{b^2 x_3}{(1+bt)^2}\right) + \left(ax_2 \frac{\partial}{\partial x_1} + \frac{bx_3}{1+bt}\frac{\partial}{\partial x_3}\right)\left(ax_2, 0, \frac{bx_3}{1+bt}\right) = (0,0,0) \tag{3.2.30}$$

3.3　应力矢量

在连续介质力学中有两种不同类型的力。一种是体力，它存在于物体内部或物体之间，在一定距离上起作用；另一种是面力(或接触力)，它只存在于两个接触物体的接触面或者把物体分成两部分的假想面上。体力的一个例子是重力，它可以看成物体内质点相互作用的结果或另一个物体对该物体作用的结果，在不涉及整个地球的波的传播问题的研究中往往忽略重力。面力或接触力的一个例子是浸泡在流体中的物体表面所受的静水压力。其他力(如磁力)以及分布力，如沿表面或体积分布的力偶(一对具有相反方向的力)也是可能存在的，但是在弹性力学中无需对它们进行研究。

为了引入应力矢量的概念，这里遵循 Love(1927)、Ben-Menahem 和 Singh (1981)的研究。考虑物体内的一个任意平面 ΔS 和这个面上的一点 P，设 $\boldsymbol{n}$ 是垂直于 ΔS 的两个可能的方向之一(见图 3.1)，ΔS 将物体分为两部分，称这两部分为介质 I 和介质 II，介质 I 中包含 $\boldsymbol{n}$。假设介质 I 通过面 ΔS 施加一个力给介质 II，且这个力等价于作用在 P 点上的力 $\Delta \boldsymbol{F}$ 加上一个围绕某轴转动的力偶 $\Delta \boldsymbol{C}$。另外，假设当这个面围绕 P 点连续缩小时，随着 $\Delta \boldsymbol{F}$ 的方向到达某个极限方向，$\Delta \boldsymbol{F}$ 和 $\Delta \boldsymbol{C}$ 两者都趋于零。

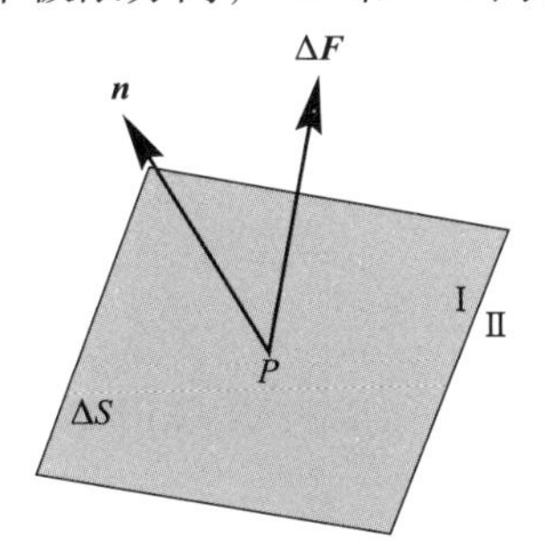

图 3.1　应力矢量定义的几何表示

图中 ΔS 表示物体内部的一个平面面元，这个平面把物体分成 I、II 两部分。$\Delta \boldsymbol{F}$ 是介质 I 作用在介质 II 上的力。垂直于 ΔS 的法向矢量为 $\boldsymbol{n}$，通常 $\boldsymbol{n}$ 与 $\Delta \boldsymbol{F}$ 间有一个夹角。

最后，假设当比值 $\Delta \boldsymbol{F}/\Delta S$ 存在有限的极限值时，$\Delta \boldsymbol{C}/\Delta S$ 趋于零，并称 $\Delta \boldsymbol{F}/\Delta S$ 的极限为应力矢量或者牵引力，写成

$$\boldsymbol{T}(\boldsymbol{n}) = \lim_{\Delta S \to 0} \frac{\Delta \boldsymbol{F}}{\Delta S} = \frac{\mathrm{d}\boldsymbol{F}}{\mathrm{d}S} \tag{3.3.1}$$

式中，$\boldsymbol{T}(\boldsymbol{n})$是 P 点处与法向矢量 $\boldsymbol{n}$ 有关的应力矢量。注意，改变 $\boldsymbol{n}$ 将会改变 $\boldsymbol{T}(\boldsymbol{n})$，且一般来说，$\boldsymbol{T}(\boldsymbol{n})$依赖于 P 点的坐标和时间 t。但为了简化，没有把它们表示出来。因为 $\boldsymbol{T}$ 是单位面积所受的力，它有压力的量纲。$\boldsymbol{T}$ 在 $\boldsymbol{n}$ 方向上的投影由 $\boldsymbol{T} \cdot \boldsymbol{n}$ 给出：如果投影是正值，则对应于拉张；如果投影是负值，则对应于压缩。对于静水压力的情况，力的方向和法线方向相反。一般对于固体，力的方向和面法线方向不同。从式(3.3.1)中我们也可见到，当 $\boldsymbol{T}$ 作为一个位置函数给出时，穿过任意无限小面元 $\mathrm{d}S$ 的力将等于 $\boldsymbol{T}\mathrm{d}S$。

对本节内容，有两点说明。第一，弹性介质理论的成功建立证实了为得出式(3.3.1)所做的假设是正确的(Hudson，1980)；第二，隐含地使用了欧拉方法，即 $\boldsymbol{n}$ 和 ΔS 都参照的是形变后的状态。当参照形变前状态时，应力的分析将更为复杂。主要的差别是在形变前状态下的应力张量，称为 Piola - Kirchhoff 应力张量，是不对称的(Aki 和 Richards，1980；Atkin 和 Fox，1980；Dahlen 和 Tromp，1998)。但是在绝大多数波传播问题的应用中，这些问题可以忽略。

下面，用线动量守恒原理来证明 $\boldsymbol{T}(-\boldsymbol{n}) = -\boldsymbol{T}(\boldsymbol{n})$。设 S 是体积为 V 的物体表面，$\boldsymbol{f}$ 是单位质量的体力，从而 $\rho \boldsymbol{f}$ 是作用在单位体积上的力。为了将线动量守恒公式[式(3.2.19)]用于任意的具有体积 V 和表面 S 的物体，我们必须求出施加在物体上的总力，它等于体力和面力之和。于是，由式(3.2.16)和式(3.2.19)，得到

$$\frac{\mathrm{d}}{\mathrm{d}t}\int_V \rho \boldsymbol{v} \mathrm{d}V = \int_S \boldsymbol{T} \mathrm{d}S + \int_V \rho \boldsymbol{f} \mathrm{d}V \tag{3.3.2}$$

还需要用到的一个结论(见问题 3.5)，是

$$\frac{\mathrm{d}}{\mathrm{d}t}\int_V \rho \boldsymbol{v} \mathrm{d}V = \int_V \rho \frac{\mathrm{D}\boldsymbol{v}}{\mathrm{D}t} \mathrm{d}V \tag{3.3.3}$$

将式(3.3.2)和式(3.3.3)用于一个厚度趋于零的圆盘形物体(见图 3.2)。此时，体积分和面 δS 上的面积分都等于零(见问题 3.6)，所以式(3.3.2)变成

$$\int_{S^+} \boldsymbol{T}(\boldsymbol{n}) \mathrm{d}S^+ + \int_{S^-} \boldsymbol{T}(-\boldsymbol{n}) \mathrm{d}S^- = 0 \tag{3.3.4}$$

式中，S^+ 和 S^- 是圆盘的两个面；$\boldsymbol{n}$ 是 S^+ 的法线(见图 3.2)。当圆盘的厚度趋于零时，S^- 逼近 S^+，并且因为 S^+ 是任意的，所以式(3.3.4)意味着只要 $\boldsymbol{T}$ 在 S^+ 上连续就有(Hudson，1980)

$$\boldsymbol{T}(-\boldsymbol{n}) = -\boldsymbol{T}(\boldsymbol{n}) \tag{3.3.5}$$

式(3.3.5)类似于牛顿第三定律(作用力等于反作用力)。

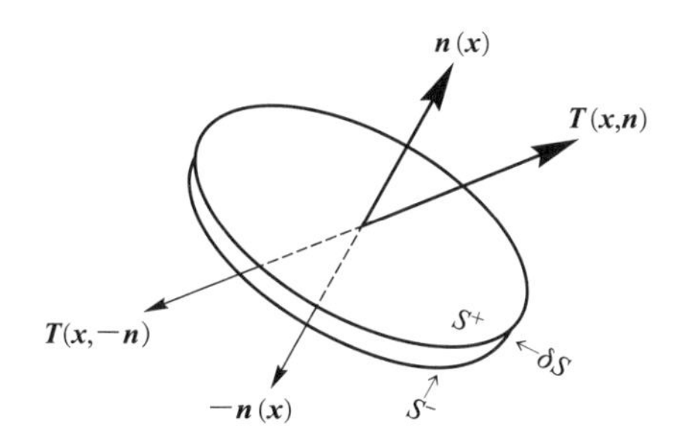

图 3.2　用于表明 $T(x, n) = -T(x, -n)$ 的圆盘形体积元

图中，S^+ 和 S^- 为圆盘的上表面和下表面；δS 为侧表面；$\boldsymbol{T}$ 明显与位置有关。

3.4　应力张量

本节将求得 $\boldsymbol{T}(\boldsymbol{n})$ 和 $\boldsymbol{n}$ 之间的函数关系，并由此给出应力张量的定义。考虑一个无限小四面体，其中三个面在坐标面内(见图 3.3)。$\boldsymbol{T}(\boldsymbol{n})$ 是具有法向矢量 $\boldsymbol{n}$ 的平面 ABC 上的应力矢量。$\mathrm{d}S_i$ 是垂直于坐标轴 x_i 的面。因此，$\mathrm{d}S_i$ 的面法线是 $-\boldsymbol{e}_i$。$\mathrm{d}S_n$ 面的法向矢量是 $\boldsymbol{n}$。注意，所有法向矢量都指向外。

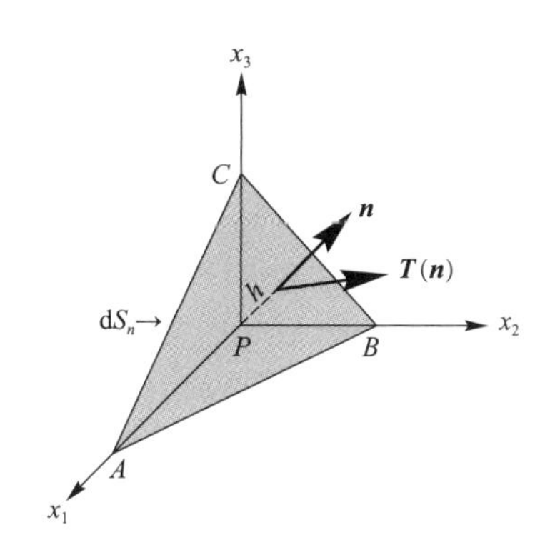

图 3.3　引入应力张量所用四面体的几何图形

图中，$\mathrm{d}S_n$ 对应于面 ABC，法矢量 $\boldsymbol{n}$ 垂直于 $\mathrm{d}S_n$，h 是 P 点到 $\mathrm{d}S_n$ 的距离，面 BPC、面 APC、面 APB 分别标记为 $\mathrm{d}S_1$、$\mathrm{d}S_2$、$\mathrm{d}S_3$，$\mathrm{d}S_i$ 的外法线矢量是 $-\boldsymbol{e}_i$。

现在将式(3.3.2)和式(3.3.3)用于该四面体。因为当四面体的体积趋于零时，体积分比面积分更快地趋于零，所以只需要考虑面积分(见问题3.7)。设 S 是四面体的表面，所以 $S = \mathrm{d}S_n + \mathrm{d}S_1 + \mathrm{d}S_2 + \mathrm{d}S_3$。因此，有

$$0 = \int_S \boldsymbol{T}\mathrm{d}S = \boldsymbol{T}(\boldsymbol{n})\mathrm{d}S_n + \boldsymbol{T}(-\boldsymbol{e}_1)\mathrm{d}S_1 + \boldsymbol{T}(-\boldsymbol{e}_2)\mathrm{d}S_2 + \boldsymbol{T}(-\boldsymbol{e}_3)\mathrm{d}S_3 \quad (3.4.1)$$

严格地说，式(3.4.1)右边的四项都应该写成面积分的形式，但是因为假设四个面都是无限小的面，所以每个积分都可用点 P 处的应力矢量与面积的乘积代替。再利用

式(3.3.5)，可得到

$$\boldsymbol{T}(\boldsymbol{n})\mathrm{d}S_n = \boldsymbol{T}(\boldsymbol{e}_1)\mathrm{d}S_1 + \boldsymbol{T}(\boldsymbol{e}_2)\mathrm{d}S_2 + \boldsymbol{T}(\boldsymbol{e}_3)\mathrm{d}S_3 \tag{3.4.2}$$

式(3.4.2)还可以进一步简化，因为(见问题3.7)

$$\mathrm{d}S_i = (\boldsymbol{n}\cdot\boldsymbol{e}_i)\mathrm{d}S_n = n_i\mathrm{d}S_n,\quad i = 1,2,3 \tag{3.4.3}$$

因此，有

$$\boldsymbol{T}(\boldsymbol{n}) = n_1\boldsymbol{T}(\boldsymbol{e}_1) + n_2\boldsymbol{T}(\boldsymbol{e}_2) + n_3\boldsymbol{T}(\boldsymbol{e}_3) = \sum_{i=1}^{3} n_i\boldsymbol{T}(\boldsymbol{e}_i) \tag{3.4.4}$$

矢量 $\boldsymbol{T}(\boldsymbol{e}_i)$可用单位矢量写成

$$\begin{aligned}\boldsymbol{T}(\boldsymbol{e}_1) &= \tau_{11}\boldsymbol{e}_1 + \tau_{12}\boldsymbol{e}_2 + \tau_{13}\boldsymbol{e}_3\\ \boldsymbol{T}(\boldsymbol{e}_2) &= \tau_{21}\boldsymbol{e}_1 + \tau_{22}\boldsymbol{e}_2 + \tau_{23}\boldsymbol{e}_3\\ \boldsymbol{T}(\boldsymbol{e}_3) &= \tau_{31}\boldsymbol{e}_1 + \tau_{32}\boldsymbol{e}_2 + \tau_{33}\boldsymbol{e}_3\end{aligned} \tag{3.4.5}$$

式中，τ_{ij}是应力矢量 $\boldsymbol{T}(\boldsymbol{e}_i)$的 x_j 分量，其作用面对应于法向矢量为 $\boldsymbol{e}_i$ 的平面(见图3.4)。τ_{ij}是应力张量的元素，所有 τ_{ij}构成应力张量。

利用求和约定，式(3.4.4)和式(3.4.5)可写为

$$\boldsymbol{T}(\boldsymbol{n}) = n_i\boldsymbol{T}(\boldsymbol{e}_i) \tag{3.4.6}$$

$$\boldsymbol{T}(\boldsymbol{e}_i) = \sum_{j=1}^{3}\tau_{ij}\boldsymbol{e}_j = \tau_{ij}\boldsymbol{e}_j,\quad i = 1,2,3 \tag{3.4.7}$$

由式(3.4.6)和式(3.4.7)，可得

$$\boldsymbol{T}(\boldsymbol{n}) = n_i\tau_{ij}\boldsymbol{e}_j \tag{3.4.8}$$

矢量 $\boldsymbol{T}(\boldsymbol{n})$也可写成

$$\boldsymbol{T}(\boldsymbol{n}) = T_1(\boldsymbol{n})\boldsymbol{e}_1 + T_2(\boldsymbol{n})\boldsymbol{e}_2 + T_3(\boldsymbol{n})\boldsymbol{e}_3 = T_j(\boldsymbol{n})\boldsymbol{e}_j \tag{3.4.9}$$

对比式(3.4.8)，可知

$$T_j(\boldsymbol{n}) = n_i\tau_{ij},\quad j = 1,2,3 \tag{3.4.10}$$

如同应变张量，应该证明 τ_{ij}是一个张量。因为在1.4节中为了引出二阶张量的定义已经利用过式(3.4.10)，所以这里没必要再对其进行证明。

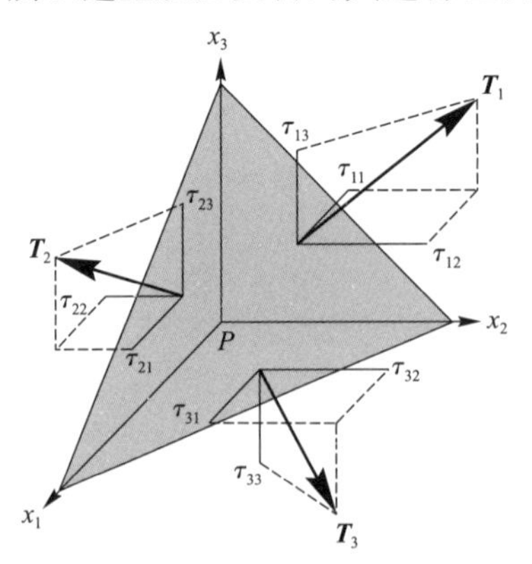

图3.4　应力张量分量与应力矢量分量之间的关系图

图中，应力张量的分量 τ_{ij}分别是应力矢量 $\boldsymbol{T}(\boldsymbol{e}_1)$、$\boldsymbol{T}(\boldsymbol{e}_2)$、$\boldsymbol{T}(\boldsymbol{e}_3)$的分量，简写成$\boldsymbol{T}_1$、$\boldsymbol{T}_2$、$\boldsymbol{T}_3$(Sokolnikoff, 1956)。

下面利用

$$n_i = \boldsymbol{n} \cdot \boldsymbol{e}_i \tag{3.4.11}$$

将式(3.4.6)重写为

$$\boldsymbol{T}(\boldsymbol{n}) = (\boldsymbol{n} \cdot \boldsymbol{e}_i)\boldsymbol{T}(\boldsymbol{e}_i) = \boldsymbol{n} \cdot [\boldsymbol{e}_i\boldsymbol{T}(\boldsymbol{e}_i)] \tag{3.4.12}$$

中括号中的因子[即 $\boldsymbol{e}_i\boldsymbol{T}(\boldsymbol{e}_i)$]称为应力并矢，即

$$\mathcal{T} = \boldsymbol{e}_i\boldsymbol{T}(\boldsymbol{e}_i) \tag{3.4.13}$$

它可写成下面的展开形式，即

$$\begin{aligned}\mathcal{T} &= \boldsymbol{e}_1\boldsymbol{T}(\boldsymbol{e}_1) + \boldsymbol{e}_2\boldsymbol{T}(\boldsymbol{e}_2) + \boldsymbol{e}_3\boldsymbol{T}(\boldsymbol{e}_3) \\ &= \tau_{11}\boldsymbol{e}_1\boldsymbol{e}_1 + \tau_{12}\boldsymbol{e}_1\boldsymbol{e}_2 + \tau_{13}\boldsymbol{e}_1\boldsymbol{e}_3 + \tau_{21}\boldsymbol{e}_2\boldsymbol{e}_1 + \tau_{22}\boldsymbol{e}_2\boldsymbol{e}_2 + \tau_{23}\boldsymbol{e}_2\boldsymbol{e}_3 + \tau_{31}\boldsymbol{e}_3\boldsymbol{e}_1 + \tau_{32}\boldsymbol{e}_3\boldsymbol{e}_2 + \tau_{33}\boldsymbol{e}_3\boldsymbol{e}_3\end{aligned} \tag{3.4.14}$$

利用应力并矢，应力矢量式(3.4.12)可以写为

$$\boldsymbol{T}(\boldsymbol{n}) = \boldsymbol{n} \cdot \mathcal{T} \tag{3.4.15}$$

注意，虽然分量 τ_{ij} 依赖于所选的坐标系，但式(3.4.15)所示的关系与坐标系选择无关。还应注意，当 τ_{ij} 或 $\mathcal{T}$ 以及 $\boldsymbol{n}$ 给定后，应力矢量可用式(3.4.10)或式(3.4.15)计算。如果式(3.4.15)写成以下矩阵形式，则涉及的运算过程会更清楚，即

$$(T_1, T_2, T_3) = (n_1, n_2, n_3)\begin{pmatrix} \tau_{11} & \tau_{12} & \tau_{13} \\ \tau_{21} & \tau_{22} & \tau_{23} \\ \tau_{31} & \tau_{32} & \tau_{33} \end{pmatrix} \tag{3.4.16}$$

矩阵的对角元素称为法应力，而非对角元素称为切应力。

3.5　运动方程、应力张量的对称性

本节将结合前几节的一些结果导出运动方程，这也是本章中最重要的结果之一，在第 4 章里我们将用此方程导出弹性波方程，本节还将证明应力张量 τ_{ij} 是对称的。由式(3.3.2)、式(3.3.3)、式(3.4.10)以及对于张量的高斯定理(见 1.4.9 小节)，可得到

$$\int_S n_j\tau_{ji}\mathrm{d}S + \int_V \rho f_i \mathrm{d}V = \int_V (\tau_{ji,j} + \rho f_i)\mathrm{d}V = \int_V \rho \frac{\mathrm{D}v_i}{\mathrm{D}t}\mathrm{d}V \tag{3.5.1}$$

式中，$\tau_{ji,j}$ 是 τ_{ji} 的散度，是一个矢量。Auld(1990)曾对柱坐标系和球坐标系中 $\tau_{ji,j}$ 及其展开式进行过详细讨论。

式(3.5.1)中最后一个等式可写为

$$\int_V \left(\tau_{ji,j} + \rho f_i - \rho \frac{\mathrm{D}v_i}{\mathrm{D}t}\right)\mathrm{d}V = 0 \tag{3.5.2}$$

因为式(3.5.2)对于物体内任意的体积都成立且假设积分是连续的，所以可得到

$$\tau_{ji,j} + \rho f_i = \rho \frac{\mathrm{D}v_i}{\mathrm{D}t} \tag{3.5.3}$$

由式(3.5.2)导出式(3.5.3)，可采用反证法，即假设式(3.5.2)中的被积函数在某点不为零(如为正值)，由连续性可知在该点的某邻域内被积函数也将是正值。如果选择

V在此邻域之内，则积分将不为零，这与式(3.5.2)对任意体积 V 都成立相矛盾。式(3.5.3)称为欧拉运动方程。式(3.5.3)如用并矢形式表示，为

$$\nabla\cdot\mathcal{T}+\rho\boldsymbol{f}=\rho\frac{\mathrm{D}\boldsymbol{v}}{\mathrm{D}t} \tag{3.5.4}$$

应力张量的对称性将用角动量守恒原理来证明。当体力存在时，角动量写成

$$\frac{\mathrm{d}}{\mathrm{d}t}\int_V(\boldsymbol{r}\times\rho\boldsymbol{v})\mathrm{d}V=\int_S\boldsymbol{r}\times\boldsymbol{T}\mathrm{d}S+\int_V(\boldsymbol{r}\times\rho\boldsymbol{f})\mathrm{d}V \tag{3.5.5}$$

将式(3.5.5)写成分量形式，并把所有项集中在等式的一边，引入 τ_{ij}，然后利用高斯定理和以下关系式：

$$\frac{\mathrm{d}}{\mathrm{d}t}\int_V\rho\phi\mathrm{d}V=\int_V\rho\frac{\mathrm{D}\phi}{\mathrm{D}t}\mathrm{d}V \tag{3.5.6}$$

式中，ϕ 是任意标量、矢量或张量(见问题3.5)，可得到

$$\begin{aligned}0&=\int_V\epsilon_{ijk}\left[(x_j\tau_{rk})_{,r}+\rho x_jf_k-\rho\frac{\mathrm{D}}{\mathrm{D}t}(x_jv_k)\right]\mathrm{d}V\\&=\int_V\epsilon_{ijk}\left[(\tau_{jk}+x_j\tau_{rk,r})+\rho x_jf_k-\rho v_kv_j-\rho x_j\frac{\mathrm{D}v_k}{\mathrm{D}t}\right]\mathrm{d}V\end{aligned} \tag{3.5.7}$$

其中，用到了关系式 $x_{j,r}=\delta_{jr}$。利用式(3.5.3)和 v_kv_j 的对称性，可将式(3.5.7)变成

$$\int_V\epsilon_{ijk}\tau_{jk}\mathrm{d}V=0 \tag{3.5.8}$$

因为式(3.5.8)中的积分体积是任意的，所以当此式中的被积函数连续时，它必定等于零，即

$$\epsilon_{ijk}\tau_{jk}=0 \tag{3.5.9}$$

这意味着 τ_{jk}是对称的(见问题1.10)，即

$$\tau_{jk}=\tau_{kj} \tag{3.5.10}$$

用式(3.5.10)可将式(3.4.10)重写为

$$T_j(\boldsymbol{n})=\tau_{ji}n_i,\quad j=1,2,3 \tag{3.5.11}$$

因而，式(3.4.16)的矩阵形式可写为

$$\begin{pmatrix}T_1\\T_2\\T_3\end{pmatrix}=\begin{pmatrix}\tau_{11}&\tau_{12}&\tau_{13}\\\tau_{21}&\tau_{22}&\tau_{23}\\\tau_{31}&\tau_{32}&\tau_{33}\end{pmatrix}\begin{pmatrix}n_1\\n_2\\n_3\end{pmatrix} \tag{3.5.12}$$

式(3.5.11)也可写成并矢形式，即

$$\boldsymbol{T}=\mathcal{T}\cdot\boldsymbol{n} \tag{3.5.13}$$

3.6 应力的主方向

因为应力张量 τ_{ij}是实的、对称的，所以可通过旋转，使得在旋转后的坐标系下，当 $i\neq j$ 时，$\tau_{ij}=0$(只有 τ_{11}、τ_{22}和 τ_{33}可以不为零，详见1.4.6小节)。本节将用 τ_1、τ_2、τ_3 表示这三个对角元素，由于它们的下标与 τ_{ij}的下标数目不同，且绝不会在同一式中使用，

所以不会引起混淆。设 $\boldsymbol{a}_1$、$\boldsymbol{a}_2$ 和 $\boldsymbol{a}_3$ 是旋转后坐标系中的单位矢量，在这个坐标系中，有

$$\mathcal{T} = \tau_1 \boldsymbol{a}_1 \boldsymbol{a}_1 + \tau_2 \boldsymbol{a}_2 \boldsymbol{a}_2 + \tau_3 \boldsymbol{a}_3 \boldsymbol{a}_3 \tag{3.6.1}$$

用矩阵形式，可将 $\mathcal{T}$ 写成

$$\begin{pmatrix} \tau_1 & 0 & 0 \\ 0 & \tau_2 & 0 \\ 0 & 0 & \tau_3 \end{pmatrix} \tag{3.6.2}$$

在旋转后的坐标系中，应力矢量垂直于坐标平面，切应力在这些面内为零。方向 $\boldsymbol{a}_1$、$\boldsymbol{a}_2$ 和 $\boldsymbol{a}_3$ 称为应力主方向（或主应力方向），垂直于应力主方向的平面称为主应力面。在旋转后的坐标系中，应力矢量可简单表达为

$$\begin{pmatrix} T_1 \\ T_2 \\ T_3 \end{pmatrix} = \begin{pmatrix} \tau_1 & 0 & 0 \\ 0 & \tau_2 & 0 \\ 0 & 0 & \tau_3 \end{pmatrix} \begin{pmatrix} n_1 \\ n_2 \\ n_3 \end{pmatrix} = \begin{pmatrix} n_1 \tau_1 \\ n_2 \tau_2 \\ n_3 \tau_3 \end{pmatrix} \tag{3.6.3}$$

3.7　应力张量的球分量和偏分量

应力张量 τ_{ij} 可写成两个张量的和：一个是球张量，另一个是其迹为零的偏张量，其表达式为

$$\tau_{ij} \equiv P\delta_{ij} + (\tau_{ij} - P\delta_{ij}) = P\delta_{ij} + \sigma_{ij} \tag{3.7.1}$$

式中，P 为标量，σ_{ij} 为

$$\sigma_{ij} = \tau_{ij} - P\delta_{ij} \tag{3.7.2}$$

因为 τ_{ij} 和 δ_{ij} 都是对称的，所以 σ_{ij} 也是对称的。为了确定 P，令 σ_{ij} 的迹为零，即

$$\sigma_{ii} = \tau_{ii} - P\delta_{ii} = \tau_{ii} - 3P = 0 \tag{3.7.3}$$

因此

$$P = \frac{\tau_{ii}}{3} = \frac{\tau_{11} + \tau_{22} + \tau_{33}}{3} \tag{3.7.4}$$

式(3.7.1)可写成矩阵形式，为

$$\begin{pmatrix} \tau_{11} & \tau_{12} & \tau_{13} \\ \tau_{21} & \tau_{22} & \tau_{23} \\ \tau_{31} & \tau_{32} & \tau_{33} \end{pmatrix} = \begin{pmatrix} P & 0 & 0 \\ 0 & P & 0 \\ 0 & 0 & P \end{pmatrix} + \begin{pmatrix} \tau_{11} - P & \tau_{12} & \tau_{13} \\ \tau_{21} & \tau_{22} - P & \tau_{23} \\ \tau_{31} & \tau_{32} & \tau_{33} - P \end{pmatrix} \tag{3.7.5}$$

与式(3.7.5)等价的并矢形式为

$$\mathcal{T} = P\mathcal{I} + (\mathcal{T} - P\mathcal{I}) = \mathrm{P}\mathcal{I} + \Sigma \tag{3.7.6}$$

式中

$$\Sigma = \mathcal{T} - \mathrm{P}\mathcal{I} \tag{3.7.7}$$

张量 $P\delta_{ij}$ 被称为应力张量的各向同性部分或静水压力部分或球形部分。这是因为在流体中剪切分量为零，应力张量为

$$\tau_{ij} = -P\delta_{ij} \tag{3.7.8}$$

式中，P 是静水压力(为正数)。

张量 σ_{ij}被称为应力张量的偏张量部分。为了求 σ_{ij}的主方向，利用式(1.4.87)和式(3.7.1)，并用 v_i 和 λ 分别表示 τ_{ij}的特征向量和特征值，于是得到

$$\tau_{ij}v_j = \lambda v_i = P\delta_{ij}v_j + \sigma_{ij}v_j \tag{3.7.9}$$

这意味着

$$\sigma_{ij}v_j = (\lambda - P)v_i \tag{3.7.10}$$

因此 τ_{ij}和 σ_{ij}有相同的主方向，而 σ_{ij}的特征值为 $\lambda - P$，λ 等于 τ_1、τ_2、τ_3。因为在旋转坐标系中

$$P = \frac{\tau_1 + \tau_2 + \tau_3}{3} \tag{3.7.11}$$

所以，σ_{ij}的特征值是

$$\lambda_1 = \frac{1}{3}(2\tau_1 - \tau_2 - \tau_3);\ \lambda_2 = \frac{1}{3}(2\tau_2 - \tau_1 - \tau_3);\ \lambda_3 = \frac{1}{3}(2\tau_3 - \tau_1 - \tau_2) \tag{3.7.12}$$

3.8 法应力矢量和切应力矢量

本节把应力矢量 $\boldsymbol{T}(\boldsymbol{n})$分解为两部分：一部分为沿 $\boldsymbol{n}$ 方向的 $\boldsymbol{T}^{\mathrm{N}}$，另一部分为垂直于 $\boldsymbol{n}$ 方向的 $\boldsymbol{T}^{\mathrm{S}}$(见图3.5)。$\boldsymbol{T}^{\mathrm{N}}$称为法应力，$\boldsymbol{T}^{\mathrm{S}}$称为切应力。$\boldsymbol{T}$、$\boldsymbol{T}^{\mathrm{N}}$和 $\boldsymbol{T}^{\mathrm{S}}$在同一平面上，且

$$|\boldsymbol{T}^{\mathrm{N}}| = \big||\boldsymbol{T}|\cos\alpha\big| = |\boldsymbol{T}\cdot\boldsymbol{n}| \tag{3.8.1}$$

因此，有

$$\boldsymbol{T}^{\mathrm{N}} = (\boldsymbol{T}\cdot\boldsymbol{n})\boldsymbol{n} \tag{3.8.2}$$

另外，因

$$\boldsymbol{T} = \boldsymbol{T}^{\mathrm{N}} + \boldsymbol{T}^{\mathrm{S}} \tag{3.8.3}$$

所以

$$\boldsymbol{T}^{\mathrm{S}} = \boldsymbol{T} - \boldsymbol{T}^{\mathrm{N}} \tag{3.8.4}$$

$$|\boldsymbol{T}^{\mathrm{S}}| = \big||\boldsymbol{T}|\sin\alpha\big| = |\boldsymbol{n}\times\boldsymbol{T}| \tag{3.8.5}$$

式(3.8.5)不能说明 $\boldsymbol{T}^{\mathrm{S}}$等于 $\boldsymbol{n}\times\boldsymbol{T}$，因为后者既垂直于 $\boldsymbol{n}$ 也垂直于 $\boldsymbol{T}^{\mathrm{S}}$。然而 $\boldsymbol{n}\times\boldsymbol{T}\times\boldsymbol{n}$ 是沿 $\boldsymbol{T}^{\mathrm{S}}$方向的，并且它们的模正好相等[由式(3.8.5)给出]，因此

$$\boldsymbol{T}^{\mathrm{S}} = \boldsymbol{n}\times\boldsymbol{T}\times\boldsymbol{n} \tag{3.8.6}$$

为了严格证明式(3.8.6)，首先利用式(3.8.2)用指标形式重写式(3.8.4)，得

$$T_k^{\mathrm{S}} = T_k - T_k^{\mathrm{N}} = n_l\tau_{lk} - n_k(\boldsymbol{T}\cdot\boldsymbol{n}) = n_l\tau_{lk} - n_kn_l\tau_{li}n_i = n_l(\tau_{lk} - n_kn_i\tau_{li}) \tag{3.8.7}$$

其中，两次使用了式(3.5.11)。接着用指标形式写出式(3.8.6)，有

$$\begin{aligned}(\boldsymbol{n}\times\boldsymbol{T}\times\boldsymbol{n})_k &= \epsilon_{kij}(\boldsymbol{n}\times\boldsymbol{T})_in_j = \epsilon_{kij}\epsilon_{ipq}n_pT_qn_j = -\epsilon_{ikj}\epsilon_{ipq}n_pn_jn_l\tau_{lq}\\ &= -(\delta_{kp}\delta_{jq} - \delta_{kq}\delta_{jp})n_pn_jn_l\tau_{lq} = n_jn_jn_l\tau_{lk} - n_kn_jn_l\tau_{lj}\\ &= n_l(\tau_{lk} - n_kn_j\tau_{lj})\end{aligned} \tag{3.8.8}$$

式中，用到了 $n_j n_j = |\boldsymbol{n}|^2 = 1$。由于式(3.8.7)和式(3.8.8)的最终结果相等，所以式(3.8.6)是正确的。

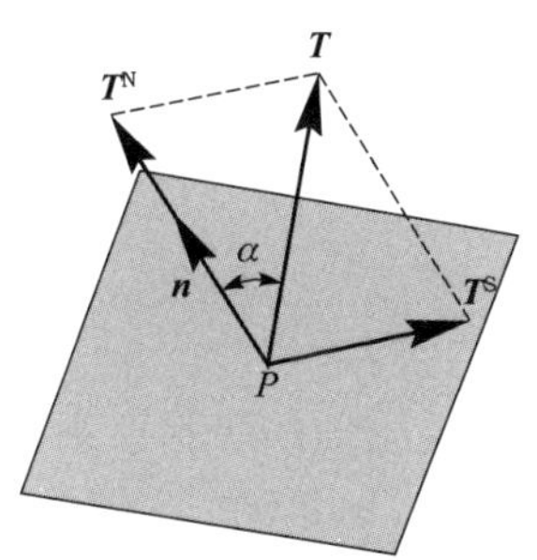

图 3.5　应力矢量的分解图

图中，应力矢量 $\boldsymbol{T}$ 分解为法分量($\boldsymbol{T}^{\mathrm{N}}$)和切分量($\boldsymbol{T}^{\mathrm{S}}$)。

3.9　法应力矢量和切应力矢量的稳态值和方向

在受到应力作用的介质中，对于已知的应力张量 τ_{ij} 和给定的点 P，有无限多个应力矢量，它们与通过 P 点的无限多个平面面元一一对应。每个面元都有相应的法向矢量 $\boldsymbol{n}$，现在的问题是：是否存在某个特定的方向，可使沿此方向的法应力矢量和切应力矢量的模取得极大值或极小值？这个问题的实质也就是求沿此方向的矢量 $\boldsymbol{n}$ 或者求能使 $\boldsymbol{T}^{\mathrm{N}}$ 和 $\boldsymbol{T}^{\mathrm{S}}$ 稳定的矢量 $\boldsymbol{n}$，而对 $\boldsymbol{n}$ 的唯一限制就是它的模等于1，对于 τ_{ij} 除了本节末尾讨论的两种特例以外没有限制。下面将在主轴坐标系中进行分析，因为在此坐标系中所有表达式都比较简单。在此坐标系中讨论不需引入任何限制，因为利用适当的坐标系旋转总是可以回到原坐标系。下面的分析基于 Sokolnikoff(1956)的文献。

设

$$\boldsymbol{n} = n_1\boldsymbol{a}_1 + n_2\boldsymbol{a}_2 + n_3\boldsymbol{a}_3 \tag{3.9.1}$$

为介质内与过 P 点的平面相垂直的单位矢量。因此，利用式(3.6.3)和式(3.8.1)，可得

$$\boldsymbol{T}\cdot\boldsymbol{n} \equiv \tau_{\mathrm{N}} = (n_1\tau_1, n_2\tau_2, n_3\tau_3)\cdot(n_1, n_2, n_3) = \tau_1 n_1^2 + \tau_2 n_2^2 + \tau_3 n_3^2 \tag{3.9.2}$$

现在利用关系式

$$|\boldsymbol{n}|^2 = n_1^2 + n_2^2 + n_3^2 = 1 \tag{3.9.3}$$

求解 n_1^2，然后将其代入式(3.9.2)，得到

$$\tau_{\mathrm{N}} = \tau_1(1 - n_2^2 - n_3^2) + \tau_2 n_2^2 + \tau_3 n_3^2 \tag{3.9.4}$$

我们的目的是求 τ_{N} 的最大值或最小值。为此，需要确定使得 τ_{N} 稳定的 n_2 和 n_3 的值，也就是要求出满足以下条件的 n_2 和 n_3 的值：

$$\frac{\partial\tau_{\mathrm{N}}}{\partial n_2} = 0;\quad \frac{\partial\tau_{\mathrm{N}}}{\partial n_3} = 0 \tag{3.9.5}$$

据式(3.9.4)，可将式(3.9.5)具体化为

$$\frac{\partial \tau_N}{\partial n_2} = -2n_2\tau_1 + 2n_2\tau_2 = 0 \tag{3.9.6}$$

$$\frac{\partial \tau_N}{\partial n_3} = -2n_3\tau_1 + 2n_3\tau_3 = 0 \tag{3.9.7}$$

由式(3.9.6)和式(3.9.7)易得 $n_2 = n_3 = 0$，所以

$$\boldsymbol{n} = (\pm 1,0,0); \quad \tau_N = \tau_1 \tag{3.9.8}$$

若由式(3.9.3)求出 n_2^2 或 n_3^2，并重复上面的步骤，则可得到

$$\boldsymbol{n} = (0, \pm 1,0); \quad \tau_N = \tau_2 \tag{3.9.9}$$

$$\boldsymbol{n} = (0,0, \pm 1); \quad \tau_N = \tau_3 \tag{3.9.10}$$

式(3.9.8)~式(3.9.10)表明，主应力方向就是使法应力稳定的方向。

接下来确定切应力的稳定值。由式(3.8.3)可知

$$|\boldsymbol{T}|^2 = |\boldsymbol{T}^N|^2 + |\boldsymbol{T}^S|^2 \tag{3.9.11}$$

再利用式(3.6.3)和式(3.9.2)，可得

$$|\boldsymbol{T}^S|^2 \equiv \tau_S^2 = |\boldsymbol{T}|^2 - |\boldsymbol{T}^N|^2 = \tau_1^2 n_1^2 + \tau_2^2 n_2^2 + \tau_3^2 n_3^2 - (\tau_1 n_1^2 + \tau_2 n_2^2 + \tau_3 n_3^2)^2 \tag{3.9.12}$$

式(3.9.12)还服从于条件 $|\boldsymbol{n}|^2 = n_i n_i = 1$。可见，为了求得 τ_S^2 的稳定值，需用拉格朗日乘数法。为此，设目标函数

$$F = \tau_S^2 + \lambda\phi \tag{3.9.13}$$

式中，λ 是待定的参量；ϕ 可表示为

$$\phi = n_i n_i - 1 \tag{3.9.14}$$

此时，问题转化为求目标函数 F 的稳定值。现在令 $\partial F/\partial n_i = 0$，并利用条件 $|\boldsymbol{n}| = 1$，得到

$$\frac{\partial F}{\partial n_i} = 2n_i[\tau_i^2 - 2(\tau_1 n_1^2 + \tau_2 n_2^2 + \tau_3 n_3^2)\tau_i + \lambda] = 0, \quad i = 1,2,3 \tag{3.9.15}$$

下面通过查验求出式(3.9.15)的可能解 n_i。为此，将式(3.9.15)写为

$$n_i f(n_i, \tau_i, \lambda) = 0 \tag{3.9.16}$$

式中，f 代表式(3.9.15)中中括号内的表达式。一个明显的解是 $\boldsymbol{n} = (0,0,0)$，但这个解不满足约束条件 $|\boldsymbol{n}|^2 = 1$。

考察 n_i 中有两个分量等于零的解的可能性。假设 $\boldsymbol{n} = (\pm 1,0,0)$，将其代入式(3.9.15)和式(3.9.12)可得到 $\lambda = \tau_1^2$ 和 $\tau_S^2 = 0$。后者是我们期望的一个结果，因为 $\boldsymbol{n} = (\pm 1,0,0)$ 与主应力面中的一个面相垂直，而在垂直于主应力的面上，τ_S 为零。当 $\boldsymbol{n} = (0, \pm 1,0)$ 或 $\boldsymbol{n} = (0,0, \pm 1)$ 时，可获得类似的结果。

另一个可能的解就是 n_i 中只有一个分量等于零。现假设 $n_1 = 0$，这时可得

$$n_2^2 + n_3^2 = 1 \tag{3.9.17}$$

$$\tau_2^2 - 2(\tau_2 n_2^2 + \tau_3 n_3^2)\tau_2 + \lambda = 0 \tag{3.9.18}$$

$$\tau_3^2 - 2(\tau_2 n_2^2 + \tau_3 n_3^2)\tau_3 + \lambda = 0 \tag{3.9.19}$$

式(3.9.17)是由约束条件 $|\boldsymbol{n}|^2 = 1$ 导出的，式(3.9.18)和式(3.9.19)是由当 $n_i \neq 0$ 时式(3.9.16)中的函数 f 必须为零得到的。

式(3.9.17)~式(3.9.19)构成关于三个未知量 n_2^2、n_3^2 和 λ 的方程组。其解为

$$n_2^2 = n_3^2 = \frac{1}{2};\quad \lambda = \tau_2\tau_3 \tag{3.9.20}$$

于是有

$$\boldsymbol{n} = \left(0,\ \pm\frac{1}{\sqrt{2}},\ \pm\frac{1}{\sqrt{2}}\right) \tag{3.9.21}$$

以及，由式(3.9.12)得

$$\tau_S^2 = \frac{1}{2}(\tau_2^2 + \tau_3^2) - \frac{1}{4}(\tau_2 + \tau_3)^2 = \frac{1}{4}\tau_2^2 + \frac{1}{4}\tau_3^2 - \frac{1}{2}\tau_2\tau_3 = \frac{1}{4}(\tau_2 - \tau_3)^2 \tag{3.9.22}$$

于是

$$\tau_S = \pm\frac{1}{2}(\tau_2 - \tau_3) \tag{3.9.23}$$

$$|\tau_S| = \frac{1}{2}|\tau_2 - \tau_3| \tag{3.9.24}$$

因为 τ_S 和 τ_S^2 不是 $\boldsymbol{n}$ 的函数，它们对 n_i 的导数等于零。因此，由式(3.9.21)给出的 $\boldsymbol{n}$ 是条件极值方向，代表 τ_S 的稳定方向。

同时，若令 $n_2=0$ 或者 $n_3=0$，而 $\boldsymbol{n}$ 的其他两个分量不等于零时，可知 τ_S 有如下稳定方向

$$\boldsymbol{n} = \left(\pm\frac{1}{\sqrt{2}},0,\ \pm\frac{1}{\sqrt{2}}\right);\quad |\tau_S| = \frac{1}{2}|\tau_1 - \tau_3| \tag{3.9.25}$$

$$\boldsymbol{n} = \left(\pm\frac{1}{\sqrt{2}},\ \pm\frac{1}{\sqrt{2}},0\right);\quad |\tau_S| = \frac{1}{2}|\tau_1 - \tau_2| \tag{3.9.26}$$

如果现在假设 $\tau_1>\tau_2>\tau_3$，则由式(3.9.25)知 $\frac{1}{2}(\tau_1-\tau_3)$ 是 P 点处的最大切应力，它的值是最大主应力和最小主应力之差的一半，它作用在包含 $\boldsymbol{a}_2$ 且平分这两个主应力方向所夹直角的平面上(见图3.6)。

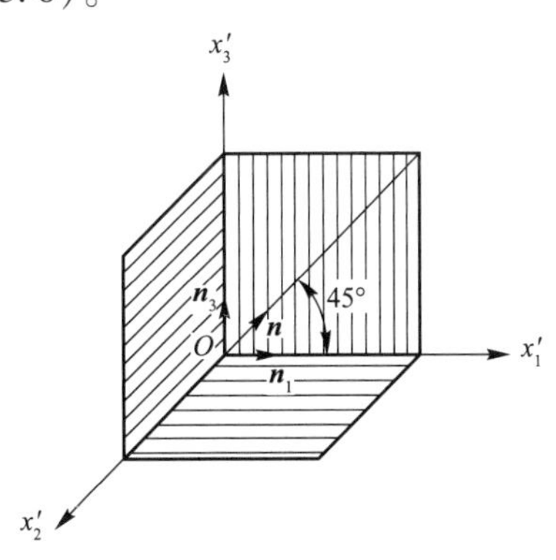

图3.6 应力张量的主值与其最大切应力所在平面的方向图*

图中，对于给定主应力值为 τ_1、τ_2、τ_3 的应力张量，其最大切应力作用在包含 x_2' 轴且平分 x_1' 轴与 x_3' 轴之间夹角的平面上，即在过 x_2' 轴45°线的平面上，而45°线在 (x'_1, x'_3) 面内。(*译者对原图略有修改)

回到式(3.9.16)，并考察三个分量都不等于零的 $\boldsymbol{n}$ 是其解的可能性。由下面的分析可知，只有对于某些特殊的 τ_1、τ_2 和 τ_3 的值才会出现这种可能性。当 n_i 都不为零时，式(3.9.15)可写为

$$\tau_1 n_1^2 + \tau_2 n_2^2 + \tau_3 n_3^2 = \frac{1}{2}\frac{\lambda + \tau_1^2}{\tau_1} \tag{3.9.27}$$

$$\tau_1 n_1^2 + \tau_2 n_2^2 + \tau_3 n_3^2 = \frac{1}{2}\frac{\lambda + \tau_2^2}{\tau_2} \tag{3.9.28}$$

$$\tau_1 n_1^2 + \tau_2 n_2^2 + \tau_3 n_3^2 = \frac{1}{2}\frac{\lambda + \tau_3^2}{\tau_3} \tag{3.9.29}$$

式(3.9.27)~式(3.9.29)的左边是相同的，所以如果 τ_i 的三个值全都不同，则方程将无解。但当 $\tau_1 = \tau_2 = \tau_3 = \sqrt{\lambda}$ 时，三个方程将同时成立。并注意到，这样选择 τ_i 时，$\tau_S = 0$[见式(3.9.12)]。还有，因为此时对 $\boldsymbol{n}$ 的分量没有约束，所以任意方向都是与切应力为零的面相垂直的方向。还注意到，在旋转坐标系中，应力张量正比于 δ_{ij}，所以该张量在各个方向都相同，且在任意坐标系中都有相同的分量。

当 τ_i 中有两个值相等时，式(3.9.16)存在另一种解。例如，设 $\tau_1 = \tau_2$，这时式(3.9.27)和式(3.9.28)都可写为

$$\tau_1(n_1^2 + n_2^2) + \tau_3 n_3^2 = \frac{1}{2}\frac{\lambda + \tau_1^2}{\tau_1} = \frac{1}{2}\left(\frac{\lambda}{\tau_1} + \tau_1\right) \tag{3.9.30}$$

式(3.9.29)可写为

$$\tau_1(n_1^2 + n_2^2) + \tau_3 n_3^2 = \frac{1}{2}\frac{\lambda + \tau_3^2}{\tau_3} = \frac{1}{2}\left(\frac{\lambda}{\tau_3} + \tau_3\right) \tag{3.9.31}$$

比较式(3.9.30)和式(3.9.31)的右边可见，如果 $\lambda = \tau_1\tau_3$，则这两个方程式相同。将 $\lambda = \tau_1\tau_3$ 代入式(3.9.30)，得

$$\tau_1(n_1^2 + n_2^2) + \tau_3 n_3^2 = \frac{1}{2}\tau_1 + \frac{1}{2}\tau_3 \tag{3.9.32}$$

如果取

$$n_1^2 + n_2^2 = \frac{1}{2} \tag{3.9.33a}$$

$$n_3^2 = \frac{1}{2} \tag{3.9.33b}$$

则式(3.9.32)成立。注意，式(3.9.33)给出的解满足约束条件 $|\boldsymbol{n}|^2 = 1$，且代表了无限多个方向。这就意味着有无限多的方向 $\boldsymbol{n}$ 垂直于最大切应力所在的面。将式(3.9.33)和 $\tau_1 = \tau_2$ 代入式(3.9.12)，得到

$$|\tau_S| = \frac{1}{2}|\tau_1 - \tau_3| \tag{3.9.34}$$

即此时最大切应力等于两主应力差的一半。

3.10 应力莫尔圆

这里将讨论，一旦求出应力张量主应力的值，则可以利用简单的几何结构并用图形来确定正应力和切应力矢量，这个几何结构就是基于其半径与三个主应力值有关的三个圆。这些圆对于岩石裂缝的研究和天然地震中断层的研究非常重要(Yeats等，1997；Scholz，1990；Ramsey，1967)。下面的几个关系式就是研究的出发点。

$$n_1^2+n_2^2+n_3^2=1 \tag{3.10.1}$$

$$\tau_N=\tau_1 n_1^2+\tau_2 n_2^2+\tau_3 n_3^2 \tag{3.10.2}$$

$$|\boldsymbol{T}|^2=\tau_N^2+\tau_S^2=n_1^2\tau_1^2+n_2^2\tau_2^2+n_3^2\tau_3^2 \tag{3.10.3}$$

接着，基于Sokolnikoff(1956)方法，按以下步骤求解关于n_1^2、n_2^2和n_3^2的方程组，即式(3.10.1)~式(3.10.3)。

由式(3.10.1)求n_1^2，有

$$n_1^2=1-n_2^2-n_3^2 \tag{3.10.4}$$

将式(3.10.4)代入式(3.10.2)，得

$$\tau_N=\tau_1+n_2^2(\tau_2-\tau_1)+n_3^2(\tau_3-\tau_1) \tag{3.10.5}$$

这就意味着

$$n_3^2=\frac{\tau_N-\tau_1-n_2^2(\tau_2-\tau_1)}{\tau_3-\tau_1} \tag{3.10.6}$$

将式(3.10.4)代入式(3.10.3)并利用式(3.10.6)，得到

$$\begin{aligned}\tau_N^2+\tau_S^2&=\tau_1^2+n_2^2(\tau_2^2-\tau_1^2)+n_3^2(\tau_3^2-\tau_1^2)\\&=\tau_1^2+n_2^2(\tau_2^2-\tau_1^2)+(\tau_3+\tau_1)[\tau_N-\tau_1-n_2^2(\tau_2-\tau_1)]\\&=\tau_1^2+n_2^2(\tau_2^2-\tau_1^2)+(\tau_3+\tau_1)(\tau_N-\tau_1)-n_2^2(\tau_2-\tau_1)(\tau_3+\tau_1)\\&=n_2^2(\tau_2-\tau_1)[\tau_2+\tau_1-(\tau_3+\tau_1)]+\tau_3\tau_N-\tau_3\tau_1+\tau_1\tau_N\end{aligned} \tag{3.10.7}$$

将式(3.10.7)中各项重排，得到

$$\begin{aligned}n_2^2(\tau_2-\tau_1)(\tau_2-\tau_3)&=\tau_N^2+\tau_S^2-\tau_3\tau_N+\tau_3\tau_1-\tau_1\tau_N\\&=\tau_N(\tau_N-\tau_3)-\tau_1(\tau_N-\tau_3)+\tau_S^2\\&=(\tau_N-\tau_1)(\tau_N-\tau_3)+\tau_S^2\end{aligned} \tag{3.10.8}$$

因此

$$n_2^2=\frac{(\tau_N-\tau_1)(\tau_N-\tau_3)+\tau_S^2}{(\tau_2-\tau_1)(\tau_2-\tau_3)} \tag{3.10.9}$$

对于n_1^2和n_3^2，经过同样的推导过程，得到类似的关系式，即

$$n_1^2=\frac{(\tau_N-\tau_2)(\tau_N-\tau_3)+\tau_S^2}{(\tau_1-\tau_2)(\tau_1-\tau_3)} \tag{3.10.10}$$

$$n_3^2=\frac{(\tau_N-\tau_1)(\tau_N-\tau_2)+\tau_S^2}{(\tau_3-\tau_1)(\tau_3-\tau_2)} \tag{3.10.11}$$

式(3. 10. 9) ~式(3. 10. 11)是讨论(τ_N, τ_S)平面内应力莫尔圆的基础。

考虑式(3. 10. 10)，因为 $n_1^2 \geqslant 0$，并且已经选择 $\tau_1 > \tau_2 > \tau_3$，则说明分母是正值，所以分子也必须为正值，即

$$(\tau_N - \tau_2)(\tau_N - \tau_3) + \tau_S^2 \geqslant 0 \tag{3. 10. 12}$$

整理式(3. 10. 12)的左边，得

$$\begin{aligned}\tau_N^2 - \tau_N(\tau_2 + \tau_3) + \tau_2\tau_3 + \tau_S^2 &= \left[\tau_N - \frac{1}{2}(\tau_2 + \tau_3)\right]^2 - \frac{1}{4}(\tau_2 + \tau_3)^2 + \tau_2\tau_3 + \tau_S^2 \\ &= \left[\tau_N - \frac{1}{2}(\tau_2 + \tau_3)\right]^2 - \left(\frac{\tau_2 - \tau_3}{2}\right)^2 + \tau_S^2 \geqslant 0\end{aligned} \tag{3. 10. 13}$$

这说明

$$\left[\tau_N - \frac{1}{2}(\tau_2 + \tau_3)\right]^2 + \tau_S^2 \geqslant \left(\frac{\tau_2 - \tau_3}{2}\right)^2 \tag{3. 10. 14}$$

式(3. 10. 14)表示中心在$\left(\frac{\tau_2 + \tau_3}{2}, 0\right)$、半径为$\frac{\tau_2 - \tau_3}{2}$的一个圆(见图 3.7 中 C_1)。在式(3. 10. 14)中，“$\geqslant$”表明点在 C_1 圆外或 C_1 圆上。

由式(3. 10. 9)，且 $n_2^2 \geqslant 0$、分母是负值，可得

$$(\tau_N - \tau_3)(\tau_N - \tau_1) + \tau_S^2 \leqslant 0 \tag{3. 10. 15}$$

式(3. 10. 15)可重写为

$$\left[\tau_N - \frac{1}{2}(\tau_1 + \tau_3)\right]^2 + \tau_S^2 \leqslant \left(\frac{\tau_1 - \tau_3}{2}\right)^2 \tag{3. 10. 16}$$

式(3. 10. 16)表示点在图 3. 7 中的 C_2 圆内或 C_2 圆上。

由式(3. 10. 11)，且 $n_3^2 \geqslant 0$、分母是正值，可得

$$\left[\tau_N - \frac{1}{2}(\tau_1 + \tau_2)\right]^2 + \tau_S^2 \geqslant \left(\frac{\tau_1 - \tau_2}{2}\right)^2 \tag{3. 10. 17}$$

式(3. 10. 17)表示点在图 3. 7 中的 C_3 圆外或 C_3 圆上。

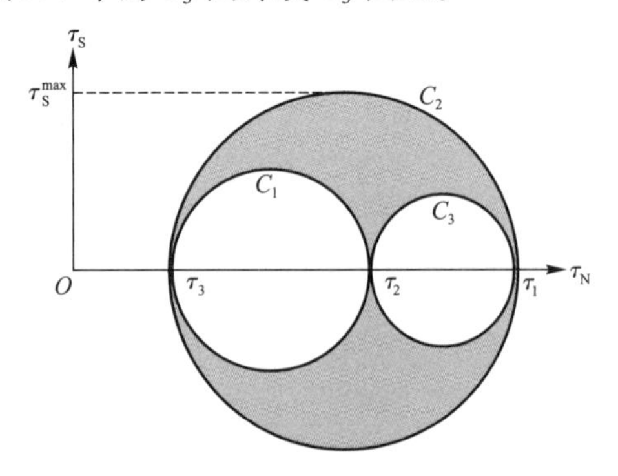

图 3. 7　应力莫尔圆

图中显示出对于已知的主应力值为 τ_1、τ_2、τ_3 的应力张量，应力矢量的法分量 τ_N 和切分量 τ_S 的值的范围，由图中的阴影区域给出，τ_S^{max} 为 τ_S 的最大值。

对于给定的应力张量，τ_N 和 τ_S 可取的值的范围由图 3.7 中三个圆之间的阴影区域给出。注意，τ_S 的值不可能超过$\frac{\tau_1-\tau_3}{2}$。

问 题

3.1 验证

$$\frac{D}{Dt}[f(\boldsymbol{r},t)g(\boldsymbol{r},t)] = g\frac{Df}{Dt}+f\frac{Dg}{Dt}$$

3.2 证明

$$\frac{DJ}{Dt} = J(\nabla\cdot\boldsymbol{v})$$

式中，J 为变换 $\boldsymbol{r}=\boldsymbol{r}(\boldsymbol{R},\ t)$ 的雅克比式。

3.3 设物体在形变前和形变后的体积分别为 V_0 和 V(见 2.2 节)。在形变过程中物体的质量是守恒的(也就是说，没有质量的增加或者减少)，即两个体积下的总质量 m 是相同的，这从数学上可以表达为

$$m = \int_{V_0}\rho_0(\boldsymbol{R},0)\mathrm{d}V_0 = \int_V\rho(\boldsymbol{r},t)\mathrm{d}V$$

用该结果证明

$$\rho(\boldsymbol{r},t)J = \rho_0(\boldsymbol{R},0)$$

3.4 验证下面的方程。

(a)

$$\frac{D\rho}{Dt}+\rho\,\nabla\cdot\boldsymbol{v} = 0$$

(b)

$$\frac{\partial\rho}{\partial t}+\nabla\cdot(\rho\boldsymbol{v}) = 0$$

式中，ρ 和 $\boldsymbol{v}$ 是 $\boldsymbol{x}$ 和 t 的函数。这两个方程都被称为连续性方程，它们都是质量守恒的结果。

3.5 验证

$$\frac{\mathrm{d}}{\mathrm{d}t}\int_V\rho(\boldsymbol{r},t)\phi(\boldsymbol{r},t)\mathrm{d}V = \int_V\rho(\boldsymbol{r},t)\ \frac{D\phi(\boldsymbol{r},t)}{Dt}\mathrm{d}V$$

式中，ϕ 是任意标量、矢量或者张量。特别是，ϕ 可以是速度 $\boldsymbol{v}$。

3.6 如图 3.2 所示，在式(3.3.2)中引入式(3.3.3)之后，证明当圆盘的厚度趋于零时，其体积分和沿侧表面 δS 的积分趋于零。

3.7 如图 3.3 所示，证明下面的方程。

(a)四面体的体积可以写为

$$V = \frac{1}{3}h\mathrm{d}S_n$$

(b)当 h(或 V)趋于零时，体积分比面积分更快地趋于零。

(c)$\mathrm{d}S_i=(\boldsymbol{n}\cdot\boldsymbol{e}_i)\mathrm{d}S_n=n_i\mathrm{d}S_n$。

3.8　考虑由以下矩阵给出的应力张量，即

$$\begin{pmatrix}1 & 0 & 0\\0 & -1 & 1\\0 & 1 & -1\end{pmatrix}$$

(a)确定与 x_1 轴、x_2 轴和 x_3 轴分别交于点(3,0,0)、(0,1,0)和(0,0,1)的平面上的应力矢量。

(b)计算 $\boldsymbol{T}^{\mathrm{N}}$和 $\boldsymbol{T}^{\mathrm{S}}$，并证明 $\boldsymbol{T}^{\mathrm{S}}$在步骤(a)确定的平面内。

(c)画出该张量的应力莫尔圆。

第4章　线弹性－弹性波方程

4.1　引言

在前面的章节中，通过引入小形变的假设，可以忽略拉格朗日描述和欧拉描述之间的区别。下面将小形变的假设用于运动方程式(3.5.3)，得到包含应力张量的空间导数、位移加速度和体力的方程。而位移经由式(2.4.1)又与应变张量相关联，故可得两组方程：一组是关于应力和位移的方程，另一组是关于应变和位移的方程。在已经引入的近似范围内，这些方程对于任意连续介质都是成立的。但如果将它们用于特定的某类介质(如固体、黏滞流体等)，还必须建立应力和应变之间的一般关系(本构关系或本构方程)。

在固体情况下，当物体受到外力作用时，物体发生形变(应变)，同时在物体内产生应力。应力与应变之间的关系依赖于形变的性质和其他外部因素，如温度等。如果引起形变的力移去后，形变的物体会回到它原来的状态，则称这种形变为弹性形变。若不是这样，如形变的一部分被保留，则称这种形变为塑性形变。很显然，一种形变是否为弹性形变依赖于施加在物体上力的大小以及物体的性质。事实上，加到钢材上的力产生的形变与加到其他完全不同的材料(如橡皮)上的力产生的形变是不同的。下面将主要关心线弹性固体，即应力与应变之间存在线性关系的固体(广义胡克定律)，并将表明胡克定律是在存在应变能密度的更严格的条件下得出的结果，这种情况下的固体称为超弹性体。在讨论了这些一般性问题之后，再专门讨论各向同性弹性固体及其包含的几个重要参数，如泊松比、切变模量等。最后，利用应力、应变和位移之间的关系以及运动方程导出均匀各向同性介质的弹性波方程，并将表明，在这类介质中传播的波有两类，称为P波和S波。

4.2　小形变近似下的运动方程

由运动方程式(3.5.3)和应力张量的对称关系式(3.5.10)，可得

$$\tau_{ij,j} + \rho f_i = \rho \frac{\mathrm{D}v_i}{\mathrm{D}t} \tag{4.2.1}$$

由3.2节可知，加速度和速度的表达式为

$$a_i = \frac{\mathrm{D}v_i}{\mathrm{D}t} = \frac{\partial v_i}{\partial t} + \frac{\partial v_i}{\partial x_l}\frac{\partial x_l}{\partial t} \tag{4.2.2}$$

$$v_i = \frac{\partial u_i}{\partial t} + \frac{\partial u_i}{\partial x_l}\frac{\partial x_l}{\partial t} \tag{4.2.3}$$

为了简化式(4.2.1)~式(4.2.3)所表达的问题，这里引入小形变的假设，忽略 $\boldsymbol{u}$ 的空间导数，因此有

$$v_i \approx \frac{\partial u_i}{\partial t}; \quad a_i \approx \frac{\partial^2 u_i}{\partial t^2} \tag{4.2.4}$$

于是，在这种近似下，式(4.2.1)变为

$$\tau_{ij,j} + \rho f_i = \rho \frac{\partial^2 u_i}{\partial t^2} = \rho \ddot{u}_i \tag{4.2.5}$$

式中，变量 u_i 上面的两点表示对时间的二阶导数。式(4.2.5)称为柯西运动方程，在4.4节中将会用到该方程，其用并矢可写为

$$\nabla \cdot \mathcal{T} + \rho \boldsymbol{f} = \rho \frac{\partial^2 \boldsymbol{u}}{\partial t^2} = \rho \ddot{\boldsymbol{u}} \tag{4.2.6}$$

在4.5节和4.6节中，将导出 τ_{ij} 关于 ε_{ij} 的表达式，并将联合式(4.2.5)导出4.8节中的弹性波方程。

4.3 热力学考虑

物体受力后发生形变，外力对此物体做功，该物体与外界还可能有热量交换，物体的动能与内能将发生变化，因此物体受力发生形变的过程应是一个热力学过程，必然要遵从热力学定律。所以，本节首先回顾热力学的一些重要概念，从热力学观点出发来讨论固体的形变过程，再利用这些结论去研究应力和应变之间的关系。

热力学是物理学的一个分支，它研究机械功和热之间的互相转换。在连续介质中，经典热动力学抽象地将物质的粒子运动和几个有关参数之间的关系表示成一个热力学系统。这些参数有温度、压力、能量、热、功和熵等。这种系统的一个典型例子是由一个装有气体的圆柱形筒、一个可在筒中移动的活塞、一个能使气体在其中发生化学反应的容器组成的。

这里简要讨论作为热力学核心的两个基本定律。热力学第一定律是关于系统中能量守恒的表述，热和功是能量的两种不同的表现形式，因而，热力学第一定律表述为：系统内能量的增加等于外力所做的功加上系统接收到的热量。热力学第二定律较难描述，它要说明从较冷的物体转换热量到较热的物体的不可能性。但是，对于可逆过程，其表达式(见后面)比较简单，该过程可看成由一系列不同的其间变化量为无限小的平衡状态组成。例如，当增加或减少圆柱形筒内气体的压力时，如果进行得很慢，就是一个可逆过程，而突然加压或卸压将是不可逆过程。但是我们应该注意到，可逆过程是一个理想化的概念，而不是实际发生的过程，这一点非常重要。

为了应用热力学第一定律来研究固体的形变，将能量分成两部分：一部分对应于总动能 K(它依赖于物体的质量和速度)；另一部分对应于能量 U(称为内能)，它依赖于物体的温度和形状(Love，1927)。下面的讨论基于 Brillouin (1964)的研究。设 $\mathrm{d}w$ 为

做功微元，dQ 为所加热量微元，dK 和 dU 分别是在小形变期间动能和内能的变化微元，于是有

$$dQ + dw = dK + dU \tag{4.3.1}$$

对于可逆过程，热力学第二定律表述为

$$dQ = TdS \tag{4.3.2}$$

式中，T 是绝对温度；S 是熵（对于不可逆过程，此式中的“＝”须改为“＜”）。式(4.3.2)实际上定义了熵 S。

将式(4.3.2)代入式(4.3.1)，得到

$$dU - TdS = dw - dK \tag{4.3.3}$$

此式又可改写为

$$d(U - TS) + SdT = dw - dK \tag{4.3.4}$$

式中

$$U - TS = F \tag{4.3.5}$$

称为系统的自由能量。

假设式(4.3.1)中的量是参考物体形变前的某个平衡状态测量的，并且假设这些量和下面引入的其他量都是未形变时物体单位体积中的量。

读者可能已经注意到式(4.3.1)～式(4.3.5)中没有引入时间，这是因为可逆平衡的假设。这里忽略了系统内质点的位置概念，也就是假设热力学中的变量的值在整个系统中是常数，这就意味着将上面描述的定律用于连续介质力学问题时要进行修改。特别是第一定律要用时间速率来表示（Eringen，1967），即

$$\frac{dQ}{dt} + \frac{dw}{dt} = \frac{dK}{dt} + \frac{dU}{dt} \tag{4.3.6}$$

但是必须注意，式(4.3.6)只可用于围绕一个质点的体积元的局部方程。因此，它不是对整个物体的能量平衡定律（Eu，1992）。

应该注意的是，在地震学中并没有明确地考虑熵的变化（dS）或温度的变化（dT），这可通过考察式(4.3.3)和式(4.3.4)找到答案。由式(4.3.2)可知，当 $dQ=0$ 时，$dS=0$，此时由式(4.3.3)可得

$$dU = dw - dK \tag{4.3.7}$$

$dQ=0$ 的热力学过程称为绝热过程。在实验室中，绝热条件可通过使发生化学反应的容器绝热，从而与外部环境不发生热交换来实现。当波在固体中传播时，绝热条件可理解为质点的运动速率快于热量通过固体传播的速率，这个条件对于地震学中所感兴趣的波长和频率的地震波的传播是一种很好的近似（Dahlen 和 Tromp，1998；Gubbins，1990；Aki 和 Richards，1980；Pilant，1979）。

如果再考虑式(4.3.4)和式(4.3.5)，则可以看到，当 $dT=0$ 时，有

$$dF = dw - dK \tag{4.3.8}$$

$dT=0$ 的过程称为等温过程。当热力学过程的状态变化很缓慢，以致系统内温度总是等于环境温度（可假设它是常数）时，等温条件就满足了。该条件在实验室中是可以实现的，如缓慢地将化学物品掺入浸在恒温池中的容器内。

4.4 应变能

式(4.3.7)和式(4.3.8)对应于完全不同的热力学状态，但是有同样的函数形式。这两个方程有一个共同的特征就是分别存在函数 dU 和 dF，对于发生形变的固体，它们表示在两种不同的热力学条件下发生形变的物体的内能变化。这两个方程具有一般性，要想说明弹性形变的具体情况，必须确定物体表面和物体外部的体力做功的速率。下面的处理遵循 Sokolnikoff(1956)的工作。当物体中的一个质点在时间 t 受到力的作用而引起位移 $\boldsymbol{u}$ 时，在时间间隔 $(t, t+\mathrm{d}t)$ 内的位移(速度乘以时间)为

$$\frac{\partial u_i}{\partial t}\mathrm{d}t \equiv \dot{u}_i \mathrm{d}t \tag{4.4.1}$$

一般将功定义为力与位移的标量积。在这里，位移由式(4.4.1)给出，力是体力和面力。于是做功的速率由下式给出，即

$$\frac{\mathrm{d}w}{\mathrm{d}t} = \int_V \rho f_i \dot{u}_i \mathrm{d}V + \int_S T_i \dot{u}_i \mathrm{d}S \tag{4.4.2}$$

这里及后面的 S 表示所考虑物体的表面。

先考虑式(4.4.2)右边的面积分，步骤是：① 用应力张量[由式(3.5.11)给出]的表达式来代替 T_i；② 用高斯定理将面积分转换为体积分；③ 求体积分中的偏导数；④ 利用恒等式

$$\dot{u}_{i,j} \equiv \frac{1}{2}(\dot{u}_{i,j} + \dot{u}_{j,i}) + \frac{1}{2}(\dot{u}_{i,j} - \dot{u}_{j,i}) = \dot{\varepsilon}_{ij} + \dot{\omega}_{ij} \tag{4.4.3}$$

和关系式 $\tau_{ij}\dot{\omega}_{ij}=0$(因为 τ_{ij} 和 $\dot{\omega}_{ij}$ 分别是对称张量和反对称张量，所以它们的积为零)，可得面积分为

$$\begin{aligned}\int_S T_i \dot{u}_i \mathrm{d}S &= \int_S \tau_{ij}\dot{u}_i n_j \mathrm{d}S = \int_V (\tau_{ij}\dot{u}_i)_{,j} \mathrm{d}V \\ &= \int_V (\tau_{ij,j}\dot{u}_i)\mathrm{d}V + \int_V \tau_{ij}\dot{u}_{i,j}\mathrm{d}V = \int_V (\tau_{ij,j}\dot{u}_i + \tau_{ij}\dot{\varepsilon}_{ij})\mathrm{d}V\end{aligned} \tag{4.4.4}$$

然后，将式(4.4.4)代入式(4.4.2)，再利用运动方程式(4.2.5)改写式(4.4.4)最右边积分中的第一项，此时式(4.4.2)变成

$$\frac{\mathrm{d}w}{\mathrm{d}t} = \int_V \rho \ddot{u}_i \dot{u}_i \mathrm{d}V + \int_V \tau_{ij}\dot{\varepsilon}_{ij}\mathrm{d}V \tag{4.4.5}$$

物体的动能 K 定义为

$$K = \frac{1}{2}\int_V \rho \dot{u}_i \dot{u}_i \mathrm{d}V \tag{4.4.6}$$

因此，式(4.4.5)等号右边的第一项是 dK/dt(假设 ρ 不随时间变化)。由此可得

$$\frac{\mathrm{d}w}{\mathrm{d}t} - \frac{\mathrm{d}K}{\mathrm{d}t} = \int_V \tau_{ij}\dot{\varepsilon}_{ij}\mathrm{d}V \tag{4.4.7}$$

假设存在一个这样的函数 $W = W(\varepsilon_{ij})$，使得

$$\tau_{ij} = \frac{\partial W(\varepsilon_{ij})}{\partial \varepsilon_{ij}} \tag{4.4.8}$$

将式(4.4.8)代入式(4.4.7)，得

$$\frac{\mathrm{d}w}{\mathrm{d}t} - \frac{\mathrm{d}K}{\mathrm{d}t} = \int_V \frac{\partial W}{\partial \varepsilon_{ij}} \frac{\partial \varepsilon_{ij}}{\partial t} \mathrm{d}V = \frac{\mathrm{d}}{\mathrm{d}t}\int_V W \mathrm{d}V \tag{4.4.9}$$

式(4.4.9)对 t 积分，得

$$\mathrm{d}w - \mathrm{d}K = \int_V W \mathrm{d}V \tag{4.4.10}$$

式(4.4.10)是用微分形式表示的，因为所涉及的量是假设相对于参考状态而测量的。将式(4.4.10)分别与式(4.3.7)和式(4.3.8)进行比较，表明：当式(4.4.10)等于 $\mathrm{d}U$ 时，式(4.4.10)中的积分可解释为绝热过程；当式(4.4.10)等于 $\mathrm{d}F$ 时，式(4.4.10)中的积分可解释为等温过程。

在绝热过程情况下，有

$$\mathrm{d}U = \int_V W \mathrm{d}V \tag{4.4.11}$$

式中，$\mathrm{d}U$ 是物体的应变能；W 是应变能的(体)密度或者弹性势能(Sokolnikoff, 1956)。

4.5　线弹性和超弹性形变

当应力仅依赖于应变的当前值，即与应变速率无关时，这种形变称为弹性形变。如果存在只依赖于应变的应变能密度，则称这种形变为超弹性形变(Hudson, 1980)。这里的应变能密度就是式(4.4.8)中引入的函数 W。满足这些条件的固体分别称为弹性体和超弹性体，这种区分的重要性在下文会明显地被看到。

常用的应力和应变之间的关系是由广义胡克定律表达的应力与应变成比例。胡克的实验是在 17 世纪末进行的(Timoshenko, 1953)，所用的弹性体大部分是弹簧。柯西通过假设应力和应变是线性关系，推广胡克定律到弹性固体。用张量形式，我们可将胡克定律写成

$$\tau_{kl} = c_{klpq}\varepsilon_{pq} \tag{4.5.1}$$

如 Aki 和 Richards(1980)所述，张量是相对近期的发展。因此，式(4.5.1)表示的是广义胡克定律的近代版本。

在向下进行之前，须做两点说明。第一，隐含地假设应力和应变都是相对于参考状态测定的，而在参考状态下应力和应变两者都是零。这在地球内是不真实的，因为在给定的深度处由于上覆岩石的压力，存在预应力。因此，参考状态应假设为无应变而有预应力。在这种情况下，若 T^0 是零应变时的应力，则 $T^0 + T$ 是应变状态下的应力(Aki 和 Richards, 1980)。第二，弹性系数 c_{ijkl} 与应变 ε_{ij} 无关，但如在地球中那样，它们可能与空间位置有关。

c_{klpq} 是四阶张量(见问题 4.1)，分量有 81 个，但因为 τ_{kl} 和 ε_{pq} 具有对称性，c_{klpq} 的独立分量的数目将大大减少。由应力和应变的对称性，即

$$\tau_{ij} = \tau_{ji}; \quad \varepsilon_{kl} = \varepsilon_{lk} \tag{4.5.2}$$

可得到

$$c_{ijkl} = c_{jikl} \tag{4.5.3a}$$

$$c_{ijkl} = c_{ijlk} \tag{4.5.3b}$$

这些对称关系使 c_{klpq} 的独立分量个数减少到 36。如果假定应变能密度函数 W 存在，则分量数目可进一步减少。应变能密度函数是由格林(Green，1838 和 1839)引入的，如下所述，利用格林的方法，人们也可得到胡克定律，这表明超弹性体也是弹性体。但是，实际中这种差别并不重要，因为弹性材料也是超弹性材料。另外，格林的工作极其重要，因为不像早期工作者在弹性方面所做的推导那样，他所得到的结果不依赖于任何分子理论。方法的不同，导致表示最一般的各向异性固体和各向同性固体所需参数的数目不一致。在格林导出的结果中，参数个数分别是 21 和 2；而柯西和泊松得出结果中的参数个数分别为 15 和 1。虽然柯西引入了应力与分子理论无关的概念，但他后来的工作基于的是纳维尔推导其结果时(参考 3.1 节)所用的理论。两种学术思想之间的争论持续了几十年，当得到更高质量的实验数据使分子理论与新的原子理论的不一致性变得更明显时，得益于格林的结果，争论才得到解决。需要注意的是，格林(Green，1839)也导出了与现在所用的方程非常接近的运动方程。

为了建立应力、应变和应变能密度 W 之间的关系，先将 W 用泰勒级数展开至二阶，即

$$W = a + b_{ij}\varepsilon_{ij} + \frac{1}{2}d_{ijkl}\varepsilon_{ij}\varepsilon_{kl} \tag{4.5.4}$$

式中，系数与应变无关。由于采用小形变假设，所以式中忽略了三阶以上的项。当假设能量在参考状态下是零时，系数 a 也可以忽略。再将式(4.4.8)用于式(4.5.4)。但需先讨论以下定义的函数 F 的偏导数，一般来说，若

$$F = a_i x_i + b_{ij}x_i x_j \tag{4.5.5}$$

式中，$x_k(k=i, j)$ 表示独立变量；系数 a_i 和 b_{ij} 与 x_k 无关，则

$$\frac{\partial F}{\partial x_k} = a_k + b_{ij}x_{i,k}x_j + b_{ij}x_i x_{j,k} = a_k + b_{kj}x_j + b_{ik}x_i = a_k + (b_{ki} + b_{ik})x_i \tag{4.5.6}$$

这里，使用了 $x_{m,n} = \delta_{mn}$ 和 $b_{kj}x_j = b_{ki}x_i$。

W 的泰勒展开式与 F 的表达式类似，在 F 的表达式中单个指标所起的作用与 W 的展开式中双指标所起的作用相同。因此，由式(4.5.6)，可得

$$\tau_{kl} = \frac{\partial W}{\partial \varepsilon_{kl}} = b_{kl} + \frac{1}{2}(d_{klpq} + d_{pqkl})\varepsilon_{pq} = b_{kl} + c_{klpq}\varepsilon_{pq} \tag{4.5.7}$$

式中

$$c_{klpq} = \frac{1}{2}(d_{klpq} + d_{pqkl}) \tag{4.5.8}$$

因为假设初始态为零，故在式(4.5.7)中必须取 $b_{kl}=0$，得到

$$\tau_{kl} = c_{klpq}\varepsilon_{pq} \tag{4.5.9}$$

$$W = \frac{1}{2}d_{ijpq}\varepsilon_{ij}\varepsilon_{pq} \tag{4.5.10}$$

式(4.5.9)与式(4.5.1)是一样的，这表明超弹性物质也是弹性的。式(4.5.8)也表明

$$c_{klpq}=c_{pqkl} \tag{4.5.11}$$

这种对称关系是假设式(4.4.8)中引入的函数 W 是存在的且假设是小形变的结果。利用式(4.5.11)可以使 c_{pqkl} 的独立变量数目减少到 21 个。

现在来推导 W、τ_{ij} 和 ε_{ij} 之间的关系。通过更换哑指标，式(4.5.10)可写成

$$W=\frac{1}{2}d_{pqij}\varepsilon_{pq}\varepsilon_{ij}=\frac{1}{2}d_{pqij}\varepsilon_{ij}\varepsilon_{pq} \tag{4.5.12}$$

将式(4.5.12)和式(4.5.10)相加再除以 2，并利用式(4.5.8)和式(4.5.9)，得

$$W=\frac{1}{4}(d_{ijpq}+d_{pqij})\varepsilon_{ij}\varepsilon_{pq}=\frac{1}{2}c_{ijpq}\varepsilon_{ij}\varepsilon_{pq}=\frac{1}{2}\tau_{ij}\varepsilon_{ij} \tag{4.5.13}$$

4.6　各向同性弹性固体

式(4.5.1)或式(4.5.9)适用于最一般的弹性固体。当介质的性质在任意方向都相同时，这种介质称为各向同性介质，否则称为各向异性介质。晶体是各向异性材料的典型例子。对于各向同性弹性介质，c_{ijkl} 也是各向同性的，并且有以下形式[见式(1.4.104)]

$$c_{ijkl}=\lambda\delta_{ij}\delta_{kl}+\mu(\delta_{ik}\delta_{jl}+\delta_{il}\delta_{jk})+\nu(\delta_{ik}\delta_{jl}-\delta_{il}\delta_{jk}) \tag{4.6.1}$$

当不考虑 c_{ijkl} 的具体物理意义时，这是唯一的四阶各向同性张量。但是，当此张量关于前两个指标对称时，如式(4.6.1)所示的情况，容易证明此式中的 ν 必定等于零(见问题 4.2)。因此，对于各向同性弹性固体，c_{ijkl} 可写为

$$c_{ijkl}=\lambda\delta_{ij}\delta_{kl}+\mu(\delta_{ik}\delta_{jl}+\delta_{il}\delta_{jk}) \tag{4.6.2}$$

式中，两个独立变量 λ 和 μ 被称为拉梅参数，它们是随空间位置变化的。还应注意，对于各向同性介质，弹性和超弹性之间没有区别。

再利用式(4.6.2)、式(4.5.9)、ε_{ij} 的对称性以及应变张量和位移之间的关系式[式(2.4.1)]，可写出用位移的空间偏导数表达应力的关系式，为

$$\tau_{ij}=\lambda\delta_{ij}\varepsilon_{kk}+2\mu\varepsilon_{ij}=\lambda\delta_{ij}u_{k,k}+\mu(u_{i,j}+u_{j,i}) \tag{4.6.3}$$

用并矢形式可写为

$$\mathcal{T}=\lambda\mathcal{I}\nabla\cdot\boldsymbol{u}+\mu(\boldsymbol{u}\nabla+\nabla\boldsymbol{u}) \tag{4.6.4}$$

为写出用 τ_{ij} 来表示 ε_{ij} 的关系式，由式(4.6.3)中的第一个等式可得

$$\varepsilon_{ij}=\frac{1}{2\mu}(\tau_{ij}-\lambda\delta_{ij}\varepsilon_{kk}) \tag{4.6.5}$$

为了消去 ε_{kk}，缩并指标 i 和 j(见 1.4.1 小节)，得到

$$\varepsilon_{ii}\equiv\varepsilon_{kk}=\frac{1}{2\mu}(\tau_{ii}-\lambda\delta_{ii}\varepsilon_{kk}) \tag{4.6.6}$$

从而可得

$$\varepsilon_{kk}=\frac{\tau_{kk}}{3\lambda+2\mu} \tag{4.6.7}$$

$$\varepsilon_{ij}=\frac{1}{2\mu}\left(\tau_{ij}-\frac{\lambda\delta_{ij}}{3\lambda+2\mu}\tau_{kk}\right) \tag{4.6.8}$$

由式(4.6.5)或式(4.6.8)可证明 ε_{ij} 和 τ_{ij} 有相同的主方向(见问题4.3)。

利用并矢形式，可将式(4.6.8)变成

$$\mathcal{E} = \frac{1}{2\mu}\left(\mathcal{T} - \frac{\lambda}{3\lambda + 2\mu}\tau_{kk}\mathcal{I}\right) \tag{4.6.9}$$

下面用式(4.6.8)求相应于三个简单应力张量的应变张量，这将有助于解释拉梅参数的物理意义，同时便于引出三个重要的相关参数。

1) 单轴拉伸张量

考虑一个轴向沿 x_1 轴方向的圆柱形杆，受到另一个也沿 x_1 轴方向的加在杆末端的张力。此时，应力张量的唯一不为零的分量是 $\tau_{11}(>0)$。由式(4.6.8)可见，不为零的应变分量只有对角分量，即

$$\varepsilon_{11} = \frac{\tau_{11}(\lambda + \mu)}{\mu(3\lambda + 2\mu)} \tag{4.6.10}$$

$$\varepsilon_{22} = \varepsilon_{33} = \frac{-\tau_{11}\lambda}{2\mu(3\lambda + 2\mu)} \tag{4.6.11}$$

式(4.6.10)和式(4.6.11)表明，此时，杆产生了一个纵向(即轴向)的拉张应变和一个横向(即沿横截面)的压缩应变。这些结果常用于引出两个新的弹性参数，即用 Y 标记的杨氏模量和用 σ 标记的泊松比

$$Y = \frac{\tau_{11}}{\varepsilon_{11}} = \frac{\mu(3\lambda + 2\mu)}{\lambda + \mu} \tag{4.6.12}$$

$$\sigma = -\frac{\varepsilon_{22}}{\varepsilon_{11}} = -\frac{\varepsilon_{33}}{\varepsilon_{11}} = \frac{\lambda}{2(\lambda + \mu)} \tag{4.6.13}$$

式中，Y 表示张应力与纵向拉伸的比值；σ 表示横向收缩与纵向拉伸的比值。

拉梅参数由式(4.6.12)和式(4.6.13)定义的 Y 和 σ 表示为(见问题4.4)

$$\lambda = \frac{Y\sigma}{(1 + \sigma)(1 - 2\sigma)} \tag{4.6.14}$$

$$\mu = \frac{Y}{2(1 + \sigma)} \tag{4.6.15}$$

2) 简单切应力

考虑一个具有矩形截面、其轴线沿 x_3 轴方向的杆，受到位于 (x_1, x_2) 平面内大小相等的一对剪切力的作用。应力张量的非零分量只有 $\tau_{12} = \tau_{21}$，张量的迹是零，相应的应变张量的非零分量为

$$\varepsilon_{12} = \varepsilon_{21} = \frac{\tau_{12}}{2\mu} \tag{4.6.16}$$

因此

$$\mu = \frac{\tau_{12}}{2\varepsilon_{12}} \tag{4.6.17}$$

由于 $2\varepsilon_{12}$ 等于形变前[见式(2.4.20)] x_1 轴和 x_2 轴方向的两线元之间夹角的减小量，因此，μ 表示切应力与角度减小量的比值，该比值称为刚性系数或切变模量。

3) 静水压力

在这种情况下，$\tau_{ij}=-P\delta_{ij}$、$P>0$、$\tau_{kk}=-3P$。因此，由式(4.6.8)可求得

$$\varepsilon_{ij}=\frac{1}{2\mu}\left(-P\delta_{ij}+\frac{3P\lambda}{3\lambda+2\mu}\delta_{ij}\right)=-\frac{P}{3\lambda+2\mu}\delta_{ij} \tag{4.6.18}$$

因而，ε_{ij}的非零分量只有三个对角元素，且均相等。我们进一步可求出 ε_{ij}的迹，为

$$\varepsilon_{kk}=-\frac{3P}{3\lambda+2\mu} \tag{4.6.19}$$

由于迹 ε_{kk}是体积的相对变化量[式(2.4.22)]，当物体被压缩时，其值为负(即体积相对减小)，故可引出另一个弹性参数，即体积模量或压缩模量 k，有

$$k=\frac{P}{-\varepsilon_{kk}}=\lambda+\frac{2}{3}\mu \tag{4.6.20}$$

下面对这些弹性参数的一些基本面做些讨论。对于典型固体，依据物理基础估计，有

$$\mu\geqslant 0 \tag{4.6.21a}$$

$$k\geqslant 0 \tag{4.6.21b}$$

在 4.7 节中将给出对超弹性介质的关系式式(4.6.21)的证明。

对于切向没有阻力的物质，如气体和无黏滞流体(其黏滞性为零)，$\mu=0$，由式(4.6.20)可知，$k=\lambda$。对于不可压缩的物质，即 $\varepsilon_{kk}=0$，由式(4.6.20)可知，$k=\infty$。由于一般情况下 μ 是有限值，所以由式(4.6.20)得到 $\lambda=\infty$。于是，由式(4.6.12)和式(4.6.13)可得到 $Y=3\mu$ 和 $\sigma=\frac{1}{2}$(见问题 4.5)。在实际中，某些橡皮可以看成不可压缩的(如 Atkin 和 Fox，1980)。

由式(4.6.20)和式(4.6.21b)可得

$$\lambda+\frac{2}{3}\mu\geqslant 0 \tag{4.6.22a}$$

$$\lambda\geqslant-\frac{2}{3}\mu \tag{4.6.22b}$$

将式(4.6.22b)代入式(4.6.12)，可得 $Y\geqslant 0$。对于典型固体，这再次得到了所期望的结果。

为了研究 σ 可能的取值范围，将 k 重写为(见问题 4.6)

$$k=\frac{Y}{3(1-2\sigma)} \tag{4.6.23}$$

因为 μ 和 Y 都是正值，所以由式(4.6.15)可得 $\sigma>-1$。因为 k 和 Y 为正值，且 k 可能为无穷大，所以由式(4.6.23)可得 $\sigma\leqslant\frac{1}{2}$。因此，有

$$-1<\sigma\leqslant\frac{1}{2} \tag{4.6.24}$$

一些书籍中假设 $\sigma\geqslant 0$，因为预计纵向拉伸伴随着横向压缩。如果情况不是这样，那么 σ 为负值的样品的体积会增加。对于绝大多数已知的固体，假设 σ 为正值是合理的。但是在某些情况下，σ 也可能是负值，如 Gregory(1976)在实验室中测量样品 P 波和 S 波的速

度，并用来确定样品的 σ 值(见问题4.10)。他分析的样品是砂岩和灰岩，用于测量的波的频率是1MHz，得到的 σ 值变化范围很宽，依赖于样品的成分、样品的孔隙度、流体饱和度以及施加的压力。对于水饱和及气饱和的样品，σ 的最低值分别是0.11 和 -0.12。近来关于人造海绵的研究也表明，σ 为负值是可能的，虽然这些材料在此没有作为例子来讨论(Lakes，1987a 和1987b；Burns，1987)。我们还要注意到 $\sigma=0$ 的物质，这种物质当受到纵向压力时，横向不扩张。软木塞可以看成 σ 接近于零的材料的例子(Lakes，1987a)。

最后考虑泊松比。对于 $\sigma=0.25$ 的泊松固体这种特例，它意味着 $\lambda=\mu$。这个结果是由泊松基于他在弹性研究中所用的分子理论导出的(Love，1927)。对于地壳和地幔中的岩石，σ 的值接近0.25，因而这个值常用于实际问题中，但是这并不总是一种恰当的近似。

4.7　各向同性弹性固体的应变能密度

利用式(4.5.13)和式(4.6.3)可得到应变能密度的表达式(见问题4.7)，即

$$W=\frac{1}{2}\lambda\varepsilon_{kk}\varepsilon_{ii}+\mu\varepsilon_{ij}\varepsilon_{ij}=\frac{1}{2}\lambda\,{\varepsilon_{kk}}^{2}+\mu(\varepsilon_{11}^{2}+\varepsilon_{22}^{2}+\varepsilon_{33}^{2}+2\varepsilon_{12}^{2}+2\varepsilon_{23}^{2}+2\varepsilon_{13}^{2}) \tag{4.7.1}$$

当假设参考态(形变前)为稳平衡态时，W 不能为负。如果 W 为负，则形变将把物体带到比形变前能量更少的状态，因而平衡将不稳定。因为在式(4.7.1)中所有应变项都是正数，所以可得到以下结论

$$\lambda\geqslant 0;\quad \mu\geqslant 0 \tag{4.7.2}$$

若将 ε_{ij} 写为偏张量及球张量之和(见3.7节)，即

$$\varepsilon_{ij}=\bar{\varepsilon}_{ij}+\frac{1}{3}\varepsilon_{kk}\delta_{ij} \tag{4.7.3}$$

则式(4.7.1)变成(见问题4.8)

$$W=\frac{1}{2}k\,{\varepsilon_{kk}}^{2}+\mu\,\bar{\varepsilon}_{ij}\,\bar{\varepsilon}_{ij} \tag{4.7.4}$$

因为 $W\geqslant 0$ 以及应变项全是正值，所以可得到以下结论(Hudson，1980)

$$k\geqslant 0;\quad \mu\geqslant 0 \tag{4.7.5}$$

这也验证了式(4.6.21)。注意，与这里的推导不同，有些书籍是从式(4.7.5)出发，导出 W 必定为正的结论。

4.8　均匀各向同性介质中的弹性波方程

结合运动方程、胡克定律和应变与位移的关系[见式(4.2.5)、式(4.5.1)和式(2.4.1)]，我们可以得到一般各向异性弹性固体中质点位移的运动方程。用解析的方法求解所得的方程是极其困难的，但是在介质均匀情况下，拉梅参数是常数，此时

求解析解仍是可行的。当参数依赖于空间位置时，一般不可能用此方程求解，需要用近似或数值方法，在第 8 章中我们将讨论求解此方程的一些问题。因为在均匀各向同性固体的情况下，方程虽然复杂，但仍可以精确求解，因此，本书在这里以及大多数情况下都将讨论这种简单的均匀各向同性的情况。

柯西运动方程[即式(4.2.5)]中含有 $\tau_{ij,j}$。这一项可先由均匀各向同性介质中的应力 - 位移关系式(4.6.3)写出用位移表示的应力 τ_{ij}，再由应力 τ_{ij} 对 x_j 求导，得

$$\begin{aligned}\tau_{ij,j} &= \lambda\delta_{ij}u_{k,kj} + \mu(u_{j,ij} + u_{i,jj}) = (\lambda + \mu)u_{j,ji} + \mu u_{i,jj} \\ &= (\lambda + \mu)[\nabla(\nabla\cdot \boldsymbol{u})]_i + \mu(\nabla^2\boldsymbol{u})_i \end{aligned} \tag{4.8.1}$$

上述推导过程使用了关系式 $u_{j,ij} = u_{k,ik} = u_{k,ki}$。

利用式(4.8.1)，可将运动方程式(4.2.5)写成矢量形式，即

$$\mu\nabla^2\boldsymbol{u} + (\lambda + \mu)\nabla(\nabla\cdot \boldsymbol{u}) + \rho\boldsymbol{f} = \rho\frac{\partial^2\boldsymbol{u}}{\partial t^2} \tag{4.8.2}$$

将以下恒等式[即式(1.4.53)]

$$\nabla^2\boldsymbol{u} = \nabla(\nabla\cdot \boldsymbol{u}) - \nabla\times(\nabla\times \boldsymbol{u}) \tag{4.8.3}$$

代入式(4.8.2)，然后等式两边同除以 ρ，可得

$$\alpha^2\nabla(\nabla\cdot \boldsymbol{u}) - \beta^2\nabla\times\nabla\times\boldsymbol{u} + \boldsymbol{f} = \frac{\partial^2\boldsymbol{u}}{\partial t^2} \tag{4.8.4}$$

式中

$$\alpha^2 = \frac{\lambda + 2\mu}{\rho} \tag{4.8.5a}$$

$$\beta^2 = \frac{\mu}{\rho} \tag{4.8.5b}$$

式(4.8.2)或式(4.8.4)就是某些作者称为纳维尔方程的弹性波方程。注意，这是一个矢量方程，按 1.1 节中阐明的观点，它适用于任意正交坐标系，只要用与其所选坐标系相应的梯度、散度、旋度的表达式，方程都是成立的。现在来证明式(4.8.4)涉及两类波的传播。首先，对式(4.8.4)两边求散度，并用到以下两式(见问题 4.9)

$$\nabla\cdot[\nabla(\nabla\cdot \boldsymbol{u})] = \nabla^2(\nabla\cdot \boldsymbol{u}) \tag{4.8.6}$$

$$\nabla\cdot(\nabla\times\nabla\times\boldsymbol{u}) = 0 \tag{4.8.7}$$

式(4.8.4)变成

$$\alpha^2\nabla^2(\nabla\cdot \boldsymbol{u}) + \nabla\cdot\boldsymbol{f} = \frac{\partial^2}{\partial t^2}(\nabla\cdot \boldsymbol{u}) \tag{4.8.8}$$

这是一个标量方程，因为 $\nabla\cdot\boldsymbol{u}$ 是标量。由于 $\nabla\cdot\boldsymbol{u} = \varepsilon_{kk}$ 表示体积的相对胀缩[见式(2.4.22)]，所以式(4.8.8)表示一种以速度 α 传播的波(P 波)。

其次，利用以下两式对式(4.8.4)求旋度，有

$$\nabla\times[\nabla(\nabla\cdot \boldsymbol{u})] = \boldsymbol{0} \tag{4.8.9}$$

$$\nabla\times(\nabla\times\nabla\times\boldsymbol{u}) = -\nabla^2(\nabla\times\boldsymbol{u}) \tag{4.8.10}$$

则式(4.8.4)变成

$$\beta^2\nabla^2(\nabla\times\boldsymbol{u}) + \nabla\times\boldsymbol{f} = \frac{\partial^2}{\partial t^2}(\nabla\times\boldsymbol{u}) \tag{4.8.11}$$

这是一个矢量方程，因为$\nabla\times\boldsymbol{u}$是一个矢量。由于$\nabla\times\boldsymbol{u}$对应线元的微小旋转(见2.5节)，所以式(4.8.11)表示一种以速度β传播的波(S波)。

P波和S波在整个弹性体内传播，因此称它们为体波。这些波最先由泊松提出，他在1829年发表了相应的研究结果(Timoshenko，1953；Hudson，1980)。

式(4.8.4)中$\boldsymbol{f}=\boldsymbol{0}$的情况将在5.8节中仔细研究。$\boldsymbol{f}\neq\boldsymbol{0}$的情况，对于几种专门而重要的力，将在第9章中论述。第9章中的导出结果将用于第10章求解天然地震震源生成的波的问题。

问　题

4.1　利用熵定理(见1.4.5小节)，证明由式(4.5.1)引入的c_{klpq}是四阶张量。

4.2　验证：对于各向同性弹性固体，c_{ijkl}简化为

$$c_{ijkl}=\lambda\delta_{ij}\delta_{kl}+\mu(\delta_{ik}\delta_{jl}+\delta_{il}\delta_{jk})$$

4.3　验证ε_{ij}和τ_{ij}有相同的主方向。

4.4　验证式(4.6.14)和式(4.6.15)。

4.5　证明：对于不可压缩的材料，有$Y=3\mu$和$\sigma=\dfrac{1}{2}$。

4.6　验证式(4.6.23)。

4.7　验证式(4.7.1)。

4.8　验证式(4.7.4)。

4.9　验证式(4.8.6)、式(4.8.7)、式(4.8.9)和式(4.8.10)。

4.10　证明：

$$\sigma=\frac{1}{2}\frac{\alpha^2-2\beta^2}{\alpha^2-\beta^2}$$

4.11　证明：当没有体力时，位移

$$\boldsymbol{u}=(0,0,u_3(x_3,t))=u_3(x_3,t)\boldsymbol{e}_3$$

满足

$$\alpha^2\frac{\partial^2 u_3}{\partial x_3^2}=\frac{\partial^2 u_3}{\partial t^2}$$

这是P波的一维波动方程(White，1965)。以法线入射的P波[令式(6.2.4)中$e=0$]是满足此方程的一个实例。

4.12　证明：当没有体力时，位移

$$\boldsymbol{u}=(0,u_2(x_3,t),0)=u_2(x_3,t)\boldsymbol{e}_2$$

满足

$$\beta^2\frac{\partial^2 u_2}{\partial x_3^2}=\frac{\partial^2 u_2}{\partial t^2}$$

这是S波的一维波动方程(White，1965)。以法线入射的SH波[令式(6.2.6)中$f=0$]是满足此方程的一个实例。

第5章　无限介质中的标量波和弹性波

5.1　引言

本章的主要目的是求矢量弹性波方程的三个独立的矢量解。Hansen(1935)和Stratton(1941)在电磁波问题的求解中开始涉及矢量波动方程，随后Morse和Feshbach(1953)、Eringen和Suhubi(1975)以及Ben-Menahem和Singh(1981)等将其推广到弹性波传播问题的求解。这些矢量解法的主要优点是利用几种坐标系，包括直角坐标系、球坐标系、圆柱坐标系等，简化问题的求解。在直角坐标系这种特例情况下，主要结果是得到表示P波、SV波和SH波运动的矢量解系。但是在实现这个目标之前，我们需要先从一维和三维标量波动方程开始，研究波传播的基本问题。为了简化表达式和推导过程，独立变量将用x、y、z或x_1、x_2、x_3表示，具体用哪一种表示方法可以由上下文看出。除5.5节中的方程以外，其余所有方程都在直角坐标系下。

5.2　一维标量波动方程

考虑方程

$$\frac{\partial^2\psi(x,t)}{\partial x^2}=\frac{1}{c^2}\frac{\partial^2\psi(x,t)}{\partial t^2} \tag{5.2.1}$$

式中，c是波的传播速度，假设为常数。此方程用于表达如在绳中传播的波。

我们可用熟知的分离变量法(Haberman，1983)来求解式(5.2.1)。为此，设ψ为分别只含变量x和变量t的两个函数的乘积，即

$$\psi(x,t)=X(x)T(t) \tag{5.2.2}$$

将式(5.2.2)代入式(5.2.1)，可得

$$X''(x)T(t)=\frac{1}{c^2}X(x)T''(t) \tag{5.2.3}$$

式中，“″”表示函数对变量的二阶导数。

将式(5.2.3)进行变形，使得变形后的方程等号的一边只有依赖于x的量，另一边只有依赖于t的量，得到

$$c^2\frac{X''(x)}{X(x)}=\frac{T''(t)}{T(t)}=\lambda \tag{5.2.4}$$

因为第一个等号左右两边的量是互相独立的，所以两者都必须等于同一个常数，以λ

表示，称其为分离常数。从而，式(5.2.4)可分离为以下两个方程，即

$$X''(x) = \frac{\lambda}{c^2}X(x) \tag{5.2.5}$$

$$T''(t) = \lambda T(t) \tag{5.2.6}$$

可见，原来的一个二阶偏微分方程变为了两个二阶常微分方程。

当要使式(5.2.1)的解满足初始条件和/或边界条件时，λ 不能取任意值，但是这里没有对 λ 附加任何其他约束条件，所以 λ 可以是正实数、负实数，甚至是复数。此时，式(5.2.5)和式(5.2.6)的解可以分别写为

$$T(t) = e^{\pm\sqrt{\lambda}\, t} \tag{5.2.7}$$

$$X(x) = e^{\pm\sqrt{\lambda}\, x/c} \tag{5.2.8}$$

如式(5.2.2)所示，式(5.2.1)的解为 $X(x)$ 和 $T(t)$ 的乘积，但因为指数项中有“ ± ”号，所以式(5.2.1)的通解应是四种可能情况的线性组合，例如

$$\psi(x,t) = A_{\pm}\, e^{\pm\sqrt{\lambda}(t-x/c)} + B_{\pm}\, e^{\pm\sqrt{\lambda}(t+x/c)} \tag{5.2.9}$$

式中，系数 $A_{\pm}$ 和 $B_{\pm}$ 与 x 和 t 无关，但可能与 λ 有关。

式(5.2.9)表明，ψ 通过中间变量 $u=t-x/c$ 和 $v=t+x/c$ 的复合而成为 x 和 t 的函数。所以，比式(5.2.9)更一般的解的表达式可以写为

$$\psi(x,t) = h(t-x/c) + g(t+x/c) = h(u) + g(v) \tag{5.2.10}$$

式中，h 和 g 是二次可微函数。

利用微分的链式法则来验证 $\psi(x,\ t)=h(u)$ 满足方程式(5.2.1)，有

$$\frac{\partial h}{\partial x} = \frac{\partial h}{\partial u}\frac{\partial u}{\partial x} = \frac{-1}{c}\frac{\partial h}{\partial u} \tag{5.2.11}$$

$$\frac{\partial^2 h}{\partial x^2} = \frac{\partial}{\partial u}\left(\frac{\partial h}{\partial x}\right)\frac{\partial u}{\partial x} = \frac{1}{c^2}\frac{\partial^2 h}{\partial u^2} \tag{5.2.12}$$

类似地

$$\frac{\partial^2 h}{\partial t^2} = \frac{\partial^2 h}{\partial u^2} = c^2\frac{\partial^2 h}{\partial x^2} \tag{5.2.13}$$

式(5.2.13)的后一等式利用了式(5.2.12)。因为式(5.2.13)和式(5.2.1)有同样的形式，所以就证明了 $h(u)$ 满足一维波动方程。类似地，可证明 $g(v)$ 也满足一维波动方程。因此，$h(u)+g(v)$ 也是一维波动方程式(5.2.1)的解。

为了解释 $h(u)$ 的传播特点，需要注意：如果 h_0 是当 $u_0=t_0-x_0/c$ 时 $h(u)$ 的值，则只要 $u=u_0=t_0+t_1-(x_0+ct_1)/c$，$h(u)$ 将保持等于 h_0。因此，一个以速率 c 沿 x 方向移动的观测者将不会注意到 h 的形状有任何变化(见图5.1)，即 $h(u)$ 可解释为以速度 c(如沿一条绳子)传播的扰动。关于 $g(v)$ 的解释，与此类似，只是运动沿 x 负方向。

【示例】

按式(5.2.14)的初始条件求解一维标量波动方程

$$\psi(x,0) = F(x);\ \frac{\partial\psi(x,0)}{\partial t} = 0 \tag{5.2.14}$$

利用式(5.2.10)和式(5.2.14)，可得

$$h(-x/c) + g(x/c) = F(x) \tag{5.2.15}$$

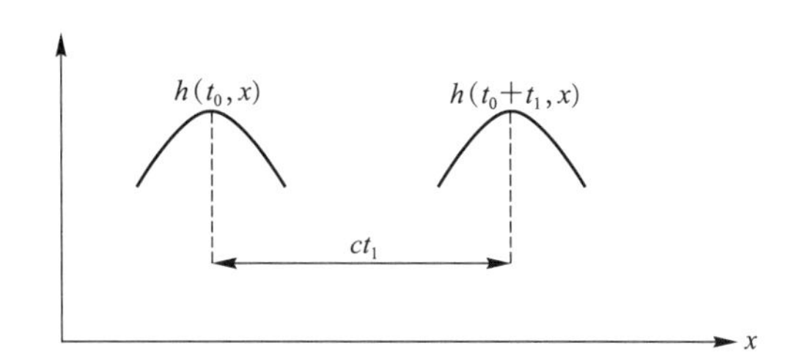

图 5.1　波函数 $h(t, x)$ 在两个不同时刻的图形

图为当 t 等于 t_0 和 t_0+t_1 两个值时，函数 $h(t, x)=h(t-x/c)$ 的图形表明一个以速度 c 沿 x 轴移动的观测者将不会看到 h 形状的任何变化。

$$h'(-x/c)+g'(x/c)=0 \tag{5.2.16}$$

式(5.2.16)两边同时积分后，得

$$-h(-x/c)+g(x/c)=k \tag{5.2.17}$$

式中，k 是常数。将式(5.2.15)与式(5.2.17)进行相减、相加运算后，可以得到

$$h(-x/c)=\frac{1}{2}[F(x)-k] \tag{5.2.18}$$

$$g(x/c)=\frac{1}{2}[F(x)+k] \tag{5.2.19}$$

将式(5.2.18)中的 x 用 $x-ct$ 代替，将式(5.2.19)中的 x 用 $x+ct$ 代替，得

$$h(t-x/c)=\frac{1}{2}[F(x-ct)-k] \tag{5.2.20}$$

$$g(t+x/c)=\frac{1}{2}[F(x+ct)+k] \tag{5.2.21}$$

将式(5.2.20)与式(5.2.21)相加，并利用式(5.2.10)，可得

$$\psi(x,t)=\frac{1}{2}[F(x-ct)+F(x+ct)] \tag{5.2.22}$$

对于式(5.2.22)表示的解，当 t 取几个给定值时的曲线如图 5.2 所示，这里假设 $F(x)$ 的图形是三角形。

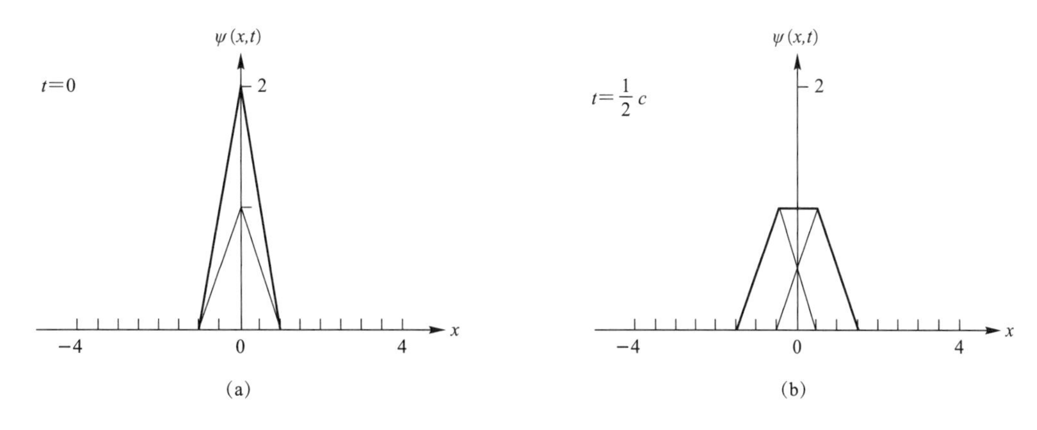

图 5.2　在初始条件为三角波时，一维标量波动方程的解在几个固定时刻的图形

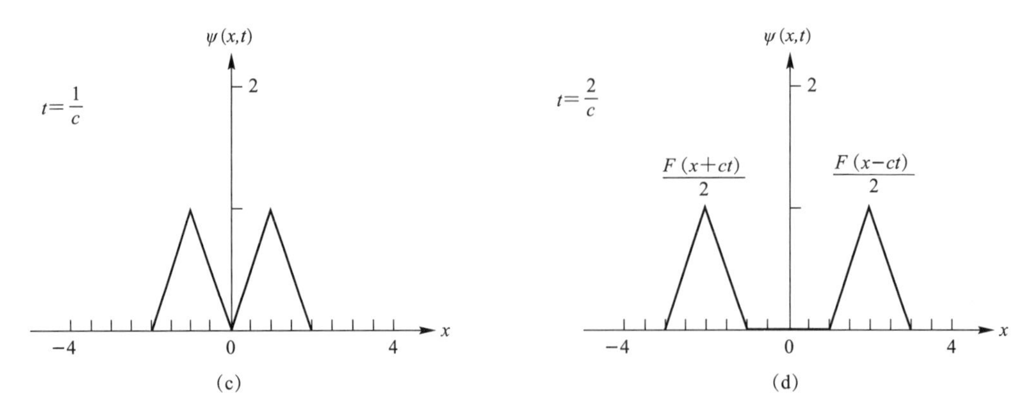

图 5.2　在初始条件为三角波时，一维标量波动方程的解在几个固定时刻的图形(续)

图中显示了在式(5.2.14)给出的初始条件下，由式(5.2.22)给出的一维标量波动方程的解在几个给定时刻的图形(粗线)，c 是波的传播速度。

(a)$t=0$ 时三角波函数 $F(x)$ 的曲线(粗线)，它生成波的初始扰动，以及$\dfrac{F(x)}{2}$的曲线(细线)；(b)$t=\dfrac{1}{2}c$ 时波函数的曲线；(c)$t=\dfrac{1}{c}$时波函数的曲线；(d)$t=\dfrac{2}{c}$时波函数的曲线

5.3　三维标量波动方程

在三维情况下，与式(5.2.1)对应的方程是

$$\nabla^2\psi(\boldsymbol{r},t)=\frac{\partial^2\psi}{\partial x^2}+\frac{\partial^2\psi}{\partial y^2}+\frac{\partial^2\psi}{\partial z^2}=\frac{1}{c^2}\frac{\partial^2\psi(\boldsymbol{r},t)}{\partial t^2}\tag{5.3.1}$$

式中，$\boldsymbol{r}=(x,y,z)$。该方程表征了很多重要的物理系统(如薄膜振动、声波传播等)的特性，它是弹性波理论和电磁波理论的基础。

类似地，可用分离变量法来求解式(5.3.1)。设

$$\psi(\boldsymbol{r},t)=F(\boldsymbol{r})T(t)\tag{5.3.2}$$

则由式(5.3.1)和式(5.3.2)，并用与5.2节中相同的变量，可得

$$\frac{T''(t)}{T(t)}=\lambda\tag{5.3.3}$$

$$c^2\frac{\nabla^2F(\boldsymbol{r})}{F(\boldsymbol{r})}=\lambda\tag{5.3.4}$$

式(5.3.3)的解由式(5.2.7)给出。为了求解式(5.3.4)，再次利用分离变量法，令

$$F(\boldsymbol{r})\equiv F(x,y,z)=X(x)Y(y)Z(z)\tag{5.3.5}$$

将式(5.3.5)代入式(5.3.4)，得

$$c^2\frac{X''YZ+XY''Z+XYZ''}{XYZ}=c^2\frac{X''}{X}+c^2\frac{Y''}{Y}+c^2\frac{Z''}{Z}=\lambda\tag{5.3.6}$$

在式(5.3.6)中，第一个等号后面的各项是互相独立的，所以它们可以分别等于不同的

常数，条件是这些常数之和等于 λ。于是，可设

$$X'' = \frac{\lambda_x}{c^2}X;\quad Y'' = \frac{\lambda_y}{c^2}Y;\quad Z'' = \frac{\lambda_z}{c^2}Z \tag{5.3.7}$$

$$\lambda_x + \lambda_y + \lambda_z = \lambda \tag{5.3.8}$$

式(5.3.7)中的三个方程与式(5.2.5)类似，它们的解分别为

$$X = e^{\pm\sqrt{\lambda_x}\,x/c};\quad Y = e^{\pm\sqrt{\lambda_y}\,y/c};\quad Z = e^{\pm\sqrt{\lambda_z}\,z/c} \tag{5.3.9}$$

式(5.3.1)的解为上述几个分离方程的解的乘积，即

$$\psi(\boldsymbol{r},t) = X(x)Y(y)Z(z)T(t) \tag{5.3.10}$$

考虑式(5.3.9)指数中的符号及其对应的式(5.3.10)的所有可能的组合，这里选取

$$\psi(\boldsymbol{r},t) = A_{\pm}\,e^{\pm\sqrt{\lambda}[t-(lx+my+nz)/c]} + B_{\pm}\,e^{\pm\sqrt{\lambda}[t+(lx+my+nz)/c]} \tag{5.3.11}$$

式中

$$l = \pm\sqrt{\frac{\lambda_x}{\lambda}};\quad m = \pm\sqrt{\frac{\lambda_y}{\lambda}};\quad n = \pm\sqrt{\frac{\lambda_z}{\lambda}} \tag{5.3.12}$$

$$l^2 + m^2 + n^2 = 1 \tag{5.3.13}$$

系数 $A_{\pm}$ 和 $B_{\pm}$ 与 x、y、z 和 t 无关，但可能依赖于 l、m 和 n。

式(5.3.11)表明，波动方程式(5.3.1)的解依赖于 $t \pm (lx+my+nz)/c$，由此可得式(5.3.1)的更一般的解是

$$\psi(\boldsymbol{r},t) = h[t-(lx+my+nz)/c] + g[t+(lx+my+nz)/c] \tag{5.3.14}$$

式(5.3.14)被称为达朗贝尔解。为了验证它满足式(5.3.1)，引入中间变量，有

$$u = t - \frac{1}{c}(lx+my+nz) \tag{5.3.15}$$

$$v = t + \frac{1}{c}(lx+my+nz) \tag{5.3.16}$$

还需要用到以下中间结果，即

$$\frac{\partial\psi}{\partial t} = \frac{\partial\psi}{\partial u}\frac{\partial u}{\partial t} + \frac{\partial\psi}{\partial v}\frac{\partial v}{\partial t} = \frac{\partial\psi}{\partial u} + \frac{\partial\psi}{\partial v} \tag{5.3.17}$$

$$\frac{\partial^2\psi}{\partial t^2} = \frac{\partial^2\psi}{\partial u^2} + \frac{\partial^2\psi}{\partial v^2} + 2\frac{\partial^2\psi}{\partial u\partial v} \tag{5.3.18}$$

$$\frac{\partial\psi}{\partial x} = \frac{\partial\psi}{\partial u}\frac{\partial u}{\partial x} + \frac{\partial\psi}{\partial v}\frac{\partial v}{\partial x} = \frac{l}{c}\left(\frac{\partial\psi}{\partial v} - \frac{\partial\psi}{\partial u}\right) \tag{5.3.19}$$

$$\begin{aligned}\frac{\partial^2\psi}{\partial x^2} &= \frac{l}{c}\left(\frac{\partial^2\psi}{\partial u\partial v}\frac{\partial u}{\partial x} + \frac{\partial^2\psi}{\partial v^2}\frac{\partial v}{\partial x} - \frac{\partial^2\psi}{\partial u^2}\frac{\partial u}{\partial x} - \frac{\partial^2\psi}{\partial v\partial u}\frac{\partial v}{\partial x}\right)\\ &= \frac{l^2}{c^2}\left(\frac{\partial^2\psi}{\partial u^2} + \frac{\partial^2\psi}{\partial v^2} - \frac{2\partial^2\psi}{\partial u\partial v}\right)\end{aligned} \tag{5.3.20}$$

将式(5.3.20)中的 l 分别用 m 和 n 代替，可得到 ψ 关于 y 和 z 的二阶导数的表达式。将 ψ 关于 x、y、z 和 t 的二阶导数代入式(5.3.1)，可得到

$$\frac{(l^2+m^2+n^2)}{c^2}\left(\frac{\partial^2\psi}{\partial u^2} + \frac{\partial^2\psi}{\partial v^2} - 2\frac{\partial^2\psi}{\partial u\partial v}\right) = \frac{1}{c^2}\left(\frac{\partial^2\psi}{\partial u^2} + \frac{\partial^2\psi}{\partial v^2} + 2\frac{\partial^2\psi}{\partial u\partial v}\right) \tag{5.3.21}$$

由式(5.3.13)可知，要使式(5.3.21)成立，需下式成立，即

$$\frac{\partial^2 \psi}{\partial u \partial v} = 0 \tag{5.3.22}$$

因为式(5.3.22)有以下形式的解，即

$$\psi = h(u) + g(v) \tag{5.3.23}$$

式中，h 和 g 是任意的二次可微函数。所以，式(5.3.14)是式(5.3.1)的解。

下面引入分量为 l、m、n 的矢量 $\boldsymbol{p}$，即

$$\boldsymbol{p} = (l, m, n) \tag{5.3.24}$$

由式(5.3.13)可知，$\boldsymbol{p}$ 是单位矢量(即 $|\boldsymbol{p}| = 1$)，并因为 $\boldsymbol{p}$ 的分量 l、m、n 不随 x、y 或 z 而变化，所以 $\boldsymbol{p}$ 是一个常矢量。

利用式(5.3.24)，式(5.3.1)的解式(5.3.14)可重写为

$$\psi(\boldsymbol{r}, t) = h(t - \boldsymbol{p} \cdot \boldsymbol{r}/c) + g(t + \boldsymbol{p} \cdot \boldsymbol{r}/c) \tag{5.3.25}$$

注意，对于任意给定的时刻 t，$\psi(\boldsymbol{r}, t)$ 在那些能使 $\boldsymbol{p} \cdot \boldsymbol{r}$ 为常数(记为 C)的点(x, y, z)上有同样的值。因为 $\boldsymbol{p} \cdot \boldsymbol{r} = C$ 是一个平面方程，所以式(5.3.25)表示的解称为平面波解。平面 $\boldsymbol{p} \cdot \boldsymbol{r} = C$ 的法向矢量为 $\boldsymbol{p}$，这个面称为波前面，简称为波前。

5.4 平面简谐波和叠加原理

在式(5.3.3)和式(5.3.4)中，分离常数 λ 是任意的。如果用 $-\omega^2$ 来代替 λ，则式(5.3.3)可改写为

$$T''(t) = -\omega^2 T(t) \tag{5.4.1}$$

其解为

$$T(t) = \mathrm{e}^{\pm i\omega t} \tag{5.4.2}$$

而式(5.3.4)变为

$$c^2 \frac{\nabla^2 F}{F} = -\omega^2 \tag{5.4.3}$$

此方程又可改写为

$$\nabla^2 F + k_c^2 F = 0 \tag{5.4.4a}$$

$$k_c = \frac{\omega}{c} \tag{5.4.4b}$$

式(5.4.4a)称为赫姆霍兹方程。

现将式(5.3.6)写成下列形式，即

$$\frac{X''}{X} + \frac{Y''}{Y} + \frac{Z''}{Z} = -\frac{\omega^2}{c^2} \tag{5.4.5}$$

再令

$$\frac{\omega^2}{c^2} = k_x^2 + k_y^2 + k_z^2 \tag{5.4.6}$$

于是，式(5.3.7)变为

$$X'' = -k_x^2 X; \quad Y'' = -k_y^2 Y; \quad Z'' = -k_z^2 Z \tag{5.4.7}$$

其解可由正弦函数(如 $\sin k_x x$)、余弦函数(如 $\cos k_x x$)或复指数函数形式给出。为了方便，这里将采用复指数函数形式，并约定如果期望求出方程的实数解(如地面位移)，则取复数的实部即可。如果求解过程只涉及线性运算(如积分)，那么采用复数形式的解是很方便的。但是，如果涉及非线性运算，则必须从实数解开始(示例见 5.9 节)。据此，可将式(5.4.7)的解写为

$$X = e^{\pm ik_x x};Y = e^{\pm ik_y y};Z = e^{\pm ik_z z} \tag{5.4.8}$$

因为有式(5.4.6)的约束，所以四个参数 k_x、k_y、k_z、ω 中只有三个可以独立地选择。不妨设 k_z 依赖于其他三个分离常数，即

$$k_z^2 = \frac{\omega^2}{c^2} - k_x^2 - k_y^2 = k_c^2 - k_x^2 - k_y^2 \tag{5.4.9}$$

式(5.4.9)右边所有的量都取实数，这就意味着 k_z 可以是实数或者纯虚数，取决于求解问题的类型。此外，当 k_z 是虚数时，式(5.4.8)中的 Z 不再是复数，在研究面波时，这非常重要。下面设

$$\boldsymbol{k} = (k_x, k_y, k_z) \tag{5.4.10}$$

式中

$$|\boldsymbol{k}| = |k_c| = |\omega|/c \tag{5.4.11}$$

由式(5.4.4b)和式(5.4.6)可以导出式(5.4.11)。虽然 ω 一般是正的，但当进行傅里叶变换时，它可以为负。

综合式(5.4.2)和式(5.4.8)可知式(5.3.1)的解的形式是 $e^{\pm i(\omega t \pm \boldsymbol{k}\cdot\boldsymbol{r})}$。这里从所有可能的指数中的符号组合中，选取

$$\psi(\boldsymbol{r},t) \propto e^{i(\omega t \pm \boldsymbol{k}\cdot\boldsymbol{r})} \tag{5.4.12}$$

当 ω、k_x 和 k_y 是正值时，式(5.4.12)的指数中取负号对应的解，表示离开原点沿 x 轴和 y 轴正向传播的平面简谐波。式(5.4.12)的指数中取正号对应的解时，表示沿 x 轴和 y 轴负向传播的平面简谐波。

利用式(5.4.10)和式(5.4.11)，可定义单位矢量为

$$\boldsymbol{p} = \frac{c}{\omega}\boldsymbol{k} \tag{5.4.13}$$

并可将式(5.4.12)改写为

$$\psi(\boldsymbol{r},t) \propto e^{i\omega(t \pm \boldsymbol{p}\cdot\boldsymbol{r}/c)} \tag{5.4.14}$$

由式(5.4.12)或式(5.4.14)表示的平面简谐波是式(5.3.25)所示的一般平面波的特例。式(5.4.14)表示的解关于 t 和 $\boldsymbol{r}$ 两者都是周期的，相应的周期 T 和波长 λ 可由下面两式求得，即

$$e^{i\omega(t-\boldsymbol{p}\cdot\boldsymbol{r}/c)} = e^{i\omega[(t+T)-\boldsymbol{p}\cdot\boldsymbol{r}/c]} \tag{5.4.15}$$

$$e^{i\omega(t-\boldsymbol{p}\cdot\boldsymbol{r}/c)} = e^{i\omega[t-(\boldsymbol{p}\cdot\boldsymbol{r}+\lambda)/c]} \tag{5.4.16}$$

易验证，当

$$T = \frac{2\pi}{\omega} = \frac{1}{f} \tag{5.4.17a}$$

$$\lambda = \frac{2\pi c}{\omega} = \frac{2\pi}{k_c} \tag{5.4.17b}$$

时，式(5.4.15)和式(5.4.16)成立。其中，ω 为角频率，等于 $2\pi f$，f 为频率。如果时间 t 的单位是秒，则 f 和 ω 的单位分别是周期数/秒(Hz)和弧度数/秒。还应注意

$$f = \frac{\omega}{2\pi} = \frac{1}{T} \tag{5.4.18a}$$

$$c = \lambda f \tag{5.4.18b}$$

$$\frac{k_c}{2\pi} = \frac{1}{\lambda} \tag{5.4.18c}$$

第一个等式和第三个等式表明，在空间域中的$\frac{k_c}{2\pi}$等价于在时间域中的f。一些学者称$\frac{k_c}{2\pi}$为波数，而另一些学者称 k_c 为波数，这里和下面都采用后者的称呼。

用式(5.3.25)、式(5.4.12)或式(5.4.14)表示的波被称为行波。设 C_1 和 C_2 为实常数，用两个复常数 $C_1\exp(\mathrm{i}\gamma_1)$ 和 $C_2\exp(-\mathrm{i}\gamma_2)$ 分别乘以式(5.4.12)的右侧，并把相乘的结果相加可生成较一般的解，即

$$\phi(\boldsymbol{r},t,\omega) = C_1\mathrm{e}^{\mathrm{i}(\omega t+\boldsymbol{k}\cdot\boldsymbol{r}+\gamma_1)} + C_2\mathrm{e}^{\mathrm{i}(\omega t-\boldsymbol{k}\cdot\boldsymbol{r}-\gamma_2)} \tag{5.4.19}$$

一般来说，$\phi(\boldsymbol{r}, t, \omega)$对应行波，但是当 $C_1 = C_2 = C$ 时会出现不同的情况，即

$$\begin{aligned}\phi(\boldsymbol{r},t,\omega) &= C[\mathrm{e}^{\mathrm{i}(\omega t+\boldsymbol{k}\cdot\boldsymbol{r}+\gamma_1)} + \mathrm{e}^{\mathrm{i}(\omega t-\boldsymbol{k}\cdot\boldsymbol{r}-\gamma_2)}] \\ &= C\mathrm{e}^{\mathrm{i}[\omega t+(\gamma_1-\gamma_2)/2]}\{\mathrm{e}^{\mathrm{i}[\boldsymbol{k}\cdot\boldsymbol{r}+(\gamma_1+\gamma_2)/2]} + \mathrm{e}^{-\mathrm{i}[\boldsymbol{k}\cdot\boldsymbol{r}+(\gamma_1+\gamma_2)/2]}\} \\ &= 2C\mathrm{e}^{\mathrm{i}[\omega t+(\gamma_1-\gamma_2)/2]}\cos[\boldsymbol{k}\cdot\boldsymbol{r} + (\gamma_1+\gamma_2)/2]\end{aligned} \tag{5.4.20}$$

因为式(5.4.20)不再是 $\omega t \pm \boldsymbol{k}\cdot\boldsymbol{r}$ 项的组合，因此，该式不表示行波，而表示驻波。对绳子和金属板的振动研究中，可见到这种类型的波，它最重要的特征是空间出现静止的节平面。这些节平面满足方程

$$\boldsymbol{k}\cdot\boldsymbol{r} + (\gamma_1+\gamma_2)/2 = \left(n+\frac{1}{2}\right)\pi \tag{5.4.21}$$

式中，n 为整数。

虽然平面简谐波是一种非常特殊的波，但它们在波传播问题的研究中非常重要，因为用它们可生成更一般的解。在式(5.4.12)中，ω、k_x 和 k_y 是任意的，因此式(5.3.1)的最一般解可由式(5.4.12)给出的解叠加得到。如果取 ω、k_x 和 k_y 的离散值(整数)，则可以把一般解写为无穷级数的形式。但因为这些参数(实数)是连续变化的，所以一般解必须写成积分形式。当式(5.4.12)的指数中取负号时，可得到以下积分形式的解，即

$$\psi(\boldsymbol{r},t) = \frac{1}{(2\pi)^3}\iiint A(k_x,k_y,z,\omega)\mathrm{e}^{\mathrm{i}[\omega t-(k_x x+k_y y+\sqrt{k_c^2-k_x^2-k_y^2}\,z)]}\mathrm{d}k_x\mathrm{d}k_y\mathrm{d}\omega \tag{5.4.22}$$

式(5.4.22)表示叠加原理(Aki 和 Richards，1980)，式中积分的下限和上限分别取为 $-\infty$ 和 $+\infty$，积分前面的因子不是必需的，而是在下面给出的定义中引入的。原则上，式(5.4.22)中的函数 A 是相当任意的(只要积分存在)。但是，当解特定问题时，函数 A 必须满足恰当的初始条件和边界条件(Aki 和 Richards，1980)。

利用式(5.4.9)和式(5.4.10)可将式(5.4.22)缩写成

$$\psi(\boldsymbol{r},t) = \frac{1}{(2\pi)^3}\iiint A(k_x,k_y,z,\omega)\mathrm{e}^{\mathrm{i}(\omega t-\boldsymbol{k}\cdot\boldsymbol{r})}\mathrm{d}k_x\mathrm{d}k_y\mathrm{d}\omega \tag{5.4.23}$$

为了给出对式(5.4.23)的解释，先引入时间域和空间域傅里叶变换的定义。对于给定的函数$f(\boldsymbol{r},t)$，其时间域和空间域的正反傅里叶变换对分别定义为

$$f(\boldsymbol{r},\omega) = \int f(\boldsymbol{r},t)\mathrm{e}^{-\mathrm{i}\omega t}\mathrm{d}t \tag{5.4.24}$$

$$f(\boldsymbol{r},t) = \frac{1}{2\pi}\int f(\boldsymbol{r},\omega)\mathrm{e}^{\mathrm{i}\omega t}\mathrm{d}\omega \tag{5.4.25}$$

和

$$f(\boldsymbol{k},t) = \iiint f(\boldsymbol{r},t)\mathrm{e}^{\mathrm{i}\boldsymbol{k}\cdot\boldsymbol{r}}\mathrm{d}x\mathrm{d}y\mathrm{d}z \tag{5.4.26}$$

$$f(\boldsymbol{r},t) = \frac{1}{(2\pi)^3}\iiint f(\boldsymbol{k},t)\mathrm{e}^{-\mathrm{i}\boldsymbol{k}\cdot\boldsymbol{r}}\mathrm{d}k_x\mathrm{d}k_y\mathrm{d}k_z \tag{5.4.27}$$

时间域和空间域傅里叶变换也可以组合在一起，例如

$$f(k_x,k_y,z,\omega) = \iiint f(\boldsymbol{r},t)\mathrm{e}^{-\mathrm{i}(\omega t-k_x x-k_y y)}\mathrm{d}x\mathrm{d}y\mathrm{d}t \tag{5.4.28}$$

将式(5.4.22)与式(5.4.28)进行比较可知，$\psi(\boldsymbol{r},t)$可看成以下函数的逆傅里叶变换，即

$$A(k_x,k_y,z,\omega)\exp[-\mathrm{i}(k_c^2-k_x^2-k_y^2)^{1/2}z]$$

注意，在定义傅里叶变换的式(5.4.24)和式(5.4.26)中，指数的符号是相反的，即负号对应于时间域变换，正号对应于空间域变换。这种符号的选择与式(5.4.23)中的符号选择是一致的，但不是普遍使用的。例如，这种约定与Ben-Menahem和Singh(1981)的约定相同，而与Aki和Richards(1980)的约定相反。因此，当比较不同学者导出的结果时，需要注意傅里叶变换中符号的约定。在7.4.3小节中将给出与此有关的一个例子。

如果不将k_z表示为k_x、k_y和ω的函数，而是设三个波数分量k_x、k_y、k_z是独立的，则由式(5.4.4b)可得

$$\omega = ck_c \tag{5.4.29}$$

并且对某函数B有

$$\psi(\boldsymbol{r},t) = \frac{1}{(2\pi)^3}\iiint B(k_x,k_y,k_z)\mathrm{e}^{\mathrm{i}(\omega t-\boldsymbol{k}\cdot\boldsymbol{r})}\mathrm{d}k_x\mathrm{d}k_y\mathrm{d}k_z \tag{5.4.30}$$

如果函数ψ有预先给定的初值，如当$t=0$时，ψ等于$f(\boldsymbol{r})$，则由式(5.4.30)可得

$$f(\boldsymbol{r}) = \frac{1}{(2\pi)^3}\iiint B(k_x,k_y,k_z)\mathrm{e}^{-\mathrm{i}\boldsymbol{k}\cdot\boldsymbol{r}}\mathrm{d}k_x\mathrm{d}k_y\mathrm{d}k_z \tag{5.4.31}$$

5.5　球面波

虽然本书主要研究的是平面波，但为了能与平面波做对比，这里简要讨论一下球面波。

在球对称条件下，式(5.3.1)具有简单的解，这可在写出在球坐标系下相应的方程并消除与角度有关的变量后看出。设$\phi = \phi(r,t), r = |\boldsymbol{r}|$，则式(5.3.1)变成(见问题5.2)

$$\frac{1}{c^2}\frac{\partial^2\phi}{\partial t^2} = \frac{\partial^2\phi}{\partial r^2} + \frac{2}{r}\frac{\partial\phi}{\partial r} = \frac{1}{r}\frac{\partial}{\partial r}\left(\phi + r\frac{\partial\phi}{\partial r}\right)$$
$$= \frac{1}{r}\frac{\partial}{\partial r}\left[\frac{\partial}{\partial r}(r\phi)\right] = \frac{1}{r}\frac{\partial^2}{\partial r^2}(r\phi) \tag{5.5.1}$$

因为 r 与 t 无关，故式(5.5.1)可重写为

$$\frac{1}{c^2}\frac{\partial^2}{\partial t^2}(r\phi) = \frac{\partial^2}{\partial r^2}(r\phi) \tag{5.5.2}$$

此式表明，$r\phi(r,t)$ 满足一维波动方程，其解为

$$r\phi(r,t) = h(t - r/c) + g(t + r/c) \tag{5.5.3}$$

从而

$$\phi(r,t) = \frac{1}{r}[h(t - r/c) + g(t + r/c)] \tag{5.5.4}$$

这个解有几个重要的特征。首先，因为 r 表示离开原点的距离，所以在以原点为中心、以 r_0 为半径的球面上的所有点处在 t_0 时刻都有相同的值 $h(t_0 - r_0/c)$。因此，将 $h(t-r/c)$称为球面波。另外，采用类似于对平面波所做的讨论可以看到，这种波将以速度 c 离开原点向外传播。此外，$g(t+r/c)$是向原点方向传播的球面波，但是在无限介质中，这种波对解没有贡献。这个结论是基于索姆菲尔德的辐射条件(Stratton，1941)，此条件可以陈述为：假如波源被限制在一个有限区域内，则没有波从无限远处传播到介质中(Eringen 和 Suhubi，1975)。

式(5.5.4)中的因子 $1/r$ 表明波的振幅随着传播距离的增加而减小，这是球面波与平面波的主要差别，因为平面波振幅与传播距离无关。因子 $1/r$ 被称为几何扩散因子。虽然球面波的振幅随传播距离衰减而变得不同，但对于充分大的 r 值，球面波前可局部近似为平面波前(如同用圆的切平面近似圆弧面)。这个事实非常重要，因为当波的传播问题能用平面波处理时，一般会更简单。

最后需要注意，由式(5.5.4)给出的 $\phi(r,t)$ 对于 $r=0$ 的情况有奇异性，这与原点处存在波源有关。

5.6 矢量波动方程和矢量解

矢量波动方程可写为

$$\nabla^2\boldsymbol{u}(\boldsymbol{r},t) = \frac{1}{c^2}\frac{\partial^2\boldsymbol{u}(\boldsymbol{r},t)}{\partial t^2} \equiv \frac{1}{c^2}\ddot{\boldsymbol{u}} \tag{5.6.1}$$

式中，变量上方的两点表示该变量关于时间的二阶偏导数，这类方程对于描述弹性波和电磁波的传播很重要，所以这里将对其进行详细研究。

在对此进行讨论之前，很有必要强调一下标量波动方程式(5.3.1)和矢量波动方程式(5.6.1)之间的差别。对于前一种情况，变量 ψ 是一个标量，这意味着在空间的每一点处只需给定一个数 ψ。但对于后一种情况，则需要给定三个数 u_1、u_2、u_3，因此增加了求解式(5.6.1)的复杂性。

如果边界条件适合在笛卡儿坐标系下给出，则式(5.6.1)等价于

$$\nabla^2 u_i = u_{i,jj} = \frac{1}{c^2}\ddot{u}_i, \quad i = 1,2,3 \tag{5.6.2}$$

在这种特殊情况下，问题简化为求解三个标量波动方程，而每个方程对应于一个标量函数 u_i。

但是，当必须采用其他坐标系时，$\boldsymbol{u}$ 的三个分量就不能分离到三个方程中，而是通过三个联立的偏微分方程组耦合在一起。方程变得复杂的主要原因是需要将以下拉普拉斯式[见式(1.4.53)]

$$\nabla^2 \boldsymbol{u} = \nabla(\nabla\cdot \boldsymbol{u}) - \nabla\times\nabla\times \boldsymbol{u} \tag{5.6.3}$$

中的梯度、散度和旋度都用曲线坐标系下的坐标表示。为了更好地理解这类涉及柱坐标系和球坐标系的方程组，可参看 Ben-Menahem 和 Singh(1981)的文献。

这里将参考5.1节中给出的文献，采用另外一种方法，即直接寻找式(5.6.1)的矢量解。为此，先从 $\boldsymbol{u}$ 的分解式开始，有

$$\boldsymbol{u} = \nabla\psi + \nabla\times \boldsymbol{v}; \quad \nabla\cdot \boldsymbol{v} = 0 \tag{5.6.4}$$

式(5.6.4)称为赫姆霍兹分解定理，对它的证明将在9.3节中给出。虽然下面推导出的结果是普遍适用的，但这里仍将集中于笛卡儿坐标系。设

$$\boldsymbol{L} = \nabla\psi \tag{5.6.5}$$

式中，ψ 是 $\boldsymbol{r}$ 以及其他变量(如 t 和 ω 等)的标量函数。如果 ψ 满足标量波动方程

$$\nabla^2\psi - \frac{1}{c^2}\ddot{\psi} = 0 \tag{5.6.6}$$

则 $\boldsymbol{L}$ 是矢量波动方程式(5.6.1)的一个矢量解。

为了证明此结论，将式(5.6.1)写成分量形式，为

$$\nabla^2 u_i - \frac{1}{c^2}\ddot{u}_i = 0, \quad i = 1,2,3 \tag{5.6.7}$$

由式(5.6.5)知

$$L_i = (\boldsymbol{L})_i = \psi_{,i} \tag{5.6.8}$$

将式(5.6.8)代入式(5.6.7)的左边，有

$$L_{i,jj} - \frac{1}{c^2}\ddot{L}_i = \psi_{,ijj} - \frac{1}{c^2}\ddot{\psi}_{,i} = \left(\psi_{,jj} - \frac{1}{c^2}\ddot{\psi}\right)_{,i} \tag{5.6.9}$$

如果式(5.6.6)成立，则由式(5.6.9)可知

$$\psi_{,jj} - \frac{1}{c^2}\ddot{\psi} = \nabla^2\psi - \frac{1}{c^2}\ddot{\psi} = 0 \tag{5.6.10}$$

故 $L_{i,jj} - \frac{1}{c^2}\ddot{L}_i = 0$，即 $L_i = \psi_{,i}$ 满足式(5.6.7)，因而 $\boldsymbol{L}$ 是式(5.6.1)的一个解。

下面再考虑矢量函数

$$\boldsymbol{M} = \nabla\times \boldsymbol{a}\phi \tag{5.6.11}$$

式中，$\boldsymbol{a}$ 是任意单位常矢量，或 $\boldsymbol{a} = \boldsymbol{r}$；$\phi$ 是 $\boldsymbol{r}$ 和其他变量(如 t 和 ω)的标量函数。如果 ϕ 是以下标量波动方程的解，即

$$\nabla^2\phi - \frac{1}{c^2}\ddot{\phi} = 0 \tag{5.6.12}$$

则 $\boldsymbol{M}$ 是式(5.6.1)的一个解。

下面证明此结论。首先针对 $\boldsymbol{a}$ 为常矢量的情况，有

$$M_i = (\boldsymbol{M})_i = \epsilon_{ijk}(\phi a_k)_{,j} = \epsilon_{ijk}\phi a_{k,j} + \epsilon_{ijk}\phi_{,j}a_k = \epsilon_{ijk}\phi_{,j}a_k \tag{5.6.13}$$

将式(5.6.13)代入式(5.6.7)的左边，得

$$\nabla^2 M_i - \frac{1}{c^2}\ddot{M}_i = M_{i,ll} - \frac{1}{c^2}\ddot{M}_i = \epsilon_{ijk}\phi_{,jll}a_k - \frac{1}{c^2}\epsilon_{ijk}\ddot{\phi}_{,j}a_k = \epsilon_{ijk}a_k\left(\phi_{,ll} - \frac{1}{c^2}\ddot{\phi}\right)_{,j} \tag{5.6.14}$$

因此，如果式(5.6.12)成立，则有

$$\phi_{,ll} - \frac{1}{c^2}\ddot{\phi} = \nabla^2\phi - \frac{1}{c^2}\ddot{\phi} = 0 \tag{5.6.15}$$

则$\nabla^2 M_i - \frac{1}{c^2}\ddot{M}_i = 0$，即 M_i 满足式(5.6.7)，从而得出 $\boldsymbol{M}$ 是式(5.6.1)的一个解。

再考虑 $\boldsymbol{a} = \boldsymbol{r}$ 的情况。此时令

$$M_i = \epsilon_{ijk}(\phi r_k)_{,j} = \epsilon_{ijk}\phi r_{k,j} + \epsilon_{ijk}\phi_{,j}r_k = \epsilon_{ijk}\phi\delta_{kj} + \epsilon_{ijk}\phi_{,j}r_k = \epsilon_{ijk}\phi_{,j}r_k \tag{5.6.16}$$

并且

$$\begin{aligned}\nabla^2 M_i - \frac{1}{c^2}\ddot{M}_i &= \epsilon_{ijk}(\phi_{,j}r_k)_{,ll} - \frac{1}{c^2}\epsilon_{ijk}\ddot{\phi}_{,j}r_k \\ &= \epsilon_{ijk}(\phi_{,jll}r_k + 2\phi_{,jl}r_{k.l} + \phi_{,j}r_{k,ll}) - \frac{1}{c^2}\epsilon_{ijk}\ddot{\phi}_{,j}r_k \\ &= \epsilon_{ijk}r_k\left(\phi_{,ll} - \frac{1}{c^2}\ddot{\phi}\right)_{,j}\end{aligned} \tag{5.6.17}$$

式(5.6.17)中用到了 $r_{k,ll}=0$ 以及 $\epsilon_{ijk}\phi_{,jl}r_{k.l}=0$，这是因为

$$\phi_{,jl}r_{k,l} = \phi_{,jl}\delta_{kl} = \phi_{,jk} \tag{5.6.18}$$

是一个对称张量，所以利用式(1.4.60)可得 $\epsilon_{ijk}\phi_{,jl}r_{k.l} = \epsilon_{ijk}\phi_{,jk} = 0$。在这种情况下，同前面一样，如果

$$\nabla^2\phi - \frac{1}{c^2}\ddot{\phi} = 0 \tag{5.6.19}$$

则 M_i 满足式(5.6.7)，因而 $\boldsymbol{M}$ 是式(5.6.1)的一个解。

最后，设

$$\boldsymbol{N} = h\,\nabla\times\boldsymbol{M} \tag{5.6.20}$$

式中，引入因子 h 是为了保证 $\boldsymbol{N}$ 和 $\boldsymbol{M}$ 具有相同的量级。于是

$$N_i = (\boldsymbol{N})_i = h\epsilon_{ijk}M_{k,j} \tag{5.6.21}$$

把式(5.6.21)代入式(5.6.7)的左边，得到

$$N_{i,ll} - \frac{1}{c^2}\ddot{N}_i = h\epsilon_{ijk}\left(M_{k,jll} - \frac{1}{c^2}\ddot{M}_{k,j}\right) = h\epsilon_{ijk}\left(M_{k,ll} - \frac{1}{c^2}\ddot{M}_k\right)_{,j} = 0 \tag{5.6.22}$$

因为括号中的表达式为零，所以 $\boldsymbol{N}$ 也是式(5.6.1)的解。

函数 ψ 和 ϕ 称为势，矢量 $\boldsymbol{L}$、$\boldsymbol{M}$、$\boldsymbol{N}$ 称为海森矢量(Ben-Menahem 和 Singh，1981)。下面列出海森矢量的性质及其应用。

5.6.1　海森矢量的性质

(1) $\boldsymbol{L}$ 是一个无旋矢量场，即

$$(\nabla \times \boldsymbol{L})_i = \epsilon_{ijk}\psi_{,kj} = 0 \tag{5.6.23}$$

(2) $\boldsymbol{M}$ 是一个无散矢量场，即对于 $\boldsymbol{a}=\boldsymbol{r}$，有

$$\nabla\cdot \boldsymbol{M} = M_{i,i} = \epsilon_{ijk}(\phi_{,j}r_k)_{,i} = \epsilon_{ijk}(\phi_{,ji}r_k + \phi_{,j}\delta_{ik}) = 0 \tag{5.6.24}$$

式(5.6.24)中最后的等式用到了 $\phi_{,ji}$ 和 δ_{ik} 的对称性。对于 $\boldsymbol{a}$ 为常矢量的情况，这个结论也成立(见问题 5.3)。

(3) $\boldsymbol{N}$ 也是一个无散矢量场，即

$$\nabla\cdot \boldsymbol{N} = N_{i,i} = h\epsilon_{ijk}M_{k,ji} = 0 \tag{5.6.25}$$

因为 $M_{k,ji}$ 对于 ji 是对称的。

(4) $\boldsymbol{L}$ 的散度等于 ψ 的拉普拉斯式，即

$$\nabla\cdot \boldsymbol{L} = L_{i,i} = \psi_{,ii} = \nabla^2\psi = \frac{1}{c^2}\ddot{\psi} \tag{5.6.26}$$

(5) $\boldsymbol{M}=\nabla\phi\times\boldsymbol{a}$，对于 $\boldsymbol{a}$ 为常矢量或者 $\boldsymbol{a}=\boldsymbol{r}$ 的情况均成立。

例如，当 $\boldsymbol{a}=\boldsymbol{r}$ 时，由式(5.6.16)可知

$$M_i = \epsilon_{ijk}\phi_{,j}r_k = (\nabla\phi\times\boldsymbol{r})_i \tag{5.6.27}$$

因此，如果 $\phi=\psi$，则有

$$\boldsymbol{M} = \boldsymbol{L}\times\boldsymbol{a} \tag{5.6.28}$$

在这种情况下，$\boldsymbol{L}$ 和 $\boldsymbol{M}$ 是互相垂直的。

5.6.2　简谐波势

这里讨论简谐波势函数对应的矢量解。设 $\boldsymbol{a}$ 为常矢量、$\phi=\psi$，并且有

$$\psi(\boldsymbol{r},t) = \mathrm{e}^{\mathrm{i}(\omega t-\boldsymbol{k}\cdot\boldsymbol{r})} \tag{5.6.29}$$

式中，$\boldsymbol{k}\cdot\boldsymbol{r}=k_ix_i$，则由式(5.6.5)得(见问题 5.4)

$$L_p = \psi_{,p} = -\mathrm{i}k_p\psi \tag{5.6.30}$$

从而矢量解 $\boldsymbol{L}$ 为

$$\boldsymbol{L} = -\mathrm{i}\boldsymbol{k}\psi = -\mathrm{i}\boldsymbol{k}\mathrm{e}^{\mathrm{i}(\omega t-\boldsymbol{k}\cdot\boldsymbol{r})} \tag{5.6.31}$$

再由式(5.6.11)得

$$M_p = -\mathrm{i}\epsilon_{pjk}k_ja_k\psi = -\mathrm{i}(\boldsymbol{k}\times\boldsymbol{a})_p\psi \tag{5.6.32}$$

因此，矢量解 $\boldsymbol{M}$ 为

$$\boldsymbol{M} = -\mathrm{i}(\boldsymbol{k}\times\boldsymbol{a})\mathrm{e}^{\mathrm{i}(\omega t-\boldsymbol{k}\cdot\boldsymbol{r})} \tag{5.6.33}$$

对于矢量解 $\boldsymbol{N}$，这里选择 $h=1/k$，其中 $k=|\boldsymbol{k}|$。因为 $\boldsymbol{a}$ 是一个常矢量，所以由式(5.6.20)得(见问题 5.5)

$$\begin{aligned} N_p &= \frac{1}{k}\epsilon_{pjq}M_{q,j} = -\mathrm{i}\frac{1}{k}\epsilon_{pjq}[(\boldsymbol{k}\times\boldsymbol{a})_q\psi]_{,j} = -\frac{1}{k}\epsilon_{pjq}(\boldsymbol{k}\times\boldsymbol{a})_qk_j\psi \\ &= \frac{1}{k}\epsilon_{pqj}(\boldsymbol{k}\times\boldsymbol{a})_qk_j\psi \end{aligned} \tag{5.6.34}$$

因此，矢量解 $\boldsymbol{N}$ 为

$$N = \frac{1}{k}(\boldsymbol{k} \times \boldsymbol{a} \times \boldsymbol{k}) e^{i(\omega t - \boldsymbol{k} \cdot \boldsymbol{r})} \quad (5.6.35)$$

式(5.6.31)、式(5.6.33)和式(5.6.35)表明，在这种特殊的情况下，三个矢量解是互相垂直的。

5.7 矢量赫姆霍兹方程

如果对式(5.6.1)的两边同时进行时域傅里叶变换，可得到矢量赫姆霍兹方程，即

$$\nabla^2 \boldsymbol{u} + k_c^2 \boldsymbol{u} = 0; \quad k_c = \frac{\omega}{c} \quad (5.7.1)$$

式中(见问题9.13)

$$\boldsymbol{u}(\boldsymbol{r},\omega) = \int_{-\infty}^{+\infty} \boldsymbol{u}(\boldsymbol{r},t) e^{-i\omega t} dt \quad (5.7.2)$$

注意，这里不管是 t 的函数还是 ω 的函数，都用了相同的符号 $\boldsymbol{u}$。

矢量方程式(5.7.1)是标量方程式(5.4.4a)的扩展，它将用于求解弹性波方程。为了求解方程式(5.7.1)，这里再次假设所采用的坐标系是直角坐标系，从而方程式(5.7.1)可写成分量形式，即

$$\nabla^2 u_i + k_c^2 u_i = 0 \quad (5.7.3)$$

为了求解方程式(5.7.3)，这里采用类似于5.6节中定义的海森矢量 $\boldsymbol{L}$、$\boldsymbol{M}$ 和 $\boldsymbol{N}$，并令 $\phi = \psi$。设

$$\boldsymbol{L} = \frac{1}{k_c} \nabla \psi \quad (5.7.4)$$

$$\boldsymbol{M} = \nabla \times \boldsymbol{a} \psi \quad (5.7.5)$$

$$\boldsymbol{N} = \frac{1}{k_c} \nabla \times \boldsymbol{M} \quad (5.7.6)$$

如果 ψ 是标量赫姆霍兹方程的解，即

$$\nabla^2 \psi + k_c^2 \psi = 0 \quad (5.7.7)$$

则式(5.7.4)~式(5.7.6)是式(5.7.3)的解。

在式(5.7.5)中，如前所述，$\boldsymbol{a}$ 可以是任意的单位矢量或者 $\boldsymbol{a} = \boldsymbol{r}$。对这些结论的证明基本上都与5.6节中给出的证明相同(见问题5.6)。

由于式(5.7.7)与式(5.4.4a)等价，而式(5.4.4a)的解正比于式(5.4.8)中三个函数的乘积，所以式(5.7.7)的解的形式为

$$\psi \propto e^{\pm i \boldsymbol{k} \cdot \boldsymbol{r}} \quad (5.7.8)$$

式中，表示平面波的特解是

$$\psi(\boldsymbol{r},\omega) = e^{i(\omega t \pm \boldsymbol{k} \cdot \boldsymbol{r})} \quad (5.7.9)$$

这是因为 $\exp(\pm i\boldsymbol{k} \cdot \boldsymbol{r})$ 是式(5.7.7)的解，而 $\exp(i\omega t)$ 相对空间变量是常数，所以它们的乘积也是式(5.7.7)的解。在5.8.3小节中，式(5.7.9)将用于生成弹性波方程的平面波解。

5.8　不考虑体力项作用的弹性波方程

本节将研究 P 波和 S 波运动的矢量性质，并引入弹性波方程的频率域海森矢量。在平面波情况下，海森矢量将专门用于表示 P 波、SV 波和 SH 波运动的三种矢量。

5.8.1　矢量 P 波和 S 波运动

在 4.8 节中已指出弹性波方程可以被分解为两个比较简单的方程——一个标量方程和一个矢量方程，分别对应位移的散度和旋度。虽然已知它们相应的波速分别是 P 波波速为 α 和 S 波波速为 β，但关于质点运动方向未做任何讨论。为了解决这个问题，下面考察在什么情况下矢量平面波满足没有体力项的弹性矢量波方程。方便起见，可以从式(4.8.2)开始，即

$$\mu \nabla^2 \boldsymbol{u} + (\lambda + \mu) \nabla(\nabla \cdot \boldsymbol{u}) = \rho \frac{\partial^2 \boldsymbol{u}}{\partial t^2} \tag{5.8.1}$$

该方程没有体力项，有体力项的情况将在第 9 章中讨论。设式(5.8.1)的解为

$$\boldsymbol{u} = \boldsymbol{d} h(ct - \boldsymbol{p} \cdot \boldsymbol{r}) \tag{5.8.2}$$

式中，$\boldsymbol{d}$ 是方向待定的单位常矢量；h 是出现在式(5.3.25)中的变量改写后的平面波函数；$\boldsymbol{p}$ 也是单位矢量。下面讨论 $\boldsymbol{d}$ 的方向。为此，先给出下列结果

$$\nabla \cdot \boldsymbol{u} = d_i h_{,i} = -d_i p_i h'(ct - \boldsymbol{p} \cdot \boldsymbol{r}) = -(\boldsymbol{d} \cdot \boldsymbol{p}) h'(ct - \boldsymbol{p} \cdot \boldsymbol{r}) \tag{5.8.3}$$

$$\nabla(\nabla \cdot \boldsymbol{u}) = (p_1, p_2, p_3)(\boldsymbol{d} \cdot \boldsymbol{p}) h''(ct - \boldsymbol{p} \cdot \boldsymbol{r}) = (\boldsymbol{d} \cdot \boldsymbol{p}) \boldsymbol{p} h''(ct - \boldsymbol{p} \cdot \boldsymbol{r}) \tag{5.8.4}$$

$$\nabla^2 \boldsymbol{u} = \boldsymbol{d}(p_1^2 + p_2^2 + p_3^2) h''(ct - \boldsymbol{p} \cdot \boldsymbol{r}) = \boldsymbol{d} h''(ct - \boldsymbol{p} \cdot \boldsymbol{r}) \tag{5.8.5}$$

$$\ddot{\boldsymbol{u}} = c^2 \boldsymbol{d} h''(ct - \boldsymbol{p} \cdot \boldsymbol{r}) \tag{5.8.6}$$

然后将式(5.8.4)~式(5.8.6)代入式(5.8.1)，得

$$[\mu \boldsymbol{d} + (\lambda + \mu)(\boldsymbol{d} \cdot \boldsymbol{p})\boldsymbol{p} - \rho c^2 \boldsymbol{d}] h''(ct - \boldsymbol{p} \cdot \boldsymbol{r}) = 0 \tag{5.8.7}$$

这意味着

$$(\mu - \rho c^2)\boldsymbol{d} + (\lambda + \mu)(\boldsymbol{d} \cdot \boldsymbol{p})\boldsymbol{p} = 0 \tag{5.8.8}$$

为了确定 $\boldsymbol{d}$，用 $\boldsymbol{p}$ 与式(5.8.8)两边做标量积，并利用$(\boldsymbol{p} \cdot \boldsymbol{p}) = 1$，得

$$[(\mu - \rho c^2) + (\lambda + \mu)](\boldsymbol{d} \cdot \boldsymbol{p}) = 0 \tag{5.8.9}$$

式(5.8.9)意味着，要么中括号中的因子为零，要么 $\boldsymbol{d} \cdot \boldsymbol{p} = 0$。

先讨论第一种情况，即$(\mu - \rho c^2) + (\lambda + \mu) = 0$，由此可得

$$c^2 = \frac{\lambda + 2\mu}{\rho} \tag{5.8.10}$$

可见，c 是 P 波速度。再将式(5.8.10)代入式(5.8.8)，得

$$(\lambda + \mu)[\boldsymbol{d} - (\boldsymbol{d} \cdot \boldsymbol{p})\boldsymbol{p}] = 0 \tag{5.8.11}$$

这意味着

$$\boldsymbol{d} = (\boldsymbol{d} \cdot \boldsymbol{p})\boldsymbol{p} \tag{5.8.12}$$

用 $\boldsymbol{d}$ 与式(5.8.12)两边同时做标量积，由于 $\boldsymbol{d}$ 是单位矢量，得

$$(\boldsymbol{d}\cdot\boldsymbol{p})^2 = 1 \tag{5.8.13}$$

要使式(5.8.13)成立，只要 $\boldsymbol{d} = \pm\boldsymbol{p}$。这表明，对于 P 波的情况，质点运动方向(由 $\boldsymbol{d}$ 给出)平行于波的传播方向(由 $\boldsymbol{p}$ 给出)。此外，这类运动是无旋的，通过设 $\boldsymbol{d}=\boldsymbol{p}$，再对 $\boldsymbol{u}$ 取旋度，可以证明此结论，即

$$(\nabla\times\boldsymbol{u})_i = \epsilon_{ijk}u_{k,j} = \epsilon_{ijk}p_k[h(ct-\boldsymbol{p}\cdot\boldsymbol{r})]_{,j} = -\epsilon_{ijk}p_kp_jh'(ct-\boldsymbol{p}\cdot\boldsymbol{r}) = 0 \tag{5.8.14}$$

式(5.8.14)成立是因为 p_kp_j 是对称的，ϵ_{ijk}是反对称的。

下面讨论第二种情况，即 $\boldsymbol{d}\cdot\boldsymbol{p}=0$ 的情况。在这个条件下，由式(5.8.8)可得

$$c^2 = \frac{\mu}{\rho} \tag{5.8.15}$$

可见，此时 c 是 S 波的速度。另外，由 $\boldsymbol{d}\cdot\boldsymbol{p}=0$ 可知 $\boldsymbol{d}$ 垂直于 $\boldsymbol{p}$，因而 $\boldsymbol{u}$ 垂直于 $\boldsymbol{p}$。这种运动具有散度为零的性质(即是无散场)[由式(5.8.3)可知，$\nabla\cdot\boldsymbol{u}=0$]。

综上所述，弹性波方程有两类解。第一类对应于 P 波，质点运动方向平行于波的传播方向，这类波称为纵波。第二类对应于 S 波，质点运动方向在垂直于波的传播方向的平面内，这类波称为横波。除此之外，因为横波的散度是零，故这种波也称为等体积波。与这两类运动对应的矢量在图 5.3 中用 $\boldsymbol{P}$ 和 $\boldsymbol{S}$ 指示。在没有体力项(并对于各向同性介质)的情况下，S 波的方向是没有约束的。如图 5.3 所示，S 波可以分解为 SH 波和 SV 波分量。但是，当有体力时(在第 9 章和第 10 章中可见)，S 波运动的方向将受到约束。

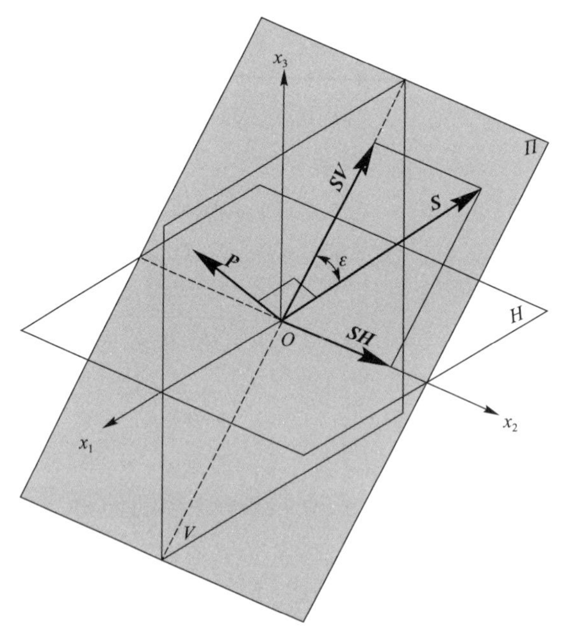

图 5.3　P 波和 S 波的质点运动方向以及 S 波的分解图

图中显示了 P 波和 S 波的质点运动方向以及 S 波分解为 SH 波和 SV 波。矢量 $\boldsymbol{P}$ 垂直于波前 Π，矢量 $\boldsymbol{S}$ 在波前 Π 内。矢量 $\boldsymbol{SV}$ 在平面 Π 与垂直平面 (x_1,x_3) 的交线上。标记为 V 的垂直平面包含 $\boldsymbol{P}$。矢量 $\boldsymbol{SH}$ 在平面 Π 与水平平面 (x_1,x_2) (标记为 H)的交线上。这里显示的坐标系是文中讨论的旋转后的坐标系。$\boldsymbol{S}$ 和 $\boldsymbol{SV}$ 之间的夹角 ε 称为 S 波的极化角(偏振角)。

5.8.2　弹性波方程在频率域的海森矢量

下面采用由式(4.8.4)给出的弹性波方程，即

$$\alpha^2 \nabla(\nabla\cdot \boldsymbol{u}) - \beta^2 \nabla\times\nabla\times \boldsymbol{u} = \frac{\partial^2 \boldsymbol{u}}{\partial t^2} \tag{5.8.16}$$

为了在频率域中研究式(5.8.16)，对其做傅里叶变换，得

$$\alpha^2 \nabla(\nabla\cdot \boldsymbol{u}) - \beta^2 \nabla\times\nabla\times \boldsymbol{u} + \omega^2 \boldsymbol{u} = 0 \tag{5.8.17}$$

式中，$\boldsymbol{u}=\boldsymbol{u}(\boldsymbol{r},\omega)=\int_{-\infty}^{+\infty}\boldsymbol{u}(\boldsymbol{r},t)\mathrm{e}^{-\mathrm{i}\omega t}\mathrm{d}t$ 是 $\boldsymbol{u}(\boldsymbol{r},t)$的傅里叶变换。

为了求解式(5.8.17)，设

$$\boldsymbol{u} = \boldsymbol{u}_\alpha + \boldsymbol{u}_\beta \tag{5.8.18}$$

式中，$\boldsymbol{u}_\alpha$ 是无旋场；$\boldsymbol{u}_\beta$ 是无散场，即

$$\nabla\times \boldsymbol{u}_\alpha = 0;\quad \nabla\cdot \boldsymbol{u}_\beta = 0 \tag{5.8.19}$$

将式(5.8.18)代入式(5.8.17)，并利用式(5.8.19)，得

$$\alpha^2 \nabla(\nabla\cdot \boldsymbol{u}_\alpha) - \beta^2 \nabla\times\nabla\times \boldsymbol{u}_\beta + \omega^2(\boldsymbol{u}_\alpha + \boldsymbol{u}_\beta) = 0 \tag{5.8.20}$$

利用式(5.6.3)，即$\nabla^2\boldsymbol{u}=\nabla(\nabla\cdot\boldsymbol{u})-\nabla\times\nabla\times\boldsymbol{u}$ 和式(5.8.19)，得

$$\nabla^2\boldsymbol{u}_\alpha = \nabla(\nabla\cdot \boldsymbol{u}_\alpha) \tag{5.8.21}$$

$$\nabla^2\boldsymbol{u}_\beta = -\nabla\times\nabla\times \boldsymbol{u}_\beta \tag{5.8.22}$$

于是式(5.8.20)可重写为

$$\alpha^2(\nabla^2\boldsymbol{u}_\alpha + k_\alpha^2\boldsymbol{u}_\alpha) + \beta^2(\nabla^2\boldsymbol{u}_\beta + k_\beta^2\boldsymbol{u}_\beta) = 0 \tag{5.8.23}$$

式中

$$k_\alpha = \frac{\omega}{\alpha};\quad k_\beta = \frac{\omega}{\beta} \tag{5.8.24}$$

如果令

$$\nabla^2\boldsymbol{u}_\alpha + k_\alpha^2\boldsymbol{u}_\alpha = 0 \tag{5.8.25}$$

$$\nabla^2\boldsymbol{u}_\beta + k_\beta^2\boldsymbol{u}_\beta = 0 \tag{5.8.26}$$

则式(5.8.23)成立。式(5.8.25)和式(5.8.26)都是矢量赫姆霍兹方程，并且因为它们的海森矢量 $\boldsymbol{L}$ 是无旋场、$\boldsymbol{M}$ 和 $\boldsymbol{N}$ 是无散场(见 5.6.1 小节)，所以这三个矢量构成式(5.8.17)的解。按照 Ben-Menahem 和 Singh(1981)的结果，可将它们写成

$$\boldsymbol{L} = \frac{1}{k_\alpha}\nabla\psi_\alpha \tag{5.8.27}$$

$$\boldsymbol{M} = \nabla\times(\boldsymbol{e}_3\psi_\beta) \tag{5.8.28}$$

$$\boldsymbol{N} = \frac{1}{k_\beta}\nabla\times\boldsymbol{M} = \frac{1}{k_\beta}\nabla\times\nabla\times(\boldsymbol{e}_3\psi_\beta) \tag{5.8.29}$$

注意，这里令海森矢量 $\boldsymbol{M}$ 中的 $\boldsymbol{a}=\boldsymbol{e}_3$。式(5.8.27)～式(5.8.29)对于柱坐标系和球坐标系也适用，只要令 $\boldsymbol{a}$ 分别等于 $\boldsymbol{e}_3$ 和 $\boldsymbol{r}$ 即可。势函数 ψ_α 和 ψ_β 分别满足以下赫姆霍兹方程

$$\nabla^2\psi_\alpha + k_\alpha^2\psi_\alpha = 0 \tag{5.8.30}$$

$$\nabla^2\psi_\beta + k_\beta^2\psi_\beta = 0 \tag{5.8.31}$$

5.8.3 弹性简谐平面波

在简谐平面波的情况下，由式(5.7.9)知，势函数 ψ_α 和 ψ_β 的表达式为

$$\psi_c(\boldsymbol{r},\omega) = e^{i(\omega t-\boldsymbol{k}_c\cdot\boldsymbol{r})}, \quad c = \alpha,\beta \tag{5.8.32}$$

式中

$$\boldsymbol{k}_c = k_c\boldsymbol{p}; \quad |k_c| = |\boldsymbol{k}_c| = \frac{|\omega|}{c} \tag{5.8.33}$$

$$\boldsymbol{p} = (l,m,n) \tag{5.8.34a}$$

$$l^2 + m^2 + n^2 = 1 \tag{5.8.34b}$$

$$\boldsymbol{k}_c\cdot\boldsymbol{r} = |\boldsymbol{k}_c|(lx_1 + mx_2 + nx_3) = k_c\boldsymbol{p}\cdot\boldsymbol{r} \tag{5.8.35}$$

如前所述，$\boldsymbol{p}$ 是单位常矢量；$\boldsymbol{p}\cdot\boldsymbol{r}$ 为常数，表示垂直于 $\boldsymbol{p}$ 的平面；ψ_c 是以速度 c 传播的波前垂直于 $\boldsymbol{p}$ 的简谐平面波。

下面将 ψ_c 代入 $\boldsymbol{L}$、$\boldsymbol{M}$、$\boldsymbol{N}$ 的表达式，即式(5.8.27)～式(5.8.29)。对于 $\boldsymbol{L}$，有

$$L_j = \frac{1}{k_\alpha}(\nabla\psi_\alpha)_j = \frac{1}{k_\alpha}(\psi_\alpha)_{,j} = \frac{-i}{k_\alpha}(\boldsymbol{k}_\alpha)_j\psi_\alpha = -i(\boldsymbol{p})_j\psi_\alpha \tag{5.8.36}$$

于是

$$\boldsymbol{L} = -i\boldsymbol{p}\psi_\alpha \tag{5.8.37}$$

因为 $\boldsymbol{L}$ 正比于 $\boldsymbol{p}$ 并且传播速度为 α，所以它表示的是 P 波的运动，如 5.8.1 小节中的讨论。

对于 $\boldsymbol{M}$，有

$$M_j = [\nabla\times(\boldsymbol{e}_3\psi_\beta)]_j = \epsilon_{jlm}(\boldsymbol{e}_3)_m\psi_{\beta,l} \tag{5.8.38}$$

而且由于 $\boldsymbol{e}_3=(0,0,1)$，所以

$$M_1 = \epsilon_{1l3}\psi_{\beta,l} = \epsilon_{123}\psi_{\beta,2} = -ik_\beta m\psi_\beta \tag{5.8.39}$$

$$M_2 = \epsilon_{2l3}\psi_{\beta,l} = \epsilon_{213}\psi_{\beta,1} = ik_\beta l\psi_\beta \tag{5.8.40}$$

$$M_3 = \epsilon_{3l3}\psi_{\beta,l} = 0 \tag{5.8.41}$$

于是

$$\boldsymbol{M} = -ik_\beta(m\boldsymbol{e}_1 - l\boldsymbol{e}_2)\psi_\beta \tag{5.8.42}$$

对于 $\boldsymbol{N}$，有

$$\begin{aligned}\boldsymbol{N} &= \frac{1}{k_\beta}\nabla\times\boldsymbol{M} = -i\nabla\times[(m\boldsymbol{e}_1 - l\boldsymbol{e}_2)\psi_\beta] \\ &= -i[l\psi_{\beta,3}\boldsymbol{e}_1 + m\psi_{\beta,3}\boldsymbol{e}_2 - (l\psi_{\beta,1} + m\psi_{\beta,2})\boldsymbol{e}_3] \\ &= [-ln\boldsymbol{e}_1 - mn\boldsymbol{e}_2 + (l^2 + m^2)\boldsymbol{e}_3]k_\beta\psi_\beta\end{aligned} \tag{5.8.43}$$

综上所述(Ben-Menahem 和 Singh，1981)

$$\boldsymbol{L} = -i(l\boldsymbol{e}_1 + m\boldsymbol{e}_2 + n\boldsymbol{e}_3)\psi_\alpha \tag{5.8.44}$$

$$\boldsymbol{M} = -ik_\beta(m\boldsymbol{e}_1 - l\boldsymbol{e}_2)\psi_\beta \tag{5.8.45}$$

$$\boldsymbol{N} = -k_\beta[ln\boldsymbol{e}_1 + mn\boldsymbol{e}_2 - (l^2 + m^2)\boldsymbol{e}_3]\psi_\beta \tag{5.8.46}$$

除此之外，三个矢量是互相垂直的，即

$$\boldsymbol{L}\cdot\boldsymbol{M} = 0; \quad \boldsymbol{L}\cdot\boldsymbol{N} = 0; \quad \boldsymbol{M}\cdot\boldsymbol{N} = 0 \tag{5.8.47}$$

如 5.8.1 小节所述，因为矢量 $\boldsymbol{M}$ 和 $\boldsymbol{N}$ 都垂直于 $\boldsymbol{L}$，并且都只与速度 β 有关，所以它们代表 S 波运动，且 5.8.1 小节中讨论的矢量 $\boldsymbol{d}$ 原则上可写成 $\boldsymbol{M}$ 和 $\boldsymbol{N}$ 的线性组合。

三个矢量($\boldsymbol{L}$、$\boldsymbol{M}$、$\boldsymbol{N}$)形成右手直角坐标系，平面波从原点沿 $\boldsymbol{p}$ 的方向朝远处传播。设 Π 指示波前，则 $\boldsymbol{M}$ 和 $\boldsymbol{N}$ 是位于 Π 上的矢量，但必须注意，$\boldsymbol{M}$ 没有 $\boldsymbol{e}_3$ 分量。此外，因为对于固定的 t 和 ω 的值，ψ_α 和 ψ_β 在 Π 上是常数，所以 $\boldsymbol{L}$、$\boldsymbol{M}$ 和 $\boldsymbol{N}$ 在 Π 上的值也是常数。

5.8.4　P 波、SV 波和 SH 波的位移

如前一小节所述，矢量 $\boldsymbol{L}$ 代表 P 波的运动，而矢量 $\boldsymbol{M}$ 和 $\boldsymbol{N}$ 代表 S 波的运动。后两个矢量可用来引入 S 波运动的 SH 波分量和 SV 波分量。可通过坐标系的旋转来引入这两个分量，这是受到了以下观察的启示，即如果令式(5.8.44)～式(5.8.46)中的 m 为零，则 $\boldsymbol{M}$ 只有沿 $\boldsymbol{e}_2$ 的分量，而 $\boldsymbol{L}$ 和 $\boldsymbol{N}$ 只有位于 (x_1,x_3) 面内的分量。这个重要的简单情况可通过让坐标系围绕 x_3 轴旋转，使得新的 x_1 轴沿 $\boldsymbol{p}$ 在 (x_1,x_2) 面内的投影矢量来实现(见图 5.3)。在这样旋转之后，$\boldsymbol{p}$ 在新的 x_2 轴上的分量为零。至此，应该引入带“′”的符号来指示新坐标轴和 $\boldsymbol{p}$ 的新分量。但为了简化记号，我们换一种做法，即用单位矢量 $\boldsymbol{a}_1$、$\boldsymbol{a}_2$ 和 $\boldsymbol{a}_3$ 来代替单位矢量 $\boldsymbol{e}_1$、$\boldsymbol{e}_2$ 和 $\boldsymbol{e}_3$。在本章余下的部分以及在第 6 章和第 7 章中将在旋转后的坐标系中讨论。

下面的方程来自 Ben-Menahem 和 Singh(1981)的工作。令式(5.8.44)～式(5.8.46)和式(5.8.32)中的 $m=0$，则在坐标系旋转后 $\boldsymbol{L}$、$\boldsymbol{M}$、$\boldsymbol{N}$ 的表达式为

$$\boldsymbol{L} = -\mathrm{i}(l\boldsymbol{a}_1 + n\boldsymbol{a}_3)\exp\left[\mathrm{i}\omega\left(t - \frac{lx_1 + nx_3}{\alpha}\right)\right] \tag{5.8.48}$$

$$\boldsymbol{M} = \mathrm{i}lk_\beta\boldsymbol{a}_2\exp\left[\mathrm{i}\omega\left(t - \frac{lx_1 + nx_3}{\beta}\right)\right] \tag{5.8.49}$$

$$\boldsymbol{N} = -lk_\beta(n\boldsymbol{a}_1 - l\boldsymbol{a}_3)\exp\left[\mathrm{i}\omega\left(t - \frac{lx_1 + nx_3}{\beta}\right)\right] \tag{5.8.50}$$

式中

$$l^2 + n^2 = 1 \tag{5.8.51}$$

在坐标系旋转后，$\boldsymbol{M}$ 是与 x_2 轴一致的水平矢量，它代表的运动称为 SH 波运动。另一方面，矢量 $\boldsymbol{L}$ 和 $\boldsymbol{N}$ 位于垂直平面 (x_1,x_3) 内，因而 $\boldsymbol{N}$ 代表的运动称为 SV 波运动。显然，SH 和 SV 中的 H 和 V 分别表示水平和垂直之意。平面 (x_1,x_3) 称为入射平面，并可视为通过地震震源和接收地震波的接收器的垂直平面。因为实际的三分量地震数据一般是沿东－西、北－南和垂直方向记录的，所以三分量观测到的 S 波运动既不是 SH 又不是 SV。如果地震震源位置已知，则可以确定旋转角。于是用这个信息(旋转角)可以对两个水平分量进行旋转，旋转结果将给出所谓的 SH 波和 SV 波。

最后，写出旋转坐标系中对应于 P 波、SV 波和 SH 波运动的位移表达式，在旋转坐标系中

$$\boldsymbol{p} = l\boldsymbol{a}_1 + n\boldsymbol{a}_3 \tag{5.8.52}$$

将此式代入式(5.8.48)~式(5.8.50)，并利用$\boldsymbol{p}\times\boldsymbol{a}_2=-(n,\ 0,\ -l)$，可以得到

$$\boldsymbol{u}_{\mathrm{P}}=A\boldsymbol{p}\exp\left[\mathrm{i}\omega\left(t-\frac{\boldsymbol{p}\cdot\boldsymbol{r}}{\alpha}\right)\right] \tag{5.8.53}$$

$$\boldsymbol{u}_{\mathrm{SV}}=B(\boldsymbol{p}\times\boldsymbol{a}_2)\exp\left[\mathrm{i}\omega\left(t-\frac{\boldsymbol{p}\cdot\boldsymbol{r}}{\beta}\right)\right] \tag{5.8.54}$$

$$\boldsymbol{u}_{\mathrm{SH}}=C\boldsymbol{a}_2\exp\left[\mathrm{i}\omega\left(t-\frac{\boldsymbol{p}\cdot\boldsymbol{r}}{\beta}\right)\right] \tag{5.8.55}$$

式中，系数A、B和C纳入了式(5.8.48)~式(5.8.50)中显而易见的标量因子。式(5.8.53)~式(5.8.55)表示P波、SV波和SH波引起的质点运动，它们在第6章和第7章中会被用到。对于给定的问题，因子A、B和C将由与问题相应的边界条件确定。

在震源机制的研究中，一个重要的参数是$\boldsymbol{u}_{SV}$和$\boldsymbol{u}_{\mathrm{SV}}+\boldsymbol{u}_{\mathrm{SH}}$之间的夹角$\varepsilon$，被称为偏振角(参考图5.3与9.9.1小节和10.9节)。

质点运动的偏振

考虑以下形式的位移矢量函数，即

$$\boldsymbol{u}=(c_1\boldsymbol{a}_1+c_3\boldsymbol{a}_3)\exp[\mathrm{i}(\omega t-k_1x_1)] \tag{5.8.56}$$

式中，c_1和c_3是与x_1和t无关的振幅系数。例如，当$x_3=0$处，式(5.8.56)表示地面运动。针对实变量，式(5.8.56)必须用下式代替，即

$$\boldsymbol{u}=(c_1\boldsymbol{a}_1+c_3\boldsymbol{a}_3)\cos(\omega t-k_1x_1)\equiv u_1\boldsymbol{a}_1+u_3\boldsymbol{a}_3 \tag{5.8.57}$$

$\boldsymbol{u}$和x_1轴之间的夹角θ的正切为

$$\tan\theta=\frac{u_3}{u_1}=\frac{c_3}{c_1} \tag{5.8.58}$$

它与x_1和t无关。因此，矢量$\boldsymbol{u}$不改变方向，只改变振幅。这类运动称为线性偏振。

另一种不同类型的位移可写成以下形式

$$\boldsymbol{u}=(c_1\boldsymbol{a}_1+\mathrm{i}c_3\boldsymbol{a}_3)\exp[\mathrm{i}(\omega t-k_1x_1)] \tag{5.8.59}$$

在这种情况下，位移的实部变成

$$\boldsymbol{u}=c_1\cos(\omega t-k_1x_1)\boldsymbol{a}_1-c_3\sin(\omega t-k_1x_1)\boldsymbol{a}_3\equiv u_1\boldsymbol{a}_1+u_3\boldsymbol{a}_3 \tag{5.8.60}$$

此时，$\boldsymbol{u}$和x_1轴之间的夹角θ的正切为

$$\tan\theta=\frac{u_3}{u_1}=-\frac{c_3}{c_1}\tan(\omega t-k_1x_1) \tag{5.8.61}$$

并且(见问题5.7)

$$\frac{u_1^2}{c_1^2}+\frac{u_3^2}{c_3^2}=1 \tag{5.8.62}$$

式(5.8.62)表示一个椭圆，对应的运动称为椭圆偏振。当$c_1=c_3$时，这种偏振是圆偏振。瑞利波(见7.4.1小节)是椭圆偏振的一个例子。

式(5.8.59)中$\boldsymbol{u}$的x_3分量中包含的因子i将引入水平分量和垂直分量之间的$\frac{\pi}{2}$相位差，但也可能存在其他的相位差(见6.9.2.3小节；Haskell，1962)。

5.9　简谐波的能流

本节将确定波穿过面元 dS 的能量，这个面元是弹性体内将介质分为Ⅰ、Ⅱ两部分的截面的一部分。这与引入应力矢量(见 3.3 节)的思路类似，只是这里 dS 的法向矢量 $\boldsymbol{n}$ 是在介质Ⅱ内。介质Ⅰ沿 dS 对介质Ⅱ做功的功率 $\dot{W}$ 是介质Ⅰ对介质Ⅱ施加的力和面元 dS 上质点的位移速度的标量积。其中，施加的力由应力矢量 $\boldsymbol{T}$ 乘以面积 dS 给出，质点的位移速度由 $\dot{\boldsymbol{u}}$ 给出，于是

$$\dot{W} = -\boldsymbol{T}\cdot\dot{\boldsymbol{u}}\mathrm{d}S \tag{5.9.1}$$

式中，加负号是因为对 $\boldsymbol{n}$ 有不同的约定。将应力矢量写成关于应力张量的并矢形式和分量形式[见式(3.5.11)和式(3.5.13)]，可得(Auld，1990；Ben-Menahem 和 Singh，1981；Hudson，1980)

$$\dot{W} = -\boldsymbol{n}\cdot\mathcal{T}\cdot\dot{\boldsymbol{u}}\mathrm{d}S = -\tau_{ij}\dot{u}_i n_j\mathrm{d}S \tag{5.9.2}$$

若用 E_j 标记能流密度矢量 $\boldsymbol{E}$ 的分量，则它们定义为

$$\boldsymbol{E} = -\mathcal{T}\cdot\dot{\boldsymbol{u}} \tag{5.9.3a}$$

$$E_j = -\tau_{ij}\dot{u}_{\mathrm{i}} \tag{5.9.3b}$$

单位面积的功率或功率密度 $\mathcal{P}$ 定义为 $\dot{W}$ 除以 dS，从而由式(5.9.1)~式(5.9.3)可得

$$\mathcal{P} = \boldsymbol{n}\cdot\boldsymbol{E} = E_j n_j \tag{5.9.4}$$

可见，$\mathcal{P}$ 是 $\boldsymbol{E}$ 沿 $\boldsymbol{n}$ 方向的投影。

为了求出简谐波(P 波、SV 波和 SH 波)形式的能流密度矢量 $\boldsymbol{E}$，需要依据式(5.8.53)~式(5.8.55)给出的相应位移表达式来求应力分量 τ_{ij}。但因为由式(5.9.3a)和式(5.9.3b)定义的能流密度矢量 $\boldsymbol{E}$ 关于位移是非线性的，所以位移表达式必须用实函数形式。这里，假设系数 A、B 和 C 是实数，这意味着要用位移表达式的实部来代替位移，即用余弦函数来代替指数函数。在第 6 章中，我们将见到当这些系数不是实数时会发生什么情况。利用

$$\tau_{ij} = \lambda\delta_{ij}u_{k,k} + \mu(u_{j,i} + u_{i,j}) \tag{5.9.5}$$

得到 τ_{ij}的表达式，见式(5.9.6)~式(5.9.8)。为了方便以及简化式(5.9.3b)中所指示的运算，将 τ_{ij}写成矩阵形式(见问题 5.8)。

(1)P 波。

$$\tau_{ij} \to \frac{A}{\alpha}\omega\sin\left[\omega\left(t - \frac{\boldsymbol{p}\cdot\boldsymbol{r}}{\alpha}\right)\right]\begin{pmatrix}\lambda + 2\mu l^2 & 0 & 2\mu ln \\ 0 & \lambda & 0 \\ 2\mu ln & 0 & \lambda + 2\mu n^2\end{pmatrix} \tag{5.9.6}$$

(2)SV 波。

$$\tau_{ij} \to \mu\omega\frac{B}{\beta}\sin\left[\omega\left(t - \frac{\boldsymbol{p}\cdot\boldsymbol{r}}{\beta}\right)\right]\begin{pmatrix}-2nl & 0 & l^2 - n^2 \\ 0 & 0 & 0 \\ l^2 - n^2 & 0 & 2nl\end{pmatrix} \tag{5.9.7}$$

（3）SH 波（见问题 5.8）。

$$\tau_{ij} \to \mu \frac{C}{\beta}\omega \sin\left[\omega\left(t - \frac{\boldsymbol{p}\cdot\boldsymbol{r}}{\beta}\right)\right]\begin{pmatrix} 0 & l & 0 \\ l & 0 & n \\ 0 & n & 0 \end{pmatrix} \tag{5.9.8}$$

利用式（5.8.53）～式（5.8.55）的实部，求得 $\dot{u}_i$ 的表达式，再由式（5.9.3b）得（见问题 5.9）

$$\boldsymbol{E}_{\mathrm{P}} = \rho\alpha\omega^2 A^2 \boldsymbol{p} \sin^2\left[\omega\left(t - \frac{\boldsymbol{p}\cdot\boldsymbol{r}}{\alpha}\right)\right] \tag{5.9.9}$$

$$\boldsymbol{E}_{\mathrm{SV}} = \rho\beta\omega^2 B^2 \boldsymbol{p} \sin^2\left[\omega\left(t - \frac{\boldsymbol{p}\cdot\boldsymbol{r}}{\beta}\right)\right] \tag{5.9.10}$$

$$\boldsymbol{E}_{\mathrm{SH}} = \rho\beta\omega^2 C^2 \boldsymbol{p} \sin^2\left[\omega\left(t - \frac{\boldsymbol{p}\cdot\boldsymbol{r}}{\beta}\right)\right] \tag{5.9.11}$$

式（5.9.9）～式（5.9.11）表明，在每一种情况下，能量都沿 $\boldsymbol{p}$ 方向穿过。该方向就是波的传播方向。

在第 6 章中，将研究沿 x_3 轴方向穿过平面 $x_3=0$ 的功率密度 ρ。在这种情况下，$\boldsymbol{n}=\boldsymbol{a}_3$，因而由式（5.9.4）和式（5.9.9）～式（5.9.11），可得（见问题 5.10）

$$\mathcal{P}_{\mathrm{P}} = \boldsymbol{a}_3 \cdot \boldsymbol{E}_{\mathrm{P}} = \rho\alpha\omega^2 A^2 n \sin^2\left[\omega\left(t - l\frac{x_1}{\alpha}\right)\right] \tag{5.9.12}$$

$$\mathcal{P}_{\mathrm{SV}} = \boldsymbol{a}_3 \cdot \boldsymbol{E}_{\mathrm{SV}} = \rho\beta\omega^2 B^2 n \sin^2\left[\omega\left(t - l\frac{x_1}{\beta}\right)\right] \tag{5.9.13}$$

$$\mathcal{P}_{\mathrm{SH}} = \boldsymbol{a}_3 \cdot \boldsymbol{E}_{\mathrm{SH}} = \rho\beta\omega^2 C^2 n \sin^2\left[\omega\left(t - l\frac{x_1}{\beta}\right)\right] \tag{5.9.14}$$

另外，再求出它们在一个周期内的平均功率密度，利用符号“< >”来表示平均值。由式（5.9.12）～式（5.9.14）可得（见问题 5.11）

$$\langle \mathcal{P}_{\mathrm{P}} \rangle = \frac{1}{2}\rho\alpha n\omega^2 A^2 \tag{5.9.15}$$

$$\langle \mathcal{P}_{\mathrm{SV}} \rangle = \frac{1}{2}\rho\beta n\omega^2 B^2 \tag{5.9.16}$$

$$\langle \mathcal{P}_{\mathrm{SH}} \rangle = \frac{1}{2}\rho\beta n\omega^2 C^2 \tag{5.9.17}$$

注意式（5.9.15）～式（5.9.17）有重要的含义。例如，若考虑具有指定 $\boldsymbol{p}$、$\langle \mathcal{P}_{\mathrm{P}} \rangle$ 和 ω 值的 P 波，则其振幅 A 反比于 $\sqrt{\rho\alpha}$。这就意味着，对于给定的两种不同的弹性介质，在具有较小 $\rho\alpha$ 值的介质中波的振幅较大。类似地，当只有 A 和 ω 为变量时，A 将反比于 ω。类似的结果，对于 S 波也成立。

问　题

5.1　证明：在以下初始条件下，即

$$\psi(x,0) = F(x); \quad \frac{\partial\psi(x,0)}{\partial t} = G(x)$$

一维标量波动方程的解是

$$\psi(x,t) = \frac{1}{2}[F(x-ct) + F(x+ct)] + \frac{1}{2c}\int_{x-ct}^{x+ct} G(s)\,\mathrm{d}s$$

5.2　令 $\phi = \phi(r,t)$，其中 $r = |\boldsymbol{r}|$，验证

$$\nabla^2\phi = \frac{\partial^2\phi}{\partial r^2} + \frac{2}{r}\frac{\partial\phi}{\partial r}$$

5.3　当 $\boldsymbol{a}$ 是一个常矢量时，证明由式(5.6.11)定义的 $\boldsymbol{M}$ 为无散场。

5.4　验证式(5.6.30)。

5.5　验证式(5.6.34)。

5.6　当 ψ 满足式(5.7.7)时，验证式(5.7.4)~式(5.7.6)是式(5.7.3)的解。

5.7　验证式(5.8.62)。

5.8　验证式(5.9.6)~式(5.9.8)。

5.9　验证式(5.9.9)~式(5.9.11)。

5.10　验证式(5.9.12)~式(5.9.14)。

5.11　验证式(5.9.15)~式(5.9.17)。若 $f(t)$ 是周期为 T 的周期函数，它在一个周期内的平均值为

$$\langle f \rangle = \frac{1}{T}\int_0^T f(t)\,\mathrm{d}t$$

第6章 平面边界条件下简单模型中的平面波

6.1 引言

第5章已经讨论了最简单的均匀无限空间模型中波的传播问题，这一章将讨论另外两种最简单的模型，即带有自由表面的均匀半空间模型和由被一个界面分开的两个弹性性质不同的均匀半空间构成的介质模型。第一种模型可认为是第二种模型中一个半空间介质为真空时的特例。在任何一种模型中，介质和介质之间或介质和真空之间的边界都会构成一个弹性性质不连续的界面，这个界面会对波的传播产生关键性的影响。为了简化问题的讨论，这里假设介质的边界面和波前面都是平面。虽然在地球内，不管是边界面还是波前面，都不满足这种假设，但是只要震源离接收器足够远或波长与界面的曲率半径相比足够短，则这种近似是可接受的。另外，球面波波前的问题也可以根据关于平面波的结果求解(Aki 和 Richards，1980)。因此，这里所阐述的理论和结论比仅考虑简化假设所期望的应用有更宽的适用范围。例如，它们可用于对地震远场的研究、用于利用射线理论合成地震记录、用于勘探地震学，特别是可用于振幅随偏移距变化(AVO)的研究。

弹性波与界面之间的作用和声波或电磁波与界面之间的作用具有许多类似之处，因此可以预计，当弹性波入射到两种介质的分界面上时也会产生反射波和透射波(只要另一种介质不是真空)。透射波有时也称为折射波，但这里不使用折射波这一名词，以避免与勘探地震学中的折射波相混淆。但是在弹性波的情况下，弹性波和界面之间还有一个附加的过程，即入射 P 波还会产生 SV 波，入射 SV 波也会产生 P 波，这个附加过程被称为波型转换。值得注意的是，SH 波没有这个附加过程。波型转换大大增加了问题的复杂性，为求解此问题，需要仔细地建立问题的数学模型。这项工作一旦做好了，上面所描述模型的求解会很容易，但是在到达这个阶段之前，必须处理一个关键问题：如何表示 P 波和 S 波？有两种可能的表示方法。

平面波入射到一个平界面上的问题，起初由诺特(Knott，1899)给出了解决方法，后来由佐普里茨(Zoeppritz，1919)用不同的方法解决了此问题。诺特采用势函数来表示 P 波和 S 波，由此再通过微分导出 P 波和 S 波的位移(见9.4节)。不同的是，佐普里茨直接采用位移求解此问题。诺特的方法在大多数地震学书籍中都可以找到，直接采用位移的佐普里茨方法可参见 Achenbach(1973)、Hudson(1980)、Ben Menahem 和 Singh(1981)及其他一些学者的文献。采用位移的方法也是构成本章和下一章分析问题的基础，这样选择的动机出于这样的事实，即势函数不是物理实体，而位移表示实际介质的真实运动。因此，采用可直接与观测结果对比的变量建立起来的理论似乎更合理，这样做也能从概念上更简单地表达波传播的物理现象，且这种简化不会增加所用数学知识的难度。并且在任何情况下，都可用简单的方式将由这两种方法得到的解彼此联系起来(Miklowitz，1984；Aki 和 Richards，1980)。我们还必须指出，地震记录是检波器下方介质的位移经过滤波(和放大)后的结果。为此，将理论记录和观测结果做直接对比时，需要先从地震记录中消除仪器的响应，当涉及与频率有关的效应时，这一点要特别注意。

另一个要考虑的问题是平面波的表示，原则上可以采用任何波来表示(Burridge，1976)，但考虑方便性，习惯上使用简谐波。这里也将这样做，但并不是看上去那样只限于这样做，因为通过傅里叶积分可以用简谐波函数来表示任何脉冲(在 6.5.3.3 小节中将给出这是如何实现的一个例子)。

求解波传播问题的主要步骤如下。第一步，写出关于介质中任意点的位移方程，该位移是所涉及的各种波(即 SH 波或 P 波、SV 波)的入射波、反射波和透射波的位移总和。每种类型波的表示式是固定的，不依赖于具体问题。但是，每种类型波位移的幅值(或振幅系数)是未知的(除了入射波)，必须在不依赖于时间和位置的条件下确定它们。关于在特定问题中涉及的那些类型波的问题，在 6.4 节中给出的方程将表明 P 波和 SV 波的运动之间是耦合的，这意味着对于入射的 P 波或 SV 波，这两种运动都要考虑。而 SH 波的运动与其他两种波的运动是完全解耦的，因此，涉及 SH 波的问题更容易求解。第二步，应用合适于待求解问题的由位移矢量和应力矢量的连续性导出的边界条件(见 6.3 节)，得到其未知数(振幅系数)的个数与方程个数相等的线性方程组。解此方程组(可用解析方法或用计算机采取数值方法)，可得到与速度、密度、频率、入射角等参数有关的振幅系数。至此，问题似乎已经解决了，但这并没有结束。因为，通常所得到的解还有一些重要性质必须进行研究。

在后面几节中，将引入上面提到的几种类型波的位移矢量和应力矢量的表达式，讨论几种情况下的边界条件，然后求解难度逐渐增加的三个问题：含自由表面的半空间问题、在界面上焊接接触的两个弹性半空间问题、半空间上面有一薄覆盖层的问题。前两个问题涉及的关于振幅系数的方程称为佐普里茨方程。这里所用的记号和表达式与 Ben Menahem 和 Singh(1981)的书中相同，以便于与他们的研究做对比。

6.2　位移

入射、反射和透射的 P 波、SV 波和 SH 波的位移表达式已在 5.8.4 小节中给出。每一种类型的波都用两个矢量 $\boldsymbol{p}$ 和 $\boldsymbol{u}$ 来标识，这两个矢量分别表示波的传播方向和质点位移方向，相应的几何关系如图 6.1 所示。注意 x_3 轴指向下方。单位矢量 $\boldsymbol{a}_1$、$\boldsymbol{a}_2$、$\boldsymbol{a}_3$ 分别沿 x_1 轴、x_2 轴、x_3 轴的正方向。对于入射波，矢量 $\boldsymbol{p}$ 指向界面的方向；而对于反射波和透射波，矢量 $\boldsymbol{p}$ 指向离开界面的方向。后一个规定是基于因果性原则做出的，因为反射波和透射波都源于入射波(Achenbach，1973)。虽然用矢量来表示波，但重要的是要意识到对于每个矢量 $\boldsymbol{p}$ 都存在一个与其垂直的无限大平面(即波前面)。关于位移，要用到以下关系：对于 P 波，$\boldsymbol{u}$ 位于矢量 $\boldsymbol{p}$ 的方向上；对于 SH 波，$\boldsymbol{u}$ 位于 $\boldsymbol{a}_2$ 的方向上；对于 SV 波，$\boldsymbol{u}$ 位于矢量 $\boldsymbol{p}\times\boldsymbol{a}_2$ 的方向上。Achenbach(1973)和 Nadeau(1964)仅通过考虑弹性运动的矢量性质以及 P 波和 SV 波的正交性推导出了类似的关系，且在所有以位移为变量处理的反射－透射问题中都隐含地使用了这些关系，包括 Zoeppritz(1919)的工作。最后，约定包含入射波和反射波的介质称为入射介质，而另外一边的介质称为透射介质。

借助这些关系及约定，并利用式(5.8.53)～式(5.8.55)，便可写出入射波、反射波和透射波的位移表达式。

对于入射波，有

$$\boldsymbol{p} = \sin\lambda\boldsymbol{a}_1 - \cos\lambda\boldsymbol{a}_3 \tag{6.2.1}$$

$$\boldsymbol{p}\cdot\boldsymbol{r} = x_1\sin\lambda - x_3\cos\lambda \tag{6.2.2}$$

$$\boldsymbol{p}\times\boldsymbol{a}_2 = \cos\lambda\boldsymbol{a}_1 + \sin\lambda\boldsymbol{a}_3 \tag{6.2.3}$$

式中，对于 P 波，角 λ 等于 e；对于 S 波，角 λ 等于 f(见图 6.1)；$\boldsymbol{r} = (x_1, x_2, x_3)$。

因此，各种入射波的位移分别由下面的表达式给出，即

$$\boldsymbol{u}_{\mathrm{P}} = A(\sin e\boldsymbol{a}_1 - \cos e\boldsymbol{a}_3)\exp\left[\mathrm{i}\omega\left(t - \frac{x_1\sin e - x_3\cos e}{\alpha}\right)\right] \tag{6.2.4}$$

$$\boldsymbol{u}_{\mathrm{SV}} = B(\cos f\boldsymbol{a}_1 + \sin f\boldsymbol{a}_3)\exp\left[\mathrm{i}\omega\left(t - \frac{x_1\sin f - x_3\cos f}{\beta}\right)\right] \tag{6.2.5}$$

$$\boldsymbol{u}_{\mathrm{SH}} = C\boldsymbol{a}_2\exp\left[\mathrm{i}\omega\left(t - \frac{x_1\sin f - x_3\cos f}{\beta}\right)\right] \tag{6.2.6}$$

对于反射波，有

$$\boldsymbol{p} = \sin\lambda\boldsymbol{a}_1 + \cos\lambda\boldsymbol{a}_3 \tag{6.2.7}$$

$$\boldsymbol{p}\cdot\boldsymbol{r} = x_1\sin\lambda + x_3\cos\lambda \tag{6.2.8}$$

$$\boldsymbol{p}\times\boldsymbol{a}_2 = -\cos\lambda\boldsymbol{a}_1 + \sin\lambda\boldsymbol{a}_3 \tag{6.2.9}$$

式中，对于 P 波，角 λ 等于 e_1；对于 S 波，角 λ 等于 f_1。因此，各种反射波的位移分别由下面的表达式给出，即

$$\boldsymbol{u}_{\mathrm{P}} = A_1(\sin e_1\boldsymbol{a}_1 + \cos e_1\boldsymbol{a}_3)\exp\left[\mathrm{i}\omega\left(t - \frac{x_1\sin e_1 + x_3\cos e_1}{\alpha}\right)\right] \tag{6.2.10}$$

$$\boldsymbol{u}_{\mathrm{SV}} = B_1(-\cos f_1\boldsymbol{a}_1 + \sin f_1\boldsymbol{a}_3)\exp\left[\mathrm{i}\omega\left(t - \frac{x_1\sin f_1 + x_3\cos f_1}{\beta}\right)\right] \tag{6.2.11}$$

$$\boldsymbol{u}_{\mathrm{SH}} = C_1\boldsymbol{a}_2\exp\left[\mathrm{i}\omega\left(t - \frac{x_1\sin f_1 + x_3\cos f_1}{\beta}\right)\right] \tag{6.2.12}$$

透射波的情况与入射波类似，只要用 e' 和 f' 分别替代 e 和 f 即可。各种透射波的位移分别由下面的表达式给出

$$\boldsymbol{u}_{\mathrm{P}} = A'(\sin e'\boldsymbol{a}_1 - \cos e'\boldsymbol{a}_3)\exp\left[\mathrm{i}\omega\left(t - \frac{x_1\sin e' - x_3\cos e'}{\alpha'}\right)\right] \tag{6.2.13}$$

$$\boldsymbol{u}_{\mathrm{SV}} = B'(\cos f'\boldsymbol{a}_1 + \sin f'\boldsymbol{a}_3)\exp\left[\mathrm{i}\omega\left(t - \frac{x_1\sin f' - x_3\cos f'}{\beta'}\right)\right] \tag{6.2.14}$$

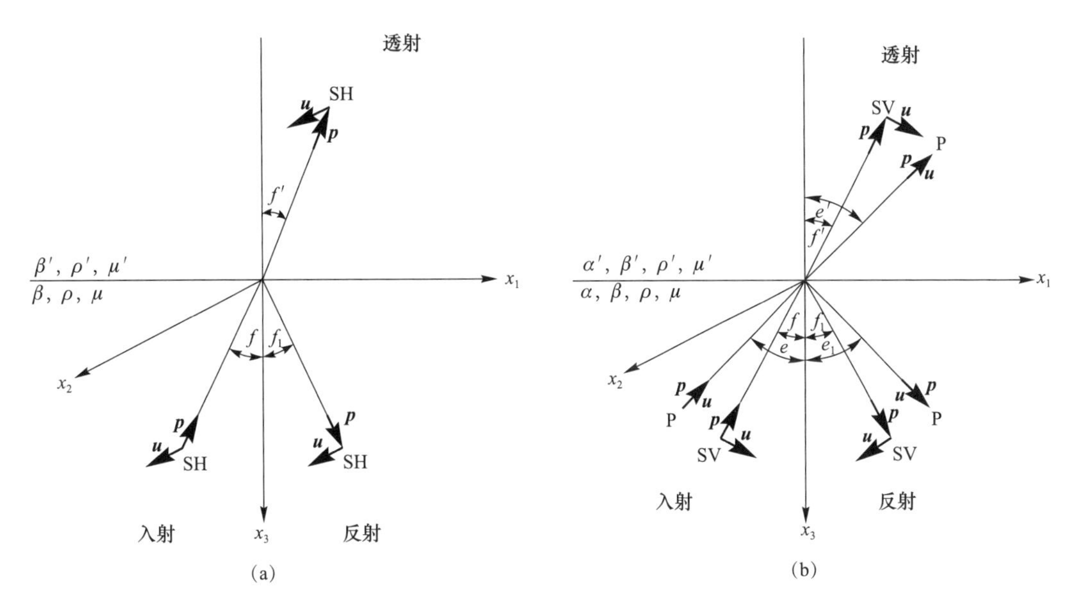

图 6.1　平面波入射到平界面上产生反射波和透射波的几何关系图

图中，x_3 轴指向下方，x_2 轴的方向要使坐标系为右手系。角度 e、e'、e_1 和 f、f'、f_1 分别是 P 波和 S 波的入射角、透射角和反射角。矢量 $\boldsymbol{u}$ 和矢量 $\boldsymbol{p}$ 分别表示质点位移的正方向和平面波前法线的正方向。对于 SH 波，$\boldsymbol{u}$ 和 x_2 轴方向一致；对于 P 波，$\boldsymbol{u}$ 和 $\boldsymbol{p}$ 方向一致；对于 SV 波，$\boldsymbol{u}$ 位于 $\boldsymbol{p}\times\boldsymbol{e}_2$ 的方向上，为了便于记忆，将矢量 $\boldsymbol{p}$ 顺时针旋转 90°，即可得到矢量 $\boldsymbol{u}$ 的方向(Ben-Menahem 和 Singh，1981)。

(a)SH 波入射的情形；(b)P 波和 SV 波入射的情形

$$\boldsymbol{u}_{\text{SH}} = C'\boldsymbol{a}_2\exp\left[\mathrm{i}\omega\left(t - \frac{x_1\sin f' - x_3\cos f'}{\beta'}\right)\right] \tag{6.2.15}$$

6.3　边界条件

这里考虑以下几种情况下的边界条件。

(1)自由表面。由于真空不能支撑应力，所以相应的边界条件是：应力矢量在自由表面上应等于零。但是自由表面可以移动，这说明表面位移不能事先指定。作为一级逼近，地球表面(包括海洋)是自由表面的一个很好的例子，因为大气的弹性参数比岩石和水的弹性参数要小得多。但必须记住，天然地震会产生在大气中传播的波，空气爆炸在地球中会产生面波(Ben-Menahem 和 Singh，1981；Aki 和 Richards，1980；Pilant，1979)。

(2)焊接状态的两固体接触面。在这种情况下，位移矢量和应力矢量在两种固体的接触面上都必须是连续的。要求位移在界面上连续，就不允许发生界面两边的物质相互渗透(重叠)或在界面上形成空洞(分开)的现象。当位移在界面上不连续时，如当入射介质的移动大于或小于透射介质的移动时，就会有这种现象发生。

为了分析应力矢量(或牵引力)的连续性，将式(3.3.5)写成

$$\boldsymbol{T}(\boldsymbol{n}) = -\boldsymbol{T}(-\boldsymbol{n}) \tag{6.3.1}$$

用式(3.5.11)表示 $\boldsymbol{T}$，取 $\boldsymbol{n}=\boldsymbol{a}_3$，并用上标Ⅰ和Ⅱ分别表示入射介质和透射介质，可得到

$$T_i^{\mathrm{I}}(\boldsymbol{n}) = \tau_{ij}^{\mathrm{I}}(\boldsymbol{a}_3)_j = \tau_{i3}^{\mathrm{I}} = \tau_{3i}^{\mathrm{I}} \tag{6.3.2}$$

$$-T_i^{\mathrm{II}}(-\boldsymbol{n}) = -\tau_{ij}^{\mathrm{II}}(-\boldsymbol{a}_3)_j = \tau_{3i}^{\mathrm{II}} = T_i^{\mathrm{I}}(\boldsymbol{n}) \tag{6.3.3}$$

式(6.3.3)的最后等式用到了式(6.3.1)。于是由式(6.3.2)和式(6.3.3)，得

$$\tau_{3i}^{\mathrm{I}} = \tau_{3i}^{\mathrm{II}},\quad i = 1,2,3 \tag{6.3.4}$$

这就是应力张量的边界条件。注意，这个边界条件只限制由式(6.3.4)指明的应力张量的三个分量的取值，而不限制其他分量的取值。

(3)无空穴的固体－液体边界。应区别两种情况：第一种，液体是黏滞的，这意味着它可以支撑剪切应力；第二种，液体是无黏滞的，即液体的黏滞性为零，其应力张量正比于 δ 函数[见式(3.7.8)]。上面讨论的固体－固体边界条件对于第一种情况也适用。注意，“空穴”一词指的是流体中形成的空腔结构。

对于无黏滞性液体的情况，液体可能发生平行于界面的滑动。在这种情况下，只要求位移和应力矢量的法向分量(相对于界面)是连续的，不要求切向分量是连续的，这意味着允许液体沿切向滑动。在地震学研究中，海洋和地球外核呈现无黏滞流体的特性(Aki 和 Richards，1980)。

6.4 应力矢量

由6.3节中的讨论可知，在考虑边界条件时，必须用到 $\tau_{3i}(i = 1,2,3)$ 这三个应力分量。利用应力与位移的关系式[见式(4.6.3)]和6.2节中给出的位移表达式，可以得到以下各种类型波的这三个应力分量与位移的关系式(见问题6.1)。

(1)P 波。

$$\tau_{31} = \mu(u_{3,1} + u_{1,3}) = 2\mu u_{1,3} \tag{6.4.1}$$

$$\tau_{32} = \mu(u_{2,3} + u_{3,2}) = 0 \tag{6.4.2}$$

$$\tau_{33} = \lambda(u_{1,1} + u_{3,3}) + 2\mu u_{3,3} = \lambda u_{1,1} + (\lambda + 2\mu)u_{3,3} \tag{6.4.3}$$

(2)SV 波。

$$\tau_{31} = \mu(u_{1,3} + u_{3,1}) \tag{6.4.4}$$

$$\tau_{32} = 0 \tag{6.4.5}$$

$$\tau_{33} = \lambda(u_{1,1} + u_{3,3}) + 2\mu u_{3,3} = \lambda u_{1,1} + (\lambda + 2\mu)u_{3,3} \tag{6.4.6}$$

(3)SH 波。

$$\tau_{31} = \tau_{33} = 0 \tag{6.4.7}$$

$$\tau_{32} = \mu(u_{3,2} + u_{2,3}) = \mu u_{2,3} \tag{6.4.8}$$

所有这些关系式对于入射波、反射波和透射波都适用。注意，对于应力的边界条件，P 波位移和 SV 波位移是耦合的，而 SH 波位移是独立的。即在考虑 P 波和 SV 波的应力边界条件时，式(6.4.1)～式(6.4.6)中的位移应该取 P 波和 SV 波的位移之和，而在考虑 SH 波的应力边界条件时，式(6.4.7)和式(6.4.8)中的位移只是 SH 波的位移。

6.5　波入射到自由表面

6.5.1　SH 波入射到自由表面

此时，自由表面下边介质中的总位移是入射波位移和反射波位移之和，即

$$\boldsymbol{u} = \boldsymbol{a}_2\left\{C\exp\left[\mathrm{i}\omega\left(t - \frac{x_1\sin f - x_3\cos f}{\beta}\right)\right] + C_1\exp\left[\mathrm{i}\omega\left(t - \frac{x_1\sin f_1 + x_3\cos f_1}{\beta}\right)\right]\right\} \quad (6.5.1)$$

利用式(6.4.8)给出的 SH 波运动的边界条件，即

$$\tau_{32}\big|_{x_3=0} = \mu u_{2,3}\big|_{x_3=0} = 0 \quad (6.5.2)$$

得到

$$\mathrm{i}\omega\mu\exp(\mathrm{i}\omega t)\left[C\cos f\exp\left(-\mathrm{i}\omega\frac{x_1\sin f}{\beta}\right) - C_1\cos f_1\exp\left(-\mathrm{i}\omega\frac{x_1\sin f_1}{\beta}\right)\right] = 0 \quad (6.5.3)$$

式中，因子 $\omega\mu\exp(\mathrm{i}\omega t)$ 不等于零（因为假设 $\omega\neq0$），这意味着中括号中的项必须等于零，即可得到

$$C = C_1\frac{\cos f_1}{\cos f}\exp[-\mathrm{i}\omega x_1(\sin f_1 - \sin f)/\beta] \quad (6.5.4)$$

因为 C、C_1 必须与 x_1 无关，所以式(6.5.4)中指数中的两正弦项之差必须等于零，由此得到

$$f_1 = f;\quad C_1 = C \quad (6.5.5)$$

在 6.5.2 小节中将给出更一般的论证。将式(6.5.5)代入式(6.5.1)，得

$$\boldsymbol{u} = \boldsymbol{a}_2C\left\{\exp\left[\mathrm{i}\omega\left(t - \frac{x_1\sin f - x_3\cos f}{\beta}\right)\right] + \exp\left[\mathrm{i}\omega\left(t - \frac{x_1\sin f + x_3\cos f}{\beta}\right)\right]\right. \quad (6.5.6)$$

当 $x_3=0$ 时，由式(6.5.6)得到表面位移，用 $\boldsymbol{u}_\mathrm{o}$ 表示为

$$\boldsymbol{u}_\mathrm{o} = 2\boldsymbol{a}_2C\exp\left[\mathrm{i}\omega\left(t - \frac{x_1\sin f}{\beta}\right)\right] \quad (6.5.7)$$

可见，表面位移的振幅是入射波位移振幅的两倍。

6.5.2　P 波入射到自由表面

此时，自由表面下边介质的总位移是入射 P 波、反射 P 波和转换反射 SV 波位移之和，即

$$\begin{aligned}\boldsymbol{u} = {} & A(\sin e\boldsymbol{a}_1 - \cos e\boldsymbol{a}_3)\exp\left[\mathrm{i}\omega\left(t - \frac{x_1\sin e - x_3\cos e}{\alpha}\right)\right] + \\ & A_1(\sin e_1\boldsymbol{a}_1 + \cos e_1\boldsymbol{a}_3)\exp\left[\mathrm{i}\omega\left(t - \frac{x_1\sin e_1 + x_3\cos e_1}{\alpha}\right)\right] + \\ & B_1(-\cos f_1\boldsymbol{a}_1 + \sin f_1\boldsymbol{a}_3)\exp\left[\mathrm{i}\omega\left(t - \frac{x_1\sin f_1 + x_3\cos f_1}{\beta}\right)\right]\end{aligned} \quad (6.5.8)$$

因为式(6.5.8)中的位移 $\boldsymbol{u}$ 是 P 波和 SV 波位移的组合，所以在求 $\boldsymbol{u}$ 对应的应力分量时，要先按照式(6.4.1)～式(6.4.6)计算 P 波和 SV 波位移对应的应力分量，再进行与位移同样的组合，在得到应力分量表达式之后，让其中的 $x_3=0$，然后让应力分量等于零。下面按此步骤对自由表面上应力矢量的分量为零的边界条件进行分析，并导出相关的结果。

由 $\tau_{31}=0$ 可得

$$\frac{A}{\alpha}\sin 2e\exp\left[\mathrm{i}\omega\left(t-\frac{x_1\sin e}{\alpha}\right)\right]-\frac{A_1}{\alpha}\sin 2e_1\exp\left[\mathrm{i}\omega\left(t-\frac{x_1\sin e_1}{\alpha}\right)\right]+$$
$$\frac{B_1}{\beta}\cos 2f_1\exp\left[\mathrm{i}\omega\left(t-\frac{x_1\sin f_1}{\beta}\right)\right]=0 \tag{6.5.9}$$

注意，式(6.5.9)中已经消掉了公共因子 $\mathrm{i}\omega\mu$，并应用了三角函数关系式 $\cos 2f_1=\cos^2 f_1-\sin^2 f_1$ 和 $\sin\theta\cos\theta=\sin 2\theta/2$，这里 $\theta=e,e_1$。

由 $\tau_{33}=0$ 可得

$$\frac{A}{\alpha}(\lambda+2\mu\cos^2 e)\exp\left[\mathrm{i}\omega\left(t-\frac{x_1\sin e}{\alpha}\right)\right]+\frac{A_1}{\alpha}(\lambda+2\mu\cos^2 e_1)\exp\left[\mathrm{i}\omega\left(t-\frac{x_1\sin e_1}{\alpha}\right)\right]+$$
$$B_1\frac{\mu}{\beta}\sin 2f_1\exp\left[\mathrm{i}\omega\left(t-\frac{x_1\sin f_1}{\beta}\right)\right]=0 \tag{6.5.10}$$

消去共同因子 $\exp(\mathrm{i}\omega t)$后，式(6.5.9)和式(6.5.10)变成以下形式，即

$$a_1\exp(\mathrm{i}b_1x_1)+a_2\exp(\mathrm{i}b_2x_1)+a_3\exp(\mathrm{i}b_3x_1)=0 \tag{6.5.11}$$

式中，a_i、b_i 与 x_1、t 无关。利用6.5.1 小节中类似的论证，可以得出结论：三个相位中的因子 b_1、b_2 和 b_3 必须相等。此结论也可按以下方法进行更严格的论证。假设相位因子互不相等，将式(6.5.11)乘以 $\exp(-\mathrm{i}b_kx_1)$，再对 x_1 做积分，得

$$\int_{-\infty}^{+\infty}\sum_{j=0}^{3}a_j\mathrm{e}^{\mathrm{i}(b_j-b_k)x_1}\mathrm{d}x_1=2\pi\sum_{j=0}^{3}a_j\delta(b_j-b_k)=0 \tag{6.5.12}$$

然后，分别令 $k=1,2,3$，可得 $a_1=a_2=a_3=0$(见问题6.2)。另外，如果 a_j 不为零，则当

$$b_1=b_2=b_3 \tag{6.5.13}$$

和

$$a_1+a_2+a_3=0 \tag{6.5.14}$$

时，式(6.5.11)也成立。将上述结论用于式(6.5.9)和式(6.5.10)，可知除在问题6.3中讨论的两个特例($f_1=e=e_1=0$，$f_1=\pi/2$)之外，a_1、a_2、a_3 是非零的，这意味着 $b_1=b_2=b_3$，从而有

$$e_1=e \tag{6.5.15a}$$

$$\frac{\sin e}{\alpha}=\frac{\sin f_1}{\beta} \tag{6.5.15b}$$

式(6.5.15b)也被称为斯奈尔定律，因为它类似于光学中的斯奈尔定律。由式(6.5.15b)以及 $\alpha>\beta$ 的事实可推知，总有 $e>f_1$。

令式(6.5.9)和式(6.5.10)中的 $f_1=f$，在公式两边同除以 A/α，并消掉共同的指数

因子后，得到

$$\frac{A_1}{A}\sin 2e - \frac{B_1}{A}\frac{\alpha}{\beta}\cos 2f = \sin 2e \tag{6.5.16}$$

$$\frac{A_1}{A}(\lambda + 2\mu\cos^2 e) + \frac{B_1}{A}\frac{\alpha}{\beta}\mu\sin 2f = -(\lambda + 2\mu\cos^2 e) \tag{6.5.17}$$

式中，A_1/A 和 B_1/A 被称为反射系数，在求解它们之前，用斯奈尔定律和式(4.8.5)重写式(6.5.17)中包含 λ 的因子，即

$$\begin{aligned}\lambda + 2\mu\cos^2 e &= \lambda + 2\mu(1 - \sin^2 e) = \lambda + 2\mu - 2\mu\frac{\alpha^2}{\beta^2}\sin^2 f \\ &= \mu\frac{\alpha^2}{\beta^2}(1 - 2\sin^2 f) = \mu\frac{\alpha^2}{\beta^2}\cos 2f \end{aligned} \tag{6.5.18}$$

令 D 是由式(6.5.16)和式(6.5.17)组成的关于 A_1/A、B_1/A 的方程组的系数行列式，则

$$D = \begin{vmatrix} \sin 2e & -\frac{\alpha}{\beta}\cos 2f \\ \mu\left(\frac{\alpha}{\beta}\right)^2\cos 2f & \frac{\alpha}{\beta}\mu\sin 2f \end{vmatrix} = \frac{\alpha}{\beta}\mu\left(\sin 2e\sin 2f + \frac{\alpha^2}{\beta^2}\cos^2 2f\right) \tag{6.5.19}$$

$$\frac{A_1}{A} = \frac{1}{D}\begin{vmatrix} \sin 2e & -\frac{\alpha}{\beta}\cos 2f \\ -\mu\left(\frac{\alpha}{\beta}\right)^2\cos 2f & \frac{\alpha}{\beta}\mu\sin 2f \end{vmatrix} = \frac{\sin 2e\sin 2f - (\alpha/\beta)^2\cos^2 2f}{\sin 2e\sin 2f + (\alpha/\beta)^2\cos^2 2f} \tag{6.5.20}$$

$$\frac{B_1}{A} = \frac{1}{D}\begin{vmatrix} \sin 2e & \sin 2e \\ \mu\left(\frac{\alpha}{\beta}\right)^2\cos 2f & -\mu\left(\frac{\alpha}{\beta}\right)^2\cos 2f \end{vmatrix} = -\frac{2(\alpha/\beta)\sin 2e\cos 2f}{\sin 2e\sin 2f + (\alpha/\beta)^2\cos^2 2f} \tag{6.5.21}$$

需注意的是，这里给出的反射系数与频率 ω 无关，但也有与频率 ω 有关的情况，如在6.5.3.2小节中，这时问题会变得相当复杂。

反射系数与入射角 e 不是简单的关系，最好的理解方式是画出反射系数随入射角变化的曲线(见图6.2)，但也可以给出一些具有普遍性的结论。只要泊松比是非负值，则系数 B_1/A 总是负值或零(见问题6.4)。对于系数 A_1/A，情况则不一样，因为分子是两个正数的差，此差值可以是正、负或零，具体取决于 e 以及比值 α/β。当比值大于1.764时，此系数永远为负；当比值较小时，总存在一个角度范围使该系数为正(Ben-Menahem 和 Singh，1981)。这个结论很重要，因为它意味着在某些情况下，入射P波和反射P波具有相同的极性(即 $A_1/A>0$)；其他情况下，极性则相反，这相当于相移了180°。

由于经常用三分量检波器记录地震波，所以写出反射波分量相对入射波分量比值的表达式也是有益的。由式(6.5.8)和斯奈尔定律式(6.5.15b)可看出，对于自由表面($x_3=0$)上的一点，水平分量和垂直分量的比值可由以下公式给出。

反射P波

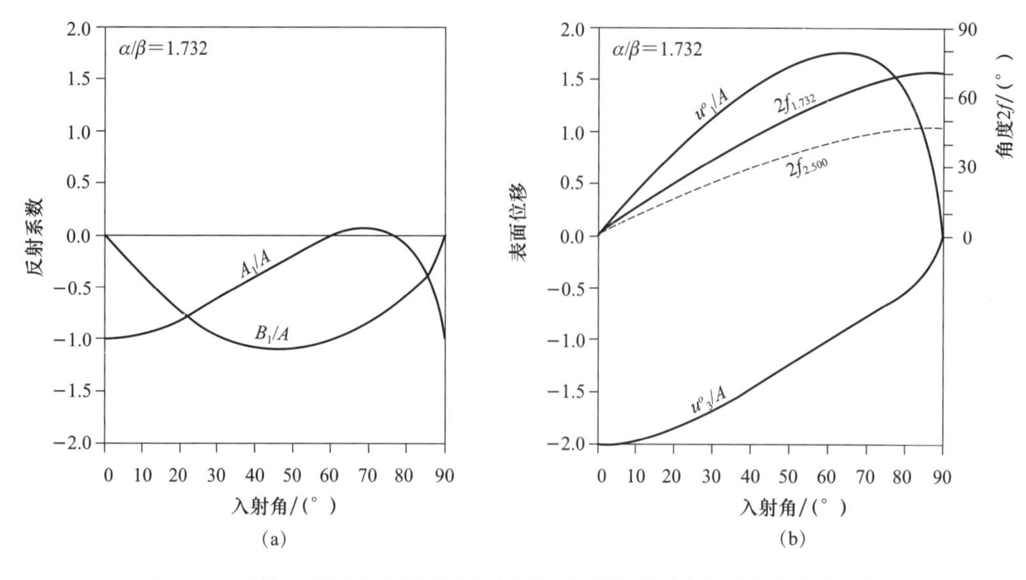

图 6.2　P 波入射到自由表面时反射系数曲线图及质点运动的位移曲线图

(a)P 波入射时反射系数随入射角 e 变化的曲线图，注意当入射角为 60°～77°时，A_1/A 的符号发生了改变；(b)自由表面上质点运动的水平分量(u_1^o/A)和垂直分量(u_3^o/A)的曲线图，以及 $-x_3$ 轴方向与质点运动方向的夹角 $2f$ 的曲线图，$2f$ 的下标代表计算所用的 α 与 β 的比值，虽然所有的计算都是在比值为 1.732 下进行的，但作为对比，图中也绘出了 $\alpha/\beta=2.5$ 时计算出的夹角 $2f$ 的曲线

$$\frac{u_1^{or}}{u_1^{oi}}=\frac{A_1}{A};\quad \frac{u_3^{or}}{u_3^{oi}}=\frac{-A_1}{A} \tag{6.5.22}$$

式中，下标 1 和 3 分别代表水平分量和垂直分量，上标中的字母 i 和 r 分别代表入射波和反射波，上标中的字母 o 代表自由表面上的一点。

反射 SV 波

$$\frac{u_1^{or}}{u_1^{oi}}=-\frac{B_1}{A}\frac{\cos f}{\sin e};\quad \frac{u_3^{or}}{u_3^{oi}}=-\frac{B_1}{A}\frac{\sin f}{\cos e} \tag{6.5.23}$$

6.5.2.1　表面位移

如前所述，表面位移用 $\boldsymbol{u}_o$ 表示，可由式(6.5.8)并取 $x_3=0$ 得到。利用式(6.5.15)、式(6.5.20)和式(6.5.21)以及简单的三角函数关系，可得到(见问题 6.5)

$$\boldsymbol{u}_o=A(\sin 2f\boldsymbol{a}_1-\cos 2f\boldsymbol{a}_3)\frac{2(\alpha/\beta)^2\cos e}{\sin 2e\sin 2f+(\alpha/\beta)^2\cos^2 2f}\times\exp\left[\mathrm{i}\omega\left(t-\frac{x_1\sin e}{\alpha}\right)\right]$$

$$\equiv u_1^o\boldsymbol{a}_1+u_3^o\boldsymbol{a}_3 \tag{6.5.24}$$

这个等式给出了表面位移的水平分量 u_1^o 和垂直分量 u_3^o。需要强调的是，三种类型的波，即入射 P 波、反射 P 波和反射 SV 波都对自由界面上点的运动有贡献，而不仅仅是入射 P 波。

图 6.2 绘出了在介质的速度比 α/β 等于$\sqrt{3}$(对应于泊松固体)时的相对表面位移 u_o/A 随入射角 e 变化的曲线图。一般地，当 A 为正时，水平分量(u_1^o/A)总是正

的(或零)，也就是沿 $+x_1$ 方向。并且，只要 $\alpha/\beta \geqslant 2$，垂直分量(u_3^o/A)总是负的，也就是沿 $-x_3$ 方向(见问题6.4)。因此，矢量 $\boldsymbol{u}_o$ 将在(x_1，$-x_3$)象限内。如果平面(x_1,x_2)代表地球的表面，$\boldsymbol{u}_o$ 与垂直向上的方向($-\boldsymbol{a}_3$ 方向)之间的夹角 θ 总是锐角，那么 θ 的正切为

$$\tan\theta = \frac{u_1^o}{-u_3^o} = \tan 2f \tag{6.5.25}$$

这意味着，当入射角是 e 时，$\boldsymbol{u}_o$ 和向上法线方向之间的夹角是 $2f$。因此，如果用由地面观测的两个位移分量导出的夹角来估算入射角，则必须评估由这种方法引入的误差。如图6.2所示，当 $\alpha/\beta=\sqrt{3}$ 时，$2f$ 在很宽的角度范围内能很好地逼近 e；当 e 小于70°时，误差小于5°。但是，当 $\alpha/\beta=2.5$ 时，即使较小的 e 值也会引起较大的误差，如 e 大约在40°时，误差达10°。

6.5.2.2　特例

(1)法线入射。在这种情况下，$e=0$(矢量 $\boldsymbol{p}$ 垂直于自由表面)、$f=0$、$A_1=-A$、$B_1=0$，因此，没有水平位移和反射SV波。此外，$A_1/A=-1$ 表明压缩波反射后成为拉张波；反之亦然。这种极性反转在涉及自由表面的一些其他弹性问题时也是熟知的，并且在适当的条件下，当自由表面受到压应力时，可能会产生拉张开裂，这个过程称为鼓凸或剥离(Graff，1975；Achenbach，1973)。

表面位移由下式给出，即

$$\boldsymbol{u}_o = -2A\boldsymbol{a}_3\exp\left[\mathrm{i}\omega\left(t-\frac{x_1\sin e}{\alpha}\right)\right] \tag{6.5.26}$$

此式表明，表面位移的振幅是入射波振幅的两倍。

(2)掠入射。在这种情况下，$e=\pi/2$(矢量 $\boldsymbol{p}$ 平行于自由表面)，$f=\sin^{-1}(\beta/\alpha)$，$A_1=-A$，$B_1=0$。但是，注意总位移处处恒等于零，因此这种情况仅仅是个虚拟状态，不是物理可实现的。对于掠入射的各种处理可参见Miklowitz(1984)、Graff(1975)及Ewing等(1957)的文献。

(3)全模式转换。如上所述，对于某些 α/β 和 e 的值，A_1/A 可能是零。此时，尽管实际入射的是P波，但反射波场只由SV波组成。

6.5.2.3　能量方程

如5.9节所示，单位时间内入射P波传给自由表面的平均功率为 $\rho\alpha n\omega^2A^2/2$，其中，$n=\cos e$。同时，单位时间内反射P波和反射SV波从自由表面带走的功率分别是 $\rho\alpha\omega^2\cos e A_1^2/2$ 和 $\rho\beta\omega^2\cos f B_1^2/2$。因为表面是自由的(无牵引力约束)，能量没有耗散，故为了保持能量平衡，反射能量的总和必须等于入射能量的总和，即

$$\alpha A^2\cos e = \alpha A_1^2\cos e + \beta B_1^2\cos f \tag{6.5.27}$$

将式(6.5.27)两边同除以 $\alpha\cos e$，并利用斯奈尔定律，得到以下能量方程(见问题6.6)

$$\left(\frac{A_1}{A}\right)^2 + \frac{\sin 2f}{\sin 2e}\left(\frac{B_1}{A}\right)^2 = 1 \tag{6.5.28}$$

这个方程是极其有用的，如可用它检验数值计算出的反射系数。

式(6.5.28)的数学推导比较简单直接，但忽略了问题的某些物理方面。正如前面提到的，平面波的范围是无限的，这意味着它们携带着无限的能量。当然，这是一种非物理的情况，也是为什么要基于单位面积来考虑能量的原因。式(6.5.28)的另一种推导方法，基于考虑具有共同表面交集的入射波和反射波“波束”(Miklowitz，1984；Achenbach，1973)，如图6.3所示，这种推导方法有利于理解这种情况的物理机制。在传播方向上，入射波束和两个反射波束(用上标i和r表示)在一个周期内的平均能流的绝对值可根据式(5.9.9)~式(5.9.11)得到(见问题6.7)，即

$$|\Sigma_{P}^{i}| = \frac{1}{2}\rho\alpha\omega^{2}A^{2}S_{P}^{i} \tag{6.5.29}$$

$$|\Sigma_{P}^{r}| = \frac{1}{2}\rho\alpha\omega^{2}A_{1}^{2}S_{P}^{r} \tag{6.5.30}$$

$$|\Sigma_{SV}^{r}| = \frac{1}{2}\rho\beta\omega^{2}B_{1}^{2}S_{SV}^{r} \tag{6.5.31}$$

式中，S_{P}^{i}、S_{P}^{r} 和 S_{SV}^{r} 是与各波束相应的横截面积(见图6.3)。这些方程表明，当波束面积趋于无穷大时能量也趋于无穷大。由前面所用的能量守恒观点，可得

$$|\Sigma_{P}^{i}| = |\Sigma_{P}^{r}| + |\Sigma_{SV}^{r}| \tag{6.5.32}$$

还应注意到

$$S_{P}^{i} = S_{P}^{r} = S\cos e;\quad S_{SV}^{r} = S\cos f \tag{6.5.33}$$

式中，S 是波束沿自由表面的面积(见图6.3)。

将式(6.5.29)~式(6.5.31)和式(6.5.33)代入式(6.5.32)，再消去公共的因子 S，可得到与式(6.5.27)相同的方程。

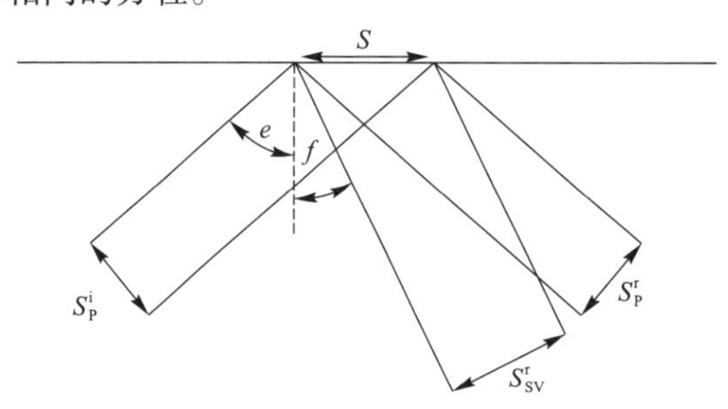

图6.3　P波波束在自由表面上的反射示意图

图中为入射波束、反射波束以及各自对应的横截面积(Achenbach，1973)。

6.5.3　SV波入射到自由表面

利用斯奈尔定律，这种情况下的总位移可表示为

$$\boldsymbol{u} = [B(\cos f\boldsymbol{a}_1 + \sin f\boldsymbol{a}_3)\exp(\mathrm{i}\omega x_3\cos f/\beta) + A_1(\sin e\boldsymbol{a}_1 + \cos e\boldsymbol{a}_3)\exp(-\mathrm{i}\omega x_3\cos e/\alpha) + B_1(-\cos f\boldsymbol{a}_1 + \sin f\boldsymbol{a}_3)\exp(-\mathrm{i}\omega x_3\cos f/\beta)]\exp[\mathrm{i}\omega(t - x_1\sin f/\beta)] \tag{6.5.34}$$

跟处理P波入射的情况类似，可求得反射P波和反射SV波的反射系数，即

$$\frac{A_1}{B} = \frac{(\alpha/\beta)\sin 4f}{\sin 2e\sin 2f + (\alpha/\beta)^2\cos^2 2f} \tag{6.5.35}$$

$$\frac{B_1}{B}=\frac{\sin 2e\sin 2f-(\alpha/\beta)^2\cos^2 2f}{\sin 2e\sin 2f+(\alpha/\beta)^2\cos^2 2f} \tag{6.5.36}$$

反射系数曲线如图 6.4 所示。

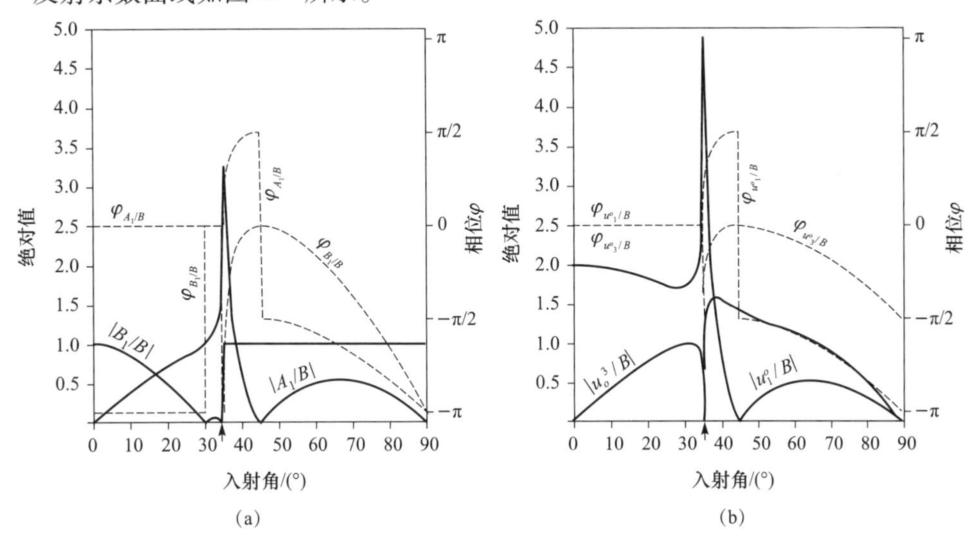

图 6.4　SV 波入射到自由表面时反射系数曲线图及质点运动的位移曲线图

(a)SV 波入射到自由表面，$\alpha/\beta=\sqrt{3}$时，反射系数的绝对值曲线(实线)及其相位曲线(虚线)；(b)自由表面处质点运动的水平分量和垂直分量曲线(实线)及其相位曲线(虚线)，箭头指示临界角等于 35.26°

6.5.3.1　特例

(1)法线入射。在这种情况下，$f=0$、$e=0$、$A_1=0$、$B_1=-B$，因此没有反射 P 波，位移是水平的。在自由表面上，位移由下式给出，即

$$\boldsymbol{u}_o=2B\boldsymbol{a}_1\exp[\mathrm{i}\omega(t-x_1\sin f/\beta)] \tag{6.5.37}$$

如 P 波入射一样，表面位移的振幅是入射波振幅的两倍。

(2)全模式转换。当式(6.5.36)中的分子等于零时，没有反射 SV 波，此时反射波场仅由反射 P 波组成。对于 $\alpha/\beta=\sqrt{3}$ 的情况，当角度等于 30°和 34.2°时，就会出现这种现象(见问题 6.8)，如图 6.4 所示。

6.5.3.2　不均匀波

由斯奈尔定律可知，SV 波的入射角总小于反射转换 P 波的出射角，即 $f<e$，因此总有一个 f 值使得 $e=\pi/2$，这时的入射角 f 被称为临界角，用 f_c 表示。由斯奈尔定律，得

$$f_c=\sin^{-1}(\beta/\alpha) \tag{6.5.38}$$

例如，当 $\alpha/\beta=\sqrt{3}$时，$f_c=35.26°$。

当 $f=f_c$ 时，反射系数为

$$\frac{A_1}{B}=2\frac{\beta}{\alpha}\tan 2f_c=\frac{4(1-\beta^2/\alpha^2)^{1/2}}{(\alpha^2/\beta^2-2)} \tag{6.5.39}$$

$$\frac{B_1}{B} = -1 \tag{6.5.40}$$

式(6.5.39)和式(6.5.40)是令式(6.5.35)和式(6.5.36)中的 $e=\pi/2$ 得到的。式(6.5.40)可直接得到，导出式(6.5.39)时需利用简单的三角函数关系以及 $\sin f_c=\beta/\alpha$。

当 $f>f_c$ 时，e 不再是实数，因为 $\sin e=(\alpha/\beta)\sin f>1$，所以，$\cos e$ 变成纯虚数，即

$$\cos e = \pm\sqrt{1-\sin^2 e} = \pm\sqrt{-(\sin^2 e-1)} = \pm \mathrm{i}(\sin^2 e-1)^{1/2} \tag{6.5.41}$$

式中，$\cos e$ 符号的选择是很重要的，因为它必须与反射 P 波位移表达式中的因子 $\exp(-\mathrm{i}\omega x_3\cos e/\alpha)$ 相一致。当 $\cos e$ 为纯虚数时，指数部分 $\mathrm{i}\omega x_3\cos e/\alpha$ 为实数，$\cos e$ 符号的选择应使得当 x_3 趋于无穷大时指数因子 $\exp(-\mathrm{i}\omega x_3\cos e/\alpha)$ 趋于零，否则，波的振幅会随着深度的增加而无限制地增加。此外，还必须考虑 ω 可以取正，也可以取负。基于这些考虑，必须取

$$\cos e = -\mathrm{i}(\sin^2 e-1)^{1/2}\operatorname{sgn}\omega \tag{6.5.42}$$

式中

$$\operatorname{sgn}\omega = \begin{cases} 1, & \omega>0 \\ 0, & \omega=0 \\ -1, & \omega<0 \end{cases} \tag{6.5.43}$$

在 SV 波的入射角超过临界角之后，反射转换 P 波变成不均匀平面波，即可用幅度随深度呈指数衰减来表征的波。在这种意义上，不均匀平面波有面波的特性(见第 7 章)，但它与面波有一个主要的差别，即不均匀平面波可假设不携带能量。这个问题将在 6.5.3.4 小节中讨论。

接下来，推导入射角大于临界角时 A_1/B、B_1/B 的表达式。利用式(6.5.42)及斯奈尔定律，并用 $\mathcal{S}$ 来代替 $\operatorname{sgn}\omega$，则式(6.5.35)和式(6.5.36)中的分母可以写为

$$\begin{aligned} D &= \frac{\alpha^2}{\beta^2}\left[\cos^2 2f - 2\mathrm{i}\frac{\beta^2}{\alpha^2}\sin e\,(\sin^2 e-1)^{1/2}\mathcal{S}\sin 2f\right] \\ &= \frac{\alpha^2}{\beta^2}\left[\cos^2 2f - 2\mathrm{i}\sin f\left(\sin^2 f-\frac{\beta^2}{\alpha^2}\right)^{1/2}\mathcal{S}\sin 2f\right] \\ &= |D|\mathrm{e}^{-\mathrm{i}\varphi\mathcal{S}} \end{aligned} \tag{6.5.44}$$

式中，“$|D|$”表示复数 D 的模，而复数 D 的幅角 ϕ 由下式确定，即

$$\tan\phi = 2\sin f(\sin^2 f-\beta^2/\alpha^2)^{1/2}\frac{\sin 2f}{\cos^2 2f} = \frac{2\sin f(\sin^2 f-\beta^2/\alpha^2)^{1/2}}{\cos 2f\cot 2f} \tag{6.5.45}$$

因为式(6.5.36)的分子是 $-D$ 的复共轭，所以式(6.5.36)变为

$$\frac{B_1}{B} = -\mathrm{e}^{\mathrm{i}2\phi\mathcal{S}} \equiv \mathrm{e}^{-\mathrm{i}\pi\mathcal{S}}\mathrm{e}^{2\mathrm{i}\phi\mathcal{S}} = \mathrm{e}^{\mathrm{i}2(\phi-\pi/2)\mathcal{S}} \tag{6.5.46}$$

为了求得 A_1/B 的表达式，将 D 重写为

$$D = \frac{\alpha^2}{\beta^2}\cos^2 2f(1-\mathrm{i}\mathcal{S}\tan\phi) \tag{6.5.47}$$

因而

$$\frac{A_1}{B} = 2\frac{\beta}{\alpha}\frac{\tan 2f}{1-\mathrm{i}\mathcal{S}\tan\phi} = 2\frac{\beta}{\alpha}\tan 2f\frac{1+\mathrm{i}\mathcal{S}\tan\phi}{1+\tan^2\phi}$$

$$= 2\frac{\beta}{\alpha}\tan 2f\cos\phi(\cos\phi + i\mathcal{S}\sin\phi)$$

$$= 2\frac{\beta}{\alpha}\tan 2f\cos\phi e^{i\phi\,\mathrm{sgn}\omega} \tag{6.5.48}$$

引入变量

$$\chi = \frac{\pi}{2} - \phi \tag{6.5.49}$$

从而有

$$\tan\chi = \frac{1}{\tan\phi} = \frac{\cos 2f\cot 2f}{2\sin f(\sin^2 f - \beta^2/\alpha^2)^{1/2}} \tag{6.5.50}$$

并得到(Ben-Menahem 和 Singh，1981；Nadeau，1964)

$$\frac{B_1}{B} = e^{-2i\chi\,\mathrm{sgn}\omega} \tag{6.5.51}$$

$$\frac{A_1}{B} = 2\frac{\beta}{\alpha}\tan 2f\sin\chi e^{i(\pi/2-\chi)\,\mathrm{sgn}\omega} \tag{6.5.52}$$

当$f = f_c$ 时，式(6.5.50)分母为零，相移χ 变成 π/2，由此可见，式(6.5.51)和式(6.5.52)分别与式(6.5.40)和式(6.5.39)相同。当$f = \pi/2$ 时，相移χ 也是 π/2，因为此时式(6.5.50)的分子等于无穷大。当$f = \pi/4$ 时，$\chi = 0$、$A_1 = 0$、$B_1 = B$，可见在入射角为 π/4 时，没有不均匀波，只有相位不变的反射 SV 波。但必须指出的是，即使$f_c > \pi/4$，这一结论也成立，因为当令式(6.5.35)和式(6.5.36)中的$f = \pi/4$ 时可以得到同样的结果。但因为要使临界角大于 π/4 就需要 $\alpha/\beta \leqslant \sqrt{2}$，所以只要泊松比为非负值，临界角就不可能大于 π/4(见问题 6.4)。

图 6.4 中绘出了由式(6.5.51)和式(6.5.52)给出的反射系数曲线，也绘出了将这两个反射系数代入式(6.5.34)而得到的相对表面位移 $\mathbf{u}_o/B$ 的水平分量和垂直分量。因为当入射角大于临界角时，所有这些量都变成了复数，所以图 6.4 中绘出的是它们的幅值和相位。图 6.4 的一个重要特征是表面位移的水平分量和垂直分量之间有相位差，其重要意义是对于表面上一个给定的质点，其作为时间函数的运动(轨迹)不再是线性的，而变成了椭圆(见 5.8.4.1 小节)。

6.5.3.3　时域位移

在相当一般的条件下，函数 $g(t)$ 可以用傅里叶积分表示，即

$$g(t) = \frac{1}{2\pi}\int_{-\infty}^{+\infty} G(\omega)\exp(i\omega t)\,d\omega \tag{6.5.53}$$

这表明，$g(t)$ 可以表示为无限多个谐波的和。这一事实将用于分析不是谐波的平面波。这里我们更感兴趣的是函数 $g(t - t_o)$，由式(6.5.53)易写出 $g(t - t_o)$ 的表达式，即

$$g(t - t_o) = \frac{1}{2\pi}\int_{-\infty}^{+\infty} G(\omega)\exp[i\omega(t - t_o)]\,d\omega \tag{6.5.54}$$

式(6.5.54)与上一节推导出的反射系数有着直接的关系。这是因为在 P 波、SV 波和 SH 波的位移表达式中都包含有形如 $\exp[i\omega(t - t_o)]$ 的因子，其中，$t_o = \mathbf{p}\cdot\mathbf{r}/c$，$c$ 等于 α

或β，并且式(6.5.54)中的$G(\omega)$可取为系数$B(\omega)$、$A_1(\omega)$或$B_1(\omega)$中的一个。当反射系数A_1/B、B_1/B与ω无关时，反射脉冲将等于入射脉冲乘以相应的反射系数。为了说明这一点，下面考察在SV波以小于临界角的角度入射的情况下位移的水平分量。

为此，假设入射平面波的时间函数为$b(t)$，其傅里叶变换为$B(\omega)$。这里希望由$b(t)$求得傅里叶变换分别为$A_1(\omega)$和$B_1(\omega)$的$a_1(t)$和$b_1(t)$。对于入射波和两个反射波的水平分量(用上标h指示水平分量)，由式(6.5.34)可得

$$b^{\mathrm{h}}(t-t_{\mathrm{S}}) = \frac{\cos f}{2\pi}\int_{-\infty}^{+\infty} B(\omega)\exp[\mathrm{i}\omega(t-t_{\mathrm{S}})]\mathrm{d}\omega \tag{6.5.55}$$

$$a_1^{\mathrm{h}}(t-t_{\mathrm{P}}) = \frac{\sin e}{2\pi}\int_{-\infty}^{+\infty} A_1(\omega)\exp[\mathrm{i}\omega(t-t_{\mathrm{P}})]\mathrm{d}\omega \tag{6.5.56}$$

$$b_1^{\mathrm{h}}(t-t_{\mathrm{S1}}) = -\frac{\cos f}{2\pi}\int_{-\infty}^{+\infty} B_1(\omega)\exp[\mathrm{i}\omega(t-t_{\mathrm{S1}})]\mathrm{d}\omega \tag{6.5.57}$$

如果$f\leqslant f_c$，则A_1/B和B_1/B的比值不依赖于ω，因此，将式(6.5.56)中的被积函数乘以并除以$Q=B\gamma_\beta/(1-c^2/2\beta^2)$之后，并利用$A_1(\omega)/B(\omega)=A_1/B$，可得

$$\begin{aligned} a_1^{\mathrm{h}}(t-t_{\mathrm{P}}) &= \frac{\sin e}{2\pi}\int_{-\infty}^{+\infty} \frac{A_1}{B}B\exp[\mathrm{i}\omega(\mathrm{t}-t_{\mathrm{P}})]\mathrm{d}\omega \\ &= \frac{A_1}{B}\frac{\sin e}{2\pi}\int_{-\infty}^{+\infty} B(\omega)\exp[\mathrm{i}\omega(t-t_{\mathrm{P}})]\mathrm{d}\omega \end{aligned} \tag{6.5.58}$$

式中，积分项$B(\omega)\exp[\mathrm{i}\omega(t-t_{\mathrm{P}})]\mathrm{d}\omega$可用式(6.5.55)中的$b^{\mathrm{h}}$来表示，因而有

$$a_1^{\mathrm{h}}(t-t_{\mathrm{P}}) = \frac{A_1}{B}\frac{\sin e}{\cos f}b^{\mathrm{h}}(t-t_{\mathrm{P}}) \tag{6.5.59}$$

同理，可得

$$b_1^{\mathrm{h}}(t-t_{\mathrm{S1}}) = -\frac{B_1}{B}b^{\mathrm{h}}(t-t_{\mathrm{S1}}) \tag{6.5.60}$$

式中，A_1/B和B_1/B就是由式(6.5.35)和式(6.5.36)给出的比值。式(6.5.59)和式(6.5.60)表明反射P波和反射SV波都与入射波有相同的波形，但振幅和极性取决于入射角。对于垂直分量，可推导出类似的关系式。

如果$f\geqslant f_c$，情况就不会这样简单了，因为反射系数中有相位因子$\chi\mathrm{sgn}\omega$，表明此时反射系数与ω有关。为此，将式(6.5.52)代入式(6.5.58)中第一个等式，然后被积函数同乘以同除以$\cos f$，可得

$$a_1^{\mathrm{h}}(t-t_{\mathrm{P}}) = \frac{1}{2\pi}g(f)\sin\chi\int_{-\infty}^{+\infty}\cos f B(\omega)\exp\left[\mathrm{i}\omega(t-t_{\mathrm{P}}) + \mathrm{i}\left(\frac{\pi}{2}-\chi\right)\mathrm{sgn}\omega\right]\mathrm{d}\omega \tag{6.5.61}$$

式中

$$g(f) = \frac{2(\beta/\alpha)\sin e\tan 2f}{\cos f} = 2\tan f\tan 2f \tag{6.5.62}$$

式(6.5.62)的最后一个等式中使用了斯奈尔定律。用$\mathcal{S}$表示$\mathrm{sgn}\omega$，并注意到

$$\begin{aligned} \exp\left[\mathrm{i}\left(\frac{\pi}{2}-\chi\right)\mathcal{S}\right] &= \cos\left[\left(\frac{\pi}{2}-\chi\right)\mathcal{S}\right] + \mathrm{i}\sin\left[\left(\frac{\pi}{2}-\chi\right)\mathcal{S}\right] \\ &= \cos\left(\frac{\pi}{2}-\chi\right) + \mathrm{i}\mathcal{S}\sin\left(\frac{\pi}{2}-\chi\right) = \sin\chi + \mathrm{i}\mathcal{S}\cos\chi \end{aligned} \tag{6.5.63}$$

因此，得到

$$a_1^{\mathrm{h}}(t-t_{\mathrm{P}}) = \frac{1}{2\pi}g(f)\sin\chi\left\{\sin\chi\int_{-\infty}^{+\infty}\cos fB(\omega)\exp[\mathrm{i}\omega(t-t_{\mathrm{P}})]\mathrm{d}\omega + \mathrm{i}\cos\chi\int_{-\infty}^{+\infty}\cos fB(\omega)\mathcal{S}\exp[\mathrm{i}\omega(t-t_{\mathrm{P}})]\mathrm{d}\omega\right\} \tag{6.5.64}$$

同理，利用式(6.5.51)，可得到下面关于 b_1^{h} 的表达式

$$\begin{aligned} b_1^{\mathrm{h}}(t-t_{\mathrm{S}}) &= -\frac{1}{2\pi}\cos f\int_{-\infty}^{+\infty}\frac{B_1}{B}B\exp[\mathrm{i}\omega(t-t_{\mathrm{S}})]\mathrm{d}\omega \\ &= -\frac{1}{2\pi}\int_{-\infty}^{+\infty}\cos fB(\omega)\exp[\mathrm{i}\omega(t-t_{\mathrm{S}})-\mathrm{i}2\chi S]\mathrm{d}\omega \\ &= \frac{1}{2\pi}\left\{-\cos2\chi\int_{-\infty}^{+\infty}\cos fB(\omega)\exp[\mathrm{i}\omega(t-t_{\mathrm{S}})]\mathrm{d}\omega + \mathrm{i}\sin2\chi\int_{-\infty}^{+\infty}\cos fB(\omega)S\exp[\mathrm{i}\omega(t-t_{\mathrm{S}})]\mathrm{d}\omega\right\} \end{aligned} \tag{6.5.65}$$

注意，$a_1^{\mathrm{h}}(t-t_{\mathrm{P}})$ 和 $b_1^{\mathrm{h}}(t-t_{\mathrm{S}})$ 的最后表达式中的第一个积分，恰好分别等于 $2\pi b^{\mathrm{h}}(t-t_{\mathrm{P}})$ 和 $2\pi b^{\mathrm{h}}(t-t_{\mathrm{S}})$；而表达式中对应的第二个积分，可用下面的褶积定理做进一步分析，即

$$\mathcal{F}\{r(t)*s(t)\} = \mathcal{F}\{r(t)\}\mathcal{F}\{s(t)\} \tag{6.5.66}$$

式中，$\mathcal{F}$ 表示傅里叶变换；“ * ”表示褶积；$r(t)$ 和 $s(t)$ 表示任意的时间函数(Papoulis，1962)。对式(6.5.66)两边做傅里叶逆变换，得到

$$r(t)*s(t) = \mathcal{F}^{-1}\{\mathcal{F}\{r(t)*s(t)\}\} = \frac{1}{2\pi}\int_{-\infty}^{+\infty}\mathcal{F}\{r(t)\}\mathcal{F}\{s(t)\}\exp(\mathrm{i}\omega t)\mathrm{d}\omega \tag{6.5.67}$$

另一个需要用到的关于傅里叶变换的性质是

$$\mathcal{F}\{r(t-t_o)\} = \exp(-\mathrm{i}\omega t_o)\mathcal{F}\{r(t)\} \tag{6.5.68}$$

此式可简单地用变量替换法加以证明。下面设 $\mathcal{F}\{r(t)\} = \cos fB(\omega)$、$\mathcal{F}\{s(t)\} = \mathrm{i}\,\mathrm{sgn}\,\omega$，即 $s(t) = -1/(\pi t)$[见式(A.75)]，因此，有

$$\begin{aligned} &\frac{\mathrm{i}}{2\pi}\int_{-\infty}^{+\infty}\cos fB(\omega)\,\mathrm{sgn}\,\omega\exp[\mathrm{i}\omega(t-t_o)]\mathrm{d}\omega \\ &= \frac{\mathrm{i}}{2\pi}\int_{-\infty}^{+\infty}\cos fB(\omega)\exp(-\mathrm{i}\omega t_o)\,\mathrm{sgn}\,\omega\exp(\mathrm{i}\omega t)\mathrm{d}\omega \\ &= -\frac{1}{\pi}b^{\mathrm{h}}(t-t_o)*\frac{1}{t} \end{aligned} \tag{6.5.69}$$

由希尔伯特变换的定义可知，式(6.5.69)中最后的褶积就是 $b^{\mathrm{h}}(t-t_o)$ 的希尔伯特变换，用函数符号上面加“˘”表示，即

$$\breve{b}^{\mathrm{h}}(t-t_o) = -\frac{1}{\pi}b^{\mathrm{h}}(t-t_o)*\frac{1}{t} = \frac{1}{\pi}\mathcal{P}\int_{-\infty}^{+\infty}\frac{b^{\mathrm{h}}(\tau-t_o)}{\tau-t}\mathrm{d}\tau \tag{6.5.70}$$

式中，$\mathcal{P}$ 代表积分的柯西主值，其计算避开了被积函数的任意奇异点[见式(A.68)]。关于希尔伯特变换的讨论见附录 B。利用式(6.5.69)和式(6.5.70)，再由式(6.5.64)和式(6.5.65)可以得到(Ben-Menahem 和 Singh，1981)

$$a_1^{\mathrm{h}}(t-t_{\mathrm{P}}) = g(f)\sin\chi\left[\sin\chi b^{\mathrm{h}}(t-t_{\mathrm{P}}) + \cos\chi \breve{b}^{\mathrm{h}}(t-t_{\mathrm{P}})\right] \tag{6.5.71}$$

$$b_1^{\mathrm{h}}(t-t_{\mathrm{S}}) = -\cos2\chi b^{\mathrm{h}}(t-t_{\mathrm{S}}) + \sin2\chi \breve{b}^{\mathrm{h}}(t-t_{\mathrm{S}}) \tag{6.5.72}$$

式(6.5.71)和式(6.5.72)表明，反射波是入射波和入射波的希尔伯特变换的线性组合；而且，由于每个组合中的系数都是f的函数，所以反射波的波形将依赖于入射角。图6.5中给出了这种波形改变的一个例子，图中显示了几种入射角情况下的入射脉冲$b^{\mathrm{h}}(t)$，以及它们的希尔伯特变换$\breve{b}^{\mathrm{h}}(t)$和反射系数$a_1^{\mathrm{h}}(t)$及$b_1^{\mathrm{h}}(t)$。注意，当$t<0$时，$\breve{b}^{\mathrm{h}}(t)$有接近于零但不等于零的值，但$b^{\mathrm{h}}(t)$没有。这种在$t=0$之前有非零值且影响反射系数的现象是由希尔伯特变换[见式(B.13)]这种非因果算子引起的，因为在希尔伯特变换中引入了$\frac{\pi}{2}$的相移。关于这一问题的其他讨论见Pilant(1979)。

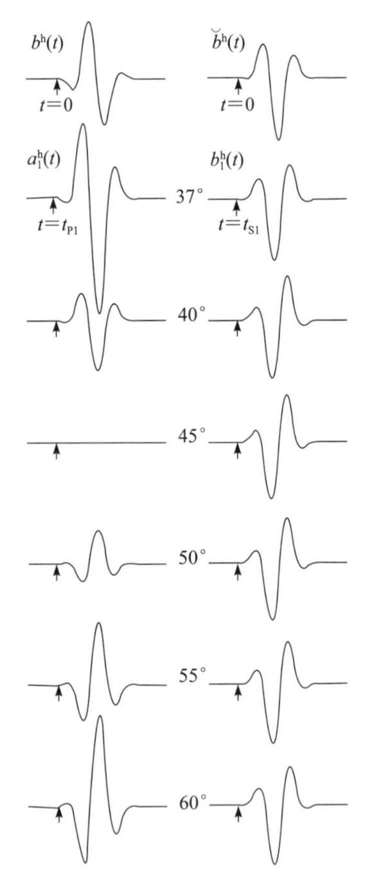

图6.5　SV波入射到自由表面时入射波、反射波及转换反射波的波形曲线图

图中绘出了入射波的水平分量$b^{\mathrm{h}}(t)$的曲线及其希尔伯特变换$\breve{b}^{\mathrm{h}}(t)$的曲线，也绘出了与几个不同的大于临界角$f_c$(这里是35.26°)的入射角$f$(图中波形之间的数值)相应的反射波和转换反射波的水平分量$a_1^{\mathrm{h}}(t)$和$b_1^{\mathrm{h}}(t)$[见式(6.5.71)和式(6.5.72)]的波形曲线。水平轴为时间。所有波形以相同的垂直比例绘制，并以波至时间(箭头所示)为参照对齐。箭头指示的点与振幅为零的位置一致。但注意，在某些情况下，当$t<0$时，振幅并不为零。

6.5.3.4　能量方程

当 $f<f_c$ 时，采用与 6.5.2.3 小节类似的论证，有

$$\frac{\sin 2e}{\sin 2f}\left(\frac{A_1}{B}\right)^2+\left(\frac{B_1}{B}\right)^2=1 \tag{6.5.73}$$

当 $f>f_c$ 时，由式(6.5.40)得到 $\left|\frac{B}{B_1}\right|=1$，这表明式(6.5.73)只有在忽略左边第一项时才能成立，此时能量方程变为

$$\left|\frac{B_1}{B}\right|=1 \tag{6.5.74}$$

那么式(6.5.74)是否表明不均匀 P 波不携带能量呢？答案是肯定的(不携带能量)，但必须再次注意正在讨论的是无限范围的波。正如 Miklowitz(1984)所述，当在零(自由表面)和无限大之间积分时，过临界角反射的 P 波能量是有限的。当与入射波和反射 SV 波携带的无限大能量相比时，这个有限的反射 P 波能量可以被忽略。Ben-Menahem 和 Singh(1981)仔细讨论了 SH 波入射到固体－固体界面时的类似问题，发现不均匀波在一个周期内的平均能量等于零。这从另一个角度说明，不均匀波可以被假设为不携带能量，也可参见 6.6.1.2 小节。

6.6　波入射到固体－固体分界面上

这里假设两种固体介质之间是焊接接触的。

6.6.1　SH 波入射到固体－固体分界面上

在这种情况下，除了入射波和反射波之外，还有透射波。在入射介质($x_3>0$)和透射介质($x_3<0$)中，任何一点的位移分别为

$$\boldsymbol{u}=\left\{C\exp\left[\mathrm{i}\omega\left(t-\frac{x_1\sin f-x_3\cos f}{\beta}\right)\right]+C_1\exp\left[\mathrm{i}\omega\left(t-\frac{x_1\sin f_1+x_3\cos f_1}{\beta}\right)\right]\right\}\boldsymbol{a}_2 \tag{6.6.1}$$

$$\boldsymbol{u}'=C'\exp\left[\mathrm{i}\omega\left(t-\frac{x_1\sin f'-x_3\cos f'}{\beta'}\right)\right]\boldsymbol{a}_2 \tag{6.6.2}$$

由位移连续的边界条件，在界面 $x_3=0$ 上 $\boldsymbol{u}=\boldsymbol{u}'$，按照导出式(6.5.15)的过程，可以得到

$$f_1=f \tag{6.6.3a}$$

$$\frac{\sin f}{\beta}=\frac{\sin f'}{\beta'} \tag{6.6.3b}$$

$$C+C_1=C' \tag{6.6.4}$$

式(6.6.3b)是这种情况下的斯奈尔定律。由应力矢量在界面 $x_3=0$ 上的连续性可得

$$\frac{\mu}{\beta}\cos fC-\frac{\mu}{\beta}\cos fC_1=\frac{\mu'}{\beta'}C'\cos f' \tag{6.6.5}$$

由式(6.6.4)和式(6.6.5)分别可以得到

$$\frac{C'}{C} - \frac{C_1}{C} = 1 \tag{6.6.6}$$

$$\frac{C'}{C}\frac{\mu'}{\beta'}\cos f' + \frac{C_1}{C}\frac{\mu}{\beta}\cos f = \frac{\mu}{\beta}\cos f \tag{6.6.7}$$

设

$$D = \begin{vmatrix} 1 & -1 \\ (\mu'/\beta')\cos f' & (\mu/\beta)\cos f \end{vmatrix} = \frac{\mu\beta'\cos f + \mu'\beta\cos f'}{\beta\beta'} \tag{6.6.8}$$

则透射系数$\frac{C'}{C}$为

$$\frac{C'}{C} = \frac{1}{D}\begin{vmatrix} 1 & -1 \\ (\mu/\beta)\cos f & (\mu/\beta)\cos f \end{vmatrix} = \frac{2\mu\cos f}{(\mu\beta'\cos f + \mu'\beta\cos f')/\beta'} \tag{6.6.9}$$

用$2\sin f$乘以式(6.6.9)的分子和分母，并利用斯奈尔定律和$\mu'\beta^2/\beta'^2 = \mu\rho'/\rho$，得到

$$\frac{C'}{C} = \frac{2\mu\sin 2f}{\mu\sin 2f + 2\mu'(\beta/\beta')^2\sin f'\cos f'} = \frac{2\sin 2f}{\sin 2f + (\rho'/\rho)\sin 2f'} \tag{6.6.10}$$

类似地，可得反射系数$\frac{C_1}{C}$，即

$$\begin{aligned}\frac{C_1}{C} &= \frac{1}{D}\begin{vmatrix} 1 & 1 \\ (\mu'/\beta')\cos f' & (\mu/\beta)\cos f \end{vmatrix} \\ &= \frac{\beta'\mu\cos f - \beta\mu'\cos f'}{\beta'\mu\cos f + \beta\mu'\cos f'} = \frac{\sin 2f - (\rho'/\rho)\sin 2f'}{\sin 2f + (\rho'/\rho)\sin 2f'}\end{aligned} \tag{6.6.11}$$

6.6.1.1 不均匀波

由斯奈尔定律式(6.6.3)知，当$\beta' > \beta$时存在临界角f_c，其对应的$f' = \frac{\pi}{2}$。这个临界角可由下式给出，即

$$f_c = \sin^{-1}\frac{\beta}{\beta'} \tag{6.6.12}$$

当$f \geqslant f_c$时，透射SH波不再存在，它将由不均匀波代替。对这种情况的讨论与6.5.3.2小节中的讨论非常类似。此时，$\cos f'$的选取必须使得当x_3趋于$-\infty$时透射SH波的振幅趋于零。这就要求选择

$$\cos f' = -\mathrm{i}(\sin f' - 1)^{1/2}\operatorname{sgn}\omega \tag{6.6.13}$$

下面将导出当入射角大于临界角时$\frac{C_1}{C}$和$\frac{C'}{C}$的表达式。首先，将式(6.6.11)改写为

$$\frac{C_1}{C} = \frac{1-b}{1+b} \tag{6.6.14}$$

式中(Zoeppritz，1919)

$$\begin{aligned} b &= \frac{\rho'}{\rho}\frac{\sin f'}{\sin f}\frac{\cos f'}{\cos f} = -\mathrm{i}\frac{1}{\cos f}\frac{\rho'}{\rho}\frac{\beta'}{\beta}\left(\frac{\beta'^2}{\beta^2}\sin^2 f - 1\right)^{1/2}\mathcal{S} \\ &= -\mathrm{i}\frac{\mu'}{\mu}\frac{1}{\cos f}(\sin^2 f - \beta^2/\beta'^2)^{1/2}\mathcal{S} \equiv -\mathrm{i}\mathcal{S}a \end{aligned} \tag{6.6.15}$$

式中利用了式(6.6.13)、斯奈尔定律和关系式 $\mu=\rho\beta^2$，而 $\mathcal{S}=\mathrm{sgn}\omega$，$a$ 由最后的恒等式定义。于是，有

$$\frac{C_1}{C}=\frac{1+\mathrm{i}\mathcal{S}a}{1-\mathrm{i}\mathcal{S}a}=\mathrm{e}^{2\mathrm{i}\phi\mathcal{S}} \tag{6.6.16}$$

$$\tan\phi=a=\frac{\mu'}{\mu}\frac{1}{\cos f}(\sin^2 f-\beta^2/\beta'^2)^{1/2} \tag{6.6.17}$$

式(6.6.17)将用于研究勒夫波(见 7.3.3 小节)。

利用式(6.6.4)和式(6.6.16)可以确定 $\frac{C'}{C}$，即

$$\frac{C'}{C}=1+\frac{C_1}{C}=1+\mathrm{e}^{2\mathrm{i}\phi\mathcal{S}}=\mathrm{e}^{\mathrm{i}\phi\mathcal{S}}(\mathrm{e}^{-\mathrm{i}\phi\mathcal{S}}+\mathrm{e}^{\mathrm{i}\phi\mathcal{S}})=2\cos\phi\,\mathrm{e}^{\mathrm{i}\phi\mathcal{S}} \tag{6.6.18}$$

如同在 6.5.3.2 小节中的做法，引入变量

$$\chi=\frac{\pi}{2}-\phi \tag{6.6.19}$$

$$\tan\chi=\frac{1}{\tan\phi}=\frac{\mu}{\mu'}\frac{\cos f}{(\sin^2 f-\beta^2/\beta'^2)^{1/2}} \tag{6.6.20}$$

于是，有(Ben-Menahem 和 Singh，1981)

$$\frac{C_1}{C}=\mathrm{e}^{\mathrm{i}(\pi-2\chi)\mathrm{sgn}\omega}=-\mathrm{e}^{-2\mathrm{i}\chi\mathrm{sgn}\omega} \tag{6.6.21}$$

$$\frac{C'}{C}=2\sin\chi\,\mathrm{e}^{\mathrm{i}(\pi/2-\chi)\mathrm{sgn}\omega} \tag{6.6.22}$$

SH 波以大于临界角的角度入射时的位移见问题 6.11。

在结束本小节之时，有必要对这里描述的不均匀波与勘探地震学中的首波(首波在勘探地震学中也称折射波)进行区分。首波由弯曲的波前面产生，不是由平面波前面产生。尽管不均匀波和首波都直接与临界角的存在有关，但这里论述的不均匀波理论不能用于推演任何首波的性质。关于首波的论述，需要涉及更复杂的数学分析(Aki 和 Richards，1980)。

6.6.1.2　能量方程

当 $f<f_c$ 时，采用与 6.5.2.3 小节类似的论证，可导出

$$\rho\beta C^2\cos f=\rho\beta C_1^2\cos f+\rho'\beta' C'^2\cos f' \tag{6.6.23}$$

式(6.6.23)两边同时除以 $\rho\beta C^2\cos f$，并利用斯奈尔定律，可以得到

$$\left(\frac{C_1}{C}\right)^2+\frac{\rho'\sin 2f'}{\rho\sin 2f}\left(\frac{C'}{C}\right)^2=1 \tag{6.6.24}$$

当 $f>f_c$ 时，由式(6.6.14)可得 $\left|\frac{C_1}{C}\right|=1$。这表明在 $f>f_c$ 时，式(6.6.24)等号左边的第二项可以被忽略，这与 6.5.3.4 小节中所讨论的不均匀 SH 波不携带能量是一致的(见问题 6.12)。

6.6.2　P 波入射到固体－固体分界面上

在 P 波入射到固体－固体分界面上的情况下，入射介质($x_3>0$)中任一点的位移是

$$\begin{aligned}\boldsymbol{u} &= A(\sin e\boldsymbol{a}_1 - \cos e\boldsymbol{a}_3)\exp\left[\mathrm{i}\omega\left(t - \frac{x_1\sin e - x_3\cos e}{\alpha}\right)\right] + \\ &\quad A_1(\sin e_1\boldsymbol{a}_1 + \cos e_1\boldsymbol{a}_3)\exp\left[\mathrm{i}\omega\left(t - \frac{x_1\sin e_1 + x_3\cos e_1}{\alpha}\right)\right] + \\ &\quad B_1(-\cos f_1\boldsymbol{a}_1 + \sin f_1\boldsymbol{a}_3)\exp\left[\mathrm{i}\omega\left(t - \frac{x_1\sin f_1 + x_3\cos f_1}{\beta}\right)\right]\end{aligned} \tag{6.6.25}$$

而在透射介质($x_3<0$)中，任一点的位移是

$$\begin{aligned}\boldsymbol{u}' &= A'(\sin e'\boldsymbol{a}_1 - \cos e'\boldsymbol{a}_3)\exp\left[\mathrm{i}\omega\left(t - \frac{x_1\sin e' - x_3\cos e'}{\alpha'}\right)\right] + \\ &\quad B'(\cos f'\boldsymbol{a}_1 + \sin f'\boldsymbol{a}_3)\exp\left[\mathrm{i}\omega\left(t - \frac{x_1\sin f' - x_3\cos f'}{\beta'}\right)\right]\end{aligned} \tag{6.6.26}$$

由于位移在界面上连续的边界条件可提供两个约束，即在 $x_3=0$ 处，$u_1=u_1'$、$u_3=u_3'$，它们分别对应于位移的水平分量连续和垂直分量连续。用与前面类似的论证，可得到 $e_1=e$，以及

$$\frac{\sin e}{\alpha} = \frac{\sin f}{\beta} = \frac{\sin e'}{\alpha'} = \frac{\sin f'}{\beta'} = \frac{1}{c} \tag{6.6.27}$$

式中，用 f 代替了 f_1，这是斯奈尔定律最一般的形式。式(6.6.27)引入了相速度 c。为了更好地理解 c 的意义，讨论沿界面相距 Δx_1 的两个时刻的波前(见图6.6)，两波前之间的垂直距离为 Δd，波前传播速度为 $\alpha=\Delta d/\Delta t$，沿界面的视速度为

$$V_{\text{app}} = \frac{\Delta x_1}{\Delta t} = \frac{\Delta d/\sin e}{\Delta t} = \frac{\alpha}{\sin e} = c \tag{6.6.28}$$

因此，相速度是沿界面测量的波的视速度。如果波前沿 x_1 方向移动(掠入射)，即 $e=\frac{\pi}{2}$，则 $c=\alpha$。如果波前沿 x_3 方向移动(法线入射)，即 $e=0$，则 $c=\infty$，即沿界面排列的多个接收器将同时检测到波。但是，相速度的概念比式(6.6.28)的含义要广泛得多，在7.6节中还将详细讨论。

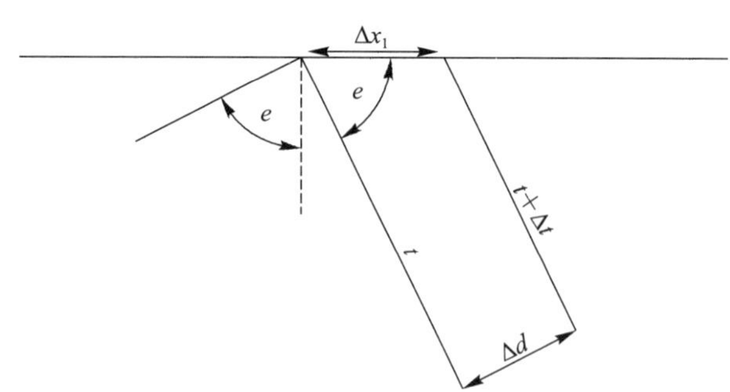

图6.6　平面波在平界面处两个不同时刻的波前示意图

图中绘出了平面波前在 t 和 $t+\Delta t$ 时刻与平界面相交的情形。入射角是 e，两波前间的垂直距离是 Δd，波前沿界面的距离是 Δx_1。波前移动的速度是 $\alpha=\Delta d/\Delta t$，波前沿界面移动的视速度是 $\Delta x_1/\Delta t$。

下面利用式(6.6.27)将式(6.6.25)和式(6.6.26)改写为

$$\begin{aligned}\boldsymbol{u} = [&A(\sin e\boldsymbol{a}_1 - \cos e\boldsymbol{a}_3)\exp(i\omega x_3\cos e/\alpha) + \\ &A_1(\sin e\boldsymbol{a}_1 + \cos e\boldsymbol{a}_3)\exp(-i\omega x_3\cos e/\alpha) + \\ &B_1(-\cos f\boldsymbol{a}_1 + \sin f\boldsymbol{a}_3)\exp(-i\omega x_3\cos f/\beta)]\exp[i\omega(t - x_1/c)]\end{aligned} \tag{6.6.29}$$

$$\begin{aligned}\boldsymbol{u}' = [&A'(\sin e'\boldsymbol{a}_1 - \cos e'\boldsymbol{a}_3)\exp(i\omega x_3\cos e'/\alpha') + \\ &B'(\cos f'\boldsymbol{a}_1 + \sin f'\boldsymbol{a}_3)\exp(i\omega x_3\cos f'/\beta')]\exp[i\omega(t - x_1/c)]\end{aligned} \tag{6.6.30}$$

由位移连续条件 $u_1 = u_1'$，可得

$$A\sin e + A_1\sin e - B_1\cos f = A'\sin e' + B'\cos f' \tag{6.6.31}$$

此式也可写为

$$A\sin e = -A_1\sin e + B_1\cos f + A'\sin e' + B'\cos f' \tag{6.6.32}$$

由位移连续条件 $u_3 = u_3'$，可得

$$-A\cos e + A_1\cos e + B_1\sin f = -A'\cos e' + B'\sin f' \tag{6.6.33}$$

此式也可写为

$$A\cos e = A_1\cos e + B_1\sin f + A'\cos e' - B'\sin f' \tag{6.6.34}$$

由应力矢量的连续性可导出另外两个方程：一个对应于应力的水平分量连续，另一个对应于应力的垂直分量连续。

由应力的水平分量在界面上连续，可得

$$\begin{aligned}&2\mu A\frac{\cos e}{\alpha}\sin e - 2\mu A_1\sin e\frac{\cos e}{\alpha} + \mu B_1\left(\frac{\cos^2 f}{\beta} - \frac{\sin f^2}{\beta}\right) \\ &= 2A'\frac{u'}{\alpha'}\sin e'\cos e' + \mu' B'\left(\frac{\cos f'}{\beta'}\cos f' - \frac{\sin^2 f'}{\beta'}\right)\end{aligned} \tag{6.6.35}$$

此式也可写为

$$\begin{aligned}A\sin 2e &= A_1\sin 2e - B_1\frac{\alpha}{\beta}\cos 2f + A'\frac{\alpha'}{\alpha}\frac{\mu'}{\mu}\sin 2e' + B'\frac{\alpha}{\beta'}\frac{\mu'}{\mu}\cos 2f' \\ &= A_1\sin 2e - B_1\frac{\alpha}{\beta}\cos 2f + A'\frac{\rho'}{\rho}\frac{\alpha}{\alpha'}\left(\frac{\beta'}{\beta}\right)^2\sin 2e' + B'\frac{\rho'}{\rho}\frac{\alpha}{\beta'}\left(\frac{\beta'}{\beta}\right)^2\cos 2f'\end{aligned} \tag{6.6.36}$$

式(6.6.36)中的最后一步使用了关系式 $\mu'/\mu = \rho'\beta'^2/(\rho\beta^2)$。

在界面的入射介质一侧，应力矢量的垂直分量为

$$\begin{aligned}&-A\frac{\lambda}{\alpha}\sin^2 e - A\frac{\lambda + 2\mu}{\alpha}\cos^2 e - A_1\frac{\lambda}{\alpha}\sin^2 e - A_1\frac{\lambda + 2\mu}{\alpha}\cos^2 e - 2B_1\frac{\mu}{\beta}\sin f\cos f \\ &= -A\frac{\lambda}{\alpha} - 2A\frac{\mu}{\alpha}\cos^2 e - A_1\frac{\lambda}{\alpha} - 2A_1\frac{\mu}{\alpha}\cos^2 e - B_1\frac{\mu}{\beta}\sin 2f\end{aligned} \tag{6.6.37}$$

此式也可写为

$$\begin{aligned}&-\frac{A}{\alpha}(\lambda + 2\mu\cos^2 e) - \frac{A_1}{\alpha}(\lambda + 2\mu\cos^2 e) - B_1\frac{\mu}{\beta}\sin 2f \\ &= -A\mu\frac{\alpha}{\beta^2}\cos 2f - A_1\mu\frac{\alpha}{\beta^2}\cos 2f - B_1\frac{\mu}{\beta}\sin 2f\end{aligned} \tag{6.6.38}$$

式(6.6.38)中的最后一步使用了关系式[见式(6.5.18)]

$$\lambda + 2\mu\cos^2 e = \mu\frac{\alpha^2}{\beta^2}\cos 2f \tag{6.6.39}$$

在界面的透射介质一侧，应力矢量的垂直分量为

$$-A'\frac{\lambda'}{\alpha'}\sin^2 e' - A'\frac{\lambda'+2\mu'}{\alpha'}\cos^2 e' + 2B'\frac{\mu'}{\beta'}\sin f'\cos f'$$
$$= -A'\mu'\frac{\alpha'}{\beta'^2}\cos 2f' + B'\frac{\mu'}{\beta'}\sin 2f' \tag{6.6.40}$$

用$\beta^2/(\mu\alpha)$乘以式(6.6.38)和式(6.6.40)，再利用如下关系式

$$\frac{\mu'}{\beta'}\frac{\beta^2}{\mu\alpha} = \frac{\rho'}{\rho}\frac{\beta'}{\alpha};\quad \frac{\alpha'\mu'}{\beta'^2}\frac{\beta^2}{\mu\alpha} = \frac{\rho'}{\rho}\frac{\alpha'}{\alpha} \tag{6.6.41}$$

让所得到的两式相等，可得到

$$A\cos 2f = -A_1\cos 2f - B_1\frac{\beta}{\alpha}\sin 2f + A'\frac{\rho'}{\rho}\frac{\alpha'}{\alpha}\cos 2f' - B'\frac{\rho'}{\rho}\frac{\beta'}{\alpha}\sin 2f' \tag{6.6.42}$$

式(6.6.32)、式(6.6.34)、式(6.6.36)和式(6.6.42)可写成矩阵形式，即

$$\begin{pmatrix} -\sin e & \cos f & \sin e' & \cos f' \\ \cos e & \sin f & \cos e' & -\sin f' \\ \sin 2e & -\frac{\alpha}{\beta}\cos 2f & \frac{\rho'}{\rho}\frac{\alpha}{\alpha'}\left(\frac{\beta'}{\beta}\right)^2\sin 2e' & \frac{\rho'}{\rho}\frac{\alpha}{\beta'}\left(\frac{\beta'}{\beta}\right)^2\cos 2f' \\ -\cos 2f & -\frac{\beta}{\alpha}\sin 2f & \frac{\rho'}{\rho}\frac{\alpha'}{\alpha}\cos 2f' & -\frac{\rho'}{\rho}\frac{\beta'}{\alpha}\sin 2f' \end{pmatrix}\begin{pmatrix} A_1/A \\ B_1/A \\ A'/A \\ B'/A \end{pmatrix} = \begin{pmatrix} \sin e \\ \cos e \\ \sin 2e \\ \cos 2f \end{pmatrix} \tag{6.6.43}$$

当已知A和e以及两介质的密度和速度时，解此方程可得到反射系数A_1/A、B_1/A以及透射系数A'/A和B'/A。该方程就是P波入射情况下的佐普里茨方程。

这里计算了两种情况下的反射系数和透射系数。在第一种情况下，入射介质的速度和密度高于透射介质，因而反射系数和透射系数的变化比较简单(见图6.7)。在第二种情况下，透射介质中的弹性参数值大于入射介质，由于临界角的存在，所以反射系数和透射系数的振幅和相位变化比较复杂(见图6.8，6.6.2.2小节)。

6.6.2.1　法线入射

法线入射这种特殊情况在反射地震学中很重要。此时，令式(6.6.43)中的$e=f=e'=f'=0$，则有

$$\begin{pmatrix} 0 & 1 & 0 & 1 \\ 1 & 0 & 1 & 0 \\ 0 & -a & 0 & b \\ -1 & 0 & c & 0 \end{pmatrix}\begin{pmatrix} A_1/A \\ B_1/A \\ A'/A \\ B'/A \end{pmatrix} = \begin{pmatrix} 0 \\ 1 \\ 0 \\ 1 \end{pmatrix} \tag{6.6.44}$$

式中，a、b、c代表式(6.6.43)的系数矩阵中的相应项。式(6.6.44)可具体化为以下四个方程，即

$$B_1/A + B'/A = 0 \tag{6.6.45}$$
$$A_1/A + A'/A = 1 \tag{6.6.46}$$
$$-aB_1/A + bB'/A = 0 \tag{6.6.47}$$
$$-A_1/A + cA'/A = 1 \tag{6.6.48}$$

由式(6.6.45)和式(6.6.47)，可得

$$B_1 = B' = 0 \tag{6.6.49}$$

式(6.6.49)表明在这种情况下不存在SV波。由式(6.6.46)和式(6.6.48)可得

$$\frac{A_1}{A} = \frac{c-1}{c+1} = \frac{\rho'\alpha' - \rho\alpha}{\rho'\alpha' + \rho\alpha} \tag{6.6.50}$$

$$\frac{A'}{A} = \frac{2}{c+1} = \frac{2\rho\alpha}{\rho'\alpha' + \rho\alpha} \tag{6.6.51}$$

式(6.6.50)表明，反射系数的大小取决于透射介质与入射介质的声阻抗的差。另外，如果透射介质的声阻抗小于入射介质的声阻抗，则反射系数是负的，且反射波相位将移动π(见图6.7)；透射波则没有相移。还应注意，式(6.6.46)表明反射系数和透射系数的总和等于1。注意，这里将密度与速度的乘积定义为声阻抗，它是更一般地将应力与质点速度的比值定义为阻抗的特例，这种一般定义是将电路中的阻抗定义类推到弹性介质中得到的。在这两种情况下，阻抗的定义都是基于介质具有惰性的思想(Stratton，1941)。对弹性介质而言，惰性相应于对运动的抵抗性(Aki 和 Richards，1980；Achenbach，1973)。

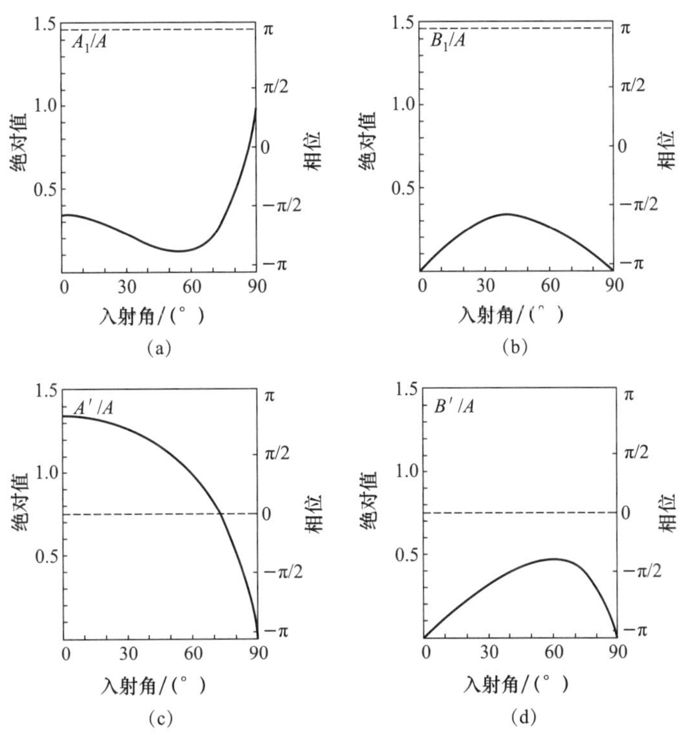

图6.7　P波入射到固体－固体界面时的反射系数、透射系数以及相位的曲线图(第一种情况)

图中示出的是入射介质的速度和密度(α,β,ρ)分别大于透射介质的速度和密度(α',β',ρ')(α'、β'、ρ'分别为4.00、2.31、2.50，α、β、ρ分别为6.45、3.72、3.16)情况下的反射系数和透射系数的绝对值(实线)以及相位(虚线)。

(a)反射系数A_1/A；(b)反射系数B_1/A；(c)透射系数A'/A；(d)透射系数B'/A

6.6.2.2 不均匀波

由斯奈尔定律可以确定在什么条件下会出现临界角。因为 α 总是大于 β，所以当 P 波入射时，对于反射 SV 波不会有临界角。如果 $\alpha' > \alpha$，对于透射 P 波有临界角，其对应的透射角是 $e' = \pi/2$，若用 e_c^{P} 记此临界角，则有

$$e_c^{\mathrm{P}} = \sin^{-1}\frac{\alpha}{\alpha'} \tag{6.6.52}$$

当 $e > e_c^{\mathrm{P}}$ 时，$\cos e'$需要用下式代替，即

$$\cos e' = -\mathrm{i}\sqrt{\sin^2 e' - 1} \tag{6.6.53}$$

因为在透射介质中($x_3 < 0$)位移是有界的，所以式(6.6.53)中取负号，此时透射 P 波变成不均匀波。

如果 $\beta' > \alpha$，则对于透射 SV 波有临界角，其对应的 $f' = \pi/2$，若用 e_c^{S} 记此临界角，则有

$$e_c^{\mathrm{S}} = \sin^{-1}\frac{\alpha}{\beta'} \tag{6.6.54}$$

当 $e > e_c^{\mathrm{S}}$ 时，$\cos f'$需要用下式代替，即

$$\cos f' = -\mathrm{i}\sqrt{\sin^2 f' - 1} \tag{6.6.55}$$

此时，透射 SV 波变成不均匀波。对于图 6.7 中的模型参数，$e_c^{\mathrm{P}} = 38.3°$，e_c^{S} 不存在。

需要强调的是，式(6.6.53)和式(6.6.55)服从当 $x_3 \to -\infty$ 时位移有界的条件。如果 $\cos e'$和 $\cos f'$的定义式中都去掉前面的负号，则相位关系是不正确的。涉及固体－固体边界的多篇论文讨论了这种差异的影响(Young 和 Braile，1976)。

6.6.2.3 能量方程

利用已经熟悉的论证过程，当入射角 $e < e_c^{\mathrm{P}}$ 时，可得到

$$\left(\frac{A_1}{A}\right)^2 + \frac{\sin 2f}{\sin 2e}\left(\frac{B_1}{A}\right)^2 + \frac{\rho'}{\rho}\frac{\sin 2e'}{\sin 2e}\left(\frac{A'}{A}\right)^2 + \frac{\rho'}{\rho}\frac{\sin 2f'}{\sin 2e}\left(\frac{B'}{A}\right)^2 = 1 \tag{6.6.56}$$

当 $e > e_c^{\mathrm{P}}$ 时，某些反射系数变成复数，因而式(6.6.56)必须做以下修改：反射系数和透射系数都用它们的绝对值来代替，并置 A'/A 等于零。若 $e > e_c^{\mathrm{S}}$，还要置 B'/A 等于零。

6.6.3 SV 波入射到固体－固体分界面上

在 SV 波入射到固体－固体分界面上的情况下，入射介质中的位移为

$$\begin{aligned}\boldsymbol{u} = [&B(\cos f\boldsymbol{a}_1 + \sin f\boldsymbol{a}_3)\exp(\mathrm{i}\omega x_3\cos f/\beta) + \\ &A_1(\sin e\boldsymbol{a}_1 + \cos e\boldsymbol{a}_3)\exp(-\mathrm{i}\omega x_3\cos e/\alpha) + \\ &B_1(-\cos f\boldsymbol{a}_1 + \sin f\boldsymbol{a}_3)\exp(-\mathrm{i}\omega x_3\cos f/\beta)]\exp[\mathrm{i}\omega(t - x_1/c)]\end{aligned} \tag{6.6.57}$$

式(6.6.57)与 P 波入射到固体－固体分界面上时入射介质中的位移表达式的唯一区别是第一项。此时，在透射介质中的位移表达式与 P 波入射时透射介质中的位移表达式相同，见式(6.6.30)。用与前面类似的论证过程可得相应的斯奈尔定律，且 $f_1 = f$。

在界面($x_3 = 0$)上，由位移的水平分量和垂直分量的连续性可得

$$B\cos f = -A_1\sin e + B_1\cos f + A'\sin e' + B'\cos f' \tag{6.6.58}$$

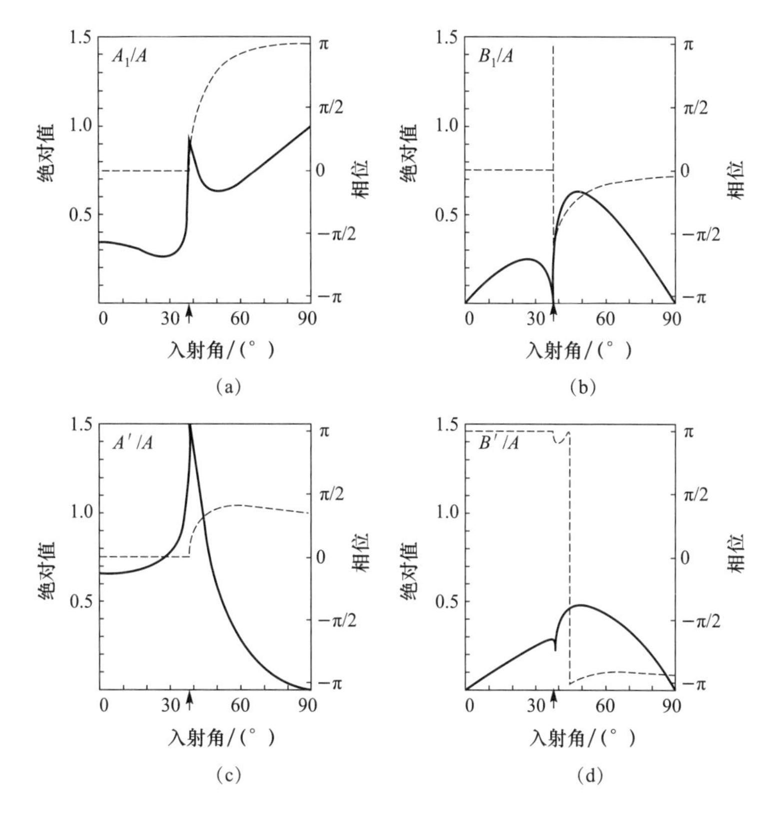

图 6.8　P 波入射到固体－固体界面时的反射系数、透射系数以及相位的曲线图(第二种情况)

图中示出的是入射介质的速度和密度(α,β,ρ)分别小于透射介质的速度和密度(α',β',ρ')(α'、β'、ρ'分别为 6.45、3.72、3.16，α、β、ρ 分别为 4.00、2.31、2.50)情况下的反射系数和透射系数的绝对值(实线)以及相位(虚线)。箭头指示透射 P 波的临界角(38.3°)。当入射角大于临界角时，A'/A 对能量方程没有贡献。

(a)反射系数 A_1/A；(b)反射系数 B_1/A；(c)透射系数 A'/A；(d)透射系数 B'/A

和

$$B\sin f = -A_1\cos e - B_1\sin f - A'\cos e' + B'\sin f' \tag{6.6.59}$$

在界面($x_3=0$)上，由应力矢量的水平分量和垂直分量的连续性可得

$$B\cos 2f = A_1\frac{\beta}{\alpha}\sin 2e - B_1\cos 2f + A'\frac{\beta}{\alpha'}\frac{\mu'}{\mu}\sin 2e' + B'\frac{\beta}{\beta'}\frac{\mu'}{\mu}\cos 2f' \tag{6.6.60}$$

和

$$B\sin 2f = A_1\frac{\alpha}{\beta}\cos 2f + B_1\sin 2f - A'\frac{\mu'}{\mu}\frac{\beta\alpha'}{\beta'^2}\cos 2f' + B'\frac{\mu'}{\mu}\frac{\beta}{\beta'}\sin 2f' \tag{6.6.61}$$

式(6.6.58)～式(6.6.61)可写成矩阵形式，为

$$\begin{pmatrix} -\sin e & \cos f & \sin e' & \cos f' \\ -\cos e & -\sin f & -\cos e' & \sin f' \\ \dfrac{\beta}{\alpha}\sin 2e & -\cos 2f & \dfrac{\rho'\beta'^2}{\rho\alpha'\beta}\sin 2e' & \dfrac{\rho'}{\rho}\dfrac{\beta'}{\beta}\cos 2f' \\ \dfrac{\alpha}{\beta}\cos 2f & \sin 2f & -\dfrac{\rho'}{\rho}\dfrac{\alpha'}{\beta}\cos 2f' & \dfrac{\rho'}{\rho}\dfrac{\beta'}{\beta}\sin 2f' \end{pmatrix}\begin{pmatrix} A_1/B \\ B_1/B \\ A'/B \\ B'/B \end{pmatrix} = \begin{pmatrix} \cos f \\ \sin f \\ \cos 2f \\ \sin 2f \end{pmatrix} \tag{6.6.62}$$

图 6.9 和图 6.10 显示出 SV 波入射时的反射系数和透射系数，所用速度模型与前面 P 波入射时相同。在这种情况下，不管什么速度模型，由于 SV 波入射至少存在一个临界角，因而复杂性增加了，如下面的讨论。

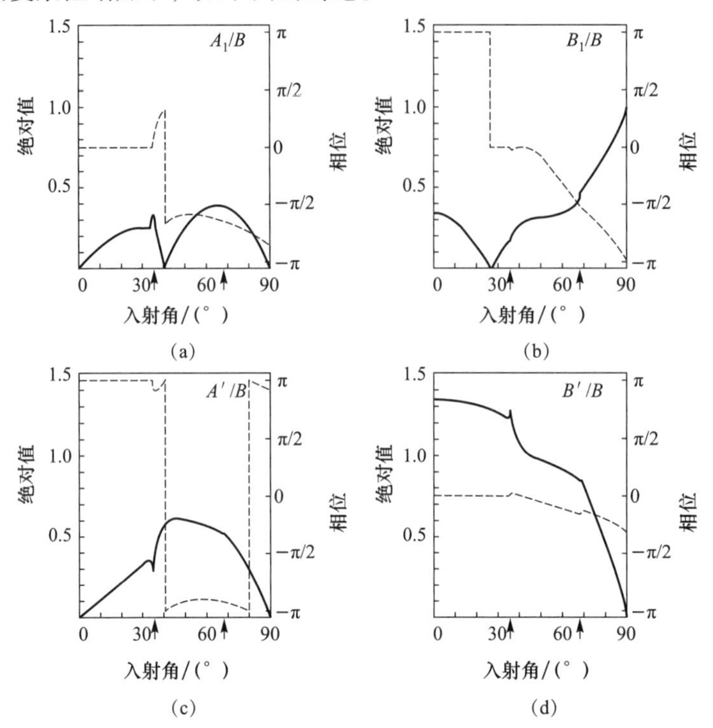

图 6.9　SV 波入射到固体－固体界面时的反射系数、透射系数以及相位的曲线图(第一种情况)

图中示出的是入射介质的速度和密度（α,β,ρ）分别大于透射介质的速度和密度(α',β',ρ')（α'、β'、ρ'分别为 4.00、2.31、2.50，α、β、ρ 分别为 6.45、3.72、3.16）情况下的反射系数和透射系数的绝对值(实线)以及相位(虚线)。箭头分别指示反射 P 波和透射 P 波的临界角(分别是 35.2°和 68.4°)。当入射角大于各自对应的临界角时，A_1/B 和 A'/B 对能量方程没有贡献(Pujol 等，2002)。

(a)反射系数 A_1/B；(b)反射系数 B_1/B；(c)透射系数 A'/B；(d)透射系数 B'/B

6.6.3.1　不均匀波

当 SV 波入射时，可以表明在下列几种情况下会产生不均匀波。

(1)对于反射转换 P 波总存在临界角，由下式给出，即

$$f_c^{\mathrm{rP}} = \sin^{-1}\frac{\beta}{\alpha} \tag{6.6.63}$$

当 $f > f_c^{\mathrm{rP}}$ 时，反射转换 P 波变成不均匀波，并且

$$\cos e = -\mathrm{i}\sqrt{\sin^2 e - 1} \tag{6.6.64}$$

(2)如果 $\beta < \alpha'$，则对于透射转换 P 波也将存在临界角，由下式给出，即

$$f_c^{\mathrm{tP}} = \sin^{-1}\frac{\beta}{\alpha'} \tag{6.6.65}$$

当入射角 $f > f_c^{\mathrm{tP}}$ 时，透射转换 P 波变成不均匀波，且

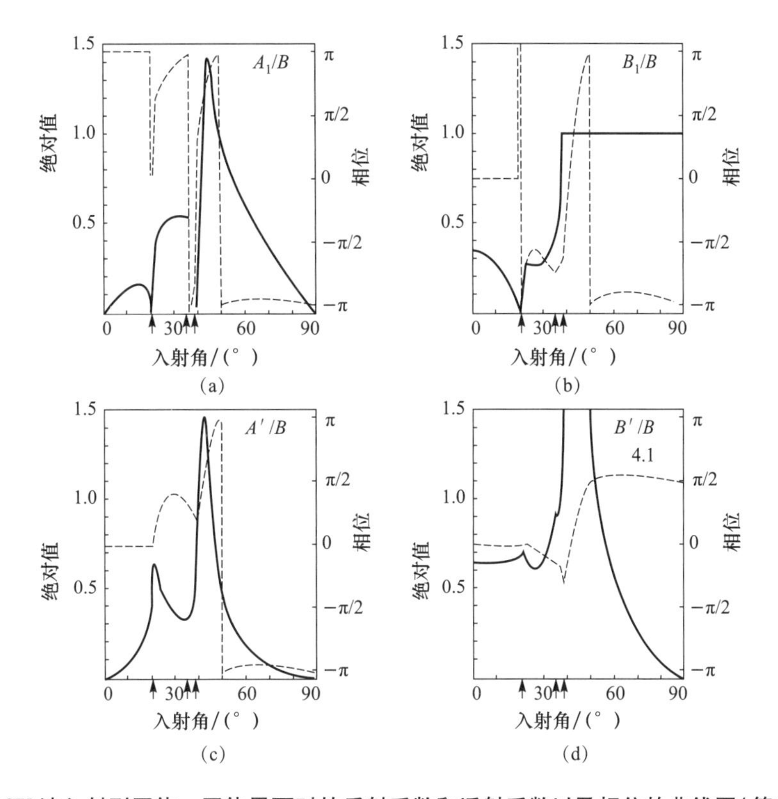

图 6.10　SV 波入射到固体－固体界面时的反射系数和透射系数以及相位的曲线图(第二种情况)

图中示出的是入射介质的速度和密度 (α,β,ρ) 分别小于透射介质的速度和密度 (α',β',ρ')（α'、β'、ρ'分别为6.45、3.72、3.16，α、β、ρ分别为4.00、2.31、2.50）情况下的反射系数和透射系数的绝对值(实线)以及相位(虚线)。箭头分别指示反射和透射P波的临界角(分别是35.2°和21°)，以及透射SV波的临界角(38.4°)。当入射角大于各自对应的临界角时，A_1/B、A'/B和B'/B对能量方程都没有贡献。$|B'/B|$的最大值为4.1。

(a)反射系数 A_1/B；(b)反射系数 B_1/B；(c)透射系数 A'/B；(d)透射系数 B'/B

$$\cos e' = -\mathrm{i}\sqrt{\sin^2 e' - 1} \tag{6.6.66}$$

(3)如果 $\beta<\beta'$，则对于透射SV波也存在临界角，由下式给出

$$f_c^{\mathrm{tS}} = \sin^{-1}\frac{\beta}{\beta'} \tag{6.6.67}$$

当入射角 $f>f_c^{\mathrm{tS}}$ 时，透射SV波变成不均匀波，且

$$\cos f' = -\mathrm{i}\sqrt{\sin^2 f' - 1} \tag{6.6.68}$$

对于图6.9所示的速度模型，临界角 f_c^{rP}、f_c^{tP} 分别等于35.2°、68.4°。对于图6.10所示的速度模型，临界角 f_c^{rP}、f_c^{tP}、f_c^{tS}分别等于35.3°、21.0°、38.4°。

6.6.3.2　能量方程

在SV波入射情况下，能量方程为

$$\frac{\sin 2e}{\sin 2f}\left(\frac{A_1}{B}\right)^2 + \left(\frac{B_1}{B}\right)^2 + \frac{\rho'}{\rho}\frac{\sin 2e'}{\sin 2f}\left(\frac{A'}{B}\right)^2 + \frac{\rho'}{\rho}\frac{\sin 2f'}{\sin 2f}\left(\frac{B'}{B}\right)^2 = 1 \tag{6.6.69}$$

与在P波入射情况下(见6.6.2.3小节)一样，当入射角大于相应的临界角时，其反射系数和/或透射系数项必须等于零，而非零反射系数项必须用它们的绝对值来代替。

6.7 波入射到固体 - 液体界面

在波入射到固体 - 液体界面的情况下，入射介质是固体，透射介质假设为无黏滞、无空穴的液体。考虑 P 波入射和 SV 波入射两种情况。SH 波入射的情况见问题 6.14。由于液体的刚性系数为零，所以它不支持剪切运动。因此，问题中有三个未知量，即两个反射系数和一个透射系数。

6.7.1 P 波入射到固体 - 液体界面

在 P 波入射到固体 - 液体界面上时，固体介质中的位移表达式由式(6.6.29)给出，而液体介质中的位移表达式可通过将式(6.6.30)中的 SV 波对应项去掉得到，即

$$\boldsymbol{u}' = [A'(\sin e'\boldsymbol{a}_1 - \cos e'\boldsymbol{a}_3)\exp(\mathrm{i}\omega x_3\cos e'/\alpha')]\exp[\mathrm{i}\omega(t - x_1/c)] \quad (6.7.1)$$

如在 6.3 节中所做的分析，液体沿界面可能存在滑动，故只能要求位移的垂直分量在界面上连续，即位移连续的边界条件是在界面($x_3=0$)上，$u_3=u_3'$。由此条件可得

$$A\cos e = A_1\cos e + B_1\sin f + A'\cos e' \quad (6.7.2)$$

由应力矢量在界面上连续的边界条件可导出另外两个方程。由应力的水平分量连续可得

$$A\sin 2e = A_1\sin 2e - B_1\frac{\alpha}{\beta}\cos 2f \quad (6.7.3)$$

由应力的垂直分量连续可得

$$A\frac{\mu\alpha}{\beta^2}\cos 2f = -A_1\frac{\mu\alpha}{\beta^2}\cos 2f - B_1\frac{\mu}{\beta}\sin 2f + A'\frac{\lambda'}{\alpha'}(\sin^2 e' + \cos^2 e') \quad (6.7.4)$$

式(6.7.4)两边同乘以$\beta^2/(\mu\alpha)$，并利用关系式$\rho'\alpha'^2=\lambda'+2\mu'=\lambda'$和$\beta^2=\mu/\rho$，得

$$A\cos 2f = -A_1\cos 2f - B_1\frac{\beta}{\alpha}\sin 2f + A'\frac{\rho'}{\rho}\frac{\alpha'}{\alpha} \quad (6.7.5)$$

由式(6.7.2)、式(6.7.3)和式(6.7.5)组成的方程组可写成以下矩阵形式，即

$$\begin{pmatrix} \cos e & \sin f & \cos e' \\ \sin 2e & -\frac{\alpha}{\beta}\cos 2f & 0 \\ -\cos 2f & -\frac{\beta}{\alpha}\sin 2f & \frac{\rho'}{\rho}\frac{\alpha'}{\alpha} \end{pmatrix}\begin{pmatrix} A_1/A \\ B_1/A \\ A'/A \end{pmatrix} = \begin{pmatrix} \cos e \\ \sin 2e \\ \cos 2f \end{pmatrix} \quad (6.7.6)$$

6.7.2 SV 波入射到固体 - 液体界面

当 SV 波入射到固体 - 液体界面上时，入射介质中的位移由式(6.6.57)给出，而透射介质中的位移由式(6.7.1)给出。由界面上位移的垂直分量连续的边界条件可得

$$B\sin f = -A_1\cos e - B_1\sin f - A'\cos e' \quad (6.7.7)$$

由界面上应力的水平分量连续的边界条件可得

$$B\cos 2f = A_1\frac{\beta}{\alpha}\sin 2e - B_1\cos 2f \quad (6.7.8)$$

由界面上应力的垂直分量连续的边界条件可得

$$
\begin{aligned}
B\sin 2f &= A_1 \frac{\alpha}{\beta}\cos 2f + B_1 \sin 2f - A' \frac{\lambda'}{\alpha'}\frac{\beta}{\mu} \\
&= A_1 \frac{\alpha}{\beta}\cos 2f + B_1 \sin 2f - A' \frac{\rho'}{\rho}\frac{\alpha'}{\beta}
\end{aligned}
\tag{6.7.9}
$$

在式(6.7.9)的后一等式中，用了关系式 $\alpha^2=\lambda'/\rho'$ 和 $\beta^2=\mu/\rho$。

式(6.7.7)～式(6.7.9)可写成以下矩阵形式，即

$$
\begin{pmatrix}
-\cos e & -\sin f & -\cos e' \\
\frac{\beta}{\alpha}\sin 2e & -\cos 2f & 0 \\
\frac{\alpha}{\beta}\cos 2f & \sin 2f & -\frac{\rho'}{\rho}\frac{\alpha'}{\beta}
\end{pmatrix}
\begin{pmatrix} A_1/B \\ B_1/B \\ A'/B \end{pmatrix}
=
\begin{pmatrix} \sin f \\ \cos 2f \\ \sin 2f \end{pmatrix}
\tag{6.7.10}
$$

6.8　P 波入射到液体 - 固体界面

在 P 波入射到液体 - 固体界面的情况下，入射介质是无黏滞和无空穴的液体，透射介质是固体。在入射介质中，没有反射的 SV 波，但是透射的 P 波和 SV 波都可能存在。因此透射介质的位移与 P 波入射到固体 - 固体界面时给出的透射介质中的位移表达式相同[见式(6.6.30)]，而入射介质中的位移由下式给出，即

$$
\begin{aligned}
\boldsymbol{u} = [&A(\sin e\boldsymbol{a}_1 - \cos e\boldsymbol{a}_3)\exp(\mathrm{i}\omega x_3\cos e/\alpha) + \\
&A_1(\sin e\boldsymbol{a}_1 + \cos e\boldsymbol{a}_3)\exp(-\mathrm{i}\omega x_3\cos e/\alpha)]\exp[\mathrm{i}\omega(t - x_1/c)]
\end{aligned}
\tag{6.8.1}
$$

由位移的垂直分量在边界上连续的条件可得

$$
A\cos e = A_1\cos e + A'\cos e' - B'\sin f' \tag{6.8.2}
$$

由应力的水平分量在界面上连续的条件可得

$$
0 = A_1\sin 2e' + B'\frac{\alpha'}{\beta'}\cos 2f' \tag{6.8.3}
$$

由应力的垂直分量在界面上连续的条件可得

$$
\begin{aligned}
A &= -A_1 + A'\frac{\alpha}{\lambda}\frac{\mu'\alpha'}{\beta'^2}\cos 2f' - B'\frac{\alpha}{\lambda}\frac{\mu'}{\beta'}\sin 2f' \\
&= -A_1 + A'\frac{\rho'\alpha'}{\rho\alpha}\cos 2f' - B'\frac{\rho'\beta'}{\rho\alpha}\sin 2f'
\end{aligned}
\tag{6.8.4}
$$

在上式的后一等式中，用了关系式 $\rho'=\mu'/\beta^2$ 和 $\alpha^2=\lambda/\rho$(仅对液体成立)。

式(6.8.2)～式(6.8.4)可写成以下矩阵形式，即

$$
\begin{pmatrix}
\cos e & \cos e' & -\sin f' \\
0 & \sin 2e' & \frac{\alpha'}{\rho'}\cos 2f' \\
-1 & \frac{\rho'}{\rho}\frac{\alpha'}{\alpha}\cos 2f' & -\frac{\rho'}{\rho}\frac{\beta'}{\alpha}\sin 2f'
\end{pmatrix}
\begin{pmatrix} A_1/A \\ A'/A \\ B'/A \end{pmatrix}
=
\begin{pmatrix} \cos e \\ 0 \\ 1 \end{pmatrix}
\tag{6.8.5}
$$

这种情况与海上反射地震学的研究有关。透过水层的 P 波在固体地层中生成 P 和 SV 波。当这些波到达更深的弹性界面时，它们又返回为反射的 P 波和 SV 波。在液体 - 固体界面上的传感器将记录到这两类波，而在液体中的传感器只能记录到 P 波。

6.9 固体半无限空间上覆盖一固体层

弹性介质中的分层现象大大增加了波传播问题的复杂性。对于入射到固体介质中的 P 波或 SV 波，各个层界面的作用是产生前几节讨论过的反射 P 波、反射 SV 波和透射 P 波、透射 SV 波。当这些波离开某界面传播时，又会与该界面的上层和下层界面相互作用，生成新的反射和透射波。当层界面弯曲或非水平时，波传播问题很难得到精确解，因而必须采用如射线追踪(见第 8 章)那样的近似求解技术或数值求解方法。只有在水平层状情况下才可以用 Thomson(1950)介绍的基于矩阵的方法求精确解。后来 Haskell(1953)改进了这种方法，并将其用于研究面波的频散和层状地壳对 SH 波、P 波和 SV 波传播的影响(Haskell，1960 和 1962)。

原则上，水平层状介质的情况与前面讨论的单个界面的情况相比，没有实质上的差别，主要的不同是在各层中位移是两对 P 波和 SV 波的组合，一对沿 x_3 轴正向传播，另一对沿 x_3 轴负向传播。相应的位移表达式就是在 6.2 节中给出的表达式乘以必须确定的未知系数。对于 SH 波的情况，每层只需考虑沿 x_3 轴正向和沿 x_3 轴负向传播的 SH 波，然后加上常规的边界条件，即：在每个界面上位移矢量和应力矢量连续以及自由界面上应力矢量为零。对于面波的情况，应加上当 $x_3 \to \infty$ 时位移趋于零的条件。对于 P - SV 波的情况，方程和未知量的数目是界面数目的四倍，除了非常简单的情况以外，直接求得全部解几乎是不可能的。但是 Thomson(1950)提出了一种使问题易于处理的方法，即降低大方程组的阶数，使其解变为 4×4 矩阵的乘积。Ben-Menahem 和 Singh(1981)很好地描述了 Thomson - Haskell 的这种方法。由下面给出的关于位移和应力的方程可以直接引导到他们所做的讨论。

本节要讨论的情况是固体半无限空间上覆盖一固体层，它是层状介质中最简单的模型。对于这种模型，我们无须借助矩阵方法就可以精确求解。这个模型虽然简单，但极其重要，因为由它可导出一些新的结果。特别是，覆盖层有类似于滤波器的作用，即有选择性地使某些频率的波的振幅得到增强。

设 H 是覆盖层的厚度，为了简化记号，用变量 x、y、z 来代替 x_1、x_2、x_3。覆盖层的顶面用 $z=0$ 表示，底面用 $z=H$ 表示(见图 6.11)。下面将讨论三种情况，分别对应于 SH 波、P 波和 SV 波入射到覆盖层的底面的情况。覆盖层内的 P 波速度、S 波速度、刚性系数和密度分别用 α'、β'、μ'和 ρ'标记，半无限空间内的相应参数分别用 α、β、μ 和 ρ 标记。SH 波入射的情况在关于射线理论的内容中还将讨论(见 8.8.1 小节)，在那里将阐明波传播几何路径方面的某些问题。

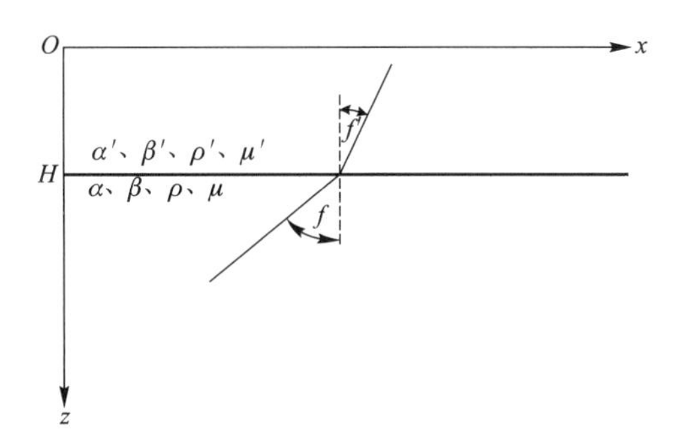

图 6.11　半无限空间上面有一覆盖层时 SH 波入射到覆盖层底面的几何图形

6.9.1　SH 波由半无限空间入射到覆盖层的底界面

本节的分析基于 Pujol 等(2002)的文献。SH 波在覆盖层内的位移按分量形式可标记为 v'，并由下式给出，即

$$v' = C'_{\mathrm{u}}\exp\left[\mathrm{i}\omega\left(t - x\frac{\sin f'}{\beta'} + z\frac{\cos f'}{\beta'}\right)\right] + C'_{\mathrm{d}}\exp\left[\mathrm{i}\omega\left(t - x\frac{\sin f'}{\beta'} - z\frac{\cos f'}{\beta'}\right)\right] \tag{6.9.1}$$

式(6.9.1)右边的第一项和第二项分别表示上行波和下行波。这些表达式与 SH 波在固体介质中入射时写出的形式类似[见式(6.6.1)]。SH 波在半无限空间中的位移表达式与式(6.9.1)类似，只要将所有带“′”的量都用不带“′”的量来代替即可，但是在写出该表达式之前，还需要引入几个符号和某些简化的表示，设

$$c = \frac{\beta}{\sin f} - \frac{\beta'}{\sin f'} \tag{6.9.2a}$$

$$k = \frac{\omega}{c} \tag{6.9.2b}$$

$$\omega\frac{\sin f'}{\beta'} = \omega\frac{\sin f}{\beta} = k \tag{6.9.3}$$

$$\omega\frac{\cos f'}{\beta'} = \frac{\omega}{\beta'}\sqrt{1-\sin^2 f'} = \frac{\omega}{\beta'}\sqrt{1-\frac{\beta'^2}{c^2}} = \frac{\omega}{c}\sqrt{\frac{c^2}{\beta'^2}-1} = k\sqrt{\frac{c^2}{\beta'^2}-1} = k\eta' \tag{6.9.4}$$

式中

$$\eta' = \begin{cases} \sqrt{\dfrac{c^2}{\beta'^2}-1}, & c \geqslant \beta' \quad (6.9.5\mathrm{a}) \\ -\mathrm{i}\sqrt{1-\dfrac{c^2}{\beta'^2}}, & c < \beta' \quad (6.9.5\mathrm{b}) \end{cases}$$

式(6.9.2a)是斯奈尔定律[见式(6.6.3b)]，c 是由式(6.6.27)引入的相速度。用 β 来代替 β'，可得到类似于式(6.9.5)的关于 η 的表达式。式(6.9.5b)中选择负号并不是关键，因为在层中 z 是有界的，且在半无限空间中 $c \geqslant \beta$。此外，在实际计算中，用复

数算法的式(6.9.5b)也不是必需的。

在进行讨论之前，厘清式(6.9.2b)和式(6.9.3)中的 k 与式(5.4.11)中引入的 k_c 之间的差别是很重要的(除 ω 取绝对值之外)。首先，注意 k_c 中的下标 c 对应于这里考虑的 β' 或 β。其次，k_c 是垂直于波前的矢量 $\boldsymbol{k}$ 的绝对值，而由式(6.9.3)和式(5.4.11)可见

$$k = k'_\beta \sin f' = k_\beta \sin f \tag{6.9.6}$$

这表明 k 是 $\boldsymbol{k}$ 的水平投影，即 k 是水平波数。

用上面引入的定义，并暂时忽略公共因子 $\exp[\mathrm{i}(\omega t - kx)]$，覆盖层内的位移和半无限空间中的位移可分别写为

$$v' = C'_\mathrm{u} \mathrm{e}^{\mathrm{i}zk\eta'} + C'_\mathrm{d} \mathrm{e}^{-\mathrm{i}zk\eta'} \tag{6.9.7}$$

$$v = C_\mathrm{u} \mathrm{e}^{\mathrm{i}zk\eta} + C_\mathrm{d} \mathrm{e}^{-\mathrm{i}zk\eta} \tag{6.9.8}$$

相应的应力分量分别为

$$\mu' \frac{\partial v'}{\partial z} = \mathrm{i}\mu' k\eta' (C'_\mathrm{u} \mathrm{e}^{\mathrm{i}zk\eta'} - C'_\mathrm{d} \mathrm{e}^{-\mathrm{i}zk\eta'}) \tag{6.9.9}$$

$$\mu \frac{\partial v}{\partial z} = \mathrm{i}\mu k\eta (C_\mathrm{u} \mathrm{e}^{\mathrm{i}zk\eta} - C_\mathrm{d} \mathrm{e}^{-\mathrm{i}zk\eta}) \tag{6.9.10}$$

在这些方程中，假设 C_u 是已知的。对于给定的 f 和 ω，未知量是系数 C'_u、C'_d 和 C_d，可根据边界条件求出。由在覆盖层底界面($z=H$)上的位移矢量和应力矢量连续的条件，以及在覆盖层顶面($z=0$)上的应力矢量为零的条件可得以下三个方程，即

$$C'_\mathrm{u} \mathrm{e}^{\mathrm{i}Hk\eta'} + C'_\mathrm{d} \mathrm{e}^{-\mathrm{i}Hk\eta'} = C_\mathrm{u} \mathrm{e}^{\mathrm{i}Hk\eta} + C_\mathrm{d} \mathrm{e}^{-\mathrm{i}Hk\eta} \tag{6.9.11}$$

$$\frac{\mu'\eta'}{\mu\eta} (C'_\mathrm{u} \mathrm{e}^{\mathrm{i}Hk\eta'} - C'_\mathrm{d} \mathrm{e}^{-\mathrm{i}Hk\eta'}) = C_\mathrm{u} \mathrm{e}^{\mathrm{i}Hk\eta} - C_\mathrm{d} \mathrm{e}^{-\mathrm{i}Hk\eta} \tag{6.9.12}$$

$$C'_\mathrm{u} = C'_\mathrm{d} \tag{6.9.13}$$

将式(6.9.13)代入式(6.9.11)和式(6.9.12)，则可得到

$$2C'_\mathrm{u} \cos\theta - C_\mathrm{d} \mathrm{e}^{-\mathrm{i}Hk\eta} = C_\mathrm{u} \mathrm{e}^{\mathrm{i}Hk\eta} \tag{6.9.14}$$

$$2R\mathrm{i}C'_\mathrm{u} \sin\theta + C_\mathrm{d} \mathrm{e}^{-\mathrm{i}Hk\eta} = C_\mathrm{u} \mathrm{e}^{\mathrm{i}Hk\eta} \tag{6.9.15}$$

式中

$$\theta = Hk\eta' \tag{6.9.16a}$$

$$R = \frac{\mu'\eta'}{\mu\eta} \tag{6.9.16b}$$

为求解未知系数，设

$$D = \begin{vmatrix} 2\cos\theta & -\mathrm{e}^{-\mathrm{i}Hk\eta} \\ 2\mathrm{i}R\sin\theta & \mathrm{e}^{-\mathrm{i}Hk\eta} \end{vmatrix} = 2\mathrm{e}^{-\mathrm{i}Hk\eta} (\cos\theta + \mathrm{i}R\sin\theta) \tag{6.9.17}$$

则可由式(6.9.14)和式(6.9.15)求得

$$C'_\mathrm{u} = \frac{1}{D} \begin{vmatrix} C_\mathrm{u} \mathrm{e}^{\mathrm{i}Hk\eta} & -\mathrm{e}^{-\mathrm{i}Hk\eta} \\ C_\mathrm{u} \mathrm{e}^{\mathrm{i}Hk\eta} & \mathrm{e}^{-\mathrm{i}Hk\eta} \end{vmatrix} = \frac{C_\mathrm{u} \mathrm{e}^{\mathrm{i}Hk\eta}}{\cos\theta + \mathrm{i}R\sin\theta} \tag{6.9.18}$$

$$C_{\mathrm{d}} = \frac{1}{D}\begin{vmatrix} 2\cos\theta & C_{\mathrm{u}}\mathrm{e}^{\mathrm{i}Hk\eta} \\ 2\mathrm{i}R\sin\theta & C_{\mathrm{u}}\mathrm{e}^{\mathrm{i}Hk\eta} \end{vmatrix} = \frac{\cos\theta - \mathrm{i}R\sin\theta}{\cos\theta + \mathrm{i}R\sin\theta}C_{\mathrm{u}}\mathrm{e}^{2\mathrm{i}Hk\eta} \tag{6.9.19}$$

注意，式(6.9.19)右边比值的绝对值等于1，因此，$|C_{\mathrm{d}}| = |C_{\mathrm{u}}|$。

6.9.1.1 表面位移

令式(6.9.7)中的$z=0$，再由式(6.9.13)和式(6.9.18)可得用v_0'标记的表面位移，即

$$v'_0 = 2C'_{\mathrm{u}}\mathrm{e}^{\mathrm{i}(\omega t - kx)} = 2\frac{C_{\mathrm{u}}\mathrm{e}^{\mathrm{i}Hk\eta}}{\cos\theta + \mathrm{i}R\sin\theta}\mathrm{e}^{\mathrm{i}(\omega t - kx)} \tag{6.9.20}$$

Haskell(1960)以及Ben-Menahem和Singh(1981)利用层矩阵方法导出了与式(6.9.19)和式(6.9.20)类似的公式，虽然前者导出的公式中不包括涉及H的指数因子。

下面重点讨论比值v_0'/C_{u}的振幅及其极值。如果$\beta'<\beta$，则θ和R是实数(因为$c\geqslant\beta$)，因此有

$$\left|\frac{v'_0}{C_{\mathrm{u}}}\right| = \frac{2}{\sqrt{\cos^2\theta + R^2\sin^2\theta}} \tag{6.9.21}$$

如果$\beta'>\beta$，则入射角f存在临界值f_c，因而θ和R是虚数。如果$f\leqslant f_c$，则$|v_0'/C_{\mathrm{u}}|$由式(6.9.21)给出。但是如果$f>f_c$，则三角函数变成双曲函数，因而式(6.9.21)将由下式代替，即

$$\left|\frac{v'_0}{C_{\mathrm{u}}}\right| = \frac{2}{\sqrt{\cosh^2|\theta| + |R|^2\sinh^2|\theta|}} \tag{6.9.22}$$

为了求出由式(6.9.21)给出的$|v_0'/C_{\mathrm{u}}|$的极值，令其对θ的导数等于零，得

$$(1 - R^2)\sin2\theta = 0 \tag{6.9.23}$$

此式又意味着$\sin2\theta=0$，即

$$2\theta = \pi, 2\pi, \cdots, m\pi\cdots \tag{6.9.24}$$

式中，m是整数。下面先讨论$\theta\neq0$的情况，而$\theta=0$的情况将在下一小节讨论。

当$R<1$时，如果θ是$\pi/2$的奇数倍，则式(6.9.21)的右边等于$2/R$，此值大于2，并且是极大值。另外，如果θ是π的倍数，则式(6.9.21)的右边等于2，是极小值。当$R>1$时，类似的论证可表明式(6.9.21)的极大值是2，极小值是$2/R$。

将式(6.9.24)用$|v_0'/C_{\mathrm{u}}|$取极大值时的周期T_{m}表示是很有用的。为此，用以下关系式求T_{m}，即

$$\theta = Hk\eta' = H\frac{\omega}{c}\eta' = \frac{2}{T_{\mathrm{m}}c}\pi H\eta' = (2n+1)\frac{\pi}{2}, \quad n = 0,1,2,\cdots \tag{6.9.25}$$

从而可得到

$$T_{\mathrm{m}} = \frac{4H\eta'}{(2n+1)c} \tag{6.9.26}$$

当$|v_0'/C_{\mathrm{u}}|$由式(6.9.22)给出时，极值点由下式确定，即

$$(1 + |R|^2)\sinh2|\theta| = 0 \tag{6.9.27}$$

这说明当$|\theta|=0$时，$|v_0'/C_{\mathrm{u}}|=2$，式(6.9.22)取极大值(见下一小节)。还应注意，当

$|\theta|$趋于无限时，$|v_0'/C_u|$趋于零。当 k 和 ω 趋于无限时，或者等价地，当波长 λ(等于 $2\pi/k$)和 T 趋于零时，会出现这种情况。

6.9.1.2 特例

(1)法线入射。在这种情况下，$f=f'=0$，并且位移不再是 x 的函数[见式(6.9.1)]。此外，$c=\infty$[见式(6.9.2a)]，因而 η'和 η 必须用取极限的方法定义。因为 c 大于 β 和 β'，所以类似地由式(6.9.5a)和关于 η 的表达式，可看到当 c 趋于无穷时，η'和 η 的极限为

$$\eta' = \frac{c}{\beta'} \tag{6.9.28a}$$

$$\eta = \frac{c}{\beta} \tag{6.9.28b}$$

此时，地面位移变成

$$v'_0 = 2C'_u e^{i\omega t} = 2\frac{C_u e^{iH\omega/\beta}}{\cos\theta + iR\sin\theta}e^{i\omega t} \tag{6.9.29}$$

式中

$$\theta = \frac{Hkc}{\beta'} = \frac{H\omega}{\beta'} \tag{6.9.30}$$

将式(6.9.28a)代入式(6.9.26)，可得到

$$T_m = \frac{4H}{(2n+1)\beta'} \tag{6.9.31}$$

类似地，由式(6.9.16b)得到

$$R = \frac{\mu'\beta}{\mu\beta'} = \frac{\rho'\beta'}{\rho\beta} \tag{6.9.32}$$

因此有

$$\max\left|\frac{v'_0}{C_u}\right| = \frac{2}{R} = 2\frac{\rho\beta}{\rho'\beta'} \tag{6.9.33}$$

当 $\beta'=\beta$ 和 $\rho'=\rho$ 时，极大值是2，这与6.5.1小节中所期望的一致。由此可见，当存在覆盖层时，地面位移的放大倍数为(Kanai，1957)

$$A = \frac{1}{R} = \frac{\rho\beta}{\rho'\beta'} \tag{6.9.34}$$

可将式(6.9.31)改写为关于波长 λ'_m的表达式，因为由式(5.4.18)知 $\lambda'_m=T_m\beta'$，所以有

$$\lambda'_m = \frac{4H}{2n+1} \tag{6.9.35}$$

当式(6.9.35)中的 $n=0$ 时，得到

$$H = \frac{1}{4}\lambda'_m \tag{6.9.36}$$

式(6.9.36)对应于熟知的地层厚度的四分之一波长准则，它只适用于法线入射的情况。此准则的早期应用是在德国的哥廷根，E. Wiechert 根据远场地震记录周期和S波速度确定了土层的厚度(Wiechert 和 Zoeppritz，1907)。

(2)掠入射。在这种情况下，$f=\pi/2$，$c=\beta$，$\eta=0$，$R=\infty$，并且对于除 $\sin\theta\equiv0$ 以外的所有周期值，地面位移都为零。“$\sin\theta\equiv0$”对应的 θ 值是 $m\pi$，在这些点上都与覆盖层中勒夫波的截断周期一致(见问题7.2)。

(3)$\theta=0$。由式(6.9.16a)可知，此时要求波数 k 等于零，或者等价地，波长 λ 是无限长的。当 $\theta=0$ 时，$|v_0'|$ 等于 $2C_u$，它是SH波入射到自由表面得到的值(见6.5.1小节)，其意义在于当覆盖层的厚度相对于波长可以忽略时，波不受该覆盖层的影响(Savarenskii，1975)。

6.9.1.3　例子：低速层

覆盖层为低速层的情况值得仔细讨论，因为正如Kanai(1957)和Haskell(1960)所认识到的那样，这种情况与地震灾害的研究密切相关。下面考虑在高速地层上覆盖一个未固结的薄沉积层的情况，并设盖层和底层的相关参数为：$H=0.1\ \text{km}$，$\beta'=0.25\ \text{km}\cdot\text{s}^{-1}$，$\beta=3.5\ \text{km}\cdot\text{s}^{-1}$，$\rho'=1.7\ \text{g}\cdot\text{cm}^{-3}$，$\rho=2.7\ \text{g}\cdot\text{cm}^{-3}$(Haskell，1960)。当入射角等于10°时，图6.12显示出了当周期在0.2～3 s之间时 v_0'/C_u 的振幅和相位。应该注意图中如下几个特征。

首先，注意 $|v_0'/C_u|$ 曲线在周期等于1.60 s、0.53 s、0.32 s和0.23 s处有峰值，这些峰值的位置是式(6.9.26)中 $n=0$，1，2，3时计算得到的。所有的振幅峰值都是43.8，并且因为接近法线入射角，所以这些峰值接近最大预测值 $2/R$(等于44.5)，这里 R 由式(6.9.32)给出。另外，最小值等于预测值2。

图6.12还显示出由覆盖层引起的两个重要效应。第一个效应是有选择地放大了某些周期(或频率)处的振幅。不严格地讲，覆盖层起到了像滤波器一样的作用，因此，$|v_0'/C_u|$ 可看成地壳的传输函数。第二个效应是地面位移的振幅比入射波位移的振幅有很大的放大倍数 A[见式(6.9.34)]，此例中 $A=22.2$。这种很大的放大作用是关于未固结沉积覆盖层对其上建筑物、桥梁及其他建(构)筑物的地震危险性研究的重要因素。Gutenberg(1957)描述了对这些效应的早期研究成果。

必须注意，这里发展的理论只适用于平面波入射到水平界面的情况，并且式(6.9.31)只对法线入射成立。在更普遍的条件下，Bard和Bouchon(1985)对SH波(以及P波和SV波)入射的更一般情况进行了研究。

还须注意，上述关于位移振幅的考虑并不周全，因为介质的衰减效应还没有考虑。一种融入衰减的方法是用复速度来代替速度 β' 和 β，复速度可用以下方法求得：若用 $\beta_j(j=1,2)$ 表示覆盖层及其下面半无限空间介质的速度，则相应的复速度是

$$\beta_j\left(1+\mathrm{i}\frac{1}{2Q_j}\right) \tag{6.9.37}$$

式中，Q_j 称为品质因子，用它的倒数来表示衰减程度。为了说明衰减效应，取 $Q_1=10$ 和 $Q_2=\infty$(即在半无限空间没有衰减)，用式(6.9.37)计算 $|\tilde{v}_0'(\omega)/C_u|$。虽然 Q_1 的值在文献中被广泛地引用，但并不适合所有未固结沉积层，有些未固结沉积层可能有相当高的 Q 值(Pujol等，2002)。如图6.12所示，较高频率(对应较小周期)的振幅明显比较低频率(对应较大周期)的振幅衰减得多。因此衰减对振幅放大的影响还取决于入射波频率成分。但是，这样引入衰减的方法还是不完全的，因为它还没有考虑与衰减有关的频散。

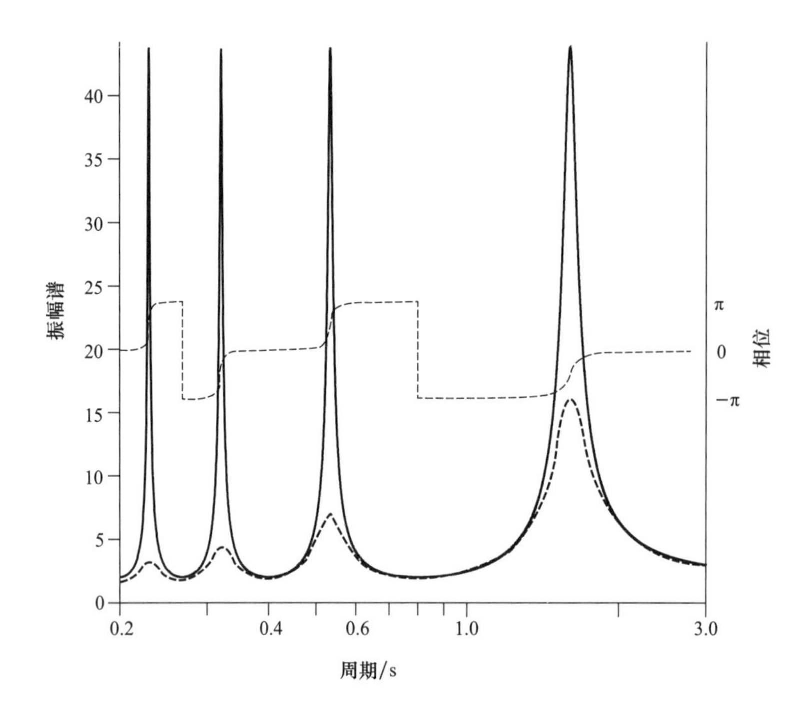

图 6.12　半无限空间上面有一覆盖层的模型中 SH 波入射到覆盖层底面时的表面位移图

图中，粗虚线和实线分别对应于有和没有考虑非弹性衰减得到的位移，细虚线对应于相角。在模型中，覆盖层和半无限空间介质的速度和密度分别是$(\beta',\rho')=(0.25,1.70)$和$(\beta,\rho)=(3.50,2.70)$。层厚和入射角分别是 0.1 km 和 10°，品质因子 $Q=10$。这个例子对应于未固结的低速物质覆盖在高速岩石之上的情况，此模型取自 Haskell (1960)。

6.9.2　P 波或 SV 波由半空间入射到覆盖层的底界面

在这种情况下，不管是 P 波入射还是 SV 波入射，在覆盖层内的位移都是上行和下行的 P 波和 SV 波位移的组合。这些波的位移表达式分别对应于在 6.6.2 小节中讨论固体 - 固体界面情况时所用的透射(上行)波和反射(下行)波的表达式。下面做以下约定：用字母 A 和 B 分别表示 P 波和 SV 波的振幅，下标 u 和 d 分别指示上行波和下行波，“′”用于表明覆盖层内的各物理量。因此，由式(6.6.25)(仅用反射波)、式(6.6.26)以及式(6.6.27)，可得覆盖层内的位移表达式为

$$
\begin{aligned}
\boldsymbol{u}' = [&A'_{\mathrm{u}}(\sin e'\boldsymbol{a}_x - \cos e'\boldsymbol{a}_z)\exp(\mathrm{i}\omega z\cos e'/\alpha') + \\
&A'_{\mathrm{d}}(\sin e'\boldsymbol{a}_x + \cos e'\boldsymbol{a}_z)\exp(-\mathrm{i}\omega z\cos e'/\alpha') + \\
&B'_{\mathrm{u}}(\cos f'\boldsymbol{a}_x + \sin f'\boldsymbol{a}_z)\exp(\mathrm{i}\omega z\cos f'/\beta') + \\
&B'_{\mathrm{d}}(-\cos f'\boldsymbol{a}_x + \sin f'\boldsymbol{a}_z)\exp(-\mathrm{i}\omega z\cos f'/\beta')]\exp[\mathrm{i}\omega(t - x/c)]
\end{aligned}
\qquad (6.9.38)
$$

将式(6.9.38)中的带“′”的量用不带“′”的量来代替即可得到半无限空间中的位移表达式。对于 P 波入射，假设 $B_{\mathrm{u}}=0$，A_{u} 为已知量；对于 SV 波入射，假设 $A_{\mathrm{u}}=0$，B_{u} 为已知量。这意味着不管是 P 波入射还是 SV 波入射，都有六个未知量，即 A'_{u}、A'_{d}、B'_{u}、B'_{d}、A_{d} 和 B_{d}。为了求解这个问题，需建立六个方程。可用以下边界条件建立这些

方程：在自由表面(覆盖层顶面)上应力矢量为零，在覆盖层底面上位移矢量和应力矢量连续。因为要处理的是只有两个非零分量的矢量问题，所以由这三个矢量边界条件就可建立所需的六个方程。

当考虑多层介质中的波传播问题时，更有效的求解方法是利用由 Thomson(1950)引入的，后来由 Haskell(1953)改进的矩阵方法。这里不讨论这种方法，但是将用类似于 Haskell(1953)的方法来写出关于位移和应力的方程。式(6.9.57)~式(6.9.62)是依照 Ben-Menahem 和 Singh(1981)的文献给出的，由此可直接导入他们对层状介质问题的一般处理。

像讨论 SH 波入射情况那样，式(6.9.38)中的指数项可利用斯奈尔定律和关系式 $k=\omega/c$ 进行改写，例如

$$\omega\frac{\cos e'}{\alpha'}=\frac{\omega}{\alpha'}\sqrt{1-\sin^2 e'}=\frac{\omega}{\alpha'}\sqrt{1-\frac{\alpha'^2}{c^2}}=\frac{\omega}{c}\sqrt{\frac{c^2}{\alpha'^2}-1}=k\sqrt{\frac{c^2}{\alpha'^2}-1}=k\eta'_\alpha \tag{6.9.39}$$

式中

$$\eta'_\alpha=\begin{cases}\sqrt{\dfrac{c^2}{\alpha'^2}-1}, & c>\alpha' \quad (6.9.40\text{a})\\ -\mathrm{i}\sqrt{1-\dfrac{c^2}{\alpha'^2}}, & c<\alpha' \quad (6.9.40\text{b})\end{cases}$$

类似地，有如下关系式

$$\omega\frac{\cos f'}{\beta'}=k\eta'_\beta \tag{6.9.41}$$

式中

$$\eta'_\beta=\begin{cases}\sqrt{\dfrac{c^2}{\beta'^2}-1}, & c>\beta' \quad (6.9.42\text{a})\\ -\mathrm{i}\sqrt{1-\dfrac{c^2}{\beta'^2}}, & c<\beta' \quad (6.9.42\text{b})\end{cases}$$

在向下进行之前，先求由式(6.9.38)给出的 $\boldsymbol{u}'$ 对 t 的导数并除以 c，得到

$$\frac{1}{c}\frac{\partial\boldsymbol{u}'}{\partial t}\equiv\frac{1}{c}\dot{\boldsymbol{u}}'=\mathrm{i}\frac{\omega}{c}\boldsymbol{u}'=\mathrm{i}k\boldsymbol{u}' \tag{6.9.43}$$

再将 $\mathrm{i}k\sin e'$ 和 $\mathrm{i}k\cos e'$ 改写为

$$\mathrm{i}k\sin e'=\mathrm{i}\frac{k}{\sin e'}\sin^2 e'=\mathrm{i}k'_\alpha\left(\frac{\alpha'}{c}\right)^2;\quad k'_\alpha=\frac{k}{\sin e'} \tag{6.9.44}$$

$$\mathrm{i}k\cos e'=\mathrm{i}\sqrt{1-\sin^2 e'};\quad k'_\alpha\sin e'=\mathrm{i}\sqrt{\frac{1}{\sin^2 e'}-1};\quad k'_\alpha\sin^2 e'=\mathrm{i}\eta'_\alpha k'_\alpha\left(\frac{\alpha'}{c}\right)^2 \tag{6.9.45}$$

将上面两式中的 α 用 β 来代替，可得到 $\mathrm{i}k\sin f'$ 和 $\mathrm{i}k\cos f'$ 的相应表达式。

接着将 $\boldsymbol{u}'$ 分解为它的水平分量(记为 u')和垂直分量(记为 w')，并分别求出 $\boldsymbol{u}'/c$

的水平分量 u'/c 和垂直分量 w'/c 关于时间的偏导数，得到

$$\frac{\dot{u}'}{c}=\mathrm{i}\left(A'_{\mathrm{u}}k'_{\alpha}\frac{\alpha'^2}{c^2}\mathrm{e}^{\mathrm{i}k\eta'_{\alpha}z}+A'_{\mathrm{d}}k'_{\alpha}\frac{\alpha'^2}{c^2}\mathrm{e}^{-\mathrm{i}k\eta'_{\alpha}z}+B'_{\mathrm{u}}\eta'_{\beta}k'_{\beta}\frac{\beta'^2}{c^2}\mathrm{e}^{\mathrm{i}k\eta'_{\beta}z}-B'_{\mathrm{d}}\eta'_{\beta}k'_{\beta}\frac{\beta'^2}{c^2}\mathrm{e}^{-\mathrm{i}k\eta'_{\beta}z}\right)\mathrm{e}^{\mathrm{i}(\omega t-kx)} \tag{6.9.46}$$

$$\frac{\dot{w}'}{c}=\mathrm{i}\left(-A'_{\mathrm{u}}\eta'_{\alpha}k'_{\alpha}\frac{\alpha'^2}{c^2}\mathrm{e}^{\mathrm{i}k\eta'_{\alpha}z}+A'_{\mathrm{d}}\eta'_{\alpha}k'_{\alpha}\frac{\alpha'^2}{c^2}\mathrm{e}^{-\mathrm{i}k\eta'_{\alpha}z}+B'_{\mathrm{u}}k'_{\beta}\frac{\beta'^2}{c^2}\mathrm{e}^{\mathrm{i}k\eta'_{\beta}z}+B'_{\mathrm{d}}k'_{\beta}\frac{\beta'^2}{c^2}\mathrm{e}^{-\mathrm{i}k\eta'_{\beta}z}\right)\mathrm{e}^{\mathrm{i}(\omega t-kx)} \tag{6.9.47}$$

然后求出应力矢量的水平分量(记为 τ')和垂直分量(记为 σ')的表达式。对于 P 波，它们分别是

$$\tau'=2\mu'\frac{\partial u'}{\partial z};\quad \sigma'=\lambda\frac{\partial u'}{\partial x}+(\lambda'+2\mu')\frac{\partial w'}{\partial z} \tag{6.9.48}$$

对于 SV 波，它们分别是

$$\tau'=\mu'\left(\frac{\partial u'}{\partial z}+\frac{\partial w'}{\partial x}\right);\quad \sigma'=2\mu'\frac{\partial w'}{\partial z} \tag{6.9.49}$$

由式(6.9.43)可知，$\boldsymbol{u}'=\frac{1}{\mathrm{i}k}\frac{\dot{\boldsymbol{u}}'}{c}$。此式按分量可写为 $u'=\frac{1}{\mathrm{i}k}\frac{\dot{u}'}{c}$ 和 $w'=\frac{1}{\mathrm{i}k}\frac{\dot{w}'}{c}$。由此可见，式(6.9.48)和式(6.9.49)中的位移分量关于 x 或 z 的偏导数等于相应的位移速度分量除以 c 的表达式的相应偏导数再除以 $\mathrm{i}ck$，而位移速度分量除以 c 的表达式由式(6.9.46)和式(6.9.47)给出。由此可求出覆盖层中各种波对应的应力分量的表达式，具体如下。

上行 P 波对应的应力矢量的水平分量 τ' 等于指数因子 $\mathrm{e}^{\mathrm{i}k\eta'_{\alpha}z}\mathrm{e}^{\mathrm{i}(\omega t-kx)}$ 和下面给出的系数的乘积[注意，此时仅涉及上行 P 波位移关于 z 的偏导数，所以只用到式(6.9.46)中括号内的第一项关于 z 的偏导数，下面其他的情况类似]

$$\mathrm{i}2\mu'k'_{\alpha}\frac{\alpha'^2}{c^2}\eta'_{\alpha}A'_{\mathrm{u}}=\mathrm{i}2\rho'\beta'^2k'_{\alpha}\frac{\alpha'^2}{c^2}\eta'_{\alpha}A'_{\mathrm{u}}=\mathrm{i}\rho'\gamma'k'_{\alpha}\alpha^2\eta'_{\alpha}A'_{\mathrm{u}} \tag{6.9.50a}$$

下行 P 波对应的应力矢量的水平分量 τ' 等于 $\mathrm{e}^{-\mathrm{i}k\eta'_{\alpha}z}\mathrm{e}^{\mathrm{i}(\omega t-kx)}$ 和下式给出因子的乘积

$$-\mathrm{i}2\mu'k'_{\alpha}\frac{\alpha'^2}{c^2}\eta'_{\alpha}A'_{\mathrm{d}}=-\mathrm{i}2\rho'\beta'^2k'_{\alpha}\frac{\alpha'^2}{c^2}\eta'_{\alpha}A'_{\mathrm{d}}=-\mathrm{i}\rho'\gamma'k'_{\alpha}\alpha^2\eta'_{\alpha}A'_{\mathrm{d}} \tag{6.9.50b}$$

式(6.9.50a)和式(6.9.50b)中的 γ' 为

$$\gamma'=\frac{2\beta'^2}{c^2} \tag{6.9.51}$$

上行 SV 波对应应力矢量的水平分量 τ' 等于 $\mathrm{e}^{\mathrm{i}k\eta'_{\beta}z}\mathrm{e}^{\mathrm{i}(\omega t-kx)}$ 和下式给出的因子的乘积

$$\begin{aligned}\mathrm{i}\mu'\left(B'_{\mathrm{u}}\eta'^2_{\beta}k'_{\beta}\frac{\beta'^2}{c^2}-B'_{\mathrm{u}}k'_{\beta}\frac{\beta'^2}{c^2}\right)&=\mathrm{i}\rho'\beta'^2k'_{\beta}\frac{\beta'^2}{c^2}(\eta'^2_{\beta}-1)B'_{\mathrm{u}}=\mathrm{i}\rho'\beta'^2k'_{\beta}\frac{\beta'^2}{c^2}\left(\frac{c^2}{\beta'^2}-2\right)B'_{\mathrm{u}}\\&=\mathrm{i}\rho'\beta'^2k'_{\beta}(1-\gamma')B'_{\mathrm{u}}=-\mathrm{i}\rho'\frac{c^2}{2}k'_{\beta}\gamma'(\gamma'-1)B'_{\mathrm{u}}\end{aligned} \tag{6.9.52a}$$

下行 SV 波对应的应力矢量的水平分量 τ' 等于 $\mathrm{e}^{-\mathrm{i}k\eta'_{\beta}z}\mathrm{e}^{\mathrm{i}(\omega t-kx)}$ 和下式给出的因子的乘积

$$
-\mathrm{i}\mu'\left(B'_{\mathrm{d}}\eta'^2_{\beta}k'_{\beta}\frac{\beta'^2}{c^2}-B'_{\mathrm{d}}k'_{\beta}\frac{\beta'^2}{c^2}\right)=-\mathrm{i}\rho'\beta'^2k'_{\beta}\frac{\beta'^2}{c^2}(\eta'^2_{\beta}-1)B'_{\mathrm{d}}=-\mathrm{i}\rho'\beta'^2k'_{\beta}\frac{\beta'^2}{c^2}\left(\frac{c^2}{\beta'^2}-2\right)B'_{\mathrm{d}}
$$

$$
=-\mathrm{i}\rho'\beta'^2k'_{\beta}(1-\gamma')B'_{\mathrm{d}}=\mathrm{i}\rho'\frac{c^2}{2}k'_{\beta}\gamma'(\gamma'-1)B'_{\mathrm{d}} \tag{6.9.52b}
$$

上行P波对应的应力矢量的垂直分量σ'等于$e^{ik\eta'_{\alpha}z}e^{i(\omega t-kx)}$和下式给出的因子的乘积

$$
-\mathrm{i}k'_{\alpha}\frac{\alpha'^2}{c^2}[\lambda'+(\lambda'+2\mu')\eta'^2_{\alpha}]A'_{\mathrm{u}}=-\mathrm{i}k'_{\alpha}\frac{\alpha'^2}{c^2}\left[(\lambda'+2\mu')\frac{c^2}{\alpha'^2}-2\mu'\right]A'_{\mathrm{u}}
$$

$$
=-\mathrm{i}k'_{\alpha}\frac{\alpha'^2}{c^2}\rho'c^2\left(1-2\frac{\beta'^2}{c^2}\right)A'_{\mathrm{u}}
$$

$$
=\mathrm{i}k'_{\alpha}\alpha'^2\rho'(\gamma'-1)A'_{\mathrm{u}} \tag{6.9.53a}
$$

下行P波对应的应力矢量的垂直分量σ'等于$e^{-ik\eta'_{\alpha}z}e^{i(\omega t-kx)}$和下式给出的因子的乘积

$$
-\mathrm{i}k'_{\alpha}\frac{\alpha'^2}{c^2}[\lambda'+(\lambda'+2\mu')\eta'^2_{\alpha}]A'_{\mathrm{d}}=-\mathrm{i}k'_{\alpha}\frac{\alpha'^2}{c^2}\left[(\lambda'+2\mu')\frac{c^2}{\alpha'^2}-2\mu'\right]A'_{\mathrm{d}}
$$

$$
=-\mathrm{i}k'_{\alpha}\frac{\alpha'^2}{c^2}\rho'c^2\left(1-2\frac{\beta'^2}{c^2}\right)A'_{\mathrm{d}}
$$

$$
=\mathrm{i}k'_{\alpha}\alpha'^2\rho'(\gamma'-1)A'_{\mathrm{d}} \tag{6.9.53b}
$$

上行SV波对应的应力矢量的垂直分量σ'等于$e^{ik\eta'_{\beta}z}e^{i(\omega t-kx)}$和下式给出的因子的乘积

$$
\mathrm{i}2\mu'B'_{\mathrm{u}}k'_{\beta}\frac{\beta'^2}{c^2}\eta'_{\beta}=\mathrm{i}\rho'B'_{\mathrm{u}}k'_{\beta}2\frac{\beta'^4}{c^2}\eta'_{\beta}=\mathrm{i}\rho'B'_{\mathrm{u}}k'_{\beta}\gamma'^2\frac{c^2}{2}\eta'_{\beta} \tag{6.9.54a}
$$

下行SV波对应的应力矢量的垂直分量σ'等于$e^{-ik\eta'_{\beta}z}e^{i(\omega t-kx)}$和下式给出的因子的乘积

$$
-\mathrm{i}2\mu'B'_{\mathrm{d}}k'_{\beta}\frac{\beta'^2}{c^2}\eta'_{\beta}=-\mathrm{i}\rho'B'_{\mathrm{d}}k'_{\beta}2\frac{\beta'^4}{c^2}\eta'_{\beta}=-\mathrm{i}\rho'B'_{\mathrm{d}}k'_{\beta}\gamma'^2\frac{c^2}{2}\eta'_{\beta} \tag{6.9.54b}
$$

在覆盖层内，τ'和σ'的表达式由式(6.9.50)～式(6.9.54)组合得到，即

$$
\begin{aligned}
\tau'=&[\mathrm{i}\rho'\gamma'k'_{\alpha}\alpha^2\eta'_{\alpha}(A'_{\mathrm{u}}e^{ik\eta'_{\alpha}z}-A'_{\mathrm{d}}e^{-ik\eta'_{\alpha}z})-\\
&\mathrm{i}\rho'\frac{c^2}{2}k'_{\beta}\gamma'(\gamma'-1)(B'_{\mathrm{u}}e^{ik\eta'_{\beta}z}+B'_{\mathrm{d}}e^{-ik\eta'_{\beta}z})]e^{i(\omega t-kx)}
\end{aligned} \tag{6.9.55}
$$

$$
\begin{aligned}
\sigma'=&[\mathrm{i}k'_{\alpha}\alpha'^2\rho'(\gamma'-1)(A'_{\mathrm{u}}e^{ik\eta'_{\alpha}z}+A'_{\mathrm{d}}e^{-ik\eta'_{\alpha}z})+\\
&\mathrm{i}\rho'k'_{\beta}\gamma'^2\frac{c^2}{2}\eta'_{\beta}(B'_{\mathrm{u}}e^{ik\eta'_{\beta}z}-B'_{\mathrm{d}}e^{-ik\eta'_{\beta}z})]e^{i(\omega t-kx)}
\end{aligned} \tag{6.9.56}
$$

最后，引入下面的简化记号，即

$$
\dot{U}'_{\alpha}=k'_{\alpha}\frac{\alpha'^2}{c^2};\quad \dot{U}'_{\beta}=\eta'_{\beta}k'_{\beta}\frac{\beta'^2}{c^2} \tag{6.9.57}
$$

$$
\dot{W}'_{\alpha}=\eta'_{\alpha}k'_{\alpha}\frac{\alpha'^2}{c^2};\quad \dot{W}'_{\beta}=k'_{\beta}\frac{\beta'^2}{c^2} \tag{6.9.58}
$$

$$
T'_{\alpha}=\rho'\gamma'k'_{\alpha}\alpha'^2\eta'_{\alpha};\quad T'_{\beta}=-\rho'\frac{c^2}{2}k'_{\beta}\gamma'(\gamma'-1) \tag{6.9.59}
$$

$$
S'_{\alpha}=k'_{\alpha}\alpha'^2\rho'(\gamma'-1);\quad S'_{\beta}=\rho'k'_{\beta}\gamma'^2\frac{c^2}{2}\eta'_{\beta} \tag{6.9.60}
$$

$$E'_{u\alpha} = e^{ik\eta'_\alpha H};\quad E'_{u\beta} = e^{ik\eta'_\beta H} \tag{6.9.61}$$

$$E'_{d\alpha} = e^{ik\eta'_\alpha H};\quad E'_{d\beta} = e^{ik\eta'_\beta H} \tag{6.9.62}$$

将式(6.9.38)~式(6.9.62)中的“′”去掉可得到半空间介质中的类似表达式。暂时忽略因子 $\exp[i(\omega t-kx)]$ 可进一步简化上面的有关表达式。

至此准备工作已经做好了，可以分别单独考虑 P 波入射和 SV 波入射的情况。

6.9.2.1 P 波由半空间入射到覆盖层的底界面

如前所述，当 P 波入射时，假设 A_u 是已知的，$B_u=0$。边界条件是在覆盖层顶面($z=0$)上应力为零，在覆盖层底面($z=H$)上位移和应力矢量连续，因而给出下面的边界条件方程，即

$$T'_\alpha A'_u - T'_\alpha A'_d + T'_\beta B'_u + T'_\beta B'_u = 0 \tag{6.9.63}$$

$$S'_\alpha A'_u + S'_\alpha A'_d + S'_\beta B'_u - S'_\beta B'_d = 0 \tag{6.9.64}$$

$$\dot{U}'_\alpha E'_{u\alpha}A'_u + \dot{U}'_\alpha E'_{d\alpha}A'_d + \dot{U}'_\beta E'_{u\beta}B'_u - \dot{U}'_\beta E'_{d\beta}B'_d - \dot{U}'_\alpha E_{d\alpha}A_d + \dot{U}_\beta E_{d\beta}B_d = \dot{U}_\alpha E_{u\alpha}A_u \tag{6.9.65}$$

$$-\dot{W}'_\alpha E'_{u\alpha}A'_u + \dot{W}'_\alpha E'_{d\alpha}A'_d + \dot{W}'_\beta E'_{u\beta}B'_u + \dot{W}'_\beta E'_{d\beta}B'_d - \dot{W}_\alpha E_{d\alpha}A_d - \dot{W}_\beta E_{d\beta}B_d = -\dot{W}_\alpha E_{u\alpha}A_u \tag{6.9.66}$$

$$T'_\alpha E'_{u\alpha}A'_u - T'_\alpha E'_{d\alpha}A'_d + T'_\beta E'_{u\beta}B'_u + T'_\beta E'_{d\beta}B'_d + T_\alpha E_{d\alpha}A_d - T_\beta E_{d\beta}B_d = T_\alpha E_{u\alpha}A_u \tag{6.9.67}$$

$$S'_\alpha E'_{u\alpha}A'_u + S'_\alpha E'_{d\alpha}A'_d + S'_\beta E'_{u\beta}B'_u - S'_\beta E'_{d\beta}B'_d - S_\alpha E_{d\alpha}A_d + S_\beta E_{d\beta}B_d = S_\alpha E_{u\alpha}A_u \tag{6.9.68}$$

当给定 A_u、频率、速度和密度时，振幅项是 P 波入射角 e 的函数。式(6.9.63)~式(6.9.68)构成六个关于未知振幅系数的线性方程组。解此方程组基本上解决了半空间上有一个覆盖层的问题。

6.9.2.2 SV 波由半空间入射到覆盖层的底界面

在 SV 波入射时，假设 B_u 是已知的，$A_u=0$。相应的方程组与式(6.9.63)~式(6.9.68)唯一的差别是后四个方程的右边项应该分别用 $\dot{U}_\beta E_{u\beta}B_u$、$-\dot{W}_\beta E_{u\beta}B_u$、$T_\beta E_{u\beta}B_u$ 和 $S_\beta E_{u\beta}B_u$ 来代替。在这种情况下，振幅项依赖于 SV 波的入射角 f。

6.9.2.3 表面位移

一旦计算出 A'_u、A'_d、B'_u 和 B'_d，则将式(6.9.46)和式(6.9.47)除以 ik 并令 $z=0$，即可得到表面位移的水平分量(记为 u'_0)和垂直分量(记为 w'_0)，即

$$u'_0 = \frac{1}{k}[(A'_u + A'_d)\dot{U}'_\alpha + (B'_u + B'_d)\dot{U}'_\beta]\exp[i(\omega t - kx)] \tag{6.9.69}$$

$$w'_0 = \frac{1}{k}[(-A'_u + A'_d)\dot{W}'_\alpha + (B'_u + B'_d)\dot{W}'_\beta]\exp[i(\omega t - kx)] \tag{6.9.70}$$

式(6.9.69)和式(6.9.70)既适用于 P 波入射的情况，也适用于 SV 波入射的情况，这两式中的振幅系数可分别通过求解 6.9.2.1 小节和 6.9.2.2 小节中的方程组得到。

就 Haskell(1962)给出的单层地壳模型，对于 P 波入射($e=46°$)和 SV 波入射($f=46°$、25°)，周期为 3~100 s 的位移的水平分量和垂直分量分别如图 6.13~图 6.15 所示。

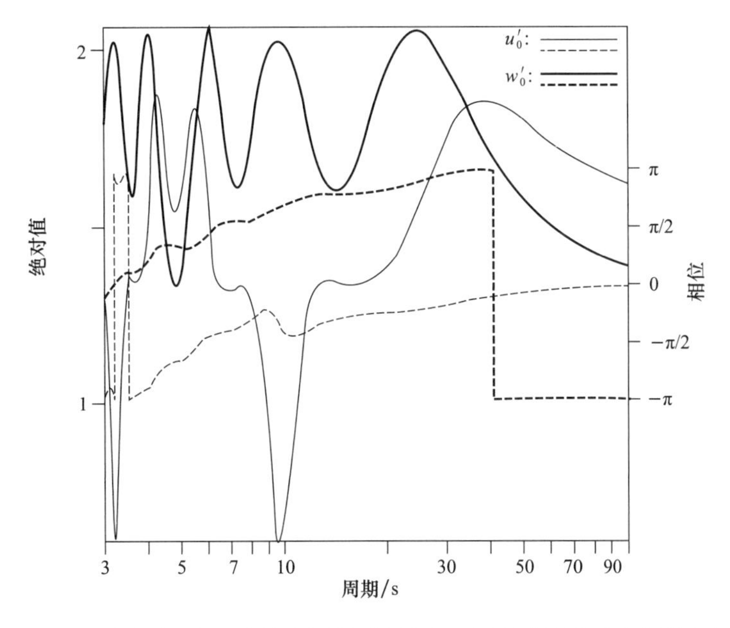

图 6.13　P 波由半无限空间入射到覆盖层底界面时的表面位移和相位曲线图

图中示出了表面位移的水平分量 u_0' 的绝对值(细实线)及其相位(细虚线)、垂直分量 w_0' 的绝对值(粗实线)及其相位(粗虚线)。模型中覆盖层和半无限空间内的 P 波速度、SV 波速度、密度分别为 $(\alpha',\beta',\rho') = (6.28, 3.63, 2.87)$ 和 $(\alpha, \beta, \rho) = (7.96, 4.60, 3.37)$。覆盖层层厚和入射角分别为 37 km 和 46°。这个例子取自 Haskell(1962),对应于一个单层地壳模型。

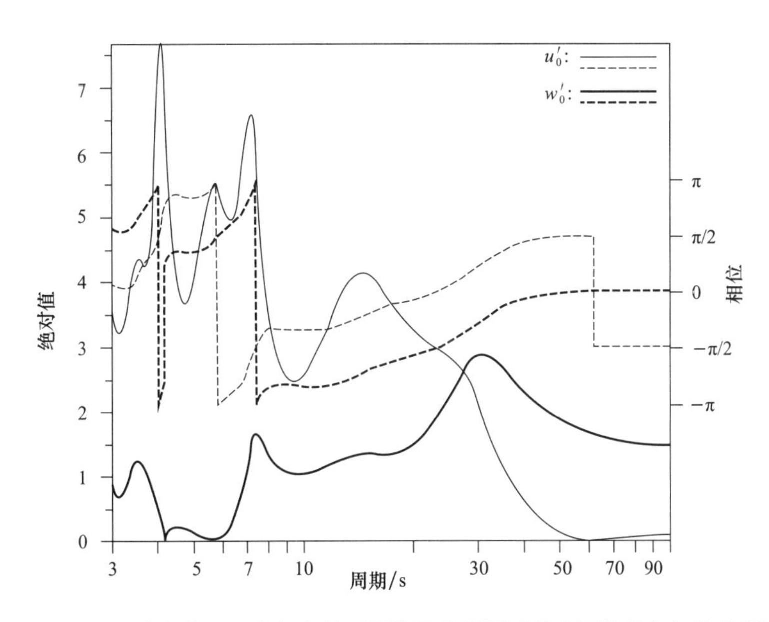

图 6.14　SV 波由半无限空间入射到覆盖层底界面时的表面位移和相位曲线图

图中示出了表面位移水平分量 u_0' 的绝对值(细实线)及其相位(细虚线)、垂直分量 w_0' 的绝对值(粗实线)及其相位(粗虚线)。模型参数和入射角同图 6.13。

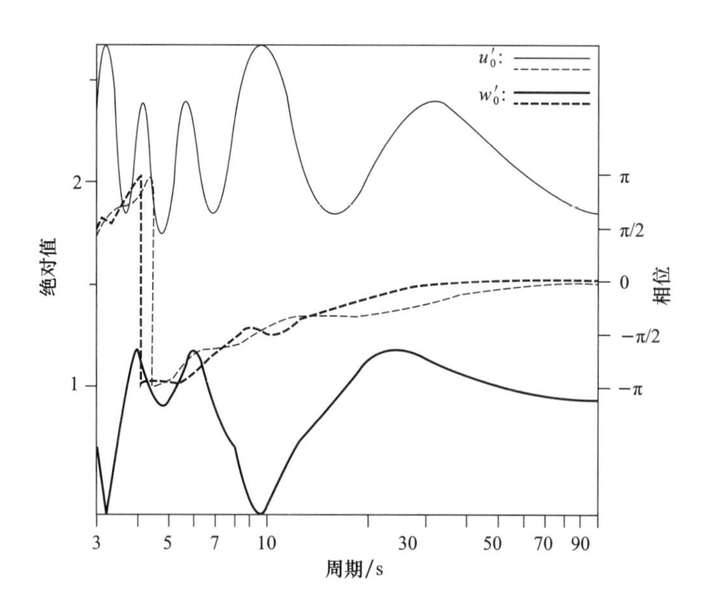

图 6.15　SV 波由半无限空间入射到覆盖层底界面时的表面位移和相位曲线图

图中示出了表面位移的水平分量 u_0' 的绝对值(细实线)及其相位(细虚线)、垂直分量 w_0' 的绝对值(粗实线)及其相位(粗虚线)。模型参数同图 6.13，入射角为 25°。

必须注意两个有意义的特征。

特征之一是表面位移作为复杂周期函数的急剧变化，特别是图 6.14 中所示的 SV 波，此时的入射角 f 是 46°，大于透射 P 波的临界角(35.3°)。为了对比，图 6.15 中绘出了 f 小于临界角时的表面位移。

特征之二是对于给定的周期，水平运动和垂直运动两者之间的相位差。当相位差是 0 或 π 时，表面质点的运动作为时间的函数是线性的。当相位差为任意的其他值时，表面质点的运动变成椭圆(见 5.8.4.1 小节)，椭圆度(椭圆率的大小)是相位差的函数。对于 SV 波，表面质点运动的非线性特别严重，这一点从图 6.14 中可以看出，此时在很宽的周期范围内，相位差接近 π/2。当 SV 波入射到自由表面，且入射角大于临界角时，也有类似的情况，见 6.5.3.2 小节。这些问题在 Haskell(1962)的书中有详细的探讨。

问　题

6.1　验证式(6.4.1)~式(6.4.8)。

6.2　验证式(6.5.12)和 $a_1 = a_2 = a_3 = 0$ 时的结论。

6.3　证明：

(a)当 $f_1 = 0$ 和 $f_1 = \pi/2$ 时，式(6.5.10)意味着 $e_1 = e$ 和 $A_1 = -A$；

(b)当 $f_1 = 0$ 时，式(6.5.9)意味着 $e = 0$ 和 $B_1 = 0$；

(c)当 $f_1=\pi/2$ 时，式(6.5.9)导致一个没有解的方程。

验证这些结果为6.5.2小节中一般结果的特例。

6.4　验证式(6.5.21)中给出的系数 B_1/A 是负数或零(只要泊松比为非负值)。

6.5　验证式(6.5.24)。

6.6　验证式(6.5.28)。

6.7　验证式(6.5.29)~式(6.5.31)。

6.8　计算 $\alpha/\beta=\sqrt{3}$，由式(6.5.36)给出的反射系数 B_1/B 等于零时的角度。

6.9　证明：$\cos at$、$\sin at$ 和 $\delta(t)$ 的希尔伯特变换分别由 $-\sin at$、$\cos at$ 和 $-1/(\pi t)$ 给出。

6.10　证明：SH 波入射到固体－固体边界上时的反射系数和透射系数可以写为

$$\frac{C_1}{C}=\frac{\rho\beta\cos f-\rho'\beta'\cos f'}{\rho\beta\cos f+\rho'\beta'\cos f'}$$

$$\frac{C'}{C}=\frac{2\rho\beta\cos f}{\rho\beta\cos f+\rho'\beta'\cos f'}$$

再利用阻抗的定义(应力/速度，见6.6.2.1小节)，证明 $\pm\rho\beta\cos f$ 和 $\rho'\beta'\cos f'$ 是阻抗。

6.11　对于 SH 波以大于临界角的角度入射到固体－固体界面上的问题(6.6.1.1小节)，证明在该情况下位移由下式给出

$$\boldsymbol{u}=2\boldsymbol{a}_2C\sin\left(\frac{\omega x_3\cos f}{\beta}+\chi\right)\exp[\mathrm{i}\omega(t-x_1/c)+\mathrm{i}(\pi/2-\chi)]$$

$$\boldsymbol{u}'=2\boldsymbol{a}_2C\sin\chi\exp[\omega x_3\beta^{-1}(\sin^2 f-\beta^2/\beta'^2)^{1/2}+\mathrm{i}\omega(t-x_1/c)+\mathrm{i}(\pi/2-\chi)]$$

式中，$c=\beta/\sin f$ 是式(6.6.27)中引入的相速度，且 $\omega>0$(Ben-Menahem 和 Singh，1981)。

6.12　参照6.6.1.1小节和问题6.11，验证不均匀波的能量在一个周期内等于零(Ben-Menahem 和 Singh，1981)。

6.13　通过直接替代，验证在法线入射情况下，反射系数和透射系数满足式(6.6.56)。

6.14　当入射介质为固体时，求解 SH 波入射固体－液体界面上的问题。

第7章 简单模型中的面波-频散波

7.1 引言

面波是沿着介质分界面传播的波，其振幅随着波远离界面而减小到零。面波有两种基本类型，即勒夫波和瑞利波，是用首先开始研究它们的科学家的名字来命名的。勒夫的工作是直接解释水平地震仪观测到的波，而瑞利最先预测了瑞利波的存在。这两类面波的主要差别是：勒夫波是SH波类型的运动，而瑞利波是P-SV波类型的运动。还有一种相关类型的面波，称为斯通利波，它由沿两半无限空间之间的界面传播的不均匀P-SV波组成。本章将讨论这三种类型的面波。正如下面将要论述的，如果存在一个覆盖层，则会出现面波的频散现象。频散可用两种依赖于频率的速度，即相速度和群速度来描述。在7.6节中，将仔细分析频散。虽然这里没有考虑多层介质的问题，但是用于分析这类问题的基础理论已在6.9.2小节中给出。

为了求解有关面波的问题，必须采用6.1节所描述的步骤，即先写出介质中任意点的位移表达式，而后再加上适当的边界条件等。因为面波的边界条件与6.3节中所讨论的体波的边界条件完全相同，所以这里只需考虑面波的位移。

因为面波是不均匀波，如在第6章中所讨论的那样，所以在6.9.1小节和6.9.2小节中导出的一些关系式可以很容易地被改为表示面波的位移。例如，在式(6.9.5b)、式(6.9.40b)和式(6.9.42b)中定义所引入的量，就是为了使得相应的波成为不均匀波。但是当模型中有多层时，各层内的位移没必要用不均匀波表示，所以此时必须采用类似于式(6.9.5a)、式(6.9.40a)和式(6.9.42a)的表达式。此外，当模型中有多层时，在每一层内都必须允许上行波和下行波的存在，如6.9节所述。基于这些考虑，针对特定问题写出相应的位移表达式是相对简单的，但是为了本章内容的完整性，在下面的章节中仍将给出独立的推导过程。除7.6节之外，这里所用的表达式和记号都是按照Ben-Menahem和Singh(1981)的文献给出的。

本章所用的坐标系如图6.1所示，但是在大部分讨论中将用x、y、z来代替x_1、x_2、x_3，只在某些推导中采用了带下标的变量。

7.2 位移

由式(5.8.52)~式(5.8.55)可知，下面三个矢量表示波动方程的三个独立解

$$\boldsymbol{u}_{\mathrm{P}} = A(l\boldsymbol{a}_x + n\boldsymbol{a}_z)\exp\left[\mathrm{i}\omega\left(t - \frac{lx + nz}{\alpha}\right)\right] \tag{7.2.1}$$

$$\boldsymbol{u}_{\mathrm{SV}} = B(-n\boldsymbol{a}_x + l\boldsymbol{a}_z)\exp\left[\mathrm{i}\omega\left(t - \frac{lx + nz}{\beta}\right)\right] \tag{7.2.2}$$

$$\boldsymbol{u}_{\mathrm{SH}} = C\boldsymbol{a}_y\exp\left[\mathrm{i}\omega\left(t - \frac{lx + nz}{\beta}\right)\right] \tag{7.2.3}$$

式中，$n^2 + l^2 = 1$。这意味着，它们既可用于表示体波位移，也可用于表示面波位移。体波和面波之间的差异在于$|\boldsymbol{u}|$对深度z的依赖性，面波的位移会随着z趋于无穷而趋于零。由式(7.2.1)～式(7.2.3)可知，如果n取纯虚数，则$|\boldsymbol{u}|$就有面波的这种特性。因此，面波的位移可通过适当修改式(7.2.1)～式(7.2.3)中的指数导出。但在给出面波位移之前，先就n和l取实数时改写$(lx + nz)/\delta$，其中δ为α或β，即

$$\frac{lx + nz}{\delta} = \frac{x + nz/l}{\delta/l} = \frac{x \pm \sqrt{1/l^2 - 1}\, z}{\delta/l} = \frac{x \pm \sqrt{c^2/\delta^2 - 1}\, z}{c}, \quad \delta = \alpha,\beta \tag{7.2.4}$$

式中

$$n = \pm\sqrt{1 - l^2} \tag{7.2.5a}$$

$$c = \frac{\delta}{l} \tag{7.2.5b}$$

这里c就是式(6.6.27)中引入的相速度。下面引入另一个量η_δ，即

$$\eta_\delta = \sqrt{\frac{c^2}{\delta^2} - 1} \tag{7.2.6}$$

于是，可由式(7.2.5)和式(7.2.6)得到

$$\frac{n}{l} = \pm\sqrt{\frac{1}{l^2} - 1} = \pm\eta_\delta \tag{7.2.7}$$

下面利用η_α、η_β和$k = \omega/c$[见式(6.9.2b)]将式(7.2.1)～式(7.2.3)改写为

$$\boldsymbol{u}_{\mathrm{P}} = A(\boldsymbol{a}_x \pm \eta_\alpha\boldsymbol{a}_z)\exp[\mathrm{i}k(ct - x \mp \eta_\alpha z)] \tag{7.2.8}$$

$$\boldsymbol{u}_{\mathrm{SV}} = B(\mp\eta_\beta\boldsymbol{a}_x + \boldsymbol{a}_z)\exp[\mathrm{i}k(ct - x \mp \eta_\beta z)] \tag{7.2.9}$$

$$\boldsymbol{u}_{\mathrm{SH}} = C\boldsymbol{a}_y\exp[\mathrm{i}k(ct - x \mp \eta_\beta z)] \tag{7.2.10}$$

式(7.2.8)和式(7.2.9)中的系数A和B包含因子$1/l$，这样做不失一般性，因为这些系数是在满足先前描述的边界条件下确定的。指数表达式中的负号和正号分别表示沿z轴正向和负向运动的两种波。

下面考虑n为虚数的情况。因为n、l必须满足如下条件

$$n^2 + l^2 = 1 \tag{7.2.11}$$

所以，当n为虚数时，l^2必须大于1，并且有

$$n = \pm\sqrt{1 - l^2} = \pm\mathrm{i}\sqrt{l^2 - 1} \tag{7.2.12}$$

$$\frac{n}{l} = \pm\mathrm{i}\sqrt{1 - \frac{1}{l^2}} = \pm\mathrm{i}\sqrt{1 - \frac{c^2}{\delta^2}}, \quad \delta = \alpha,\beta \tag{7.2.13}$$

再引入以下记号，即

$$\gamma_\delta = \sqrt{1 - \frac{c^2}{\delta^2}} \tag{7.2.14}$$

此时，有

$$\frac{n}{l} = \mp \mathrm{i}\gamma_\delta \tag{7.2.15}$$

式(7.2.15)中的正负号如何取并不重要，只要在使用式(7.2.15)时正负号保持一致即可。下面将式(7.2.1)~式(7.2.3)用γ_α、γ_β和k改写为

$$\boldsymbol{u}_{\mathrm{P}} = A(\boldsymbol{a}_x \mp \mathrm{i}\gamma_\alpha \boldsymbol{a}_z)\exp[\mp \gamma_\alpha kz + \mathrm{i}k(ct - x)] \tag{7.2.16}$$

$$\boldsymbol{u}_{\mathrm{SV}} = B(\pm \mathrm{i}\gamma_\beta \boldsymbol{a}_x + \boldsymbol{a}_z)\exp[\mp \gamma_\beta kz + \mathrm{i}k(ct - x)] \tag{7.2.17}$$

$$\boldsymbol{u}_{\mathrm{SH}} = C\boldsymbol{a}_y \exp[\mp \gamma_\beta kz + \mathrm{i}k(ct - x)] \tag{7.2.18}$$

式(7.2.16)~式(7.2.18)表示沿x轴正向传播的面波，其振幅随$\pm z$呈指数衰减(约定γ_α和γ_β为正值)。

7.3 勒夫波

这里考虑以下几种介质模型中的勒夫波：

(1)均匀半空间介质模型；

(2)半空间上有一覆盖层的介质模型；

(3)垂向不均匀介质模型。

7.3.1 均匀半空间介质模型

下面将证明在均匀半空间情况下不存在勒夫波。在均匀半空间中，位移必须用式(7.2.18)表示，且指数项取负号才能保证当z趋于无穷时波的振幅趋于零，即

$$\boldsymbol{u} = C\boldsymbol{a}_y \mathrm{e}^{-\gamma_\beta kz + \mathrm{i}k(ct - x)} \tag{7.3.1}$$

根据在自由表面($z=0$)上的应力矢量为零的边界条件(见6.4节)可得

$$\tau_{32} = \mu u_{2,3} = -\mu C\gamma_\beta k = 0 \tag{7.3.2}$$

从而有$C \equiv 0$，这就表明在均匀半空间情况下勒夫波不存在。

7.3.2 半空间上有一覆盖层的介质模型

设覆盖层的厚度是H(见图7.1)。此时的勒夫波问题与6.9.1小节所讨论的SH波在半空间上有一覆盖层的模型中传播的问题类似。在覆盖层内，需要同时考虑上行波和下行波，并且因为z只取有限值，故层内的位移必须用与式(7.2.10)相应取正号和负号的两个表达式。在半空间中的位移须用式(7.2.18)表示。于是，有

$$\boldsymbol{u} = \boldsymbol{a}_y(A\mathrm{e}^{-\mathrm{i}\eta_1 kz} + B\mathrm{e}^{\mathrm{i}\eta_1 kz})\mathrm{e}^{\mathrm{i}k(ct - x)}, \quad 0 < z < H \tag{7.3.3}$$

$$\boldsymbol{u} = C\boldsymbol{a}_y \mathrm{e}^{-\gamma_2 kz + \mathrm{i}k(ct - x)}, \quad z > H \tag{7.3.4}$$

式中

$$\eta_1 = \sqrt{\frac{c^2}{\beta_1^2} - 1} \tag{7.3.5a}$$

$$\gamma_2 = \sqrt{1 - \frac{c^2}{\beta_2^2}} > 0 \tag{7.3.5b}$$

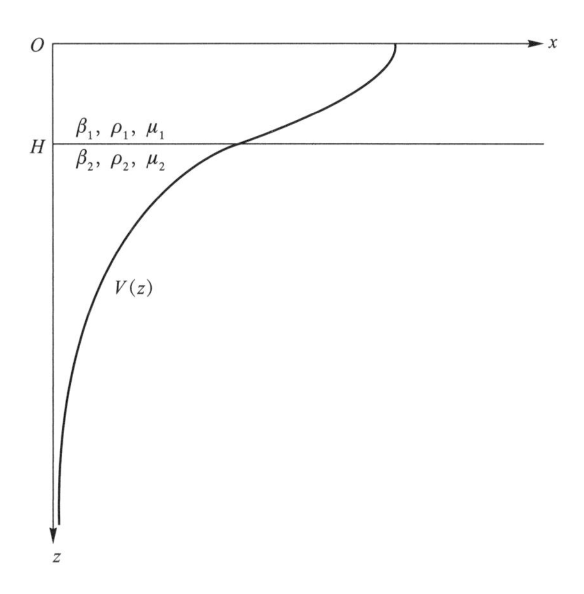

图 7.1　半空间上有一覆盖层的介质模型，以及基阶模式下勒夫波的振幅函数 $V(z)$ 的曲线图

为使当 z 趋于无穷时 $\exp(-\gamma_2 kz)$ 趋于零，必须要求 $\gamma_2>0$，即要求 $\beta_2>c$。注意，式(7.3.3)中的系数 A 和 B 与式(7.2.8)和式(7.2.9)中的系数没有关系。

这一问题的边界条件是：①应力矢量在自由表面上必须为零；②在界面($z=H$)处，位移和应力矢量必须连续。用这些条件可确定系数 A、B 和 C 之间的关系。

应力矢量的分量表示式为

$$\tau_{32}=\mu_1 u_{2,3}=\mu_1(-A\mathrm{i}\eta_1 k\mathrm{e}^{-\mathrm{i}\eta_1 kz}+B\mathrm{i}\eta_1 k\mathrm{e}^{\mathrm{i}\eta_1 kz})\mathrm{e}^{\mathrm{i}k(ct-x)},\quad 0<z<H \tag{7.3.6}$$

$$\tau_{32}=\mu_2 u_{2,3}=-\mu_2 C\gamma_2 k\mathrm{e}^{-\gamma_2 kz+\mathrm{i}k(ct-x)},\quad z>H \tag{7.3.7}$$

由应力矢量在 $z=0$ 和 $z=H$ 处的边界条件，可得

$$A=B \tag{7.3.8}$$

$$-\mathrm{i}\eta_1(A\mathrm{e}^{-\mathrm{i}\eta_1 kH}-B\mathrm{e}^{\mathrm{i}\eta_1 kH})\mu_1=-\mu_2 C\gamma_2\mathrm{e}^{-\gamma_2 kH} \tag{7.3.9}$$

式(7.3.9)可以写成

$$A\mathrm{e}^{-\mathrm{i}\eta_1 kH}-B\mathrm{e}^{\mathrm{i}\eta_1 kH}+\mathrm{i}C\frac{\mu_2\gamma_2}{\mu_1\eta_1}\mathrm{e}^{-\gamma_2 kH}=0 \tag{7.3.10}$$

在 $z=H$ 处，由位移连续条件，得

$$A\mathrm{e}^{-\mathrm{i}\eta_1 kH}+B\mathrm{e}^{\mathrm{i}\eta_1 kH}-C\mathrm{e}^{-\gamma_2 kH}=0 \tag{7.3.11}$$

将式(7.3.8)代入式(7.3.11)，得

$$C=2A\cos(\eta_1 kH)\mathrm{e}^{\gamma_2 kH} \tag{7.3.12}$$

因此，式(7.3.3)和式(7.3.4)可写成

$$\boldsymbol{u}=\boldsymbol{a}_y A(\mathrm{e}^{-\mathrm{i}\eta_1 kz}+\mathrm{e}^{\mathrm{i}\eta_1 kz})\mathrm{e}^{\mathrm{i}k(ct-x)}=\boldsymbol{a}_y 2A\cos(\eta_1 kz)\mathrm{e}^{\mathrm{i}k(ct-x)},\quad 0<z<H \tag{7.3.13}$$

$$\boldsymbol{u}=\boldsymbol{a}_y 2A\cos(\eta_1 kH)\mathrm{e}^{-\gamma_2 k(z-H)}\mathrm{e}^{\mathrm{i}k(ct-x)},\quad z>H \tag{7.3.14}$$

式(7.3.13)表示在 z 方向上的驻波和在 x 方向上的行波。综合式(7.3.13)和式(7.3.14)可得

$$\boldsymbol{u} = \boldsymbol{a}_y 2AV(z)\mathrm{e}^{\mathrm{i}k(ct-x)} \tag{7.3.15}$$

式中

$$V(z) = \begin{cases} \cos(\eta_1 kz), & 0 < z < H \\ \cos(\eta_1 kH)\mathrm{e}^{-\gamma_2 k(z-H)}, & z > H \end{cases} \tag{7.3.16}$$

注意，$V(z)$在$z=H$处是连续的，当z趋于无穷大时，$V(z)$趋于零。下面将对这个函数做进一步讨论。

求得勒夫波的位移表达式并不是解决了全部的问题。因为除因子A可忽略外，位移$\boldsymbol{u}$的表达式中还包括量η_1、γ_2和k，而这三个量又依赖于β_1、β_2、μ_1、μ_2、ω和c。为了研究这些量之间的关系，可以回顾由边界条件导出的式(7.3.8)、式(7.3.10)和式(7.3.11)。这三个关系式可看成关于系数A、B、C的齐次方程组，为使该方程组有非零解，方程组的系数行列式必为零。即若设$K=\eta_1 kH$，$L=\gamma_2 kH$，$M=\mu_2\gamma_2/(\mu_1\eta_1)$，则有

$$\begin{vmatrix} 1 & -1 & 0 \\ \mathrm{e}^{-\mathrm{i}K} & -\mathrm{e}^{\mathrm{i}K} & \mathrm{i}M\mathrm{e}^{-L} \\ \mathrm{e}^{-\mathrm{i}K} & \mathrm{e}^{\mathrm{i}K} & -\mathrm{e}^{-L} \end{vmatrix} = 0 \tag{7.3.17}$$

展开此行列式并进行运算整理之后，可得

$$\mathrm{i}M(\mathrm{e}^{\mathrm{i}K} + \mathrm{e}^{-\mathrm{i}K}) = \mathrm{e}^{\mathrm{i}K} - \mathrm{e}^{-\mathrm{i}K} \tag{7.3.18}$$

因此，有

$$\tan K = M \tag{7.3.19}$$

将$K=\eta_1 kH$、$M=\mu_2\gamma_2/(\mu_1\eta_1)$代入式(7.3.19)，可得到在半空间上有一覆盖层的情况下，勒夫波存在的条件为

$$\tan(\eta_1 kH) = \frac{\mu_2\gamma_2}{\mu_1\eta_1} \tag{7.3.20}$$

式(7.3.20)称为周期(或频率)方程，下面将对它进行详细研究。

如前所述，因面波要求$\gamma_2>0$，故有$c<\beta_2$[见式(7.3.5 b)]。为了求得c和β_1之间的大小关系，假设$\beta_1>c$。在此条件下，由式(7.3.5a)可知，η_1是纯虚数且$\eta_1^2<0$，再由γ_1的定义[同式(7.2.14)]，可得到

$$\eta_1^2 = -\left(1 - \frac{c^2}{\beta_1^2}\right) = -\gamma_1^2 \tag{7.3.21}$$

这意味着$\eta_1=-\mathrm{i}\gamma_1$。将式(7.3.21)代入式(7.3.20)，并利用函数关系式$\tan(-\mathrm{i}x) = -\mathrm{i}\tanh(x) = -\mathrm{i}(\mathrm{e}^x-\mathrm{e}^{-x})/(\mathrm{e}^x+\mathrm{e}^{-x})$，得到

$$-\gamma_1\tanh(\gamma_1 kH) = \frac{\mu_2}{\mu_1}\gamma_2 \tag{7.3.22}$$

因为γ_1、γ_2、μ_1和μ_2都是正值，所以式(7.3.22)右边总是正值；而当$k>0$时，式(7.3.22)左边是负值，此时式(7.3.22)不成立。因此，有$\beta_1<c$，η_1是实数。因而

$$\beta_1 < c < \beta_2 \tag{7.3.23}$$

式(7.3.23)说明，在半空间上有一覆盖层的情况下，勒夫波存在的条件之一是覆盖层内的剪切波速度低于半空间内介质的剪切波速度。

由式(7.3.20)可知，由于正切函数的周期性加上 k 和 c(或 ω 和 c)之间还存在着联系，所以求解式(7.3.20)并不简单，通常必须用数值方法求解。下面按照 Hudson (1980)的方法对这个问题进行分析。首先，将 η_1 改写为

$$\eta_1 = \frac{c}{\beta_1}\sqrt{1-\frac{\beta_1^2}{c^2}} = \frac{c}{\beta_1}\zeta \tag{7.3.24a}$$

$$\zeta = \sqrt{1-\frac{\beta_1^2}{c^2}} \tag{7.3.24b}$$

因为 $\beta_1 < c$，所以 ζ 总取正值。其次，用 β_1、β_2 和 ζ 将 γ_2/η_1 重写为

$$\left(\frac{\gamma_2}{\eta_1}\right)^2 = \frac{\beta_1^2(1/c^2-1/\beta_2^2)}{\beta_1^2(1/\beta_1^2-1/c^2)} = \frac{\beta_1^2/c^2-\beta_1^2/\beta_2^2}{1-\beta_1^2/c^2} = \frac{1-\beta_1^2/\beta_2^2}{\zeta^2}-1 \tag{7.3.25}$$

在推导上式的最后一步中，对分子同加和同减了1。最后，得

$$\frac{\gamma_2}{\eta_1} = \sqrt{\frac{1-\beta_1^2/\beta_2^2}{\zeta^2}-1} \tag{7.3.26}$$

利用式(7.3.26)和 $k=\omega/c$，可将式(7.3.20)变成

$$\tan\left(\frac{\omega H}{\beta_1}\zeta\right) = \frac{\mu_2}{\mu_1}\sqrt{\frac{1-\beta_1^2/\beta_2^2}{\zeta^2}-1} \tag{7.3.27}$$

在式(7.3.27)中，假设 H、β_1、β_2 和 μ_2/μ_1 是固定的，而 ω 为参数。因此，唯一的变量是 ζ。下面考察式(7.3.27)的解的一般性质，而不实际求解此方程。首先，注意此方程的左边是正切函数，它有无限多个分支。此方程的右边表示一条曲线，它随着 c 趋于 β_1 和 ζ 趋于零而趋于无穷，并且随着 c 趋于 β_2 而趋于零。对于模型 $H=10$ km、$\beta_1=3$ km/s、$\beta_2=4$ km/s 及 $\mu_2/\mu_1=2$，计算出的结果见图7.2(a)，图中用数字标记的实线和虚线分别是当 $\omega=5$ rad/s 和 $\omega=6$ rad/s 时方程左边正切函数的几个分支。

为了简化分析，引入新的变量 $\xi=\omega H/\beta_1$。于是，式(7.3.27)的左边变成 $\tan(\xi\zeta)$。当 $\xi\zeta=(n-1)\pi$ 时，$\tan(\xi\zeta)=0$；当 $\xi\zeta\to(2m-1)\pi/2$ 时，$\tan(\xi\zeta)\to\infty$，其中 n 和 m 是正整数。另外，由式(7.3.24b)可知，当 $c\leqslant\beta_2$ 时[这与式(7.3.23)基本一致]，式(7.3.27)的右边取实值，且 ζ 的最大值为

$$\zeta_{\max} = \sqrt{1-\frac{\beta_1^2}{\beta_2^2}} \tag{7.3.28}$$

当给定 H、β_1、β_2 和 μ_2/μ_1 时，式(7.3.27)的解的数目依赖于 ω。由图7.2(a)可知，此方程总是至少有一个根。还有，如果 ω 使得条件 $\pi/\xi\leqslant\zeta_{\max}<2\pi/\xi$ 成立，则方程增加一个根。此条件也可写为

$$\frac{\pi}{\zeta_{\max}} \leqslant \xi < \frac{2\pi}{\zeta_{\max}} \tag{7.3.29}$$

一般来说，如果

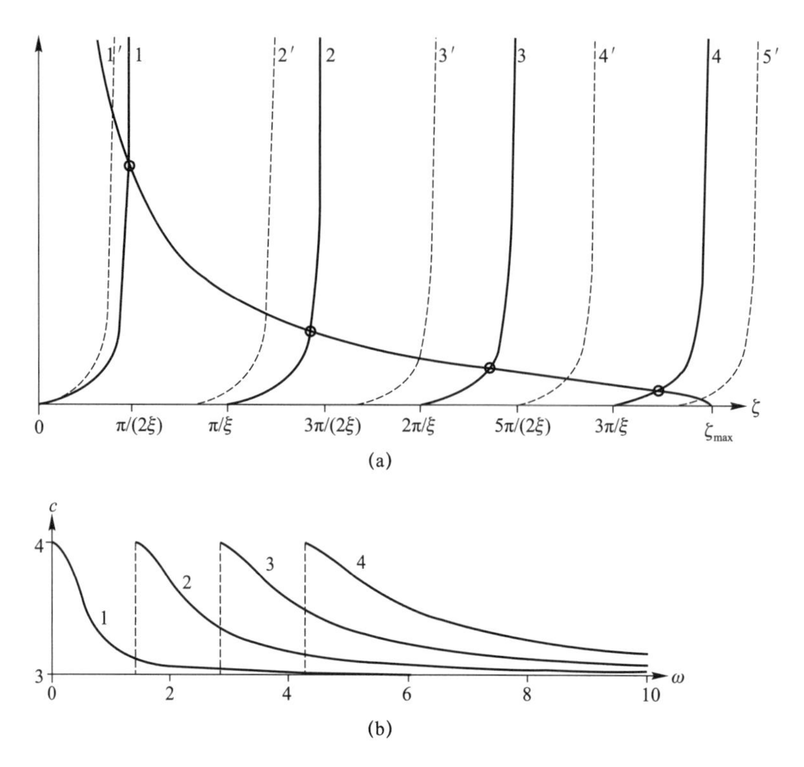

图 7.2　勒夫波周期方程两边对应的函数曲线图及相速度曲线图

(a)勒夫波周期方程两边对应的函数曲线[见式(7.3.27)]，用数字标记的曲线是方程左边正切函数的几个分支，ω 取两个值：5 rad/s(对应实线)，6 rad/s(对应虚线)。圆圈处对应方程的根，见 Hudson(1980)。(b)勒夫波的前四阶模式的相速度曲线，虚线处代表截频的位置。模型参数为 $H=10$ km、$\beta_1=3$ km/s、$\beta_2=4$ km/s、$\mu_2/\mu_1=2$

$$\frac{(N-1)\pi}{\zeta_{\max}} \leqslant \xi < \frac{N\pi}{\zeta_{\max}}, \quad N=1,2,3,\cdots \tag{7.3.30}$$

则方程有 N 个根。因为 $\xi=\omega H/\beta_1$，所以式(7.3.30)的不含中间变量的形式为

$$\frac{(N-1)\pi}{\sqrt{1-\beta_1^2/\beta_2^2}} \leqslant \frac{\omega H}{\beta_1} < \frac{N\pi}{\sqrt{1-\beta_1^2/\beta_2^2}}, \quad N=1,2,3,\cdots \tag{7.3.31}$$

式(7.3.27)的每个根都对应勒夫波的一种模式。第一个根对应勒夫波的基阶模式。要使高阶模式存在，ω 必须达到某个称其为截止频率的值。

若用 ω_{CN} 表示第 N 阶模式对应的截止频率，则由式(7.3.31)可得到

$$\omega_{CN} = \frac{(N-1)\pi\beta_1}{H\sqrt{1-\beta_1^2/\beta_2^2}} \tag{7.3.32}$$

一旦 ω 达到某个截止频率 ω_{CN}，则对大于 ω_{CN} 的所有 ω，勒夫波中就有这种模式。

为了完善关于周期方程的讨论，再回到式(7.3.20)，并考虑两种极端情况。

情况之一是，当 c 趋于 β_1 时，η_1 趋于零，因为 η_1 在方程右边分式的分母中，所以此时方程右边趋于无穷大，从而要求方程左边 $\tan(\eta_1 kH)$ 也趋于无穷大，即要求 $\eta_1 kH$ 趋于 $(2n-1)\pi/2$，kH 趋于 $(2n-1)\pi/(2\eta_1)$。而当 η_1 趋于零时，kH 趋于无穷大，即 k

趋于无穷大(因 H 是有限值)。又因为 $\omega=kc$，$\lambda=2\pi/k$，λ 是波长，所以可见，对于所有甚高频率或甚短波长的模式，勒夫波都以相速度 β_1 传播。

情况之二是，当 $c=\beta_2$ 时，由式(7.3.5b)知 $\gamma_2=0$，再由式(7.3.20)得 $\tan(\eta_1 kH)=0$，这意味着 $\eta_1 kH=(n-1)\pi$。利用 $k=\omega/c$ 和式(7.3.24)，可分别得到

$$\omega=\frac{(n-1)\pi c}{H\eta_1} \tag{7.3.33}$$

$$\omega=\frac{(n-1)\pi\beta_1}{H\sqrt{1-\beta_1^2/c^2}}=\frac{(n-1)\pi\beta_1}{H\sqrt{1-\beta_1^2/\beta_2^2}} \tag{7.3.34}$$

与式(7.3.32)对比可见，式(7.3.34)的右边是第 n 阶模式对应的截频。因此，所有模式在截频处都有相速度 β_2[见图 7.2(b)]。

在结束对式(7.3.20)的讨论之时，需要强调的是勒夫波的速度 c 是频率的函数。速度依赖于频率的波称为频散波。这种速度依赖于频率的重要性在于当一个波包传播时，因为波包的不同频率成分有不同的传播速度，所以波包将改变其形状。频散问题在 7.6 节中还要讨论，届时还将引入另外一个称为群速度的重要概念。

最后，讨论由式(7.3.16)定义的函数 $V(z)$ 的某些性质。在覆盖层内，如果 $\eta_1 kz$ 是 $\pi/2$ 的奇数倍，则余弦因子将变成零。当这种情况发生时，在平行于自由表面的平面内运动将等于零，这个平面称为节平面。下面将说明这种节平面的数目不是任意的，它取决于波的模式。为此，先考虑基阶模式，并研究下式是否成立

$$\eta_1 kz=\frac{\omega z\zeta}{\beta_1}=\frac{1}{2}\pi \tag{7.3.35}$$

在式(7.3.35)中使用了由式(7.3.24)引入的变量。因为 $\xi=\omega H/\beta_1$，所以由图 7.2(a)可知，对于基阶模式，有

$$\xi\zeta=\frac{\omega H\zeta}{\beta_1}<\frac{1}{2}\pi \tag{7.3.36}$$

因为 $z\leqslant H$，所以从式(7.3.36)中可看出，式(7.3.35)不可能成立。因此，基阶模式没有节平面。这种模式的 $V(z)$ 曲线见图 7.1。对于二阶模式，式(7.3.35)可以满足，但

$$\frac{\omega z\zeta}{\beta_1}=\frac{3}{2}\pi \tag{7.3.37}$$

不是节平面，因为

$$\frac{\omega H\zeta}{\beta_1}<\frac{3}{2}\pi \tag{7.3.38}$$

所以二阶模式只有一个节平面。利用同样的论证可知，第 n 阶模式有 $n-1$ 个节平面，在半空间中 $V(z)$ 没有节平面。

7.3.3　勒夫波是相长干涉的结果

本小节将表明半空间上有一覆盖层的模型中，勒夫波可解释为是 SH 波以大于临界角的角度入射到覆盖层底面时，在覆盖层内形成的多次反射的 SH 波相长干涉的结果。一般来说，两个具有相同频率和不同相位的单频波，当相位差是 $2n\pi$ 时(n 为整数)，

将会有最大的相长干涉。图 7.3 利用第 8 章中的研究思路给出了这个问题的几何说明，图中带向右上或右下箭头的线段代表入射到自由表面或者入射到覆盖层底面的 SH 波的射线。为了建立有关的方程，必须考虑点 A 和点 B 之间沿同一波前面全部的相位变化。根据 6.5.1 小节中的讨论，SH 波在自由表面上反射时没有相移，而式(6.6.16)表明在固体－固体界面上反射时有 2ϕ 的相移（在指数项中的因子 $\mathrm{sgn}\omega$ 可以忽略）。为了适应 6.6.1.1 小节中关于这个问题导出的结果，在图 7.3 中，覆盖层的介质参数和半空间的介质参数必须分别与图 6.1(a) 中不带“′”的参数和带“′”的参数对应。此时，式(6.6.17)变成

$$\tan\phi = \frac{\mu_2}{\mu_1}\frac{(\sin^2 f - \beta_1^2/\beta_2^2)^{1/2}}{(1-\sin^2 f)^{1/2}} \tag{7.3.39}$$

为了简化式(7.3.39)，由式(6.6.27)给出的斯奈尔定律可得

$$\sin f = \frac{\beta_1}{c} \tag{7.3.40}$$

将式(7.3.40)代入式(7.3.39)，并在分子和分母中提取公因子 β_1/c，再利用式(7.3.5)，得到

$$\tan\phi = \frac{\mu_2}{\mu_1}\frac{(1-c^2/\beta_2^2)^{1/2}}{(c^2/\beta_1^2-1)^{1/2}} = \frac{\mu_2\gamma_2}{\mu_1\eta_1} \tag{7.3.41}$$

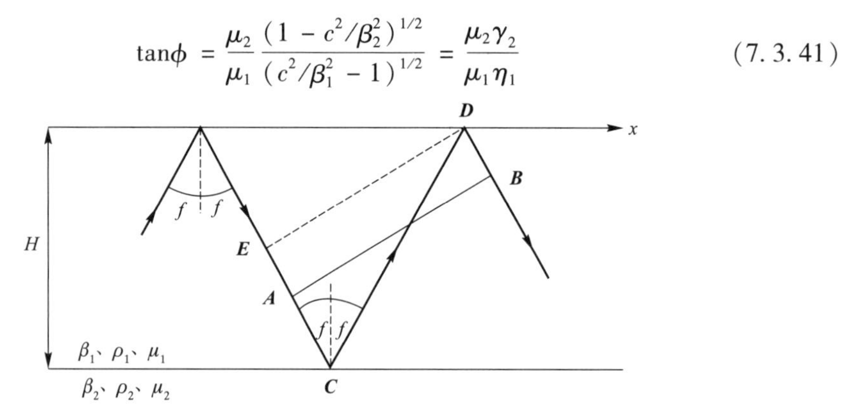

图 7.3　在半空间上有一覆盖层的模型中相长干涉形成勒夫波的几何示意图

图中线段 AB 和 ED 表示平面波前，f 是大于临界角的入射角。

当波沿射线从 A 传播到 B 时，将产生另一个相移，为确定此相移，必须先确定射线路径 $ACDB$ 的长度 d。由图 7.3 可知

$$\begin{aligned} d &= \overline{ACDB} = \overline{ECD} = \overline{EC} + \overline{CD} = (\cos 2f + 1)\,\overline{CD} \\ &= (\cos 2f + 1)\frac{H}{\cos f} = 2H\cos f \end{aligned} \tag{7.3.42}$$

为了确定 d 对应的相移，应该注意到，式(7.3.3)表明，当波沿 x 轴方向传播时，对应地存在相移 $-kx$，其中 k 是水平波数（见 6.9.1 小节）。当波沿射线 $ACDB$ 传播时，波数 k 必须用 $k/\sin f$ 代替。因此，利用式(7.3.40)，d 对应的相移可写成

$$-2kH\frac{\cos f}{\sin f} = -2kH\frac{c}{\beta_1}(1-\beta_1^2/c^2)^{1/2} = -2kH\eta_1 \tag{7.3.43}$$

从而相长干涉的条件变为

$$2\phi - 2kH\eta_1 = 2n\pi \tag{7.3.44}$$

式(7.3.44)两边同除以2，再取正切，并利用式(7.3.41)，可得

$$\tan\phi = \frac{\mu_2\gamma_2}{\mu_1\eta_1} = \tan(kH\eta_1) \tag{7.3.45}$$

这就是周期方程式(7.3.20)。

7.3.4　垂向不均匀介质模型

在垂向不均匀介质情况下，介质的弹性性质依赖于深度(z)，即 $\mu=\mu(z)$，$\lambda=\lambda(z)$，$\rho=\rho(z)$。当没有外力作用时，相应的波动方程是(Ben-Menahem 和 Singh，1981；见问题7.3)

$$\mu\nabla^2\boldsymbol{u} + (\lambda+\mu)\nabla(\nabla\cdot\boldsymbol{u}) + \boldsymbol{a}_z\frac{\mathrm{d}\lambda}{\mathrm{d}z}\nabla\cdot\boldsymbol{u} + \frac{\mathrm{d}\mu}{\mathrm{d}z}\left(2\frac{\partial\boldsymbol{u}}{\partial z} + \boldsymbol{a}_z\times\nabla\times\boldsymbol{u}\right) - \rho\frac{\partial^2\boldsymbol{u}}{\partial t^2} = 0 \tag{7.3.46}$$

因为勒夫波对应的是SH波类型的运动，所以 $u_z=0$，$\nabla\cdot\boldsymbol{u}=0$。因此，式(7.3.46)简化为

$$\nabla^2\boldsymbol{u} + \frac{1}{\mu}\frac{\mathrm{d}\mu}{\mathrm{d}z}\left(2\frac{\partial\boldsymbol{u}}{\partial z} + \boldsymbol{a}_z\times\nabla\times\boldsymbol{u}\right) - \frac{1}{\beta^2(z)}\frac{\partial^2\boldsymbol{u}}{\partial t^2} = 0 \tag{7.3.47}$$

式中

$$\beta^2(z) = \mu(z)/\rho(z) \tag{7.3.48}$$

将用以下形式的试探解求解方程式(7.3.47)，即

$$\boldsymbol{u} = \boldsymbol{a}_y V(z)\mathrm{e}^{\mathrm{i}k(ct-x)} \tag{7.3.49}$$

这个解在形式上与式(7.3.15)类似，但在这里，$V(z)$是在式(7.3.49)满足式(7.3.47)的条件下待确定的函数。

对于SH波，拉普拉斯式变成[见式(1.4.53)]

$$\nabla^2\boldsymbol{u} = \nabla(\nabla\cdot\boldsymbol{u}) - \nabla\times\nabla\times\boldsymbol{u} \equiv -\nabla\times\nabla\times\boldsymbol{u} \tag{7.3.50}$$

为了用分量形式表示$\nabla^2\boldsymbol{u}$，首先求$\nabla\times\boldsymbol{u}$的分量

$$(\nabla\times\boldsymbol{u})_i = \epsilon_{ijk}u_{k,j} \tag{7.3.51}$$

$$(\nabla\times\boldsymbol{u})_1 = \epsilon_{123}u_{3,2} + \epsilon_{132}u_{2,3} = -\frac{\mathrm{d}V}{\mathrm{d}z}\mathrm{e}^{\mathrm{i}k(ct-x)} \tag{7.3.52}$$

$$(\nabla\times\boldsymbol{u})_2 = \epsilon_{213}u_{3,1} + \epsilon_{231}u_{1,3} = 0 \tag{7.3.53}$$

$$(\nabla\times\boldsymbol{u})_3 = \epsilon_{312}u_{2,1} + \epsilon_{321}u_{1,2} = -\mathrm{i}kV\mathrm{e}^{\mathrm{i}k(ct-x)} \tag{7.3.54}$$

令

$$\nabla\times\boldsymbol{u} = \boldsymbol{v} = v_1\boldsymbol{a}_x + v_3\boldsymbol{a}_z \tag{7.3.55}$$

式中，v_1 和 v_3 由式(7.3.52)和式(7.3.54)给出。于是，有

$$\nabla\times\nabla\times\boldsymbol{u} = \nabla\times\boldsymbol{v} \tag{7.3.56}$$

并且

$$(\nabla\times\boldsymbol{v})_1 = \epsilon_{123}v_{3,2} + \epsilon_{132}v_{2,3} = 0 \tag{7.3.57}$$

$$(\nabla\times\boldsymbol{v})_2 = \epsilon_{213}v_{3,1} + \epsilon_{231}v_{1,3} = -V(\mathrm{i}k)^2\mathrm{e}^{\mathrm{i}k(ct-x)} - \frac{\mathrm{d}^2V\mathrm{e}^{\mathrm{i}k(ct-x)}}{\mathrm{d}z^2}$$

$$= \left(Vk^2 - \frac{\mathrm{d}^2 V}{\mathrm{d}z^2}\right)\mathrm{e}^{\mathrm{i}k(ct-x)} \tag{7.3.58}$$

$$(\nabla\times \boldsymbol{v})_3 = \epsilon_{312}v_{2,1} + \epsilon_{321}v_{1,2} = 0 \tag{7.3.59}$$

然后，设

$$\boldsymbol{w} = \boldsymbol{a}_z \times (\nabla\times \boldsymbol{u}) = \boldsymbol{a}_z \times \boldsymbol{v} \tag{7.3.60}$$

并考虑 $\boldsymbol{a}_z=(0,\ 0,\ 1)$ 和 $v_2=0$。于是，有 $w_1=w_3=0$，且

$$w_2 = \epsilon_{231}v_1 = -\frac{\mathrm{d}V}{\mathrm{d}z}\mathrm{e}^{\mathrm{i}k(ct-x)} \tag{7.3.61}$$

最后

$$\frac{1}{\beta^2}\frac{\partial^2\boldsymbol{u}}{\partial t^2} = \boldsymbol{a}_y\frac{1}{\beta^2}V(\mathrm{i}kc)^2\mathrm{e}^{\mathrm{i}k(ct-x)} = -\boldsymbol{a}_yV\frac{k^2c^2}{\beta^2}\mathrm{e}^{\mathrm{i}k(ct-x)} = -\boldsymbol{a}_yV\frac{\omega^2}{\beta^2}\mathrm{e}^{\mathrm{i}k(ct-x)} \tag{7.3.62}$$

将前面导出的结果都代入式(7.3.47)，消去公共因子 $\mathrm{e}^{\mathrm{i}k(ct-x)}$，并注意有关的矢量只有 $\boldsymbol{a}_y$ 分量，可得到关于 $V(z)$ 的方程，为

$$-Vk^2\mu + \frac{\mathrm{d}^2V}{\mathrm{d}z^2}\mu + \frac{\mathrm{d}\mu}{\mathrm{d}z}\frac{\mathrm{d}V}{\mathrm{d}z} = -\frac{\omega^2}{\beta^2}V\mu = -\omega^2V\rho \tag{7.3.63}$$

此方程也可写成以下紧凑形式，即

$$\frac{\mathrm{d}}{\mathrm{d}z}\left(\mu\frac{\mathrm{d}V}{\mathrm{d}z}\right) + (\omega^2\rho - \mu k^2)V = 0 \tag{7.3.64}$$

求解式(7.3.64)一般要用数值方法，并需要计算 $\mathrm{d}\mu/\mathrm{d}z$。计算该导数可能会引入数值误差，但如果将式(7.3.64)写成两个联立微分方程的方程组，则可以避免误差。设

$$V = y_1;\quad \mu(\mathrm{d}V/\mathrm{d}z) = y_2 \tag{7.3.65}$$

由式(7.3.49)给出的 $\boldsymbol{u}$ 可知，$y_2=\mu u_{2,3}$。可见，y_2 对应于应力矢量。于是，由式(7.3.65)和式(7.3.64)，得

$$\frac{\mathrm{d}y_1}{\mathrm{d}z} = \frac{y_2}{\mu} \tag{7.3.66}$$

$$\frac{\mathrm{d}y_2}{\mathrm{d}z} = (\mu k^2 - \rho\omega^2)y_1 \tag{7.3.67}$$

这两个方程可写成以下矩阵形式，即

$$\frac{\mathrm{d}}{\mathrm{d}z}\begin{pmatrix} y_1 \\ y_2 \end{pmatrix} = \begin{pmatrix} 0 & 1/\mu \\ \mu k^2 - \rho\omega^2 & 0 \end{pmatrix}\begin{pmatrix} y_1 \\ y_2 \end{pmatrix} \tag{7.3.68}$$

必须在下列边界条件下求解该方程组。

(1) 在介质表面上 $y_2=0$。

(2) 当 z 趋于无限大时，y_1 趋于零。

(3) 如果介质内存在其两侧弹性参数不连续的界面，则必须将在该界面处的位移和应力矢量连续作为边界条件。

求解式(7.3.68)的技术是我们熟知的，在 Aki 和 Richards(1980)以及 Ben-Menahem 和 Singh(1981)的文献中都有介绍。

7.4　瑞利波

本节将详细讨论半空间模型和垂向不均匀介质模型中的瑞利面波，对半空间上有一覆盖层模型中的瑞利面波只做简略讨论。

7.4.1　均匀半空间

如前所述，瑞利波对应的运动是P波和SV波运动的组合，相应的位移可由式(7.2.16)和式(7.2.17)得出，即

$$\boldsymbol{u} = [A(\boldsymbol{a}_x - \mathrm{i}\gamma_\alpha \boldsymbol{a}_z)\mathrm{e}^{-\gamma_\alpha kz} + B(\mathrm{i}\gamma_\beta \boldsymbol{a}_x + \boldsymbol{a}_z)\mathrm{e}^{-\gamma_\beta kz}]\mathrm{e}^{\mathrm{i}k(ct-x)} \tag{7.4.1}$$

式中

$$\gamma_\delta = \sqrt{1 - \frac{c^2}{\delta^2}}, \quad \delta = \alpha, \beta \tag{7.4.2}$$

式(7.4.1)代表沿x轴正方向传播的波，其相速度为c，振幅呈指数衰减，其中假设γ_δ是正实数，即$c<\delta$，这意味着$c<\beta$。

边界条件是穿过自由表面的应力矢量为零。由6.4节可知，对于P波，应力矢量的分量是

$$\tau_{31} = 2\mu u_{1,3} \tag{7.4.3}$$

和

$$\tau_{33} = \lambda u_{1,1} + (\lambda + 2\mu)u_{3,3} \tag{7.4.4}$$

而对于S波，应力矢量的分量是

$$\tau_{31} = \mu(u_{1,3} + u_{3,1}) \tag{7.4.5}$$

和

$$\tau_{33} = 2\mu u_{3,3} \tag{7.4.6}$$

然后考虑自由表面上应力矢量的水平分量。利用式(7.4.1)、式(7.4.3)和式(7.4.5)，按照P波和SV波的贡献，它们对应的应力分量可分别为

$$\tau_{31} = -2\mu\gamma_\alpha kA \tag{7.4.7}$$

和

$$\tau_{31} = \mu(-Bik\gamma_\beta^2 - \mathrm{i}kB) = -\mu Bik(1 + \gamma_\beta^2) = -\mu Bik\left(2 - \frac{c^2}{\beta^2}\right) \tag{7.4.8}$$

为了方便，这里省去了式(7.4.1)右边的指数项。将式(7.4.7)和式(7.4.8)相加并将结果置为零，得到

$$-\mu k\left[2\gamma_\alpha A + \mathrm{i}B\left(2 - \frac{c^2}{\beta^2}\right)\right] = 0 \tag{7.4.9}$$

利用式(7.4.1)、式(7.4.4)和式(7.4.6)，可得到P波和SV波对应的应力垂直分量分别为(见问题7.4)

$$\begin{aligned}\tau_{33} &= -Aik\lambda + \mu\frac{\alpha^2}{\beta^2}ik\gamma_\alpha^2 A = Aik\left(-\lambda + \mu\frac{c^2}{\beta^2}\gamma_\alpha^2\right) \\ &= Aik\left[-\lambda + \mu\frac{\alpha^2}{\beta^2}\left(1 - \frac{c^2}{\alpha^2}\right)\right] = Aik\mu\left(2 - \frac{c^2}{\beta^2}\right)\end{aligned} \tag{7.4.10}$$

和

$$\tau_{33} = -2\mu B\gamma_\beta k \tag{7.4.11}$$

将式(7.4.10)和式(7.4.11)相加并将结果置为零，得到

$$k\mu\left[Ai\left(2 - \frac{c^2}{\beta^2}\right) - 2B\gamma_\beta\right] = 0 \tag{7.4.12}$$

式(7.4.9)和式(7.4.12)构成关于A和B的齐次方程组。该方程组有非零解的条件是其系数行列式必须为零，即

$$\begin{vmatrix} 2\gamma_\alpha & i(2 - c^2/\beta^2) \\ i(2 - c^2/\beta^2) & -2\gamma_\beta \end{vmatrix} = 0 \tag{7.4.13}$$

即

$$\left(2 - \frac{c^2}{\beta^2}\right)^2 - 4\gamma_\alpha\gamma_\beta = 0 \tag{7.4.14}$$

式(7.4.14)就是瑞利波的周期方程。注意，因为在式(7.4.14)中没有出现ω，所以c不依赖于ω。于是，在半空间中，瑞利波是非频散的。为了研究式(7.4.14)的解，将式(7.4.14)改写为

$$\left(2 - \frac{c^2}{\beta^2}\right)^4 = 16\gamma_\alpha^2\gamma_\beta^2 = 16\left(1 - \frac{c^2}{\alpha^2}\right)\left(1 - \frac{c^2}{\beta^2}\right) \tag{7.4.15}$$

引入新变量$\xi = c^2/\beta^2$并将式(7.4.15)的左边展开，得到

$$\xi^3 - 8\xi^2 + 8\xi\left(3 - 2\frac{\beta^2}{\alpha^2}\right) - 16\left(1 - \frac{\beta^2}{\alpha^2}\right) = 0 \tag{7.4.16}$$

为了求出式(7.4.16)的根，可将其左边看成ξ的函数，记为$f(\xi)$。由于$f(0) = -16(1 - \beta^2/\alpha^2)$是负数，$f(1) = 1$，故在0和1之间式(7.4.16)至少有一个根，用c_R表示此根对应的c。当ξ分别等于0和1时，c分别等于0和β，由此看出$c_R < \beta$。有关这个方程根的其他结果可以在Achenbach(1973)、Eringen和Suhubi(1975)以及Hudson(1980)的文献中找到。

为了获得对c_R取值情况的认识，假设$\alpha^2/\beta^2 = 3$，则式(7.4.16)可化为

$$3\xi^3 - 24\xi^2 + 56\xi - 32 = 0 \tag{7.4.17}$$

此方程的三个解分别是

$$\xi_1 = 2 - \frac{2}{\sqrt{3}};\quad \xi_2 = 4;\quad \xi_3 = 2 + \frac{2}{\sqrt{3}} \tag{7.4.18}$$

第一个解ξ_1对应的$c_R \approx 0.92\beta$。另外两个解对应的$c_R > \beta$，它们不满足瑞利波存在的条件。

接下来要导出式(7.4.1)中位移$\boldsymbol{u}$的水平分量u_x和垂直分量u_z的表达式。首先，由式(7.4.9)可得到用B表示A的表达式，为

$$A = \frac{-\mathrm{i}}{\gamma_\alpha}\left(1 - \frac{c^2}{2\beta^2}\right)B \tag{7.4.19}$$

利用式(7.4.19)可得到 u_x 的表达式，为

$$\begin{aligned} u_x &= \left[\frac{-\mathrm{i}}{\gamma_\alpha}\left(1 - \frac{c^2}{2\beta^2}\right)B\mathrm{e}^{-\gamma_\alpha kz} + B\mathrm{i}\gamma_\beta \mathrm{e}^{-\gamma_\beta kz}\right]\mathrm{e}^{\mathrm{i}k(ct-x)} \\ &= \frac{\mathrm{i}}{\gamma_\alpha}\left(1 - \frac{c^2}{2\beta^2}\right)B\left[-\mathrm{e}^{-\gamma_\alpha kz} + \frac{\gamma_\alpha\gamma_\beta}{1 - c^2/(2\beta^2)}\mathrm{e}^{-\gamma_\beta kz}\right]\mathrm{e}^{\mathrm{i}k(ct-x)} \end{aligned} \tag{7.4.20}$$

将式(7.4.14)重写为

$$\gamma_\alpha\gamma_\beta = \frac{1}{4}\left(2 - \frac{c^2}{\beta^2}\right)^2 = \left(1 - \frac{c^2}{2\beta^2}\right)^2 \tag{7.4.21}$$

于是，有

$$u_x = \frac{\mathrm{i}\gamma_\beta}{1 - c^2/(2\beta^2)}B\left[-\mathrm{e}^{-\gamma_\alpha kz} + \left(1 - \frac{c^2}{2\beta^2}\right)\mathrm{e}^{-\gamma_\beta kz}\right]\mathrm{e}^{\mathrm{i}k(ct-x)} \tag{7.4.22}$$

用类似的推导可得到 u_z 的表达式，为

$$\begin{aligned} u_z &= (-\mathrm{i}\gamma_\alpha A\mathrm{e}^{-\gamma_\alpha kz} + B\mathrm{e}^{-\gamma_\beta kz})\mathrm{e}^{\mathrm{i}k(ct-x)} \\ &= \left(1 - \frac{c^2}{2\beta^2}\right)B\left[-\mathrm{e}^{\gamma_\alpha kz} + \left(1 - \frac{c^2}{2\beta^2}\right)^{-1}\mathrm{e}^{-\gamma_\beta kz}\right]\mathrm{e}^{\mathrm{i}k(ct-x)} \\ &= \frac{\gamma_\alpha\gamma_\beta}{1 - c^2/(2\beta^2)}B\left[-\mathrm{e}^{-\gamma_\alpha kz} + \left(1 - \frac{c^2}{2\beta^2}\right)^{-1}\mathrm{e}^{-\gamma_\beta kz}\right]\mathrm{e}^{\mathrm{i}k(ct-x)} \end{aligned} \tag{7.4.23}$$

在往下进行之前，先取 u_x 和 u_z 的实部(注意因子 i)，可得到

$$\begin{aligned} u_x &= Q\left[\mathrm{e}^{-\gamma_\alpha kz} - \left(1 - \frac{c^2}{2\beta^2}\right)\mathrm{e}^{-\gamma_\beta kz}\right]\sin(\omega t - kx) \\ &\equiv QU(z)\sin(\omega t - kx) \end{aligned} \tag{7.4.24}$$

$$\begin{aligned} u_z &= Q\gamma_\alpha\left[-\mathrm{e}^{-\gamma_\alpha kz} + \left(1 - \frac{c^2}{2\beta^2}\right)^{-1}\mathrm{e}^{-\gamma_\beta kz}\right]\cos(\omega t - kx) \\ &\equiv Q\gamma_\alpha W(z)\cos(\omega t - kx) \end{aligned} \tag{7.4.25}$$

式中，$U(z)$ 和 $W(z)$ 分别表示两个中括号中的函数，并且

$$Q = B\gamma_\beta/[1 - c^2/(2\beta^2)] \tag{7.4.26}$$

由式(7.4.24)和式(7.4.25)可得到

$$\frac{u_x^2}{Q^2U^2(z)} + \frac{u_z^2}{Q^2\gamma_\alpha^2W^2(z)} = 1 \tag{7.4.27}$$

这是一个椭圆方程。因此，瑞利波引起的地下质点的运动轨迹是(x, z)平面内的一个椭圆(见图 7.4)。为了研究地下的这种运动，考虑一个固定点(即固定的 x 和 z)，并把 u_x 和 u_z 作为时间 t 的函数进行研究，设 k 也固定，则角度 θ(见图 7.4)由下式确定，即

$$\tan\theta = \frac{u_x}{u_z} = \frac{U(z)\sin(\omega t - kx)}{\gamma_\alpha W(z)\cos(\omega t - kx)} = \frac{U(z)}{W(z)\gamma_\alpha}\tan(\omega t - kx) \tag{7.4.28}$$

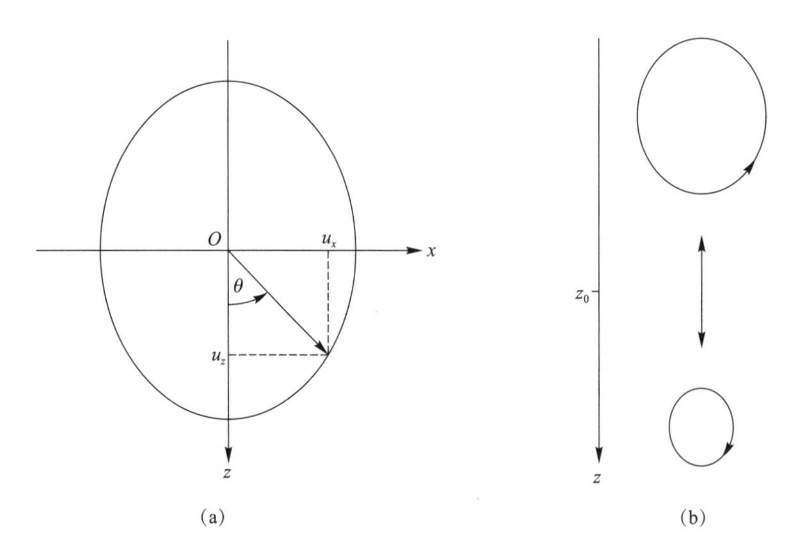

图 7.4　瑞利波引起的质点运动轨迹示意图

(a)在半空间内瑞利波引起的质点运动。u_x 和 u_z 是质点位移的水平分量和垂直分量[见式(7.4.24)和式(7.4.25)]，θ 是由式(7.4.28)计算的角度。(b)随深度变化而变化的质点运动轨迹示意图。在地面和深度 z_0 之间质点的运动轨迹是逆时针方向转的椭圆，在 z_0[由方程(7.4.29)确定]深度处质点运动是完全垂直的(见图 7.5)，在 z_0 以下质点的运动轨迹是顺时针方向转的椭圆

因为 γ_α 总是正值，所以如果 $U(z)/W(z)>0$，则 θ 随 t 的增加而增大，质点的运动为逆时针方向(逆行)，如果 $U(z)/W(z)<0$，则 θ 随 t 的增加而变小，质点的运动为顺时针方向(顺转)。注意，因为$[1-c^2/(2\beta^2)]^{-1}>1$ 和 $\gamma_\beta<\gamma_\alpha$，所以 $W(z)$ 总取正值。另外，$U(z)$ 可以是正、负或者零。当 $z=0$ 时，U 是正值。因为 $\exp(-\gamma_\alpha kz)$ 比 $\exp(-\gamma_\beta kz)$ 衰减更快，所以随着 z 的增加，U 将减小。因此，应该存在某个 z_0，当 $z=z_0$时，U 变成零。由式(7.4.24)可知，z_0 值可由下列方程得到，即

$$e^{(\gamma_\beta-\gamma_\alpha)kz_0}=1-\frac{c^2}{2\beta^2} \tag{7.4.29}$$

在这个深度处，质点的运动是完全垂直的。此深度以下，U 变成负的。因此，由瑞利波引起的地下质点的运动在某个深度以上是逆时针方向，在该深度以下是顺时针方向(见图 7.4)。函数 U 和 W 随深度的变化曲线见图 7.5。

7.4.2　半空间上有一覆盖层频散的瑞利波

半空间上有一覆盖层情况下的瑞利波传播问题与 6.9.2 小节中讨论的在半空间上有一覆盖层的模型中 P 波和 SV 波的传播问题类似，勒夫(1911)首先对此做了一般性的分析。在覆盖层中，需要同时考虑向上和向下传播的 P 波和 SV 波，因此需要用式(7.2.8)和式(7.2.9)所包含的四个式子来表达其中的质点位移。在半空间中的质点位移必须用式(7.4.1)来表达。所以，利用与 6.9.2 小节中相同的约定，可得

$$\begin{aligned}\boldsymbol{u}'=&[A'_u(\boldsymbol{a}_x-\eta'_\alpha\boldsymbol{a}_z)e^{ik\eta'_\alpha z}+A'_d(\boldsymbol{a}_x+\eta'_\alpha\boldsymbol{a}_z)e^{-ik\eta'_\alpha z}+\\&B'_d(\eta'_\beta\boldsymbol{a}_x+\boldsymbol{a}_z)e^{ik\eta'_\beta z}+B'_u(-\eta'_\beta\boldsymbol{a}_x+\boldsymbol{a}_z)e^{-ik\eta'_\beta z}]e^{ik(ct-x)},\quad 0<z<H\end{aligned} \tag{7.4.30}$$

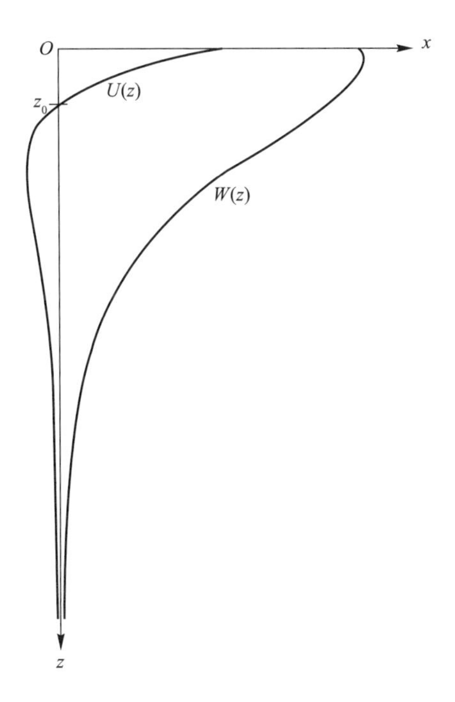

图7.5　在半空间内瑞利波对应的函数 $U(z)$ 和 $W(z)$ 的曲线图

$$\boldsymbol{u} = [A(\boldsymbol{a}_x - \mathrm{i}\gamma_\alpha \boldsymbol{a}_z)\,\mathrm{e}^{-k\gamma_\alpha z} + B(\mathrm{i}\gamma_\beta \boldsymbol{a}_x + \boldsymbol{a}_z)\,\mathrm{e}^{-k\gamma_\beta z}]\,\mathrm{e}^{\mathrm{i}k(ct-x)}, \qquad z > H \tag{7.4.31}$$

式中，带“′”和不带“′”的量分别对应覆盖层中的量和半空间中的量，因而

$$\eta'_\delta = \sqrt{\frac{c^2}{\delta'^2} - 1}, \quad \gamma_\delta = \sqrt{1 - \frac{c^2}{\delta^2}}, \quad \delta = \alpha, \beta \tag{7.4.32}$$

边界条件与一般讨论一致，也是在覆盖层的表面（$z=0$）上应力矢量为零，在覆盖层的底面上位移矢量和应力矢量连续。根据这些边界条件容易得到关于六个未知系数 A'_u、A'_d、B'_u、B'_d、A 和 B，由六个方程组成的齐次方程组。令该方程组系数矩阵的行列式为零，展开行列式可得到该问题的周期方程[展开行列式的某些细节可参考 Ewing 等(1957)以及其他参考文献]。

相速度 c 与频率、层厚、弹性参数具有复杂的依赖关系[参见 Mooney 和 Bolt(1966)的文献中给出的数值求解周期方程的例子和方法]，因而周期方程的一般分析是十分复杂的。但是通过分析相速度 c 的变化范围，可以简化对问题的讨论（Ben-Menahem 和 Singh，1981）。首先，瑞利波在半空间情况下，为使得当 $z\to\infty$ 时 $\boldsymbol{u}\to 0$，要求 $c<\beta$。其次，为求周期方程的实数解，必须满足 $\beta'<\beta$（Mooney 和 Bolt，1966）。还有，如果 $c>\alpha'$，则 $c>\beta'$，并且 η'_α 和 η'_β 都是实数，这意味着在层内质点沿 z 方向做振荡型运动，这也可从式(7.4.30)中对应的指数项中看出来。另外，如果 $c<\beta'$，则 η'_β 和 η'_α 为虚数，此时质点运动不再是振荡型的。

对于 $\alpha'<c<\beta$ 的情况，周期方程可以写成包含某个正平方根值或负平方根值的形式（Ben-Menahem 和 Singh，1981；Tolstoy 和 Usdin，1953）。负号和正号导致 M_1 和 M_2 两个分支。尽管对于给定的频率和覆盖层厚度，周期方程的实根数目是有限的，但每

个分支都有无限多个模式(M_{1j}和 M_{2j})。M_1 和 M_2 对应于波在自由平板内的对称传播模式和反对称传播模式(Tolstoy 和 Usdin, 1953)。即, M_1 模式和 M_2 模式相应于在平板内的质点关于平板中间平面做对称性和非对称性运动。如果用 u_x 和 u_z 来代表位移矢量的水平分量和垂直分量, $z=0$ 指示平板内的中间平面, 则对称运动和反对称运动分别由以下两式表示(Eringen 和 Suhubi, 1975)

$$u_x(-z) = u_x(z); \quad u_z(-z) = -u_z(z) \tag{7.4.33}$$

$$u_x(-z) = -u_x(z); \quad u_z(-z) = u_z(z) \tag{7.4.34}$$

一些有关的重要结果可总结如下(Ben-Menahem 和 Singh, 1981; Eringen 和 Suhubi, 1975; Ewing 等, 1957)。

(1)覆盖层表面上的质点运动轨迹对于 M_1 分支是逆向的椭圆, 对于 M_2 分支是正向的椭圆(Mooney 和 Bolt, 1966)。

(2)除模式 M_{11}(称为基阶模式)外, 每一种模式都有一个截频, 截频随着模式阶数的增加而增加, 在截频处, 相速度等于 β。

(3)在短波长极限(即 $kH\to\infty$ 时)处, 下面的结论成立: M_{11}模式的相速度趋于覆盖层内瑞利波的速度; 如果斯通利波的存在条件满足(见 7.5 节), 则在 M_2 分支中存在一个模式, 其速度逼近分别具有覆盖层性质和半空间性质的两种无限介质模型中斯通利波的速度; 对于所有其他模式, 相速度都接近 β'。

(4)在长波长极限(即 $kH\to 0$ 时)处, 基阶模式的相速度逼近半空间内瑞利波的速度; 而对于其他模式, 相速度趋于 β。

(5)当 $c<\beta'$且 $kH\to\infty$ 时, 存在一种在覆盖层内以接近瑞利波速度传播的模式, 还存在按斯通利波速度传播的另一种模式。

此外, Tolstoy 和 Usdin(1953)曾证明, 在半空间上有一覆盖层的模型中瑞利波可解释为 P 波和 SV 波相长干涉的结果。

7.4.3 垂向不均匀介质

描述垂向不均匀介质中质点运动的方程可由式(7.3.46)给出, 其可重写为

$$\mu\nabla^2\boldsymbol{u} + (\lambda+\mu)\nabla(\nabla\cdot\boldsymbol{u}) + \boldsymbol{a}_z\frac{\mathrm{d}l}{\mathrm{d}z}\nabla\cdot\boldsymbol{u} + \frac{\mathrm{d}\mu}{\mathrm{d}z}\left(2\frac{\partial\boldsymbol{u}}{\partial z} + \boldsymbol{a}_z\times\nabla\times\boldsymbol{u}\right) - \rho\frac{\partial^2\boldsymbol{u}}{\partial t^2} = 0$$

与在 7.4.1 小节中得到瑞利波的解类似, 我们将寻找该方程以下形式的解(试探解)

$$\boldsymbol{u} = \left[-\mathrm{i}U(z)\boldsymbol{a}_x + W(z)\boldsymbol{a}_z\right]\mathrm{e}^{\mathrm{i}k(ct-x)} \tag{7.4.35}$$

U 和 W 是两个待定的函数。为此, 先重写出以下恒等式, 即

$$\nabla^2\boldsymbol{u} = \nabla(\nabla\cdot\boldsymbol{u}) - \nabla\times\nabla\times\boldsymbol{u} \tag{7.4.36}$$

然后根据试探解式(7.4.35), 将式(7.4.36)和式(7.3.46)中的各项具体化为

$$\nabla\cdot\boldsymbol{u} = u_{i,i} = (-kU + W')\mathrm{e}^{\mathrm{i}k(ct-x)} \tag{7.4.37}$$

式中, “′”表示对 z 的导数, 以及(见问题 7.5)

$$\nabla\times\boldsymbol{u} = \boldsymbol{a}_y(\mathrm{i}kW - \mathrm{i}U')\mathrm{e}^{\mathrm{i}k(ct-x)} \tag{7.4.38}$$

$$\nabla(\nabla\cdot\boldsymbol{u}) = (\mathrm{i}k^2U - \mathrm{i}kW', 0, -kU' + W'')\,\mathrm{e}^{\mathrm{i}k(ct-x)} \tag{7.4.39}$$

$$\nabla\times\nabla\times\boldsymbol{u} = (-\mathrm{i}kW' - \mathrm{i}U'', 0, k^2W - kU')\,\mathrm{e}^{\mathrm{i}k(ct-x)} \tag{7.4.40}$$

$$\boldsymbol{a}_z \times \nabla\times \boldsymbol{u} = (-\mathrm{i}kW + \mathrm{i}U', 0, 0)\,\mathrm{e}^{\mathrm{i}k(ct-x)} \tag{7.4.41}$$

$$\frac{\partial^2 \boldsymbol{u}}{\partial t^2} = -k^2c^2\boldsymbol{u} = -\omega^2\boldsymbol{u} \tag{7.4.42}$$

将式(7.4.37)~式(7.4.42)代入式(7.3.46)，再合并带有$\nabla(\nabla\cdot\boldsymbol{u})$的项，消去指数因子，并整理，让方程的水平分量和垂直分量分别相等，可得以下两个方程。对于水平分量，有

$$\begin{aligned}&(\lambda+2\mu)(-k^2U+kW')+\mu(-kW'+U'')+\mu'(U'+kW)+\omega^2\rho U\\&=U[\rho\omega^2-(\lambda+2\mu)k^2]+\lambda kW'+\mu kW'+\mu U''+\mu'U'+\mu'kW\\&=U[\rho\omega^2-(\lambda+2\mu)k^2]+\lambda kW'+\frac{\mathrm{d}}{\mathrm{d}z}[\mu(U'+kW)]\\&=0\end{aligned} \tag{7.4.43}$$

对于垂直分量(见问题 7.6)，有

$$\begin{aligned}&(\lambda+2\mu)(-kU'+W'')-\mu(k^2W-kU')+\lambda'(-kU+W')+2\mu'W'+\omega^2W\rho\\&=W(\rho\omega^2-k^2\mu)-\mu kU'+(\lambda+2\mu)W''-\lambda kU'-\lambda'kU+\lambda'W'+2\mu'W'\\&=W(\rho\omega^2-k^2\mu)-\mu kU'+\frac{\mathrm{d}}{\mathrm{d}z}[(\lambda+2\mu)W'-k\lambda U]\\&=0\end{aligned} \tag{7.4.44}$$

下面考虑满足边界条件的情况，由位移式(7.4.35)求得相应的应力为

$$\begin{aligned}\tau_{31}&=\mu(u_{3,1}+u_{1,3})=\mu(-\mathrm{i}kW-\mathrm{i}U')\mathrm{e}^{\mathrm{i}k(ct-x)}\\&=-\mathrm{i}\mu(U'+kW)\mathrm{e}^{\mathrm{i}k(ct-x)}\end{aligned} \tag{7.4.45}$$

$$\tau_{32}=0 \tag{7.4.46}$$

$$\tau_{33}=\lambda u_{1,1}+(\lambda+2\mu)u_{3,3}=[(\lambda+2\mu)W'-Uk\lambda]\,\mathrm{e}^{\mathrm{i}k(ct-x)} \tag{7.4.47}$$

由在 $z=0$ 处应力矢量为零的边界条件可得

$$\mu(U'+kW)=0 \tag{7.4.48}$$

$$(\lambda+2\mu)W'-k\lambda U=0 \tag{7.4.49}$$

再引入下列变量，即

$$y_1=W \tag{7.4.50}$$

$$y_2=(\lambda+2\mu)\frac{\mathrm{d}W}{\mathrm{d}z}-k\lambda U \tag{7.4.51}$$

$$y_3=U \tag{7.4.52}$$

$$y_4=\mu\left(\frac{\mathrm{d}U}{\mathrm{d}z}+kW\right) \tag{7.4.53}$$

注意 y_2 和 τ_{33}之间以及 y_4 和 τ_{31}之间的关系。将式(7.4.50)~式(7.4.53)按以下步骤进行改写，以使其不包含 λ 和 μ 的空间导数。

由式(7.4.50)~式(7.4.52)得

$$\frac{\mathrm{d}y_1}{\mathrm{d}z}=\frac{y_2+k\lambda U}{\lambda+2\mu}=\frac{y_2+k\lambda y_3}{\lambda+2\mu} \tag{7.4.54}$$

由式(7.4.44)、式(7.4.51)和式(7.4.53)得

$$\frac{dy_2}{dz}=-\rho\omega^2W+k\mu\left(\frac{dU}{dz}+kW\right)=-\rho\omega^2y_1+ky_4 \tag{7.4.55}$$

由式(7.4.52)、式(7.4.53)和式(7.4.50)得

$$\frac{dy_3}{dz}=\frac{dU}{dz}=-kW+\frac{y_4}{\mu}=-ky_1+\frac{y_4}{\mu} \tag{7.4.56}$$

由式(7.4.43)、式(7.4.50)、式(7.4.52)和式(7.4.53)得

$$\frac{dy_4}{dz}=-\rho\omega^2y_3+(\lambda+2\mu)k^2y_3-\lambda k\frac{dy_1}{dz} \tag{7.4.57}$$

将式(7.4.51)等号右侧同时乘以和除以 $k\lambda$，并利用式(7.4.50)和式(7.4.52)得

$$y_2=\frac{\lambda+2\mu}{k\lambda}\left(k\lambda\frac{dy_1}{dz}-\frac{k^2\lambda^2y_3}{\lambda+2\mu}\right) \tag{7.4.58}$$

再对式(7.4.57)等号右侧加和减去 $k^2\lambda^2y_3/(\lambda+2\mu)$，并利用式(7.4.58)，得

$$\frac{dy_4}{dz}=\frac{-k\lambda}{\lambda+2\mu}y_2+\left(-\rho\omega^2+4k^2\mu\frac{\lambda+\mu}{\lambda+2\mu}\right)y_3 \tag{7.4.59}$$

式(7.4.54)~式(7.4.56)和式(7.4.59)可写成矩阵形式，为

$$\frac{d}{dz}\begin{pmatrix}y_1\\y_2\\y_3\\y_4\end{pmatrix}=\begin{pmatrix}0&\frac{1}{\lambda+2\mu}&\frac{k\lambda}{\lambda+2\mu}&0\\-\rho\omega^2&0&0&k\\-k&0&0&1/\mu\\0&\frac{-k\lambda}{\lambda+2\mu}&K&0\end{pmatrix}\begin{pmatrix}y_1\\y_2\\y_3\\y_4\end{pmatrix} \tag{7.4.60}$$

式中

$$K=-\rho\omega^2+4k^2\mu\frac{\lambda+\mu}{\lambda+2\mu} \tag{7.4.61}$$

注意，Aki 和 Richards(1980)所用的变量是

$$y_1=r_2;\quad y_2=r_4;\quad y_3=r_1;\quad y_4=r_3 \tag{7.4.62}$$

并且，用 $-k$ 代替 k(因为 $\boldsymbol{u}$ 的定义不同)。

式(7.4.60)需要在下列边界条件下求解。

(1)在自由表面上 $y_2=y_4=0$[见式(7.4.48)、式(7.4.49)、式(7.4.51)和式(7.4.53)]。

(2)当 z 趋于无限时，y_1 和 y_3 趋于零。

(3)穿过介质中任意不连续面时，位移和应力矢量应连续。

7.5 斯通利波

如7.1节所述，斯通利波存在于两个半空间之间的分界面上。设界面处 $z=0$，z 轴向下为正，则在 $z>0$ 的半空间内质点位移由下式给出，即

$$\boldsymbol{u} = [A(\boldsymbol{a}_x - i\gamma_\alpha \boldsymbol{a}_z)\,e^{-\gamma_\alpha kz} + B(i\gamma_\beta \boldsymbol{a}_x + \boldsymbol{a}_z)\,e^{-\gamma_\beta kz}]\,e^{ik(ct-x)} \tag{7.5.1}$$

而对于 $z<0$ 的半空间内质点位移，必须写成

$$\boldsymbol{u} = [C(\boldsymbol{a}_x + i\gamma_{\alpha'} \boldsymbol{a}_z)\,e^{\gamma_{\alpha'} kz} + D(-i\gamma_{\beta'} \boldsymbol{a}_x + \boldsymbol{a}_z)\,e^{\gamma_{\beta'} kz}]\,e^{ik(ct-x)} \tag{7.5.2}$$

这是为了使其与式(7.2.16)和式(7.2.17)一致，且满足当 z 趋于无限时，振幅趋于零的条件。

斯通利波传播问题的边界条件是在 $z=0$ 处位移和应力矢量连续。当 $z>0$ 时，P 波和 S 波对应的应力矢量的分量分别由式(7.4.7)、式(7.4.8)、式(7.4.10)和式(7.4.11)给出；而当 $z<0$ 时，P 波和 S 波对应的应力矢量的分量可直接写出，其表达式分别为

$$\tau_{31} = 2\mu'\gamma_{\alpha'} kC \tag{7.5.3}$$

$$\tau_{33} = Cik\mu'(1 + \gamma_{\beta'}^2) \tag{7.5.4}$$

和

$$\tau_{31} = -\mu' Dik(1 + \gamma_{\beta'}^2) \tag{7.5.5}$$

$$\tau_{33} = 2\mu' D\gamma_{\beta'} k \tag{7.5.6}$$

应用在 $z=0$ 处的位移和应力矢量连续的边界条件，可得边界条件方程组为

$$A + i\gamma_\beta B - C + i\gamma_{\beta'} D = 0 \tag{7.5.7}$$

$$-i\gamma_\alpha A + B - i\gamma_{\alpha'} C - D = 0 \tag{7.5.8}$$

$$-2\mu\gamma_\alpha A - \mu i(1 + \gamma_\beta^2)B - 2\mu'\gamma_{\alpha'} C + i\mu'(1 + \gamma_{\beta'}^2)D = 0 \tag{7.5.9}$$

$$i\mu(1 + \gamma_\beta^2)A - 2\mu\gamma_\beta B - i\mu'(1 + \gamma_{\beta'}^2)C - 2\mu'\gamma_{\beta'} D = 0 \tag{7.5.10}$$

在式(7.5.9)和式(7.5.10)中，消去了常数因子 k(见问题 7.7)。

式(7.5.7)~式(7.5.10)构成关于四个未知量(A、B、C、D)的齐次方程组，该方程组有非零解的条件是其系数矩阵对应的行列式的值等于零。用 F 表示这个行列式。为了消除因子 i，首先用 i 乘以 F 的第 2 行和第 4 行，再用 $-$i 乘以第 2 列和第 4 列，最后用 μ 除以第 3 行和第 4 行，并设 $r=\mu'/\mu$。经过这些运算后，得到(见问题 7.8)

$$F(c) = \begin{vmatrix} 1 & \gamma_\beta & -1 & \gamma_{\beta'} \\ \gamma_\alpha & 1 & \gamma'_\alpha & -1 \\ -2\gamma_\alpha & -(1+\gamma_\beta^2) & -2\gamma_{\alpha'} r & (1+\gamma_{\beta'}^2)r \\ -(1+\gamma_\beta^2) & -2\gamma_\beta & (1+\gamma_{\beta'}^2)r & -2\gamma_{\beta'} r \end{vmatrix} = 0 \tag{7.5.11}$$

由式(7.4.2)，可知行列式 F 是相速度 c 的函数。对式(7.5.11)的根进行分析是极其复杂的(Pilant，1979)，并且式(7.5.11)是否有实数解依赖于两种介质的速度和密度值。实际上，仅当 ρ 和 ρ' 以及 β 和 β' 互相接近时斯通利波才存在。这表明，在相当特殊的情况下斯通利波才出现(Eringen 和 Suhubi，1975)。当 $\beta>\beta'$ 时，如果下式成立

$$F(\beta') < 0 \tag{7.5.12}$$

则存在正的相速度 c，且 $c<\beta'$(Hudson，1980)。而且，如果用 c_R 来代表在较低的 S 波速度介质中的瑞利波速度，则有(Eringen 和 Suhubi，1975)

$$c_R < c < \beta' < \beta \tag{7.5.13}$$

最后，因为式(7.5.11)不涉及频率，所以斯通利波没有频散。

7.6 频散波的传播

在波的传播问题中，频散是一个基本概念，需要进行仔细分析才能理解。频散波的基本特征是存在被称为相速度和群速度的两种速度，并且两种速度都是频率的函数。频散最明显的特征是波离开震源传播时，波形会发生变化。一般来说，最初在某个给定时空范围内的波随着时间的推进，其时空范围将不断增大。频散是波传播问题的普遍特征，不仅在地震学中，而且在流体动力学、声学、电磁波等问题中都存在。因为弹性波的频散直接与介质性质有关，所以它也是研究地球内部构造的强有力工具。

7.6.1 引例频散波列

为了引出后面的讨论，先考虑一根绳子受到恢复力的作用而产生的运动，其满足的方程为

$$\frac{\partial^2 f}{\partial t^2} = v^2 \frac{\partial^2 f}{\partial x^2} - a^2 f \tag{7.6.1}$$

式中，$f=f(x, t)$；a 和 v 是与式(7.6.1)所表示的问题性质有关的常数(Graff，1975；Officer，1974；Whitham，1974；Havelock，1914)。例如，恢复力可以是将绳子用薄橡皮包裹起来拉紧后产生的效果(Morse 和 Feshbach，1953)。在量子力学中，式(7.6.1)被称为克莱因-戈尔登方程，Bleistein(1984)及 Morse 和 Feshbach(1953)曾对这类方程做过详细讨论。

虽然式(7.6.1)已不再是经典的波动方程，但这里将寻求它的类似平面波的解，该波以某种不必等于 v 的速度 c(待确定)传播。为此设该波的表达式为

$$f(x,t) = A\mathrm{e}^{\mathrm{i}(\omega t - kx)} \tag{7.6.2}$$

式中，A 为常数，而

$$\omega = ck \tag{7.6.3}$$

将式(7.6.2)代入式(7.6.1)后可知，当下式成立时，式(7.6.2)为式(7.6.1)的解(见问题7.9)

$$k^2c^2 = v^2k^2 + a^2 \tag{7.6.4}$$

式(7.6.4)表明

$$c = \frac{\sqrt{v^2k^2 + a^2}}{k} = \left(v^2 + \frac{a^2}{k^2}\right)^{1/2} \tag{7.6.5}$$

或者，利用式(7.6.3)和式(7.6.4)，得

$$c = v\left(\frac{\omega^2}{\omega^2 - a^2}\right)^{1/2} \tag{7.6.6}$$

式(7.6.5)和式(7.6.6)表明，速度 c 不是常数，因为它依赖于频率(或波数)，这

是频散的典型特征。在这个特例下，c 大于 v；当 k 和 ω 趋于无穷时，c 趋近于 v。而当 k 减小以及当 $|\omega|$ 趋近于 $|a|$ 时，c 增大。还应注意，对于 $|\omega|<|a|$，c 和 k 是纯虚数，此时式(7.6.2)不再表示传播的波。为了说明这一点，将式(7.6.3)代入式(7.6.4)，并导出 k^2，即

$$k^2=\frac{\omega^2-a^2}{v^2} \tag{7.6.7}$$

若用实数 $-\alpha^2$ 表示式(7.6.7)的分子，则有 $k=\pm \mathrm{i}\alpha/v$，并且式(7.6.2)可写为

$$f(x,t)=A\mathrm{e}^{\pm\alpha x/v}\mathrm{e}^{\mathrm{i}\omega t} \tag{7.6.8}$$

指数项中正号或负号的选择依赖于 x 的符号。当 $x>0$ 时，应该选负号，在这种情况下，式(7.6.8)对应于一种随着 x 的增大而逐渐停止的振荡。

式(7.6.1)只是频散系统的一个例子。在这个例子中，c 与 k 或 ω 的依赖关系是相对简单的，而在其他情况下，如地震面波，它们之间的关系会复杂得多。但是，不管系统多么复杂，频散系统的解都有几个共同的特征，这些特征无须进行实际计算就可以推导出来。除此之外，尽管获得精确解非常困难或者是不可能的事，但是对于这些复杂情况，推导出对于时间长和距离远的有效近似解仍是可能的，这些情况将在下面进行讨论。

7.6.2　窄带波，相速度和群速度

有关频散的一般分析通常从引入群速度和相速度的经典论证(如 Stokes 提出的论证)开始。考虑两个振幅相同但频率和波数不同的平面波

$$y_1(x,t)=A\mathrm{e}^{\mathrm{i}(\omega_1 t-k_1 x)} \tag{7.6.9}$$

$$y_2(x,t)=A\mathrm{e}^{\mathrm{i}(\omega_2 t-k_2 x)} \tag{7.6.10}$$

式中，$k_1=k_0+\delta k$；$k_2=k_0-\delta k$；$\omega_1=\omega_0+\delta\omega$；$\omega_2=\omega_0-\delta\omega$。两波叠加后得到的合成波为

$$y(x,t)=A[\mathrm{e}^{\mathrm{i}(\delta\omega t-\delta kx)}+\mathrm{e}^{-\mathrm{i}(\delta\omega t-\delta kx)}]\mathrm{e}^{\mathrm{i}(\omega_0 t-k_0 x)}=2A\cos(\delta\omega t-\delta kx)\mathrm{e}^{\mathrm{i}(\omega_0 t-k_0 x)} \tag{7.6.11}$$

当 δk 和 $\delta\omega$ 很小时，式(7.6.11)右边的指数因子表示了一种与平面波 y_1 和 y_2 类似的波，其传播速度为 $c=\omega_0/k_0$，称为相速度。这是一种常相位面的传播速度，因为如果

$$\omega_0 t-k_0 x=\text{常数} \tag{7.6.12}$$

则微分以后，得到

$$\frac{\mathrm{d}x}{\mathrm{d}t}=\frac{\omega_0}{k_0}=c \tag{7.6.13}$$

因为 ω_0 和 k_0 是任意的，所以一般情况下，相速度 c 可写为

$$c=\frac{\omega}{k} \tag{7.6.14}$$

式(7.6.11)右边的余弦因子表示一个以速度 U 传播的波，速度 U 可表示为

$$U=\frac{\delta\omega}{\delta k}=\frac{\mathrm{d}\omega}{\mathrm{d}k}=c+k\frac{\mathrm{d}c}{\mathrm{d}k} \tag{7.6.15}$$

在式(7.6.15)中，第二个等式在$\delta\omega$和δk趋于零时的极限情况下成立，最后的等式是利用式(7.6.14)得到的。当dc/dk等于零时，$U=c$。在其他情况下，U要么大于c，要么小于c。当$U<c$时，频散一般称为正频散；当$U>c$时，频散称为逆频散。在地震学中，当群速度随周期(或波长)增加时使用术语正频散；反之，则使用术语逆频散。

利用U和c，式(7.6.11)可写为

$$y = 2A\cos[\delta k(Ut - x)]e^{ik_0(ct-x)} \tag{7.6.16}$$

以速度c传播的波称为载波。因为存在小的因子δk，所以以速度U传播的波的变化比载波慢，并且调制载波。这种现象可在图7.6[由式(7.6.11)得到]中见到，图中显示出两个相近的波叠加的结果，以及熟知的“拍”的现象。在调制波(或者包络)的两个相邻的零点之间的载波部分构成了一个波组(或一个波包)，因此，U被称为群速度。

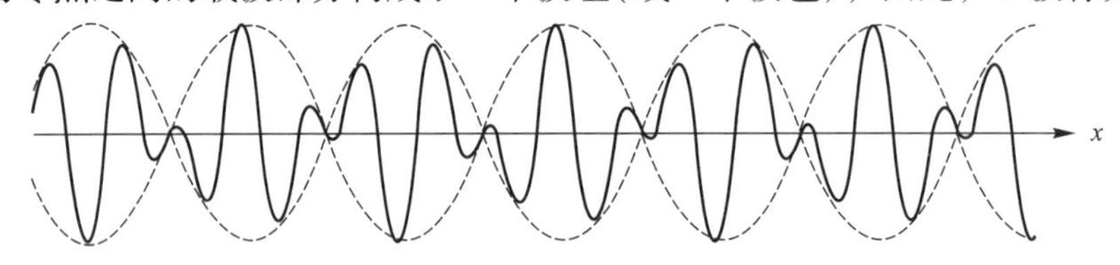

图7.6 两个振幅相同且频率和波数接近的谐波叠加曲线(实线)及其包络线(虚线)

式(7.6.11)表示的是极其简单的情况。下面将利用在第5章中讨论的傅里叶变换来分析更一般的情况，可采取两种途径：一种是设$\omega=\omega(k)$，另一种是设$k=k(\omega)$。这里先采用第一种方法，因为由此导出的方程可与式(7.6.16)直接做比较。傅里叶变换表示的基本思路是，一个任意的波$f(x, t)$可写成无限多个平面波的叠加，即

$$f(x,t) = \frac{1}{2\pi}\int_{-\infty}^{+\infty} A(k)e^{i[\omega(k)t-kx]}dk \tag{7.6.17}$$

严格地讲，式(7.6.17)还应该包括向左边运动的波(Whitham，1974)，但是忽略它不会影响后面的讨论。此外，这里还忽略掉了与生成该波的震源性质有关的任何可能的相位项，以及与用于记录这个波的仪器(Pilant，1979)有关的相位项。忽略这些并不会引起严重的问题，但可简化推导(见问题7.12)。

假设在$k=k_0$附近的一个小区间$(k_0-\delta k,\ k_0+\delta k)$之外，$\omega(k)$处处为零。很明显，这种情况是前面例子的推广，其将无限多个波数非常接近的、振幅任意的波叠加在一起，所得到的波称为窄带波(在k域为窄带的，在x域是宽的；见问题7.10)。在这种条件下，$\omega(k)$可用其泰勒级数展开式的前两项近似

$$\omega(k) \approx \omega(k_0) + \left.\frac{d\omega}{dk}\right|_{k=k_0}(k-k_0) = \omega_0 + \omega'_0(k-k_0) \tag{7.6.18}$$

式(7.6.18)的最右边采用了导数的简写形式。利用此近似式以及恒等式$k\equiv k_0+(k-k_0)$，可将式(7.6.17)中的相位写成

$$\omega t - kx = \omega_0 t - k_0 x + (\omega_0{}'t - x)(k-k_0) \tag{7.6.19}$$

因为k_0和ω_0是常数，所以$f(x,t)$可写成

$$f(x,t) = f_0(\omega'_0 t - x)e^{i(\omega_0 t - k_0 x)} \tag{7.6.20}$$

式中

$$f_0(\omega'_0 t - x) = \frac{1}{2\pi}\int_{k_0-\delta k}^{k_0+\delta k} A(k)\ \mathrm{e}^{\mathrm{i}(k-k_0)(\omega'_0 t - x)}\mathrm{d}k \tag{7.6.21}$$

比较式(7.6.16)和式(7.6.20)可知，在两种情况下，叠加的结果都等于一个以速度 c 传播的同样的谐波与一个调制因子的乘积。在第二种情况下，当

$$\omega'_0 t - x = \text{常数} \tag{7.6.22}$$

时，调制因子有常相位。这意味着，像第一种情况那样，有

$$\frac{\mathrm{d}x}{\mathrm{d}t} = \omega'_0 = \left.\frac{\mathrm{d}\omega}{\mathrm{d}k}\right|_{k=k_0} = U \tag{7.6.23}$$

$A(k)$是常数且等于 1 的特例，对应于空间 δ 函数(见附录 A)，可以得到关于$f(x,t)$的另外一些性质。将这个 $A(k)$值代入式(7.6.21)，得到

$$f_0(\omega'_0 t - x) = \frac{\delta k}{\pi}\frac{\sin[(Ut - x)\delta k]}{(Ut - x)\delta k} \tag{7.6.24}$$

等式右边的第二因子$\frac{\sin[(Ut-x)\delta k]}{(Ut-x)\delta k}$就是熟知的 sinc 函数。它有一个主瓣，后面跟着几个幅度逐渐变小的旁瓣。

如同在水体表面行进的波的快照。如果让 x 固定，则曲线$f(x,\ t)$作为时间 t 的函数可解释为地震记录。由图 7.7 可以推断出这个解的几个重要性质。

(1)有一个清晰的按群速度 U 传播的波包，包络极大值的位置与满足 $Ut - x = 0$ 或 $x = Ut$ 的 x 和 t 值相对应。

(2)波群的宽度定义(多少有些随意)为 sinc 函数第一个正和负的零交叉之间的距离，这个宽度正比于 $1/(\delta k)$。因此，波数域宽度越窄，空间域宽度越宽(见问题 7.10)。如果这个宽度用 δx 表示，则乘积 $\delta x\delta k$ 的数量级是 1。量子力学中著名的海森伯格不确定性原理就与此有关。这里用的是 $\omega = \omega(k)$；如果用 $k = k(\omega)$，则会得到类似的 δt 和 $\delta\omega$ 的关系。

(3)图 7.7(a)所示为 $U < c$ 时的曲线，显示出两个传播特征。一个是用十字标记的包络的极大值，另一个是用圆圈标记的$f(x,t)$ 的峰值。其分别按速度 U 和 c 传播。当 $U < c$ 时，圆圈标记的峰值原来位于包络极大值的后面，逐渐移动到群的前面并消失。图 7.7(b)所示为 $U > c$ 时的曲线，原来峰值在波包的前面，逐渐移动到波包的后面并消失。

(4)如果相邻曲线之间的时差 Δt 比较大(如是原来的三倍)，则将不可能跟踪到上面描述的单个峰值的演变。为了能够跟踪，要求差值 $ct_2 - ct_1 = c\Delta t < \lambda_0$，其中 $\lambda_0 = 2\pi/k_0$ 是波长，这意味着 $\Delta t < 2\pi/\omega_0 = T_0$，其中 T_0 是周期。当 $\Delta t > T_0$ 时，不可能说出一条曲线中的哪一个峰值对应于其相邻曲线中的哪一个峰值，如果曲线是对于固定 x 值在时域中的曲线，则等价的条件是 $\Delta x < \lambda_0$。

(5)如果曲线代表作用在某点(x_0，t_0)处的震源生成的(或者时间域，或者空间域)数据，则群速度 $U = (x_g - x_0)/(t_g - t_0)$，相速度 $c = (x_2 - x_1)/(t_2 - t_1)$。其中，下标 g 指示参考点为群的极值点，下标 1 和 2 指示两相邻曲线上相同的两个波峰(或波谷)对应的 x 和 t(按照上面指示的限制)。

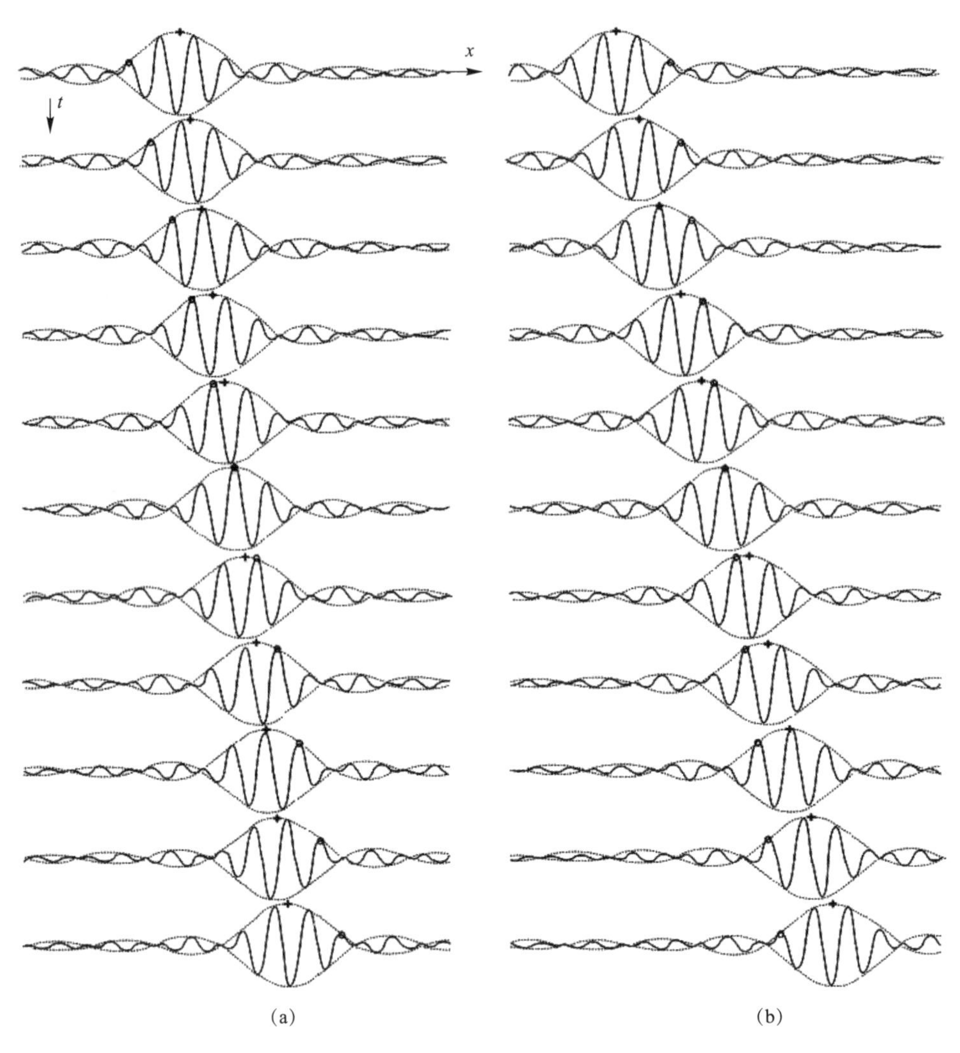

图 7.7　无穷多个频率和波数相近的谐波叠加的波形图

图中每条曲线是根据固定的 t 值生成的，t 按等间隔取值。图中显示出两个特征，即用“ + ”表示的包络最大值以及用圆圈表示的调制函数的同一个峰值，分别以群速度 U 和相速度 c 运动。

(a) $U<c$ 的情况；(b) $U>c$ 的情况

7.6.3　宽带波、稳相法

对窄带波的讨论有助于理解波传播的某些特征，但是这并不符合实际，因为大部分有意义的波是宽带的。在宽带的情况下，前面所用到的近似不再适用。如果 $A(k)$ 可使式(7.6.17)中的积分精确地计算，则该问题就解决了，否则，需要进行数值积分。但是当 x 和 t 较大时，可采用一种替代办法，即利用 Lord Kelvin 在研究水波时引入的稳相法来计算近似解。这种稳相法除能提供一种快速的计算工具外，还因能给出一些关于解的性质的有用信息而备显重要。若用数值方法求解，则不可能得到这些信息。

稳相法可给出以下形式的积分在 $\lambda\to\infty$ 时的近似值，即

$$I(a,b,\lambda) = \int_a^b f(x)\mathrm{e}^{\mathrm{i}\lambda g(x)}\mathrm{d}x, \quad \lambda > 0 \tag{7.6.25}$$

如果在闭区间$[a, b]$内，$g'(x)\neq 0$，则当 λ 趋于无穷时，积分与 λ^{-1}是等数量级的。如果在$[a, b]$内的 x_0 点处，$g'(x_0)=0$ 且 $g''(x_0)\neq 0$，则(Bleistein，1984；Segel，1977)

$$I(a,b,\lambda) \approx \sqrt{\frac{2\pi}{\lambda|g''(x_0)|}}f(x_0)\mathrm{e}^{\mathrm{i}\lambda g(x_0)+\mathrm{i}\frac{\pi}{4}\mathrm{sgn}g''(x_0)} \tag{7.6.26}$$

对于任意函数 $h(x)$，$\mathrm{sgn}h(x)$的定义如式(6.5.43)，只是用 $h(x)$来代替 ω。当在$[a, b]$中存在多个稳相点时，所有稳相点的贡献应该加在一起。

这些结果已为现代分析技术所证明，但最初是基于观测式(7.6.17)中波仅在稳相点附近相长干涉推导出来的。在非稳相点处，因为相位差，干涉倾向于相消干涉(Havelock，1914)。一个有关的论据是，如果式(7.6.25)中被积函数的指数因子的振荡比$f(x)$快得多，则对积分的主要贡献将源于 $g(x)$稳态值邻近的点。下面的例子可说明这一点。

对于某个在 $x=x_0$ 点处有稳态值的函数 $f_1(x)$，以及另一个函数 $f_2(x)=\cos[\lambda f_1(x)]$，其中参数 λ 取较大的值，并用下式定义积分上限函数 $I(x)$，即

$$I(x) = \int_{x_1}^{x} f_2(s)\mathrm{d}s \tag{7.6.27}$$

再对此式进行数值计算。

函数$f_1(x)$、$f_2(x)$及 $I(x)$的图形如图 7.8 所示。设 $x_1=-1$、$x_0=0$，函数$f_1(x)$在 x_0 点处取最大值且在该点及其邻近变化很小，而$f_2(x)$在 x_0 的邻域$(-\delta,\delta)$之外，处处是很强的振荡。因此，函数 $I(x)$在 -1 和 $-\delta$ 之间只有很小的值，因为 $I(x)$是$f_2(x)$的积分和的极限，正值和负值求和趋向于互相抵消。函数 $I(x)$在 $-\delta$ 和 δ 之间的绝对值明显增加，因为$f_2(x)$在该区间内变化很小，没有很强的振荡，求和不会互相抵消。当 x 继续增大时，积分和的这种抵消作用再次发生，$I(x)$的值又变化很小。如果式(7.6.27)中的被积函数换为 x 的某个缓变函数与$f_2(x)$的乘积，则 $I(x)$的主要特征也不会改变。

在式(7.6.25)中的被积函数的指数项中明显有一个因子 λ。正是这个因子的存在，使得可以如上所述那样对该积分取近似。然而，一些作者却将前述的互相抵消的论据应用于式(7.6.17)中的相位项，并考虑 $\omega t-kx$ 的稳相点。

为了把上述思路应用于式(7.6.17)，下面将此式中的指数 $\omega(k)t-kx$ 记为 $t\phi(k)$，即

$$\phi(k) = \omega(k) - k\frac{x}{t} \tag{7.6.28}$$

对于较大的 t 值，让比值 x/t 保持为某些任意的非零固定值。换句话说，把 x/t 当作一个参数对待。设 k_0 是 ϕ 的稳相点，则有

$$\phi'(k_0) = \omega'(k_0) - \frac{x}{t} = 0 \tag{7.6.29}$$

式中，“′”表示 $\phi(k)$关于 k 的导数。在 k_0 的某邻域内对 $\phi(k)$做泰勒级数展开并取二阶

近似，有

$$\phi(k) \approx \phi(k_0) + \frac{1}{2}\frac{\mathrm{d}^2\phi}{\mathrm{d}k^2}|_{k=k_0}(k-k_0)^2$$

$$= \phi(k_0) + \frac{1}{2}\omega''(k_0)(k-k_0)^2 = \phi_0 + \frac{1}{2}\omega''_0(k-k_0)^2 \quad (7.6.30)$$

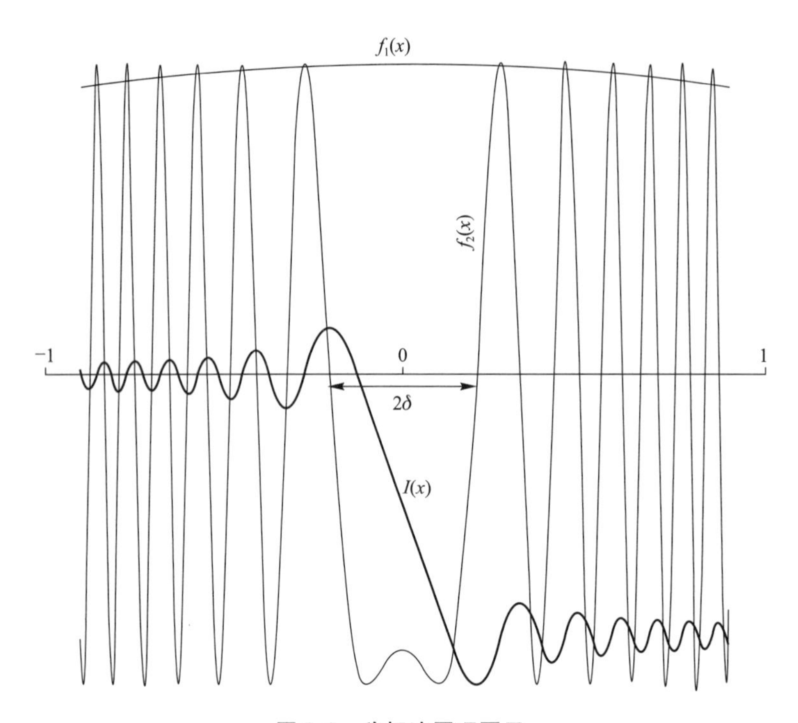

图 7.8　稳相法原理图示

图中，$f_1(x)$是在 $x=0$ 处取极大值的缓变函数。$f_2(x)=\cos[\lambda f_1(x)]$，其中 λ 为参数。$I(x)$是$f_2(x)$的积分上限函数[见式(7.6.27)]。由于$f_2(x)$在 $x=0$ 的邻域$(-\delta,\delta)$之外剧烈振荡，所以 $I(x)$在此邻域之外的变化相对较小。

如前所述，式(7.6.30)右边各记号的意义可从上下文中明显看出。这里假设 $\omega''(k)\neq 0$，不满足这个条件的情况将在下节中处理。最后，因为对积分的主要贡献来自 k_0 附近的点，所以 $A(k)$可用 $A(k_0)$来代替，而 $A(k_0)$为常数，可提到积分号之外。在这种条件下，式(7.6.17)可写为

$$f(x,t) = \frac{1}{2\pi}\int_{-\infty}^{+\infty} A(k)\mathrm{e}^{\mathrm{i}t\phi(k)}\mathrm{d}k \approx \frac{1}{2\pi}A(k_0)\int_{-\infty}^{+\infty}\mathrm{e}^{\mathrm{i}t[\phi_0+\frac{1}{2}\omega''_0(k-k_0)^2]}\mathrm{d}k$$

$$= \frac{1}{2\pi}A(k_0)\mathrm{e}^{\mathrm{i}t\phi_0}\int_{-\infty}^{+\infty}\mathrm{e}^{\mathrm{i}\frac{1}{2}t\omega''_0(k-k_0)^2}\mathrm{d}k \quad (7.6.31)$$

严格地说，积分应限于 k_0 的邻域，但是因为假设在这个邻域之外积分值是微不足道的，所以积分上下限可以如式(7.6.31)那样扩展，其等号右边的积分可以用围道积分法或查表积分法求出。最后的结果是(见问题 7.11)

$$f(x,t) \approx \frac{1}{\sqrt{2\pi t|\omega''_0|}} A(k_0)\mathrm{e}^{\mathrm{i}t\phi_0}\mathrm{e}^{\mathrm{i}\frac{\pi}{4}\mathrm{sgn}\omega''_0} = \frac{1}{\sqrt{2\pi t|\omega''_0|}} A(k_0)\mathrm{e}^{\mathrm{i}(\omega_0 t - k_0 x + \frac{\pi}{4}\mathrm{sgn}\omega''_0)} \tag{7.6.32}$$

式中，$\omega_0 = \omega(k_0)$。

当 t 的值大于所讨论问题的时间尺度时，近似式(7.6.32)成立。另外，当 ω''_0 趋于零时，此近似引入的误差将趋于无穷大(Whitham，1974；Båth，1968；Pekeris，1948)，表明式(7.6.32)在这样的点附近不适用，这个事实从分母中有 ω''_0 也可以看出。另外，如前所述，假若存在多个稳相点，则 $f(x,t)$ 应是与式(7.6.32)右边类似的表达式的和。

式(7.6.29)可改写为

$$\omega'(k_0) = \frac{x}{t} \tag{7.6.33}$$

此式表明，k_0 是 x 和 t 的函数。当然，ω_0 也是 x 和 t 的函数。因此，式(7.6.32)中的相位项是 x 和 t 的函数。下面将此相位项写为

$$\theta(x,t) = \omega(k)t - k(x,t)x \tag{7.6.34}$$

当 θ 是一个缓变函数时，可以引入下面关于局部频率(或瞬时频率)(ω_l)和局部波数(k_l)的定义(Segel，1977；Pilant，1979)

$$\omega_l(x,t) = \frac{\partial\theta(x,t)}{\partial t} \equiv \theta_t = \frac{\mathrm{d}\omega}{\mathrm{d}k}\frac{\partial k}{\partial t}t + \omega - \frac{\partial k}{\partial t}x = \left(\frac{\mathrm{d}\omega}{\mathrm{d}k}t - x\right)\frac{\partial k}{\partial t} + \omega \tag{7.6.35}$$

$$k_l(x,t) = -\frac{\partial\theta(x,t)}{\partial x} \equiv -\theta_x = -\frac{\mathrm{d}\omega}{\mathrm{d}k}\frac{\partial k}{\partial x}t + \frac{\partial k}{\partial x}x + k = -\left(\frac{\mathrm{d}\omega}{\mathrm{d}k}t - x\right)\frac{\partial k}{\partial x} + k \tag{7.6.36}$$

在纯谐波的情况下，相位是 $\theta = \omega t - kx$，ω 和 k 是常数。利用上面的定义可看出，ω_l 和 k_l 分别是 ω 和 k。

如果 k_0 是 θ 的一个稳态点，则式(7.6.29)成立。因此，$k = k_0$ 时有

$$\omega_l(x,t) = \omega_0 \tag{7.6.37}$$

$$k_l(x,t) = k_0 \tag{7.6.38}$$

$\mathrm{sgn}\omega''_0$ 的导数是 δ 函数(见附录 A)，它在 $\omega''_0 = 0$ 以外处处为零，但是因为 $\omega''_0 = 0$ 的点已明显排除在外，所以式(7.6.32)中 $\mathrm{sgn}\omega''_0$ 项可以忽略。

可以用两种方法解释式(7.6.37)和式(7.6.38)。一种解释是在给定点 (x_1, t_1) 附近，$x_1 = \omega'(k_0)t_1$，式(7.6.32)表示频率和波数分别为 $\omega_0(x_1,t_1)$ 和 $k_0(x_1,t_1)$ 的简谐运动。相应的周期和波长分别是 $2\pi/\omega_0$ 和 $2\pi/k_0$。第二种解释是波数 k_0 应在满足 $x = \omega'(k_0)t$ 的点 (x,t) 上求得。换句话说，$\omega'(k_0)$ 是具有波数 k_0[和频率 $\omega(k_0)$]的谐波分量的传播速度。这个解释与先前将 ω' 定义为一个波群的速度是一致的[见式(7.6.15)]，尽管在此情况下波群的概念不像窄带波情况下那样好定义。

先前引入的相速度的概念这里仍然适用。令相位 $\theta(x, t)$ 等于常数，再关于 t 微分，可得

$$\theta_x \frac{\mathrm{d}x}{\mathrm{d}t} + \theta_t = 0 \tag{7.6.39}$$

因此，有

$$\frac{\mathrm{d}x}{\mathrm{d}t} = -\frac{\theta_t}{\theta_x} = \frac{\omega_0}{k_0} \tag{7.6.40}$$

总之，式(7.6.32)表示由群速度 $U(x,t)$ 和相速度 $c(x,t)$ 表征的运动，群速度 $U(x,t)$ 和相速度 $c(x,t)$ 分别由如下两式给出

$$U(x,t) = \left.\frac{\mathrm{d}\omega}{\mathrm{d}k}\right|_{k=k_0} = \frac{x}{t} \tag{7.6.41}$$

$$c(x,t) = \frac{\mathrm{d}x}{\mathrm{d}t} = \frac{\omega_0}{k_0} \tag{7.6.42}$$

根据式(7.6.41)，式(7.6.32)中的因子 ω''_0 可用在 $k = k_0$ 处计算得到的 $\mathrm{d}U/\mathrm{d}k$ 代替。U 和 c 这两种速度的存在以及它们都依赖于 x 和 t，连续地影响频散波列的形状。正如 Whitham(1974)所述，一个位于波的特征点(比如说波峰)上的观测者将按相速度运动，但他能看到局部频率和局部波数的变化。另一方面，按群速度运动的观测者将总是看到同样的局部频率和波数，而波峰和波谷从他旁边通过。

群速度的重要性还因为波的能量以这个速度传播，Biot(1957)就弹性固体对此问题给出了一般性分析，Achenbach(1973)给出了更严格且至今仍然有用的分析。

对于面波，一旦得到作为频率函数的相速度(通过解合适的周期方程)，则群速度可通过对式(7.6.15)做数值微分得到。但是，这种方法会引入误差，可采用另外的方法(Ben-Menahem 和 Singh，1981；Aki 和 Richards，1980)。在半空间上有一覆盖层的特例中，对于勒夫波，存在封闭方程(见问题 7.13)；而对于瑞利波，Mooney 和 Bolt (1966)提出了解析方法。

【示例】用稳相法计算频散波列

作为一个例子，用稳相法计算频散波列[见式(7.6.1)]。由先前的讨论可知，式(7.6.5)给出的速度 c 是相速度。而且，结合式(7.6.3)和式(7.6.4)可得到 $\omega(k)$ 的显式表达式

$$\omega(k) = \pm\sqrt{v^2k^2 + a^2} \tag{7.6.43}$$

注意，每个 k 值对应两个 ω 值。先考虑 ω 取正值的情况，后面再考虑 ω 取负值的情况。

群速度可由式(7.6.41)和式(7.6.43)确定，即

$$U = \frac{\mathrm{d}\omega}{\mathrm{d}k} = \frac{v^2k}{\sqrt{v^2k^2 + a^2}} = \frac{v^2}{c} = \frac{v^2k}{\omega} \tag{7.6.44}$$

后面两个等式利用了式(7.6.5)和式(7.6.3)。如前所述，当 ω 和 k 趋于无限时，c 趋于 v，这意味着在极限情况下，U 也趋于 v。而且，由于 $c > v$，所以有 $U < v < c$。

利用式(7.6.33)、式(7.6.41)和式(7.6.44)，稳相点 k_0 可通过求解如下方程

$$U = \frac{v^2k_0}{\sqrt{v^2k_0^2 + a^2}} = \frac{x}{t} \tag{7.6.45}$$

得到，解出的稳相点为

$$k_0 = \pm\frac{ax}{v\sqrt{v^2t^2 - x^2}} \tag{7.6.46}$$

这里还是先取正根，后面再考虑负根。

利用式(7.6.44)～式(7.6.46)可确定 ω_0，即

$$\omega_0 = \frac{v^2 t k_0}{x} = \frac{vta}{\sqrt{v^2 t^2 - x^2}} \tag{7.6.47}$$

另外

$$\omega'' \equiv \frac{d^2\omega}{dk^2} = \frac{dU}{dk} = \frac{d}{dk}\left(\frac{v^2 k}{\omega}\right) = \frac{\omega^2 v^2 - v^4 k^2}{\omega^3} = \frac{v^2 a^2}{\omega^3} \tag{7.6.48}$$

这里利用了式(7.6.44)和式(7.6.43)。再利用式(7.6.47)可得在稳相点处的 ω''，即

$$\omega''_0 = \frac{(v^2 t^2 - x^2)^{3/2}}{vt^3 a} \tag{7.6.49}$$

取 $vt > x$，则 $\omega''_0 > 0$ 以及 $\mathrm{sgn}\omega''_0 = 1$。于是，利用式(7.6.46)和式(7.6.47)，式(7.6.32)中的相位项可写成

$$\omega_0 t - k_0 x + \frac{\pi}{4} = \frac{a}{v}\sqrt{v^2 t^2 - x^2} + \frac{\pi}{4} \tag{7.6.50}$$

为了进一步简化，再次假设 $A(k)$ 等于1。首先必须考虑式(7.6.46)取负根的情况。从式(7.6.47)的第一个等式中可以看出，当 k_0 为负时，ω_0 也为负；从式(7.6.48)中可看出，当 $\omega = \omega_0$ 时，ω''_0 也为负，$\mathrm{sgn}\omega''_0 = -1$。因此，式(7.6.32)相位项唯一的变化是改变了符号。因为 $A(k) = A(-k)$，所以 $+k_0$ 和 $-k_0$ 的贡献对应两个互为复共轭的表达式，它们的组合产生一个余弦项。当考虑这些事实时，最后的解由下式给出(见问题7.14)，即

$$f(x,t) \approx \sqrt{\frac{2va}{\pi}} \frac{t}{(v^2 t^2 - x^2)^{3/4}} \cos\left(\frac{a}{v}\sqrt{v^2 t^2 - x^2} + \frac{\pi}{4}\right) \tag{7.6.51}$$

这个解的一个重要特征是当 vt 趋近 x 时，$f(x,t)$ 的振幅趋于无限。这对应于存在一个以速度 v 运动的波前(Havelock，1914)。当 $t < x/v$ 时，$f = 0$。还应注意，相位对 x 和 t 的依赖关系是非线性的。正是这种非线性引起局部频率和局部波数的变化，也正好表征了频散。利用式(7.6.35)、式(7.6.36)和式(7.6.51)，可求得

$$\omega_l = \frac{vta}{\sqrt{v^2 t^2 - x^2}} \tag{7.6.52}$$

$$k_l = \frac{ax}{v\sqrt{v^2 t^2 - x^2}} \tag{7.6.53}$$

式(7.6.52)和式(7.6.53)分别与式(7.6.47)和式(7.6.46)一致，表明当 vt 接近于 x 时(即靠近波前时)ω_l 和 k_l 都变大，致使周期和波长都变小。

图7.9绘出了将式(7.6.51)看成时间 t 的函数而 x 取几个固定的等间隔值时的多条曲线。每条曲线称为一道。这张图概括了前面所谈到的频散特征的方方面面。图中用穿过各道的细线将具有相同局部周期(用 T 表示，用公式 $T = 2\pi/\omega_l$ 计算)的时间点连接起来。沿每条细线的所有特征都按式(7.6.41)给出的相应群速度行进。如前所述，对于存在频散的波，群组的概念并不总是那么容易定义，这个例子也清楚地说明了这个事实。如果把图中最上面一道圆圈附近周期大约在 $T = 11.9$ 和 $T = 12.1$ 之间的波称为一个波组，则可见到这个波组随着距离的增加而逐渐展开。

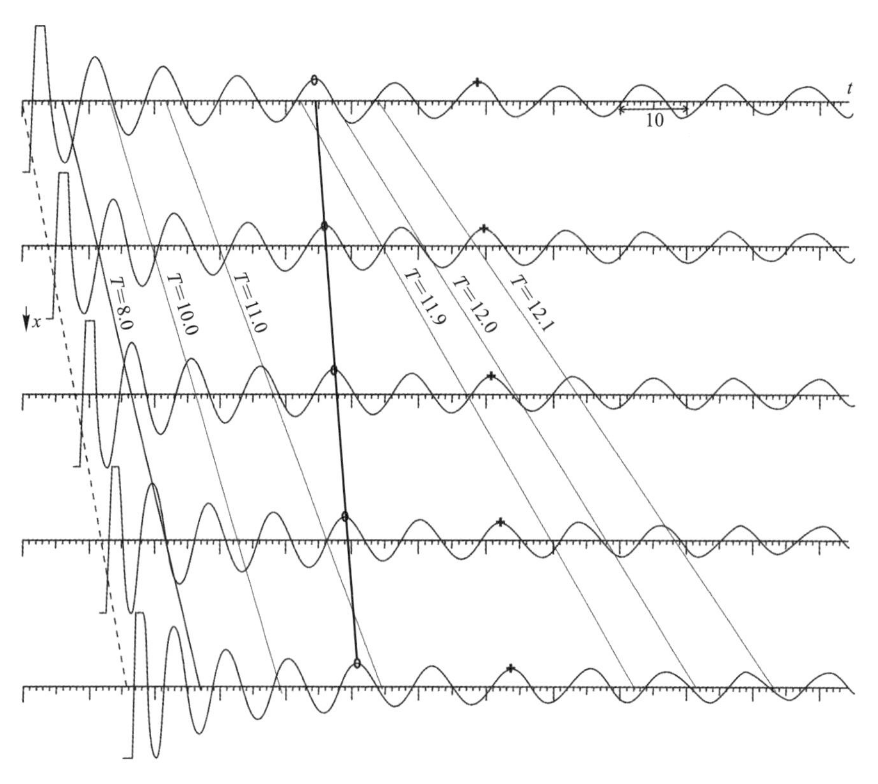

图 7.9　频散波列对应的波图形

每条曲线都是对应于一个固定的 x 值而生成的，x 按等间隔取值。虚线表示波前的到达时间，标记有数字的线代表有相同的局部周期 T，用圆圈和“+”标识相同的特征，实粗线连接时间轴上对应圆圈的点。注意局部周期的变化是 x 的函数。

7.6.4　艾里相

如前面所述，当 $\omega''_0=0$，或等价地，$\mathrm{d}U/\mathrm{d}k=0$ 时，式(7.6.32)将不再适用。首先假设在 $k_a\neq0$ 的点处发生这种情况，并且 $U(k_a)$ 是相对极大值或极小值。明确起见，先假设它是极小值。这意味着在 k_a 附近，$U(k)$ 将有两个分支，一个对应于 $k<k_a$，此时 $U(k)$ 递减；另一个对应于 $k>k_a$，此时 $U(k)$ 递增。只要 k 不是太接近 k_a，式(7.6.32)都是成立的，并且在地震记录上会看到这两个分支对应波的叠加，一种波具有较小的周期，另一种波具有较大的周期。这些波的波至时间依赖于 x 以及 k_a 附近的 U 值。当 k 充分接近 k_a 时，式(7.6.32)不再适用，这时需要一种新的近似式。下面的讨论表明，条件 $\mathrm{d}U/\mathrm{d}k=0$ 将引起被称为艾里相的明显特征，在地震记录上它将出现在频散波列的末端。如果 k_a 不是 U 的极小值点而是 U 的极大值点，则艾里相将是最早的波至(Pilant，1979)。

当 $\omega''(k_a)=0$ 时，式(7.6.30)的泰勒展开式必须至三阶，不需要假设相位是稳定的：

$$\phi(k)\approx\phi(k_a)+\left.\frac{\mathrm{d}\phi}{\mathrm{d}k}\right|_{k=k_a}(k-k_a)+\frac{1}{6}\left.\frac{\mathrm{d}^3\phi}{\mathrm{d}k^3}\right|_{k=k_a}(k-k_a)^3$$

$$=\phi(k_a)+\left[\omega'(k_a)-\frac{x}{t}\right](k-k_a)+\frac{1}{6}\omega'''(k_a)(k-k_a)^3$$

$$= \phi_a + (\omega'_a - \frac{x}{t})(k - k_a) + \frac{1}{6}\omega'''_a(k - k_a)^3 \tag{7.6.54}$$

因为 k_a 是满足 $\omega''(k_a)=0$ 的 k 的固定值，所以式(7.6.54)中的导数不依赖于 x 或 t。利用式(7.6.54)，式(7.6.17)可写为

$$f(x,t) \approx \frac{1}{2\pi}A(k_a)\mathrm{e}^{\mathrm{i}t\phi_a}\int_{-\infty}^{+\infty}\mathrm{e}^{\mathrm{i}[(t\omega'_a - x)(k-k_a) + t\omega'''_a(k-k_a)^3/6]}\mathrm{d}k \tag{7.6.55}$$

上面的积分用艾里相函数 Ai 重写为(Båth，1968；Ben-Menahem 和 Singh，1981)

$$Ai(z) = \frac{1}{\pi}\int_0^{+\infty}\cos(uz + \frac{1}{3}u^3)\mathrm{d}u = \frac{1}{2\pi}\int_{-\infty}^{+\infty}\mathrm{e}^{\mathrm{i}(uz+u^3/3)}\mathrm{d}u \tag{7.6.56}$$

第二个等式成立是由于其右边被积函数的虚部为 u 的奇函数，使得该虚部的积分为零。这个函数的曲线见图 7.10。

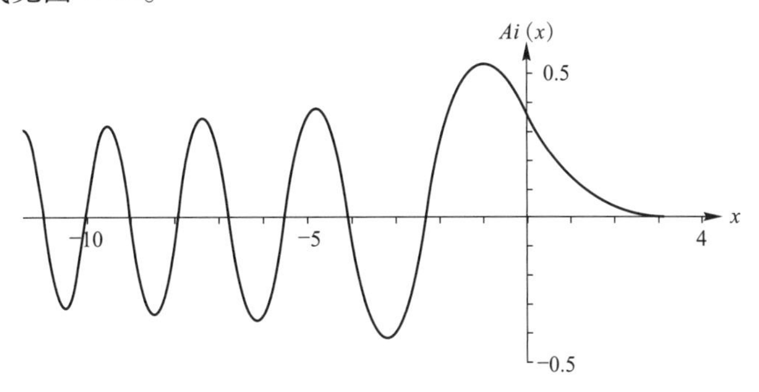

图 7.10　艾里相函数的图形

令 I 代表式(7.6.55)右边的积分，将积分 I 转换为艾里相函数需要两步。第一步，做变量代换 $u=k-k_a$，并设

$$b = t\omega'_a - x; \quad c = \frac{1}{2}t\omega'''_a \tag{7.6.57}$$

则有

$$I = \frac{1}{2\pi}\int_{-\infty}^{+\infty}\mathrm{e}^{\mathrm{i}(ub+cu^3/3)}\mathrm{d}u \tag{7.6.58}$$

第二步，再做变量代换 $s=|c|^{1/3}u\mathrm{sgn}c$，此时 I 变成(见问题 7.15)

$$I = \frac{1}{|c|^{1/3}}Ai\left(\frac{b\mathrm{sgn}c}{|c|^{1/3}}\right) \tag{7.6.59}$$

将这个结果代入式(7.6.55)，可得

$$f(x,t) = A(k_a)\frac{1}{|c|^{1/3}}\mathrm{e}^{\mathrm{i}(\omega_a t - k_a x)}Ai\left(\frac{b\mathrm{sgn}c}{|c|^{1/3}}\right) \tag{7.6.60}$$

将式(7.6.57)中的 b 和 c 代入上式，得

$$f(x,t) = \frac{A(k_a)\sqrt[3]{2}}{\sqrt[3]{t|\omega'''_a|}}\mathrm{e}^{\mathrm{i}(\omega_a t - k_a x)}Ai\left[\frac{\sqrt[3]{2}(t\omega'_a - x)\mathrm{sgn}\omega'''_a}{\sqrt[3]{t|\omega'''_a|}}\right] \tag{7.6.61}$$

式(7.6.61)的右边表示艾里相，对应于一个被艾里相函数调制的谐波。注意，对于接近 $x=\omega'_a t$ 的点，艾里相的振幅依赖于 $t^{-1/3}$，而对于频散波列的其他区域，振

幅依赖于 $t^{-1/2}$［见式(7.6.32)］。因此，对于大的 t(和 x)的值，艾里相将是主要特征［只要 $A(k_a)$ 不是太小］。在地震记录上可看到艾里相的例子见 Kulhanek(1990)的文献。

图 7.11 示出一条 $f(x,t)$ 曲线，这里假设 x 是固定的，t 是变量，$U(k_a)$ 有极大值，而这又意味着 ω''_a 是负值。因为 $U(k_a)$ 是极大值，所以波的初至时间应是 $t_0=x/U(k_a)$，但是如图所示，在小于 t_0 的时间上，艾里相也是有非零值的。Tolstoy(1973)曾讨论过出现这种波至超前现象的原因，他指出该现象是由式(7.6.61)的近似性质引起的。如果 $U(k_a)$ 为极小值，则会有一个尾波跟在预期的最后波至之后。

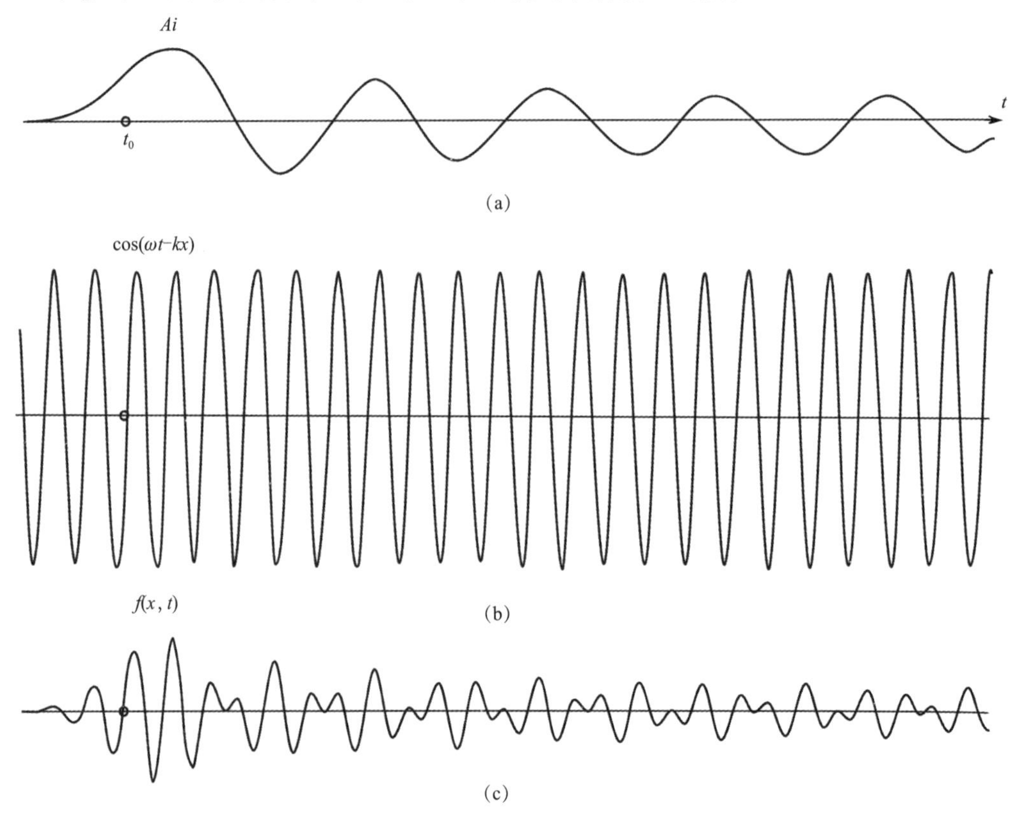

图 7.11　由艾里相函数调制得到的波列的图形

图中，$f(x,t)$ 是由艾里相函数调制谐波的结果［见式(7.6.61)］。t_0 代表期望的波至时间。

(a)艾里相函数；(b)谐波；(c)函数 $f(x,t)$［见式(7.6.61)，x 取固定值］

在此讨论两个特例。一个特例是 $k_a=0$，这意味着 $\omega_a=0$。把这个值代入式(7.6.61)，得

$$f(x,t)=\frac{A(0)\sqrt[3]{2}}{\sqrt[3]{t|\omega'''_a|}}Ai\left[\frac{\sqrt[3]{2}(t\omega'_a-x)\operatorname{sgn}\omega'''_a}{\sqrt[3]{t|\omega'''_a|}}\right] \tag{7.6.62}$$

这种情况相应于波前附近波长和周期无限大的情况(Munk，1949)。式(7.6.62)的重要性在于当 $k_a=0$ 时 $f(x,t)$ 就是艾里相函数本身，以致于振动的波长(或周期)

只依赖于艾里相函数的变元。因为因子 $t^{1/3}$ 在分母上，所以周期将随距离的增加而加大(见图 7.12)。

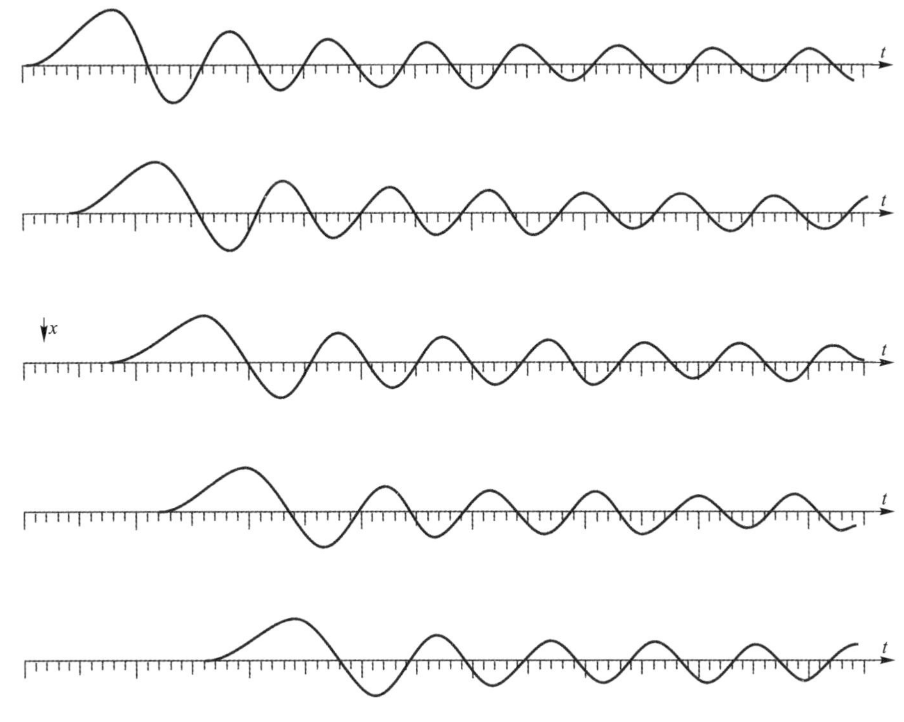

图 7.12　频散波列在特定情况下的图形

图中显示出当 x 取几个等间距值时 $f(x,t)$ 的图形。这里，艾里相函数变成 $f(x,t)$ [见式(7.6.62)]。

另一个特例是 $k_a = k_0$，k_0 是上面描述的稳相点。当 $\omega(k)$ 在 k_0 点处有一个弯曲时会出现这种情况。在这种条件下，由式(7.6.57)给出的 b 值等于零。因此，由式(7.6.61)可得

$$f(x,t) = \frac{Ai(0)A(k_0)\sqrt[3]{2}}{\sqrt[3]{t|U''_0|}} e^{i(\omega_0 t - k_0 x)} \tag{7.6.63}$$

其中 $Ai(0) = 3^{-2/3}/\Gamma(2/3) = 0.335$(Ben-Menahem 和 Singh，1981；Båth，1968)，Γ 代表伽马函数，U''_0 是 $\mathrm{d}^2U/\mathrm{d}k^2 = \omega'''(k)$ 在 $k = k_0$ 点处的值。令式(7.6.58)中的 $b = 0$，再对其实部和虚部分别积分，而虚部的积分为零，然后利用积分表求实部的积分可得到同样的结果。

问　题

7.1　证明式(7.3.8)可由式(7.3.10)和式(7.3.11)导出。

7.2　参考在无限半空间上有一覆盖层的情况下，关于 SH 波掠入射(6.9.1.2 小节)时的讨论，验证式(7.3.32)等同于 $\theta = m\pi$。

7.3　验证式(7.3.46)。

7.4　验证式(7.4.10)。

7.5　验证式(7.4.38)～式(7.4.42)。

7.6　验证式(7.4.43)和式(7.4.44)。

7.7　验证式(7.5.7)～式(7.5.10)。

7.8　验证式(7.5.11)。

7.9　验证式(7.6.4)。

7.10　设 $G(k)$ 是 $g(x)$ 的傅里叶变换，x 代表空间变量，证明

$$\mathcal{F}[g(ax)] = \frac{1}{|a|}G\left(\frac{k}{a}\right)$$

简略证明在 $a=1$，$a<1$ 和 $a>1$ 三种情况下，$g(ax)$ 和 $G(k/a)$ 是高斯函数[因此 $G(k)$ 也是高斯函数]。

这个练习将证明，函数在一个域里越窄，在另外一个域里就越宽。

7.11　验证式(7.6.32)。

7.12　设式(7.6.17)中的相位因子包含例如震源、仪器或传播效果等的相位项 $\psi(k)$。证明在这种情况下，式(7.6.32)变为

$$f(x,t) \approx \frac{1}{\sqrt{2\pi t\,|\phi''_0|}}A(k_0)\,\mathrm{e}^{\mathrm{i}\left[\omega_0 t - k_0 x + \psi(k_0) + \frac{1}{4}\rho\,\mathrm{sgn}\,\phi''_0\right]}$$

式中

$$\phi''_0 = \omega''(k_0) + \frac{1}{t}\psi''(k_0)$$

参见(Pilant，1979)。

7.13　利用式(7.3.20)和式(7.6.15)证明，对于无限半空间上有一覆盖层的情况，群速度由下式给出

$$U = \frac{\beta_1^2}{c}\left(\frac{c^2/\beta_1^2 + \Omega}{1+\Omega}\right)$$

式中(Ben-Menahem 和 Singh，1981)

$$\Omega = kH\gamma_2\left[\frac{\rho_1}{\rho_2}\left(\frac{c^2-\beta_1^2}{\beta_2^2-\beta_1^2}\right) + \frac{\mu_2}{\mu_1}\left(\frac{\beta_2^2-c^2}{\beta_2^2-\beta_1^2}\right)\right]$$

再证明当 c 趋于 β_1 和 β_2 时，U 分别趋于 β_1 和 β_2。

7.14　验证式(7.6.51)。

7.15　验证式(7.6.59)。

第 8 章　射线理论

8.1　引言

弹性波方程只在介质的弹性性质变化相对简单的少数几种情况下才有精确的解。当弹性性质沿二维或者三维方向有变化时，方程不可能有精确的解，因而必须寻找数值解（如用有限差分方法或有限元法）或者近似解（如射线法）。射线理论是引入的用来近似求解波动方程的方法之一。该理论传统上与光学相联系，可以说起源于光学（Cornbleet，1983；Stavroudis，1972；Kline 和 Kay，1965）。将该理论扩展到电磁波传播领域归功于 Luneburg（1964）（20 世纪 40 年代做的工作），但该理论在弹性波领域的应用应归功于 Karal 和 Keller（1959），尽管简单的射线理论概念早就被使用（Cerveny 等，1977）。俄罗斯学者对弹性波问题的求解也有很大贡献（Cerveny 和 Ravindra，1971）。

在近几十年里，弹性波射线理论在广度上和复杂程度上都有很大的发展。限于篇幅，这里不可能全面、详细地讨论，本章只准备讨论其最基本的方面。这里没有包括两个重要的题目：一是射线方程的数值解，另一个是更复杂的计算振幅的问题。对于前者，Lee 和 Stewart（1981）做了很好的处理；对于后者，已经由 Cerveny（2001）对射线理论做了完整的讨论，并给出了有关参考文献的详细列表。本章将从三维标量波方程开始，导出方程的近似解，并引入射线理论中的主要思想，接着讨论弹性波方程的射线理论。某些书籍虽然一开始就假设射线理论可以独立地适用于 P 波和 S 波，但这种假设是否成立需要证明。所以这里将首先证明这种假设是成立的，然后用微分几何的概念来讨论和研究射线路径作为空间曲线的一般性质。得到的结果完全具有普遍意义，适用于各种射线，如地震波、声波或者电磁波射线。本章接着讨论的另一个重要的内容是费马原理，将用射线理论证明该原理，并用变分学导出结果。最后一个重要内容是 P 波和 S 波的射线振幅分析。对于 P 波振幅，分析是直截了当的；对于 S 波，其分析却要复杂得多。这里导出的最重要的结果是存在一个坐标系，它能分离 S 波矢量为两个解耦的（互相之间不耦合的）矢量，并且它们的振幅分别满足类似于 P 波振幅所满足的方程，从而使振幅的计算量大大节省。这个坐标系是由 Cerveny 和 Hron（1980）引入的被称为动态射线追踪的重要构成单元。这章最后给出了两个例子：一个是薄的低速层的影响，类似于 6.9.1.3 小节中的讨论，尽管这里集中讨论的是法线入射的情况；另一个是一个简单的一维速度模型的合成地震记录。虽然射线理论的数值实现没有讨论，但这个例子仍然说明了射线方法的某些方面，如非因果波至的存在以及波传播距离对射线振幅的影响等。

8.2 三维标量波动方程的射线理论

将式(5.7.1)中的矢量 $\boldsymbol{u}$ 用标量 u 来代替，可得到频率域中的三维标量波动方程，即

$$u_{,jj}=-\frac{\omega^2}{c^2}u \tag{8.2.1}$$

式中

$$u=u(\boldsymbol{x},\omega);\quad c=c(\boldsymbol{x}) \tag{8.2.2}$$

这里，波速 c 是位置 $\boldsymbol{x}$ 的函数。

这里试着求式(8.2.1)的如下形式的解

$$u(\boldsymbol{x},\omega)=A(\boldsymbol{x},\omega)\mathrm{e}^{\mathrm{i}\omega\phi(\boldsymbol{x})} \tag{8.2.3}$$

式中，振幅 $A(\boldsymbol{x})$ 和相位 $\phi(\boldsymbol{x})$ 是待确定的。

利用式(8.2.3)，可将 $u_{,j}$ 和 $u_{,jj}$ 写成

$$u_{,j}=(A_{,j}+\mathrm{i}A\omega\phi_{,j})\mathrm{e}^{\mathrm{i}\omega\phi} \tag{8.2.4}$$

$$u_{,jj}=(A_{,jj}+2\mathrm{i}A_{,j}\omega\phi_{,j}+\mathrm{i}A\omega\phi_{,jj}-A\omega^2\phi_{,j}\phi_{,j})\mathrm{e}^{\mathrm{i}\omega\phi} \tag{8.2.5}$$

将式(8.2.3)和式(8.2.5)代入式(8.2.1)，消去指数因子，两边同除以 ω^2A，重新整理后，得到

$$\left(\phi_{,j}\phi_{,j}-\frac{1}{c^2}\right)-\frac{\mathrm{i}}{\omega}\left(\frac{2}{A}A_{,j}\phi_{,j}+\phi_{,jj}\right)-\frac{1}{\omega^2A}A_{,jj}=0 \tag{8.2.6}$$

因为式(8.2.6)等号左边的后两项中有因子 $1/\omega$ 和 $1/\omega^2$，所以当 ω 很大时，第一项 $\left(\phi_{,j}\phi_{,j}-\frac{1}{c^2}\right)$ 可能成为主要的部分，而后两项可以被忽略，这样式(8.2.6)可改写为

$$\phi_{,j}\phi_{,j}=|\nabla\phi|^2=\frac{1}{c^2} \tag{8.2.7}$$

这就是光学中的著名的程函方程。但是在对式(8.2.7)的普遍正确性做出评价之前，应注意高频近似对于由式(8.2.1)表达的问题是否合适。例如，式(8.2.1)用于调查海洋中和空气中的声波传播。然而，对于这两种不同的情况，所涉及的频率范围可能不同。因此，什么频率是高频，在一种情况下可能是，在另一种情况下可能不是。除此之外，式(8.2.6)后两项中的一些偏导数值也可能很大，以致可以补偿 ω 值变大的影响。因此，研究式(8.2.7)的正确性，必须通过分析比较它们各自的数量级(Officer, 1974)。为此，需要比较式(8.2.6)中第一项和第三项的大小。为了便于比较，用符号 ϕ'、ϕ''、A'、A'' 和 c' 分别表示导数 $\phi_{,j}$、$\phi_{,jj}$、$A_{,j}$、$A_{,jj}$ 和 $c_{,j}$ 的绝对值。

比较式(8.2.6)等号左边的第一项和第三项可知，当

$$\frac{1}{\omega^2}\frac{A''}{A}\ll(\phi')^2\approx\frac{1}{c^2} \tag{8.2.8}$$

时，式(8.2.7)是成立的。这意味着

$$\frac{c^2}{\omega^2}\frac{A''}{A}\ll 1 \tag{8.2.9}$$

或者

$$\lambda^2 \frac{A''}{A} \ll 1 \tag{8.2.10}$$

再用 $\Delta A'/\Delta L$ 近似 A''，其中 L 表示长度，并用 λ 代替 ΔL，可将式(8.2.10)变成

$$\frac{\delta A'}{A} \ll \frac{1}{\lambda} \tag{8.2.11}$$

式中，$\delta A'$是在一个波长的距离上 A'的变化量。下面将利用式(8.2.10)导出 c 和 $\delta c'$的关系，δ 的意义与前面相同。由式(8.2.6)的第二项我们设想

$$\frac{A'}{A}\phi' \approx \phi'' \tag{8.2.12}$$

或者

$$\frac{A'}{A} \approx \frac{\phi''}{\phi'} = \frac{(1/c)'}{1/c} = -\frac{c'}{c} \tag{8.2.13}$$

于是，忽略符号，得到

$$\left(\frac{A'}{A}\right)' = -\frac{(A')^2}{A^2} + \frac{A''}{A} \approx \left(\frac{c'}{c}\right)' = -\frac{(c')^2}{c^2} + \frac{c''}{c} \tag{8.2.14}$$

因为由式(8.2.13)可以得到$(A'/A)^2 \approx (c'/c)^2$，所以式(8.2.14)两边同乘以 λ^2，并可由式(8.2.10)得到

$$\lambda^2 \frac{c''}{c} \approx \lambda^2 \frac{A''}{A} \ll 1 \tag{8.2.15}$$

式(8.2.15)可按照导出式(8.2.11)的过程给出，为

$$\delta c' \ll \frac{c}{\lambda} = \frac{1}{2\pi}\omega \tag{8.2.16}$$

因此，相对变化量 $\delta c'$必须比所涉及的频率小得多。

在讨论标量波方程时，需要注意的是，虽然式(8.2.6)等号左边的第二项被忽略了，但这并不意味着该项不能再提供什么有用的信息了。相反，该项将用于导出振幅项 $A(\boldsymbol{x})$的表达式(见 8.7.1 小节)。

8.3　弹性波方程的射线理论

本节的讨论从以下体力项等于零的弹性波运动方程开始，即

$$(c_{ijkl}u_{k,l})_{,j} = \rho \ddot{u}_i \tag{8.3.1}$$

此方程由式(4.2.5)、式(4.5.1)、式(2.4.1)以及对称关系式式(4.5.3b)得出，张量 c_{ijkl}可以是 $\boldsymbol{x}$ 的函数。虽然这里更多考虑的是各向同性介质，但是当考虑各向异性情况时，问题的分析有时也比较简单。

下面将寻找式(8.3.1)的具有以下形式的解(Cerveny，1985)，即

$$\boldsymbol{u}(\boldsymbol{x},t) = \boldsymbol{U}(\boldsymbol{x}) f[t - T(\boldsymbol{x})] \tag{8.3.2}$$

式中，$\boldsymbol{U}$ 和 T 要在满足式(8.3.1)的条件下确定。如下所述，T 可以解释为沿射线波的

旅行时，而满足 $T(\boldsymbol{x})$ 为常数的空间曲面称为波前。

注意，如果对式(8.3.2)进行傅里叶变换，则可以得到

$$\boldsymbol{u}(\boldsymbol{x},\omega) = \boldsymbol{U}(\boldsymbol{x})\mathrm{e}^{-\mathrm{i}\omega T(\boldsymbol{x})}f(\omega) \tag{8.3.3}$$

因此，在频率域，$T(\boldsymbol{x})$ 是一个相位函数，它类似于式(8.2.3)中函数 $\phi(\boldsymbol{x})$ 所起的作用。另外，因为式(8.3.1)不针对频散波，所以一个时域脉冲不会随着波的传播而改变形状(Burridge，1976)，因此，可以将式(8.2.3)或者式(8.3.2)作为试验解，导出与用式(8.2.3)得到的类似的射线方程组(Hudson，1980)。还应注意，式(8.3.2)与 Aki 和 Richards(1980)通过交换变量 $\boldsymbol{U}$ 和 f 得到的试验解不同。但是，不论是哪一种情况，这种解都应该是无穷级数形式的更一般解的第一项。Karal 和 Keller(1959)、Cerveny 等(1977)、Cerveny 和 Ravindra(1971)、Cerveny 和 Hron(1980)、Cerveny(1985)和其他一些学者都仔细地讨论过这些级数解。但是解式(8.3.2)足以产生在地震学实践中所需要的绝大部分射线理论结果，这些解称为零阶近似解，其对应于几何光学近似。对于不能用几何光学概念求解的问题，需要用到高阶项。例如，高阶项已用于研究绕射问题(Keller 等，1956)和首波问题(Cerveny 和 Ravindra，1971)。

为了简化下面方程的书写，暂时用 $\boldsymbol{c}$ 来代替 c_{ijkl}。将式(8.3.2)代入式(8.3.1)的左边，得到

$$\begin{aligned}[\boldsymbol{c}\,(U_kf)_{,l}]_{,j} &= \boldsymbol{c}_{,j}\,(U_kf)_{,l} + \boldsymbol{c}\,(U_kf)_{,lj} \\ &= \boldsymbol{c}_{,j}U_{k,l}f + \boldsymbol{c}_{,j}U_kf_{,l} + \boldsymbol{c}U_{k,lj}f + \boldsymbol{c}U_{k,l}f_{,j} + \boldsymbol{c}U_{k,j}f_{,l} + \boldsymbol{c}U_kf_{,lj}\end{aligned} \tag{8.3.4}$$

其中

$$f_{,l} = \frac{\partial f[t - T(\boldsymbol{x})]}{\partial x_l} = \frac{\partial f}{\partial[t - T(\boldsymbol{x})]}\frac{\partial[t - T(\boldsymbol{x})]}{\partial x_l} = -\dot{f}\frac{\partial T}{\partial x_l} = -\dot{f}T_{,l} \tag{8.3.5}$$

$$f_{,lj} = \ddot{f}\,T_{,l}T_{,j} - \dot{f}\,T_{,lj} \tag{8.3.6}$$

$$\rho\ddot{u}_i = \rho U_i\ddot{f} \tag{8.3.7}$$

式中，字母上方的点("·")表示对自变量求导。利用式(8.3.4)～式(8.3.7)，可将式(8.3.1)写成(见问题 8.1)

$$\begin{aligned}(\boldsymbol{c}U_kT_{,l}T_{,j} - \rho U_i)\ddot{f} - (\boldsymbol{c}_{,j}U_kT_{,l} + \boldsymbol{c}U_{k,j}T_{,l} + \boldsymbol{c}U_kT_{,lj} + \boldsymbol{c}U_{k,l}T_{,j})\dot{f} + \\ (\boldsymbol{c}_{,j}U_{k,l} + \boldsymbol{c}U_{k,lj})f = 0\end{aligned} \tag{8.3.8}$$

这里引入一个假设，即在波前附近，f 远大于 $|\boldsymbol{U}|$ 和 c_{ijkl} 以及它们的导数，并且 $\ddot{f}\gg\dot{f}\gg f$(Aki 和 Richards，1980)。这些假设与 8.2 节中的类似，也是关于高频近似的假设，因为在频率域，$\dot{f}$ 和 $\ddot{f}$ 分别正比于 $\omega f(\omega)$ 和 $\omega^2 f(\omega)$(见问题 9.13)。在这些条件下，式(8.3.8)中只有第一项是主要的，另外两项可以忽略。但是，关于这一结论，应该进行类似于 8.2 节那样的分析，确定在哪些条件下，式(8.3.8)等式左边的后两项可以忽略。根据 Cerveny 等(1971)和 Cerveny(2001)的分析，当有意义的波长 λ 远小于其他具有长度量纲的特征量时，如介质不均匀时度量的量($c/|\nabla c|$)以及界面的曲率半径等，射线法才成立。当射线长度 L 太大时，射线法将不再适用。这个条件可表示为 $\lambda\ll l^2/L$，其中 l 就是上面所说的特征量的长度。最后，这种方法在焦散面附近也不再适用(见 8.7.1 小节)。

这些条件与由标量波方程导出的那些条件等价(Ben-Menahem 和 Beydoun，1985)。像对标量波方程提出的注意事项一样，式(8.3.8)等号左侧的第二项也将用于导出振幅的关系式(见 8.7.2 小节)。

在上面讨论的近似条件下，可将式(8.3.8)变成

$$c_{ijkl}T_{,l}T_{,j}U_k - \rho U_i = (c_{ijkl}T_{,l}T_{,j} - \rho\delta_{ik})U_k = 0 \tag{8.3.9}$$

因子 $\ddot{f}$ 被消去，因为它一般不为零。

若引入一个矩阵 $\boldsymbol{\Gamma}$，其元素 Γ_{ik} 为

$$\Gamma_{ik} = \frac{1}{\rho}c_{ijkl}T_{,l}T_{,j} \tag{8.3.10}$$

则由式(8.3.9)的左边等于零，可得到

$$\Gamma_{ik}U_k = U_i \tag{8.3.11}$$

或者

$$\boldsymbol{\Gamma U} = \boldsymbol{U} \tag{8.3.12}$$

此式表明，$\boldsymbol{U}$ 是 $\boldsymbol{\Gamma}$ 的特征值为 1 时的特征矢量。矩阵 $\boldsymbol{\Gamma}$ 是一个对称矩阵(见问题 8.2)，称为克里斯托菲尔矩阵，它在各向异性介质波场的分析中非常重要(Auld，1990；Cerveny，1985；Cerveny 等，1977)。

各向同性介质中的 P 波和 S 波

首先，来导出各向同性介质中 P 波和 S 波的程函方程。将 c_{ijkl} 用其在各向同性介质中的表达式[式(4.6.2)]表示，Γ_{ik} 变成

$$\begin{aligned}\Gamma_{ik} &= \frac{1}{\rho}[\lambda\delta_{ij}\delta_{kl} + \mu(\delta_{ik}\delta_{jl} + \delta_{il}\delta_{jk})]T_{,l}T_{,j} \\ &= \frac{\lambda}{\rho}T_{,i}T_{,k} + \frac{\mu}{\rho}(\delta_{ik}T_{,j}T_{,j} + T_{,i}T_{,k}) = \frac{\lambda+\mu}{\rho}T_{,i}T_{,k} + \frac{\mu}{\rho}|\nabla T|^2\delta_{ik}\end{aligned} \tag{8.3.13}$$

为求解式(8.3.12)的特征值问题，首先置其行列式的值为零，即

$$\begin{aligned}D &= |\Gamma_{ik} - \delta_{ik}| = \left|\left(\frac{\mu}{\rho}|\nabla T|^2 - 1\right)\delta_{ik} + \frac{\lambda+\mu}{\rho}T_{,i}T_{,k}\right| \\ &= |B\delta_{ik} + CT_{,i}T_{,k}| = 0\end{aligned} \tag{8.3.14}$$

式中

$$B = \frac{\mu}{\rho}|\nabla T|^2 - 1;\quad C = \frac{\lambda+\mu}{\rho} \tag{8.3.15}$$

由式(8.3.14)容易得(见问题 8.3)

$$D = B^2(B + C|\nabla T|^2) = 0 \tag{8.3.16}$$

这意味着，要么 B 为零(两个重根)，即得

$$|\nabla T|^2 = \frac{\rho}{\mu} \tag{8.3.17}$$

要么括号中的因子等于零，由此可得

$$\mu|\nabla T|^2 - \rho + (\lambda+\mu)|\nabla T|^2 = 0 \tag{8.3.18}$$

这又表明

$$|\nabla T|^2 = \frac{\rho}{\lambda + 2\mu} \tag{8.3.19}$$

式(8.3.17)和式(8.3.18)可重写为

$$|\nabla T|^2 = T_{,i}T_{,i} = \left(\frac{\partial T}{\partial x_1}\right)^2 + \left(\frac{\partial T}{\partial x_2}\right)^2 + \left(\frac{\partial T}{\partial x_3}\right)^2 = \frac{1}{c^2} \tag{8.3.20}$$

式中

$$c = c(\boldsymbol{x}) = \sqrt{\frac{\lambda + 2\mu}{\rho}} \equiv \alpha(\boldsymbol{x}) \tag{8.3.21a}$$

$$c(\boldsymbol{x}) = \sqrt{\frac{\mu}{\rho}} \equiv \beta(\boldsymbol{x}) \tag{8.3.21b}$$

式(8.3.20)就是各向同性弹性介质的程函方程，其中 c 的值由式(8.3.21)给出。因为 λ、μ 和 ρ 依赖于 $\boldsymbol{x}$，所以 c、α 和 β 是 $\boldsymbol{x}$ 的函数。如果介质是均匀的，α 和 β 就是式(4.8.5)引入的P波和S波速度。因此，以速度 $\alpha(\boldsymbol{x})$ 和 $\beta(\boldsymbol{x})$ 传播的波分别为P波和S波。虽然这里没有关注各向异性介质，但值得注意的是，在各向异性介质中可能有三类波：一类准压缩波和两类准切变波(后两类波是互相独立的)(Cerveny，2001；Cerveny 等，1977)。

其次，来研究P波和S波的运动方向。为了讨论这个问题，首先将式(8.3.11)重写为

$$(\boldsymbol{\Gamma}_{ik} - \delta_{ik})\, U_k = 0 \tag{8.3.22}$$

利用式(8.3.13)，可将式(8.3.22)变为

$$\left[\frac{1}{\rho}(\mu\, |\nabla T|^2 - \rho)\delta_{ik} + \frac{\lambda + \mu}{\rho} T_{,i}T_{,k}\right]U_k = 0 \tag{8.3.23}$$

为了求出特征矢量 $\boldsymbol{U}$，首先用式(8.3.17)给出的关于S波的表达式来代替 $|\nabla T|^2$。这样代替之后，式(8.3.23)的第一项变为零，因而可得

$$\frac{\lambda + \mu}{\rho} T_{,i}T_{,k}U_k = \frac{\lambda + \mu}{\rho}(\boldsymbol{U} \cdot \nabla T)\, T_{,i} = 0 \tag{8.3.24}$$

再用 $T_{,j}$ 与式(8.3.24)缩并(见1.4.1小节)，给出

$$\frac{\lambda + \mu}{\rho}(\boldsymbol{U} \cdot \nabla T)\, |\nabla T|^2 = \frac{\lambda + \mu}{\mu}(\boldsymbol{U} \cdot \nabla T) = 0 \tag{8.3.25}$$

式中，再次使用了式(8.3.17)。式(8.3.25)意味着

$$\boldsymbol{U} \cdot \nabla T = 0 \tag{8.3.26}$$

因为式(8.3.17)对应于重根，所以式(8.3.26)给出两个与 ∇T 垂直的特征矢量，它们指示S波的运动方向，如在1.4.6小节中提出的，这两个特征矢量可以选择成互相正交的。这些矢量在8.7.2.2小节中还要进一步讨论。

为了求与P波对应的特征向量，将式(8.3.19)代入式(8.3.23)，给出

$$\left(\frac{\lambda + \mu}{\rho} T_{,i}T_{,k} - \frac{\lambda + \mu}{\lambda + 2\mu}\delta_{ik}\right) U_k = \frac{\lambda + \mu}{\rho}(\boldsymbol{U} \cdot \nabla T) T_{,i} - \frac{\lambda + \mu}{\lambda + 2\mu}U_i = 0 \tag{8.3.27}$$

而后与 $T_{,w}$ 叉乘，所得矢量的第 v 个分量是

$$\epsilon_{viw}\left[\frac{\lambda + \mu}{\rho}(\boldsymbol{U} \cdot \nabla T)\, T_{,i}T_{,w} - \frac{\lambda + \mu}{\lambda + 2\mu}U_iT_{,w}\right] = -\frac{\lambda + \mu}{\lambda + 2\mu}(\boldsymbol{U} \times \nabla T)_v = 0 \tag{8.3.28}$$

左边第一项包含∇T与它本身的矢量积，所以等于零。于是，由式(8.3.28)可得

$$\boldsymbol{U} \times \nabla T = 0 \tag{8.3.29}$$

这意味着 P 波运动方向平行于∇T。

8.4　波前和射线

在空间运动的波前可表示为

$$t = T(\boldsymbol{x}) + C \tag{8.4.1}$$

式中，C 是常数(Hudson，1998)。因此，同一个波前在 $t + \mathrm{d}t$ 时刻的方程为

$$t + \mathrm{d}t = T(\boldsymbol{x} + \mathrm{d}\boldsymbol{x}) + C \tag{8.4.2}$$

式中，$\mathrm{d}\boldsymbol{x}$ 是经过时间 $\mathrm{d}t$ 后波前运动的距离。用泰勒级数展开 $T(\boldsymbol{x} + \mathrm{d}\boldsymbol{x})$，并取一阶近似，得到

$$T(\boldsymbol{x} + \mathrm{d}\boldsymbol{x}) \approx T(\boldsymbol{x}) + \sum_{i=1}^{3} \frac{\partial T}{\partial x_i}\mathrm{d}x_i = T(\boldsymbol{x}) + \nabla T \cdot \mathrm{d}\boldsymbol{x} \tag{8.4.3}$$

将式(8.4.3)代入式(8.4.2)，并用所得的方程减去式(8.4.1)，得

$$\mathrm{d}t = \nabla T \cdot \mathrm{d}\boldsymbol{x} \tag{8.4.4}$$

再设 $\boldsymbol{v}$ 是波前在 $\mathrm{d}\boldsymbol{x}$ 方向的传播速度，即

$$\boldsymbol{v} = \frac{\mathrm{d}\boldsymbol{x}}{\mathrm{d}t} \tag{8.4.5}$$

因此，将式(8.4.4)除以 $\mathrm{d}t$，得

$$1 = \nabla T \cdot \boldsymbol{v} = |\nabla T||\boldsymbol{v}|\cos\theta \tag{8.4.6}$$

式中，θ 是∇T 和 $\boldsymbol{v}$ 之间的夹角。如果 $\boldsymbol{v}$ 平行于∇T，则

$$|\nabla T|\ |\boldsymbol{v}| = 1 = |\nabla T| c \tag{8.4.7}$$

最后一个等式由程函方程式(8.3.20)得到，因此，$|\boldsymbol{v}| = c$。又因为∇T 垂直于 T(这是梯度的普遍性质)，可见 c 是波前在与其本身垂直方向上的速度。

在各向同性介质的情况下，射线定义为其切线处处与波前垂直的曲线(Hudson，1980)。为了描述射线，这里采用参数方程形式。设

$$\boldsymbol{r}(u) = (x_1(u), x_2(u), x_3(u)) \tag{8.4.8}$$

是射线上任意一点的位置矢量(相对于固定的原点)，u 是沿射线变化的参数。因为 $\mathrm{d}\boldsymbol{r}/\mathrm{d}u$ 是与 $\boldsymbol{r}$ 相切的矢量(Spiegel，1959)，所以它平行于∇T，从而有

$$\frac{\mathrm{d}\boldsymbol{r}}{\mathrm{d}u} = g\,\nabla T \tag{8.4.9}$$

式中，g 是一个表示比例系数的函数，依赖于 u 的选择，一般也依赖于 $\boldsymbol{r}$。首先，考虑 $u = s$ 的情况，s 是相对于射线上某固定点沿射线度量的弧长(或距离)。为了求 g，首先由式(8.4.9)解出∇T，得

$$\nabla T = \frac{1}{g}\frac{\mathrm{d}\boldsymbol{r}}{\mathrm{d}s} = \frac{1}{g}\left(\frac{\mathrm{d}x_1}{\mathrm{d}s}, \frac{\mathrm{d}x_2}{\mathrm{d}s}, \frac{\mathrm{d}x_3}{\mathrm{d}s}\right) \tag{8.4.10}$$

而后，把这个表达式代入程函方程式(8.3.20)，可得

$$|\nabla T|^2 = \nabla T \cdot \nabla T = \frac{1}{g^2}\left[\left(\frac{\mathrm{d}x_1}{\mathrm{d}s}\right)^2 + \left(\frac{\mathrm{d}x_2}{\mathrm{d}s}\right)^2 + \left(\frac{\mathrm{d}x_3}{\mathrm{d}s}\right)^2\right] = \frac{1}{g^2} = \frac{1}{c^2} \qquad (8.4.11)$$

右边第二个等式的导出是因为 $\mathrm{d}s^2 = \mathrm{d}x_1^2 + \mathrm{d}x_2^2 + \mathrm{d}x_3^2$，因此 $g = c$，从而有(Cerveny 和 Ravindra，1971)

$$\frac{\mathrm{d}\boldsymbol{r}}{\mathrm{d}s} = c\,\nabla T \qquad (8.4.12)$$

注意

$$\left|\frac{\mathrm{d}\boldsymbol{r}}{\mathrm{d}s}\right| = c\;|\nabla T| = 1 \qquad (8.4.13)$$

正如预期的结果一样，因为 $|\mathrm{d}\boldsymbol{r}| = \mathrm{d}s$。

如果 $u = t$，其中 t 是时间，利用 $\mathrm{d}t = \mathrm{d}s/c$ 和式(8.4.12)，可得

$$\frac{\mathrm{d}\boldsymbol{r}}{\mathrm{d}t} = c\frac{\mathrm{d}\boldsymbol{r}}{\mathrm{d}s} = c^2\,\nabla T \qquad (8.4.14)$$

然后，可由下式求出 T 和 t 之间的关系，即

$$\frac{\mathrm{d}T}{\mathrm{d}t} = \frac{\partial T}{\partial x_1}\frac{\mathrm{d}x_1}{\mathrm{d}t} + \frac{\partial T}{\partial x_2}\frac{\mathrm{d}x_2}{\mathrm{d}t} + \frac{\partial T}{\partial x_3}\frac{\mathrm{d}x_3}{\mathrm{d}t} = \nabla T \cdot \frac{\mathrm{d}\boldsymbol{r}}{\mathrm{d}t} = \nabla T \cdot c^2\,\nabla T = 1 \qquad (8.4.15)$$

这表明 T 和 t 有相同的变化，因而 T 可以解释为波沿射线的旅行时(Aki 和 Richards，1980)。

下面采用在方程中不出现 T 的方式来改写式(8.4.12)，将得到一个只有空间变量的微分方程。首先用分量形式重写式(8.4.12)，有

$$T_{,i} = \frac{1}{c}\frac{\mathrm{d}x_i}{\mathrm{d}s} \qquad (8.4.16)$$

然后关于 s 求导，有

$$\frac{\mathrm{d}T_{,i}}{\mathrm{d}s} = \frac{\mathrm{d}}{\mathrm{d}s}\left(\frac{1}{c}\frac{\mathrm{d}x_i}{\mathrm{d}s}\right) \qquad (8.4.17)$$

由程函方程[见式(8.3.20)]

$$T_{,i}T_{,i} = \frac{1}{c^2} \qquad (8.4.18)$$

可以得到

$$\frac{\mathrm{d}}{\mathrm{d}s}(T_{,i}T_{,i}) = 2T_{,i}\frac{\mathrm{d}T_{,i}}{\mathrm{d}s} = \frac{\mathrm{d}}{\mathrm{d}s}\frac{1}{c^2} = \frac{-2}{c^3}\frac{\partial c}{\partial x_i}\frac{\mathrm{d}x_i}{\mathrm{d}s} = \frac{-2}{c^3}\frac{\partial c}{\partial x_i}cT_{,i} = \frac{-2}{c^2}T_{,i}\frac{\partial c}{\partial x_i} \qquad (8.4.19)$$

式中，应用了式(8.4.16)。由式(8.4.19)得到

$$T_{,i}\left(\frac{\mathrm{d}T_{,i}}{\mathrm{d}s} + \frac{1}{c^2}\frac{\partial c}{\partial x_i}\right) = T_{,i}\left[\frac{\mathrm{d}}{\mathrm{d}s}\left(\frac{1}{c}\frac{\mathrm{d}x_i}{\mathrm{d}s}\right) + \frac{1}{c^2}\frac{\partial c}{\partial x_i}\right] = 0 \qquad (8.4.20)$$

式中，用了式(8.4.17)。

用 $T_{,i}$ 缩并式(8.4.20)后出现一个非零因子 $1/c^2$[见式(8.4.18)]，这意味着式(8.4.20)括号中的表达式必须是零。另外，有

$$\frac{1}{c^2}\frac{\partial c}{\partial x_i} = -\frac{\partial}{\partial x_i}\left(\frac{1}{c}\right) = -\left[\nabla\left(\frac{1}{c}\right)\right]_i \qquad (8.4.21)$$

综合这些结果并写成矢量形式，给出

$$\frac{\mathrm{d}}{\mathrm{d}s}\left(\frac{1}{c}\frac{\mathrm{d}\boldsymbol{r}}{\mathrm{d}s}\right)=\nabla\left(\frac{1}{c}\right) \tag{8.4.22}$$

式(8.4.22)将用于三种简单速度分布的介质模型：常速介质模型、速度随深度变化的介质模型和速度球对称分布的介质模型。

8.4.1 常速介质模型

在 $1/c$ 的梯度为零的情况下，式(8.4.22)变成

$$\frac{\mathrm{d}^2\boldsymbol{r}}{\mathrm{d}s^2}=\boldsymbol{0} \tag{8.4.23}$$

其解为

$$\boldsymbol{r}=\boldsymbol{a}s+\boldsymbol{b} \tag{8.4.24}$$

式中，$\boldsymbol{a}$ 和 $\boldsymbol{b}$ 是常矢量。将矢量写成分量形式，并对 s 求解，得(注意不对指标求和)

$$s=\frac{x_l-b_l}{a_l},\quad l=1,2,3 \tag{8.4.25}$$

或者

$$\frac{x_1-b_1}{a_1}=\frac{x_2-b_2}{a_2}=\frac{x_3-b_3}{a_3} \tag{8.4.26}$$

式(8.4.24)或式(8.4.26)表示三维空间中的一条直线，该直线通过坐标为(b_1, b_2, b_3)的点，方向由矢量 $\boldsymbol{a}$ 给出。

为了确定波前方程，由式(8.4.12)和式(8.4.24)得

$$\frac{\mathrm{d}\boldsymbol{r}}{\mathrm{d}s}=\boldsymbol{a}=c\,\nabla T \tag{8.4.27}$$

这意味着

$$(\nabla T)_i=\frac{\partial T}{\partial x_i}=\frac{a_i}{c} \tag{8.4.28}$$

由式(8.4.13)及式(8.4.27)得 $|\boldsymbol{a}|=1$。式(8.4.28)的一个特解是

$$T=\frac{1}{c}(a_1x_1+a_2x_2+a_3x_3)=\frac{1}{c}(\boldsymbol{r}\cdot\boldsymbol{a}) \tag{8.4.29}$$

式 $\boldsymbol{r}\cdot\boldsymbol{a}$ 为一常数，表示一个具有单位法向矢量 $\boldsymbol{a}$ 的平面。因此，如所预计的那样，射线是与波前垂直的，相应的波就是熟知的平面波。

如果将式(8.4.24)中的 $\boldsymbol{b}$ 置为 $\boldsymbol{0}$，则可得到另一个解。这时射线是通过原点的直线，即它们是径向的直线。利用 $\mathrm{d}r=|\mathrm{d}\boldsymbol{r}|=\mathrm{d}s$，可将式(8.4.27)变为

$$\frac{\mathrm{d}\boldsymbol{r}}{\mathrm{d}r}=\boldsymbol{e}_r=c\,\nabla T=c\frac{\mathrm{d}T}{\mathrm{d}r}\boldsymbol{e}_r \tag{8.4.30}$$

式中，$\boldsymbol{e}_r$ 是径向的单位矢量(图 9.10 中的矢量 $\boldsymbol{\Gamma}$)。式(8.4.30)表明

$$\mathrm{d}T=\frac{\mathrm{d}r}{c} \tag{8.4.31}$$

而这又给出(假设原点处，$T=0$)

$$T = \frac{r}{c} \tag{8.4.32}$$

这个解对应于球面波。利用

$$r = |\boldsymbol{r}| = (x_1^2 + x_2^2 + x_3^2)^{1/2} \tag{8.4.33}$$

容易证明，r/c 满足程函方程，即

$$\nabla T = \nabla\left(\frac{r}{c}\right) = \frac{1}{rc}(x_1, x_2, x_3) = \frac{1}{rc}\boldsymbol{r} \tag{8.4.34}$$

因此，有

$$|\nabla T| = \frac{1}{c} \tag{8.4.35}$$

8.4.2 速度随深度变化的介质模型

在 $c(\boldsymbol{r}) = c(x_3)$ 的情况下，这里将证明以下沿射线的变量 $\boldsymbol{Q}$[见式(8.4.12)]是一个常数。

$$\boldsymbol{Q} = \boldsymbol{e}_3 \times \nabla T = \boldsymbol{e}_3 \times \frac{1}{c}\frac{\mathrm{d}\boldsymbol{r}}{\mathrm{d}s} \tag{8.4.36}$$

为此，对 $\boldsymbol{Q}$ 关于 s 求导，并应用式(8.4.22)，得

$$\frac{\mathrm{d}\boldsymbol{Q}}{\mathrm{d}s} = \boldsymbol{e}_3 \times \frac{\mathrm{d}}{\mathrm{d}s}\left(\frac{1}{c}\frac{\mathrm{d}\boldsymbol{r}}{\mathrm{d}s}\right) = \boldsymbol{e}_3 \times \nabla\frac{1}{c} = \boldsymbol{0} \tag{8.4.37}$$

这是因为$\nabla\frac{1}{c}$平行于 $\boldsymbol{e}_3$(由于 c 只是 x_3 的函数)。式(8.4.37)意味着射线是平行于 x_3 轴的平面曲线。为了更明确，利用 $\boldsymbol{e}_3 = (0, 0, 1)$，展开式(8.4.36)中的矢量积，可以得到

$$\boldsymbol{e}_3 \times \frac{1}{c}\frac{\mathrm{d}\boldsymbol{r}}{\mathrm{d}s} = -\frac{1}{c}\left(\frac{\mathrm{d}x_2}{\mathrm{d}s}\boldsymbol{e}_1 - \frac{\mathrm{d}x_1}{\mathrm{d}s}\boldsymbol{e}_2\right) = \boldsymbol{Q} \tag{8.4.38}$$

因为式(8.4.38)的右边是一个常矢量，所以可等价地写为

$$\frac{1}{c}\frac{\mathrm{d}x_i}{\mathrm{d}s} = 常数, \quad i = 1,2 \tag{8.4.39}$$

如果选择 x_1 轴，使得射线的初始方向位于 (x_1, x_3) 平面内，则 $\mathrm{d}x_2/\mathrm{d}s = 0$，且射线保持在 (x_1, x_3) 面内(Hudson，1980)。

若取 $\boldsymbol{Q}$ 的绝对值，则得到

$$|\boldsymbol{Q}| = |\boldsymbol{e}_3|\,|\nabla T|\sin i(x_3) = \frac{\sin i(x_3)}{c(x_3)} = 常数 \tag{8.4.40}$$

式中，$i(x_3)$是 $\boldsymbol{e}_3$ 和射线(由∇T 给出)的切线之间的夹角(见图 8.1)，在震源点处的角度 i 称为出射角。习惯上用 p 来表示式(8.4.40)中的常数，并称其为射线参数。于是此时，式(8.4.40)变成

$$p = \frac{\sin i(x_3)}{c(x_3)} \tag{8.4.41}$$

这类似于第 6 章中的斯奈尔定律，但是必须注意，这里 c 是一个连续的函数。当不连续时，必须要做不同的处理(见 8.7.3 小节)。

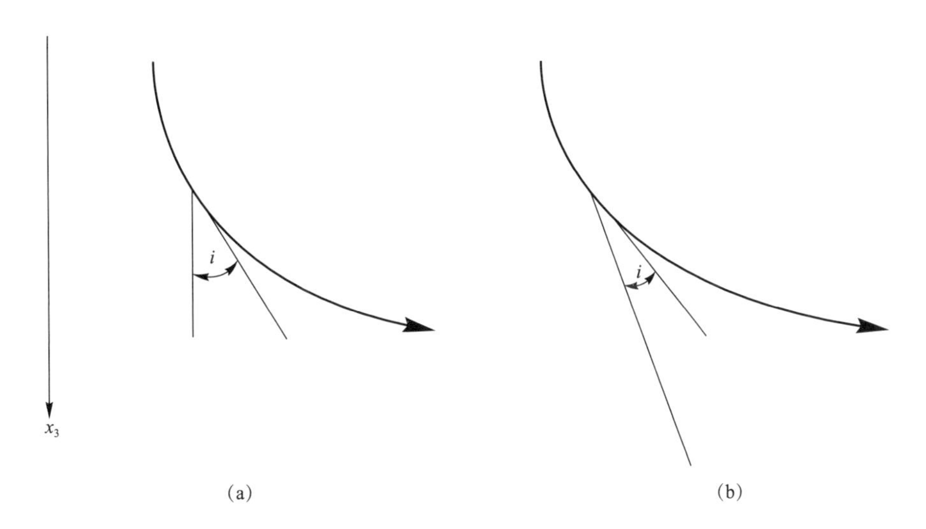

图8.1　两个特殊速度模型中的射线图

图中，示出了两种特殊速度模型中的射线，在这两种情况下，射线都是平面曲线。

(a)速度 $c=c(x_3)$，i 是射线的切线与 x_3 方向之间的夹角并且满足 $\sin i/c$ 等于常数；(b)速度 $c=c(r)$，i 是射线的切线与径向辐射方向之间的夹角并且满足 $r\sin i/c$ 等于常数

8.4.3　速度球对称分布的介质模型

速度球对称分布的介质模型也称为径向不均匀介质模型。地球的一阶近似可作为这种介质模型的一个实例。这时 $c=c(r)$，且沿射线的量

$$\boldsymbol{Q}=\boldsymbol{r}\times\nabla T=\boldsymbol{r}\times\frac{1}{c}\frac{\mathrm{d}\boldsymbol{r}}{\mathrm{d}s} \tag{8.4.42}$$

是常量。为了说明这一点，求式(8.4.42)关于 s 的导数，并利用式(8.4.22)得到

$$\frac{\mathrm{d}\boldsymbol{Q}}{\mathrm{d}s}=\frac{\mathrm{d}\boldsymbol{r}}{\mathrm{d}s}\times\frac{1}{c}\frac{\mathrm{d}\boldsymbol{r}}{\mathrm{d}s}+\boldsymbol{r}\times\frac{\mathrm{d}}{\mathrm{d}s}\left(\frac{1}{c}\frac{\mathrm{d}\boldsymbol{r}}{\mathrm{d}s}\right)=\boldsymbol{r}\times\nabla\left(\frac{1}{c}\right)=\boldsymbol{0} \tag{8.4.43}$$

式中，第一个矢量积和第三个矢量积都为零，是因为它们都是平行矢量的矢量积($1/c$ 的梯度方向就是 $\boldsymbol{r}$ 的方向)。$\boldsymbol{Q}$ 是常数，表明每一条射线都位于垂直平面内(见8.6节)。取 $\boldsymbol{Q}$ 的绝对值，有

$$|\boldsymbol{Q}|=r|\nabla T|\sin i(r)=\frac{r\sin i(r)}{c(r)}=p \tag{8.4.44}$$

式中，$i(r)$是射线的切线与 $\boldsymbol{r}$ 之间的夹角(见图8.1)。式(8.4.44)就是球对称介质的斯奈尔定律，p 是相应的射线参数，对于给定的射线，p 是常数。式(8.4.44)会在10.11节中用到。

8.5　射线的微分几何

从8.4节的讨论中可知，当速度 $c=c(x_3)$ 或者 $c=c(r)$ 时，射线是平面曲线。当速度在三维空间中变化时，射线也变成三维空间的曲线。为了研究三维空间射线的形态

和变化，需要借助微分几何关于空间曲线的一些描述(Goetz，1970；Struik，1950)。本节首先回顾微分几何的一些概念，而后给出其用于地震学的一些重要结果。

一般用参数方程形式表示的空间曲线(或射线)可写成

$$\boldsymbol{r}(u) = (x_1(u), x_2(u), x_3(u)) \tag{8.5.1}$$

式中，u 是参数。

若用 s 表示曲线的弧长，则弧微分为

$$\mathrm{d}s = |\dot{\boldsymbol{r}}|\mathrm{d}u \tag{8.5.2}$$

式中，字符上方的圆点(“·”)表示函数关于参数的导数，即

$$\dot{\boldsymbol{r}} = \frac{\mathrm{d}\boldsymbol{r}}{\mathrm{d}u} \tag{8.5.3}$$

曲线的单位切矢量(与曲线相切的单位矢量)用 $\boldsymbol{t}$ 表示为

$$\boldsymbol{t} = \frac{\mathrm{d}\boldsymbol{r}}{\mathrm{d}s} = c\,\nabla T \tag{8.5.4}$$

式(8.5.4)中的后一个等式来自式(8.4.12)，该等式只对射线成立。由式(8.5.2)得

$$\boldsymbol{t} = \frac{\mathrm{d}\boldsymbol{r}}{\mathrm{d}s} = \frac{\mathrm{d}\boldsymbol{r}}{\mathrm{d}u}\frac{\mathrm{d}u}{\mathrm{d}s} = \frac{\dot{\boldsymbol{r}}}{|\dot{\boldsymbol{r}}|} \tag{8.5.5}$$

下面引入两个垂直于 $\boldsymbol{t}$ 的单位矢量。因为 $\boldsymbol{t}$ 是单位矢量，所以有(见问题8.4)

$$\boldsymbol{t}\cdot\boldsymbol{t} = 1;\quad \frac{\mathrm{d}}{\mathrm{d}s}(\boldsymbol{t}\cdot\boldsymbol{t}) = 2\boldsymbol{t}\cdot\frac{\mathrm{d}\boldsymbol{t}}{\mathrm{d}s} = 0 \tag{8.5.6}$$

这表明 $\mathrm{d}\boldsymbol{t}/\mathrm{d}s$ 垂直于 $\boldsymbol{t}$。由此引入与 $\boldsymbol{t}$ 垂直的单位主法线矢量 $\boldsymbol{n}$，即

$$\boldsymbol{n} = \frac{1}{\kappa}\frac{\mathrm{d}\boldsymbol{t}}{\mathrm{d}s};\quad \frac{\mathrm{d}\boldsymbol{t}}{\mathrm{d}s} = \kappa\boldsymbol{n} \tag{8.5.7}$$

其中

$$\kappa(s) = \left|\frac{\mathrm{d}\boldsymbol{t}}{\mathrm{d}s}\right| \tag{8.5.8}$$

称为曲率。其中，$\frac{\mathrm{d}\boldsymbol{t}}{\mathrm{d}s}$的取向由空间曲线确定，$\boldsymbol{n}$ 有两种可能的取向(Struik，1950)，当选择 κ 为正值时，$\boldsymbol{n}$ 和$\frac{\mathrm{d}\boldsymbol{t}}{\mathrm{d}s}$方向相同，指向曲线下凹的方向(Goetz，1970)，这些考虑更多地具有学术意义，本节的末尾将用它们证明射线弯向低速区。

为了给出曲率的几何解释，考虑曲线上用矢量 $\boldsymbol{r}(s)$ 和 $\boldsymbol{r}(s+\Delta s)$ 表示的两点，相应的单位切矢量是 $\boldsymbol{t}(s)$ 和 $\boldsymbol{t}(s+\Delta s)$。设 $\Delta\theta$ 是将这两个矢量移到共同起点后它们之间的夹角(图8.2)。当 Δs 趋于零时，$\Delta\theta$ 逼近 $|\boldsymbol{t}(s+\Delta s)-\boldsymbol{t}(s)|$(见问题8.5)，因此，得到

$$\lim_{|\Delta s|\mapsto 0}\frac{\Delta\theta}{|\Delta s|} = \lim_{|\Delta s|\mapsto 0}\frac{|\boldsymbol{t}(s+\Delta s)-\boldsymbol{t}(s)|}{|\Delta s|} = \left|\frac{\mathrm{d}\boldsymbol{t}}{\mathrm{d}s}\right| = \kappa \tag{8.5.9}$$

由这个定义可知，对于曲率为零的特殊情况，空间曲线是一条直线(见问题8.6)。

考察曲率的另一个有用的方法就是通过密切圆。曲线上某点处的密切圆是以在主法线 $\boldsymbol{n}$ 方向上的到曲线上该点的距离为$\frac{1}{\kappa}$的点为圆心，以$\frac{1}{\kappa}$为半径所做的圆。在该点处密切圆与曲线相切，密切圆的曲率与曲线在该点处的曲率相同。曲率的倒数也称为曲率半径。

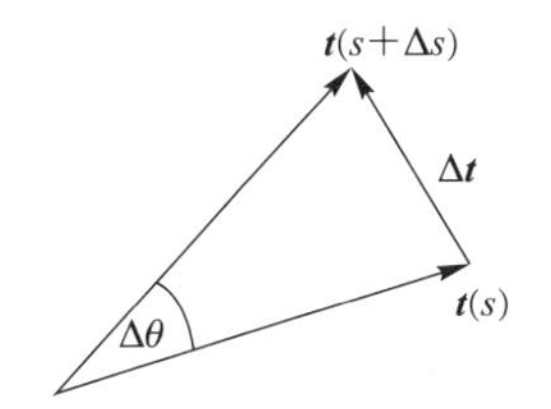

图 8.2　曲率的几何解释图

图中，矢量 $\boldsymbol{t}(s)$ 和 $\boldsymbol{t}(s+\Delta s)$ 是曲线上相距 Δs 的两点处曲线的切矢量。将它们移到相同的起点后，它们之间的角度是 $\Delta\theta$。曲率 κ 是当 Δs 趋于零时 $\Delta\theta/\Delta s$ 的极限。

第二个与 t 垂直的法向矢量是单位副法向矢量，记为 $\boldsymbol{b}$，是 $\boldsymbol{t}$ 和 $\boldsymbol{n}$ 的矢量积，即

$$\boldsymbol{b} = \boldsymbol{t} \times \boldsymbol{n} \tag{8.5.10}$$

副法向矢量 $\boldsymbol{b}$ 的长度为单位值。矢量 $\boldsymbol{t}$、$\boldsymbol{n}$、$\boldsymbol{b}$ 形成的右手坐标系称为弗莱纳三面体活动标架，如一个刚体沿曲线的运动。

下面研究 $\boldsymbol{b}$ 和 $\boldsymbol{n}$ 随 s 的变化。因为 $\boldsymbol{b}\cdot\boldsymbol{t}=0$，所以对此式两边关于 s 求导得到

$$\frac{\mathrm{d}}{\mathrm{d}s}(\boldsymbol{b}\cdot\boldsymbol{t}) = \frac{\mathrm{d}\boldsymbol{b}}{\mathrm{d}s}\cdot\boldsymbol{t} + \frac{\mathrm{d}\boldsymbol{t}}{\mathrm{d}s}\cdot\boldsymbol{b} = \frac{\mathrm{d}\boldsymbol{b}}{\mathrm{d}s}\cdot\boldsymbol{t} + \kappa\boldsymbol{n}\cdot\boldsymbol{b} = \frac{\mathrm{d}\boldsymbol{b}}{\mathrm{d}s}\cdot\boldsymbol{t} = 0 \tag{8.5.11}$$

这表明$\frac{\mathrm{d}\boldsymbol{b}}{\mathrm{d}s}$垂直于 $\boldsymbol{t}$。另外，因为$\frac{\mathrm{d}}{\mathrm{d}s}(\boldsymbol{b}\cdot\boldsymbol{b})=2\boldsymbol{b}\cdot\frac{\mathrm{d}\boldsymbol{b}}{\mathrm{d}s}=0$，可知$\frac{\mathrm{d}\boldsymbol{b}}{\mathrm{d}s}$也垂直于 $\boldsymbol{b}$。因为$\frac{\mathrm{d}\boldsymbol{b}}{\mathrm{d}s}$同 $\boldsymbol{n}$ 一样既垂直于 $\boldsymbol{t}$ 又垂直于 $\boldsymbol{b}$，所以$\frac{\mathrm{d}\boldsymbol{b}}{\mathrm{d}s}$必平行于 $\boldsymbol{n}$，此平行关系可写为

$$\frac{\mathrm{d}\boldsymbol{b}}{\mathrm{d}s} = -\tau(s)\boldsymbol{n} \tag{8.5.12}$$

式中，τ 称为该点处曲线的挠率，且

$$|\tau(s)| = \left|\frac{\mathrm{d}\boldsymbol{b}}{\mathrm{d}s}\right| \tag{8.5.13}$$

注意，它与曲率不同，曲率总是取正值，而挠率既可取正值又可取负值。挠率为正的曲线称为右手螺旋线，挠率为负的曲线称为左手螺旋线，图 8.3 中给出了这两种情况。挠率的几何解释与曲率的几何解释类似。将式(8.5.9)中的 $\boldsymbol{t}$ 换成 $\boldsymbol{b}$，用 $\Delta\theta$ 表示两副法向矢量移到共同原点之后的夹角，此时的极限就是 τ(Goetz，1970)，即

$$\lim_{|\Delta s|\to 0}\frac{\Delta\theta}{|\Delta s|} = \lim_{|\Delta s|\to 0}\frac{|\boldsymbol{b}(s+\Delta s)-\boldsymbol{b}(s)|}{|\Delta s|} = \left|\frac{\mathrm{d}\boldsymbol{b}}{\mathrm{d}s}\right| = \tau$$

前面讨论了$\frac{\mathrm{d}\boldsymbol{t}}{\mathrm{d}s}$和$\frac{\mathrm{d}\boldsymbol{b}}{\mathrm{d}s}$，下面分析$\frac{\mathrm{d}\boldsymbol{n}}{\mathrm{d}s}$。为此，由 $\boldsymbol{n}=\boldsymbol{b}\times\boldsymbol{t}$，$\boldsymbol{t}=\boldsymbol{n}\times\boldsymbol{b}$，$\boldsymbol{b}=\boldsymbol{t}\times\boldsymbol{n}$，$\frac{\mathrm{d}\boldsymbol{t}}{\mathrm{d}s}=\kappa\boldsymbol{n}$ 和$\frac{\mathrm{d}\boldsymbol{b}}{\mathrm{d}s}=-\tau\boldsymbol{n}$ 得

$$\frac{\mathrm{d}\boldsymbol{n}}{\mathrm{d}s} = \frac{\mathrm{d}}{\mathrm{d}s}(\boldsymbol{b}\times\boldsymbol{t}) = \boldsymbol{b}\times\frac{\mathrm{d}\boldsymbol{t}}{\mathrm{d}s} + \frac{\mathrm{d}\boldsymbol{b}}{\mathrm{d}s}\times\boldsymbol{t} = \boldsymbol{b}\times\kappa\boldsymbol{n} - \tau\boldsymbol{n}\times\boldsymbol{t} = -\kappa\boldsymbol{t} + \tau\boldsymbol{b} \tag{8.5.14}$$

式(8.5.7)、式(8.5.12)和式(8.5.14)称为弗莱纳－雪列公式，即：$\frac{\mathrm{d}\boldsymbol{t}}{\mathrm{d}s}=\kappa\boldsymbol{n}$、$\frac{\mathrm{d}\boldsymbol{n}}{\mathrm{d}s}=-\kappa\boldsymbol{t}+\tau\boldsymbol{b}$、$\frac{\mathrm{d}\boldsymbol{b}}{\mathrm{d}s}=-\tau\boldsymbol{n}$。

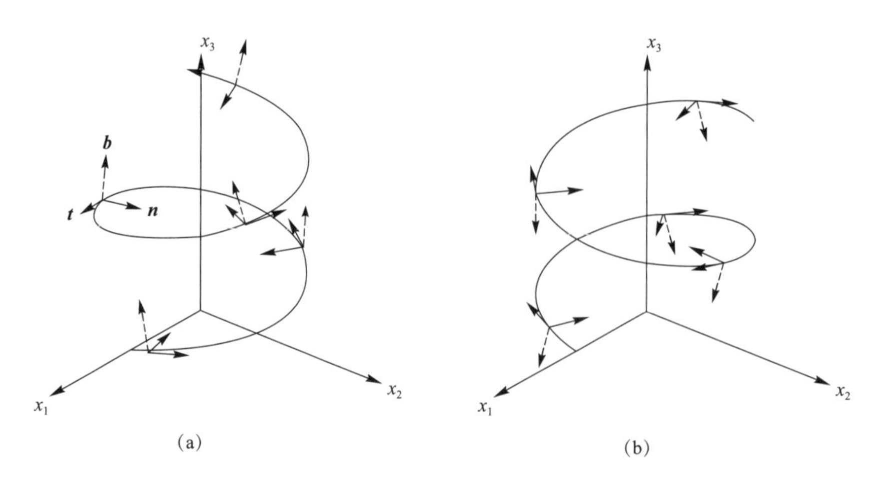

图 8.3　右手螺旋线和左手螺旋线的空间曲线图

图中示出了曲线上若干个点处的活动标架的单位矢量 $\boldsymbol{t}$、$\boldsymbol{b}$、$\boldsymbol{n}$。特别是，矢量 $\boldsymbol{n}$ 平行于 (x_1,x_2) 平面。一个标准柱状螺旋对应于右手螺旋线。右手螺旋线和左手螺旋线两者的差别在于挠率的符号，当螺旋线是右手系时，挠率为正；是左手系时，挠率为负(见问题 8.8)。

(a)右手螺旋线 $(a\cos u, a\sin u, bu)$ 的空间曲线图；(b)左手螺旋线 $(a\cos u, -a\sin u, bu)$ 的空间曲线图，其中 a、b 是正的常数

这些公式的一个应用将在 8.7.2.2 小节中给出，其特点是基本矢量 $\boldsymbol{t}$、$\boldsymbol{b}$、$\boldsymbol{n}$ 关于弧长 s 的导数可以用 $\boldsymbol{t}$、$\boldsymbol{b}$、$\boldsymbol{n}$ 的线性组合来表达，它的系数可组成一个反对称方阵，即

$$\begin{bmatrix} 0 & \kappa & 0 \\ -\kappa & 0 & \tau \\ 0 & -\tau & 0 \end{bmatrix}$$

这组公式与 $\dfrac{\mathrm{d}\boldsymbol{r}}{\mathrm{d}s}=\boldsymbol{t}$ 合起来，描述了点在曲线上移动时活动标架的运动规律。

为了描述弗莱纳活动标架 $(\boldsymbol{t},\boldsymbol{n},\boldsymbol{b})$ 围绕射线的旋转，引入一个连接 $\boldsymbol{t}$ 和 $\boldsymbol{b}$ 的重要矢量，称为 Darboux 矢量，其定义为

$$\boldsymbol{d} = \tau\boldsymbol{t} + \kappa\boldsymbol{b} \tag{8.5.15}$$

该矢量有下列性质(见问题 8.9)

$$\boldsymbol{d}\times\boldsymbol{t} = \frac{\mathrm{d}\boldsymbol{t}}{\mathrm{d}s};\quad \boldsymbol{d}\times\boldsymbol{n} = \frac{\mathrm{d}\boldsymbol{n}}{\mathrm{d}s};\quad \boldsymbol{d}\times\boldsymbol{b} = \frac{\mathrm{d}\boldsymbol{b}}{\mathrm{d}s} \tag{8.5.16}$$

设 $\boldsymbol{r}$ 是以弗莱纳活动标架为参照系的任意矢量，则

$$\boldsymbol{r} = r_1\boldsymbol{t} + r_2\boldsymbol{n} + r_3\boldsymbol{b} \tag{8.5.17}$$

式中，$r_i(i = 1,2,3)$ 与 s 无关。用 r_1、r_2、r_3 分别乘以式(8.5.16)中的三个等式，而后将相应的结果加在一起，得到

$$\begin{aligned} \boldsymbol{d}\times\boldsymbol{r} &= \boldsymbol{d}\times(r_1\boldsymbol{t} + r_2\boldsymbol{n} + r_3\boldsymbol{b}) = r_1\boldsymbol{d}\times\boldsymbol{t} + r_2\boldsymbol{d}\times\boldsymbol{n} + r_3\boldsymbol{d}\times\boldsymbol{b} \\ &= r_1\frac{\mathrm{d}\boldsymbol{t}}{\mathrm{d}s} + r_2\frac{\mathrm{d}\boldsymbol{n}}{\mathrm{d}s} + r_3\frac{\mathrm{d}\boldsymbol{b}}{\mathrm{d}s} = \frac{\mathrm{d}}{\mathrm{d}s}(r_1\boldsymbol{t} + r_2\boldsymbol{n} + r_3\boldsymbol{b}) = \frac{\mathrm{d}\boldsymbol{r}}{\mathrm{d}s} \end{aligned} \tag{8.5.18}$$

当参数 s 等于时间 t 时，$\dfrac{\mathrm{d}\boldsymbol{r}}{\mathrm{d}s}$是速度矢量 $\boldsymbol{v}$。此时，式(8.5.18)变成

$$\boldsymbol{v} = \frac{\mathrm{d}\boldsymbol{r}}{\mathrm{d}s} = \boldsymbol{d} \times \boldsymbol{r} \tag{8.5.19}$$

式(8.5.19)与下面的方程相似，即

$$\boldsymbol{v} = \boldsymbol{\omega} \times \boldsymbol{r} \tag{8.5.20}$$

式(8.5.20)表达的是位置矢量为 $\boldsymbol{r}$ 的刚体绕轴以角速度矢量 $\boldsymbol{\omega}$ 旋转时线速度 $\boldsymbol{v}$ 和角速度 $\boldsymbol{\omega}$ 之间的关系。相应的几何图形示于图 8.4。比较式(8.5.19)和式(8.5.20)可知，矢量 $\boldsymbol{d}$ 表示弗莱纳活动标架作为刚体瞬时旋转时的角速度矢量 $\boldsymbol{\omega}$。分析式(8.5.15)可知，转动矢量 $\boldsymbol{d}$ 可分解为两个分量 $\tau\boldsymbol{t}$ 和 $\kappa\boldsymbol{b}$，因而瞬时转动可看成这两个转动之和：一个绕着方向为 $\tau\boldsymbol{t}$ 的轴转动，另一个绕着方向为 $\kappa\boldsymbol{b}$ 的轴转动。当 $\tau = 0$ 时

$$\boldsymbol{d} \cdot \boldsymbol{t} = \kappa\boldsymbol{b} \cdot \boldsymbol{t} = 0 \tag{8.5.21}$$

这表明 $\boldsymbol{d}$ 垂直于 $\boldsymbol{t}$，以致 $\boldsymbol{d}$ 在 $\boldsymbol{t}$ 方向上没有分量，这又意味着活动标架没有围绕射线的旋转。在 8.7.2.2 小节中，需要用到这一结论。

以上讨论了曲线的一般性质，下面将导出微分几何用于地震学中的一些重要结果。为了使推导简明，引入慢度变量 S，慢度定义为速度 c 的倒数，即

$$S = \frac{1}{c} \tag{8.5.22}$$

由式(8.4.22)、式(8.5.22)、式(8.5.4)和式(8.5.7)得到

$$\frac{\mathrm{d}}{\mathrm{d}s}(S\boldsymbol{t}) = \nabla S = \boldsymbol{t}\frac{\mathrm{d}S}{\mathrm{d}s} + S\frac{\mathrm{d}\boldsymbol{t}}{\mathrm{d}s} = \boldsymbol{t}\frac{\mathrm{d}S}{\mathrm{d}s} + \kappa S\boldsymbol{n} \tag{8.5.23}$$

$$\boldsymbol{n}\kappa S = \nabla S - \boldsymbol{t}\frac{\mathrm{d}S}{\mathrm{d}s};\ \boldsymbol{n} = \frac{1}{\kappa S}\left(\nabla S - \boldsymbol{t}\frac{\mathrm{d}S}{\mathrm{d}s}\right) \tag{8.5.24}$$

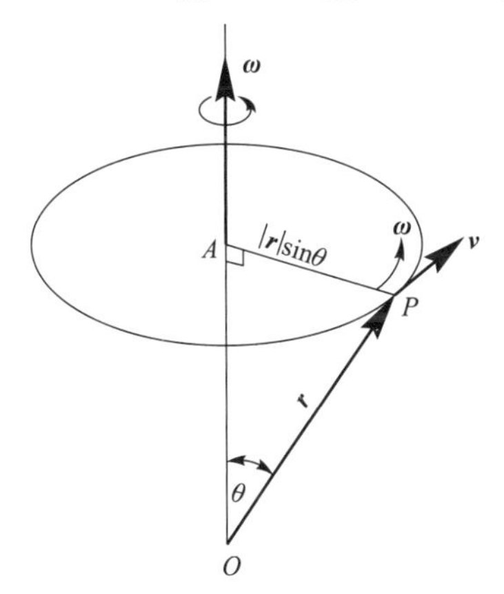

图 8.4　刚体旋转和角速度矢量图

图中，点 P 绕轴以常角速度 ω 旋转。切线速度 $v = |AP|\omega = |\boldsymbol{r}|\omega\sin\theta$；线速度矢量是 $\boldsymbol{v} = \boldsymbol{\omega} \times \boldsymbol{r}$，其中，$\boldsymbol{\omega}$ 是角速度矢量，$|\boldsymbol{\omega}| = \omega$，$|\boldsymbol{v}| = v$(Davis 和 Snieder，1991)。

将式(8.5.24)与 $\boldsymbol{n}$ 缩并，得

$$\boldsymbol{n} \cdot \boldsymbol{n} = 1 = \frac{1}{\kappa S}\left(\nabla S - \boldsymbol{t}\frac{\mathrm{d}S}{\mathrm{d}s}\right) \cdot \boldsymbol{n} = \frac{1}{\kappa S}\nabla S \cdot \boldsymbol{n} \tag{8.5.25}$$

$$\kappa = \frac{1}{S}\nabla S \cdot \boldsymbol{n} \tag{8.5.26}$$

将梯度写成分量形式并用速度来代替慢度，得到

$$\frac{1}{S}(\nabla S)_i = c\frac{\partial}{\partial x_i}\left(\frac{1}{c}\right) = -\frac{1}{c}\frac{\partial c}{\partial x_i} = -\frac{1}{c}(\nabla c)_i = -[\nabla(\ln c)]_i \tag{8.5.27}$$

由式(8.5.26)和式(8.5.27)得

$$\kappa = -\frac{1}{c}\nabla c\cdot\boldsymbol{n} = -\nabla(\ln c)\cdot\boldsymbol{n} \tag{8.5.28}$$

因为 κ 一般是正值(不为零)，所以这个方程表明射线弯向低速区。为了说明这一点，将式(8.5.28)重写为

$$-|\boldsymbol{n}||\nabla(\ln c)|\cos\theta = \kappa > 0 \tag{8.5.29}$$

式中，θ 是 $\boldsymbol{n}$ 和$\nabla(\ln c)$之间的夹角。为了满足式(8.5.29)，θ 必须为 90°~270°。图 8.5 对于速度随深度变化的模型显示出了射线的这种特征。

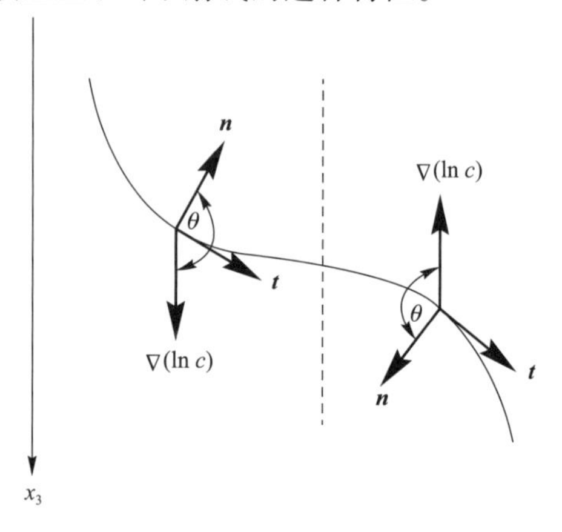

图 8.5　在速度随深度变化的模型中，射线的特征解释图

图中示出了在 $c=c(x_3)$介质模型中的射线。在虚线的左边，速度随 x_3 的增大而增大；在虚线的右边，速度随 x_3 的增大而减小。角 θ 必须满足式(8.5.29)，因而射线向速度减小的方向弯曲。

最后，导出用 $\boldsymbol{t}$ 和 κ 表示 $\boldsymbol{b}$ 的表达式。首先用式(8.5.4)和式(8.5.22)写出

$$S\boldsymbol{t} = \nabla T \tag{8.5.30}$$

而后，对式(8.5.30)两边求旋度。利用$\nabla\times\nabla\phi=0$，得到

$$\nabla\times(S\boldsymbol{t}) = \nabla\times\nabla T = \mathbf{0}$$

$$\nabla\times(S\boldsymbol{t}) = S\nabla\times\boldsymbol{t} + \nabla S\times\boldsymbol{t} = \mathbf{0} \tag{8.5.31}$$

将式(8.5.23)给出的∇S 的表达式代入式(8.5.31)(Ben-Menahem 和 Singh，1981)，得到

$$S\nabla\times\boldsymbol{t} + S\kappa\boldsymbol{n}\times\boldsymbol{t} = \mathbf{0}\quad(\text{因为 } \boldsymbol{t}\times\boldsymbol{t}=\mathbf{0}) \tag{8.5.32}$$

$$\nabla\times\boldsymbol{t} = -\kappa\boldsymbol{n}\times\boldsymbol{t} = \kappa\boldsymbol{t}\times\boldsymbol{n} = \kappa\boldsymbol{b} \tag{8.5.33}$$

8.6　变分原理、费马原理

费马原理这个来自光学的著名原理表述为：射线路径是使旅行时稳定的路径。这个原理可用变分学的概念来证明。变分学用于求解被积函数包含一个未知函数的定积

分的稳定值问题。其结果是欧拉方程，也就是关于所求未知函数的微分方程(Lanczos，1970；Båth，1968)。

变分概念如下。考虑两点之间的一条曲线 C，并设 C'是由保持 C 的端点固定而对 C 做无限小改变后得到的曲线(见图 8.6)。曲线 C 和 C'将分别用 $x(u)$和 $X(u)$来表示。x 和 u 的例子如式(8.5.1)中引入的 x_i 和 u。x 的变分 δx 定义为

$$\delta x(u) = X(u) - x(u) \tag{8.6.1}$$

从而，有

$$X(u) = x(u) + \delta x(u) \tag{8.6.2}$$

注意，δx 是 u 的一个任意函数。接下来将考虑包含函数 $x(u)$的表达式的变分。

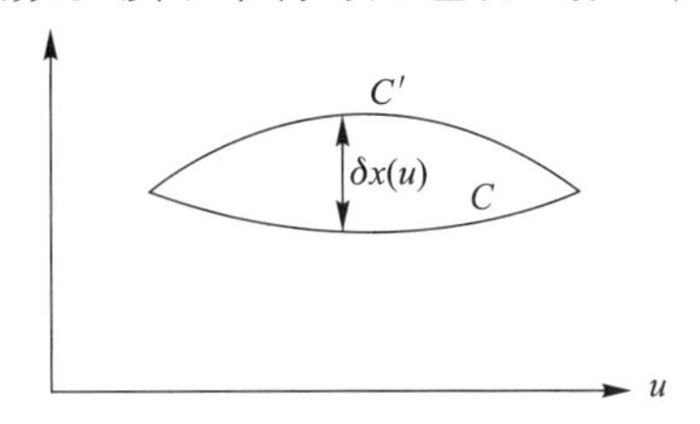

图 8.6　曲线 C 及其变分 C'

图中的两曲线分别用 $x(u)$和 $X(u)$来表示，$\delta x(u) = X(u) - x(u)$。

(1)$\dfrac{\mathrm{d}x}{\mathrm{d}u}$的变分。

$$\delta \frac{\mathrm{d}x}{\mathrm{d}u} = \frac{\mathrm{d}X}{\mathrm{d}u} - \frac{\mathrm{d}x}{\mathrm{d}u} = \frac{\mathrm{d}}{\mathrm{d}u}(\delta x) \tag{8.6.3}$$

式(8.6.3)表明变分符号 δ 和求导算子 $\mathrm{d}/\mathrm{d}u$ 可以互相交换次序。

(2)$\mathrm{d}x$ 的变分。

$$\delta(\mathrm{d}x) = \mathrm{d}X - \mathrm{d}x = \mathrm{d}(x + \delta x) - \mathrm{d}x = \mathrm{d}(\delta x) \tag{8.6.4}$$

因此，$\mathrm{d}x$ 和 δx 可以互相交换次序。但是，要重点注意的是两者之间的主要差别：$\mathrm{d}x$ 是由独立变量 u 的改变量 $\mathrm{d}u$ 引起的 x 的改变量，而 δx 是由函数 x 生成一个新的函数 X 而对函数 x 所做的改变，δx 是一个函数(Lanczos，1970)。

(3)$x(u)$定积分的变分，设

$$I[x] = \int_a^b x(u)\mathrm{d}u \tag{8.6.5}$$

注意，I 的自变量是函数，而 I 是泛函的值。I 的变分为

$$\begin{aligned}\delta I &= I[X] - I[x] = \int_a^b X(u)\mathrm{d}u - \int_a^b x(u)\mathrm{d}u \\ &= \int_a^b [X(u) - x(u)]\mathrm{d}u = \int_a^b \delta x \mathrm{d}u\end{aligned} \tag{8.6.6}$$

因此

$$\delta I[x] = I[\delta(x)] \tag{8.6.7}$$

(4)$f[x(u)]$的定积分的变分，设

$$I[f(x)] = \int_a^b f[x(u)]\mathrm{d}u \tag{8.6.8}$$

同样，可得 I 的变分为

$$\delta I = I[f(X)] - I[f(x)] = \int_a^b [f(X) - f(x)]\mathrm{d}u = \int_a^b \delta f(x)\mathrm{d}u \tag{8.6.9}$$

因此，有

$$\delta I[f(x)] = I[\delta f(x)] \tag{8.6.10}$$

(5) $f(x_1, x_2, x_3)$ 的变分。

这里变量 x_i 是 u 的函数，将式(8.6.1)中的 x 用 x_i 来代替，即得 x_i 的变分，从而 $f(x_1, x_2, x_3)$ 的变分为

$$\begin{aligned}\delta f &= f(X_1, X_2, X_3) - f(x_1, x_2, x_3) \\ &= f(x_1 + \delta x_1, x_2 + \delta x_2, x_3 + \delta x_3) - f(x_1, x_2, x_3)\end{aligned} \tag{8.6.11}$$

将右边第一项用泰勒级数展开，取一阶近似后，可将式(8.6.11)变成

$$\delta f = \frac{\partial f}{\partial x_i}\delta x_i = \nabla f \cdot \delta \boldsymbol{r} \tag{8.6.12}$$

式中

$$\delta \boldsymbol{r} = (\delta x_1, \delta x_2, \delta x_3) \tag{8.6.13}$$

(6) $g(\mathrm{d}x_1, \mathrm{d}x_2, \mathrm{d}x_3)$的变分。

用与得到式(8.6.12)类似的推导可得 g 的变分为

$$\delta g = \frac{\partial g}{\partial(\mathrm{d}x_i)}\delta(\mathrm{d}x_i) \tag{8.6.14}$$

例如，若

$$g = \mathrm{d}s = \sqrt{\mathrm{d}x_1^2 + \mathrm{d}x_2^2 + \mathrm{d}x_3^2} \tag{8.6.15}$$

则

$$\delta(\mathrm{d}s) = \frac{1}{\mathrm{d}s}\mathrm{d}x_i\delta(\mathrm{d}x_i) = \frac{1}{\mathrm{d}s}\mathrm{d}\boldsymbol{r} \cdot \delta(\mathrm{d}\boldsymbol{r}) = \boldsymbol{t} \cdot \mathrm{d}(\delta \boldsymbol{r}) \tag{8.6.16}$$

式中，$\boldsymbol{t}$ 是由式(8.5.4)引入的切矢量，并采用了式(8.6.4)的推广形式。

(7)乘积$f(x_1, x_2, x_3)g(x_1, x_2, x_3)$的变分。

$$\begin{aligned}\delta[f(x_1, x_2, x_3)g(x_1, x_2, x_3)] = f(X_1, X_2, X_3)g(X_1, X_2, X_3) - \\ f(x_1, x_2, x_3)g(x_1, x_2, x_3)\end{aligned} \tag{8.6.17}$$

用 $x_i + \delta x_i$ 来代替 X_i，像前面那样进行泰勒级数展开，相应的项相乘，忽略掉二次项，并利用式(8.6.12)，可得到

$$\begin{aligned}\delta[f(x_1, x_2, x_3)g(x_1, x_2, x_3)] &= f(x_1, x_2, x_3)\nabla g \cdot \delta \boldsymbol{r} + (\nabla f \cdot \delta \boldsymbol{r})g(x_1, x_2, x_3) \\ &= f(x_1, x_2, x_3)\delta g + g(x_1, x_2, x_3)\delta f\end{aligned} \tag{8.6.18}$$

在上述变分概念的基础上，下面按照 Ben-Menahem 和 Singh(1981)的方法证明费马原理。沿 P 和 Q 两点之间的射线的旅行时为

$$t_{PQ} = \int_P^Q \frac{\mathrm{d}s}{c} = \int_P^Q S\mathrm{d}s \tag{8.6.19}$$

式中，$S = S(x_1, x_2, x_3)$是由式(8.5.22)引入的慢度。由式(8.6.10)(对于多变量的泛函也成立)和式(8.6.18)，可得 t_{PQ}的变分为

$$\delta t_{PQ} = \delta\int_P^Q S\mathrm{d}s = \int_P^Q[(\delta S)\mathrm{d}s + S\delta\mathrm{d}s] = \int_P^Q[(\nabla S\cdot\delta\boldsymbol{r})\mathrm{d}s + S\boldsymbol{t}\cdot\mathrm{d}(\delta\boldsymbol{r})] \quad (8.6.20)$$

在得到最后一个等式时利用了式(8.6.16)和式(8.6.12)(只要令此式中的 $f=S$)。

下面对式(8.6.20)右边第二项做分部积分。根据 x_i 分量的贡献，可得

$$\int_P^Q St_i\mathrm{d}(\delta x_i) = S\,t_i\delta x_i\big|_P^Q - \int_P^Q\delta x_i\frac{\mathrm{d}}{\mathrm{d}s}(St_i)\mathrm{d}s = -\int_P^Q\delta x_i\frac{\mathrm{d}}{\mathrm{d}s}(St_i)\mathrm{d}s \quad (8.6.21)$$

因为 δx_i 在两端点处为零，故式(8.6.21)的矢量形式可写为

$$\int_P^Q S\boldsymbol{t}\cdot\mathrm{d}(\delta\boldsymbol{r}) = -\int_P^Q\frac{\mathrm{d}}{\mathrm{d}s}(S\boldsymbol{t})\cdot\delta\boldsymbol{r}\mathrm{d}s \quad (8.6.22)$$

因此，由式(8.6.20)和式(8.6.22)可得到

$$\delta t_{PQ} = \int_P^Q\delta\boldsymbol{r}\cdot\left[\nabla S - \frac{\mathrm{d}}{\mathrm{d}s}(S\boldsymbol{t})\right]\mathrm{d}s = 0 \quad (8.6.23)$$

从式(8.5.23)的第一个等式中我们可以看到括号中的项 $S\boldsymbol{t}$ 等于零。

式(8.6.23)对于射线邻近的任意路径都成立，因而沿射线 δt_{PQ} 是稳定的(它的变分是零)。注意，式(8.6.23)不能理解为旅行时最大或最小，虽然一般为最小。对于这些问题，Luneburg(1964)、Born 和 Wolf(1975)以及 Hanyga(1985)进行了详细讨论。Choy 和 Richards(1975)在其关于焦散线的文章(见 8.7.1 小节)中给出了非最小旅行时路径的一个重要的例子。还必须注意，上述推导只对各向同性介质成立。但是，如 Hanyga(1985)的论述，费马原理也适用于各向异性介质。

费马原理表明，在球对称介质中，射线是平面曲线。下面的证明基于 Hanyga(1985)的工作。考虑球形模型中的一条射线，在球坐标系(r，θ，ϕ)(见图 9.10)中的弧元可表示为(Spiegel，1959)

$$\mathrm{d}s - \sqrt{(\mathrm{d}r)^2 + r^2(\mathrm{d}\theta)^2 + r^2\sin^2\theta(\mathrm{d}\phi)^2} \quad (8.6.24)$$

如果 r、θ、ϕ 用参数 u 写出，则 $\mathrm{d}s$ 的表达式变为

$$\mathrm{d}s = \frac{\mathrm{d}s}{\mathrm{d}u}\mathrm{d}u = \sqrt{\dot{r}^2 + r^2\dot{\theta}^2 + r^2\sin^2\theta\dot{\phi}^2}\,\mathrm{d}u \quad (8.6.25)$$

式中，变量上方的点("·")表示对变量 u 的导数，因而射线上的 A 和 B 两点之间的旅行时用下列积分给出，即

$$\int_{u_1}^{u_2}\frac{1}{c(r)}\sqrt{\dot{r}^2 + r^2\dot{\theta}^2 + r^2\sin^2\theta\dot{\phi}^2}\,\mathrm{d}u \quad (8.6.26)$$

式中，u_1 和 u_2 分别是 u 在点 A 和点 B 处的值。为了方便，坐标系将选择在 $\phi=0$ 的 u_1 点上。式(8.6.26)表明，只要 $\dot{\phi}$ 是零，时间将取得最小值(因为积分中所有的量都是正值)。因此，射线保持在平面 $\phi=0$ 内。

8.7　射线振幅

在讨论标量波方程的解式(8.2.6)和矢量波方程的解式(8.3.8)时曾表明，在高频近似条件下，这两个方程的后两项都可以忽略，只由第一项可导出有关波的射线路径

和旅行时的程函方程。同时，我们指出这两个方程的第二项包含关于射线振幅的信息，使第二项为零得到的相应方程被称为输运方程。这一节将仔细分析标量波和弹性波的输运方程，严格地说，应该导出不同类型波基于射线理论的振幅函数，但为了简明，这里仅推导 P 波或 S 波的振幅表达式。

8.7.1 基于标量波方程的射线振幅

从标量波方程的解式(8.2.6)

$$\left(T_{,j}T_{,j}-\frac{1}{c^2}\right)-\frac{\mathrm{i}}{\omega}\left(\frac{2}{A}A_{,j}T_{,j}+T_{,jj}\right)-\frac{1}{\omega^2 A}A_{,jj}=0$$

出发，置方程的第二项系数为零，得到

$$\frac{2}{A}A_{,j}T_{,j}+T_{,jj}=0 \tag{8.7.1}$$

设 g 为关于空间位置的任意函数，利用式(8.4.16)可导出以下关系式

$$g_{,j}T_{,j}=\frac{\partial g}{\partial x_j}T_{,j}=\frac{1}{c}\frac{\partial g}{\partial x_j}\frac{\mathrm{d}x_j}{\mathrm{d}s}=\frac{1}{c}\frac{\mathrm{d}g}{\mathrm{d}s} \tag{8.7.2}$$

当令式(8.7.2)中的 $g=A$ 时，得到

$$A_{,j}T_{,j}=\frac{1}{c}\frac{\mathrm{d}A}{\mathrm{d}s}$$

将上式代入式(8.7.1)，得到

$$\frac{2}{A}\frac{1}{c}\frac{\mathrm{d}A}{\mathrm{d}s}+\nabla^2 T=0 \tag{8.7.3}$$

这是射线振幅 A 随射线弧长 s 变化的微分方程。

对式(8.7.3)积分，得

$$\int_{S_0}^{S}\frac{1}{A}\frac{\mathrm{d}A}{\mathrm{d}s}\mathrm{d}s=-\int_{S_0}^{S}\frac{c}{2}\nabla^2 T\mathrm{d}s \tag{8.7.4}$$

式(8.7.4)左边的积分等于 $\ln(A/A_0)$，其中，$A_0=A(s_0)$。因此，有

$$A=A_0\exp\left(-\int_{S_0}^{S}\frac{c}{2}\nabla^2 T\mathrm{d}s\right) \tag{8.7.5}$$

式(8.7.5)表明，一旦射线被确定，沿射线的振幅变化可以按式(8.7.5)用相当简单的方法求出，即只要振幅 $A(s_0)$ 已知，就可通过积分算出任意 s 处的振幅 $A(s)$。

为了导出更简单的计算射线振幅的关系式，用 A^2 乘以式(8.7.1)，得

$$A^2\left(\frac{2}{A}A_{,j}T_{,j}+T_{,jj}\right)=2AA_{,j}T_{,j}+A^2T_{,jj}=(A^2T_{,j})_{,j}=\nabla\cdot(A^2\nabla T)=0 \tag{8.7.6}$$

再引入射线管的概念。如图 8.7 所示，围绕射线作一个被称为射线管的窄管，射线管两端的截面，分别记为 S_0 和 S_1，它们是波至时间为 t_0 和 t_1 的两个波前面的一部分，射线管的侧面与射线平行，记为 S_2。

按高斯定理，式(8.7.6)(射线能量的散度)在窄的射线管内的体积分应等于穿过包围射线管的整个曲面 S 的能量，即

$$\int_V\nabla\cdot(A^2\nabla T)\mathrm{d}V=\int_S A^2\nabla T\cdot\boldsymbol{n}\mathrm{d}s=0 \tag{8.7.7}$$

式中，$\boldsymbol{n}$ 是垂直于 S 的外法线单位矢量，由于总曲面 S 是由三个面 S_0、S_1、S_2 组成的，所以 $\boldsymbol{n}$ 将有三种表达式。S_0 和 S_1 的法线方向就是射线方向，这就意味着对应于 S_0 和 S_1 的向外的单位法向矢量分别是 $-c\nabla T$ 和 $c\nabla T$。对于面 S_2，其法线垂直于射线，这意味着 $\nabla T \cdot \boldsymbol{n}=0$。在这种情况下，式(8.7.7)变成

$$\int_{S_0} A^2 \nabla T \cdot (-c\nabla T)\mathrm{d}S + \int_{S_1} A^2 \nabla T \cdot (c\nabla T)\mathrm{d}S + \int_{S_2} A^2 \nabla T \cdot \boldsymbol{n}\mathrm{d}s = 0$$

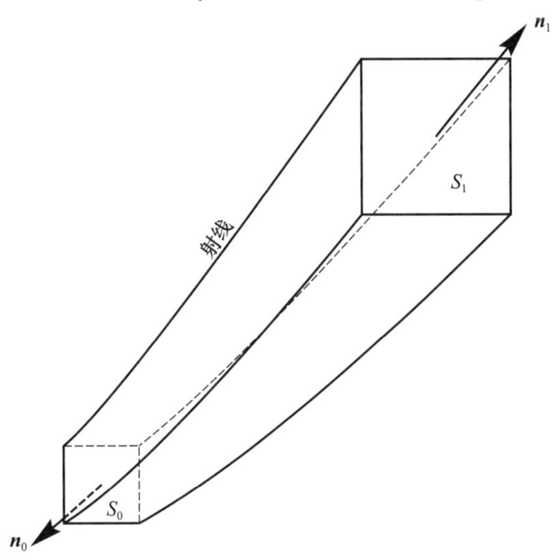

图 8.7 窄射线管示意图

图中的面 S_0 和 S_1 是在 t_0 和 t_1 时刻的波前面的一部分，窄射线管用于推导射线振幅（Cerveny 和 Ravindra，1971）。

因为上式中的第三项为零，所以上式可进一步改写为

$$\int_{S_1} cA^2 \nabla T \cdot \nabla T\mathrm{d}S = \int_{S_0} cA^2 \nabla T \cdot \nabla T\mathrm{d}S \tag{8.7.8}$$

利用程函方程 $|\nabla T|^2 = \nabla T \cdot \nabla T = \frac{1}{c^2}$，可将式(8.7.8)进一步简化为

$$\int_{S_1} \frac{1}{c}A^2\mathrm{d}S = \int_{S_0} \frac{1}{c}A^2\mathrm{d}S \tag{8.7.9}$$

射线管非常窄，按积分中值定理，式(8.7.9)中的积分可用被积函数在相应面的中心点处的值近似，因而式(8.7.9)变成

$$\left(\frac{1}{c}A^2\right)_1 \delta S_1 = \left(\frac{1}{c}A^2\right)_0 \delta S_0 \tag{8.7.10}$$

式中，δS_0 和 δS_1 表示射线管的截面面积。因此，如果射线上某一点处的 A 值已知，则射线上其他任意点处的 A 值可以利用式(8.7.10)确定。作为一个简单的例子，考虑常速度的情况（见问题 8.10），对于平面波，面积 δS_0 和 δS_1 相等，因而相应的振幅也相等，这与已经知道的一样。

式(8.7.10)也可写成

$$\frac{1}{c^2}A^2\delta S = 常数(沿射线) \tag{8.7.11}$$

但应该注意的是，当 δS 趋于零时，式(8.7.11)将不成立，因为这意味着 A 必须趋于无限大，因而射线理论不再适用。使 A 变成无限大的区域称为焦散区域。对这个问题的定量分析是十分困难的(Aki 和 Richards，1980；Ben-Menahem 和 Singh，1981)，尽管有一些简化的处理方法(Boyles，1984)。这里将给出形成焦散的一个例子。图 8.8(a)、(b)所示为带凹形的假想波前 W_1(对应于 t_1 时刻)的一部分。这种凹形波前可解释为低速区对开始是圆球形波前影响的结果。图 8.8(a)所示为在假想波前 W_1 前方的介质速度为常数的情况下与波前 W_2(对应 t_2 时刻)的左半部分对应的射线。应该注意到两个重要的特征：一是波前 W_2 是折叠的；二是曲面 C 的右边没有射线，射线都集中在 C 附近，它是射线的包络，这个包络称为焦散区。当考虑所有射线时[见图 8.8(b)]，我们可以看到波前有一个三角区，它意味着，位于例如点 O 处的接收器将接收到三个不同的波至，因而以焦散线 C、C'为界的区域内的每一个点都有三条射线覆盖。当射线触及 C 或者 C'时，射线管的面积趋于零，在射线理论近似中，其振幅趋于无穷大。一般来说，射线理论只在焦散区外可用，但是当射线穿过焦散区或触及焦散区时，将有 $\pi/2$ 的相移。相对粗略地说，相移的出现可用面元 δS 穿过焦散区后符号改变(面积在焦散区两边都为零)来解释。当求 A^2 的平方根时，将引入一个因子 $\sqrt{-1}$(Choy 和 Richards，1975；Hill，1974；Cerveny 和 Ravindra，1971)。因此，在射线穿过(或触及)焦散区后，与之对应的波形将发生畸变(见 6.5.3.3 小节)。假如一条射线穿过多个焦散区，则每次穿过都将引起大小为 $\pi/2$ 的附加相移。触及焦散区射线的一个重要性质，就是它们没有最小旅行时路径的性质(Choy 和 Richards，1975)。

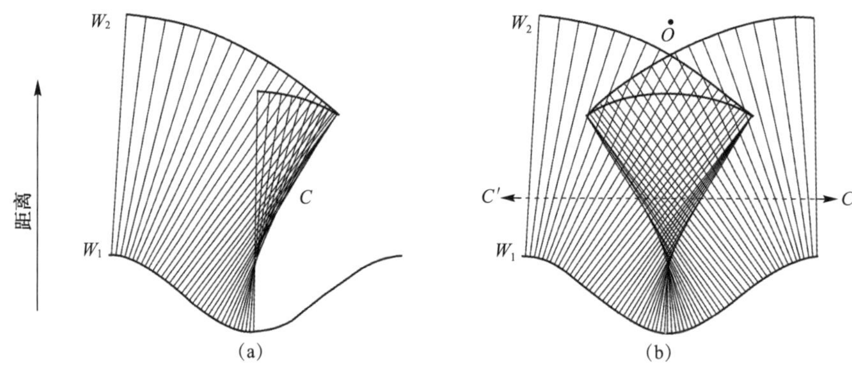

图 8.8　形成焦散的实例图

图中，W_1 和 W_2 表示两个不同时刻的波前，C、C'表示对应于波前一个三角形区域的焦散线(Whitham，1974)。(a)与左半部波前相关的射线；(b)与全部波前相关的射线

8.7.2　基于弹性波方程的射线振幅

本小节内容将分两步进行介绍。第一步，导出一个类似于式(8.7.11)的表达式，而后将它用于求 P 波的振幅；第二步，对 S 波的振幅做更仔细的分析。

首先导出弹性波位移的类似于式(8.7.11)的射线振幅的表达式。从弹性波方程的解应满足式(8.3.8)出发，令其第二项为零，得到 P 波和 S 波的输运方程，为

$$c_{ijkl\ ,j}U_kT_{,l}+c_{ijkl}U_{k,j}T_{,l}+c_{ijkl}U_kT_{,lj}+c_{ijkl}U_{k,l}T_{,j}$$
$$=(c_{ijkl}U_kT_{,l})_{,j}+c_{ijkl}U_{k,l}T_{,j}=0 \tag{8.7.12}$$

下面的推导基于 Burridge(1976)的工作。

(1)用 U_i 与式(8.7.12)缩并，并将等式右边第二项的哑指标 i 和 k 以及 j 和 l 互换，再根据弹性系数张量的对称性 $c_{ijkl}=c_{klij}$[见式(4.5.11)]，得到

$$\begin{aligned}U_i(c_{ijkl}U_kT_{,l})_{,j}+U_ic_{ijkl}U_{k,l}T_{,j}&=U_i(c_{ijkl}U_kT_{,l})_{,j}+U_kc_{ijkl}U_{i,j}T_{,l}\\&=U_i(c_{ijkl}U_kT_{,l})_{,j}+U_{i,j}(c_{ijkl}U_kT_{,l})\\&=(c_{ijkl}U_iU_kT_{,l})_{,j}\\&=0\end{aligned} \tag{8.7.13}$$

(2)重写式(8.3.9)的左边，有

$$c_{ijkl}T_{,l}T_{,j}U_k=\rho U_i=c^2T_{,k}T_{,k}\rho U_i \tag{8.7.14}$$

式中，$c^2T_{,k}T_{,k}=1$(因为 $T_{,k}T_{,k}=1/c^2$)，$c=\alpha$ 或 β。引入括号里的因子是为了便于下面的推导，当不需要时，这个因子可以移去。

求式(8.7.14)关于 $T_{,p}$ 的导数：

等式左边的导数 $\quad \dfrac{\partial}{\partial T_{,p}}(c_{ijkl}T_{,l}T_{,j}U_k)=c_{ijkl}(\delta_{lp}T_{,j}+\delta_{jp}T_{,l})U_k+c_{ijkl}T_{,l}T_{,j}\dfrac{\partial U_k}{\partial T_{,p}}$

等式右边的导数 $\quad \dfrac{\partial}{\partial T_{,p}}(c^2T_{,k}T_{,k}\rho U_i)=2c^2\delta_{kp}T_{,k}\rho U_i+c^2T_{,k}T_{,k}\rho\dfrac{\partial U_i}{\partial T_{,p}}$

由式(8.7.14)左右两边的导数相等，得到

$$c_{ijkl}(\delta_{lp}T_{,j}+\delta_{jp}T_{,l})U_k+c_{ijkl}T_{,l}T_{,j}\frac{\partial U_k}{\partial T_{,p}}=2c^2\delta_{kp}T_{,k}\rho U_i+\rho\frac{\partial U_i}{\partial T_{,p}} \tag{8.7.15}$$

整理上式，得

$$(c_{ijkp}T_{,j}+c_{ipkl}T_{,l})U_k=2c^2T_{,p}\rho U_i-(c_{ijkl}T_{,j}T_{,l}-\rho\delta_{ik})\frac{\partial U_k}{\partial T_{,p}} \tag{8.7.16}$$

用 U_i 与式(8.7.16)缩并，得到

$$(c_{ijkp}T_{,j}+c_{ipkl}T_{,l})U_kU_i=2c^2T_{,p}\rho U_iU_i-(c_{ijkl}T_{,j}T_{,l}-\rho\delta_{ik})\frac{\partial U_k}{\partial T_{,p}}U_i$$

因为上式中右边第二项缩并的结果为零，即

$$\begin{aligned}(c_{ijkl}T_{,j}T_{,l}-\rho\delta_{ik})U_i\frac{\partial U_k}{\partial T_{,p}}&=(c_{klij}T_{,l}T_{,j}-\rho\delta_{ik})U_k\frac{\partial U_i}{\partial T_{,p}}\\&=(c_{ijkl}T_{,l}T_{,j}-\rho\delta_{ik})U_k\frac{\partial U_i}{\partial T_{,p}}\\&=0\end{aligned} \tag{8.7.17}$$

在式(8.7.17)的推导中，用到了 c_{ijkl} 的对称性，交换了 i 和 k，以及交换了 j 和 l，再利用式(8.3.9)得到最右边的等式。

整个三项缩并后的结果为

$$(c_{ijkp}T_{,j}+c_{ipkl}T_{,l})U_kU_i=2c^2T_{,p}\rho U_iU_i=2c^2T_{,p}\rho\,|\boldsymbol{U}|^2 \tag{8.7.18}$$

因为 $c_{ijkp}T_{,j}=c_{ilkp}T_{,l}=c_{ipkl}T_{,l}$，即式(8.7.18)左边括号内的两项是相等的(见问题8.11)，所以式(8.7.18)变为

$$2c_{ipkl}T_{,l}U_kU_i = 2c^2T_{,p}\rho\ |\boldsymbol{U}|^2 \tag{8.7.19}$$

将指标 p 换为 j，并消去因子 2，得到

$$c_{ijkl}T_{,l}U_kU_i = c^2T_{,j}\rho\ |\boldsymbol{U}|^2$$

两边求梯度，得到

$$(c_{ijkl}T_{,l}U_kU_i)_{,j} = (\rho c^2T_{,j}\ |\boldsymbol{U}|^2)_{,j}$$

(3)由式(8.7.13)知此等式左边为零，因此有

$$(c_{ijkl}T_{,l}U_kU_i)_{,j} = (\rho c^2T_{,j}\ |\boldsymbol{U}|^2)_{,j} = 0 \tag{8.7.20}$$

设 $A = c\sqrt{\rho}\,|\boldsymbol{U}|$，则式(8.7.20)可写成

$$(c^2T_{,j}\rho\ |\boldsymbol{U}|^2)_{,j} = (A^2T_{,j})_{,j} = 0$$

此式与由标量波方程得出的振幅关系式式(8.7.6)形式一样，说明也可以利用 8.7.1 小节所述的射线管概念，给出

$$\frac{1}{c}A^2\delta S = \frac{1}{c}(c^2\rho\ |\boldsymbol{U}|^2)\delta S = c\rho\ |\boldsymbol{U}|^2\delta S = 常数(沿射线) \tag{8.7.21}$$

或者重写为

$$c_1\rho_1\ |\boldsymbol{U}_1|^2\delta S_1 = c_2\rho_2\ |\boldsymbol{U}_2|^2\delta S_2 \tag{8.7.22}$$

式中，下标 1 和 2 指示射线管任意两个截面 S_1 和 S_2 的位置。这个关系式表明，如果在某给定点处的振幅已知，则在射线上的其他任意点处，在计算射线管相应的横截面面积之后，可以确定该处的振幅。但是应该注意，虽然式(8.7.22)原则上可用于计算射线振幅，但可利用其他途径导出在数值计算上更为方便的方程，其中之一将在后面讨论。还应注意，式(8.7.22)基于这样的假设，即弹性波能量只限于在射线管内传播，没有能量穿过管壁流到管外。但这种假设仅当射线理论取零阶近似时成立(Cerveny 和 Ravindra，1971)。在 10.11 节中，将给出式(8.7.22)的一个重要应用。

8.7.2.1 P 波振幅

式(8.7.20)可用于导出关于 P 波运动振幅的微分方程。为此设 P 波的位移矢量 $\boldsymbol{U}$ 等于 $A\boldsymbol{t}$，A 是一个实常数，表示 P 波的射线振幅，$\boldsymbol{t}$ 是射线的单位切矢量，并设 c 等于 α，α 是 P 波速度，以及 $|\boldsymbol{U}|^2$ 等于 A^2。此时，式(8.7.20)改写为

$$(A^2\alpha^2\rho T_{,j})_{,j} = 2AA_{,j}\alpha^2\rho T_{,j} + A^2\alpha^2\rho T_{,jj} + A^2\ (\alpha^2\rho)_{,j}T_{,j} = 0 \tag{8.7.23}$$

将式(8.7.23)除以 $2A\alpha\rho$，再利用式(8.7.2)，可得

$$A_{,j}\alpha T_{,j} + \frac{1}{2}A\alpha T_{,jj} + \frac{1}{2}A\frac{1}{\alpha\rho}(\alpha^2\rho)_{,j}T_{,j} = \frac{\mathrm{d}A}{\mathrm{d}s} + \frac{1}{2}A\left[\alpha\nabla^2T + \frac{1}{\alpha\rho}(\alpha^2\rho)_{,j}T_{,j}\right]$$

$$= \frac{\mathrm{d}A}{\mathrm{d}s} + \frac{1}{2}A\left[\alpha\nabla^2T + \frac{1}{\alpha^2\rho}\frac{\mathrm{d}}{\mathrm{d}s}(\alpha^2\rho)\right] = \frac{\mathrm{d}A}{\mathrm{d}s} + \frac{1}{2}A\left[\alpha\nabla^2T + \frac{\mathrm{d}}{\mathrm{d}s}\ln(\alpha^2\rho)\right] = 0 \tag{8.7.24}$$

一旦一条射线被确定，式(8.7.24)便可用于计算波沿射线的振幅。注意，式(8.7.24)对于各向同性介质和各向异性介质都成立。

式(8.7.24)也可以由变量 t(时间)写出。为此，在式(8.7.24)中利用

$$\frac{\mathrm{d}}{\mathrm{d}s} = \frac{\mathrm{d}t}{\mathrm{d}s}\frac{\mathrm{d}}{\mathrm{d}t} = \frac{1}{\alpha}\frac{\mathrm{d}}{\mathrm{d}t} \tag{8.7.25}$$

并将全式乘以 α，这就给出(见问题 8.12)

$$\frac{\mathrm{d}A}{\mathrm{d}t}+\frac{1}{2}A\left[\alpha^2\nabla^2 T+\frac{\mathrm{d}}{\mathrm{d}t}\ln(\alpha^2\rho)\right]=0 \tag{8.7.26}$$

8.7.2.2 S 波振幅、射线中心坐标系

如先前所见，表示 S 波位移的矢量垂直于 ∇T，并且，因为矢量 $\boldsymbol{n}$ 和 $\boldsymbol{b}$ 也垂直于 ∇T，所以在早期文献中，$\boldsymbol{n}$ 和 $\boldsymbol{b}$ 被选为分解 S 波矢量的基矢量。但是这样选择并不方便，因为关于 S 波两个分量振幅的方程形成一个耦合系统(Cerveny 和 Ravindra，1971)，这个耦合系统使数值计算复杂化(Cerveny 和 Hron，1980)，仅当挠率为零时，如速度分布只沿径向变化的模型，方程才可解耦。不过，也有可能引入一对垂直于 ∇T 的基矢量 $\boldsymbol{e}^{\mathrm{I}}$ 和 $\boldsymbol{e}^{\mathrm{II}}$，使 S 波振幅分量解耦。为此，Popov 和 Psencik 等人(Cerveny 和 Hron，1980；Psencik，1979)引入了这样一对基矢量，它们和射线的切矢量一起构成所谓的射线中心坐标系。下面首先从输运方程式(8.7.12)出发，引入基矢量 $\boldsymbol{e}^{\mathrm{I}}$ 和 $\boldsymbol{e}^{\mathrm{II}}$，并说明它们可以解耦的条件。

重写式(8.7.12)，为

$$(c_{ijkl}U_kT_{,l})_{,j}+c_{ijkl}U_{k,l}T_{,j}=0 \tag{8.7.27}$$

将各向同性介质情况下的弹性模量 c_{ijkl} 的表达式式(4.6.2)代入式(8.7.27)，得

$$(\lambda U_lT_{,l})_{,i}+(\mu U_iT_{,j})_{,j}+(\mu U_jT_{,i})_{,j}+\lambda U_{l,l}T_{,i}+\mu U_{i,j}T_{,j}+\mu U_{j,i}T_{,j}=0 \tag{8.7.28}$$

下面引入两个单位矢量，即

$$\boldsymbol{e}^{\mathrm{I}}=(e_1^{\mathrm{I}},e_2^{\mathrm{I}},e_3^{\mathrm{I}});\quad \boldsymbol{e}^{\mathrm{II}}=(e_1^{\mathrm{II}},e_2^{\mathrm{II}},e_3^{\mathrm{II}}) \tag{8.7.29}$$

它们相互垂直，并与 ∇T 垂直，即

$$\boldsymbol{e}^{\mathrm{I}}\cdot\boldsymbol{e}^{\mathrm{II}}=0 \tag{8.7.30a}$$

$$\boldsymbol{e}^{\mathrm{I}}\cdot\nabla T=\boldsymbol{e}^{\mathrm{II}}\cdot\nabla T=0 \tag{8.7.30b}$$

将位移矢量 $\boldsymbol{U}$ 写成 $\boldsymbol{e}^{\mathrm{I}}$ 和 $\boldsymbol{e}^{\mathrm{II}}$ 的线性组合，为

$$\boldsymbol{U}=A_1\boldsymbol{e}^{\mathrm{I}}+A_2\boldsymbol{e}^{\mathrm{II}}=A_m\boldsymbol{e}^m,\quad m=\mathrm{I},\mathrm{II} \tag{8.7.31}$$

式中，A_1 和 A_2 是与两单位矢量一起待确定的空间位置的函数，写成分量形式，有

$$U_i=A_1e_i^{\mathrm{I}}+A_2e_i^{\mathrm{II}}=A_me_i^m,\quad i=1,2,3\quad m=\mathrm{I},\mathrm{II} \tag{8.7.32}$$

因为 $\boldsymbol{U}$ 和 ∇T 是相互垂直的两矢量，其标量积 $U_lT_{,l}$ 等于零，所以式(8.7.28)的第一项为零。用 $e_i^l(l=\mathrm{I},\mathrm{II})$ 对式(8.7.28)进行缩并，由式(8.7.30b)知 $\lambda U_{l,l}T_{,i}e_i^l=0$，所以缩并后的第四项为零。式(8.7.28)其余四项与 e_i^l 缩并后的表达式为

$$\begin{aligned}&e_i^l(\mu U_iT_{,j})_{,j}+e_i^l(\mu U_jT_{,i})_{,j}+e_i^l\mu U_{i,j}T_{,j}+e_i^l\mu U_{j,i}T_{,j}\\&=e_i^l\mu U_{i,j}T_{,j}+e_i^lU_i(\mu T_{,j})_{,j}+(\mu U_j)_{,j}e_i^lT_{,i}+e_i^lU_j\mu T_{,ij}+e_i^l\mu U_{i,j}T_{,j}+e_i^l\mu U_{j,i}T_{,j}\end{aligned} \tag{8.7.33}$$

式(8.7.33)共有六项，其中，因为 $\boldsymbol{e}^{\mathrm{I}}\cdot\nabla T=0$，所以第三项为零。第四项和第六项可以合并，有

$$e_i^l\mu U_jT_{,ij}+e_i^l\mu U_{j,i}T_{,j}=e_i^l\mu(T_{,j}U_j)_{,i}=0 \tag{8.7.34}$$

式中，因为 $\boldsymbol{U}$ 和 ∇T 是互相垂直的，所以 $T_{,j}U_j=0$。第一项和第五项是相等的，因而式(8.7.33)变成

$$2e_i^l\mu T_{,j}U_{i,j}+e_i^l(\mu T_{,j})_{,j}U_i=0 \tag{8.7.35}$$

利用式(8.7.2)和式(8.7.32)，可将式(8.7.35)的第一项写成

$$2e_i^l\mu T_{,j}U_{i,j}=2e_i^l\frac{\mu}{\beta}\frac{\mathrm{d}U_i}{\mathrm{d}s}=2e_i^l\frac{\mu}{\beta}\frac{\mathrm{d}}{\mathrm{d}s}(A_me_i^m) \tag{8.7.36}$$

利用式(8.7.32)及 $\boldsymbol{e}^{\mathrm{I}}$ 和 $\boldsymbol{e}^{\mathrm{II}}$ 的正交性，给出式(8.7.35)的第二项为

$$(\mu T_{,j})_{,j}e_i^lU_i=(\mu T_{,j})_{,j}e_i^lA_me_i^m=(\mu T_{,j})_{,j}A_m\delta_{lm}=(\mu T_{,j})_{,j}A_l \tag{8.7.37}$$

将式(8.7.36)和式(8.7.37)代入式(8.7.35)，并将其中关于 s 求导数的项展开，得到

$$2e_i^l\frac{\mu}{\beta}\frac{\mathrm{d}}{\mathrm{d}s}(A_me_i^m)+(\mu T_{,j})_{,j}A_l=2\frac{\mu}{\beta}\left(\delta_{lm}\frac{\mathrm{d}A_m}{\mathrm{d}s}+e_i^lA_m\frac{\mathrm{d}e_i^m}{\mathrm{d}s}\right)+(\mu T_{,j})_{,j}A_l$$

$$=2\frac{\mu}{\beta}\frac{\mathrm{d}A_l}{\mathrm{d}s}+2\frac{\mu}{\beta}A_me_i^l\frac{\mathrm{d}e_i^m}{\mathrm{d}s}+(\mu T_{,j})_{,j}A_l=0 \tag{8.7.38}$$

注意，A_1 和 A_2 之间的耦合是通过式(8.7.38)第二项中对 m 的求和引入的。但是当 $\boldsymbol{e}^l$ 和 $\mathrm{d}\boldsymbol{e}^m/\mathrm{d}s$ 互相垂直时，这种耦合将消失。这也意味着，如果要求 S 波的两个分量解耦，就要求 $\mathrm{d}\boldsymbol{e}^m/\mathrm{d}s$ 与 ∇T 平行。在此条件下，再用 $\beta\rho^2$ 来代替 μ，式(8.7.38)变成

$$2\frac{\mu}{\beta}\frac{\mathrm{d}A_l}{\mathrm{d}s}+(\mu T_{,j})_{,j}A_l=2\frac{\rho\beta^2}{\beta}\frac{\mathrm{d}A_l}{\mathrm{d}s}+(\rho\beta^2T_{,j})_{,j}A_l=0$$

各项同除以 $2\beta\rho$ 后，得

$$\frac{\mathrm{d}A_l}{\mathrm{d}s}+\frac{1}{2\beta\rho}(\rho\beta^2T_{,j})_{,j}A_l=0,\quad l=1,2 \tag{8.7.39}$$

式(8.7.39)可重写成

$$\frac{\mathrm{d}A_l}{\mathrm{d}s}+\frac{1}{2}A_l\beta\nabla^2T+\frac{1}{2\beta\rho}(\beta^2\rho)_{,j}T_{,j}A_l$$

$$=\frac{\mathrm{d}A_l}{\mathrm{d}s}+\frac{1}{2}A_l\left[\beta\nabla^2T+\frac{\mathrm{d}}{\mathrm{d}s}\ln(\beta^2\rho)\right]=0,\quad l=1,2 \tag{8.7.40}$$

其中，第一个等式成立是因为由式(8.7.2)可知

$$\frac{1}{\beta\rho}(\beta^2\rho)_{,j}T_{,j}=\frac{1}{\beta\rho}\frac{1}{\beta}\frac{\mathrm{d}(\beta^2\rho)}{\mathrm{d}s}=\frac{\mathrm{d}}{\mathrm{d}s}\ln(\beta^2\rho)$$

对比式(8.7.40)和式(8.7.26)可知，S 波两个分量的振幅和 P 波的振幅都满足同样形式的方程。

前面已经研究了 S 波两分量解耦的条件。为了完成对 S 波振幅的分析，必须按照这些条件来导出基矢量 $\boldsymbol{e}^{\mathrm{I}}$ 和 $\boldsymbol{e}^{\mathrm{II}}$的表达式。首先利用 $\boldsymbol{e}^m$($m=\mathrm{I}$, II)和 $\boldsymbol{t}$ 垂直的事实，即

$$\boldsymbol{e}^m\cdot\boldsymbol{t}=0,\quad m=\mathrm{I},\mathrm{II} \tag{8.7.41}$$

并记住 $\boldsymbol{t}$ 与∇T 是两平行矢量[见式(8.5.4)]。式(8.7.41)关于 s 求微分，得

$$\frac{\mathrm{d}(\boldsymbol{e}^m\cdot\boldsymbol{t})}{\mathrm{d}s}=\frac{\mathrm{d}\boldsymbol{e}^m}{\mathrm{d}s}\cdot\boldsymbol{t}+\boldsymbol{e}^m\cdot\frac{\mathrm{d}\boldsymbol{t}}{\mathrm{d}s}=0$$

$$\frac{\mathrm{d}\boldsymbol{e}^m}{\mathrm{d}s}\cdot\boldsymbol{t}=-\boldsymbol{e}^m\cdot\frac{\mathrm{d}\boldsymbol{t}}{\mathrm{d}s},\quad m=\mathrm{I},\mathrm{II} \tag{8.7.42}$$

因为 $\mathrm{d}\boldsymbol{e}^m/\mathrm{d}s$ 平行于 $\boldsymbol{t}$，所以有(见问题8.13)

$$\frac{\mathrm{d}\boldsymbol{e}^m}{\mathrm{d}s} = -\left(\boldsymbol{e}^m \cdot \frac{\mathrm{d}\boldsymbol{t}}{\mathrm{d}s}\right)\boldsymbol{t} = -(\boldsymbol{e}^m \cdot \kappa\boldsymbol{n})\boldsymbol{t} = -\kappa(\boldsymbol{e}^m \cdot \boldsymbol{n})\boldsymbol{t}, \quad m = \mathrm{I}, \mathrm{II} \tag{8.7.43}$$

因为 $\boldsymbol{e}^m$ 和 $\boldsymbol{n}$ 是单位矢量，$\boldsymbol{e}^{\mathrm{I}}$ 和 $\boldsymbol{e}^{\mathrm{II}}$ 互相垂直，所以可以写出

$$\boldsymbol{e}^{\mathrm{I}} \cdot \boldsymbol{n} = \cos\theta; \quad \boldsymbol{e}^{\mathrm{II}} \cdot \boldsymbol{n} = \sin\theta \tag{8.7.44}$$

式中，θ 是待定的角。将式(8.7.44)代入式(8.7.43)，得

$$\frac{\mathrm{d}\boldsymbol{e}^{\mathrm{I}}}{\mathrm{d}s} = -\kappa(\boldsymbol{e}^{\mathrm{I}} \cdot \boldsymbol{n})\boldsymbol{t} = -\kappa\cos\theta\boldsymbol{t} \tag{8.7.45}$$

$$\frac{\mathrm{d}\boldsymbol{e}^{\mathrm{II}}}{\mathrm{d}s} = -\kappa(\boldsymbol{e}^{\mathrm{II}} \cdot \boldsymbol{n})\boldsymbol{t} = -\kappa\sin\theta\boldsymbol{t} \tag{8.7.46}$$

矢量 $\boldsymbol{n}$ 和 $\boldsymbol{b}$ 可通过将 $\boldsymbol{e}^{\mathrm{I}}$ 和 $\boldsymbol{e}^{\mathrm{II}}$ 旋转 θ 角后得到，据此可求出 θ 角，即

$$\boldsymbol{n} = \boldsymbol{e}^{\mathrm{I}}\cos\theta + \boldsymbol{e}^{\mathrm{II}}\sin\theta \tag{8.7.47}$$

$$\boldsymbol{b} = -\boldsymbol{e}^{\mathrm{I}}\sin\theta + \boldsymbol{e}^{\mathrm{II}}\cos\theta \tag{8.7.48}$$

然后求式(8.7.47)和式(8.7.48)关于 s 的导数，并利用式(8.7.45)～式(8.7.48)，得

$$\begin{aligned}
\frac{\mathrm{d}\boldsymbol{n}}{\mathrm{d}s} &= \frac{\mathrm{d}}{\mathrm{d}s}(\boldsymbol{e}^{\mathrm{I}}\cos\theta + \boldsymbol{e}^{\mathrm{II}}\sin\theta) = \frac{\mathrm{d}}{\mathrm{d}s}(\boldsymbol{e}^{\mathrm{I}}\cos\theta) + \frac{\mathrm{d}}{\mathrm{d}s}(\boldsymbol{e}^{\mathrm{II}}\sin\theta) \\
&= \frac{\mathrm{d}\boldsymbol{e}^{\mathrm{I}}}{\mathrm{d}s}\cos\theta - \boldsymbol{e}^{\mathrm{I}}\sin\theta\frac{\mathrm{d}\theta}{\mathrm{d}s} + \frac{\mathrm{d}\boldsymbol{e}^{\mathrm{II}}}{\mathrm{d}s}\sin\theta + \boldsymbol{e}^{\mathrm{II}}\cos\theta\frac{\mathrm{d}\theta}{\mathrm{d}s} \\
&= -\kappa\cos\theta\boldsymbol{t}\cos\theta - \boldsymbol{e}^{\mathrm{I}}\sin\theta\frac{\mathrm{d}\theta}{\mathrm{d}s} - \kappa\sin\theta\boldsymbol{t}\sin\theta + \boldsymbol{e}^{\mathrm{II}}\cos\theta\frac{\mathrm{d}\theta}{\mathrm{d}s} \\
&= -\kappa\boldsymbol{t} + (-\boldsymbol{e}^{\mathrm{I}}\sin\theta + \boldsymbol{e}^{\mathrm{II}}\cos\theta)\frac{\mathrm{d}\theta}{\mathrm{d}s} = -\kappa\boldsymbol{t} + \frac{\mathrm{d}\theta}{\mathrm{d}s}\boldsymbol{b}
\end{aligned} \tag{8.7.49}$$

$$\begin{aligned}
\frac{\mathrm{d}\boldsymbol{b}}{\mathrm{d}s} &= \frac{\mathrm{d}}{\mathrm{d}s}(-\boldsymbol{e}^{\mathrm{I}}\sin\theta + \boldsymbol{e}^{\mathrm{II}}\cos\theta) \\
&= -\frac{\mathrm{d}\boldsymbol{e}^{\mathrm{I}}}{\mathrm{d}s}\sin\theta - \boldsymbol{e}^{\mathrm{I}}\cos\theta\frac{\mathrm{d}\theta}{\mathrm{d}s} + \frac{\mathrm{d}\boldsymbol{e}^{\mathrm{II}}}{\mathrm{d}s}\cos\theta - \boldsymbol{e}^{\mathrm{II}}\sin\theta\frac{\mathrm{d}\theta}{\mathrm{d}s} \\
&= \kappa\cos\theta\boldsymbol{t}\sin\theta - \boldsymbol{e}^{\mathrm{I}}\cos\theta\frac{\mathrm{d}\theta}{\mathrm{d}s} - \kappa\sin\theta\boldsymbol{t}\cos\theta - \boldsymbol{e}^{\mathrm{II}}\sin\theta\frac{\mathrm{d}\theta}{\mathrm{d}s} \\
&= -(\boldsymbol{e}^{\mathrm{I}}\cos\theta + \boldsymbol{e}^{\mathrm{II}}\sin\theta)\frac{\mathrm{d}\theta}{\mathrm{d}s} = -\frac{\mathrm{d}\theta}{\mathrm{d}s}\boldsymbol{n}
\end{aligned} \tag{8.7.50}$$

将式(8.7.49)和式(8.7.50)与弗莱纳方程式(8.5.14)和式(8.5.12)比较，有

$$\tau = \frac{\mathrm{d}\theta}{\mathrm{d}s} \tag{8.7.51a}$$

$$\mathrm{d}\theta = \tau\mathrm{d}s \tag{8.7.51b}$$

对式(8.7.51b)沿初值 s_0 和 s 之间的射线进行积分，得

$$\theta(s) = \theta(s_0) + \int_{s_0}^{s}\tau\mathrm{d}s \tag{8.7.52}$$

矢量 $\boldsymbol{e}^{\mathrm{I}}$ 和 $\boldsymbol{e}^{\mathrm{II}}$ 可由式(8.7.45)或式(8.7.46)通过数值积分得到。因为由矢量 $\boldsymbol{e}^{\mathrm{I}}$ 和 $\boldsymbol{e}^{\mathrm{II}}$ 中的一个可求出另一个，所以只需要对式(8.7.45)和式(8.7.46)中的一个进行积分。除此之外，计算还可利用下式进行简化(见问题8.14；Psencik，1979；Cerveny，1985)，即

$$-\kappa\cos\theta = \frac{1}{c}\nabla c \cdot \boldsymbol{e}^{\mathrm{I}} \tag{8.7.53a}$$

$$-\kappa\sin\theta = \frac{1}{c}\nabla c \cdot \boldsymbol{e}^{\mathrm{II}} \tag{8.7.53b}$$

矢量 $\boldsymbol{t}$、$\boldsymbol{e}^{\mathrm{I}}$ 和 $\boldsymbol{e}^{\mathrm{II}}$ 构成射线中心坐标系或偏振三面体活动标架，矢量 $\boldsymbol{e}^{\mathrm{I}}$ 和 $\boldsymbol{e}^{\mathrm{II}}$ 称为偏振矢量。下面研究偏振三面体标架的旋转。这里的推导基于 Lewis(1966)的工作。第一步，用 $\boldsymbol{n}$ 和 $\boldsymbol{b}$ 写出偏振矢量。由式(8.4.47)和式(8.7.48)得(见问题8.15)

$$\boldsymbol{e}^{\mathrm{I}} = \boldsymbol{n}\cos\theta - \boldsymbol{b}\sin\theta \tag{8.7.54}$$

$$\boldsymbol{e}^{\mathrm{II}} = \boldsymbol{n}\sin\theta + \boldsymbol{b}\cos\theta \tag{8.7.55}$$

为了简化符号，设

$$\boldsymbol{z}_1 = \boldsymbol{t};\quad \boldsymbol{z}_2 = \boldsymbol{e}^{\mathrm{I}};\quad \boldsymbol{z}_3 = \boldsymbol{e}^{\mathrm{II}} \tag{8.7.56}$$

这里希望求出满足如下条件的角速度矢量 $\boldsymbol{\omega}$[见式(8.5.20)]

$$\frac{\mathrm{d}\boldsymbol{z}_j}{\mathrm{d}s} = \boldsymbol{\omega} \times \boldsymbol{z}_j,\quad j = 1,2,3 \tag{8.7.57}$$

因为 $\boldsymbol{z}_i(i = 1,2,3)$ 是互相正交的单位矢量，所以 $\boldsymbol{\omega}$ 可写成

$$\boldsymbol{\omega} = \omega_1\boldsymbol{z}_1 + \omega_2\boldsymbol{z}_2 + \omega_3\boldsymbol{z}_3 = \omega_i\boldsymbol{z}_i \tag{8.7.58}$$

式中，ω_i 为待定量。将式(8.7.58)代入式(8.7.57)，并利用下式

$$\boldsymbol{z}_J \times \boldsymbol{z}_J = \boldsymbol{0},\quad J = 1,2,3(\text{不对大写的指标求和}) \tag{8.7.59}$$

$$\boldsymbol{z}_1 \times \boldsymbol{z}_2 = \boldsymbol{z}_3;\quad \boldsymbol{z}_2 \times \boldsymbol{z}_3 = \boldsymbol{z}_1;\quad \boldsymbol{z}_3 \times \boldsymbol{z}_1 = \boldsymbol{z}_2 \tag{8.7.60}$$

可以得到

$$\frac{\mathrm{d}\boldsymbol{z}_1}{\mathrm{d}s} = \omega_i\boldsymbol{z}_i \times \boldsymbol{z}_1 = (\omega_1\boldsymbol{z}_1 + \omega_2\boldsymbol{z}_2 + \omega_3\boldsymbol{z}_3) \times \boldsymbol{z}_1 = \boldsymbol{0} + \omega_3\boldsymbol{z}_2 - \omega_2\boldsymbol{z}_3 \tag{8.7.61a}$$

$$\frac{\mathrm{d}\boldsymbol{z}_2}{\mathrm{d}s} = \omega_i\boldsymbol{z}_i \times \boldsymbol{z}_2 = (\omega_1\boldsymbol{z}_1 + \omega_2\boldsymbol{z}_2 + \omega_3\boldsymbol{z}_3) \times \boldsymbol{z}_2 = -\omega_3\boldsymbol{z}_1 + \boldsymbol{0} + \omega_1\boldsymbol{z}_3 \tag{8.7.61b}$$

$$\frac{\mathrm{d}\boldsymbol{z}_3}{\mathrm{d}s} = \omega_i\boldsymbol{z}_i \times \boldsymbol{z}_3 = (\omega_1\boldsymbol{z}_1 + \omega_2\boldsymbol{z}_2 + \omega_3\boldsymbol{z}_3) \times \boldsymbol{z}_3 = \omega_2\boldsymbol{z}_1 - \omega_1\boldsymbol{z}_2 + \boldsymbol{0} \tag{8.7.61c}$$

下面给出$\frac{\mathrm{d}\boldsymbol{z}_j}{\mathrm{d}s}$的表达式，并通过与式(8.7.61)比较，确定 ω_i。利用式(8.5.7)和式(8.7.47)，可得

$$\frac{\mathrm{d}\boldsymbol{z}_1}{\mathrm{d}s} = \frac{\mathrm{d}\boldsymbol{t}}{\mathrm{d}s} = \kappa\boldsymbol{n} = \kappa\cos\theta\boldsymbol{e}^{\mathrm{I}} + \kappa\sin\theta\boldsymbol{e}^{\mathrm{II}} = \kappa\cos\theta\,\boldsymbol{z}_2 + \kappa\sin\theta\boldsymbol{z}_3 \tag{8.7.62}$$

利用式(8.7.54)、式(8.7.55)、式(8.7.51a)、式(8.5.12)和式(8.5.14)，可得

$$\begin{aligned}
\frac{\mathrm{d}\boldsymbol{z}_2}{\mathrm{d}s} &= \frac{\mathrm{d}\boldsymbol{e}^{\mathrm{I}}}{\mathrm{d}s} = \frac{\mathrm{d}}{\mathrm{d}s}(\boldsymbol{n}\cos\theta - \boldsymbol{b}\sin\theta) \\
&= \frac{\mathrm{d}\boldsymbol{n}}{\mathrm{d}s}\cos\theta + \boldsymbol{n}\frac{\mathrm{d}\cos\theta}{\mathrm{d}s} - \frac{\mathrm{d}\boldsymbol{b}}{\mathrm{d}s}\sin\theta - \boldsymbol{b}\frac{\mathrm{d}\sin\theta}{\mathrm{d}s} \\
&= \cos\theta\frac{\mathrm{d}\boldsymbol{n}}{\mathrm{d}s} - \tau\sin\theta\boldsymbol{n} - \frac{\mathrm{d}\boldsymbol{b}}{\mathrm{d}s}\sin\theta - \tau\cos\theta\boldsymbol{b} \\
&= \cos\theta(-\kappa\boldsymbol{t} + \tau\boldsymbol{b}) + \tau\sin\theta\boldsymbol{n} - \tau\boldsymbol{e}^{\mathrm{II}} \\
&= -\kappa\cos\theta\boldsymbol{t} + \tau\cos\theta\boldsymbol{b} + \tau\sin\theta\boldsymbol{n} - \tau\boldsymbol{e}^{\mathrm{II}} \\
&= -\kappa\cos\theta\boldsymbol{t} = -\kappa\cos\theta\boldsymbol{z}_1
\end{aligned} \tag{8.7.63}$$

$$\begin{aligned}\frac{\mathrm{d}z_3}{\mathrm{d}s} &= \frac{\mathrm{d}\boldsymbol{e}^{\mathrm{II}}}{\mathrm{d}s} = \frac{\mathrm{d}}{\mathrm{d}s}(\boldsymbol{n}\sin\theta + \boldsymbol{b}\cos\theta)\\ &= \frac{\mathrm{d}\boldsymbol{n}}{\mathrm{d}s}\sin\theta + \boldsymbol{n}\frac{\mathrm{d}\sin\theta}{\mathrm{d}s} + \frac{\mathrm{d}\boldsymbol{b}}{\mathrm{d}s}\cos\theta + \boldsymbol{b}\frac{\mathrm{d}\cos\theta}{\mathrm{d}s}\\ &= \sin\theta\frac{\mathrm{d}\boldsymbol{n}}{\mathrm{d}s} + \tau\boldsymbol{n}\cos\theta - \tau\boldsymbol{n}\cos\theta - \boldsymbol{b}\sin\theta\tau\\ &= \sin\theta(-\kappa\boldsymbol{t} + \tau\boldsymbol{b}) + \boldsymbol{e}^{\mathrm{I}}\tau - \tau\boldsymbol{n}\cos\theta\\ &= -\kappa\sin\theta\boldsymbol{t} - \boldsymbol{e}^{\mathrm{I}}\tau + \boldsymbol{e}^{\mathrm{I}}\tau\\ &= -\kappa\sin\theta\boldsymbol{t} = -\kappa\sin\theta z_1\end{aligned}\tag{8.7.64}$$

将式(8.7.62)~式(8.7.64)与式(8.7.61)作对比，得到

$$\omega_1 = 0;\quad \omega_2 = -\kappa\sin\theta;\quad \omega_3 = \kappa\cos\theta\tag{8.7.65}$$

再由式(8.7.58)和式(8.7.48)，得

$$\begin{aligned}\boldsymbol{\omega} &= \omega_1 z_1 + \omega_2 z_2 + \omega_3 z_3 = -\kappa\sin\theta z_2 + \kappa\cos\theta z_3\\ &= \kappa(-\sin\theta\boldsymbol{e}^{\mathrm{I}} + \cos\theta\boldsymbol{e}^{\mathrm{II}}) = \kappa\boldsymbol{b}\end{aligned}\tag{8.7.66}$$

式(8.7.66)有重要的含义，因为

$$\boldsymbol{\omega}\cdot\boldsymbol{t} = \kappa\boldsymbol{b}\cdot\boldsymbol{t} = 0\tag{8.7.67}$$

说明偏振三面体标架不围绕射线旋转[见式(8.5.21)后面的讨论]。为了对此结果有更好的理解，式(8.7.51a)给出了偏振三面体标架围绕弗莱纳活动标架旋转的速率，而后者围绕射线以同样的速率旋转，但方向相反，这可由式(8.5.12)(即 $\mathrm{d}\boldsymbol{b}/\mathrm{d}s = -\tau\boldsymbol{n}$)以及对挠率的几何解释进行说明。结论是：偏振三面体围绕射线的旋转速率是零。

8.7.3 弹性参数不连续的影响

由 8.3 节可知，在各向同性介质中 P 波和 S 波各自满足独立的程函方程。这表明两种类型的波是解耦的，可以分别独立地处理。只要速度(或者 ρ、λ 和 μ)的变化是光滑的，这个结论就成立。但是如果介质包含一阶不连续界面(即通过这些界面时，这些参数不连续)，那么射线理论将不再适用。还有，从第 6 章的讨论中我们可看到，P 波和 S 波在不连续面上将发生相互作用，生成反射或透射的 P 波和 S 波。而且由于涉及的界面可以弯曲，所以涉及的波不一定是平面波。这些问题该如何处理？答案是，在射线理论零阶近似的情况下，在射线与界面交点处，波可以看成平面波，曲面可以用切平面来代替(Cerveny 等，1977；Cerveny 和 Ravindra，1971)。对问题的分析与第 5 章和第 6 章中对 P 波、SV 波和 SH 波进行的分析类似，Cerveny 和 Ravindra(1971)对此有详细的描述，现将他们分析的要点总结如下。

入射平面(见 5.8.4 小节)和局部直角坐标系的定义为：入射平面是由射线与界面交点处界面的法线和射线的切线所确定的平面；局部坐标系的坐标原点为射线与界面的交点，z 轴为界面的法线，x 轴在入射面内并垂直于 z 轴，选取 y 轴使得 x 轴、y 轴和 z 轴形成右手坐标系。y 轴等价于图 5.3 中的 x_2 轴，两者的主要差别是，此时的 y 轴不一定水平，因为不连续分界面不一定水平。还应注意，因为射线可以不是一条平面曲线，所以可能只有射线的一部分位于入射平面内。为了解决这个问题，必须写出入射波、反射波和透射波的射线解，并且利用 6.3 节中所讨论的边界条件。三个单位矢量定义为：$\boldsymbol{n}_{\mathrm{P}}$，既等于 $\boldsymbol{t}$[见式(8.5.4)]，也等价于式(5.8.52)引入的矢量 $\boldsymbol{p}$；$\boldsymbol{n}_{\mathrm{SV}}$，垂直

于 $\boldsymbol{n}_P$ 并位于入射平面内；$\boldsymbol{n}_{SH}$，等价于式(5.8.55)中的 $\boldsymbol{a}_2$。最后，S 波矢量被分解为类似于5.8.4小节中定义的SV波和SH波分量，虽然SV波和SH波分量不一定分别位于垂直面内和沿着水平轴。在这些定义和约定的条件下，Cerveny 和 Ravindra(1971)的分析结果是对于取零阶近似的反射和透射系数方程与第6章中导出的佐普里茨方程一致。除此之外，斯奈尔定律也成立。因为在进行射线追踪时，S 波矢量是用矢量 $\boldsymbol{e}^{\mathrm{I}}$ 和 $\boldsymbol{e}^{\mathrm{II}}$(或 $\boldsymbol{b}$ 和 $\boldsymbol{n}$)写出，它们与 $\boldsymbol{n}_{SV}$ 和 $\boldsymbol{n}_{SH}$ 处在同样的平面内，所以在应用佐普里茨方程之前，需要进行坐标系旋转。

8.8 例子

本节将举两个例子。第一个例子是分析法线入射到半空间之上的一个覆盖层内的SH波。这个问题，在6.9.1.2小节中已用波动理论讨论过，这里将表明，用更简单的射线理论也会得到类似的结果。第二个例子是对简单的一维模型用射线理论来生成合成地震记录，从而阐明射线方法及波传播的某些特征。

8.8.1 法线入射到半空间之上一个覆盖层内的SH波

下面的讨论基于萨瓦林斯基(Savarenskii，1975)的研究工作。设覆盖层厚度为 H，覆盖层地震波的速度和密度分别是 β' 和 ρ'，一平面波沿层面的法线方向从半空间入射到覆盖层的底面(见图6.11)。设 $f(t)$ 表示波的时间函数，$|f(\omega)|$ 是 $f(t)$ 谐波分量的振幅[由 $f(t)$ 的傅里叶变换得到]。透过覆盖层底面到覆盖层内的射线振幅为 $|f(\omega)|c_t$，其中 c_t 是透射系数，它可以由式(6.6.9)当取 $C=1$ 和 $f=0$ 时得到。设半空间的速度和密度分别是 β 和 ρ，则透射系数 c_t 为

$$c_t=\frac{2\mu\beta'}{\mu\beta'+\mu'\beta}=\frac{2\rho\beta^2\beta'}{\rho\beta^2\beta'+\rho'\beta'^2\beta}=\frac{2\rho\beta}{\rho\beta+\rho'\beta'} \tag{8.8.1}$$

射线到达覆盖层顶面时，以振幅不变的形式返回层内并向下传播，直到它遇到覆盖层底面，再从底面反射，此时射线方向向上。反射使得射线振幅变成 $|f(\omega)|c_tc_r'$，其中 c_r' 是反射系数。由式(6.6.6)可确定 c_r'，但此时的入射介质和透射介质分别是覆盖层和半空间，为此必须先交换 ρ 和 ρ' 以及 β 和 β'，求得从覆盖层透射到半空间的透射系数 c_t'，再求得反射系数 c_r'，即

$$c'_t=\frac{2\rho'\beta'}{\rho\beta+\rho'\beta'} \tag{8.8.2}$$

根据假设 $C=1$，得

$$c'_r=C=c'_t-1=\frac{\rho'\beta'-\rho\beta}{\rho\beta+\rho'\beta'} \tag{8.8.3}$$

注意，$|c_r'|<1$ 以及当 $\rho'\beta'<\rho\beta$ 时，$c_r'<0$。射线在覆盖层的顶面和底面之间这样来回反射的模式不断重复，每一次从底面上反射时，射线振幅都要乘以 c_r'。因为 $|c_r'|<1$，所以经多次反射之后，射线的振幅就可以忽略不计了。

到此为止，我们只考虑了射线振幅。为了说明它们的相位，这里取入射波到达覆盖层底面的时间为时间零点。按照这个约定，透射射线和相继的反射射线将按照 H/β'、

$3H/\beta'$、$5H/\beta'$等倍数时间到达覆盖层的顶面。因为在时域的时移 t_0 对应于频域的相移 $\exp(-\omega t_0)$，所以面位移(即覆盖层顶面的位移)将由下面的无穷级数给出，即

$$\begin{aligned} v_0(\omega) &= 2|f(\omega)|c_t\left(e^{-i\theta} + c'_r e^{-i3\theta} + c'^2_r e^{-i5\theta} + \cdots + c'^n_r e^{-i(2n+1)\theta} + \cdots\right) \\ &= |f(\omega)|2c_t e^{-i\theta}\sum_{n=0}^{+\infty}(c'_r e^{-i2\theta})^n \end{aligned} \tag{8.8.4}$$

式中

$$\theta = \frac{H\omega}{\beta'} \tag{8.8.5}$$

式(8.8.4)中的因子 2 是指面位移为入射波位移的 2 倍(见 6.5.1 小节)。注意，θ 的表达式与由式(6.9.16a)和式(6.9.28a)对于法线入射情况所得出的表达式相同。式(8.8.4)中最右边的因子是一个几何级数，其和等于

$$\sum_{n=0}^{\infty}(c'_r e^{-i2\theta})^n = -\frac{1}{1 - c'_r e^{-i2\theta}} \tag{8.8.6}$$

将式(8.8.1)、式(8.8.3)和式(8.8.6)代入式(8.8.4)，得出面位移为

$$\begin{aligned} v_0(\omega) &= |f(\omega)|2c_t e^{-i\theta}\left(\frac{1}{1 - c'_r e^{-i2\theta}}\right) = |f(\omega)|2\frac{2\rho\beta}{\rho\beta + \rho'\beta'}\frac{1}{e^{i\theta}}\frac{1}{1 - \dfrac{\rho'\beta' - \rho\beta}{\rho\beta + \rho'\beta'}e^{-i2\theta}} \\ &= \frac{4\rho\beta|f(\omega)|}{e^{i\theta}[\rho\beta + \rho'\beta' - (\rho'\beta' - \rho\beta)e^{-i2\theta}]} = \frac{4\rho\beta|f(\omega)|}{(\rho\beta + \rho'\beta')e^{i\theta} - (\rho'\beta' - \rho\beta)e^{-i\theta}} \\ &= \frac{4\rho\beta|f(\omega)|}{2\rho\beta\cos\theta + 2i\rho'\beta'\sin\theta} = \frac{2|f(\omega)|}{\cos\theta + iR\sin\theta} \end{aligned} \tag{8.8.7}$$

式中

$$R = \frac{\rho'\beta'}{\rho\beta} \tag{8.8.8}$$

为了方便，将 $v_0(\omega)$除以$|f(\omega)|$得到规一化的面位移 $\tilde{v}_0(\omega)$，即

$$\tilde{v}_0(\omega) = \frac{v_0(\omega)}{|f(\omega)|} = \frac{2}{\cos\theta + iR\sin\theta} \tag{8.8.9}$$

比较式(8.8.9)与式(6.9.29)可知，除相位因子外，二者是相似的，所以可以利用 6.9.1 小节和 6.9.1.2 小节导出的结果。因而，$\tilde{v}_0(\omega)$的绝对值的最大值为

$$\max|\tilde{v}_0(\omega)| = \frac{2}{R} = \frac{2\rho\beta}{\rho'\beta'} \tag{8.8.10}$$

达到此最大值的点是下面周期性的点 T_m[即当式(8.8.5)中的 $\omega = 2\pi/T_m$ 时的 T_m]

$$T_m = \frac{4H}{(2m+1)\beta'},\quad m = 0,1,2,\cdots \tag{8.8.11}$$

覆盖层的存在使地面运动振幅放大了 A 倍，这里 A 为

$$A = \frac{\rho\beta}{\rho'\beta'} \tag{8.8.12}$$

为了利用这个简单模型比较射线理论得到的结果和波动理论得到的结果，从另一个不同的角度来探讨这个问题。如前所述，考虑函数$f(t)$及其振幅谱$|f(\omega)|$。设 ω_M 是$|f(\omega)|$取极大值时的 ω，T_m 是与 ω_M 对应的周期，由此定义另一个函数 $g(t)$，为

$$g(t) = c_t \sum_{n=0}^{N} c'^n_r f(t - nT) \tag{8.8.13a}$$

式中，c_t 和 c_r'的定义同前；N 取得足够大，使得求和式中第 N 项后面的项可以忽略；T 是$g(t)$的傅里叶振幅谱$|g(\omega)|$取极大值时所对应的时移。如果 T 等于 $2H/\beta'$，则式(8.8.13a)可看成式(8.8.4)除常数因子和相移以外截尾后的时域表示。$g(t)$的谱 $g(\omega)$可写为

$$g(\omega) = f(\omega)c_t\left(1 + c'_r e^{-i\omega T} + c'^2_r e^{-i\omega 2T} + \cdots + c'^N_r e^{-i\omega NT}\right)$$

$$= f(\omega)c_t \sum_{n=0}^{N} (c'_r e^{-i\omega T})^n = f(\omega)c_t \sum_{n=0}^{N} (c'_r e^{-i2\theta})^n \tag{8.8.13b}$$

另外，除常数因子外，式(8.8.13)也可以用波动理论方法得到(Murphy 等，1971)。

利用式(8.8.13a)进行问题的讨论时，所采用的波函数$f(t)$及其振幅谱$|f(\omega)|$如图 8.9 和图 8.10 所示，相关的模型参数为：$\beta' = 0.25$ km/s，$\rho' = 1.7$ g/cm³，$\beta = 3.5$ km/s，$\rho = 2.7$ g/cm³(图 6.12 也是用这组模型参数得到的)；层厚 H 先不考虑。由计算机搜索求出的时移 T，发现它等于 $T_M/2$。这个时移量使得组成式(8.8.13a)的改变极性的时移函数的干涉达到最大。这种干涉过程很容易定性地理解，因为函数$f(t)$非常简单，其时间宽度接近 T_M(等于 0.535s)。用 $T = T_M/2$ 得到的函数 $g(t)$和它的振幅谱$|g(\omega)|$也示于图 8.9 和图 8.10。比较两图可知，$g(t)$延续时间长，这是由于覆盖层地震波的低速引起。$g(t)$最大振幅大约比$f(t)$的最大振幅大 3.5 倍，如此大的放大倍数是由较大的c_r'和 c_t(分别为 −0.90 和 1.91)引起。在频率域$|g(\omega)|$最大值是$|f(\omega)|$最大值的 22.2 倍，此值等于由式(8.8.12)计算出的放大因子的值。另外，图 8.11 示出的是比值$|g(\omega)|/|f(\omega)|$的曲线，它在周期 $4H/\beta' = T_M$[由式(8.8.11)给出]处达到峰值，峰值也等于 22.2。

图 8.11 中的峰值与式(8.8.12)给出的预计的放大倍数一致。为了理解峰值的位置，注意，当 H 和 β 给定时，在由式(8.8.11)给出的周期点处，振幅将是优势振幅。在此例中，假设β'是已知的，H 是根据 $T_m = T_M$ 的要求并取 $m = 0$ 求出的。这里求出的 $H = 0.0335$ km。当在式(8.8.11)中用此 H 值时，则取 $m = 1,2,3,4$ 时计算出的 T_m 值与图 8.11 中取峰值对应的周期一致。

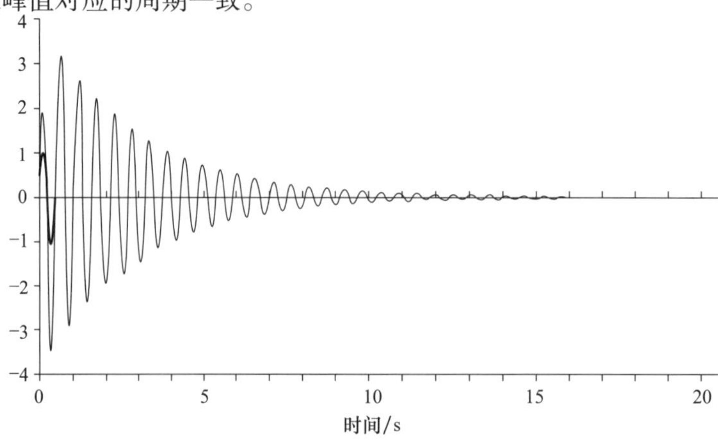

图 8.9　由射线理论合成的 SH 波记录图

图中示出了入射波函数$f(t)$(粗线)和由式(8.8.13a)得到的 SH 波函数 $g(t)$(细线)。

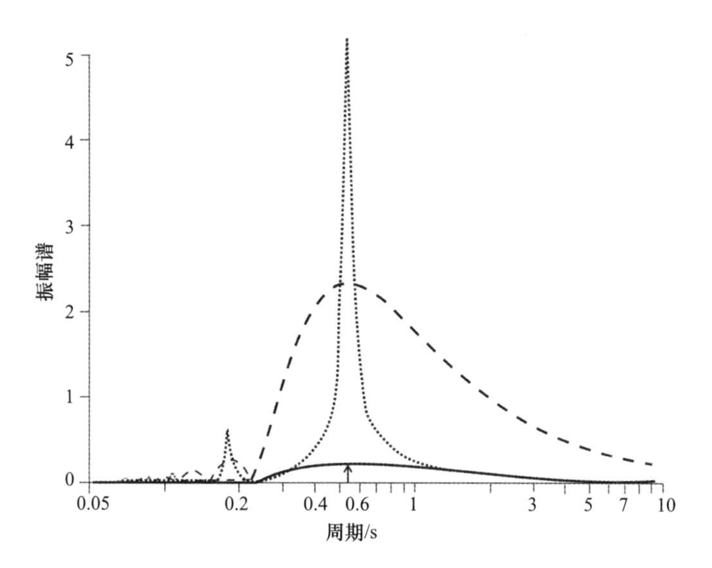

图 8.10　入射波函数及合成记录的振幅谱曲线图

图中示出了入射波函数 $f(t)$ 的振幅谱(粗实线)和合成记录 $g(t)$ 的振幅谱(细虚线)。清楚起见，将 $f(t)$ 的振幅谱扩大 10 倍后绘出(粗虚线)。箭头指示 $g(t)$ 的振幅谱取最大值时的周期位置。

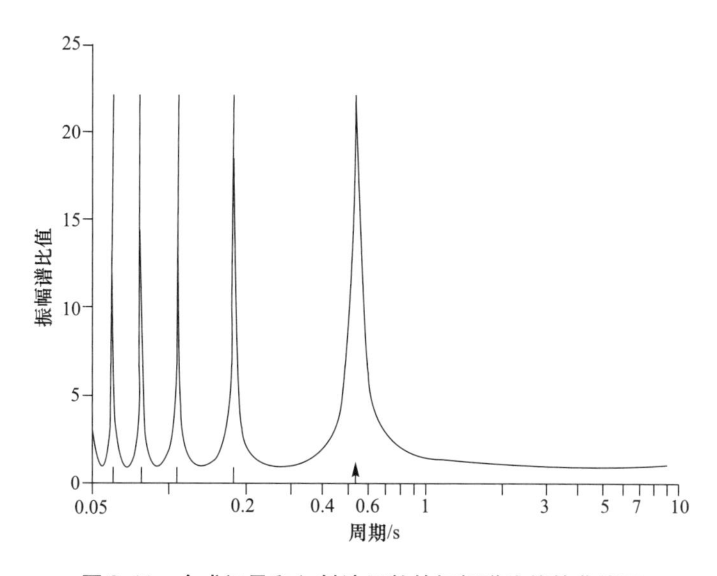

图 8.11　合成记录和入射波函数的振幅谱比值的曲线图

图中周期轴上方记号的含义为：箭头(对应于谱比值的峰值)指示周期 T_m 的位置，它是由式(8.8.11)当 $m=0$ 时计算得到的。短竖杠指示的是利用 $T_M/(2m+1)$ 当 $m=1,2,3,4$ 时确定的位置，它们与谱比值其他峰值的周期一致。

8.8.2 射线理论合成地震记录

用 Cerveny 和 Psencik 编写且由 Herrmann(1998)修改的程序 SEIS81 来合成地震记录。在这个程序中，射线追踪用的是试射法：从震源处发出的射线，其出射角不断变化，直至这条射线到达希望到达的接收点位置。该程序用于一个简单的模型，对应于半空间上有一常速的覆盖层(见图 8.12)，模型参数是：$H=3$ km，$\alpha'=4$ km/s，$\beta'=2.3$ km/s，$\rho'=2.2$ g/cm^3，$\alpha=5.5$ km/s，$\beta=3.2$ km/s，$\rho=2.6$ g/cm^3。

震源和接收器都位于地表。震源产生 P 波和 S 波，地层界面上可生成多个转换的和不转换的反射波，但为了简便，在这个例子中，只考虑震源生成的 P 波和层面一次反射的 P 波和 S 波。射线轨迹示于图 8.12。地面位移的垂直分量和水平分量示于图 8.13。为了比较，图 8.13 中还示出了 P 波反射预计的波至时间(见问题 8.16)。分析合成地震记录，可注意到下面一些特征。特征之一，波的脉冲形状的变化是距离的函数。对于 P 波，距离为 -6 ~6 km；对于 S 波，距离为 -4 ~4km，波的脉冲形状与震源处生成的脉冲形状类似。而在其他距离处，脉冲形状是震源脉冲及其希尔伯特变换的组合，它是由于入射角大于临界角引起的，这可从 6.5.3.3 小节中类似的讨论中看到。在此例中，有两个可能的临界角：一个是 P 波入射到层底面(等于 46.7°)；另一个是 S 波入射到自由表面(等于 35.1°)。相应的临界距离分别为 6.4 km 和 4.2 km，这与在合成地震记录中观察到的情况一致。第二个特征是在距离大于临界距离处 P 波比其预计的时间先到达。这种非因果的现象是射线理论固有的，因为希尔伯特变换即使作用于因果函数，其结果一般也是非因果的(Cerveny，2001)。最后，振幅的变化是距离的函数，当接近但未超过临界距离时有最大振幅，并且 P 波的水平分量有较大的振幅。

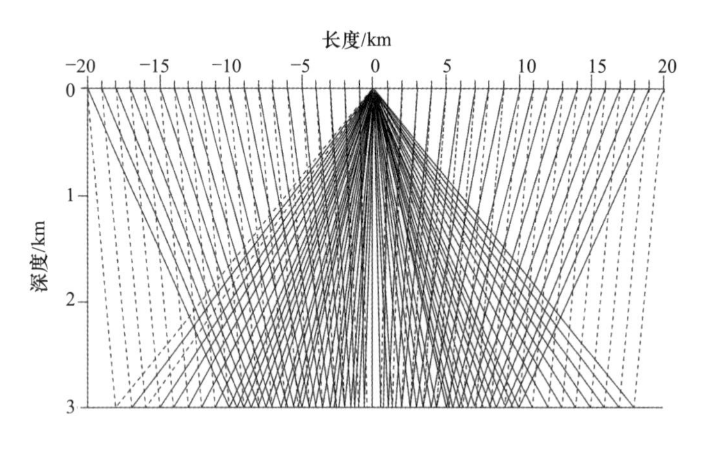

图 8.12 反射 P 波和反射 S 波的射线路径图

图中给出对应水平均匀地层的反射 P 波(实线)和反射 S 波(虚线)的射线路径。在层内，P 波和 S 波速度分别是 4.0 km/s 和 2.3 km/s；在半空间里，P 波速度和 S 波速度分别是 5.5 km/s 和 3.2 km/s。

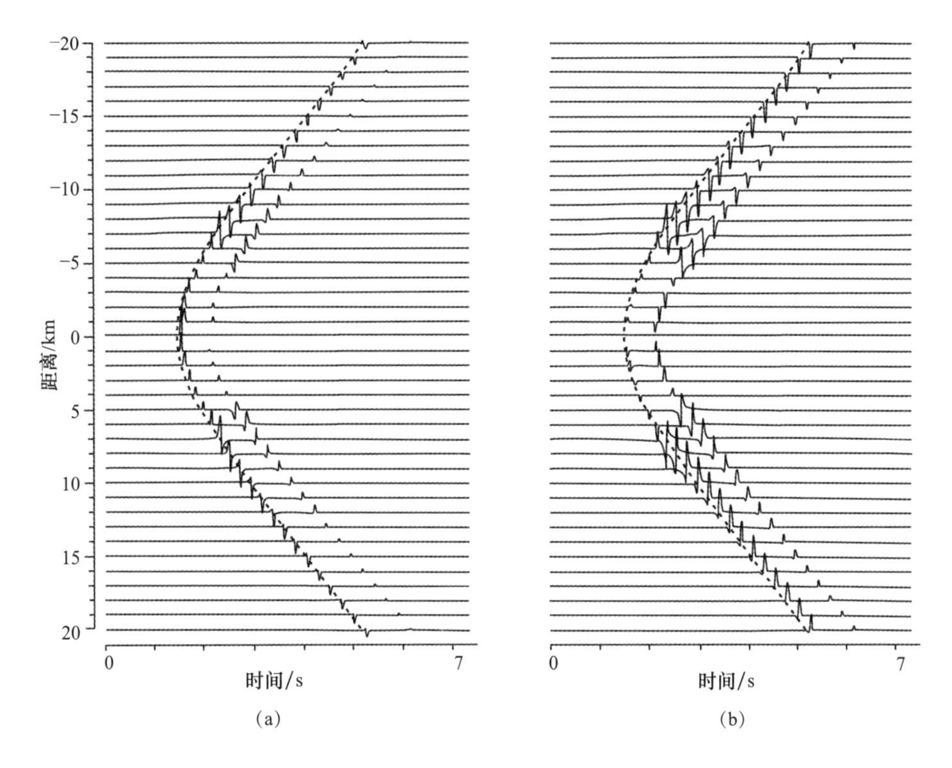

图8.13 与图8.12所示射线对应的理论合成地震记录图

图中的虚线示出预计的P波波至时间(见问题8.16)。计算中使用了Cerveny和Psencik编写并经Herrmann(1998)修改的射线追踪程序包SEIS81。

(a)P波和S波的垂直分量;(b)P波和S波的水平分量

问　题

8.1　验证式(8.3.8)。

8.2　证明式(8.3.12)中的矩阵$\boldsymbol{\Gamma}$是对称矩阵。

8.3　验证式(8.3.16)中的第一个等式。

8.4　验证式(8.5.6)。

8.5　参照图8.2,证明当Δs趋于0时,$\Delta\theta$趋近$|\Delta \boldsymbol{t}|$。

8.6　利用式(8.5.7),证明曲率为零的曲线是直线。

8.7　证明挠率为零的曲线在平面内。

8.8　(a)证明由($a\cos u, a\sin u, bu$)定义的螺旋线的曲率和挠率分别为

$$\kappa = \frac{a}{a^2 + b^2};\quad \tau = \frac{b}{a^2 + b^2}$$

其中,a和b为非零常数,且$a>0$,从而根据b的正负,螺旋线要么是右手螺旋线,要么是左手螺旋线。

(b)证明由($a\cos u$, $-a\sin u, bu$) 定义的螺旋线是左手螺旋线，其中，a 和 b 为正常数。

8.9　验证式(8.5.16)。

8.10　考虑常速度介质中的球面波。利用式(8.7.10)，证明振幅比值 A_1/A_0 等于 r_0/r_1，这里 r 指的是离原点的距离(Whitham，1974)。

8.11　证明式(8.7.18)中左边括号中的两项是相等的。

8.12　参照 8.7.1 小节，证明 $\frac{\mathrm{d}A}{\mathrm{d}t}+\frac{1}{2}Ac^2\nabla^2 T=0$，并与式(8.7.26)进行比较。

8.13　验证式(8.7.43)。

8.14　验证式(8.7.53)。

8.15　验证式(8.7.54)和式(8.7.55)。

8.16　参照图 8.12。设 x 为水平距离(从震源位置开始测量的)，H 为地层的厚度，α 为 P 波速度。证明一次反射 P 波的旅行时满足下面的方程，即

$$t^2=\frac{x^2}{\alpha^2}+t_0^2$$

这里，$t_0=2H/\alpha$。

第 9 章　无限均匀介质中的地震点震源

9.1　引言

前几章已经研究了不考虑波源的平面波的传播，虽然所用研究方法很有成效，但还没有研究由天然的或人工的地震震源生成的波。大地震是最重要的天然地震震源；对天然地震震源生成的波的研究在调查地球内部结构和天然地震震源的性质方面起主要作用，它将是第 10 章的主题。但是为了能对震源问题进行分析，我们必须先从简单问题开始，这就是本章所要讨论的。

最简单的震源问题是空间某点沿某一坐标轴方向的集中力(或点源)问题。但是，即使在集中力情况下，弹性波动方程的求解也是一个有数学背景的相当复杂的任务。下文将会展现出这些数学背景。本章从带有震源项的标量波动方程出发，首先针对脉冲源求解，此问题的解就是大家熟知的格林函数。然后，应用在 5.6 节讨论过的赫姆霍兹分解定理，把弹性波方程的求解问题转化为两个简单方程的求解问题。在这两步骤之后，再加上其他一些辅助工作，集中力源问题就可求解了。而后，相对容易做的，就是研究大小相等、方向相反、作用点之间距离很小的一对平行力源问题。这种组合力源极其重要，并因为它引入了矩张量的概念，在理论上起着重要的基础性作用，因而需要对其进行相当详细的研究。

求解这些弹性波问题，可得到描述介质位移的矢量解，但这并不意味着问题分析的结束。在各种情况下，都必须研究解的性质，考虑运动的类型(如 P 波运动还是 S 波运动)，考虑解对距离的依赖性(如近场、远场)以及解的方向性(如辐射花样等)，这些问题下面也将进行详细讨论。

9.2　带有震源项的标量波动方程

带有震源项的标量波动方程为

$$\frac{\partial^2 \psi(\boldsymbol{x},t)}{\partial t^2} = c^2 \nabla^2 \psi(\boldsymbol{x},t) + F(\boldsymbol{x},t) \tag{9.2.1}$$

式中，速度 c 是常数；$F(\boldsymbol{x},t)$ 是震源项。这个方程可分为两步求解。

(1)脉冲震源，此时

$$F(\boldsymbol{x},t) = \delta(\boldsymbol{x}-\boldsymbol{\xi})\delta(t-t_0) \tag{9.2.2}$$

其中，在笛卡儿坐标系下，有

$$\delta(\boldsymbol{x}-\boldsymbol{\xi}) = \delta(x_1-\xi_1)\delta(x_2-\xi_2)\delta(x_3-\xi_3) \tag{9.2.3}$$

式(9.2.2)表示 t_0 时刻作用在 $\boldsymbol{\xi}$ 点(见图 9.1)上的集中力。在这些条件下，满足式(9.2.1)的函数 $\boldsymbol{\psi}$ 被称为此波动方程的格林函数，并用 $G(\boldsymbol{x},t;\boldsymbol{\xi},t_0)$ 表示。

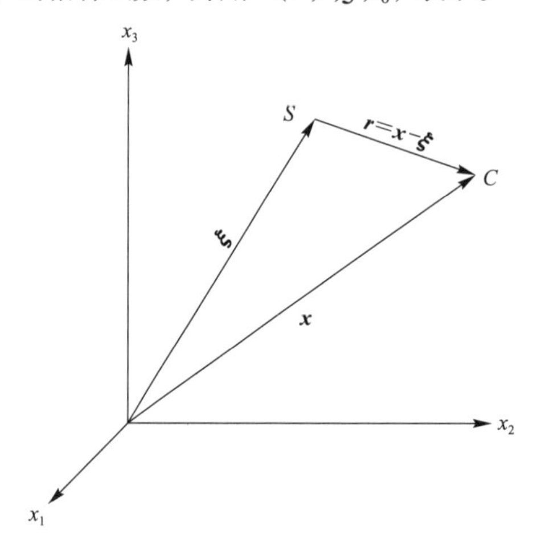

图 9.1　用于求解具有集中力源的标量波动方程的几何关系图

图中，S 和 C 分别表示震源和接收点的位置。

此时，式(9.2.1)变为

$$\frac{\partial^2 G}{\partial t^2} = c^2 \nabla^2 G + \delta(\boldsymbol{x}-\boldsymbol{\xi})\delta(t-t_0) \tag{9.2.4}$$

为了满足因果律(即在震源作用之前，波不存在)，须附加一个条件：当 $t<t_0$ 时，$G=0$。如附录 C 所示，式(9.2.4)的解为

$$G(\boldsymbol{x},t;\boldsymbol{\xi},t_0) = \frac{1}{4\pi cr}\delta[r-c(t-t_0)] \tag{9.2.5}$$

其中

$$r = |\boldsymbol{x}-\boldsymbol{\xi}| = [(x_1-\xi_1)^2+(x_2-\xi_2)^2+(x_3-\xi_3)^2]^{1/2} \tag{9.2.6}$$

式(9.2.5)表示球心在 $\boldsymbol{\xi}$ 点处的球面波以速度 c 向外传播，波的振幅与距离 r 成反比。注意，因为仅当自变量等于零时 δ 才取非零值，因此对于点 $\boldsymbol{x}$ 仅当其满足 $r=c(t-t_0)$ 时才受到震源的影响。还应注意，G 经由 $t-t_0$ 依赖于 t 和 t_0，$t-t_0$ 通常也被称为延迟时间。这说明时间轴的变换不会影响格林函数。

δ 函数的一般性质

$$\delta(\boldsymbol{x}-\boldsymbol{\xi}) = \delta(\boldsymbol{\xi}-\boldsymbol{x}) \tag{9.2.7a}$$

$$\delta(c\boldsymbol{x}) = \frac{1}{c}\delta(\boldsymbol{x}) \tag{9.2.7b}$$

式(9.2.7a)成立，是由于 δ 函数为偶函数(见附录 A)；式(9.2.7b)成立，见问题 9.1。据此，可将格林函数重写为

$$G(\boldsymbol{x},t;\boldsymbol{\xi},t_0) = \frac{1}{4\pi c^2 r}\delta\left(t-t_0-\frac{r}{c}\right) \tag{9.2.8}$$

(2)对于任意源，设

$$F(\boldsymbol{x},t) = \frac{1}{\rho}\Phi(\boldsymbol{x},t) \tag{9.2.9}$$

式中，ρ 是为后面要用到而引入的常数，$\Phi(\boldsymbol{x},t)$ 是空间变量和时间变量的函数。此时波动方程式(9.2.1)变为

$$\frac{\partial^2\psi(\boldsymbol{x},t)}{\partial t^2} = \ddot{\psi}(\boldsymbol{x},t) = c^2\nabla^2\psi(\boldsymbol{x},t) + \frac{1}{\rho}\Phi(\boldsymbol{x},t) \tag{9.2.10}$$

此方程的解 ψ 可用式(9.2.5)表示的格林函数写出。在无限介质和零初始条件下，这意味着在 $t=0$ 时，ψ 及其对时间的导数为零，ψ 可表示为(Haberman，1983；Morse 和 Feshbach，1953)

$$\begin{aligned}\psi(\boldsymbol{x},t) &= \frac{1}{\rho}\int_0^{t^+}\mathrm{d}t_0\int_V G(\boldsymbol{x},t;\boldsymbol{\xi},t_0)\Phi(\boldsymbol{\xi},t_0)\mathrm{d}V_\xi \\ &= \frac{1}{4\pi c\rho}\int_0^{t^+}\mathrm{d}t_0\int_V \frac{1}{r}\delta[r - c(t-t_0)]\Phi(\boldsymbol{\xi},t_0)\mathrm{d}V_\xi\end{aligned} \tag{9.2.11}$$

时间 t^+ 等于 $t+\delta t$，δt 为任意小量。空间积分必须在被积函数为非零值的体积 V 上进行。这里体积元下面的下标表示积分变量(下同)，因此，$\mathrm{d}V_\xi=\mathrm{d}\xi_1\mathrm{d}\xi_2\mathrm{d}\xi_3$。注意，式(9.2.11)中的第一个等式可解释为分布点源产生波场的叠加，每个点源的振幅为 $\Phi(\boldsymbol{x},t)/\rho$ 。

式(9.2.11)中 δ 函数的存在，使得对于时间的积分容易进行，一般有(见问题9.2)

$$\int_{-\infty}^{+\infty}\delta[s-(t-\tau)]f(s)\mathrm{d}s = f(t-\tau) \tag{9.2.12}$$

另外，式(9.2.11)中的 δ 函数可写为(见问题9.3)

$$\delta[r - c(t-t_0)] = \frac{1}{c}\delta[t_0 - (t - r/c)] \tag{9.2.13}$$

利用式(9.2.12)和式(9.2.13)，可将式(9.2.11)变为

$$\psi(\boldsymbol{x},t) = \frac{1}{4\pi c^2\rho}\int_V\frac{\Phi(\boldsymbol{\xi},t-r/c)}{r}\mathrm{d}V_\xi = \frac{1}{4\pi c^2\rho}\int_V\frac{\Phi(\boldsymbol{\xi},t-|\boldsymbol{x}-\boldsymbol{\xi}|/c)}{|\boldsymbol{x}-\boldsymbol{\xi}|}\mathrm{d}V_\xi \tag{9.2.14}$$

这个解有两方面需要注意。第一，因假设当 $t<0$ 时，$\Phi(\boldsymbol{x},t)$ 为零，所以当 $t-r/c\geqslant 0$ 或 $r=|\boldsymbol{x}-\boldsymbol{\xi}|\leqslant ct$ 时，$\Phi(\boldsymbol{\xi},t-r/c)\neq 0$，因此由 $r=|\boldsymbol{x}-\boldsymbol{\xi}|\leqslant ct$ 确定的中心在 $\boldsymbol{x}$ 处的球体就是积分体积 V。第二，ψ 在某个特定时间的值涉及对应于更早时间 $(t-r/c)$ 的点源的分布，因此，解 $\psi(\boldsymbol{x},t)$ 称为推迟解(或推迟势)。

9.3　矢量场的赫姆霍兹分解

设 $\boldsymbol{Z}(\boldsymbol{x})$ 是一个矢量场，则存在一个标量场 $V(\boldsymbol{x})$ 和一个矢量场 $\boldsymbol{Y}(\boldsymbol{x})$，分别称作标量位和矢量位，它们与 $\boldsymbol{Z}(\boldsymbol{x})$ 的关系为

$$\boldsymbol{Z} = \nabla V + \nabla\times\boldsymbol{Y};\quad \nabla\cdot\boldsymbol{Y} = 0 \tag{9.3.1}$$

为了证明此关系式，运用矢量泊松方程，即

$$\nabla^2\boldsymbol{W}(\boldsymbol{x}) = \boldsymbol{Z}(\boldsymbol{x}) \tag{9.3.2}$$

及矢量拉普拉斯算子的定义[见式(1.4.53)]，得

$$\nabla^2 \boldsymbol{W} = \nabla(\nabla\cdot \boldsymbol{W}) - \nabla\times(\nabla\times \boldsymbol{W}) \equiv \nabla V + \nabla\times \boldsymbol{Y} \tag{9.3.3}$$

并有

$$V = \nabla\cdot \boldsymbol{W} \tag{9.3.4a}$$

$$\boldsymbol{Y} = -\nabla\times \boldsymbol{W} \tag{9.3.4b}$$

$$\nabla\cdot \boldsymbol{Y} = -\nabla\cdot(\nabla\times \boldsymbol{W}) = 0 \tag{9.3.5}$$

式(9.3.5)对应于矢量场的一般性质(见1.4.5小节)。

式(9.3.4)表明，当已知 $\boldsymbol{W}$ 时，可求解标量场 V 和矢量场 $\boldsymbol{Y}$。为了实现这种分解，必须求解式(9.3.2)。式(9.3.2)在笛卡儿坐标系下可以写为三个标量泊松方程。这三个标量方程或者可以由Haberman的第一原理求解(Haberman，1983)，或者可以通过消除式(9.2.14)中的时间依赖关系求解，此时取 $c=\rho=1$，可得

$$\boldsymbol{W}(\boldsymbol{x}) = -\frac{1}{4\pi}\int_V \frac{\boldsymbol{Z}(\boldsymbol{\xi})}{r}\mathrm{d}V_\xi = -\frac{1}{4\pi}\int_V \frac{\boldsymbol{Z}(\boldsymbol{\xi})}{|\boldsymbol{x}-\boldsymbol{\xi}|}\mathrm{d}V_\xi \tag{9.3.6}$$

式中，负号是泊松方程中震源函数 $\boldsymbol{Z}$ 和 $\nabla^2\boldsymbol{W}$ 分别在等号两边引起的。

这种赫姆霍兹分解的表示式忽略了两个重要的事实。其一，在这里给出的推导对于有限体积是成立的。而对于无限空间，还必须满足下列条件，即如果用 s 表示到原点的距离，那么 $|\boldsymbol{Z}|$ 必须至少以 k/s^2 一样的速度趋于零，其中 k 为常数。其二，$\boldsymbol{W}$ 必须满足某些连续条件及可微条件。在Achenbach(1973)和Miklowitz(1984)的文献中给出了更多的细节，读者可以参考。

9.4 弹性波方程的拉梅解

以单位体积力 $\boldsymbol{f}$ 作为震源项的弹性波动方程[见式(4.8.2)和式(4.8.3)]为

$$\rho\ddot{\boldsymbol{u}} = (\lambda+2\mu)\nabla(\nabla\cdot \boldsymbol{u}) - \mu\nabla\times(\nabla\times \boldsymbol{u}) + \boldsymbol{f} \tag{9.4.1}$$

这里将证明式(9.4.1)的位移解有以下形式

$$\boldsymbol{u}(\boldsymbol{x},t) = \nabla\phi(\boldsymbol{x},t) + \nabla\times \boldsymbol{\psi}(\boldsymbol{x},t) \tag{9.4.2}$$

且 ϕ 和 $\boldsymbol{\psi}$ 满足下列方程

$$\ddot{\phi} = \alpha^2\nabla^2\phi + \frac{1}{\rho}\Phi \tag{9.4.3a}$$

$$\alpha^2 = \frac{\lambda+2\mu}{\rho} \tag{9.4.3b}$$

$$\ddot{\boldsymbol{\psi}} = \beta^2\nabla^2\boldsymbol{\psi} + \frac{1}{\rho}\boldsymbol{\Psi} \tag{9.4.4a}$$

$$\beta^2 = \frac{\mu}{\rho} \tag{9.4.4b}$$

$$\nabla\cdot\boldsymbol{\psi} = 0 \tag{9.4.5}$$

式中，α 和 β 分别是由式(4.8.5a)、式(4.8.5b)引入的纵波和横波速度。

当 $\boldsymbol{f}=\boldsymbol{0}$ 时，式(9.4.1)的解由拉梅在1852年给出(Miklowitz，1984)。下面的证明

是基于 Achenbach（1973）的文献给出的。设 $\boldsymbol{u}(\boldsymbol{x},0)$ 和 $\dot{\boldsymbol{u}}(\boldsymbol{x},0)$ 分别表示初始位移和初始位移速度，将这些初始条件和力 $\boldsymbol{f}$ 运用赫姆霍兹分解定理重新写为

$$\dot{\boldsymbol{u}}(\boldsymbol{x},0) = \nabla A + \nabla\times\boldsymbol{B} \tag{9.4.6}$$

$$\boldsymbol{u}(\boldsymbol{x},0) = \nabla C + \nabla\times\boldsymbol{D} \tag{9.4.7}$$

$$\boldsymbol{f} = \nabla\Phi + \nabla\times\boldsymbol{\Psi} \tag{9.4.8}$$

并且

$$\nabla\cdot\boldsymbol{B} = 0;\quad \nabla\cdot\boldsymbol{D} = 0;\quad \nabla\cdot\boldsymbol{\Psi} = 0 \tag{9.4.9}$$

将式(9.4.1)重写为

$$\ddot{\boldsymbol{u}} = \alpha^2\nabla(\nabla\cdot\boldsymbol{u}) - \beta^2\nabla\times(\nabla\times\boldsymbol{u}) + \frac{1}{\rho}\boldsymbol{f} \tag{9.4.10}$$

对式(9.4.10)关于时间积分两次，得到

$$\begin{aligned}\boldsymbol{u} = {} & \alpha^2\nabla\int_0^t \mathrm{d}\tau\int_0^\tau(\nabla\cdot\boldsymbol{u})\mathrm{d}s - \beta^2\nabla\times\int_0^t\mathrm{d}\tau\int_0^\tau(\nabla\times\boldsymbol{u})\mathrm{d}s + \\ & \int_0^t\mathrm{d}\tau\int_0^\tau\frac{1}{\rho}\boldsymbol{f}\mathrm{d}s + t\dot{\boldsymbol{u}}(\boldsymbol{x},0) + \boldsymbol{u}(\boldsymbol{x},0)\end{aligned} \tag{9.4.11}$$

将式(9.4.6)～式(9.4.9)代入式(9.4.11)，并定义

$$\phi = \alpha^2\int_0^t\int_0^\tau\left(\nabla\cdot\boldsymbol{u} + \frac{1}{\rho\alpha^2}\Phi\right)\mathrm{d}s\mathrm{d}\tau + At + C \tag{9.4.12}$$

$$\boldsymbol{\psi} = -\beta^2\int_0^t\int_0^\tau\left(\nabla\times\boldsymbol{u} - \frac{1}{\rho\beta^2}\boldsymbol{\Psi}\right)\mathrm{d}s\mathrm{d}\tau + \boldsymbol{B}t + \boldsymbol{D} \tag{9.4.13}$$

依据这些定义，$\boldsymbol{u}$ 变为

$$\boldsymbol{u}(\boldsymbol{x},t) = \nabla\phi + \nabla\times\boldsymbol{\psi} \tag{9.4.14}$$

这就证明了式(9.4.1)的解具有式(9.4.2)所示的形式。

再注意到，由式(9.4.13)、式(9.4.9)和$\nabla\cdot(\nabla\times\boldsymbol{u})=0$，可得到

$$\nabla\cdot\boldsymbol{\psi} = 0 \tag{9.4.15}$$

这就证明了式(9.4.5)。再对式(9.4.12)和式(9.4.13)关于时间求导两次，得到

$$\ddot{\phi} = \alpha^2\nabla\cdot\boldsymbol{u} + \frac{1}{\rho}\Phi \tag{9.4.16}$$

$$\ddot{\boldsymbol{\psi}} = -\beta^2\nabla\times\boldsymbol{u} + \frac{1}{\rho}\boldsymbol{\Psi} \tag{9.4.17}$$

最后，对式(9.4.2)运用取旋度和取散度运算，得(见问题 9.4)

$$\nabla\cdot\boldsymbol{u} = \nabla^2\phi + \nabla\cdot(\nabla\times\boldsymbol{\psi}) \equiv \nabla^2\phi \tag{9.4.18}$$

$$\nabla\times\boldsymbol{u} = \nabla\times(\nabla\phi) + \nabla\times(\nabla\times\boldsymbol{\psi}) \equiv \nabla\times(\nabla\times\boldsymbol{\psi}) = -\nabla^2\boldsymbol{\psi} + \nabla(\nabla\cdot\boldsymbol{\psi}) \equiv -\nabla^2\boldsymbol{\psi} \tag{9.4.19}$$

由式(9.4.16)～式(9.4.19)得出 ϕ 和 $\boldsymbol{\psi}$ 满足的方程，为

$$\ddot{\phi} = \alpha^2\nabla^2\phi + \frac{1}{\rho}\Phi \tag{9.4.20}$$

$$\ddot{\boldsymbol{\psi}} = \beta^2\nabla^2\boldsymbol{\psi} + \frac{1}{\rho}\boldsymbol{\Psi} \tag{9.4.21}$$

这也就是式(9.4.3a)和式(9.4.4a)。

拉梅解很重要，因为它把复杂的弹性波动方程的解简化为两个简单方程的解，因而给出与5.8节引入方法不同的一种方法。位移$\nabla\phi$和$\nabla\times\boldsymbol{\psi}$分别是$\boldsymbol{u}$的P波分量和S波分量。如果按5.8.4小节的方式选择坐标系，势函数ϕ和$\boldsymbol{\psi}$将是x_1、x_3和t的函数，而不是x_2的函数。另外，如果体力等于零，且$\boldsymbol{\psi}$有以下的形式

$$\boldsymbol{\psi}(x_1,x_3,t) = (0,\psi(x_1,x_3,t),0) \tag{9.4.22}$$

则式(9.4.15)满足，式(9.4.21)变为三个分量的标量波动方程，即(见问题9.5)

$$u_1 = \frac{\partial\phi}{\partial x_1} - \frac{\partial\psi}{\partial x_3} \tag{9.4.23a}$$

$$u_2 = 0 \tag{9.4.23b}$$

$$u_3 = \frac{\partial\phi}{\partial x_3} + \frac{\partial\psi}{\partial x_1} \tag{9.4.23c}$$

这些就是用势函数解P-SV波问题的方程。对于SH波，用下式表征，即

$$\boldsymbol{u} = (0,u_2(x_1,x_3,t),0) \tag{9.4.24}$$

由此可求出合适的势函数(Miklowitz，1984)，但这不是必需的，因为u_2本身就满足标量波动方程(见问题9.6)。

9.5 在x_j轴方向有一集中力作用的弹性波动方程

将式(9.4.10)重写为

$$\ddot{\boldsymbol{u}} = \alpha^2\nabla(\nabla\cdot\boldsymbol{u}) - \beta^2\nabla\times(\nabla\times\boldsymbol{u}) + \frac{1}{\rho}\boldsymbol{f}$$

并假设方程中的空间集中力$\boldsymbol{f}$作用在$\boldsymbol{\xi}$点上，且沿x_j方向。为了简化处理，先从$j=1$开始，则力$\boldsymbol{f}$可表示为

$$\boldsymbol{f}(\boldsymbol{x},t;\boldsymbol{\xi}) = T(t)\delta(\boldsymbol{x}-\boldsymbol{\xi})\boldsymbol{e}_1 = T(t)\delta(\boldsymbol{x}-\boldsymbol{\xi})(1,0,0) \tag{9.5.1}$$

斯托克思(Stokes)在1849年给出了此问题的解，后来勒夫在1904年用不同的方法对解进行了验证。这里参照Miklowitz(1984)的推导，而Miklowitz追随的是勒夫的工作。为了得到斯托克思的解，第一步是对力$\boldsymbol{f}$应用赫姆霍兹分解，这涉及求矢量$\boldsymbol{W}$，它可以由式(9.3.6)和式(9.5.1)得到，即

$$\begin{aligned}\boldsymbol{W}(\boldsymbol{x},t;\boldsymbol{\xi}) &= -\frac{T(t)}{4\pi}\boldsymbol{e}_1\int_V\frac{\delta(\boldsymbol{\chi}-\boldsymbol{\xi})}{|\boldsymbol{x}-\boldsymbol{\chi}|}\mathrm{d}V_\chi\\ &= -\frac{T(t)}{4\pi}\frac{1}{|\boldsymbol{x}-\boldsymbol{\xi}|}(1,0,0)\\ &= -\frac{T(t)}{4\pi}\frac{1}{r}(1,0,0)\end{aligned} \tag{9.5.2}$$

注意，在式(9.3.6)中$\boldsymbol{\xi}$表示积分变量，而此处$\boldsymbol{\xi}$用来表示震源位置。因此，积分变量必须采用不同的字符。还应该注意，$\boldsymbol{W}$仅在x_1方向上有非零分量。

由式(9.3.4)可得到势函数$\boldsymbol{\Phi}$和$\boldsymbol{\Psi}$，为(见问题9.7)

$$\boldsymbol{\Phi} = \nabla\cdot\boldsymbol{W} = -\frac{T(t)}{4\pi}\frac{\partial}{\partial x_1}\frac{1}{r} \tag{9.5.3}$$

$$\boldsymbol{\Psi} = -\nabla\times \boldsymbol{W} = \frac{T(t)}{4\pi}\left(0,\frac{\partial}{\partial x_3}\frac{1}{r},\ -\frac{\partial}{\partial x_2}\frac{1}{r}\right) \tag{9.5.4}$$

再分别把式(9.5.3)和式(9.5.4)代入式(9.4.20)和式(9.4.21)，得到关于 ϕ 和 $\boldsymbol{\psi}$ 的方程，为

$$\ddot{\phi} = \alpha^2\nabla^2\phi - \frac{T(t)}{4\pi\rho}\frac{\partial}{\partial x_1}\frac{1}{r} \tag{9.5.5}$$

$$\ddot{\boldsymbol{\psi}} = \beta^2\nabla^2\boldsymbol{\psi} + \frac{T(t)}{4\pi\rho}\left(0,\frac{\partial}{\partial x_3}\frac{1}{r},\ -\frac{\partial}{\partial x_2}\frac{1}{r}\right) \tag{9.5.6}$$

式(9.5.5)的解可按式(9.2.14)的形式给出，即

$$\begin{aligned}\phi(\boldsymbol{x},t;\boldsymbol{\xi}) &= \frac{-1}{(4\pi\alpha)^2\rho}\int_V \frac{T(t-|\boldsymbol{x}-\boldsymbol{\chi}|/\alpha)}{|\boldsymbol{x}-\boldsymbol{\chi}|}\frac{\partial}{\partial\chi_1}\frac{1}{|\boldsymbol{\chi}-\boldsymbol{\xi}|}\mathrm{d}V_\chi \\ &= \frac{-1}{(4\pi\alpha)^2\rho}\int_V \frac{T(t-h/\alpha)}{h}\frac{\partial}{\partial\chi_1}\frac{1}{R}\mathrm{d}V_\chi\end{aligned} \tag{9.5.7}$$

式中，$h=|\boldsymbol{x}-\boldsymbol{\chi}|$，$R=|\boldsymbol{\chi}-\boldsymbol{\xi}|$。

式(9.5.7)右边的积分可通过将积分体积划分为中心在观测点 $\boldsymbol{x}$ 处、半径为 h、由很多薄球壳组成(见图9.2)的方式进行。在薄球壳上，函数 $T(t-h/\alpha)$ 是一个常数。

因此，式(9.5.7)变为

$$\phi(\boldsymbol{x},t;\boldsymbol{\xi}) = \frac{-1}{4\pi\alpha^2\rho}\int_0^{+\infty}\frac{T(t-h/\alpha)}{h}\mathrm{d}h\int_\sigma\frac{\partial}{\partial\chi_1}\frac{1}{R}\mathrm{d}\sigma \tag{9.5.8}$$

式中，σ 是指到观测点 $\boldsymbol{x}$ 的距离为 h 的球面，$\mathrm{d}\sigma$ 是相应的面元。式(9.5.8)中的面积分可在位场理论中查到[关于此积分的讨论参见 Aki 和 Richards(1980)]，为

$$\int_\sigma\frac{\partial}{\partial\chi_1}\frac{1}{R}\mathrm{d}\sigma = \begin{cases}0 &, \quad h>r \\ 4\pi h^2\dfrac{\partial}{\partial x_1}\left(\dfrac{1}{r}\right) &, \quad h<r\end{cases} \tag{9.5.9}$$

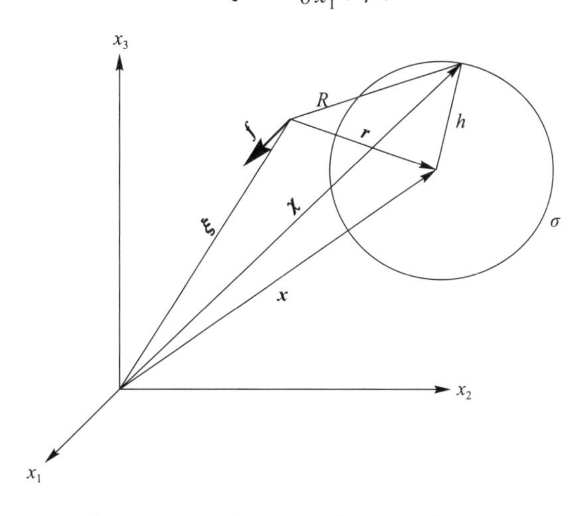

图9.2　式(9.5.7)和式(9.5.8)中的积分参量的几何关系

图中，矢量 $\boldsymbol{\xi}$、$\boldsymbol{x}$ 和 $\boldsymbol{\chi}$ 分别对应于震源位置、接收点位置和积分变量。σ 表示中心在接收点位置，且半径为 h 的球面。矢量 $\boldsymbol{f}$ 表示与 x_1 方向平行的作用力(Miklowitz，1984)。

式(9.5.9)表明，在式(9.5.8)中对 h 积分的上限可改为 r。依据这些修改，再引入换元关系 $h=\alpha\tau$，式(9.5.8)变为

$$\phi(\boldsymbol{x},t;\boldsymbol{\xi}) = \frac{-1}{4\pi\rho}\left(\frac{\partial}{\partial x_1}\frac{1}{r}\right)\int_0^{r/\alpha}\tau T(t-\tau)\,\mathrm{d}\tau \tag{9.5.10}$$

用类似的方法，可求出矢量 $\boldsymbol{\psi}$(见问题9.8)为

$$\boldsymbol{\psi}(\boldsymbol{x},t;\boldsymbol{\xi}) = \frac{-1}{4\pi\rho}\left(0,\frac{\partial}{\partial x_3}\frac{1}{r},-\frac{\partial}{\partial x_2}\frac{1}{r}\right)\int_0^{r/\beta}\tau T(t-\tau)\,\mathrm{d}\tau \tag{9.5.11}$$

利用式(9.4.2)，可确定位移 $\boldsymbol{u}$，其第 i 个分量由下式给出，即

$$u_{i1}(\boldsymbol{x},t;\boldsymbol{\xi}) = (\nabla\phi)_i + (\nabla\times\boldsymbol{\psi})_i = \frac{1}{4\pi\rho}\left(\frac{\partial^2}{\partial x_i\partial x_1}\frac{1}{r}\right)\int_{r/\beta}^{r/\alpha}\tau T(t-\tau)\,\mathrm{d}\tau + \frac{1}{4\pi\rho\alpha^2 r}\left(\frac{\partial r}{\partial x_i}\frac{\partial r}{\partial x_1}\right)T(t-r/\alpha) + \frac{1}{4\pi\rho\beta^2 r}\left(\delta_{i1}-\frac{\partial r}{\partial x_i}\frac{\partial r}{\partial x_1}\right)T(t-r/\beta) \tag{9.5.12}$$

对式(9.5.12)的推导将在附录 D 中给出。位移 u_{i1} 中下标 1 的引入是为了指示作用力的方向。

为改写并简化式(9.5.12)，需要利用矢量 $\boldsymbol{x}-\boldsymbol{\xi}$ 的方向余弦，为

$$\gamma_i = \frac{x_i-\xi_i}{r} = \frac{\partial r}{\partial x_i} \tag{9.5.13}$$

式(9.5.13)中最后的等式依据的是 r 的定义[见式(9.2.6)]。以 γ_i 为分量构成以下单位矢量

$$\boldsymbol{\Gamma} = (\gamma_1,\gamma_2,\gamma_3) \tag{9.5.14}$$

它表示震源－接收点的方向(图9.3)。

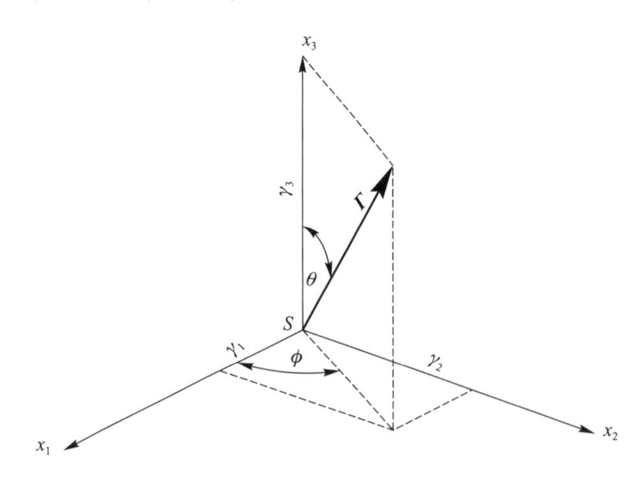

图9.3　矢量 $\boldsymbol{\Gamma}$ 及其方向余弦 γ_1、γ_2、γ_3 定义的几何关系图

图中，S 为震源位置，接收点在 $\boldsymbol{\Gamma}$ 方向上。

若用三个坐标轴方向的任意一个 x_j 来代替 x_1 方向，则有(见问题9.9)

$$\frac{\partial^2}{\partial x_i x_j}\frac{1}{r} = \frac{2}{r^3}\gamma_i\gamma_j - \frac{1}{r^2}\frac{\partial}{x_i}\left(\frac{x_j-\xi_j}{r}\right) = \frac{3\gamma_i\gamma_j-\delta_{ij}}{r^3} \tag{9.5.15}$$

再把式(9.5.13)和式(9.5.15)代入式(9.5.12)，得到

$$u_{ij}(\boldsymbol{x},t) = \frac{1}{4\pi\rho}(3\gamma_i\gamma_j-\delta_{ij})\frac{1}{r^3}\int_{r/\alpha}^{r/\beta}\tau T(t-\tau)\mathrm{d}\tau + \frac{1}{4\pi\rho\alpha^2}\gamma_i\gamma_j\frac{1}{r}T\left(t-\frac{r}{\alpha}\right) - \frac{1}{4\pi\rho\beta^2}(\gamma_i\gamma_j-\delta_{ij})\frac{1}{r}T\left(t-\frac{r}{\beta}\right) \tag{9.5.16}$$

这就是得出的最后结果。因为这个解极其重要，所以将加以详细讨论。其中，有两个问题。第一个问题：u_{ij}代表的是哪种类型(P 波、S 波还是其他类型)的波的运动?第二个问题：式(9.5.16)中的三项，作为震源 - 接收点之间的距离 r 的函数，哪个距离相对比较重要(即近场和远场问题)?

9.5.1　运动的类型

对于ρ、α 和β 的给定值，式(9.5.16)右边的后两项都是三个因子的乘积：一个矢量因子，它依赖于γ_i 和γ_j，并决定运动的类型，还有两个标量因子 r^{-1}和$T(t-r/c)$，$c=\alpha$ 或β。因子$T(t-r/c)$指示波是以纵波速度还是以横波速度传播。因子 r^{-1}将在下面讨论。对于式(9.5.16)中的第二项，矢量因子$\gamma_i\gamma_j$ 是γ_i 的倍数，因为γ_j 是固定的，因此这一项是在$\boldsymbol{\Gamma}$方向上，对应于 P 波的运动(见 5.8.1 小节)。对于式(9.5.16)中的第三项，因子$\gamma_i\gamma_j-\delta_{ij}$对应于垂直于$\boldsymbol{\Gamma}$的矢量，这可通过计算它们的标量积得到证明，即

$$\gamma_i(\gamma_i\gamma_j-\delta_{ij}) = \gamma_i\gamma_i\gamma_j - \gamma_i\delta_{ij} = 0 \tag{9.5.17}$$

式中，用到$\gamma_i\gamma_i=1$、$\gamma_i\delta_{ij}=\gamma_j$。因此，第三项对应于 S 波的运动(见 5.8.1 小节)。

式(9.5.16)中的第一项比后两项复杂得多，通过将矢量因子 $3\gamma_i\gamma_j-\delta_{ij}$改写为 $2\gamma_i\gamma_j+(\gamma_i\gamma_j-\delta_{ij})$可以看出，此项表示 P 波和 S 波运动的综合(见问题 9.10 和问题 9.11)。如果将它写成下面的形式，则此积分项对位移的贡献可更容易理解。

$$I \equiv \int_{r/\alpha}^{r/\beta}\tau T(t-\tau)\mathrm{d}\tau = \int_{-\infty}^{+\infty}\tau\left[H\left(\tau-\frac{r}{\alpha}\right)-H\left(\tau-\frac{r}{\beta}\right)\right]T(t-\tau)\mathrm{d}\tau$$

$$= t\left[H\left(t-\frac{r}{\alpha}\right)-H\left(t-\frac{r}{\beta}\right)\right] * T(t) \tag{9.5.18}$$

函数 $H(t)$表示 Heaviside 单位跳跃函数，两个不同的单位阶跃函数之差给出矩形窗函数，其在区间 $[r/\alpha, r/\beta]$ 内为 1，在其他点处为 0。因此 $t[H(t-r/\alpha)-H(t-r/\beta)]$ 是一个具有跳跃的间断点 r/α 和 r/β 的不连续函数，它在窗内为一条直线段，此线段的跳跃量为 1。因此式(9.5.18)中的 I 对 u_{ij}的贡献大致呈线性趋势，这取决于 $T(t)$在时间段 $[r/\alpha, (r/\beta)+w]$ 上的性质，其中 w 是指 $T(t)$的时宽或持续时间。这个贡献的重要性将在下面讨论。

9.5.2　近场和远场

本小节将讨论 u_{ij}对 r 的依赖关系，并比较式(9.5.16)右边三项的相对重要性。后两项依赖于 r^{-1}，意味着对于足够大的 r 值，这两项将起主要作用。因此，它们被称为远场

项。另外，第一项是一个和 r^{-3} 成比例的因子与一个定积分的乘积，而定积分的积分限依赖于 r。当 $T(t)$ 趋近于 δ 函数时，此因子与 r^{-2} 成比例(见9.6节)，这意味着当 r 趋近于0时，此因子比 r^{-1} 起更大的作用。由于这个原因，第一项被称为近场项。然而，当讨论近场和远场对位移的贡献时，除考虑距离之外，还应考虑所涉及的波长以及函数 $T(t)$ 的性质。为了研究这些因素的重要性，首先用不包含积分的形式写出式(9.5.16)。为此，引入一个新函数 $J(t)$，而 $T(t)=J''(t)$，再对式(9.5.16)中的积分进行分部积分(Haskell, 1963)，得到(见问题9.12)

$$4\pi\rho u_{ij}(\boldsymbol{x},t) = (3\gamma_i\gamma_j-\delta_{ij})\frac{1}{r^3}J(t-r/\alpha)+(3\gamma_i\gamma_j-\delta_{ij})\frac{1}{\alpha r^2}J'(t-r/\alpha)+$$
$$\gamma_i\gamma_j\frac{1}{\alpha^2 r}J''(t-r/\alpha)-(3\gamma_i\gamma_j-\delta_{ij})\frac{1}{r^3}J(t-r/\beta)-$$
$$(3\gamma_i\gamma_j-\delta_{ij})\frac{1}{\beta r^2}J'(t-r/\beta)-(\gamma_i\gamma_j-\delta_{ij})\frac{1}{\beta^2 r}J''(t-r/\beta) \quad (9.5.19)$$

当 $J''(t)$ 给定时，用式(9.5.16)更容易计算 u_{ij}，并且表明式(9.5.16)中的积分项对依赖于 r^{-2} 项和 r^{-3} 项的贡献，但因为导函数和原函数有不同的频率成分(见问题9.13)，所以不能用式(9.5.19)来评估不同项的重要性。然而，在频率域讨论时，做一些比较是可能的(Aki 和 Richards, 1980)。因此，对式(9.5.19)两边进行傅里叶变换，得到

$$4\pi\rho u_{ij}(\boldsymbol{x},\omega) = T(\omega)\left\{\frac{1}{\alpha^2 r}\exp(-\mathrm{i}\omega r/\alpha)\left[-(3\gamma_i\gamma_j-\delta_{ij})\left(\frac{\alpha}{\omega r}\right)^2-\right.\right.$$
$$\left.\mathrm{i}(3\gamma_i\gamma_j-\delta_{ij})\frac{\alpha}{\omega r}+\gamma_i\gamma_j\right]-\frac{1}{\beta^2 r}\exp(-\mathrm{i}\omega r/\beta)$$
$$\left.\left[-(3\gamma_i\gamma_j-\delta_{ij})\left(\frac{\beta}{\omega r}\right)^2-\mathrm{i}(3\gamma_i\gamma_j-\delta_{ij})\frac{\beta}{\omega r}+(\gamma_i\gamma_j-\delta_{ij})\right]\right\} \quad (9.5.20)$$

式中，$T(\omega)$ 代表 $T(t)$ 的傅里叶变换(见问题9.14)。

式(9.5.20)表明，在讨论式(9.5.16)、式(9.5.19)和式(9.5.20)中各项的重要性时，r 和 ω 两者必须考虑。此外，由式(9.5.20)可见，近场项和远场项的重要性实际上取决于无量纲因子 $c/(r\omega)$ ($c=\alpha$ 或 β) 或 $\lambda/(2\pi r)$，其中 $\lambda=2\pi c/\omega$ 是波长(见5.4.17小节)。如果 λ/r 的数量级是1，则没有起主要作用的项；如果 $\lambda/r\gg 1$，或者 $\lambda\gg r$，则近场项起主要作用；如果 $\lambda\ll r$，则远场项起主要作用。下面的例子表明震源时间函数(或震源脉冲)的宽度也可以用于估计式(9.5.16)中不同项的重要性。

式(9.5.19)将用于生成合成地震记录。为此，设函数 $J(t)$、$J'(t)$ 和 $J''(t)$ 具体由下式给出(见问题9.15)

$$J(t) = \int_0^t J'(\tau)\mathrm{d}\tau = H(t)\left[t+\frac{2}{a}(\mathrm{e}^{-at}-1)+t\mathrm{e}^{-at}\right] \quad (9.5.21)$$

$$J'(t) = H(t)(1-\mathrm{e}^{-at}-at\mathrm{e}^{-at}) \quad (9.5.22)$$

$$J''(t) = H(t)a^2 t\mathrm{e}^{-at} \quad (9.5.23)$$

式中，函数 $J'(t)$ 是由 Ohnaka 引入的，Harkrider(1976)在他的研究中使用了此函数；a 是一个与时间倒数有关的参数，它控制震源时间函数 $J''(t)$ 的宽度(或频率成分)和振幅。当

a 趋于无穷大时，宽度趋于0，振幅趋于无穷大。因此，在极限情况下，$J''(t)$趋于 δ 函数。而且，在极限情况下，J 和 J'分别变为 $tH(t)$和 $H(t)$。在10.10节中使用了Ohnaka的脉冲函数，并绘出了 $J(t)$及其导数的曲线图像。

为了研究距离和脉冲宽度对 u_{ij} 幅值的影响，这里假设 $\Gamma=(0.750, 0.433, 0.500)$；$\alpha=6$ km/s；$\beta=3.5$ km/s；$\rho=2.8$ g/cm^3；$r=100$ km，200 km；$a=1,3$。同时，为了了解震源方向对位移三个分量的影响，需要考虑所有的 i 和 j 的组合，但由于 u_{ij}是关于 i 和 j 对称的，所以只需要考虑六种组合对应的 u_{ij}。图9.4中的各组两条曲线图都示出了按式(9.5.19)中所有项计算得到的总场，以及按式(9.5.19)中依赖于 r^{-1}的项计算得到的远场。当 $r=100$ km、$a=1$ 时，总场和远场的差别非常大。还应注意到P波波至和S波波至(图中箭头所示)之间的线性趋势，这来自式(9.5.18)。但是，如图9.4所示，这种差异随着 a 或 r(或两者)的增加而减少。从式(9.5.19)中我们可以清楚地看出，当脉冲源不变时，较大 r 的影响是明显的，即它将导致近场项相对减小。当 r 不变时，可以判定 a 值变化的影响，主要注意到，式(9.5.18)中的褶积对应宽脉冲的值比对应窄脉冲的值大，这一事实定性地解释了为什么 $a=3$ 时相比 $a=1$ 时，近场不那么重要。如果脉冲更窄，则近场的影响会更小(见9.6节)。

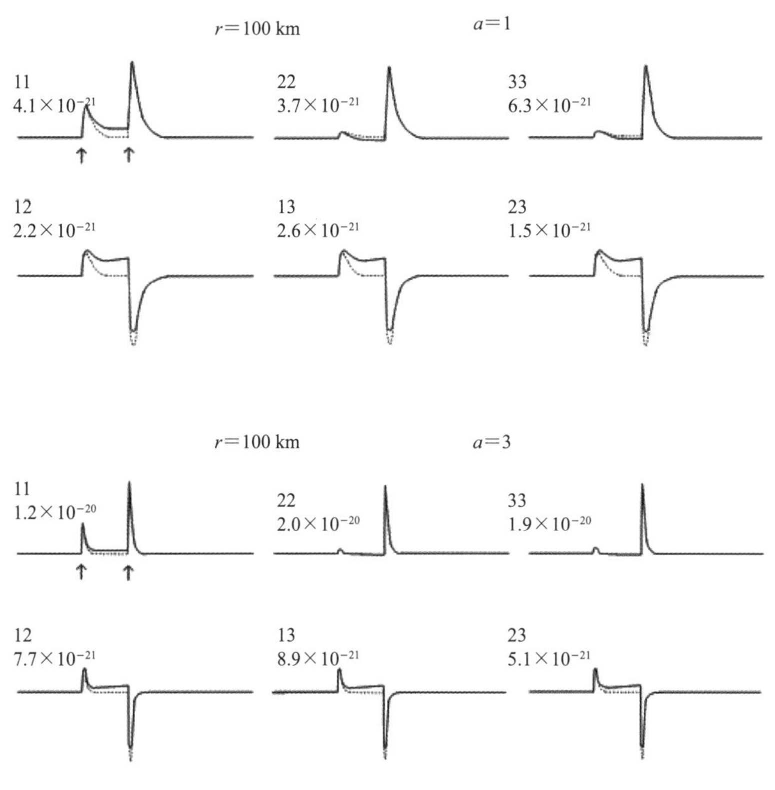

图9.4　合成地震记录图

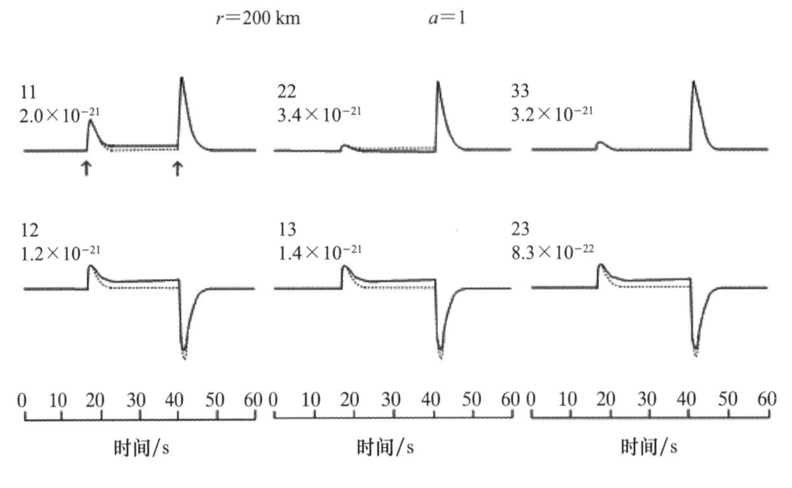

图 9.4 合成地震记录图(续)

图中示出的是依据式(9.5.21)~式(9.5.23)定义的函数 J、J'和 J'' 按式(9.5.19)计算的与 a 和 r 的三种组合对应的合成地震记录。P 波和 S 波的速度以及密度分别是 $\alpha=6$ km/s，$\beta=3.5$ km/s，$\rho=2.8$ g/cm^3。每幅图左上角的两位数字对应于 u_{ij}的下标 ij。粗实线表示总场[即包括式(9.5.19)的所有项]；虚细线表示远场，对应于依赖 $1/r$ 的项。指数形式写出的数字是指总场 u_{ij}的振幅。当力以达因(dyne)为单位时，振幅的单位是 cm。箭头指示的是与 t/α 和 t/β 对应的时间(Pujol 和 Herrmann，1990)。

9.5.3 算例：作用于原点沿 x_3 轴方向的集中力点源引起的远场

下面详细讨论作用于原点沿 x_3 轴方向的集中力产生的远场位移，主要分析其辐射花样，它给出了位移与点源－接收器方向的依赖关系。因此，假定$r=1$，并且忽略所有的常数项。于是，可由式(9.5.16)的后两项得到

$$u_i^{\mathrm{P}} = \gamma_3\gamma_i \tag{9.5.24}$$

$$u_i^{\mathrm{S}} = -\gamma_3\gamma_i + \delta_{i3} \tag{9.5.25}$$

式中，等号应该理解为在乘以某常量倍数后相等。

在球坐标系中(见图 9.3)，方向余弦由下列式子给出，即

$$\gamma_1 = \sin\theta\cos\phi;\quad \gamma_2 = \sin\theta\sin\phi;\quad \gamma_3 = \cos\theta \tag{9.5.26}$$

将这些表达式引入式(9.5.24)和式(9.5.25)，得到

$$u_1^{\mathrm{P}} = \frac{1}{2}\sin2\theta\cos\phi;\quad u_2^{\mathrm{P}} = \frac{1}{2}\sin2\theta\sin\phi;\quad u_3^{\mathrm{P}} = \cos^2\theta \tag{9.5.27}$$

$$u_1^{\mathrm{S}} = -\frac{1}{2}\sin2\theta\cos\phi;\quad u_2^{\mathrm{S}} = -\frac{1}{2}\sin2\theta\sin\phi;\quad u_3^{\mathrm{S}} = \sin^2\theta \tag{9.5.28}$$

首先，考虑振幅。它们由下式给出，即

$$|\boldsymbol{u}^{\mathrm{P}}| = |\gamma_3| = |\cos\theta| \tag{9.5.29}$$

$$|\boldsymbol{u}^{\mathrm{S}}| = \left|\sqrt{1-\gamma_3^2}\right| = |\sin\theta| \tag{9.5.30}$$

因为$|\boldsymbol{u}^{\mathrm{P}}|$和$|\boldsymbol{u}^{\mathrm{S}}|$不依赖于 ϕ，所以它们关于 x_3 轴是对称的，函数 $f(\theta)=|\cos\theta|$的图形是中心在 x_3 轴上的两个圆[见图 9.5(a)、见问题 9.17]。因此，由于轴对称性，P

波的辐射花样是两个球形[见图9.5(c)]，而在 (x_1,x_3) 平面($\theta=90°$)内，位移为0。函数 $f(\theta)=|\sin\theta|$ 的图形是中心在 x_2 轴上的两个圆[见图9.5(b)]，因此S波的辐射花样像是没有中心孔的圆环[见图9.5(d)]。注意在 x_3 轴($\theta=0°$)上没有S波运动。

辐射花样仅描述了相关运动的振幅信息。P波或S波的运动方向(分别沿 $\boldsymbol{\Gamma}$ 方向或垂直于 $\boldsymbol{\Gamma}$ 方向)已讨论过。为确定运动的极性(正方向或反方向)，还需要分析运动矢量分量的符号。例如，考虑P波在 (x_1,x_3) 平面内的位移。对于 x_1 轴的正向，$\phi=0°$，因而

$$u_1^{\mathrm{P}}=\frac{1}{2}\sin2\theta;\quad u_2^{\mathrm{P}}=0;\quad u_3^{\mathrm{P}}=\cos^2\theta \tag{9.5.31}$$

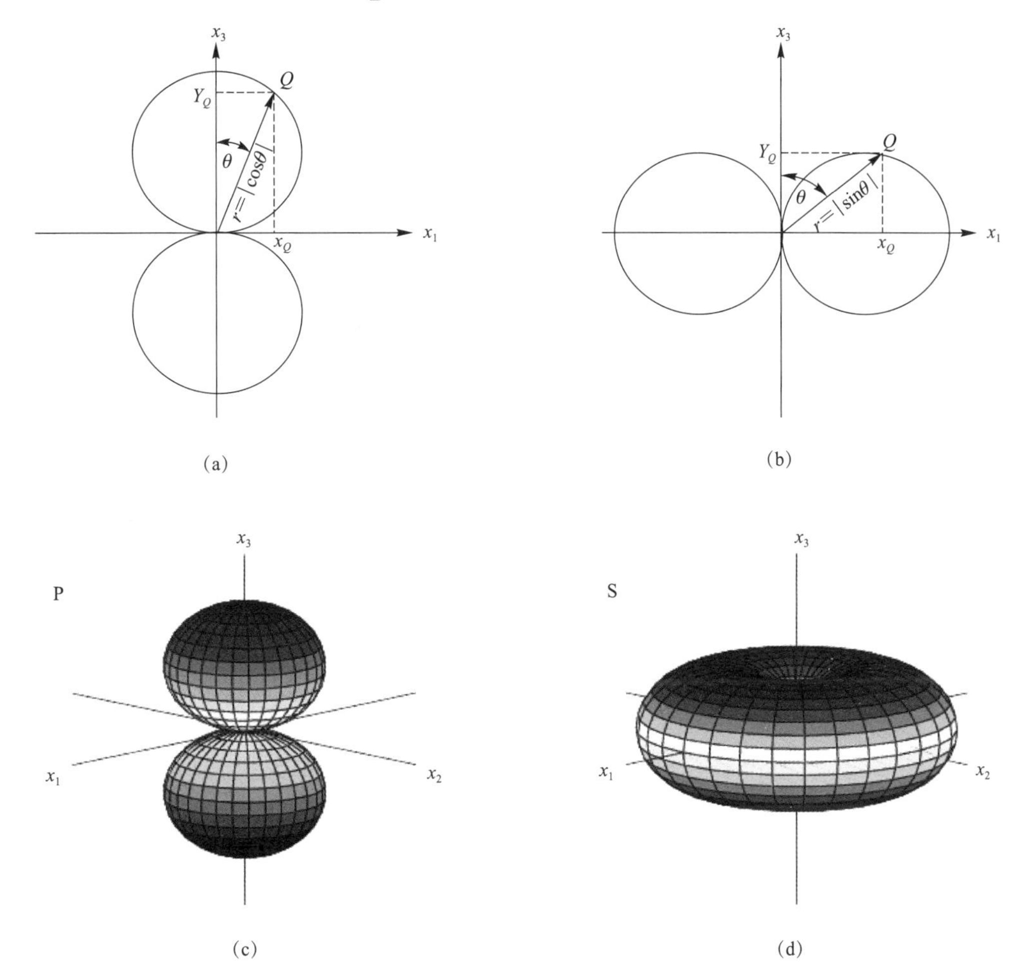

图9.5　作用于原点沿 x_3 轴方向的集中力点源引起的远场的辐射花样图

(a)P波的辐射花样 $r=|\cos\theta|$ 的二维图；(b)S波的辐射花样 $r=|\sin\theta|$ 的二维图；(c)P波的辐射花样 $r=|\cos\theta|$ 的三维图；(d)S波的辐射花样 $r=|\sin\theta|$ 的三维图(二维图来自 Pujol 和 Herrmann，1990)

对于 x_1 轴的负向，$\phi=180°$，从而有

$$u_1^{\mathrm{P}}=-\frac{1}{2}\sin2\theta;\quad u_2^{\mathrm{P}}=0;\quad u_3^{\mathrm{P}}=\cos^2\theta \tag{9.5.32}$$

在两种情况下，u_3^{P} 都是正的，因此运动的极性取决于 u_1^{P} 的符号。对于在 x_3 正半轴上的点($\theta<90°$)，运动总是沿离开震源的方向。而对于在 x_3 负半轴上的点($\theta>90°$)，运动总是沿向着震源的方向[见图 9.6(a)]。这意味着，位于 $x_3>0$ 半空间内的地震仪将受到推力或压力，而位于 $x_3<0$ 半空间内的地震仪将受到拉力或张力。

对于 S 波，当 $\phi=0°$ 和 $\phi=180°$ 时，有

$$u_1^{\mathrm{S}} = -\frac{1}{2}\sin 2\theta;\quad u_2^{\mathrm{S}} = 0;\quad u_3^{\mathrm{S}} = \sin^2\theta \tag{9.5.33}$$

$$u_1^{\mathrm{S}} = \frac{1}{2}\sin 2\theta;\quad u_2^{\mathrm{S}} = 0;\quad u_3^{\mathrm{S}} = \sin^2\theta \tag{9.5.34}$$

相应的图形如图 9.6(b)所示。

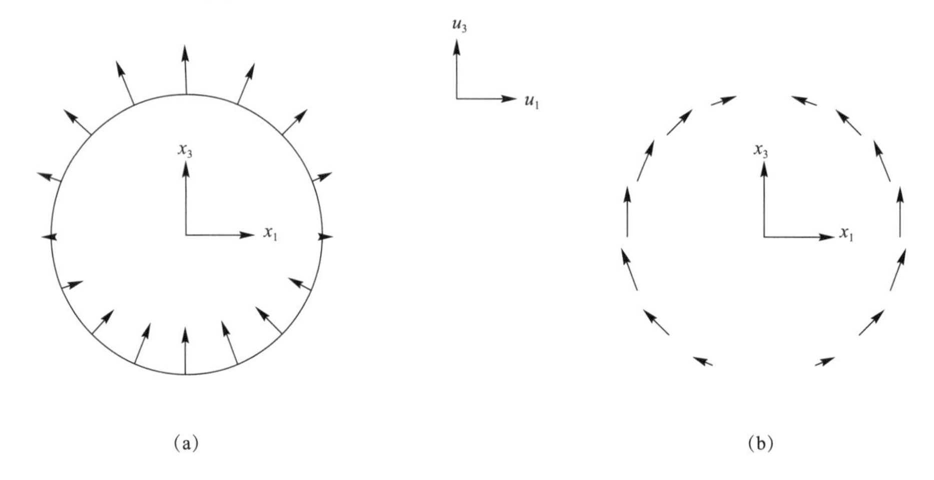

图 9.6　沿 x_3 轴方向的集中力点源产生的 P 波和 S 波的远场在 (x_1,x_3) 平面内的运动图

(a)按式(9.5.31)和式(9.5.32)画出的 P 波运动图；(b)按式(9.5.33)和式(9.5.34)画出的 S 波的运动图(Pujol 和 Herrmann，1990)

9.6　弹性波动方程的格林函数

将式(9.5.16)中的 $T(t)$ 用 $\delta(t)$ 代替，即可得到弹性波动方程的格林函数

$$G_{ij}(\boldsymbol{x},t;\boldsymbol{\xi},0) = \frac{1}{4\pi\rho}(3\gamma_i\gamma_j-\delta_{ij})\frac{1}{r^3}\left[H\left(t-\frac{r}{\alpha}\right)-H\left(t-\frac{r}{\beta}\right)\right]t + \frac{1}{4\pi\rho\alpha^2}\gamma_i\gamma_j\frac{1}{r}\delta\left(t-\frac{r}{\alpha}\right)-\frac{1}{4\pi\rho\beta^2}(\gamma_i\gamma_j-\delta_{ij})\frac{1}{r}\delta\left(t-\frac{r}{\beta}\right) \tag{9.6.1}$$

注意，G_{ij}是一个张量值的函数(或简称张量)(见问题 9.18)。在 G_{ij}中的参量 $\boldsymbol{\xi}$ 和 0 分别指示震源的位置及其作用时间。式(9.6.1)右边的第一项可直接由式(9.5.18)得到，因为 $\delta(t)$ 对于褶积运算是个单位函数(见附录 A)。

由式(9.5.16)和式(9.6.1)，并利用关系式

$$T(t)*\delta(t-t_0) = T(t-t_0) \tag{9.6.2}$$

得到

$$u_{ij}(\boldsymbol{x},t) = T(t) * G_{ij}(\boldsymbol{x},t;\boldsymbol{\xi},0) \tag{9.6.3}$$

式(9.6.3)也可用于研究脉冲宽度与近场及远场之间的关系。由于式(9.6.1)右边第一项中的时间 t 的取值在 r/α 和 r/β 之间，因此 t/r^3 起的作用类似于 $1/r^2$，从而式(9.6.1)中的第一项对位移的贡献依赖于震源函数(简单地称为“脉冲”)的宽度，如在9.5.2小节中所述。对于一个给定的 r 值，由式(9.6.3)可知，脉冲越接近于 $\delta(t)$ 函数，第一项的重要性越小。脉冲接近于 $\delta(t)$ 或不接近于 $\delta(t)$ 函数是个相对的问题，但是可通过考察P波和S波的波至之差来估计。在这里，如果脉冲宽度比P波和S波的波至之差更小，则脉冲可被看作类 δ 函数。这就意味着，同样的脉冲对于某些距离来说是类 δ 函数，对于其他距离来说却不是。

9.7　集中力沿任意方向的弹性波波动方程

假设体力 $\boldsymbol{f}(\boldsymbol{x},\ t)$ 仍然作用在 $\boldsymbol{x}=\boldsymbol{\xi}$ 处，但力的方向是由矢量 $\boldsymbol{F}(t)$ 指示的任意方向，则 $\boldsymbol{F}(t)$ 可分解为沿坐标轴方向的三个分力，即作用力可表达为

$$\boldsymbol{f}(\boldsymbol{x},t) = \boldsymbol{F}(t)\delta(\boldsymbol{x}-\boldsymbol{\xi}) = (F_1(t),F_2(t),F_3(t))\delta(\boldsymbol{x}-\boldsymbol{\xi}) \tag{9.7.1}$$

总位移是沿 x_1 轴、x_2 轴、x_3 轴方向的力 F_1、F_2、F_3 产生的位移的总和。因此，利用式(9.6.3)，可得到

$$u_i(\boldsymbol{x},t) = F_1 * G_{i1} + F_2 * G_{i2} + F_3 * G_{i3} = F_j(t) * G_{ij}(\boldsymbol{x},t;\boldsymbol{\xi},0) \tag{9.7.2}$$

式中，最后的表达式使用了重复指标求和的约定。式(9.7.2)也表明 G_{ij} 是一个张量(见问题9.19)。

将式(9.6.1)的最后两项代入式(9.7.2)，对于远场可以得到下面的表达式，即

$$u_i = \frac{1}{4\pi\rho\alpha^2}\gamma_i\gamma_j\frac{1}{r}F_j\left(t-\frac{r}{\alpha}\right) - \frac{1}{4\pi\rho\beta^2}(\gamma_i\gamma_j-\delta_{ij})\frac{1}{r}F_j\left(t-\frac{r}{\beta}\right) \tag{9.7.3}$$

与式(9.5.16)的情况一样，式(9.7.3)右边的第一项表示沿 $\boldsymbol{\Gamma}$ 方向的运动，因此对应于P波运动；而第二项表示垂直于 $\boldsymbol{\Gamma}$ 方向的运动，因此对应于S波运动。还应注意到，S波的最大振幅比P波的最大振幅大 $(\alpha/\beta)^2$ 倍。这是因为 $|\gamma_i\gamma_j-\delta_{ij}|$ 要么等于 $|\gamma_i\gamma_j|(i\neq j)$，要么等于 $|\gamma_i^2-1|(i=j)$，因此 $|\gamma_i\gamma_j-\delta_{ij}|$ 总是小于或等于1。这又意味着

$$\left|\frac{1}{\alpha^2}\gamma_i\gamma_j\right| \leq \frac{1}{\alpha^2};\quad \left|\frac{1}{\beta^2}(\gamma_i\gamma_j-\delta_{ij})\right| \leq \frac{1}{\beta^2} \tag{9.7.4}$$

9.8　集中力力偶和偶极子

对力偶的研究构成了由天然地震源产生的地震波的理论发展的第一步。为了引入力偶，这里将考虑大小相等、方向相反、相互平行、两力的作用点分开一定距离的一

对力。这里，假设这一对力平行于坐标轴且彼此分开很小的距离。根据 Love(1927)的研究，这一对力被称为双力。如果这两个力有不同的作用线，则它们构成一个力偶，否则它们构成一个矢量偶极子或偶极子。下面考虑分别沿 x_3 正负半轴方向作用的一对力，这对力的作用点沿 x_2 轴方向，分开的距离为 D(见图 9.7)。设这两个力为 $\boldsymbol{F}_3(t)=(0,\ 0,\ F_3(t))$ 和 $-\boldsymbol{F}_3(t)=(0,\ 0,\ -F_3(t))$，但分别作用在点 $\boldsymbol{\xi}+\boldsymbol{d}/2$ 和 $\boldsymbol{\xi}-\boldsymbol{d}/2$，这里 $\boldsymbol{d}=D\boldsymbol{e}_2$ 是一个沿 x_2 轴方向长度为 D 的矢量。由这个力偶产生的位移等于每个力产生的位移的和。因此，由式(9.7.2)得

$$u_k(\boldsymbol{x},t) = DF_3(t) * \left[\frac{G_{k3}\left(\boldsymbol{x},t;\boldsymbol{\xi}+\frac{1}{2}D\boldsymbol{e}_2,0\right)-G_{k3}\left(\boldsymbol{x},t;\boldsymbol{\xi}-\frac{1}{2}D\boldsymbol{e}_2,0\right)}{D}\right] \tag{9.8.1}$$

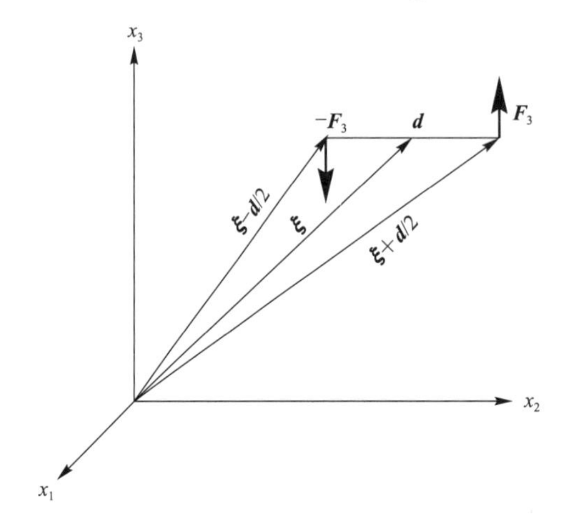

图 9.7　力偶的几何图形

图中示出的是一个力偶，它有一对力 $\boldsymbol{F}_3$ 和 $-\boldsymbol{F}_3$，它们大小相等，分别沿 $+x_3$ 轴和 $-x_3$ 轴方向，两者的作用点仅在 x_2 轴方向上有个小距离 $\boldsymbol{D}=|\boldsymbol{d}|$(Pujol 和 Herrmann，1990；Ben-Menahem 和 Singh，1981)。

在式(9.8.1)中，因子 D 已包含在分子和分母中，因此可将中括号里的商看作增量的商，它是 G_{k3} 对 ξ_2 的偏导数的近似。当 F_3 趋于无穷大，且 D 趋于零时，对 u_k 取极限，在保持 $DF_3(t)$ 为有限值的情况下，得出

$$u_k(\boldsymbol{x},t) = M_{32}(t) * \frac{\partial G_{k3}(\boldsymbol{x},t;\boldsymbol{\xi},0)}{\partial \xi_2} \tag{9.8.2}$$

式中，量 $M_{32}(t)=DF_3(t)$ 是力偶的矩，它是震源幅值或震源强度的一种度量。

如果力偶的力在 x_P 轴方向，力偶的力臂沿 x_Q 方向，则式(9.8.2)变为

$$u_k = M_{PQ} * \frac{\partial G_{kP}}{\partial \xi_Q} \tag{9.8.3}$$

简化起见，这里省去了自变量符号，且不对大写指标求和。在 M_{PQ} 的定义中，F_P 的符号很重要。对于 $\boldsymbol{\xi}=\boldsymbol{0}$ 来说，与 M_{PQ} 对应的力 F_P 作用在 x_Q 的正半轴上，方向为 x_P 轴正向；与此相反的力则对应 $-M_{PQ}$。尽管式(9.8.3)是对于力偶导出的，但它也适用于当 $P=Q$ 时的偶极子，尽管在这种情况下需要像下面的讨论那样说明 M_{PP} 的含义。为了区别开来，将用符号 $\boldsymbol{M}_{PQ}$ 来表示力矩为 M_{PQ} 的双力，即用 $\boldsymbol{M}_{PQ}$ 来表示图 9.8 中九种可能的

力的组合。除了力偶之外，还需关注具有相同强度 $\boldsymbol{M}_{PQ}$ 和 $\boldsymbol{M}_{QP}$ 的力偶对的叠加，称这种组合为双力偶，用 $\boldsymbol{M}_{PQ}+\boldsymbol{M}_{QP}$ 来表示。双力偶的重要性将会在第 10 章中阐述，并将表明可用它来表示天然地震震源。

为了完善这一讨论，将从力学的角度考虑，即力偶的净效应是造成旋转的趋势。力偶的力矩（或扭矩）量化这个趋势，它被定义为力的大小与两力之间垂直距离的乘积。因此，图 9.7 中力偶的力矩是 DF_3，而偶极子 $\boldsymbol{M}_{PP}$ 的力矩是零，尽管这并不能说明偶极子的力矩（从强度意义上讲）必然是零。因此，牢记名词“矩”的这两种意义的区别是很重要的，这也适用于双力的组合，如以下的例子（Miklowitz，1984；Love，1927 和 1904）。

（1）双力偶 $\boldsymbol{M}_{13}+\boldsymbol{M}_{31}$。两个力偶都作用在 (x_1,x_3) 平面内［见图 9.9（a）］，它们的力矩为零。注意，力偶 $\boldsymbol{M}_{13}$ 和 $\boldsymbol{M}_{31}$ 各自的效应分别是引起绕 x_2 轴的逆时针和顺时针旋转，而这两种旋转相互抵消。这种结论适用于所有的双力偶 $\boldsymbol{M}_{PQ}+\boldsymbol{M}_{QP}$。

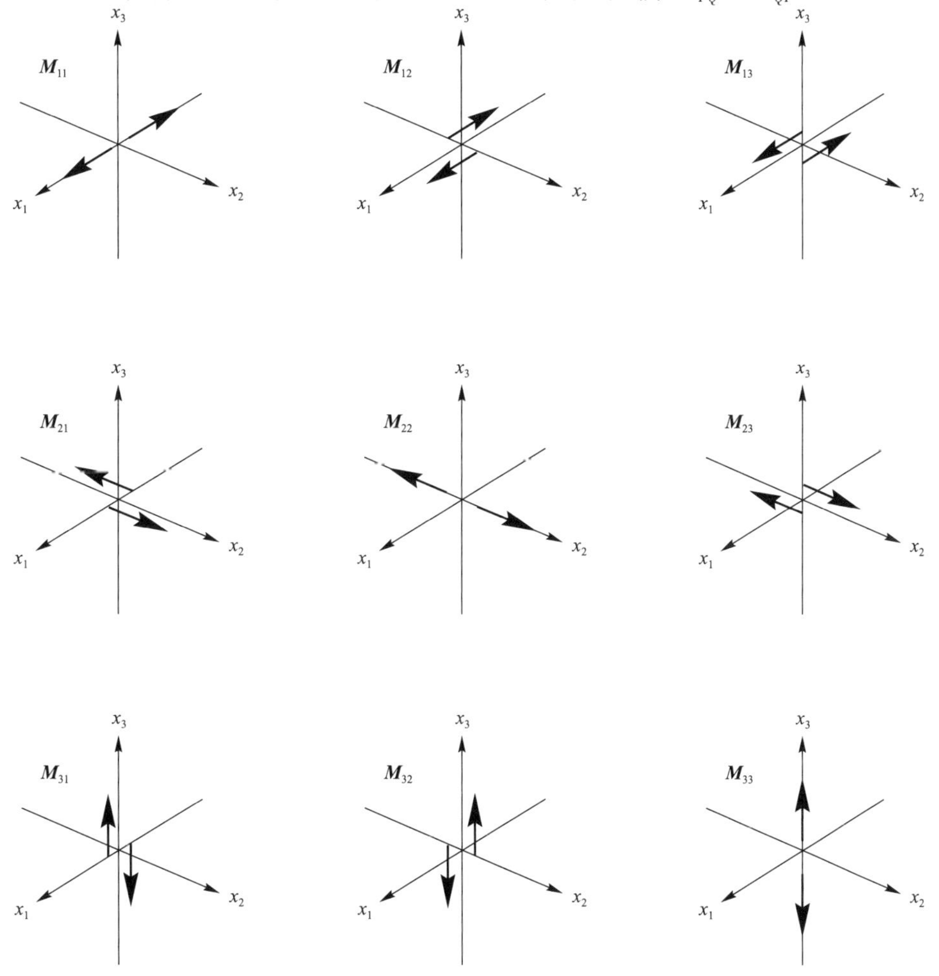

图 9.8　九种双力 $\boldsymbol{M}_{PQ}$ 的图形表示

图中示出了九种双力 $\boldsymbol{M}_{PQ}$，其中三个是偶极子（$P=Q$），剩下六个是力偶。对力偶来说，下标 P 和 Q 分别指示力偶的力的方向和力臂的方向（Aki 和 Richards，1980）。

(2)绕 x_2 轴旋转的旋转中心。其可用力偶 $\boldsymbol{M}_{13}$ 和 $-\boldsymbol{M}_{31}$ 的叠加来表示[见图9.9(b)]，即用 $\boldsymbol{M}_{13}-\boldsymbol{M}_{31}$ 来表示。在这种情况下，力矩就不是零，震源的效应是引起绕 x_2 轴的旋转。也可以说，旋转中心有净力矩。这些结论适用于所有的旋转中心 $\boldsymbol{M}_{PQ}-\boldsymbol{M}_{QP}(P\neq Q)$。

(3)压缩和膨胀中心。压缩中心等于 $\boldsymbol{M}_{11}+\boldsymbol{M}_{22}+\boldsymbol{M}_{33}$，即等于三个偶极子的叠加[见图9.9(c)]。所有的偶极子假设强度都相等。偶极子的力矩为零，但是作为一个震源，它的力矩不为零。如果所有力都指向原点，则有了一个膨胀中心，可用 $-(\boldsymbol{M}_{11}+\boldsymbol{M}_{22}+\boldsymbol{M}_{33})$ 表示。

(4)在 x_3 轴方向的张开裂缝。这可用组合 $\lambda\boldsymbol{M}_{11}+\lambda\boldsymbol{M}_{22}+(\lambda+2\mu)\boldsymbol{M}_{33}$ 表示[见图9.9(d)]，其中 λ 和 μ 是拉梅常数(见问题10.6)。这种源没有净力矩。

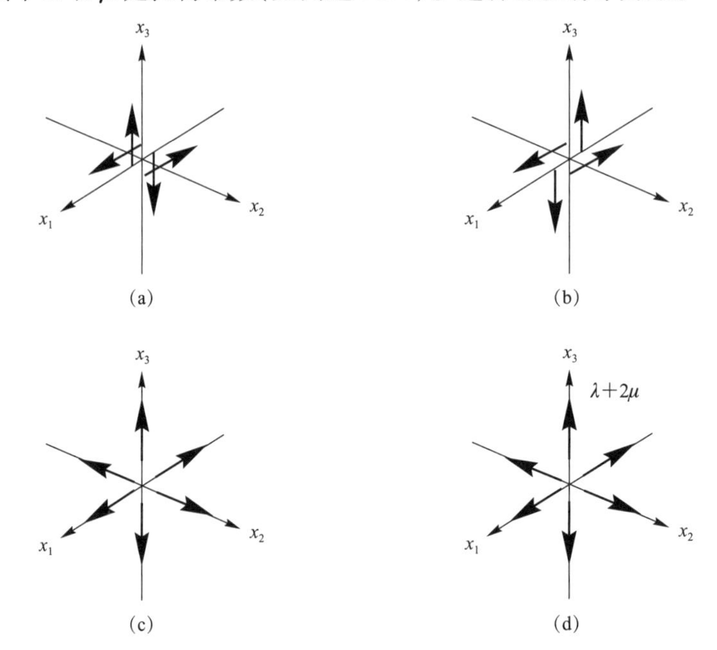

图9.9　几组双力组合的图形表示

(a)双力偶 $\boldsymbol{M}_{13}+\boldsymbol{M}_{31}$；(b)旋转中心 $\boldsymbol{M}_{13}-\boldsymbol{M}_{31}$；(c)压缩中心 $\boldsymbol{M}_{11}+\boldsymbol{M}_{22}+\boldsymbol{M}_{33}$；(d)在 x_3 轴方向的张开裂缝，用 $\lambda\boldsymbol{M}_{11}+\lambda\boldsymbol{M}_{22}+(\lambda+2\mu)\boldsymbol{M}_{33}$ 表示

9.9　矩张量源、远场

本节考虑一类可以用图9.8所示的双力(偶极子或力偶)的组合来表示的地震震源。设 $M_{ij}(t)$ 表示在 x_i 轴方向($i=j$)的偶极子或者力和力臂分别在 x_i 轴和 x_j 轴方向($i\neq j$)的力偶。对于这类震源，若某特定的双力 $\boldsymbol{M}_{PQ}$ 对组合源没有贡献，则相应的矩 M_{pq} 赋予零值。依此约定，震源产生的位移将是九个单独的双力产生的位移之和，因为每一个双力都会产生与式(9.8.3)类似的位移，所以总位移由下式给出，即

$$u_k = M_{ij} * \frac{\partial G_{ki}}{\partial \xi_j} = M_{ij} * G_{ki,j} \tag{9.9.1}$$

此式运用了求和约定。用 M_{ij}表示的九项总体构成一个张量(见问题 9.20)，这个张量称为震源矩张量(Ben-Menahem 和 Singh，1981)，用矩阵 $\boldsymbol{M}$ 表示，其元素为 M_{ij}。矩张量的分量是时间的函数，但通常假设它们有相同的时间依赖关系。在这种情况下，$\boldsymbol{M}$ 可写为两个因子乘积的形式，即

$$\boldsymbol{M}(t) = s(t)\overline{\boldsymbol{M}} \tag{9.9.2}$$

式中，$s(t)$ 是关于时间和震源强度的标量函数；$\overline{\boldsymbol{M}}$ 是一个描述震源空间性质的张量。

下面给出了有关 $\overline{\boldsymbol{M}}$ 的几个例子。因为前两个例子(特别是第二个例子)在下面的进一步研究中非常重要，所以将用专门的字符标识。

(1)单力偶 $\boldsymbol{M}_{31}$。

$$\overline{\boldsymbol{M}}^{\mathrm{sc}} = \begin{pmatrix} 0 & 0 & 0 \\ 0 & 0 & 0 \\ 1 & 0 & 0 \end{pmatrix} \tag{9.9.3}$$

(2)双力偶 $\boldsymbol{M}_{13} + \boldsymbol{M}_{31}$。

$$\overline{\boldsymbol{M}}^{\mathrm{dc}} = \begin{pmatrix} 0 & 0 & 1 \\ 0 & 0 & 0 \\ 1 & 0 & 0 \end{pmatrix} \tag{9.9.4}$$

(3)旋转中心 $\boldsymbol{M}_{13} - \boldsymbol{M}_{31}$。

$$\overline{\boldsymbol{M}} = \begin{pmatrix} 0 & 0 & 1 \\ 0 & 0 & 0 \\ -1 & 0 & 0 \end{pmatrix} \tag{9.9.5}$$

这种震源产生 S 波，但不产生 P 波(见问题 9.21)。

(4)压缩中心。

$$\overline{\boldsymbol{M}} = \begin{pmatrix} 1 & 0 & 0 \\ 0 & 1 & 0 \\ 0 & 0 & 1 \end{pmatrix} = \boldsymbol{I} \tag{9.9.6}$$

式中，$\boldsymbol{I}$ 是单位矩阵。

这种震源产生 P 波，但不产生 S 波(见问题 9.22)，因而可用来表示炸药震源。

(5)在 x_3 轴方向的张开裂缝。

$$\overline{\boldsymbol{M}} = \begin{pmatrix} \lambda & 0 & 0 \\ 0 & \lambda & 0 \\ 0 & 0 & \lambda + 2\mu \end{pmatrix} \tag{9.9.7}$$

下面讨论矩张量源的远场表达式。虽然分解式(9.9.2)比较方便，但并不是必需的，所以这里没用它来推导式(9.9.1)所示的位移。因为矩张量源的位移总场的最后表达形式相当复杂，所以放到 9.13 节来处理。这里先集中讨论远场位移，它对应于天然

地震学中通常研究的波。远场表达式的推导只需要考虑式(9.6.1)中的后两项，且在对格林函数求导之后，只有带因子 $1/r$ 的项仍然存在。先给出下面讨论中要用到的几个关系式(见问题9.23)

$$\frac{\partial r}{\partial \xi_j} = -\gamma_j \tag{9.9.8}$$

$$\frac{\partial \gamma_i}{\partial \xi_j} = \frac{\gamma_i\gamma_j - \delta_{ij}}{r} \tag{9.9.9}$$

于是，在远场情况下，有(见附录E中的表达式J和L)

$$\frac{\partial G_{ki}}{\partial \xi_j} = \frac{1}{4\pi\rho\alpha^3}\gamma_k\gamma_i\gamma_j \frac{1}{r}\frac{\partial\delta(t-r/\alpha)}{\partial(t-r/\alpha)} - \frac{1}{4\pi\rho\beta^3}(\gamma_k\gamma_i - \delta_{ki})\gamma_j\frac{1}{r}\frac{\partial\delta(t-r/\beta)}{\partial(t-r/\beta)} \tag{9.9.10}$$

在计算式(9.9.1)中的褶积时，需用到下面的一般关系式

$$f(t) * \frac{\mathrm{d}g(t)}{\mathrm{d}t} = \frac{\mathrm{d}f(t)}{\mathrm{d}t} * g(t) \tag{9.9.11}$$

并假设这个关系也适用于单位脉冲函数 $\delta(t)$。于是，得到

$$u_k = \frac{1}{4\pi\rho\alpha^3}\gamma_k\gamma_i\gamma_j\frac{1}{r}\dot{M}_{ij}\left(t-\frac{r}{\alpha}\right) - \frac{1}{4\pi\rho\beta^3}(\gamma_k\gamma_i - \delta_{ki})\gamma_j\frac{1}{r}\dot{M}_{ij}\left(t-\frac{r}{\beta}\right) \tag{9.9.12}$$

M_{ij}上方的点表示对其自变量求导。

式(9.9.12)可写成以下矩阵形式

$$\boldsymbol{u} = \frac{1}{4\pi\rho\alpha^3}\frac{1}{r}(\boldsymbol{\Gamma}^{\mathrm{T}}\dot{\boldsymbol{M}}\boldsymbol{\Gamma})\boldsymbol{\Gamma} - \frac{1}{4\pi\rho\beta^3}\frac{1}{r}[(\boldsymbol{\Gamma}^{\mathrm{T}}\dot{\boldsymbol{M}}\boldsymbol{\Gamma})\boldsymbol{\Gamma} - \dot{\boldsymbol{M}}\boldsymbol{\Gamma}] \tag{9.9.13}$$

在式(9.9.13)中，标量函数 $\boldsymbol{\Gamma}^{\mathrm{T}}\dot{\boldsymbol{M}}\boldsymbol{\Gamma}$(没有自由指标)对应于标量积 $\boldsymbol{\Gamma}\cdot\dot{\boldsymbol{M}}\boldsymbol{\Gamma}$(见1.2节)，$\boldsymbol{\Gamma}$ 是一个列矢量。

式(9.9.13)中包含两项：第一项沿 $\boldsymbol{\Gamma}$ 方向，对应于纵波运动；第二项沿垂直于 $\boldsymbol{\Gamma}$ 的方向，因为此项与 $\boldsymbol{\Gamma}$ 的标量积为零，这可用以下算式得到验证，即

$$(\boldsymbol{\Gamma}^{\mathrm{T}}\dot{\boldsymbol{M}}\boldsymbol{\Gamma})\boldsymbol{\Gamma}^{\mathrm{T}}\boldsymbol{\Gamma} - \boldsymbol{\Gamma}^{\mathrm{T}}\dot{\boldsymbol{M}}\boldsymbol{\Gamma} = 0 \tag{9.9.14}$$

这里，用到了关系式 $\boldsymbol{\Gamma}\cdot\boldsymbol{\Gamma}=\boldsymbol{\Gamma}^{\mathrm{T}}\boldsymbol{\Gamma}=1$。因此，第二项对应于横波运动，因而矢量 $\boldsymbol{u}$ 可写成

$$\boldsymbol{u} = \boldsymbol{u}^{\mathrm{P}} + \boldsymbol{u}^{\mathrm{S}} \tag{9.9.15}$$

式中，$\boldsymbol{u}^{\mathrm{P}}$ 和 $\boldsymbol{u}^{\mathrm{S}}$ 分别等于式(9.9.13)右边的第一项和第二项。

SV 波和 SH 波及其辐射花样

这里，将拓宽在5.8.4小节中引入的思想。式(9.9.15)中的矢量 $\boldsymbol{u}^{\mathrm{P}}$ 沿 $\boldsymbol{\Gamma}$ 方向，而 $\boldsymbol{u}^{\mathrm{S}}$ 在垂直于 $\boldsymbol{\Gamma}$ 的平面内。为了引入SV波和SH波，将矢量 $\boldsymbol{u}^{\mathrm{S}}$ 分解成两个矢量，一个在包含震源和接收点的垂直平面内，另一个在水平面内。这种分解通过引入在球坐标系中的单位矢量 $\boldsymbol{\Gamma}$、$\boldsymbol{\Phi}$、$\boldsymbol{\Theta}$(见图9.10)很容易实现。同前，$\boldsymbol{\Gamma}$ 是径向(或震源－接收点方向)，矢量 $\boldsymbol{\Theta}$ 沿大圆的切线方向，而矢量 $\boldsymbol{\Phi}$ 沿与(x_1，x_2)平面平行的小圆的切线方向，它在 x_3 轴方向上没有分量。利用角度 θ 和 ϕ，可将这些矢量写成

$$\boldsymbol{\Gamma}=\begin{pmatrix}\sin\theta\cos\phi\\ \sin\theta\sin\phi\\ \cos\theta\end{pmatrix};\quad \boldsymbol{\Theta}=\begin{pmatrix}\cos\theta\cos\phi\\ \cos\theta\sin\phi\\ -\sin\theta\end{pmatrix};\quad \boldsymbol{\Phi}=\begin{pmatrix}-\sin\phi\\ \cos\phi\\ 0\end{pmatrix} \tag{9.9.16}$$

容易验证，这三个矢量两两正交，每个矢量的模都为1，且它们形成右手系($\boldsymbol{\Phi}=\boldsymbol{\Gamma}\times\boldsymbol{\Theta}$)(见问题9.24)。

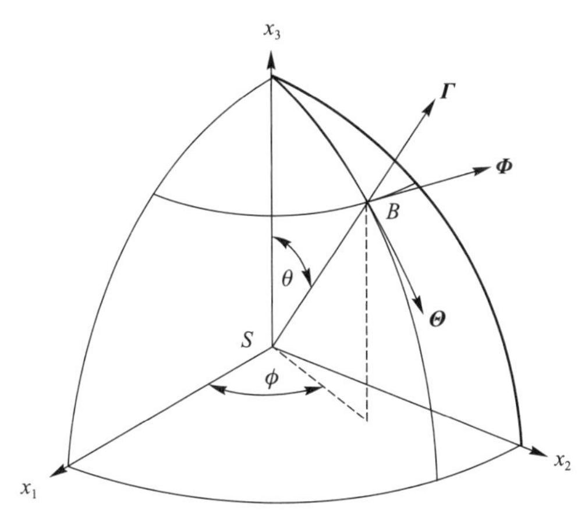

图9.10　球坐标系中的单位矢量$\boldsymbol{\Gamma}$、$\boldsymbol{\Phi}$、$\boldsymbol{\Theta}$的几何图

图中，用S和B表示震源和接收点的位置。

为了求$\boldsymbol{u}^{\mathrm{SV}}$和$\boldsymbol{u}^{\mathrm{SH}}$的表达式，注意到，通常如果$\boldsymbol{a}$和$\hat{\boldsymbol{b}}$分别是矢量和单位矢量，则通过内积可得到矢量$\boldsymbol{a}$沿矢量$\hat{\boldsymbol{b}}$方向的投影矢量$(\hat{\boldsymbol{b}},\boldsymbol{a})\hat{\boldsymbol{b}}$或者$(\hat{\boldsymbol{b}}^{\mathrm{T}},\boldsymbol{a})\hat{\boldsymbol{b}}$。于是，利用式(9.9.13)和正交关系$\boldsymbol{\Theta}^{\mathrm{T}}\boldsymbol{\Gamma}=\boldsymbol{\Phi}^{\mathrm{T}}\boldsymbol{\Gamma}=0$，可得P波、SV波、SH波的位移表达式，为

$$\boldsymbol{u}^{\mathrm{P}}=\frac{1}{4\pi\rho\alpha^3}\frac{1}{r}(\boldsymbol{\Gamma}^{\mathrm{T}}\dot{\boldsymbol{M}}\boldsymbol{\Gamma})\boldsymbol{\Gamma} \tag{9.9.17a}$$

$$\boldsymbol{u}^{\mathrm{SV}}=\frac{1}{4\pi\rho\beta^3}\frac{1}{r}(\boldsymbol{\Theta}^{\mathrm{T}}\dot{\boldsymbol{M}}\boldsymbol{\Gamma})\boldsymbol{\Theta} \tag{9.9.17b}$$

$$\boldsymbol{u}^{\mathrm{SH}}=\frac{1}{4\pi\rho\beta^3}\frac{1}{r}(\boldsymbol{\Phi}^{\mathrm{T}}\dot{\boldsymbol{M}}\boldsymbol{\Gamma})\boldsymbol{\Phi} \tag{9.9.17c}$$

式(9.9.17)括号中的项对应于辐射花样，用$\mathcal{R}$来表示，具体表达式为

$$\mathcal{R}^{\mathrm{P}}=\boldsymbol{\Gamma}^{\mathrm{T}}\dot{\boldsymbol{M}}\boldsymbol{\Gamma}=\gamma_i\dot{M}_{ij}\gamma_j=\gamma_1 v_1+\gamma_2 v_2+\gamma_3 v_3 \tag{9.9.18a}$$

$$\mathcal{R}^{\mathrm{SV}}=\boldsymbol{\Theta}^{\mathrm{T}}\dot{\boldsymbol{M}}\boldsymbol{\Gamma}=\Theta_i\dot{M}_{ij}\gamma_j=\Theta_1 v_1+\Theta_2 v_2+\Theta_3 v_3 \tag{9.9.18b}$$

$$\mathcal{R}^{\mathrm{SH}}=\boldsymbol{\Phi}^{\mathrm{T}}\dot{\boldsymbol{M}}\boldsymbol{\Gamma}=\Phi_i\dot{M}_{ij}\gamma_j=\Phi_1 v_1+\Phi_2 v_2+\Phi_3 v_3 \tag{9.9.18c}$$

式中，Θ_i和Φ_i分别表示$\boldsymbol{\Theta}$和$\boldsymbol{\Phi}$的分量，且

$$v_i=\dot{M}_{i1}\gamma_1+\dot{M}_{i2}\gamma_2+\dot{M}_{i3}\gamma_3 \tag{9.9.19}$$

如果$\boldsymbol{M}$可分解为式(9.9.2)所示的形式，则

$$\dot{\boldsymbol{M}}=\dot{s}\overline{\boldsymbol{M}} \tag{9.9.20}$$

并且式(9.9.18)中的$\dot{\boldsymbol{M}}$可用$\overline{\boldsymbol{M}}$来代替。

横波的极化角 ε 在5.8.4小节中定义为 $\boldsymbol{u}^{\mathrm{S}}$ 和 $\boldsymbol{u}^{\mathrm{SV}}$ 之间的夹角，由下式给出，即

$$\tan\varepsilon = \mathcal{R}^{\mathrm{SH}}/\mathcal{R}^{\mathrm{SV}} \tag{9.9.21}$$

角度 ε 在以横波为基础研究震源机制时会用到（Stauder，1960和1962；Herrmann，1975）。

最后，将求出当 M_{ij} 为对称张量时 $\mathcal{R}^{\mathrm{P}}$ 取极值的方向。为此，将确定在 $|\boldsymbol{\Gamma}|^2=\gamma_i\gamma_i=1$ 的条件下，使式(9.9.18a)取极值的矢量 $\boldsymbol{\Gamma}$ 的方向。如3.9节所述，这里将采用求条件极值的拉格朗日乘数法。此时，相应的拉格朗日函数是

$$F = \gamma_i \dot{M}_{ij}\gamma_j + \lambda(1-\gamma_i\gamma_i) \tag{9.9.22}$$

对 F 关于 γ_k 求偏导数并令其等于零，得

$$\frac{\partial F}{\partial \gamma_k} = \dot{M}_{kj}\gamma_j + \gamma_i\dot{M}_{ik} - 2\lambda\gamma_k = 2(\dot{M}_{kj}\gamma_j - \lambda\gamma_k) = 0 \tag{9.9.23}$$

式中，利用了 $\dot{M}_{ij}$ 的对称性。由式(9.9.23)可以得到

$$\dot{M}_{kj}\gamma_j = \lambda\gamma_k \tag{9.9.24}$$

因此，$\mathcal{R}^{\mathrm{P}}$ 的极值是在 $\dot{M}_{ij}$ 的特征矢量方向上。如果用 $\boldsymbol{\Gamma}^e$ 表示取得极值的方向，则由式(9.9.18a)和式(9.9.24)得到 $\mathcal{R}^{\mathrm{P}}$ 对应的极值为

$$\gamma_i^e\dot{M}_{ij}\gamma_j^e = \gamma_i^e\lambda\gamma_i^e = \lambda \tag{9.9.25}$$

总之，通过求解特征值问题的式(9.9.24)，我们可得到 $\mathcal{R}^{\mathrm{P}}$ 取极值的方向和极值（只要矩张量是对称的）。一些具体的例子将在9.12节中给出（见问题9.25）。

9.10 双力偶与压缩拉张偶极子对的等价性

这里将证明一对互相之间成直角的且分别与 x_1 轴和 x_3 轴成45°角的拉张和压缩偶极子对（见图9.11）与双力偶 $\boldsymbol{M}_{13}+\boldsymbol{M}_{31}$（见9.8节）生成相同的辐射花样。这种等价性是由Nakano在1923年给出的（Ben-Menahem，1995）。为此，只要证明这两种震源具有相同的矩张量就足够了。这里将利用第1章导出的张量分量的变换定律对此加以证明。在(x_1，x_2，x_3)坐标系中，由式(9.9.4)可写出双力偶的矩张量为

$$\overline{\boldsymbol{M}}^{\mathrm{dc}} = \begin{pmatrix} 0 & 0 & 1 \\ 0 & 0 & 0 \\ 1 & 0 & 0 \end{pmatrix} \tag{9.10.1}$$

而偶极子对具有矩张量 $\overline{\boldsymbol{M}}$ 尚需确定。为了求出 $\overline{\boldsymbol{M}}$，首先注意在旋转后的坐标系($x_1{}'$，$x_2{}'$，$x_3{}'$)中，偶极子对有矩张量 $\overline{\boldsymbol{M}}'$：

$$\overline{\boldsymbol{M}}' = \begin{pmatrix} 1 & 0 & 0 \\ 0 & 0 & 0 \\ 0 & 0 & -1 \end{pmatrix} \tag{9.10.2}$$

由式(1.4.20)可知，$\overline{\boldsymbol{M}}$ 和 $\overline{\boldsymbol{M}}'$ 有以下关系式，即

$$\overline{M} = R^{\mathrm{T}}\overline{M'}R \tag{9.10.3}$$

式中，$\boldsymbol{R}$ 表示在这种情况下绕 x_2 轴逆时针旋转 45°时对应的旋转矩阵，即

$$\boldsymbol{R} = \begin{pmatrix} \cos45° & 0 & \sin45° \\ 0 & 1 & 0 \\ -\sin45° & 0 & \cos45° \end{pmatrix} \tag{9.10.4}$$

在按式(9.10.3)做了乘积运算后，得出(见问题 9.26)

$$\overline{M} = \overline{M}^{\mathrm{dc}} \tag{9.10.5}$$

这就证明了两组力的等价性。还可见到，这两个张量的迹和行列式的值都为零。

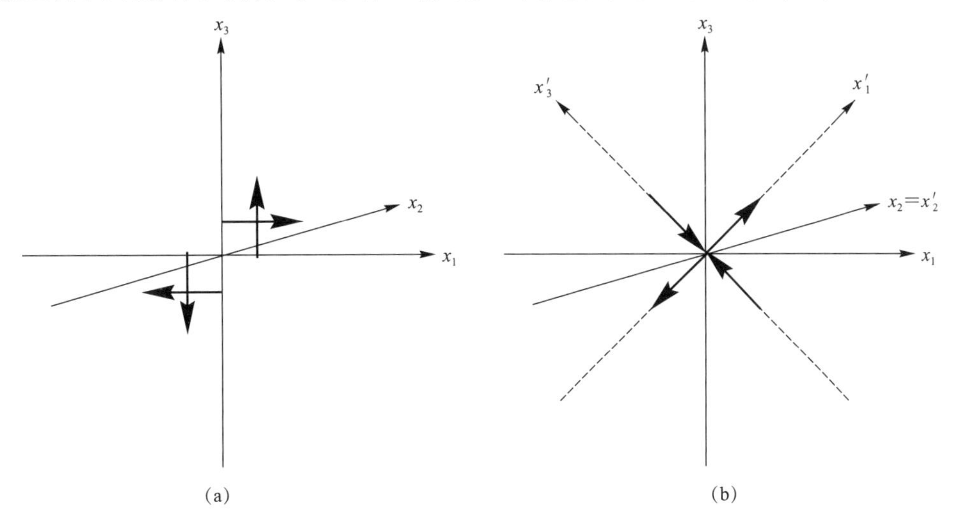

图 9.11　双力偶与压缩拉张偶极子对的图形表示

图中所示的双力偶和压缩拉张偶极子对具有相同的矩张量表示，因此生成同样的辐射花样(Pujol 和 Herrmann, 1990；Ben-Menahem 和 Singh, 1980)。

(a)双力偶 $\boldsymbol{M}_{13}+\boldsymbol{M}_{31}$；(b)($x_1$, x_3) 平面内的压缩拉张偶极子对

9.11　拉张和压缩轴

在 9.10 节中讨论的双力偶和拉张－压缩偶极子对的等价性是极其重要的，由此可引入两个单位矢量，即

$$\boldsymbol{t} = (1/\sqrt{2})\begin{pmatrix} 1 \\ 0 \\ 1 \end{pmatrix}; \quad \boldsymbol{p} = (1/\sqrt{2})\begin{pmatrix} 1 \\ 0 \\ -1 \end{pmatrix} \tag{9.11.1}$$

这两个矢量指示出了含偶极子对的两个轴的方向。与矢量 $\boldsymbol{t}$ 对应的轴称为 T 轴或张力轴，此轴位于在接收点处生成压力的 (x_1, x_3) 平面的两个象限中的一个象限内，而与矢量 $\boldsymbol{p}$ 对应的轴称为 P 轴或压缩轴，位于拉伸(膨胀)象限内。

另外，将证明 $\boldsymbol{t}$ 和 $\boldsymbol{p}$ 是 $\overline{\boldsymbol{M}}^{\mathrm{dc}}$ 的特征矢量。为此，求解以下方程组，即

$$\overline{\boldsymbol{M}}^{\mathrm{dc}}\boldsymbol{v} = \lambda\boldsymbol{v} \tag{9.11.2}$$

或者

$$\begin{pmatrix} 0 & 0 & 1 \\ 0 & 0 & 0 \\ 1 & 0 & 0 \end{pmatrix}\begin{pmatrix} v_1 \\ v_2 \\ v_3 \end{pmatrix} = \lambda\begin{pmatrix} v_1 \\ v_2 \\ v_3 \end{pmatrix} \tag{9.11.3}$$

因为 $\overline{\boldsymbol{M}}^{\mathrm{dc}}$ 是对称的，所以它的特征值是实数(见 1.4.6 小节)。通过让式(9.11.3)左右各分量相等，得到

$$v_3 = \lambda v_1 \tag{9.11.4a}$$

$$0 = \lambda v_2 \tag{9.11.4b}$$

$$v_1 = \lambda v_3 \tag{9.11.4c}$$

由式(9.11.4)可见，$\lambda^2 = 1$ 或 $\lambda = \pm 1$。易验证，矢量 $\boldsymbol{t}$ 和 $\boldsymbol{p}$ 在特征值 λ 分别取 1 和 -1 时满足式(9.11.3)，这就证明了 $\boldsymbol{t}$ 和 $\boldsymbol{p}$ 是 $\overline{\boldsymbol{M}}^{\mathrm{dc}}$ 的特征矢量。由式(9.11.4b)可知，$\lambda = 0$ 也是一个特征值，具有单位特征矢量 $\boldsymbol{b}$

$$\boldsymbol{b} = \begin{pmatrix} 0 \\ 1 \\ 0 \end{pmatrix} \tag{9.11.5}$$

以此矢量定义的轴称为 B 轴或零位轴。注意

$$\boldsymbol{b} = \boldsymbol{t} \times \boldsymbol{p} \tag{9.11.6}$$

即矢量 $\boldsymbol{p}$、$\boldsymbol{b}$ 和 $\boldsymbol{t}$ 形成右手坐标系。

如在 1.4.6 小节中所讨论的，用已知张量的特征矢量形成的矩阵可以将此张量化为对角矩阵形式，且对角元素等于张量的特征值。实际上，如果矩阵 $\boldsymbol{R}$ 的行矢量分别为 $\boldsymbol{t}$、$\boldsymbol{b}$ 和 $\boldsymbol{p}$，则有

$$\overline{\boldsymbol{M}}' = \boldsymbol{R}^{\mathrm{T}}\overline{\boldsymbol{M}}^{\mathrm{dc}}\boldsymbol{R} \tag{9.11.7}$$

式中，$\overline{\boldsymbol{M}}'$ 由式(9.10.2)给出(见问题 9.27)。

9.12 单力偶 M_{31} 和双力偶 $M_{13} + M_{31}$ 的辐射花样

单力偶 $\boldsymbol{M}_{31}$(见图 9.8)的矩张量由式(9.9.3)给出，即

$$\overline{\boldsymbol{M}}^{\mathrm{sc}} = \begin{pmatrix} 0 & 0 & 0 \\ 0 & 0 & 0 \\ 1 & 0 & 0 \end{pmatrix} \tag{9.12.1}$$

它是非对称的。

利用式(9.9.18)可得这种源生成的 P 波、SV 波和 SH 波的辐射花样，为

$$\mathcal{R}^{\mathrm{P}} = \gamma_1\gamma_3 = \frac{1}{2}\sin 2\theta\cos\phi \tag{9.12.2a}$$

$$\mathcal{R}^{SV} = \gamma_1 \Theta_3 = -\sin^2\theta\cos\phi \tag{9.12.2b}$$

$$\mathcal{R}^{SH} = \gamma_1 \Phi_3 = 0 \tag{9.12.2c}$$

式(9.12.2c)说明这种源不生成SH波。

辐射花样 $\mathcal{R}^P$ 和 $\mathcal{R}^{SV}$ 依赖于 θ 和 ϕ，所以它们不再有在9.5.3小节中讨论的表征单力的轴对称性。但是，通过观察它们的极大值或极小值，便能想象出它们图形的形状。$\mathcal{R}^P$ 有四个瓣(或叶)，在 (x_1, x_2) 平面和 (x_2, x_3) 平面(称为"节点面")上是零，在与 x_1 轴和 x_3 轴成45°的直线上达到极大的绝对值[见图9.12(a)、(c)]。由膨胀和压缩交替地形成辐射花样图案。$\mathcal{R}^{SV}$ 只有两个瓣，在 (x_2, x_3) 平面上是零，在 x_1 轴上有极大的绝对值[见图9.12(b)、(d)]。这些辐射花样将在10.9节中用等面积投影来展示。

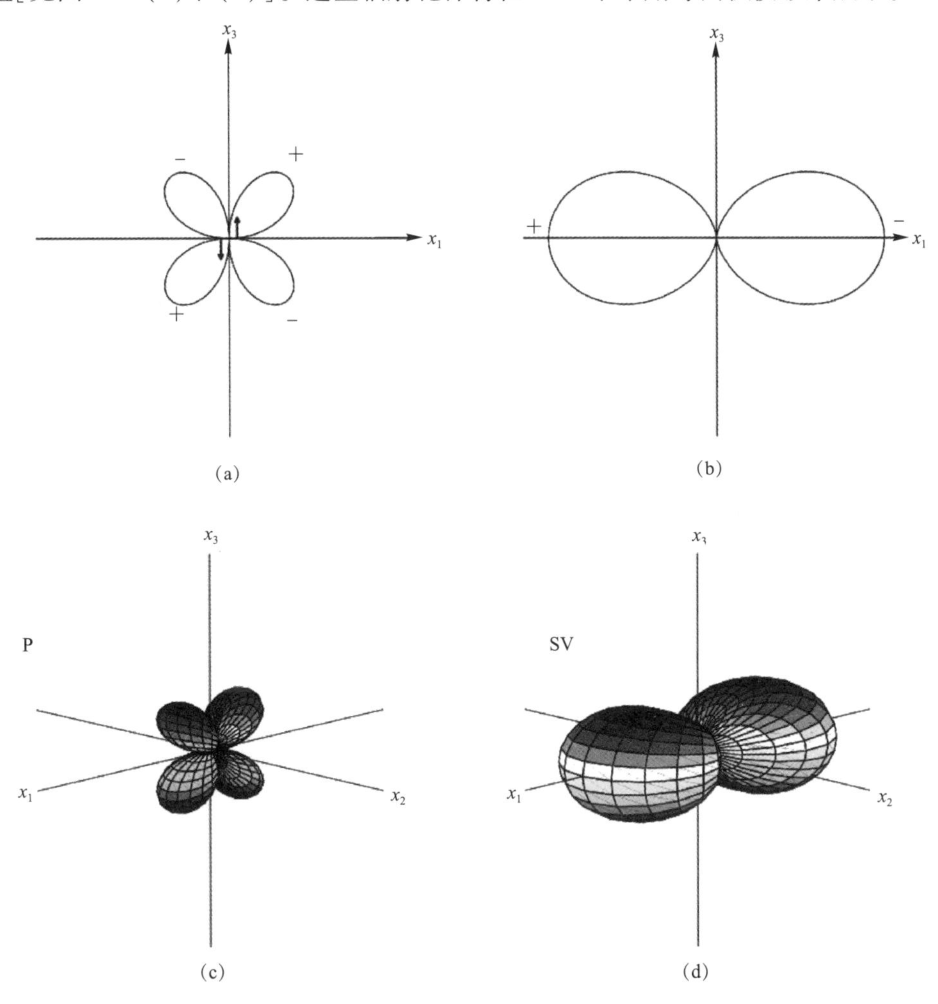

图9.12　由单力偶 M_{31} 生成的P波和S波的远场辐射花样的二维和三维图形

(a)、(c) $|\mathcal{R}^P|$ 的二维和三维图形；(b)、(d) $|\mathcal{R}^{SV}|$ 的二维和三维图形

在9.10节和9.11节中讨论的双力偶 $\boldsymbol{M}_{13} + \boldsymbol{M}_{31}$ 的矩张量 $\overline{\boldsymbol{M}}^{dc}$ 由下式给出，即

$$\overline{\boldsymbol{M}}^{\mathrm{dc}} = \begin{pmatrix} 0 & 0 & 1 \\ 0 & 0 & 0 \\ 1 & 0 & 0 \end{pmatrix} \tag{9.12.3}$$

由式(9.9.18)可得双力偶 $\boldsymbol{M}_{13}+\boldsymbol{M}_{31}$ 的辐射花样，为

$$\mathcal{R}^{\mathrm{P}} = 2\gamma_1\gamma_3 = \sin 2\theta\cos\phi \tag{9.12.4a}$$

$$\mathcal{R}^{\mathrm{SV}} = \gamma_1\Theta_3 + \gamma_3\Theta_1 = \cos 2\theta\cos\phi \tag{9.12.4b}$$

$$\mathcal{R}^{\mathrm{SH}} = \gamma_1\Phi_3 + \gamma_3\Phi_1 = -\cos\theta\sin\phi \tag{9.12.4c}$$

如同在9.9.1小节中的讨论所预期的那样，$\mathcal{R}^{\mathrm{P}}$(见图9.13)在与 T 轴和 P 轴一致的方向上取得极值(见问题9.28)；另外，B 轴不是取得极值的方向，且 B 轴位于两个节点平面的交线上。

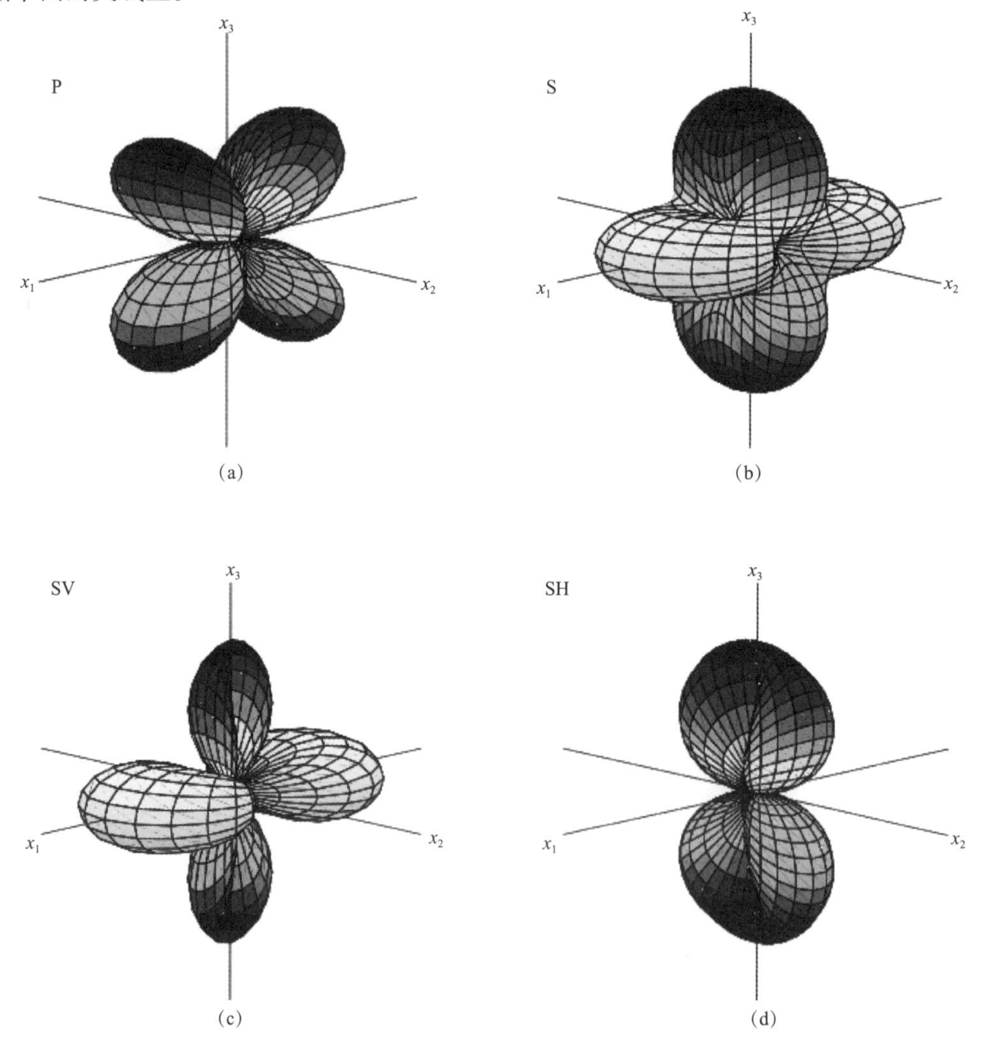

图9.13　双力偶 $\boldsymbol{M}_{13}+\boldsymbol{M}_{31}$ 生成的P波和S波的远场辐射花样的三维图形

(a) $|\mathcal{R}^{\mathrm{P}}|$[式(9.12.4a)]的图形；(b) $|\mathcal{R}^{\mathrm{S}}|$[式(9.12.5)]的图形

(c) $|\mathcal{R}^{\mathrm{SV}}|$[式(9.12.4b)]的图形；(d) $|\mathcal{R}^{\mathrm{SH}}|$[式(9.12.4c)]的图形

如同从 $\mathcal{R}^{SH}$ 和 $\mathcal{R}^{SV}$ 的绝对值(见图 9.13)中可以看到的那样，$\mathcal{R}^{SH}$ 和 $\mathcal{R}^{SV}$ 的图形十分复杂，当用等面积投影图显示时(见 10.9 节)，能够更好理解。辐射花样 $\boldsymbol{u}^{S}$ 的绝对值由下式给出，即

$$|\mathcal{R}^{S}| = [(\mathcal{R}^{SH})^2 + (\mathcal{R}^{SV})^2]^{1/2} = (\cos^2 2\theta\cos^2\phi + \cos^2\theta\sin^2\phi)^{1/2} \tag{9.12.5}$$

$|\mathcal{R}^{S}|$ 有四瓣，沿 x_1 轴和 x_3 轴取最大值(见图 9.13)，在 $\mathcal{R}^{P}$ 取极大值的线上，S 波运动为零。

比较单力偶和双力偶的辐射花样是有益的。从式(9.12.2a)和式(9.12.4a)中可以见到，对于 P 波，它们是相同的(因子 2 除外)。所以，若仅能获取 P 波信息，则无法区分开这两种源。然而，它们产生的 S 波的辐射花样不同，由此可以区分这两种震源。单力偶和双力偶的辐射花样的这些性质在早期的关于哪种力系能更好地表示天然地震震源的辩论中起到了关键作用(Stauder，1962)。

9.13　矩张量源、总场

尽管远场观测占地震观测的大部分，但是对地震破裂过程的深入了解仍然是研究的目标，这需要接近震源的观测，即在近场内观测。因此，有必要考虑式(9.9.1)中的所有项，附录 E 做了这项工作，其最终的结果为(Aki 和 Richards，1980；Haskell，1964)

$$\begin{aligned}4\pi\rho u_k(\boldsymbol{x},t) =\ & (15\gamma_k\gamma_i\gamma_j - 3\gamma_k\delta_{ij} - 3\gamma_i\delta_{kj} - 3\gamma_j\delta_{ki})\frac{1}{r^4}\int_{r/\alpha}^{r/\beta}\tau M_{ij}(t-\tau)\mathrm{d}\tau + \\ & (6\gamma_k\gamma_i\gamma_j - \gamma_k\delta_{ij} - \gamma_i\delta_{kj}\quad \gamma_j\delta_{ki})\frac{1}{\alpha^2 r^2}M_{ij}\left(t-\frac{r}{\alpha}\right) - \\ & (6\gamma_k\gamma_i\gamma_j - \gamma_k\delta_{ij} - \gamma_i\delta_{kj} - 2\gamma_j\delta_{ki})\frac{1}{\beta^2 r^2}M_{ij}\left(t-\frac{r}{\beta}\right) + \\ & \gamma_k\gamma_i\gamma_j\frac{1}{\alpha^3 r}\dot{M}_{ij}\left(t-\frac{r}{\alpha}\right) - (\gamma_k\gamma_i - \delta_{ki})\gamma_j\frac{1}{\beta^3 r}\dot{M}_{ij}\left(t-\frac{r}{\beta}\right)\end{aligned} \tag{9.13.1}$$

为了简化式(9.13.1)，假设 $M_{ij}(t)$ 可以像式(9.9.2)那样分解，即

$$M_{ij}(t) = D(t)\overline{M}_{ij} \tag{9.13.2}$$

再将式(9.13.1)写成矢量形式，有

$$\begin{aligned}4\pi\rho\boldsymbol{u}(\boldsymbol{x},t) =\ & \boldsymbol{A}^{N}\frac{1}{r^4}\int_{r/\alpha}^{r/\beta}\tau D(t-\tau)\mathrm{d}\tau + \boldsymbol{A}^{I\alpha}\frac{1}{\alpha^2 r^2}D\left(t-\frac{r}{\alpha}\right) - \\ & \boldsymbol{A}^{I\beta}\frac{1}{\beta^2 r^2}D\left(t-\frac{r}{\beta}\right) + \boldsymbol{A}^{FP}\frac{1}{\alpha^3 r}\dot{D}\left(t-\frac{r}{\alpha}\right) - \boldsymbol{A}^{FS}\frac{1}{\beta^3 r}\dot{D}\left(t-\frac{r}{\beta}\right)\end{aligned} \tag{9.13.3}$$

式中

$$\boldsymbol{A}^{N} = 3[5(\boldsymbol{\Gamma}^{T}\overline{\boldsymbol{M}}\boldsymbol{\Gamma})\boldsymbol{\Gamma} - tr(\overline{\boldsymbol{M}})\boldsymbol{\Gamma} - \overline{\boldsymbol{M}}^{T}\boldsymbol{\Gamma} - \overline{\boldsymbol{M}}\boldsymbol{\Gamma}] \tag{9.13.4}$$

$$\boldsymbol{A}^{I\alpha} = 6(\boldsymbol{\Gamma}^{T}\overline{\boldsymbol{M}}\boldsymbol{\Gamma})\boldsymbol{\Gamma} - tr(\overline{\boldsymbol{M}})\boldsymbol{\Gamma} - \overline{\boldsymbol{M}}^{T}\boldsymbol{\Gamma} - \overline{\boldsymbol{M}}\boldsymbol{\Gamma} \tag{9.13.5}$$

$$\boldsymbol{A}^{FP} = (\boldsymbol{\Gamma}^{T}\overline{\boldsymbol{M}}\boldsymbol{\Gamma})\boldsymbol{\Gamma} \tag{9.13.6}$$

$$\boldsymbol{A}^{\mathrm{I}\beta} = 6(\boldsymbol{\Gamma}^{\mathrm{T}}\overline{\boldsymbol{M}}\boldsymbol{\Gamma})\boldsymbol{\Gamma} - tr(\overline{\boldsymbol{M}})\boldsymbol{\Gamma} - \overline{\boldsymbol{M}}^{\mathrm{T}}\boldsymbol{\Gamma} - 2\overline{\boldsymbol{M}}\boldsymbol{\Gamma} \tag{9.13.7}$$

$$\boldsymbol{A}^{\mathrm{FS}} = (\boldsymbol{\Gamma}^{\mathrm{T}}\overline{\boldsymbol{M}}\boldsymbol{\Gamma})\boldsymbol{\Gamma} - \overline{\boldsymbol{M}}\boldsymbol{\Gamma} \tag{9.13.8}$$

式中，$\overline{\boldsymbol{M}}$ 表示分量为$\overline{M}_{ij}$的张量；tr 表示迹(见问题9.29)。上标N、I和F分别表示近场、中场和远场，P和S代表波的类型。中场用上标α和β来代替远场所用的P和S的原因是$\boldsymbol{A}^{\mathrm{I}\alpha}$和$\boldsymbol{A}^{\mathrm{I}\beta}$不是分别在$\boldsymbol{\Gamma}$方向上和垂直于$\boldsymbol{\Gamma}$的方向上，这两个方向是定义纵波运动和横波运动的标准(见5.8.1小节和9.5.1小节)。对于对称矩张量，式(9.13.3)~式(9.13.8)可以得到一些简化，因为$\overline{\boldsymbol{M}}^{\mathrm{T}}\boldsymbol{\Gamma}=\overline{\boldsymbol{M}}\boldsymbol{\Gamma}$。

为了便于计算，引入满足下式的函数$J(t)$(与9.5.2小节类似)

$$J'(t) = D(t) \tag{9.13.9}$$

利用分部积分，且记(Harkrider，1976)

$$G(t) = \int_0^t J(\tau)\mathrm{d}\tau;\quad E(t) = J(t);\quad D'(t) = J''(t) \tag{9.13.10}$$

于是式(9.13.3)变为(见问题9.30)

$$\begin{aligned}4\pi\rho\boldsymbol{u}(\boldsymbol{x},t) = {}& \boldsymbol{A}^{\mathrm{N}}\left[\frac{1}{r^4}G\left(t-\frac{r}{\alpha}\right)+\frac{1}{\alpha r^3}E\left(t-\frac{r}{\alpha}\right)\right]+\boldsymbol{A}^{\mathrm{I}\alpha}\frac{1}{\alpha^2 r^2}D\left(t-\frac{r}{\alpha}\right)+\\ & \boldsymbol{A}^{\mathrm{FP}}\frac{1}{\alpha^3 r}\dot{D}\left(t-\frac{r}{\alpha}\right)-\boldsymbol{A}^{\mathrm{N}}\left[\frac{1}{r^4}G\left(t-\frac{r}{\beta}\right)+\frac{1}{\beta r^3}E\left(t-\frac{r}{\beta}\right)\right]-\\ & \boldsymbol{A}^{\mathrm{I}\beta}\frac{1}{\beta^2 r^2}D\left(t-\frac{r}{\beta}\right)-\boldsymbol{A}^{\mathrm{FS}}\frac{1}{\beta^3 r}\dot{D}\left(t-\frac{r}{\beta}\right)\end{aligned} \tag{9.13.11}$$

在10.10节中，将利用式(9.13.11)来研究接收点到源点的距离和震源时间函数的频率成分对由地震产生的位移的影响。然而，这里需要注意，含有因子r^{-2}的项绝不会是占优势的项，所以将由含因子r^{-2}的项组成的表达式称为“中场”在某种程度上会引起误解(Aki 和 Richards，1980)。

式(9.13.11)给出的是$\boldsymbol{u}(\boldsymbol{x})$在笛卡儿坐标系下的分量。为了得到$\boldsymbol{u}(\boldsymbol{x})$在球坐标系下的分量表达式，可以利用下面给出的辐射花样的公式，但是利用在10.10节中描述的坐标系旋转会更简单。

辐射花样

如同在9.9.1小节中所做的那样，由式(9.13.11)给出的位移$\boldsymbol{u}$将沿单位矢量$\boldsymbol{\Gamma}$、$\boldsymbol{\Theta}$和$\boldsymbol{\Phi}$进行分解。另外，将集中考虑辐射花样，此时得到

$$\mathcal{R}^{\mathrm{N}\Gamma} = \pm\boldsymbol{\Gamma}^{\mathrm{T}}\boldsymbol{A}^{\mathrm{N}} \tag{9.13.12a}$$

$$\mathcal{R}^{\mathrm{N}\Theta} = \pm\boldsymbol{\Theta}^{\mathrm{T}}\boldsymbol{A}^{\mathrm{N}} \tag{9.13.12b}$$

$$\mathcal{R}^{\mathrm{N}\Phi} = \pm\boldsymbol{\Phi}^{\mathrm{T}}\boldsymbol{A}^{\mathrm{N}} \tag{9.13.12c}$$

式中，+和-分别表示以波速度α和β传播的波。

$$\mathcal{R}^{\mathrm{I}\alpha\Gamma} = \boldsymbol{\Gamma}^{\mathrm{T}}\boldsymbol{A}^{\mathrm{I}\alpha} \tag{9.13.13a}$$

$$\mathcal{R}^{\mathrm{I}\alpha\Theta} = \boldsymbol{\Theta}^{\mathrm{T}}\boldsymbol{A}^{\mathrm{I}\alpha} \tag{9.13.13b}$$

$$\mathcal{R}^{\mathrm{I}\alpha\Phi} = \boldsymbol{\Phi}^{\mathrm{T}}\boldsymbol{A}^{\mathrm{I}\alpha} \tag{9.13.13c}$$

$$\mathcal{R}^{\mathrm{I}\beta\Gamma} = -\boldsymbol{\Gamma}^{\mathrm{T}}\boldsymbol{A}^{\mathrm{I}\beta} \tag{9.13.14a}$$

$$\mathcal{R}^{\mathrm{I}\beta\Theta} = -\boldsymbol{\Theta}^{\mathrm{T}}\boldsymbol{A}^{\mathrm{I}\beta} \tag{9.13.14b}$$

$$\mathcal{R}^{\mathrm{I}\beta\Phi} = -\boldsymbol{\Phi}^{\mathrm{T}}\boldsymbol{A}^{\mathrm{I}\beta} \tag{9.13.14c}$$

远场的表达式已由式(9.9.18)给出，这里不再赘述。利用式(9.13.4)～式(9.13.8)，并且假设矩张量是对称的，则式(9.13.12)～式(9.13.14)变为

$$\mathcal{R}^{\mathrm{N}\Gamma} = \pm\left[9\boldsymbol{\Gamma}^{\mathrm{T}}\overline{\boldsymbol{M}}\boldsymbol{\Gamma} - 3tr(\overline{\boldsymbol{M}})\right] \tag{9.13.15a}$$

$$\mathcal{R}^{\mathrm{N}\Theta} = \pm(-6\,\boldsymbol{\Theta}^{\mathrm{T}}\overline{\boldsymbol{M}}\boldsymbol{\Gamma}) \tag{9.13.15b}$$

$$\mathcal{R}^{\mathrm{N}\Phi} = \pm(-6\,\boldsymbol{\Phi}^{\mathrm{T}}\overline{\boldsymbol{M}}\boldsymbol{\Gamma}) \tag{9.13.15c}$$

式中，+和－与式(9.13.12)中的+和－意义相同(见问题9.31)。

$$\mathcal{R}^{\mathrm{I}\alpha\Gamma} = 4\,\boldsymbol{\Gamma}^{\mathrm{T}}\overline{\boldsymbol{M}}\boldsymbol{\Gamma} - tr(\overline{\boldsymbol{M}}) \tag{9.13.16a}$$

$$\mathcal{R}^{\mathrm{I}\alpha\Theta} = -2\,\boldsymbol{\Theta}^{\mathrm{T}}\overline{\boldsymbol{M}}\boldsymbol{\Gamma} \tag{9.13.16b}$$

$$\mathcal{R}^{\mathrm{I}\alpha\Phi} = -2\,\boldsymbol{\Phi}^{\mathrm{T}}\overline{\boldsymbol{M}}\boldsymbol{\Gamma} \tag{9.13.16c}$$

$$\mathcal{R}^{\mathrm{I}\beta\Gamma} = -3\,\boldsymbol{\Gamma}^{\mathrm{T}}\overline{\boldsymbol{M}}\boldsymbol{\Gamma} + tr(\overline{\boldsymbol{M}}) \tag{9.13.17a}$$

$$\mathcal{R}^{\mathrm{I}\beta\Theta} = 3\,\boldsymbol{\Theta}^{\mathrm{T}}\overline{\boldsymbol{M}}\boldsymbol{\Gamma} \tag{9.13.17b}$$

$$\mathcal{R}^{\mathrm{I}\beta\Phi} = 3\,\boldsymbol{\Phi}^{\mathrm{T}}\overline{\boldsymbol{M}}\boldsymbol{\Gamma} \tag{9.13.17c}$$

问　题

9.1　证明 $\int_{-\infty}^{+\infty} f(ax)\phi(x)\mathrm{d}x = \frac{1}{a}\int_{-\infty}^{+\infty} f(x)\phi\left(\frac{x}{a}\right)\mathrm{d}x, a > 0$。按照附录A的内容，该等式的右边是一个正则分布。当把此等式推广到 δ 函数时，可写成如式(9.2.7b)所示的符号形式(Zemanian，1965)。

9.2　验证式(9.2.12)。

9.3　验证式(9.2.13)。

9.4　验证式(9.4.18)和式(9.4.19)。

9.5　验证式(9.4.23)。

9.6　证明由式(9.4.24)给出的位移的 u_2 分量满足以下方程，即

$$\frac{\partial^2 u_2}{\partial t^2} = \beta^2\nabla^2 u_2;\quad \frac{\partial^2 u_2}{\partial x_2^2} \equiv 0。$$

9.7　验证式(9.5.4)。

9.8　验证式(9.5.11)。

9.9　验证式(9.5.15)。

9.10　为什么下面的说法是错误的？请给出两个理由。

因为 $3\gamma_i\gamma_j - \delta_{ij}$[见式(9.5.16)]与 γ_i 的点积等于 $2\gamma_j$，所以 $3\gamma_i\gamma_j - \delta_{ij}$ 表示沿 $\boldsymbol{\Gamma}$ 方向的运动。

9.11　证明矢量 $(3\gamma_i\gamma_j - \delta_{ij})$ 既不与 $\boldsymbol{\Gamma}$ 垂直，也不与 $\boldsymbol{\Gamma}$ 平行。

9.12　验证式(9.5.19)。

9.13　设 $F(\omega)$ 是 $f(t)$ 的傅里叶变换，证明

$$\mathcal{F}\left\{\frac{\mathrm{d}f}{\mathrm{d}t}\right\} = \mathrm{i}\omega F(\omega);\quad \mathcal{F}\left\{\frac{\mathrm{d}^2 f}{\mathrm{d}t^2}\right\} = -\omega^2 F(\omega)$$

并简要讨论 $f(t)$ 及其导数的能量[见 11.6.2 小节与 $f(t)$ 的频率成分的关系]。

9.14　验证式(9.5.20)。

9.15　当式(9.5.23)给定时，验证式(9.5.21)、式(9.5.22)。

9.16　求由式(9.5.23)给出的函数 J'' 的振幅谱，当 $a = 1,2$ 时，绘出 J'' 的振幅谱的图形。

9.17　证明 $|\cos\theta|$ 和 $|\sin\theta|$ 的图形分别是以 $\left(0, \pm\frac{1}{2}\right)$ 和 $\left(\pm\frac{1}{2}, 0\right)$ 为圆心，以 $\frac{1}{2}$ 为半径的一对圆。

9.18　证明 9.6 节中引入的格林函数是一个张量。

9.19　利用式(9.7.2)给出格林函数是一个张量的另一种证明。

9.20　证明 9.9 节中引入的 M_{ij}(共九项)构成一个张量。

9.21　证明旋转中心矩张量 $\boldsymbol{M}_{13} - \boldsymbol{M}_{31}$ 在近场或远场只产生 S 波，而不产生 P 波。

9.22　证明压缩中心矩张量在近场或远场只产生 P 波，而不产生 S 波。

9.23　验证式(9.9.8)和式(9.9.9)。

9.24　证明式(9.9.16)以及这三个矢量构成右手系。

9.25　参看 9.9.1 小节，证明当 M_{ij} 是对称张量时，辐射花样 $\mathcal{R}^{\mathrm{P}}$ 的极值在使得 $\mathcal{R}^{\mathrm{SV}}$ 和 $\sin\theta\mathcal{R}^{\mathrm{SH}}$ 同时为零的 θ 及 ϕ 处取得。

9.26　验证由式(9.10.3)给出的乘积可得到式(9.10.5)。

9.27　验证式(9.11.7)。

9.28　证明式(9.12.4a)的极值可沿与 T 轴和 P 轴一致的方向得到。同时，证明在这些方向上 $\mathcal{R}^{\mathrm{SV}}$ 和 $\mathcal{R}^{\mathrm{SH}}$ 都等于零。

9.29　验证式(9.13.3)。

9.30　验证式(9.13.11)。

9.31　验证式(9.13.15)～式(9.13.17)，并将它们应用于 $\overline{\boldsymbol{M}}^{\mathrm{dc}}$。

第 10 章　无限介质中的地震震源

10.1　引言

大多数天然地震都可用地层沿破裂的断层面的滑动来表示，断层面可以简单地用一个平面来模拟。当地震发生时，断层面两边突然发生相对位移，这个位移就是地震波的震源。假设地球内部在初始时刻是静止的，不存在外力，发生地震是应力－应变关系在局部区域瞬时被打破的结果，而应力－应变关系是不属于物理学基本定律的唯一的关于弹性介质的基本方程(Backus 和 Mulcahy，1976)。把这种情况与第 9 章中所讨论的情况做对比。在第 9 章中用式(9.4.2)研究体力引起的位移场，而在本章，离开断层面的点的位移是由穿过断层面的位移不连续性引起的，且因为胡克定律表达的关系被打破，所以不能直接利用式(9.4.2)。因此，我们面临的问题是：什么是等效体力？在假设断层不存在时，等效体力能精确地引起如断层滑动所引起的位移场。为系统地回答这个问题，学者们耗费了大量的时间和精力(Stauder，1962)。作为 20 世纪 20—50 年代工作的成果，类似于第 9 章中的讨论，引入了两个可能的模型，即基于单力偶的模型和基于双力偶的模型。单力偶模型容易从物理学的观点理解，主要缺陷是它有一个净力矩，而这个净力矩意味着地球内部的不平衡条件。双力偶模型没有这个问题，但更难证实。如 9.12 节(也见 10.9 节)所述，这两种模型生成不同的 S 波辐射花样，但是当时的数据质量不足以鉴别它们。即使数据可以鉴别这两种模型，它们中的任何一个也仍然没有理论上的证明。这方面的关键问题已被 Burridge 和 Knopoff(1964)解决，他们发展了不均匀各向异性介质中等效体力的理论。Burridge 和 Knopoff(1964)的研究表明，在假设各向同性的条件下，在 (x_1, x_2) 平面内沿 x_1 轴方向滑动的特别情况下，等效体力正比于 9.8 节引入的双力偶 $\boldsymbol{M}_{13}+\boldsymbol{M}_{31}$。这个结果结束了长时间以来人们关于天然地震震源性质的争论。在这个方面，还有另外两位做出重要贡献的研究者——Maruyama(1963)和 Haskell(1964)，他们找到了在均匀各向同性介质情况下双力偶的等效性。在天然地震文献中，断层滑动引起的地震称为位错。基于 Steketee(1958)的工作，位错可以用下面想象的实验可视化。考虑在弹性体内的一个面 Σ 上作一个切口，切开之后有两个面 Σ^+ 和 Σ^-，通过施加某些分布的力，两个面将有不同的变形。如果力的组合系统处于静平衡状态，则弹性体将保持原来的平衡状态。此操作的结果是穿过 Σ 面的位移间断，即位错，它被弹性体内部的形变吸纳。Steketee(1958)就地震和位错之间的关系给出了较好的讨论，虽然他的分析只限于静止情况。Stauder(1962)描述了其他学者的贡献。Burridge 和 Knopoff(1964)将这些分析推广到动态的情况，如在 10.4 节中将提到，介质中任意点处的位移依赖于穿过断层的位移和应力两者的不连续。

出于平衡的考虑，在地震情况下，应力必须是连续的，所以地震也被称为位移的位错。

在本章中，首先将根据 Burridge 和 Knopoff(1964)的文献导出体力作用与断层滑动等效的一般表达式。然后将这个表达式用于求取双力偶 $\boldsymbol{M}_{13}+\boldsymbol{M}_{31}$，而它将是讨论任意取向的断层面的基础。本章内容还包括地震矩张量的定义、两共轭平面的断层面参数对之间关系的讨论以及震源机制实际方面的研究。虽然重点考虑的是远场观测的位移，但因为关于强震运动研究的重要性日益增长，要求考虑近场的地下位移，所以本章也将讨论由地震震源引起的被称为静位移的永久变形，并给出震源附近点上的合成地震记录的例子。最后，为了表明基于均匀介质发展的理论如何适用于更实际的介质，导出了基于射线理论近似的关于远场的方程。

10.2 表示定理

一般地，受到体力作用的弹性固体的质点将发生位移，位移的状况依赖于所施加的力的性质。设 $\boldsymbol{u}$ 和 $\boldsymbol{v}$ 是相应于体力 $\boldsymbol{f}$ 和 $\boldsymbol{g}$ 引起的位移。每个位移－体力对都独立地满足弹性波方程。这里将导出这四个矢量之间的关系(涉及积分)，这种关系称为互易定理。其重要性是：如果位移－体力对之一，如 $\boldsymbol{v}$ 和 $\boldsymbol{g}$ 已知，则根据互易定理可利用有关 $\boldsymbol{v}$、$\boldsymbol{g}$ 和 $\boldsymbol{f}$ 的积分来表示 $\boldsymbol{u}$。当 $\boldsymbol{g}$ 是时间域和空间域的 δ 函数时，这个积分式被大大简化，相应的表达式被称为表示定理。如果可以求得格林函数(如当 $\boldsymbol{g}$ 是 δ 函数时求得的 $\boldsymbol{v}$)，则利用表示定理可以将潜在的复杂问题变得易于求解。这也是 Burridge和 Knopoff(1964)所做的关于体力作用等效于断裂面滑动的工作。这里将主要结合他们的分析。

下面以应力－应变关系[见式(4.5.9)]和应变－位移关系[见式(2.4.1)]为出发点推导表示定理。首先，有

$$\tau_{ij}=c_{ijpq}\varepsilon_{pq}=\frac{1}{2}c_{ijpq}(u_{p,q}+u_{q,p})=\frac{1}{2}c_{ijpq}u_{p,q}+\frac{1}{2}c_{ijpq}u_{q,p}=c_{ijpq}u_{p,q} \tag{10.2.1}$$

式中，用到了弹性参数的对称性，即 $c_{ijpq}=c_{ijqp}$[见式(4.5.3b)]。然后，将式(10.2.1)代入运动方程式(4.2.5)，并重新整理，得

$$(c_{ijpq}(\boldsymbol{x})u_{p,q}(\boldsymbol{x},t))_{,j}-\rho(\boldsymbol{x})\ddot{u}_i(\boldsymbol{x},t)=-f_i(\boldsymbol{x},t)$$

或简写为

$$(c_{ijpq}u_{p,q})_{,j}-\rho\ddot{u}_i=-f_i \tag{10.2.2}$$

式中，f_i 是单位体积上的力。

对于体力 $\boldsymbol{g}$ 以及与 $\boldsymbol{g}$ 相应的位移 $\boldsymbol{v}$，同理得到

$$(c_{ijpq}v_{p,q})_{,j}-\rho\ddot{v}_i=-g_i \tag{10.2.3}$$

再假设，当 $t<-T$ 时，体力为零，其中 T 是正常数。这意味着，为满足因果律，当 $t<-T$ 时，位移也必须是零。再将式(10.2.3)中的 t 用 $-t$ 来代替，得到

$$(c_{ijpq}\bar{v}_{p,q})_{,j}-\rho\ddot{\bar{v}}_i=-\bar{g}_i \tag{10.2.4}$$

式中

$$\bar{v}_p(\boldsymbol{x},t)=v_p(\boldsymbol{x},-t);\quad \bar{g}_p(\boldsymbol{x},t)=g_p(\boldsymbol{x},-t) \tag{10.2.5}$$

这样的运算将使接下来的工作大大简化。因为当 $t<-T$ 时，$v_p(\boldsymbol{x},t)=0$；当 $t>T$ 时，$\bar{v}_p(\boldsymbol{x},t)=0$。然后，用 $\bar{v}_i$ 乘以式(10.2.2)，用 u_i 乘以式(10.2.4)，并将乘以后的两式相减，得到

$$\begin{aligned}
&\bar{v}_i\left\{(c_{ijpq}u_{p,q})_{,j}-\rho\ddot{u}_i\right\}-u_i\left\{(c_{ijpq}\bar{v}_{p,q})_{,j}-\rho\ddot{\bar{v}}_i\right\}\\
&=\left\{c_{ijpq}(\bar{v}_iu_{p,q}-u_i\bar{v}_{p,q})\right\}_{,j}-c_{ijpq}(\bar{v}_{i,j}u_{p,q}-u_{i,j}\bar{v}_{p,q})-\rho\frac{\partial}{\partial t}(\bar{v}_i\dot{u}_i-u_i\dot{\bar{v}}_i)\\
&=u_i\bar{g}_i-\bar{v}_if_i
\end{aligned} \tag{10.2.6}$$

注意，第一个等号右边第二项是减去其前一项中多加的部分。还要注意，第二项是对于指标 ij 和 pq 对称的因子 c_{ijpq} 与对于指标 ij 和 pq 反对称的因子的乘积，因此，这一项是零。

然后，假设体力 $\boldsymbol{f}$ 和 $\boldsymbol{g}$ 作用在体积为 V、表面为 S 的物体上，对式(10.2.6)第二个等号两边的表达式关于时间 t 和体积 V 积分，左边表达式的积分为

$$\int_{-\infty}^{+\infty}\mathrm{d}t\int_V\left\{\{c_{ijpq}(\bar{v}_iu_{p,q}-u_i\bar{v}_{p,q})\}_{,j}-\rho\frac{\partial}{\partial t}(\bar{v}_i\dot{u}_i-u_i\dot{\bar{v}}_i)\right\}\mathrm{d}V \tag{10.2.7}$$

对于 t 的积分限实际上是 $-T$ 和 T，因为在这个区间之外被积函数为零。由于已经假设 ρ 不依赖时间 t，所以式(10.2.7)中的第二项为

$$\rho(\bar{v}_i\dot{u}_i-u_i\dot{\bar{v}}_i)\Big|_{-\infty}^{+\infty}=0 \tag{10.2.8}$$

这是因为，当 $t>T$ 时，$\bar{v}_i=\dot{\bar{v}}_i=0$；当 $t<-T$ 时，$u_i=\dot{u}_i=0$。在重写式(10.2.7)余下的体积分项之后，使用高斯定理，并重新整理各项，在积分之后，式(10.2.6)变成

$$\int_{-\infty}^{+\infty}\mathrm{d}t\int_V(u_ig_i-\bar{v}_if_i)\mathrm{d}V=\int_{-\infty}^{+\infty}\mathrm{d}t\int_S(\bar{v}_ic_{ijpq}u_{p,q}-u_ic_{ijpq}\bar{v}_{p,q})n_j\mathrm{d}S \tag{10.2.9}$$

式中，n_j 代表曲面 S 的向外的法向矢量。

式(10.2.9)是贝蒂互易定理的积分形式。为了给出它的某些物理意义，需注意式(10.2.9)左右两边的积分分别对应于体力所做的功和面力所做的功（见4.4节。Sokolnikoff，1956；Love，1927）。

式(10.2.9)将专门用于这样的情况，即 $\boldsymbol{g}$ 是时空域的集中力，该力沿 x_n 轴方向，这个力表示为

$$g_i(\boldsymbol{x},t)=\delta_{in}\delta(\boldsymbol{x}-\boldsymbol{\xi})\delta(t+\tau)\equiv\delta_{in}\delta(\boldsymbol{x},t;\boldsymbol{\xi},-\tau) \tag{10.2.10}$$

式(10.2.10)表示在 $-\tau$ 时刻作用在点 $\boldsymbol{\xi}$ 处的沿着 x_n 轴方向的点力。当将此式代入式(10.2.3)时，相应方程的解就是格林函数，记作 $G_{in}(\boldsymbol{x},t;\boldsymbol{\xi},-\tau)$。注意，关于格林函数中的变量和下标有下面一些约定，即前两个变量表示观测点的位置和时间，后两个变量表示震源点的位置和时间。位移 G_{in} 中的第一个下标指示位移是哪一个分量，第二个下标指示施加力沿哪一个轴的方向。在9.6节中，已经给出了对应于无限均匀介质的格林函数。

利用式(10.2.10)，可得与集中力 $\bar{g}_i(\boldsymbol{x},t)$ 对应的格林函数，它们分别是

$$\bar{g}_i(\boldsymbol{x},t)=\delta_{in}\delta(\boldsymbol{x},-t;\boldsymbol{\xi},-\tau) \tag{10.2.11a}$$

$$G_{in}(\boldsymbol{x},-t;\boldsymbol{\xi},-\tau) \tag{10.2.11b}$$

将式(10.2.10)和式(10.2.11a)代入式(10.2.9)，利用δ函数的性质，再用式(10.2.11b)来代替$\bar{v}_i$，并重排各项，可得

$$u_n(\boldsymbol{\xi},\tau) = \int_{-\infty}^{+\infty}\mathrm{d}t\int_V G_{in}(\boldsymbol{x},-t;\boldsymbol{\xi},-\tau)f_i(\boldsymbol{x},t)\mathrm{d}V_x + \int_{-\infty}^{+\infty}\mathrm{d}t\int_S\{G_{in}(\boldsymbol{x},-t;\boldsymbol{\xi},-\tau)c_{ijpq}(\boldsymbol{x})u_{p,q}(\boldsymbol{x},t) - u_i(\boldsymbol{x},t)c_{ijpq}(\boldsymbol{x})G_{pn,q}(\boldsymbol{x},-t;\boldsymbol{\xi},-\tau)\}n_j\mathrm{d}S_x \tag{10.2.12}$$

式中，$\mathrm{d}V$和$\mathrm{d}S$的下标指示积分变量(见问题10.1)。

注意，变量$\boldsymbol{\xi}$在式(10.2.12)的左边表示观测点的位置，而在式(10.2.12)右边的格林函数中表示震源点的位置。为了改变这种情况，使$\boldsymbol{\xi}$在各处都表示观测点的位置，这就必须要交换格林函数中变量的次序。但是，仅当式(10.2.12)中的位移和格林函数在曲面S上都满足相同的均匀边界条件时(如它们都为零的边界条件，见10.4节)，才可以这样做。在这种情况下，如果假设$\boldsymbol{f}$是在τ'时刻加到$\boldsymbol{\xi}'$点处沿x_m轴方向的点力，即

$$f_i(\boldsymbol{x},t) = \delta_{im}\delta(\boldsymbol{x},t;\boldsymbol{\xi}',\tau') \tag{10.2.13}$$

则由式(10.2.12)得到

$$G_{nm}(\boldsymbol{\xi},\tau;\boldsymbol{\xi}',\tau') = G_{mn}(\boldsymbol{\xi}',-\tau';\boldsymbol{\xi},-\tau) \tag{10.2.14}$$

式(10.2.14)的左边对应于式(10.2.13)所示的格林函数。注意，在这两个函数中，下标m和n的次序是不同的。式(10.2.14)表示格林函数的一种空间－时间互换性。

在均匀边界条件的假设下，综合式(10.2.12)和式(10.2.14)，并交换变量$\boldsymbol{\xi}$和$\boldsymbol{x}$以及τ和t(使得$\boldsymbol{x}$和t在各处都表示观测点的位置和力的作用时间)，得到

$$u_n(\boldsymbol{x},t) = \int_{-\infty}^{+\infty}\mathrm{d}\tau\int_V G_{ni}(\boldsymbol{x},t;\boldsymbol{\xi},\tau)f_i(\boldsymbol{\xi},\tau)\mathrm{d}V_\xi + \int_{-\infty}^{+\infty}\mathrm{d}\tau\int_S[G_{ni}(\boldsymbol{x},t;\boldsymbol{\xi},\tau)c_{ijpq}(\boldsymbol{\xi})u_{p,q}(\boldsymbol{\xi},\tau) - u_i(\boldsymbol{\xi},\tau)c_{ijpq}(\boldsymbol{\xi})G_{np,q'}(\boldsymbol{x},t;\boldsymbol{\xi},\tau)]n_j\mathrm{d}S_\xi \tag{10.2.15}$$

式中，下标q'表示对ξ_q的导数。

式(10.2.15)就是表示定理，将用于求与断层面滑动引起地震的等效体力。但是在用它求等效体力之前，必须修改其中的面积分，使其能用于物体内存在不连续面的情况。如10.1节所述，这样做之所以必要，是因为对于天然地震，其模型就是断层面的滑动，而穿过此断层面的位移是不连续的。

10.3 体内存在不连续面时的高斯定理

考虑关于矢量或张量$\boldsymbol{B}$的高斯定理(见1.4.9小节)

$$\int_V \nabla\cdot B\mathrm{d}V = \int_S B\cdot\boldsymbol{n}\mathrm{d}S \tag{10.3.1}$$

式中，S是体积V的表面，$\boldsymbol{n}$是S的外法线矢量。当B在体积V内的某断裂平面Σ上不

连续时，高斯定理式(10.3.1)必须作适当修改。

可按以下几步分析这个问题：①用一个表面为 C 的空洞包围面 Σ(见图 10.1)；②引入一个具有外表面 S 和内表面 C 的体积 V'，即 V'是体积 V 减去空洞后的体积；③把高斯定理应用到 V'上，在 V'内 B 是连续的；④用取极限的方法把这个定理扩展到整个体积 V 上。

设 Σ^+ 和 Σ^- 代表 Σ 的两个侧面，B^+ 和 B^- 表示 B 在 Σ^+ 和 Σ^- 上的值，C^+ 和 C^- 表示与 Σ^+ 和 Σ^- 对应的 C 的部分(见图 10.1)。把式(10.3.1)应用到 V'上，得到

$$\int_{V'} \nabla\cdot B\mathrm{d}V = \int_S B\cdot \boldsymbol{n}\mathrm{d}s + \int_{C^+} B\cdot \boldsymbol{\nu}^+\,\mathrm{d}C^+ + \int_{C^-} B\cdot \boldsymbol{\nu}^-\,\mathrm{d}C^- \tag{10.3.2}$$

式中，矢量 $\boldsymbol{\nu}^+$ 和 $\boldsymbol{\nu}^-$ 分别是 C^+ 和 C^- 的外法线矢量。

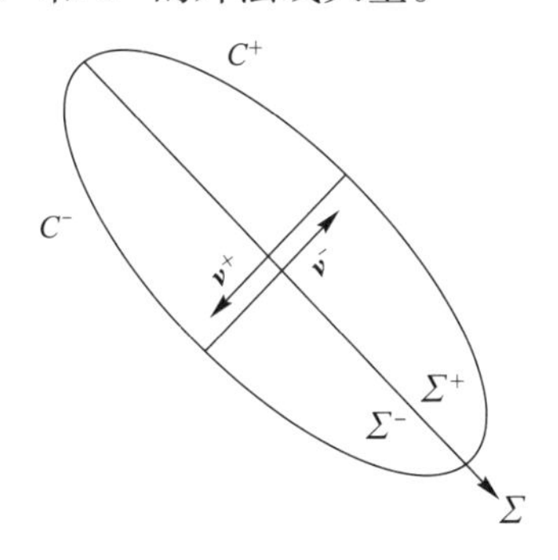

图 10.1　体内存在不连续面时应用高斯定理的几何关系图

图中，Σ 是不连续面；Σ^+ 和 Σ^- 表示 Σ 的两个侧面；C^+ 和 C^- 合在一起，形成包围 Σ 的空洞；$\boldsymbol{\nu}^+$ 和 $\boldsymbol{\nu}^-$ 是 C^+ 和 C^- 的外法线矢量。

可以让 C 按这样的方式收缩，使得 C^+ 和 C^- 分别逼近 Σ^+ 和Σ^-。随着 C 不断收缩，$\boldsymbol{\nu}^+$逼近 $-\boldsymbol{\nu}^-$。因此，在 C 趋向丁 Σ 的极限情况下，有

$$\begin{aligned}\int_V \nabla\cdot B\mathrm{d}V &= \int_S B\cdot \boldsymbol{n}\mathrm{d}s + \int_{\Sigma^+} B^+\cdot \boldsymbol{\nu}^+\,\mathrm{d}\Sigma^+ + \int_{\Sigma^-} B^-\cdot \boldsymbol{\nu}^-\,\mathrm{d}\Sigma^- \\ &= \int_S B\cdot \boldsymbol{n}\mathrm{d}s - \int_\Sigma (B^+ - B^-)\cdot \boldsymbol{\nu}\mathrm{d}\Sigma = \int_S \mathrm{B}\cdot \boldsymbol{n}\mathrm{d}s - \int_\Sigma [B]\cdot \boldsymbol{\nu}\mathrm{d}\Sigma\end{aligned} \tag{10.3.3}$$

式中，$\boldsymbol{\nu}^-$改写为 $\boldsymbol{\nu}$，并且有

$$[B] = B^+ - B^- \tag{10.3.4}$$

式中，$[B]$是 B 穿过 Σ 的不连续的差值。假设差值$[B]$是有限值，则这种不连续就是阶跃不连续。后面，表达式加中括号都表示由不连续引起的差值，与式(10.3.4)的意义相同。

10.4　与断层面滑动等效的体力

如 10.1 节所述，地震活动可用介质中的断层面滑动来模拟，假设介质在震源点上是不均匀的(弹性性质随位置发生变化)和各向异性的。后面，还将引入更多的约束条件。断层面的破裂与图 10.1 中的 Σ 类似，与前面一样，其法向矢量记为 $\boldsymbol{\nu}$。假设位移和格林函数都满足均匀边界条件，格林函数及其导数在体积 V 上都是连续的，则意味着只有位

移 $\boldsymbol{u}$ 和它的导数允许不连续。在这些条件下，由式(10.2.15)和式(10.3.3)可得

$$u_n(\boldsymbol{x},t) = \int_{-\infty}^{+\infty}\mathrm{d}\tau\int_V G_{ni}(\boldsymbol{x},t;\boldsymbol{\xi},\tau)f_i(\boldsymbol{\xi},\tau)\mathrm{d}V_\xi + \int_{-\infty}^{+\infty}\mathrm{d}\tau\int_\Sigma\Big\{[u_i(\boldsymbol{\sigma},\tau)]c_{ijpq}(\boldsymbol{\sigma})G_{np,q'}(\boldsymbol{x},t;\boldsymbol{\sigma},\tau) - G_{ni}(\boldsymbol{x},t;\boldsymbol{\sigma},\tau)c_{ijpq}(\boldsymbol{\sigma})[u_{p,q}(\boldsymbol{\sigma},\tau)]\Big\}\nu_j\mathrm{d}\Sigma \tag{10.4.1}$$

式中，矢量 $\boldsymbol{\sigma}$ 表示断层面上的点；$\mathrm{d}\boldsymbol{\Sigma}$ 是相应的面元。因为假设是均匀边界条件，所以在 S 上的积分为零。

为了求与断层面滑动等效的体力，利用单位脉冲函数 δ 的性质，将式(10.4.1)中的第二项写成如下体积分的形式(见问题10.2)

$$G_{ni}(\boldsymbol{x},t;\boldsymbol{\sigma},\tau) = \int_V\delta(\boldsymbol{\xi}-\boldsymbol{\sigma})G_{ni}(\boldsymbol{x},t;\boldsymbol{\xi},\tau)\mathrm{d}V_\xi \tag{10.4.2}$$

$$\begin{aligned}G_{np,q'}(\boldsymbol{x},t;\boldsymbol{\sigma},\tau) &= \frac{\partial}{\partial\sigma_q}G_{np}(\boldsymbol{x},t;\boldsymbol{\sigma},\tau) = \int_V\delta(\boldsymbol{\xi}-\boldsymbol{\sigma})\frac{\partial}{\partial\xi_q}G_{np}(\boldsymbol{x},t;\boldsymbol{\xi},\tau)\mathrm{d}V_\xi\\ &= -\int_V\frac{\partial}{\partial\xi_q}\delta(\boldsymbol{\xi}-\boldsymbol{\sigma})G_{np}(\boldsymbol{x},t;\boldsymbol{\xi},\tau)\mathrm{d}V_\xi\\ &= -\int_V\delta_{,q}(\boldsymbol{\xi}-\boldsymbol{\sigma})G_{np}(\boldsymbol{x},t;\boldsymbol{\xi},\tau)\mathrm{d}V_\xi\end{aligned} \tag{10.4.3}$$

将式(10.4.2)和式(10.4.3)代入式(10.4.1)，改变积分的次序，交换哑指标 i 和 p，得到

$$u_n(\boldsymbol{x},t) = \int_{-\infty}^{+\infty}\mathrm{d}\tau\int_V G_{np}(\boldsymbol{x},t;\boldsymbol{\xi},\tau)\Big\{f_p(\boldsymbol{\xi},\tau) - \int_\Sigma\Big\{[u_i(\boldsymbol{\sigma},\tau)]c_{ijpq}(\boldsymbol{\sigma})\delta_{,q}(\boldsymbol{\xi}-\boldsymbol{\sigma}) + [u_{i,q}(\boldsymbol{\sigma},\tau)]c_{pjiq}(\boldsymbol{\sigma})\delta(\boldsymbol{\xi}-\boldsymbol{\sigma})\Big\}\nu_j\mathrm{d}\Sigma\Big\}\mathrm{d}V_\xi \tag{10.4.4}$$

因为式(10.4.4)中在 $\boldsymbol{\Sigma}$ 上的积分项与体力 $f_p(\boldsymbol{\xi},\tau)$ 具有同样的表现方式，所以在 $\boldsymbol{\Sigma}$ 上的位移不连续的贡献等效于由下式给出的力 $e_p(\boldsymbol{\xi},\tau)$ 作用于无断层的介质中。

$$e_p(\boldsymbol{\xi},\tau) = -\int_\Sigma\Big\{[u_i(\boldsymbol{\sigma},\tau)]c_{ijpq}(\boldsymbol{\sigma})\delta_{,q}(\boldsymbol{\xi}-\boldsymbol{\sigma}) + [u_{i,q}(\boldsymbol{\sigma},\tau)]c_{pjiq}(\boldsymbol{\sigma})\delta(\boldsymbol{\xi}-\boldsymbol{\sigma})\Big\}\nu_j\mathrm{d}\Sigma \tag{10.4.5}$$

注意，式(10.4.5)包括对 i、j 和 q 三个指标的求和，在一般情况下，它有27项。但是，如下面所示，在某些特殊情况下，项数减少到1项。

式(10.4.5)中的 $[u_{i,q}]$ 可以用应力矢量的不连续性来表示，由此可将式(10.4.5)重写，即由式(10.2.1)和式(3.5.11)可得到

$$c_{pjiq}[u_{i,q}]\nu_j = [\tau_{pj}]\nu_j = [T_p] \tag{10.4.6}$$

于是，有

$$e_p(\boldsymbol{\xi},\tau) = -\int_\Sigma\Big\{[u_i(\sigma,\tau)]c_{ijpq}(\boldsymbol{\sigma})\delta_{,q}(\boldsymbol{\xi}-\boldsymbol{\sigma})\nu_j + [T_p(\boldsymbol{\sigma},\tau)]\delta(\boldsymbol{\xi}-\boldsymbol{\sigma})\Big\}\mathrm{d}\Sigma \tag{10.4.7}$$

注意，$[T_p]$ 是与位移 $\boldsymbol{u}$ 和法线矢量 $\boldsymbol{\nu}$ 有关的应力矢量。

对式(10.4.7)的注释如下(Burridge 和 Knopoff，1964)。首先，等效力不是一个作用

在介质中的实际的力。其次，位移及其导数的不连续性不能随意地给定。例如，假设 Σ 是在 (x_1, x_2) 平面内，则只有对 x_3 的导数可以赋予任意的值。下面将忽略 T_p 中 $u_{i,q}$ 的不连续性，因为对于天然地震模型，$[T_p]$ 取为零。这个假设是合理的，因为 T_p 的连续性（对应于牛顿定律中的作用力与反作用力相等）是人们期望的，除非有外力施加到 Σ 上。最后，当牵引力连续时，总的等效力以及对于任意坐标轴的总力矩为零（见问题 10.3）。

式(10.4.6)对于没有不连续的情况也是有用的，因为当将其应用于式(10.2.12)时，可得到方程

$$u_n(\boldsymbol{\xi}, \tau) = \int_{-\infty}^{+\infty} \mathrm{d}t \int_V G_{in}(\boldsymbol{x}, -t; \boldsymbol{\xi}, -\tau) f_i(\boldsymbol{x}, t) \mathrm{d}V_x +$$
$$\int_{-\infty}^{+\infty} \mathrm{d}t \int_S \left\{ G_{in}(\boldsymbol{x}, -t; \boldsymbol{\xi}, -\tau) T_i(\boldsymbol{x}, t) - u_i(\boldsymbol{x}, t) c_{ijpq}(\boldsymbol{x}) G_{pn,q}(\boldsymbol{x}, -t; \boldsymbol{\xi}, -\tau) n_j \right\} \mathrm{d}S_x \tag{10.4.8}$$

据式(10.4.8)可以对格林函数的均匀边界条件做出更专门的陈述。如 Aki 和 Richards (1980)所做的讨论，有两种可能的情况。第一种可能的情况，边界是刚性的，在这种情况下，位移和格林函数在边界 S 上都为零。第二种可能的情况，应力矢量（或牵引力）在边界 S 上是零，这意味着 T_i 和牵引力 $c_{ijpq} G_{pn,q} n_j$ 在边界 S 上是零。不管是哪一种情况，式(10.4.8)中在 S 面上的积分都为零。如在 6.3 节中已经提到的，地球表面是近似没有牵引力的。

10.5　地质体破裂、沿水平断裂面滑动、点源近似、双力偶

对于断层面 Σ 在水平面内的情况，面 Σ^+ 和 Σ^- 分别位于 x_3 轴的正方向和负方向（见图 10.2），这意味着 v 在 $+x_3$ 方向。再假设滑动是沿 x_1 轴方向，即在 Σ^+ 上的运动沿着 $+x_1$ 轴方向，在 Σ^- 上的运动沿着 $-x_1$ 轴方向。在这些条件下，可写出

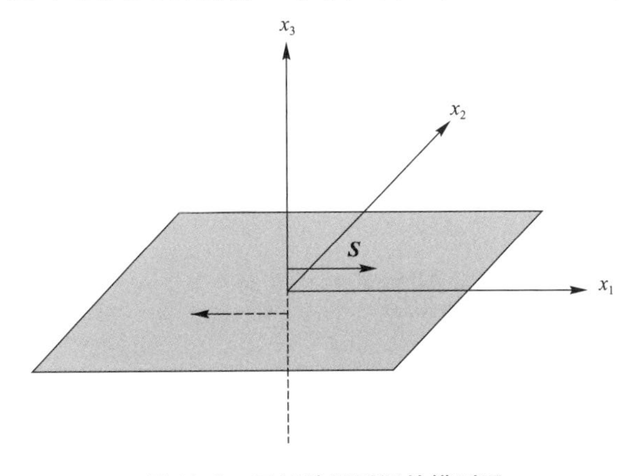

图 10.2　天然地震震源的模型图

图中示出的断层面位于 (x_1, x_2) 面内，断层面的作用与图 10.1 中的不连续面 Σ 的作用相同，$+x_3$ 的一边为 Σ^+，Σ^+ 向 $+x_1$ 轴方向移动，如图中滑动矢量 $\boldsymbol{S}$ 所示（Aki 和 Richards，1980）。

$$\boldsymbol{v}=(v_1,v_2,v_3)=(0,0,1);\quad [u_1]\neq 0;\quad [u_2]=[u_3]=0 \tag{10.5.1}$$

另外再加两个假设：第一，如前面讨论的那样，$[T_p]$取为零；第二，在断层面邻近的介质是各向同性的，以致 c_{ijpq}有以下简单的形式，即

$$c_{ijpq}=\lambda\delta_{ij}\delta_{pq}+\mu(\delta_{ip}\delta_{jq}+\delta_{iq}\delta_{jp}) \tag{10.5.2}$$

从式(10.4.7)中的被积函数的第一项以及式(10.5.1)给出的 $\boldsymbol{u}$ 和 $\boldsymbol{v}$ 的具体形式中可以看出，对式(10.4.7)右边的积分的贡献不是零的项只有系数为 c_{13pq}的项。于是由式(10.5.2)可得到

$$c_{13pq}=\lambda\delta_{13}\delta_{pq}+\mu(\delta_{1p}\delta_{3q}+\delta_{1q}\delta_{3p})=\mu(\delta_{1p}\delta_{3q}+\delta_{1q}\delta_{3p}) \tag{10.5.3}$$

这是因为 $\delta_{13}=0$。下标 1 和 3 分别来自$[u_1]$和 v_3，它们分别对应 $\boldsymbol{u}$ 和 $\boldsymbol{v}$ 不是零的唯一分量。式(10.5.3)表明，式(10.4.7)中所有可能的 27 项减少到仅有 1 项，因为只有与组合 $p=1$、$q=3$ 和 $p=3$、$q=1$ 对应的项有非零贡献。在这两种情况下，式(10.5.3)都等于 μ。此时，式(10.4.7)变为

$$\begin{aligned}e_1(\boldsymbol{\xi},\tau)&=-\int_\Sigma\mu(\boldsymbol{\sigma})[u_1(\boldsymbol{\sigma},\tau)]\delta(\xi_1-\sigma_1)\delta(\xi_2-\sigma_2)\frac{\partial}{\partial\xi_3}\delta(\xi_3)\mathrm{d}\sigma_1\mathrm{d}\sigma_2\\&=-\mu(\xi_1,\xi_2)[u_1(\xi_1,\xi_2,\tau)]\frac{\partial}{\partial\xi_3}\delta(\xi_3)\end{aligned} \tag{10.5.4}$$

$$e_2(\boldsymbol{\xi},\tau)=0 \tag{10.5.5}$$

$$\begin{aligned}e_3(\boldsymbol{\xi},\tau)&=-\int_\Sigma\mu(\boldsymbol{\sigma})[u_1(\boldsymbol{\sigma},\tau)]\frac{\partial}{\partial\xi_1}\delta(\xi_1-\sigma_1)\delta(\xi_2-\sigma_2)\delta(\xi_3)\mathrm{d}\sigma_1\mathrm{d}\sigma_2\\&=-\frac{\partial}{\partial\xi_1}\Big\{\mu(\xi_1,\xi_2)[u_1(\xi_1,\xi_2,\tau)]\Big\}\delta(\xi_3)\end{aligned} \tag{10.5.6}$$

在式(10.5.4)和式(10.5.6)中，求导数的变量和求积分的变量是不同的，因此求导数的运算都可以移到积分号的外面。

下面将证明，式(10.5.4)中的 δ 函数的导数代表一个力沿 ξ_1 轴方向，而力臂沿 ξ_3 轴方向的双力偶。因此，e_1 代表 $\boldsymbol{\Sigma}$ 面上的一个力偶系统。这个力对于 ξ_2 轴的力矩为

$$M(\tau)=\int_V\xi_3e_1dV=-\int_\Sigma\mu[u_1]\mathrm{d}\sigma_1\mathrm{d}\sigma_2\int\xi_3\frac{\partial}{\partial\xi_3}\delta(\xi_3)\mathrm{d}\xi_3=\int_\Sigma\mu[u_1]\mathrm{d}\sigma_1\mathrm{d}\sigma_2 \tag{10.5.7}$$

这里，应用了式(A.27)(见问题 10.4)。如果在断层面邻近的介质是均匀的，则 μ 是一个常数，可将其提到式(10.5.7)积分号的外面。另外，如果$[u_1]$用它在 $\boldsymbol{\Sigma}$ 上的平均值 $\bar{u}$ 来代替，则有

$$M(\tau)=\mu\bar{u}(\tau)A \tag{10.5.8a}$$

$$\bar{u}=\bar{u}(\tau)=\frac{1}{A}\int_\Sigma[u_1(\sigma_1,\sigma_2,\tau)]\mathrm{d}\sigma_1\mathrm{d}\sigma_2 \tag{10.5.8b}$$

这里，A 是 $\boldsymbol{\Sigma}$ 的面积。式(10.5.8a)是由 Aki(1966)针对下面要讨论的集中位移推导出的。Aki(1990)就这些早期工作给出了一个有意义的历史评述，这些早期工作对他在 1966 年所获得的结果具有一定的影响。

式(10.5.6)代表了一个更复杂的力的分布，Aki 和 Richards(1980)对此有更细致的讨论。为了使问题简化，假设 $\boldsymbol{\Sigma}$ 的线尺度远小于观测波的波长，且波的周期远大于震

源的持续时间(Backus 和 Mulcahy，1976；Aki 和 Richards，1980)。在这种近似下，Σ 的作用将看成用集中分布表示的点源，根据式(10.5.8)可将其位移写成

$$[u_1(\xi_1, \xi_2, \tau)] = \frac{1}{\mu} M_0 \delta(\xi_1)\delta(\xi_2)H(\tau) \tag{10.5.9}$$

式中，M_0 由下式给出，并假设为常数。

$$M_0 = \mu \bar{u} A \tag{10.5.10}$$

式(10.5.9)是 Burridge 和 Knopoff(1964)所用表达式的扩展，他们采用的表达式中不包含因子 M_0/μ。式(10.5.9)中的 $H(t)$ 是单位阶跃函数，引入此函数是为了指示在 $\tau=0$ 时刻发生突然滑动之后，滑动量保持为常数。

将式(10.5.9)代入式(10.5.4)和式(10.5.6)，得到

$$e_1(\boldsymbol{\xi}, \tau) = -M_0 \delta(\xi_1)\delta(\xi_2)\frac{\partial}{\partial \xi_3}\delta(\xi_3)H(\tau) \tag{10.5.11}$$

$$e_3(\boldsymbol{\xi}, \tau) = -M_0 \frac{\partial}{\partial \xi_1}\delta(\xi_1)\delta(\xi_2)\delta(\xi_3)H(\tau) \tag{10.5.12}$$

接下来，解释式(10.5.11)和式(10.5.12)中的导数。为此把式(10.5.11)中的导数(包括负号)写成下面的形式，即

$$-\frac{\partial}{\partial \xi_3}\delta(\xi_3) \approx \frac{1}{h}\left[\delta\left(\xi_3 - \frac{h}{2}\right) - \delta\left(\xi_3 + \frac{h}{2}\right)\right] \tag{10.5.13}$$

因为 e_1 是在 ξ_1 轴方向，所以式(10.5.13)中的导数可用力偶来表示，此力偶的力沿 ξ_1 轴方向，力臂在 ξ_3 轴方向(见图 10.3)。对照图 9.8 可见，式(10.5.11)中的导数代表力偶 $\boldsymbol{M}_{13}$。用类似的方法，可以看到，式(10.5.12)中的导数代表力偶 $\boldsymbol{M}_{31}$。因此，力 e_1 和 e_3 可以用 $M_0\boldsymbol{M}^{\mathrm{dc}}$ 表示，这里的 $\boldsymbol{M}^{\mathrm{dc}}$ 就是 9.9.4 小节中引入的双力偶 $\boldsymbol{M}_{13}+\boldsymbol{M}_{31}$。

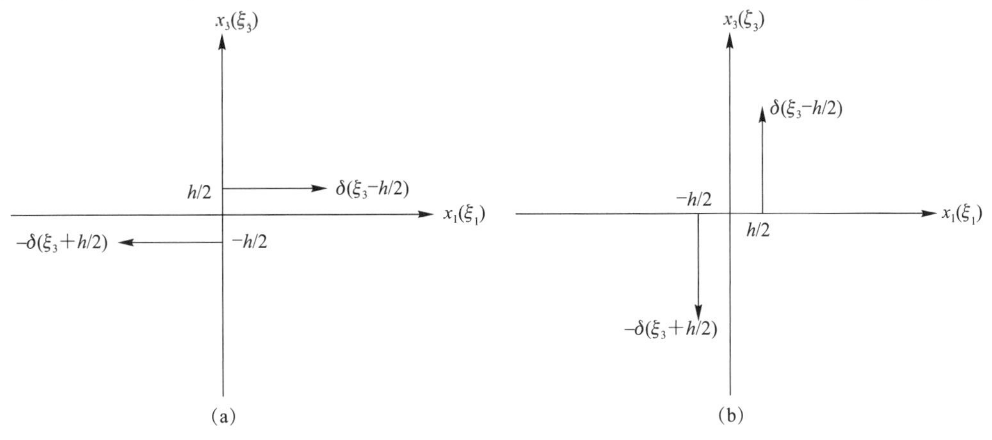

图 10.3　与沿水平断裂面滑动等效的力偶的图形表示

(a) $e_1(\boldsymbol{\xi}, \tau)$ [见式(10.5.11)]中的导数 $\frac{-\partial\delta(\xi_3)}{\partial \xi_3}$ 可以用力偶 $\boldsymbol{M}_{13}$ 表示；(b)沿 ξ_3 轴方向的导数 $\frac{-\partial\delta(\xi_1)}{\partial \xi_1}$ [见式(10.5.12)]可以用力偶 $\boldsymbol{M}_{31}$ 表示，两个力偶的组合不产生净旋转

M_0 称为标量地震矩，用于测量天然地震的大小。然而必须注意的是，M_0 的定义包括介质的刚性模量(μ)。另一种度量天然地震大小的方法是利用比值 $M_0/\mu = \bar{u}A$，Ben-

Menahem 和 Singh(1981)称这个比值为势。原则上，如果μ已知，则哪一种定义都是可以接受的，但是由于μ不是已知的，所以有人建议使用势来代替地震矩来量化地震的大小(Ben-Zion，2001)。然而必须注意，这些量没有一个可实际观测得到，因而确定其中的哪一个都须解反问题，而这需要选择地球和震源模型。因此，这些模型的任何误差都将转变为震源强度估计的误差。

另一个与 M_0 的定义有关的建议是：滑动可以不必是常数，特别是在强天然地震的情况下，式(10.5.9)中的 $M_0H(\tau)$ 必须用式(10.5.8a)给出的随时间 τ 变化的平均滑动 $M(\tau)$ 来代替。然而，对于强天然地震，用点源近似可能不合适，这时断层面可以近似分为许多个对于点源有效的小断层。大断层的影响等效于这些小断层影响的总和。10.10 节中给出了这种滑动可变的一个例子。

10.6 地震矩张量

在9.9 节中，引入了矩张量，它是在一般意义下引入的，没有考虑任何地球内发生的具体的物理过程。另外，在 10.5 节中，已经表明在 (x_1,x_2) 平面内的断层滑动可以用双力偶 $M_0(\boldsymbol{M}_{13}+\boldsymbol{M}_{31})$来表示，这个双力偶具有矩张量 $M_0\boldsymbol{M}^{\mathrm{dc}}$(见 9.9.4 小节)。因此，利用式(9.9.1)，可以研究由这种震源产生的位移场，而不需要考虑前面几节对此进行的分析。然而在引入新的矩张量定义之后，利用 10.4 节中导出的结果，可以得到与式(9.9.1)类似的两个不同的表达式，而这反过来又完善和扩展了先前的研究成果。下面给出的矩张量的两种新定义是根据位错引起的位移的两个有所不同的表达式得到的，其中之一[见式(10.4.1)]是

$$u_n(\boldsymbol{x},t)=\int_{-\infty}^{+\infty}\mathrm{d}\tau\int_{\Sigma}[u_i(\boldsymbol{\sigma},\tau)]c_{ijpq}(\boldsymbol{\sigma})G_{np,q'}(\boldsymbol{x},t;\boldsymbol{\sigma},\tau)\nu_j\,\mathrm{d}\Sigma \tag{10.6.1}$$

式中，假设不存在体力，且牵引力是连续的。下面引入矩张量密度 m_{pq}，即(Aki 和 Richards，1980)

$$m_{pq}(\boldsymbol{\sigma},\tau)=[u_i(\boldsymbol{\sigma},\tau)]c_{ijpq}(\boldsymbol{\sigma})\nu_j \tag{10.6.2}$$

利用关系式(见问题 10.5)

$$G_{np}(\boldsymbol{x},t;\boldsymbol{\sigma},\tau)=G_{np}(\boldsymbol{x},t-\tau;\boldsymbol{\sigma},0) \tag{10.6.3}$$

并同前面一样假设断层是一个点源，以致在面 Σ 上，$G_{np,q'}$ 可认为是常数。在这些条件下，式(10.6.1)变为

$$\begin{aligned}u_n(\boldsymbol{x},t)&=\int_{-\infty}^{+\infty}\left[\int_{\Sigma}m_{pq}(\boldsymbol{\sigma},\tau)\,\mathrm{d}\,\Sigma\right]G_{np,q'}(\boldsymbol{x},t-\tau;\boldsymbol{\sigma},0)\,\mathrm{d}\tau\\&=M_{pq}(t)*G_{np,q'}(\boldsymbol{x},t;\boldsymbol{\sigma},0)=M_{pq}*\frac{\partial G_{np}}{\partial\sigma_q}\end{aligned} \tag{10.6.4}$$

式中

$$M_{pq}(t)=\int_{\Sigma}m_{pq}(\boldsymbol{\sigma},t)\,\mathrm{d}\Sigma \tag{10.6.5}$$

是地震矩张量(Aki 和 Richards，1980)。式(10.6.4)与式(9.9.1)相同，但必须注意，

由式(10.6.2)导出的矩张量是对称的[见式(4.5.3b)]，而在第 9 章中没有考虑任何的空间对称性。

在各向同性介质中，可由式(10.5.2)将式(10.6.2)变为

$$m_{pq} = \lambda[u_i]v_i\delta_{pq} + \mu([u_p]v_q + [u_q]v_p) \tag{10.6.6}$$

式中，等号右边的第一项是$[\boldsymbol{u}]$和 $\boldsymbol{v}$ 的标量积，当这两个矢量相互垂直时，此项为零，当$[\boldsymbol{u}]$在 $\boldsymbol{\Sigma}$ 上时，就会出现这种情况，如 10.5 节中一样，这时

$$m_{pq} = \mu([u_p]v_q + [u_q]v_p) \tag{10.6.7}$$

当能用点源近似时，可由式(10.6.5)和式(10.6.7)得到

$$M_{pq} = A\bar{m}_{pq} = A\mu([\bar{u}_p]v_q + [\bar{u}_q]v_p) \tag{10.6.8}$$

式中，A 是断层面的面积，变量上面的一短横（“ – ”）表示取其平均值(Backus 和 Mulcahy，1976)。对于 10.5 节中讨论的特例，矩张量为

$$\boldsymbol{M} = M_0\begin{pmatrix}0 & 0 & 1\\ 0 & 0 & 0\\ 1 & 0 & 0\end{pmatrix} = M_0\boldsymbol{M}^{\mathrm{dc}} \tag{10.6.9}$$

这与先前的结果是一致的。

第二个由位错产生的位移的表达式基于等效体力 e_p。在与给出式(10.6.1)相同的假设条件下，使用式(10.4.4)和式(10.4.5)，位移可以写成

$$u_n(\boldsymbol{x},t) = \int_{-\infty}^{+\infty}\mathrm{d}\tau\int_{V_0}G_{np}(\boldsymbol{x},t;\boldsymbol{\xi},\tau)e_p(\boldsymbol{\xi},\tau)\mathrm{d}V_\xi \tag{10.6.10}$$

式中，V_0 是受力不为零的空间点的体积。下面对格林函数 G_{np} 在参考点 $\bar{\boldsymbol{\xi}}$ 处做泰勒级数展开

$$G_{np}(\boldsymbol{x},t;\boldsymbol{\xi},\tau) = G_{np}(\boldsymbol{x},t;\bar{\boldsymbol{\xi}},\tau) + (\xi_q - \bar{\xi}_q)G_{np,q'}(\boldsymbol{x},t;\bar{\boldsymbol{\xi}},\tau) + \frac{1}{2}(\xi_q - \bar{\xi}_q)(\xi_r - \bar{\xi}_r)G_{np,q'r'}(\boldsymbol{x},t;\bar{\boldsymbol{\xi}},\tau) + \cdots \tag{10.6.11}$$

式中，与先前一样，q 和 r 上方的“′”表示对 ξ_q 和 ξ_r 求导数。参考点 $\bar{\boldsymbol{\xi}}$ 的选择取决于断层的性质。对于小断层，$\bar{\boldsymbol{\xi}}$ 可以是震源位置；对于大断层，$\bar{\boldsymbol{\xi}}$ 选取为地震震源的质心，即 $\bar{\boldsymbol{\xi}}$ 选取为震源的加权平均位置更加方便(Dziewonski 和 Woodhouse，1983a；Dziewonski 等，1981；Backus，1977)。对于大断层，震源对应于破裂的初始位置。对小断层，展开式式(10.6.11)的前两项就提供了对 G_{np} 的良好近似(Stump 和 Johnson，1977；Backus 和 Mulcahy，1976)，而且式(10.6.10)中的体积分变为

$$\begin{aligned}&\int_{V_0}G_{np}(\boldsymbol{x},t;\boldsymbol{\xi},\tau)e_p(\boldsymbol{\xi},\tau)\mathrm{d}V_\xi\\ &= G_{np}(\boldsymbol{x},t;\bar{\boldsymbol{\xi}},\tau)\int_{V_0}e_p(\boldsymbol{\xi},\tau)\mathrm{d}V_\xi + G_{np,q'}(\boldsymbol{x},t;\bar{\boldsymbol{\xi}},\tau)\int_{V_0}(\xi_q - \bar{\xi}_q)e_p(\boldsymbol{\xi},\tau)\mathrm{d}V_\xi\\ &= G_{np,q'}(\boldsymbol{x},t;\bar{\boldsymbol{\xi}},\tau)\acute{M}_{pq}(\tau)\end{aligned} \tag{10.6.12}$$

式中

$$\acute{M}_{pq}(\tau) = \int_{V_0}(\xi_q - \bar{\xi}_q)e_p(\boldsymbol{\xi},\tau)\mathrm{d}V_\xi \tag{10.6.13}$$

在式(10.6.12)中，对 e_p 的积分为零，是因为已经假设牵引力连续(见问题 10.3)。由

式(10.6.13)可知，$\dot{M}_{pq}$是对称的(见问题10.7)。

将式(10.6.12)代入式(10.6.10)，并利用式(10.6.3)，得到

$$u_n(\boldsymbol{x},t) = \int_{-\infty}^{+\infty} G_{np,q'}(\boldsymbol{x},t-\tau;\bar{\boldsymbol{\xi}},0)\dot{M}_{pq}(\tau)\,\mathrm{d}\tau = \dot{M}_{pq} * \frac{\partial G_{np}}{\partial \xi_q} \qquad (10.6.14)$$

比较式(10.6.4)和式(10.6.14)可知，$\dot{M}_{pq}$是矩张量M_{pq}的等价表示(见问题10.7)。而且，因为式(10.6.13)中的被积函数是力与距离的乘积，所以式(10.6.13)推广了与式(9.8.2)相关联的力偶的力矩的定义。

矩张量密度和地震矩张量的概念是Backus和Mulcahy(1976)在更一般意义上引入的，限于地球内部力源的天然地震震源只是其中的一个特例，其他如流星撞击和固体潮等是非地球内部固有源的例子。总力(e_p的积分)为零和地震矩张量的对称性是固有天然源的一般性质，它对应于地球总的线动量和角动量守恒的规律[见式(3.2.19)和式(3.2.20)]。

10.7 断面沿任意方向滑动的矩张量

在讨论断面沿任意方向滑动的矩张量之前，必须先引入用来描述断层和断面滑动的参数。为研究在地球上观测到的数据，需要引入一种以地理坐标系为基础的坐标系统(见图10.4)。在这个系统中，原点是地球的中心，x_1轴指向格林威治经线，x_3轴穿过北极。震源的位置用经度ϕ_0和纬度θ_0标记，单位矢量$\boldsymbol{\Theta}^\circ$、$\boldsymbol{\Phi}^\circ$和$\boldsymbol{\Gamma}^\circ$分别指向南、东和上(即指向天顶)方向。这里用了上标，是为了避免与图9.10中的单位矢量相混淆，在图9.10中震源在球心处。下面考虑两次坐标系旋转的运算。首先，围绕x_3轴将坐标系(x_1,x_2,x_3)旋转ϕ_0角度，使旋转后新的x_1轴位于通过震源的经线位置。其次，将所得坐标系围绕新的x_2轴旋转θ_0角度，使新的x_3轴经过震源。最后得到的系统称为震源中心坐标系(Ben-Menahem和Singh，1981)，其x_1轴、x_2轴和x_3轴分别指向南、东和上方向。这个坐标系对于全球地震学研究而言应用比较方便，因而除了10.9节以外，后面都将使用这个坐标系。图9.10中的坐标系(x_1,x_2,x_3)就是震源中心坐标系。还有一种x_3轴指向下的坐标系人们也经常用到，为此，在这一节的最后也将给出其相应的结果。

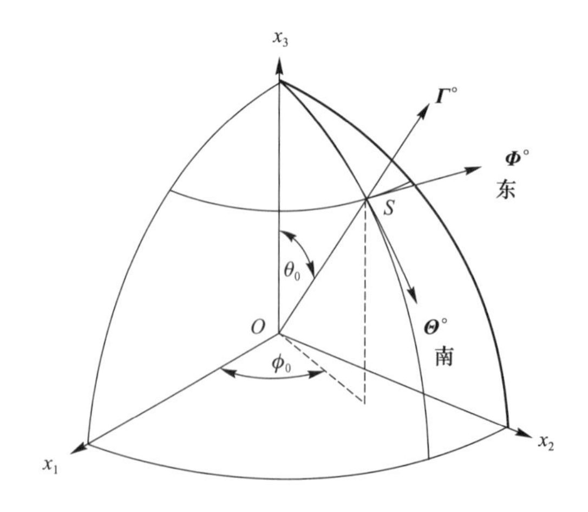

图10.4 在地理坐标系统中的震源位置坐标图

图中，S指示震源位置，原点O表示地球中心，ϕ_0是经度，θ_0是纬度(Ben-Menahem和Singh，1981)。

断层参数以及相关的变量如图10.5所示。走向φ是断层与水平面(x_1,x_2)的交线的方位角。走向角是从北开始

顺时针方向测量的，且 $0\leqslant\varphi\leqslant2\pi$。因为走向 φ 和 $\varphi+\pi$ 指示同一条线，为避免二义性，引入走向方向，使得当沿着走向方向看时断层向右倾斜。断层的倾角 δ 是指水平面和断层面之间的夹角，并在一个垂直于走向的垂直平面内由（x_1,x_2）平面开始向下测量。通常约定 $0\leqslant\delta\leqslant\pi/2$。倾斜方向由矢量 $\boldsymbol{d}$ 给出，是将走向方向在水平面内顺时针旋转 $\pi/2$ 角度后得到的。断层的上盘和下盘分别定义为断层面上面和下面的地质体。当观测者沿走向方向观察时，上盘位于观测者的右边，这意味着图 10.5 对应的是下盘。滑动矢量指的是上盘相对下盘的运动方向。滑动角 λ 是在断层面内由走向方向逆时针旋转到滑动矢量的转角，且 $0\leqslant\lambda\leqslant2\pi$。垂直于断层面的单位矢量用 $\boldsymbol{\nu}$ 表示。

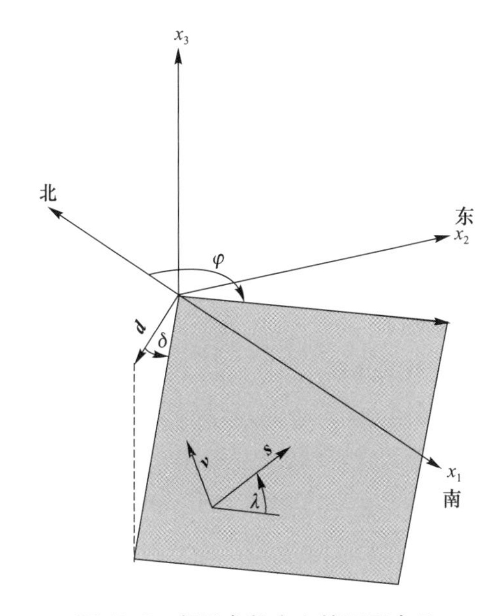

图 10.5　断层参数定义的图形表示

图中，使用原点位于震源处的地理坐标系统。北、南、东分别位于 $-x_1$ 轴、x_1 轴和 x_2 轴方向，x_3 轴方向指向上(即指向天顶方向)。走向 φ 是断层与水平面（x_1,x_2）的交线的方位角，箭头指示走向方向。倾角 δ 是在与走向正交的垂直平面内离开水平面向下测量的角度。矢量 $\boldsymbol{\nu}$ 为断层的法方向。矢量 $\boldsymbol{s}$ 为滑动矢量，它位于断层面内，指示断层上盘相对于下盘的运动方向，下(上)盘定义为断层面下(上)的块体。滑动角 λ 是 $\boldsymbol{s}$ 和走向方向之间的夹角。

基于 λ 和 δ 的值，断层可以进行如下分类，尽管其他学者也许有不同的分类方法。

倾滑断层：$\lambda=\pi/2$ 或 $3\pi/2$，这意味着没有沿走向的水平位移。如果 $\lambda=\pi/2$，则上盘相对于下盘向上移动，这种断层称为逆断层。如果 $\lambda=3\pi/2$，则情况相反，这种断层称为正断层。

走滑断层：$\delta=\pi/2$，且 $\lambda=0$(或 2π)或 $\lambda=\pi$。在这种情况下，滑动是纯水平的。对于这类断层，在走向方向上存在二义性，但问题不严重。走向方向可以从两种方向中选择一种，并且上盘将用它在走向方向右侧来约定。另外，如果 $\lambda=0$，则断层称为左旋断层；如果 $\lambda=\pi$，则断层称为右旋断层。在左旋(右旋)断层中，在其中一盘上的观测者会看到另一盘向左(右)移动。

斜滑断层：当 λ 不取以上所给定的值时，发生斜滑。为描述这些断层，常需要将上述名词术语组合起来。例如，术语"左旋正断层"描述的是其主运动分量为法向倾滑的断层。

可通过式(10.6.8)来确定上面定义的断层的矩张量。但是，为了避免事先找出求解法向矢量和滑动矢量的表达式，这里将基于坐标系旋转，用类似于9.10节中所用的方法(Pujol 和 Herrmann，1990)。使用这种方法，能很容易得到滑动方向 $\boldsymbol{s}$ 和断面法线方向 $\boldsymbol{\nu}$ 的表达式。如同在9.10节中，用"$'$"表示在旋转坐标系中的矢量或张量。因为已经知道断层在水平面内沿 x_1 轴方向滑动的矩张量，因此，图10.5中的坐标系将被旋转，以使 $\boldsymbol{\nu}'$ 在 x_3' 轴的正向上，$\boldsymbol{s}'$ 在 x_1' 轴方向上。在旋转坐标系中，断层面 Σ^+ 和 Σ^-（见图10.2）分别在断层的上盘和下盘内，其矩张量 $\boldsymbol{M}'$ 仍是 $M_0\boldsymbol{M}^{\mathrm{dc}}$［见式(10.6.9)］。于是，在震源中心坐标系中，矩张量 $\boldsymbol{M}$ 可以根据式(9.10.3)以及后面将给出的旋转矩阵 $\boldsymbol{R}$ 得到，按分量形式，有

$$M_{ij} = M_0 R_{ki} \boldsymbol{M}_{kl}^{\mathrm{dc}} R_{lj} = M_0 (R_{1i} R_{3j} + R_{3i} R_{1j}) \tag{10.7.1}$$

式中，第二个等号成立是因为只有 M_{13}^{dc} 和 M_{31}^{dc} 不为零。注意，因为 $\boldsymbol{M}^{\mathrm{dc}}$ 是对称的，所以有 $M_{ij} = M_{ji}$。

同样的方法也适用于断层面的法向矢量和滑动矢量。在旋转坐标系中，$\boldsymbol{\nu}' = (0,0,1)^{\mathrm{T}}$。于是，由式(1.3.16)得到

$$\boldsymbol{\nu} = \boldsymbol{R}^{\mathrm{T}} \boldsymbol{\nu}' \text{ 或 } \nu_i = R_{ki} \nu'_k = R_{3i} \tag{10.7.2}$$

因此，法向矢量的分量由旋转矩阵第三行的元素给出。

类似地，$\boldsymbol{s}' = (1,0,0)^{\mathrm{T}}$，$\boldsymbol{s} = \boldsymbol{R}^{\mathrm{T}} \boldsymbol{s}'$，因而有

$$s_i = R_{ki} s'_k = R_{1i} \tag{10.7.3}$$

因此，滑动矢量的分量由旋转矩阵第一行的元素给出。

利用式(10.7.1)～式(10.7.3)，得到

$$M_{ij} = M_0 (\nu_i s_j + \nu_j s_i) \tag{10.7.4}$$

这与式(10.6.8)是一致的。此式有时也可写成并矢形式，为

$$\mathcal{M} = M_0 (\boldsymbol{\nu s} + \boldsymbol{s\nu}) \tag{10.7.5}$$

式(10.7.4)和式(10.7.5)表明，$\boldsymbol{\nu}$ 和 $\boldsymbol{s}$ 对矩张量的贡献方式是对称的。这意味着，在具有法向矢量为 $\boldsymbol{\nu}$ 的平面内沿 $\boldsymbol{s}$ 方向的滑动与在具有法向矢量 $\boldsymbol{s}$ 的平面内沿 $\boldsymbol{\nu}$ 方向的滑动有相同的矩张量。因此，在点源近似的情况下，不可能确定哪个面是实际的断层面。为消除这种二义性，需要附加的信息（如余震的分布和地面信息等）。这两个可能的面被称为共轭面。如果其中的一个是实际断层面，则另一个称为辅助平面。这两个面的参数之间的关系将在10.8节中给出。

下面用三个简单的旋转矩阵的乘积来表示 $\boldsymbol{R}$，即

$$\boldsymbol{R} = \boldsymbol{R}_3 \boldsymbol{R}_2 \boldsymbol{R}_1 \tag{10.7.6}$$

式中，$\boldsymbol{R}_1$ 围绕 x_3 轴逆时针旋转角度 $\pi - \varphi$ 的旋转矩阵。新的坐标系将用$(x_1^1, x_2^1, x_3^1 = x_3)$表示，上标指示旋转。这次旋转的结果使得走向和 x_1^1 轴一致。

$$\boldsymbol{R}_1=\begin{pmatrix}\cos(\pi-\varphi) & \sin(\pi-\varphi) & 0\\ -\sin(\pi-\varphi) & \cos(\pi-\varphi) & 0\\ 0 & 0 & 1\end{pmatrix}=\begin{pmatrix}\cos\varphi & -\sin\varphi & 0\\ \sin\varphi & \cos\varphi & 0\\ 0 & 0 & 1\end{pmatrix} \tag{10.7.7}$$

$\boldsymbol{R}_2$ 围绕 x_1^1 轴逆时针旋转角度 δ 的旋转矩阵。旋转后的坐标系为 $(x_1^2=x_1^1, x_2^2, x_3^2)$ 。这个旋转使得断层面和 (x_1^2, x_2^2) 面一致，并使 x_3^2 与法向矢量 $\boldsymbol{v}$ 一致。

$$\boldsymbol{R}_2=\begin{pmatrix}1 & 0 & 0\\ 0 & \cos\delta & \sin\delta\\ 0 & -\sin\delta & \cos\delta\end{pmatrix} \tag{10.7.8}$$

$\boldsymbol{R}_3$ 围绕 x_3^2 轴逆时针旋转角度 λ 的旋转矩阵。旋转后的坐标系为$(x_1^3, x_2^3, x_3^3=x_3^2)$。这个旋转使得 x_1^3 轴与滑动矢量 $\boldsymbol{s}$ 一致。

$$\boldsymbol{R}_3=\begin{pmatrix}\cos\lambda & \sin\lambda & 0\\ -\sin\lambda & \cos\lambda & 0\\ 0 & 0 & 1\end{pmatrix} \tag{10.7.9}$$

于是

$$\boldsymbol{R}=\begin{pmatrix}-\cos\lambda\cos\varphi-\sin\lambda\cos\delta\sin\varphi & \cos\lambda\sin\varphi-\sin\lambda\cos\delta\cos\varphi & \sin\lambda\sin\delta\\ \sin\lambda\cos\varphi-\cos\lambda\cos\delta\sin\varphi & -\sin\lambda\sin\varphi-\cos\lambda\cos\delta\cos\varphi & \cos\lambda\sin\delta\\ \sin\delta\sin\varphi & \sin\delta\cos\varphi & \cos\delta\end{pmatrix} \tag{10.7.10}$$

在用 $\boldsymbol{R}$ 做了旋转运算之后，原坐标系(x_1, x_2, x_3)变为(x_1', x_2', x_3')。与式(10.7.10)类似的矩阵出现在对刚体旋转的研究文献中，其旋转角称为欧拉角。在地震学中，式(10.7.6)表示的一系列旋转可在 Jsrosch 和 Aboodi(1970)以及 Ben-Menahem 和 Singh(1981)的文献中找到。

将式(10.7.10)代入式(10.7.1)，可以得到在震源中心坐标系中矩张量的各个分量，即

$$\begin{aligned}
M_{11}&=-M_0(\sin\delta\cos\lambda\sin2\varphi+\sin2\delta\sin\lambda\sin^2\varphi)\\
M_{12}&=M_{21}=-M_0\left(\sin\delta\cos\lambda\cos2\varphi+\frac{1}{2}\sin2\delta\sin\lambda\sin2\varphi\right)\\
M_{13}&=M_{31}=-M_0(\cos\delta\cos\lambda\cos\varphi+\cos2\delta\sin\lambda\sin\varphi)\\
M_{22}&=M_0(\sin\delta\cos\lambda\sin2\varphi-\sin2\delta\sin\lambda\cos^2\varphi)\\
M_{23}&=M_{32}=M_0(\cos\delta\cos\lambda\sin\varphi-\cos2\delta\sin\lambda\cos\varphi)\\
M_{33}&=M_0\sin2\delta\sin\lambda
\end{aligned} \tag{10.7.11}$$

将这些表达式中的下标 1、2、3 分别用 θ、φ、r 代替，得到对应于 Harvard 编录的中心矩张量的分量(Dziewonski 和 Woodhouse，1983a，b)。矩张量分量和断层参数之间的第一个显式关系式是由 Mendiguren(1977)给出的。

由式(10.7.2)和式(10.7.3)可知矢量 $\boldsymbol{s}$ 和 $\boldsymbol{v}$ 的分量分别由矩阵 $\boldsymbol{R}$ 的第一行和第三行的元素给出(Ben-Menahem 和 Singh，1981；Dziewonski 和 Woodhouse，1983a)，即

$$s=\begin{pmatrix}-\cos\lambda\cos\varphi-\sin\lambda\cos\delta\sin\varphi\\ \cos\lambda\sin\varphi-\sin\lambda\cos\delta\cos\varphi\\ \sin\lambda\sin\delta\end{pmatrix} \tag{10.7.12a}$$

$$v=\begin{pmatrix}\sin\delta\sin\varphi\\ \sin\delta\cos\varphi\\ \cos\delta\end{pmatrix} \tag{10.7.12b}$$

矢量 $\boldsymbol{p}$、$\boldsymbol{t}$ 和 $\boldsymbol{b}$ 也可以较容易地用断层参数写出。实际上，在旋转坐标系中它们可表示为

$$\boldsymbol{p}'=\frac{1}{\sqrt{2}}(1,0,-1)^{\mathrm{T}}=\frac{1}{\sqrt{2}}(\boldsymbol{s}'-\boldsymbol{v}') \tag{10.7.13}$$

$$\boldsymbol{t}'=\frac{1}{\sqrt{2}}(1,0,1)^{\mathrm{T}}=\frac{1}{\sqrt{2}}(\boldsymbol{s}'+\boldsymbol{v}') \tag{10.7.14}$$

由于旋转运算对于矢量求和是线性的，从而有

$$\boldsymbol{p}=\frac{1}{\sqrt{2}}(\boldsymbol{s}-\boldsymbol{v}) \tag{10.7.15}$$

$$\boldsymbol{t}=\frac{1}{\sqrt{2}}(\boldsymbol{s}+\boldsymbol{v}) \tag{10.7.16}$$

所以 $\boldsymbol{p}$ 和 $\boldsymbol{t}$ 的分量可直接由式(10.7.15)、式(10.7.16)和式(10.7.12)得到。

矢量 $\boldsymbol{b}$ 的分量可由 $\boldsymbol{b}=\boldsymbol{R}^{\mathrm{T}}\boldsymbol{b}'$ 和 $\boldsymbol{b}'=(0,1,0)^{\mathrm{T}}$ 得到，为

$$b_i=R_{ki}b'_k=R_{2i} \tag{10.7.17}$$

因此，它可由 $\boldsymbol{R}$ 的第二行元素给出(Ben-Menahem 和 Singh，1981；Dziewonski 和 Woodhouse，1983a)，即

$$\boldsymbol{b}=\begin{pmatrix}\sin\lambda\cos\varphi-\cos\lambda\cos\delta\sin\varphi\\ -\sin\lambda\sin\varphi-\cos\lambda\cos\delta\cos\varphi\\ \cos\lambda\sin\delta\end{pmatrix} \tag{10.7.18}$$

还有一种坐标系，通常用于研究体波。其轴 x_1、x_2、x_3 分别指向北、东和下方向。这是 Aki 和 Richards(1980)所采用的坐标系。为了得到此坐标系下的矩张量分量，将图 10.5 中的坐标系绕 x_2 轴旋转角度 π，旋转之后 x_1 轴指向北，与图 10.5 中的 x_1 轴反向。与此旋转相对应的旋转矩阵为

$$\boldsymbol{R}=\begin{pmatrix}-1&0&0\\0&1&0\\0&0&-1\end{pmatrix} \tag{10.7.19}$$

因此，如果 M_{ij} 是坐标系旋转前的矩张量分量[由式(10.7.11)给出]，则在旋转后的坐标系中，有[见式(1.4.17)]

$$M'_{ij}=R_{ik}M_{kl}R_{lj} \tag{10.7.20}$$

由于矩阵 $\boldsymbol{R}$ 的非零元素只有 $R_{11}=-1$，$R_{22}=1$，$R_{33}=-1$，所以除 $M'_{12}=-M_{12}$ 和 $M'_{23}=-M_{23}$ 外 $M'_{ij}=M_{ij}$。因此，在这两种坐标系下的矩张量分量有以下关系，即

$$\begin{pmatrix} M'_{11} & M'_{12} & M'_{13} \\ M'_{21} & M'_{22} & M'_{23} \\ M'_{31} & M'_{32} & M'_{33} \end{pmatrix} = \begin{pmatrix} M_{11} & -M_{12} & M_{13} \\ -M_{21} & M_{22} & -M_{23} \\ M_{31} & -M_{32} & M_{33} \end{pmatrix} \tag{10.7.21}$$

其中，左边的矩张量是由 Aki 和 Richards(1980)给出的。注意 $\boldsymbol{M}^{dc}$ 在这两种坐标系下有相同的分量。

这两种坐标系中的法向矢量和滑矢量相应的关系为

$$(v'_1, v'_2, v'_3) = (-v_1, v_2, -v_3) \tag{10.7.22}$$

$$(s'_1, s'_2, s'_3) = (-s_1, s_2, -s_3) \tag{10.7.23}$$

10.8　共轭面参数之间的关系

设共轭面之一的法向矢量和滑矢量是 $\boldsymbol{v}_1$ 和 $\boldsymbol{s}_1$，共轭面另外一个面对应的法向矢量和滑矢量是 $\boldsymbol{v}_2$ 和 $\boldsymbol{s}_2$。按照式(10.7.5)的讨论，可知法向矢量和滑矢量有以下关系，即

$$\boldsymbol{v}_2 = \boldsymbol{s}_1 \tag{10.8.1}$$

$$\boldsymbol{s}_2 = \boldsymbol{v}_1 \tag{10.8.2}$$

用式(10.8.1)和式(10.8.2)可确定两共轭面的两组参数 φ_1、δ_1、λ_1 和 φ_2、δ_2、λ_2 之间的关系。利用式(10.7.12)，令式(10.8.1)中的各分量分别相等，得到

$$-\sin\delta_2\sin\varphi_2 = \cos\lambda_1\cos\varphi_1 + \sin\lambda_1\cos\delta_1\sin\varphi_1 \tag{10.8.3}$$

$$\sin\delta_2\cos\varphi_2 = \cos\lambda_1\sin\varphi_1 - \sin\lambda_1\cos\delta_1\cos\varphi_1 \tag{10.8.4}$$

$$\cos\delta_2 = \sin\lambda_1\sin\delta_1 \tag{10.8.5}$$

将式(10.8.3)乘以 $\cos\varphi_1$，将式(10.8.4)乘以 $\sin\varphi_1$，再将所得两式相加，得到

$$\sin\delta_2\sin(\varphi_1 - \varphi_2) = \cos\lambda_1 \tag{10.8.6}$$

将式(10.8.3)乘以 $\sin\varphi_1$，将式(10.8.4)乘以 $\cos\varphi_1$，再将所得两式相减，得到

$$-\sin\delta_2\cos(\varphi_1 - \varphi_2) = \sin\lambda_1\cos\delta_1 \tag{10.8.7}$$

由式(10.8.2)得

$$\sin\lambda_2 = \frac{\cos\delta_1}{\sin\delta_2} \tag{10.8.8}$$

$$\cos\lambda_2 = -\sin\delta_1\sin(\varphi_1 - \varphi_2) \tag{10.8.9}$$

式(10.8.8)直接来自第三个分量相等，采用与导出式(10.8.6)相似的步骤可得到式(10.8.9)。如果 φ_1、δ_1、λ_1 已知，则利用这一组等式可确定 φ_2、δ_2、λ_2。首先，用式(10.8.5)确定 δ_2；然后利用式(10.8.6)和式(10.8.7)在合适的象限内得到 $\varphi_1-\varphi_2$，进而得到 φ_2；最后利用式(10.8.8)和式(10.8.9)在合适的象限内得到 λ_2。如果 $\pi/2<\delta_2\leqslant\pi$(它标识断层上盘)，则已计算出的 φ_2、δ_2、λ_2 的值必须用 $\pi-\delta_2$、$\varphi_2+\pi$、$2\pi-\lambda_2$ 来代替。这个变换将参数变为指示断层下盘的参数(Jarosch 和 Aboodi，1970)。

10.9 辐射花样和震源机制

利用式(10.7.11)给出的矩张量分量，结合式(9.9.17)，可得到用断层参数表示的P波、SV波、SH波位移的表达式，但是出于计算目的，这个步骤并不是必需的。实际上，首先，计算矩阵分量M_{ij}，然后，利用式(9.9.17)计算位移，并利用式(9.9.18)计算辐射花样就足够了。辐射花样的显示，可以像第9章那样，利用三维透视曲线图，但是应用另外一种方法或许更方便，即利用下半球等面积投影方法，这种方法常用于对震源机制的研究(Lee和Stewart，1981；Aki和Richards，1980)。另外，因为投影用的是(北、东、下)这样的坐标系，这里将遵循同样的约定。这就需要像10.7节中那样将坐标系绕x_2轴旋转角度π，旋转之后，x_3轴将指向下。

在图9.10中，满足$0\leqslant\varphi\leqslant2\pi$和$0\leqslant\theta\leqslant\pi/2$的点集定义上半球(对应$x_3>0$)。在将此坐标系绕$x_2$轴旋转$\pi$角之后，同样的点集描述下半球。在旋转后的坐标系中，式(9.9.16)定义的单位矢量保持不变，但此时角度φ必须从北(x_1轴指示的方向)顺时针度量。如果球半径取为1，球面上的每一点用角φ和角θ标识，则该点对应的辐射花样的值由式(9.9.18)给出。一个特定点(φ，θ)的等面积投影就是在水平面上具有极坐标(φ，$r\sin(\theta/2)$)的点，其中r是用来表示半球的圆的半径。在这个投影中，圆中心表示x_3轴($\theta=0$)上的点，而圆表示水平面(x_1，x_2)内对应于$\theta=\pi/2$的点。为了画出P波的辐射花样，用“+”和“-”指示极性，符号的大小指示相对振幅。SV波和SH波的辐射花样有两种显示方式：一种类似于P波；另一种用箭头指示运动方向，箭头的长度指示相对振幅的大小(Kennett，1988)。这三种波中的任何一种，辐射花样的正(负)值都意味着其运动方向与相应的单位矢量的方向相同(相反)。S波运动的另外一种表示方法基于极化角ε[由式(9.9.21)给出]和$\boldsymbol{u}^{\mathrm{S}}$的辐射花样的绝对值。此方法用一个长度正比于$|\mathcal{R}^{\mathrm{S}}|$[由式(9.12.5)的第一个等式得到]的“-”来实现。角ε是根据φ度量的(Herrmann，1975)。

单力偶$\boldsymbol{M}^{\mathrm{sc}}$(见9.12节)的P波和SV波的辐射花样的下半球等面积投影如图10.6所示。与图9.12作对比，容易解释图10.6。如果在图9.12(a)中画一个上半球，让x_1轴指向北，再绕x_2轴旋转，使得x_3轴指向下，就得到了下半球投影所需要的几何图形。图10.6中的正值和负值对应于图9.12(a)中x_1为正和负值的点。当$\theta=\pi/4$且$\varphi=0$或$\varphi=\pi$时，辐射花样有最大的绝对值。沿着x_2轴(东-西方向)$\mathcal{R}^{\mathrm{P}}=0$[见图9.12(c)]。节点平面，或者辐射花样等于零的平面(见9.12节)分别用圆($\theta=\pi/2$)和线WE($\varphi=\pi/2$)表示，分别对应于平面(x_1,x_2)和平面(x_2,x_3)。利用类似的方法容易得到$\mathcal{R}^{\mathrm{SV}}$[见图9.12(b)]的下半球等面积投影，如图10.6所示，其最大绝对值对应于x_1轴上的点。

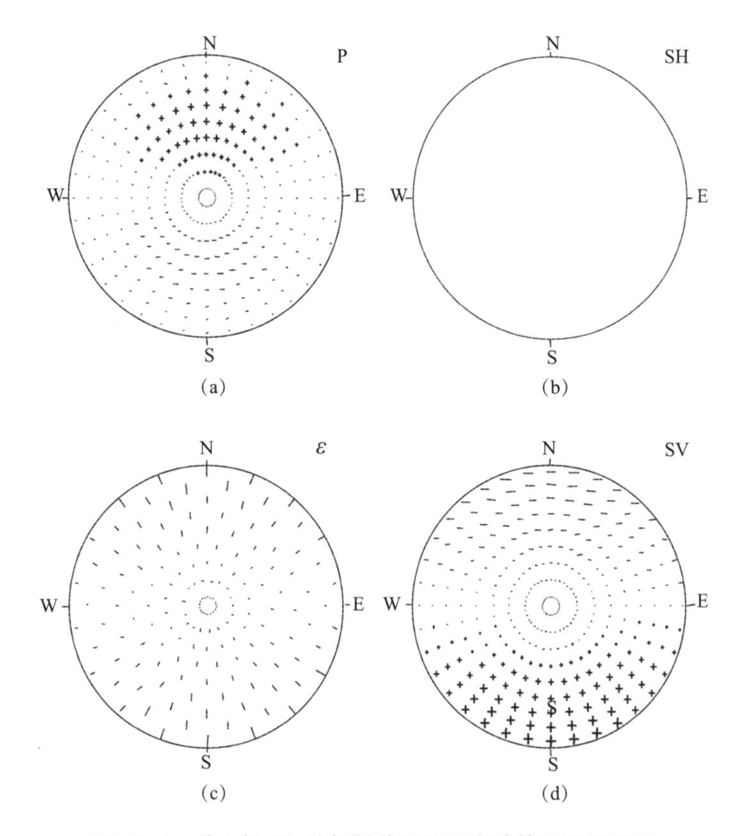

图 10.6　单力偶 M_{31} 的辐射花样的下半球等面积投影图

图中示出的是以下各量的下半球等面积投影，并用加号、减号及其大小来表示极性和相对振幅（Pujol 和 Herrmann，1990；Kennett，1988）。

（a）P 波的辐射花样；（b）SH 波的辐射花样；（c）极化角 ε；（d）SV 波的辐射花样

与双力偶 M^{dc}（见 9.12 节）对应的 P 波和 SV 波的辐射花样，连同 P 轴、T 轴、B 轴的位置（分别用圆圈、黑点和星号表示）一起示于图 10.7。此图清晰地显示了这三个轴与 P 波辐射花样（见 9.12 节中的讨论）的极点和零点之间的关系以及极化角与 P 轴和 T 轴的关系。像 M^{sc} 一样，P 波的节点平面是面 (x_1, x_2) 和面 (x_2, x_3)。SH 波和 SV 波的运动方向示于图 10.8。比较图 10.6 和图 10.7，单力偶和双力偶产生不同的 S 波辐射花样。

双力偶 M^{dc} 的取向并不代表地球上观测到的断层的取向。下面讨论一种比较实际的情况。对于一个走向角、倾角、滑动角分别为 70°、60° 和 70° 的逆断层，它相应的 P 波、SV 波和 SH 波的辐射花样和偏振角示于图 10.9 和图 10.10。如果用共轭平面的参数（用 10.8 节中的公式计算），则可得到相同的辐射花样。图中还显示出了共轭平面、滑矢量（用方块标识）以及 P 轴、B 轴和 T 轴。这些轴是用式（10.7.21）中带“′”分量构成的矩张量经对角化后得到的。对于 P 波的辐射花样，P 轴和 T 轴再次对应于极值。对于这种辐射花样，共轭平面也是节点面，并且与前面讨论的双力偶 M^{dc} 的节点面相对应。

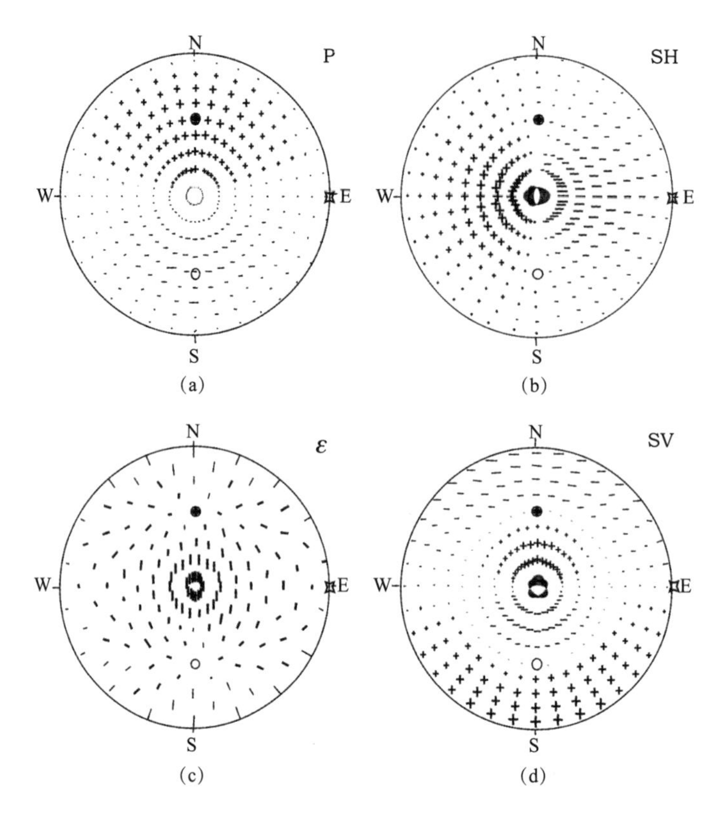

图 10.7　双力偶 M^{dc} 的辐射花样的下半球等面积投影图

图中示出的是以下各量的下半球等面积投影，用加号和减号及其大小来表示极性和相对振幅，用点、空圆圈和星号分别标记 P、T、B 轴。(参照 Pujol 和 Herrmann，1990；基于 Kennett 的绘图软件，1988)

(a)P 波的辐射花样；(b)SH 波的辐射花样；(c)极化角 ε；(d)SV 波的辐射花样

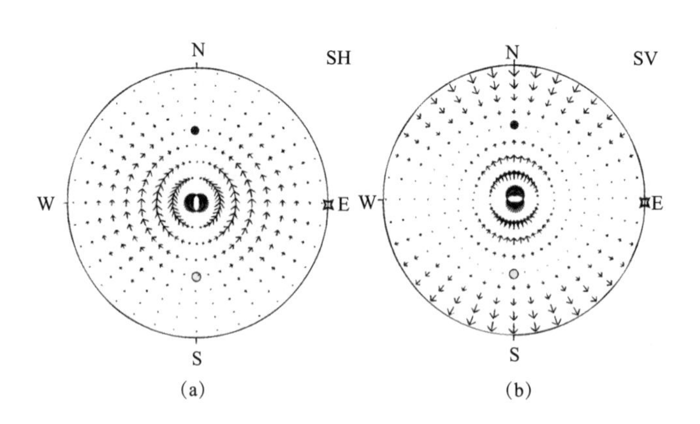

图 10.8　双力偶 M^{dc} 的 SH 波和 SV 波的辐射花样及运动方向的下半球等面积投影图

图中与图 10.7 右边两图不同的是，用箭头的长度和方向分别指示 SH 波和 SV 波的相对振幅以及它们的运动方向。

(a)SH 波的辐射花样及运动方向；(b)SV 波的辐射花样及运动方向

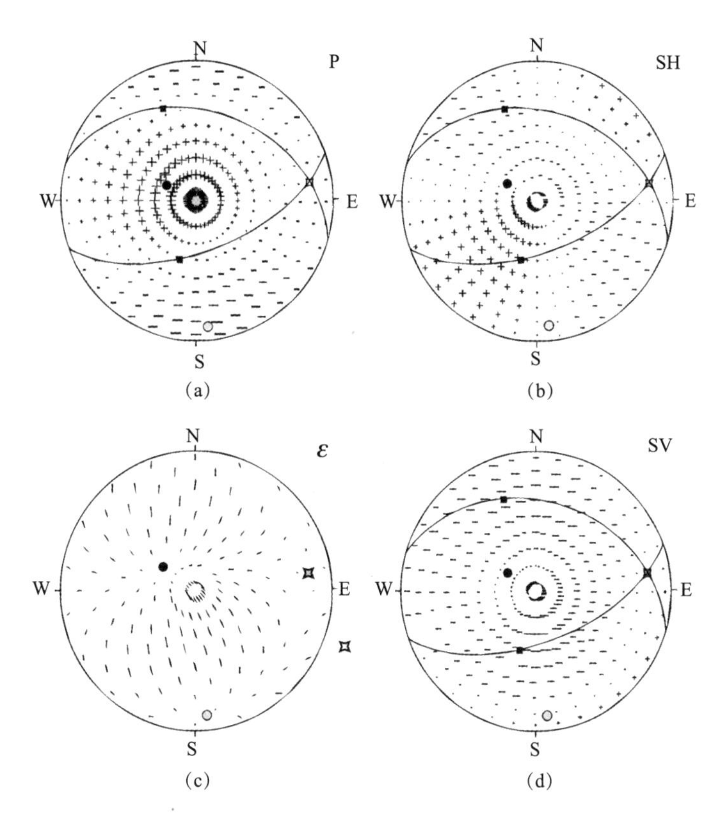

图 10.9　与逆断层对应的波的辐射花样的下半球等面积投影以及断层参数显示图

考虑一种比较实际的情况，图中示出了与逆断层对应的 P 波、SV 波和 SH 波的辐射花样和偏振角，这与图 10.7 类似，但图中还显示了断层的走向角、倾角、滑动角(分别为 70°、60°、70°)，也显示了共轭平面的投影和滑动矢量的投影(用方块“■”表示)。

(a)P 波的辐射花样；(b)SH 波的辐射花样；(c)极化角 ε；(d)SV 波的辐射花样

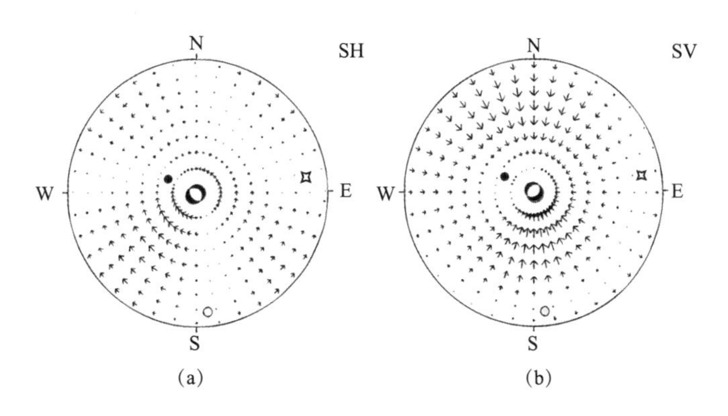

图 10.10　与逆断层对应的 SH 波和 SV 波的辐射花样及运动方向的下半球等面积投影图

图中与图 10.9 右边两图不同的是，用箭头的长度和方向分别指示 SH 波和 SV 波的相对振幅以及它们的运动方向。

(a)SH 波的辐射花样及运动方向；(b)SV 波的辐射花样及运动方向

接下来，对确定天然地震震源机制的技术做一个简要的描述，并将其与迄今为止得到的研究结果联系起来。在点源近似的方法中，我们感兴趣的是确定表征在地震过程中破裂的断层的三个参数(φ、δ、λ)。最简单的途径是基于对地表多个台站记录到的P波初动极性的分析。也可以使用S波和其他的波(Stauder，1960和1962)，但是P波最合适，因为一般来说，P波的极性容易确定，没有二义性，分析起来比较简明。还值得注意的是，虽然下面描述的方法看起来是直截了当的，但它是多年努力发展的结果，并且是与天然地震震源性质的研究紧密联系的(Stauder，1962)。其基本思想是考虑以震源中心为球心的一个均匀小球体，该球体被称为震源球，并把地震台站记录的信息转换为震源球上的信息。由于球半径的长度不重要，所以可以取其为1。为了标识与已知台站给出的信息相应的震源球上的点，要用到两个角。一个角是出射角 i_t，射线以这个角度离开震源到达台站。这个角从 x_3 轴正向开始度量。另一个角是台站相对于震源中心的方位角 ϕ_s，这个角从北方向出发度量。注意，i_t 和 ϕ_s 类似于上面使用的 θ 和 ϕ。一旦将观测数据对应到震源球上，利用下半球等面积投影方法将球上信息成像到与它等价的平面上。使用下半球投影基于这样的事实，即大多数射线以向下的方向离开震源，这意味着 $i_t<\pi/2$。然而，对于台站－震源中心距离小的情况，射线可能以向上的方向离开震源($i_t>\pi/2$)，因此，射线与上半球相交，而不与下半球相交。在这种情况下，要投影的点(ϕ_s，i_t)必须用($\phi_s+\pi$，$\pi-i_t$)来代替。

总的来说，对基于P波初动的震源机制的研究，每个台站必须提供以下信息：出射角、方位角和极性。然后这些信息被直接转换到等面积的网格上，并用不同的符号指示压缩(正值)或拉伸(负值)。有时，为了帮助识别节点面，还专门标记出振幅接近于零的台站。其次，有必要画出这样的两个平面，它们将压缩波至和拉伸波至分开，且是相互正交的，由此得到的图被称为断层面解释图或震源机制解释图。因为Lee和Stewart(1981)对这个过程的实际方面已做了详细的描述，所以这里重点讨论确定断层参数所需要的步骤。

图10.11(a)所示的断层参数是从图10.9所示的P波辐射花样中导出的，并且可以视其代表实际观测数据进行解释，这就要求将角度 φ 和 θ 分别解释为 i_t 和 ϕ_s。两个可能的断层面分别用 π_1 和 π_2 标记，相应的断层面参数分别用下标1和2标识。下面来定义这两个断层面的参数。如果这些参数用于计算辐射花样，那么必须严格遵循10.7节中对其定义的约定。首先确定图10.11(a)中用双箭头指示的倾角 δ_1 和 δ_2。当倾角约定为从水平面向下度量时，圆上的点对应于倾角零度，圆心对应于倾角90°。其次，确定图10.11(a)中由穿过圆心并包含双箭头的直线给出的倾向，随后从相应的倾向中减去 $\pi/2$ 就可得到每个平面的走向方向。这就是走向 φ_1 和 φ_2(由三角形识别)的确定方法。滑矢量是在 $\mathbf{s}_1$ 垂直于 π_2 和 $\mathbf{s}_2$ 垂直于 π_1 的条件下得到的。为了确定 λ_1，设想平面 π_1 以独立于图中其余部分的方式旋转后使得 φ_1 恰好与北方向一致，于是 λ_1 就是在平面 π_1 内从标记S(南)的点到 $\mathbf{s}_1$ 度量的角。利用 π_2，重复这一过程可求得 λ_2。利用式(10.7.16)、式(10.8.1)和式(10.8.2)可以确定 T 轴，并可表明 T 轴平分矢量 $\mathbf{s}_1$ 和 $\mathbf{s}_2$。因为 P 轴与 T 轴相差90°，所以可由 T 轴得到 P 轴。B 轴位于两共轭平面的交线处。图10.11中显示的三个轴实际上是由式(10.7.15)、式(10.7.16)、式(10.7.12)和

式(10.7.18)得到的分量画出来的，这也验证了生成图 10.9 和图 10.11(a)中 P 波辐射花样所用方程的一致性。

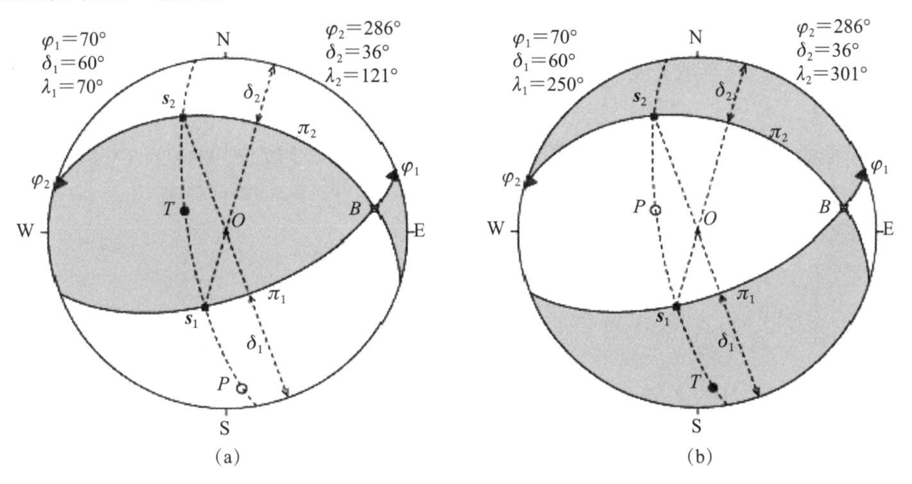

图 10.11　由 P 波辐射花样导出的两共轭面的断层参数的下半球等面积投影图

图中示出了对应于断层参数分别为 φ_1、δ_1、λ_1 和 φ_2、δ_2、λ_2 的两共轭平面(π_1 和 π_2)的下半球等面积投影，阴影部分表示 P 波辐射花样的正值(压缩波至)。(a)和(b)之间唯一的差别是滑动角 λ_1 和 λ_2 相差 π。(a)中的阴影面积对应于图 10.9 中正的 P 波波至的面积。图上同时显示出 P 轴、B 轴、T 轴的投影和滑矢量 $\mathbf{s}_1$ 和 $\mathbf{s}_2$。在震源机制的研究中，平面 π_1 和 π_2 由波至的极性确定，其他参数必须像文中解释的那样确定。

(a)逆断层；(b)正断层

图 10.11(a)对应于逆断层。为了显示出在考虑正断层时的相关差别，将先前的 λ_1 值增加到 250°(即相差一个 π 角)[见图 10.11(b)]。这种改变的结果是在辐射花样中原来的正值变为负值，或者原来的负值变为正值，但不改变绝对值。比较图 10.11(a)、(b)，可见 P 轴和 T 轴的位置交换了，这意味着圆中在两个平面之间的部分此时对应负值。还应注意，λ_2 与先前的值相差 π。为了得到正确的 λ_1 和 λ_2 值，需要在利用描述与图 10.11(a)有关的过程中得到的值加上 π。这适用于任何正断层，由拉伸发生在圆的中心部分的事实所验证。

10.10　总场、静位移

在 9.13 节中已经推导了总场的方程式，在应用此方程式时，应该结合由式(10.7.11)给出的矩张量表达式。关于总场的知识是强动地震学知识的基本组成部分，用于处理在大地震附近记录的地震波。在这种情况下，10.5 节中引入的点源近似就不再成立，必须考虑断层的有限性，虽然这里不解决这个问题，但为了显示它与本章其余部分的联系，这里仍将给出关于有限断层的简要论述。

计算有限断层引起的位移场的最基本途径是将断层分成若干子断层。对于每个子断层，点源近似是成立的，然后对所有子断层在观测点处引起的位移求和。而这要求有一个关于断层破裂的模型。一种简单的模型就是破裂从断层内部某些点处开始，然后沿各自方向以常速度及固定滑动量传播。此外，还需要一个震源的时间函数。因为破裂的速度是有限值，不同子断层在给定观测点处对位移的贡献是在经历不同时间后到达的，因此记录信号的形状和持续时间将取决于断层的大小以及观测点相对于断层的位置。而且，当比较观测记录和合成地震记录时，地球的自由表面必须考虑在内。要做到这一点，正确的方法是利用半空间的格林函数（Johnson，1974；Anderson，1976）。还有一种不同的近似方法是利用在6.5.2.1小节中对于P波以及SV波推导的估计自由表面的影响的近似方程（Anderson，1976）。

基于上述说明，下面仅分析点源对应的总场。如9.13节，假设所有矩张量分量有相同的时间依赖关系，以致总场可由式（9.13.3）给出。在此式中，$D(t)$起到了式（10.5.8）中引入的位移$\bar{u}(\tau)$的作用。$D(t)$通常不是一个单位阶跃函数，而会在有限时间（称为上升时间）内达到某个恒定的最大值。这个恒定的最大值用D_0标记。在这些条件下，标量矩可以写成（Harkrider，1976）

$$M_0 = \mu D_0 A \tag{10.10.1}$$

下面将忽略因子μA，但是当比较实际数据和合成数据时，仍要考虑这一因子。

下面讨论静位移。静位移就是以速度β传播的波在通过介质后，介质质点受到影响而造成的永久位移。将式（9.13.3）中的$D(t)$用D_0来代替便可得到静位移，这里用$\boldsymbol{u}^{\mathrm{S}}$表示。在这些条件下，式（9.13.3）中的积分项变为

$$\int_{r/\alpha}^{r/\beta} \tau D(t-\tau)\,\mathrm{d}\tau = D_0 \int_{r/\alpha}^{r/\beta} \tau\,\mathrm{d}\tau = \frac{1}{2} D_0 r^2 \left(\frac{1}{\beta^2} - \frac{1}{\alpha^2}\right) \tag{10.10.2}$$

且因为$\dot{D}(t)=0$，所以远场项对$\boldsymbol{u}^{\mathrm{S}}$没有贡献。因此，可得到

$$\boldsymbol{u}^{\mathrm{S}}(\boldsymbol{x}) = \frac{1}{4\pi\rho}\frac{D_0}{r^2}\left[\frac{1}{2}\left(\frac{1}{\beta^2} - \frac{1}{\alpha^2}\right)\boldsymbol{A}^{\mathrm{N}} + \frac{1}{\alpha^2}\boldsymbol{A}^{\mathrm{I}\alpha} - \frac{1}{\beta^2}\boldsymbol{A}^{\mathrm{I}\beta}\right], \quad t \gg \frac{r}{\beta} \tag{10.10.3}$$

由式（10.10.3）可见，除了辐射花样效应之外，静位移按r^{-2}衰减。式（10.10.3）给出的是在笛卡儿坐标系下的静位移分量。为了得到静位移在球坐标系下的表达式，必须将$\boldsymbol{u}^{\mathrm{S}}$沿轴$\boldsymbol{\Gamma}$、$\boldsymbol{\Theta}$和$\boldsymbol{\Phi}$进行投影。假设矩张量对称并且迹为零，可求得（Harkrider，1976；Aki和Richards，1980）（见问题10.9）

$$u_{\Gamma}^{\mathrm{S}}(\boldsymbol{x}) = \frac{1}{8\pi\rho}\frac{D_0}{r^2}\left(\frac{3}{\beta^2} - \frac{1}{\alpha^2}\right)\boldsymbol{\Gamma}^{\mathrm{T}}\overline{\boldsymbol{M}}\boldsymbol{\Gamma} \tag{10.10.4}$$

$$u_{\Theta}^{\mathrm{S}}(\boldsymbol{x}) = \frac{1}{4\pi\rho}\frac{D_0}{r^2}\frac{1}{\alpha^2}\boldsymbol{\Theta}^{\mathrm{T}}\overline{\boldsymbol{M}}\boldsymbol{\Gamma} \tag{10.10.5}$$

$$u_{\Phi}^{\mathrm{S}}(\boldsymbol{x}) = \frac{1}{4\pi\rho}\frac{D_0}{r^2}\frac{1}{\alpha^2}\boldsymbol{\Phi}^{\mathrm{T}}\overline{\boldsymbol{M}}\boldsymbol{\Gamma} \tag{10.10.6}$$

下面来分析距离和震源时间函数对位移的影响，这里用式（9.13.11）来计算位移。此位移表达式是在笛卡儿坐标系下得到的，需要用下面的公式将其转化为球坐标系下的表达式。

$$\begin{pmatrix} u_{\Theta} \\ u_{\Phi} \\ u_{\Gamma} \end{pmatrix} = \boldsymbol{R} \begin{pmatrix} u_1 \\ u_2 \\ u_3 \end{pmatrix} \tag{10.10.7}$$

式中(见问题 10.10)

$$\boldsymbol{R}=\begin{pmatrix}\cos\theta\cos\varphi & \cos\theta\sin\varphi & -\sin\theta\\ -\sin\varphi & \cos\varphi & 0\\ \sin\theta\cos\varphi & \sin\theta\sin\varphi & \cos\theta\end{pmatrix}=\begin{pmatrix}\boldsymbol{\Theta}^{\mathrm{T}}\\ \boldsymbol{\Phi}^{\mathrm{T}}\\ \boldsymbol{\Gamma}^{\mathrm{T}}\end{pmatrix} \tag{10.10.8}$$

式(10.10.7)也将应用于由式(10.10.3)计算的 $\boldsymbol{u}^{\mathrm{S}}(\boldsymbol{x})$ 分量。

式(9.13.11)中所用的函数 $E(t)$、$D(t)$ 和 $\dot{D}(t)$ 由下式给出,即

$$E(t)=D_0J(t) \tag{10.10.9}$$

$$D(t)=D_0J'(t) \tag{10.10.10}$$

$$\dot{D}(t)=D_0J''(t) \tag{10.10.11}$$

式中,$J(t)$、$J'(t)$ 和 $J''(t)$ 分别由式(9.5.21)~式(9.5.23)给出,而(Harkrider, 1976)(见问题 10.11)

$$G(t)=\int_0^t E(\tau)\mathrm{d}\tau=H(t)\frac{D_0}{2a^2}\left[6(1-\mathrm{e}^{-at})+at(at-4-2\mathrm{e}^{-at})\right] \tag{10.10.12}$$

函数 $D(t)$ 的选择是为了方便,而不是考虑物理意义。图 10.12 中,对于 $a=1$ 和 $a=3$,画出了四个函数的曲线。

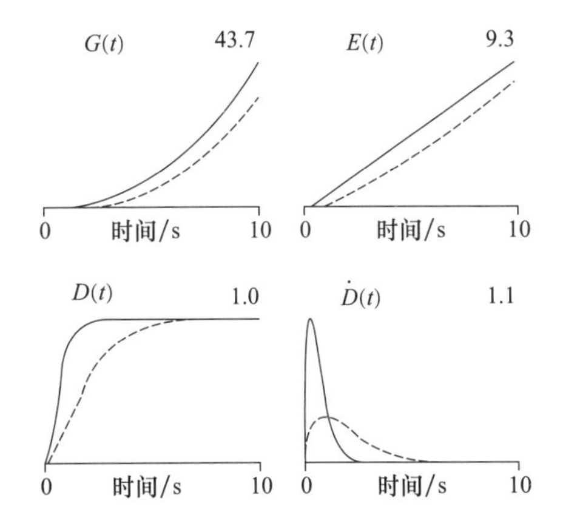

图 10.12 用于生成矩张量总场的函数的曲线图

图中示出了由式(10.10.12)和式(10.10.9)~式(10.10.11)分别给出的函数 $G(t)$、$E(t)$、$D(t)$ 和 $\dot{D}(t)$ 的曲线。实线和虚线分别对应于 $a=3$ 和 $a=1$。每幅图中的两条曲线都用实线上的最大值做了归一化,最大值用每幅图顶部的数字来表示。

图 10.13 所示为双力偶 $\boldsymbol{M}_{13}+\boldsymbol{M}_{31}$(见 9.8 节)在 $\theta=60°$、$\phi=30°$、r 取若干值的点处引起的在 $\boldsymbol{\Gamma}$ 和 $\boldsymbol{\Theta}$ 方向的位移。速度和密度参数是用于生成图 9.4 中的地震记录的模型参数,而 a 和 D_0 的值分别取 3 和 1。位移在 $\boldsymbol{\Phi}$ 方向的分量没有示出是因为它与 $\boldsymbol{\Theta}$ 方向上的分量的形状类似。此图表明,近场和中场项即使对于大的距离(如 $r=300$ km)也是有意义的,如 S 波速度的波至前面的斜坡就说明了这一点。事实上,在远离震源的距离上记录的地震图中观测到的某些实际位移在 P 波和 S 波波至时间之间的长周期的波可以用总场来解释(Vidale 等,1995)。

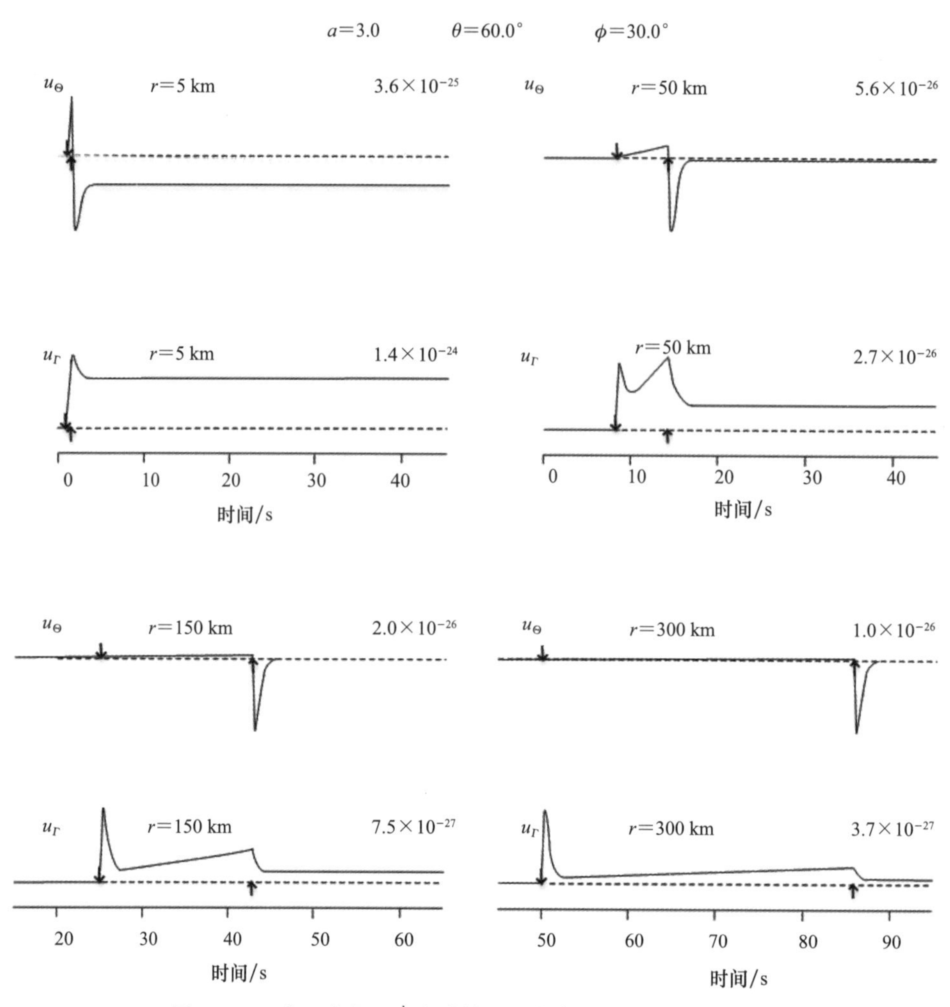

图 10.13 由双力偶 M^{dc} 生成的总场的合成地震记录图（一）

图中示出的是用式(9.13.11)和式(10.10.7)计算的双力偶 $\boldsymbol{M}^{dc}=\boldsymbol{M}_{13}+\boldsymbol{M}_{31}$ 的总场的合成地震记录，所用的函数 G、E、D、$\dot{D}$ 如图 10.12 所示。纵波和横波速度以及密度分别为 $\alpha=6$ km/s、$\beta=3.5$ km/s 和 $\rho=2.8$ g/cm^3。观测点为 $\theta=60°$、$\phi=30°$、r 为若干值，如每条曲线上的标记。a 和 D_0 分别为 3 和 1。对于每个 r 值，示出位移的 u_Γ 和 u_Θ 分量，分量 u_Φ 与分量 u_Θ 相似。向下和向上的箭头分别表示时间 r/α 和 r/β。指数形式的数字是每条曲线的最大振幅；当力的单位是达因时，它的量纲是厘米。

图 10.14 所示为与 $a=1$ 相应的位移，与图 10.13 比较可见 $D(t)$ 的频率成分对合成地震记录的影响。当 $a=1$ 时，近场项的效应变得更大，这与 9.5.2 小节中得到的结论一致。图 10.14 还显示出了位移地震记录和速度地震记录之间的差异，后者是由前者通过数值微分计算得出的。注意，在速度地震记录上，当时间足够大时，速度为零(如所预期的)，并且斜坡的效应在速度地震图中没有那么重要。

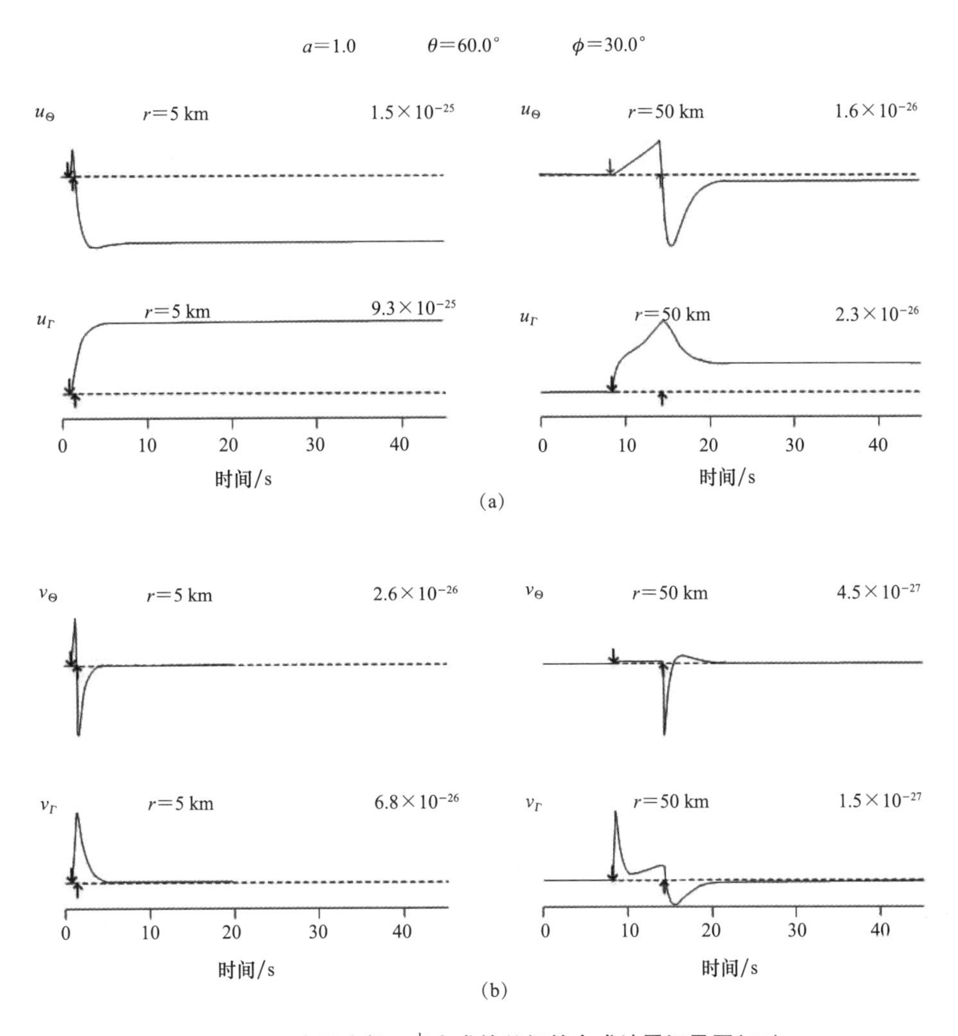

图 10.14 由双力偶 M^{dc} 生成的总场的合成地震记录图(二)

(a)图中的四条曲线与图 10.13 中上部的四条曲线类似，只是这里 $a=1$；(b)图中的四条曲线示出了速度矢量的 $\boldsymbol{v}_\Gamma$ 和 $\boldsymbol{v}_\Theta$ 分量，它们是由(a)图中的四条曲线通过数值微分求得的

10.11 远场的射线理论

由于地球既不是无界的也不是均匀的，所以在本章和前一章中给出的理论如果不能扩展到比较复杂的介质模型，则适用性会受到非常大的限制。在 10.10 节中我们已经注意到可用在第 6 章中导出的理论来近似地考虑地球的自由表面。为了估计复杂介质模型与均匀介质模型的偏离，可以利用射线理论，它在均匀介质模型与实际地球模型之间的间隙上架起了一座起基础作用的桥梁。出发点是式(8.7.22)，将此式重写为

$$\rho_s^{1/2} c_s^{1/2} A(\boldsymbol{x}_s)\sigma_s^{1/2} = \rho_o^{1/2} c_o^{1/2} A(\boldsymbol{x}_o)\sigma_o^{1/2} \tag{10.11.1}$$

式中，A 和 σ 分别表示位移振幅和表面面积，下标 s 和 o 分别指示邻近震源的点和观测点的位置。为了把这个关系式应用于与矩张量源相应的远场，把式(9.9.17)中的振幅因子写为

$$A^{\mathrm{R}}(\boldsymbol{x}_s)=\frac{1}{4\pi}\frac{1}{\rho_s c_s^3}\frac{1}{r}\mathcal{R}^{\mathrm{R}},\quad c=\alpha,\beta;\quad \mathrm{R}=\mathrm{P},\mathrm{SV},\mathrm{SH} \tag{10.11.2}$$

式中，$\mathcal{R}^R$ 代表在式(9.9.18)中的辐射花样。

在式(10.11.2)中，$\frac{1}{r}$是均匀介质的几何扩展因子。当这个因子被移去时，$A^{\mathrm{R}}(\boldsymbol{x}_s)$的其余部分与式(10.11.1)中的 $A(\boldsymbol{x}_s)$ 等价。于是，据这种等价关系，可将式(10.11.1)写成

$$\frac{1}{4\pi}\frac{1}{\rho_s^{1/2}c_s^{5/2}}\mathcal{R}^{\mathrm{R}}\sigma_s^{1/2}=\rho_o^{1/2}c_o^{1/2}A(\boldsymbol{x}_o)\sigma_o^{1/2} \tag{10.11.3}$$

从而，得到

$$A(\boldsymbol{x}_o)=\frac{1}{4\pi}\frac{1}{\rho_s^{1/2}c_s^{5/2}}\frac{1}{\rho_o^{1/2}c_o^{1/2}}\left(\frac{\sigma_s}{\sigma_o}\right)^{1/2}\mathcal{R}^{\mathrm{R}} \tag{10.11.4}$$

接下来，假设在以 $\boldsymbol{x}_s$ 为中心、以单位值为半径的球体内的震源区域是均匀的，并设球的表面积为 σ_s。在8.4节中已表明，在均匀介质中射线是经过源点的直线，且波前是球面。如果整个介质是均匀的，则关于远场的表达式式(10.11.2)对于上面选取的 σ_s 依然成立。这可以由式(10.11.4)得知，但需要利用下面的表达式，即球坐标系中的面积元素是(见问题10.12)

$$\mathrm{d}\sigma=r^2\sin\theta\mathrm{d}\theta\mathrm{d}\varphi \tag{10.11.5}$$

Aki 和 Richards(1980)导出了与式(10.11.4)类似的方程，其中涉及表面面积比值的因子就是几何扩散因子。扩散因子的倒数度量当波前离开震源传播时波前的扩展程度。因为它在应用中具有重要性，所以下面将导出球对称模型的几何扩散因子的显式表达式。图10.15显示的是从震源点 E 到观测点 B 的一个射线管。为了便于推导，选择原点在震源处的球坐标系。在这个坐标系中，角 i_h 对应纬度，而 $\delta\phi$ 是包含射线 EB (见8.6节)的垂直平面内经度的增量。

假设射线管很窄，且射线管与地球表面相交部分为面元 $BCFD$。为求得图10.15中由 $BCIG$ 表示的波前的面积 σ_o，需要用到下列关系式，即

$$\overline{BD}=r_o\delta\Delta \tag{10.11.6}$$

$$\overline{HB}=r_o\sin\Delta \tag{10.11.7}$$

$$\overline{BC}=\overline{HB}\delta\phi=r_o\delta\phi\sin\Delta \tag{10.11.8}$$

$$\overline{BG}=\overline{BD}\cos i_o=r_o\delta\Delta\cos i_o \tag{10.11.9}$$

式中，两字母上面的“—”表示两点之间的距离。于是

$$\sigma_o=\overline{BC}\,\overline{BG}=r_o^2\delta\Delta\delta\phi\sin\Delta\cos i_o \tag{10.11.10}$$

由式(10.11.5)，并设 $\theta=i_h$ 和 $r=1$，可求得 σ_s，即

$$\sigma_s=\delta\phi\delta i_h\sin i_h \tag{10.11.11}$$

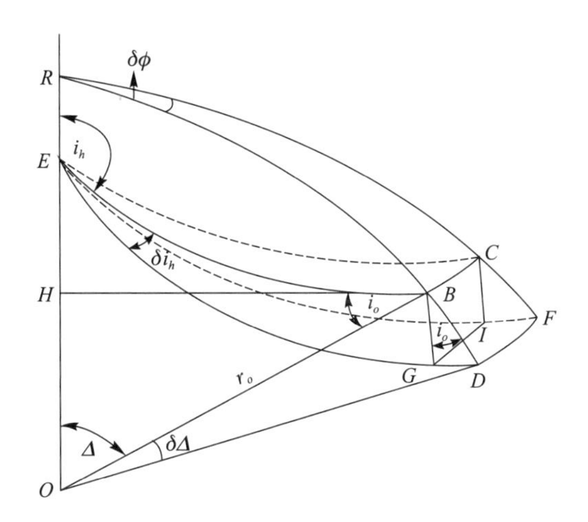

图 10.15　确定球对称地球模型的几何扩散因子的图形

图中，点 E 和点 B 表示震源和观测点的位置，都在经过点 O、R、D 的平面内。弧 RD 是大圆的一部分。从点 E 发射出的弧代表一个很窄的射线管，在震源处的宽度为 δi_h 和 $\delta\phi$。射线管与地球表面的相交部分是面元 $BCFD$，而面元 $BCIG$ 是射线管在波前上截出的部分。BH 和 EH 相互垂直，r_o 是地球半径。

因此

$$\left(\frac{\sigma_s}{\sigma_o}\right)^{1/2} = \frac{1}{r_o}\left(\frac{\sin i_h}{\sin\Delta\cos i_o}\frac{\delta i_h}{\delta\Delta}\right)^{1/2} \tag{10.11.12}$$

下面用沿射线 EB 和 ED 的旅行时之差 δt 重写式(10.11.12)。由图 10.15 可知

$$\delta t = \frac{\overline{GD}}{c_o} = \frac{\overline{BD}\sin i_o}{c_o} = \frac{r_o\delta\Delta\sin i_o}{c_o} = p\delta\Delta \tag{10.11.13}$$

式中，c_o 表示地表处波的速度；p 是式(8.4.44)中引入的射线参数。因此，有

$$\frac{\delta t}{\delta\Delta} = p = \frac{r\sin i_h}{c} \tag{10.11.14}$$

式中，r 是距离 $\overline{OE}$；c 是震源处的速度。另外，在 δi_h 趋于零的极限情况下，式(10.11.12)和式(10.11.14)中的增量比可用对应的导数代替。于是对式(10.11.14)关于 Δ 求导，得到

$$\frac{\mathrm{d}^2 t}{\mathrm{d}\Delta^2} = \frac{r\cos i_h}{c}\frac{\mathrm{d}i_h}{\mathrm{d}\Delta} \tag{10.11.15}$$

从而，有

$$\frac{\mathrm{d}i_h}{\mathrm{d}\Delta} = \frac{c}{r\cos i_h}\frac{\mathrm{d}^2 t}{\mathrm{d}\Delta^2} \tag{10.11.16}$$

将式(10.11.16)代入式(10.11.12)，得到下面关于几何扩散因子的表达式(Ben-Menahem 和 Singh，1981)，即

$$\left(\frac{\sigma_s}{\sigma_o}\right)^{1/2} = \frac{1}{r_o}\left(\frac{c\tan i_h}{r\sin\Delta\cos i_o}\frac{\mathrm{d}^2 t}{\mathrm{d}\Delta^2}\right)^{1/2} \tag{10.11.17}$$

当给定 $c(r)$ 时，式(10.11.17)右边的各个因子都可以通过计算得到(Gubbins，1990)。

将射线理论用于研究天然地震震源的辐射花样是由 Spudich 和 Frazer(1984)提出的，他们还讨论了有效应用射线理论方法的条件(Spudich 和 Archuleta，1987)。

问　题

10.1　验证式(10.2.12)。

10.2　验证式(10.4.3)。

10.3　考虑由式(10.4.7)给出的等效体力，证明当牵引力连续时总等效体力及其关于任意坐标轴的总力矩都为零。

10.4　验证式(10.5.7)。

10.5　验证式(10.6.3)。

10.6　对于在 (x_1, x_2) 平面内面积为 A 的裂缝，裂缝的张开可用 $[u_1]=[u_2]=0$、$[u_3]\neq 0$ 表示。证明对于任意各向同性介质，其对应的矩张量为(Kennett，1983)

$$M_{ij} = A[\bar{u}_3](\lambda\delta_{ij} + 2\mu\delta_{i3}\delta_{j3})$$

这是一个对角张量，其图形表示类似于图9.9(d)。

10.7　参照10.6节。证明矩张量 M'_{pq} 是对称的，且 $M'_{pq}=M_{pq}$。

10.8　参看10.7节。

(a)设 $\boldsymbol{b}$ 是式(9.11.6)引入的矢量，证明 $\boldsymbol{b}=\boldsymbol{\nu}\times\boldsymbol{s}$。

(b)验证由式(10.7.15)和式(10.7.16)给出的矢量 $\boldsymbol{p}$ 和 $\boldsymbol{t}$ 以及步骤(a)中的矢量 $\boldsymbol{b}$ 分别是 M_{ij}[见式(10.7.4)]的特征值 −1、1、0 的特征矢量。

10.9　验证式(10.10.4)~式(10.10.6)。

10.10　参看10.10节。

(a) 验证式(10.10.8)。

(b) 将 $\boldsymbol{R}$ 应用于 $\boldsymbol{\Theta}$、$\boldsymbol{\Phi}$、$\boldsymbol{\Gamma}$。

(c) 求 $\boldsymbol{R}^{-1}$，并证明 $\boldsymbol{R}\boldsymbol{R}^{-1}=\boldsymbol{I}$。

10.11　验证式(10.10.12)。

10.12　验证式(10.11.15)。

第11章　黏弹性衰减

11.1　引言

到目前为止，前面各章节所述理论还不能完全刻画实际介质中波的传播，因为其没能解释所观测到的客观现象，即弹性能量通常以不可逆的方式转换为其他形式的能量。如果不是这样，那么一个被激励的弹性体将会永远不停地振荡。特别是地球，它会因以前各次地震的影响而不停地振动(Knopoff，1964)。实际上，这是一个弹性能量损失的过程，即黏弹性衰减过程。对这一过程的研究因若干理由而显得很重要。例如，因为衰减会引起波的振幅和形状变化，故在合成地震记录计算并与实际地震记录作比较对照时，这些变化必须得到解释。合理解释波的振幅衰减在冷战期间也特别有意义，因为在禁止核试验条约中地震方法用来估计核爆炸的能量。此外，由于衰减依赖于温度和流体的存在以及其他因素，所以衰减研究在揭示地球内部结构方面也具有潜力。衰减的研究也可以帮助我们了解地球的流变，虽然衰减和流变两者之间的关系还不清楚。与此相关的讨论参看Der(1998)、Karato(1998)、Minster(1980)及Romanowicz和Durek(2000)的文献资料。

从现象学的角度来看，衰减的作用是波传播中其高频成分相对损失。因此，地震波在衰减介质中传播时其较低频率成分变得强一些，从而除了波的振幅整体减小之外，波的形状还发生了改变。然而，正如下面所讨论的，这并不是影响波形和振幅的唯一过程。衰减也称为内部摩擦，但这一术语不应解释为通常宏观意义上的由于颗粒或裂缝之间的摩擦造成的能量损失。对于小应变(小于1×10^{-6})的典型地震，其过程不会导致衰减(Winkler等，1979)。实际中造成衰减的机理是多种多样的。在晶体中，衰减被理解为与间隙存在杂质时的晶体缺陷(如点缺陷和线缺陷，或位错)的微观效应和热弹性效应有关。在多晶物质中，晶体之间边界的存在也会造成衰减。对这些物质的详细讨论参见Nowick和Berry(1972)的文献以及Anderson(1989)、Lakes(1999)所做的有益总结。所有这些(以及其他的)机制都涉及频率依赖性，衰减在特征峰值频率处达到最大。这些峰值频率为1×10^{-13}~1×10^{8} Hz，晶体沿边界滑移时的峰值频率约为1×10^{-13} Hz，具有代表性的数据参见Liu等(1976)和Lakes(1999)的文献。

在地球内部，上面提到的衰减机制必定存在，但将其与实际观测资料联系起来是一项艰巨的任务(Karato和Spetzler，1990)。这其实并不足为奇，因为衰减的测定依赖于振幅变化的测量，而振幅变化高度依赖于诸如几何扩散因子，非均匀结构的影响以及裂缝、流体和挥发物的存在等因素。

挥发物的重要作用是在月球地震的研究中开始认识到的，而对月球地震的研究是1969—1977年进行的阿波罗登月实验研究内容的一部分。在月球上记录的地震剖面显示出很长的振动持续时间和极低的衰减，估计的地壳和上地幔的P波和S波的品质因子Q值(其倒数是衰减的度量)至少为3000(Nakamura和Koyama，1982)。由于月球几乎没有挥发物(没有大气)，所以这种极高Q值的一个合适的解释就是月球缺少挥发物。在Tittmann等(1980)的研究讨论中，实验室测量数据证实了这一假设，实验表明当挥发物几乎完全除去时，Q值会发生显著的变化，但移去挥发物需要反复交替地加热和抽真空。一个极端的例子是，在排气过程中样本的Q值由60变化到4800。实验室研究也显示，只有带极性的挥发性物质(如水和酒精)能造成衰减的大幅增加。而且，这种影响与极少量挥发物(1个或2个单层)渗入样品内部表面有关。当挥发物的浓度增加到使裂缝填满流体这个关键点时，就会产生不同的衰减机制(如Bourbié等，1987；Winkler和Murphy，1995)。

由在德国的钻至9千米深的大陆深钻(KTB)记录数据获取的结果提供了流体和(或)裂缝对衰减影响的一个实例。由垂直地震剖面数据(定义见11.11节)可知，在3.5~4.5 km深处的P波的Q值不超过32(Pujol等，1998)。此值远小于预期的结晶地壳的Q值，此现象被解释为在该深度范围内存在流体或裂缝。证实低Q值存在的另一个独立的例子是对注水诱发微地震资料的分析，在9 km处注水，在4 km处(在相邻的井孔中)和地面记录。在0~4 km深度区间内P波的Q值为38，而在4~9 km深度区间内的Q值要大得多。例如，在频率为20 Hz处，Q值大约为2000(Jia和Harjes，1997)。

由介质不均匀引起的散射使地震能量重新分配且可能产生类似衰减的效果。因此，区分固有衰减和散射衰减是困难的，尽管已经提出了一些区分这两种衰减的方法(Fehler等，1992)。在11.11节将提供一个散射的例子，此例讨论精细分层介质的影响。除了这一节之外，我们仅关心固有衰减。

人们已经沿着若干方向对衰减进行了研究，即观察(利用地震数据)、实验(使用在实验室中获得的数据)和理论。而理论研究方面已发展出几条不同的研究路线。一条是基于黏弹性理论，黏弹性不同于弹性，它不遵循反映弹性体对所施加力的瞬时响应的应力与应变之间关系的胡克定律。相反，黏弹性固体的应变依赖于过去历史的应力，其本构关系包括瞬时弹性响应和对过去应力值的积分。通常用包含弹簧和阻尼器的系统模拟黏弹性行为(固体或液体)，安排弹簧和阻尼器的组合方式使系统产生某种已观察到的特征。阻尼器提供黏性阻尼，它可用含油的气缸和活塞代表，而活塞的直径恰好能让油绕着它流动。一个弹簧和一个阻尼器并联组合后再与另一个弹簧串联构成的模型能再现非弹性固体的最基本的特征，即它对非常快速的和非常缓慢的变形都能产生响应(Hunter，1976)。这种弹簧-阻尼器组合代表了所谓的标准线性固体，而一个更合适的术语是标准黏弹性固体(Nowick和Berry，1972)。

衰减的另一种分析方法基于因果关系对波传播施加约束条件。这种方法不依赖引起衰减的机制，也适用于黏弹性固体。然而，不像黏弹性那样有许多文献做了很好的讨论，因果关系还没有一个统一而标准的处理方法。因此，在这一章中详细地讨论了后者。对于前者，读者可参看 Hunter(1976)、Mase(1970)以及 Bourbié 等(1987)的文献。

这一章我们对衰减的论述从分析弹簧-阻尼器系统开始。虽然这是一个非常简单的系统，但它对引入衰减和时间 Q 值的基本概念是非常有意义的。

通过考虑带复速度的一维波动方程，我们可引入空间 Q 值和记为 α 的衰减系数。这些初步的结果可用来建立针对地球的衰减模型，但从因果关系角度考虑时，该模型并不是任意成立的。主要结论是：α、Q 以及波速度必须是依赖频率的，且 α 和波数 k 不能独立地选取，当 ω 趋于无穷大时，α 不会与 ω 同样快地增长。得出这些结论需要有详尽的数学架构，它占了本章的大部分内容。本章的其他内容包括：当介质的性质随空间位置变化时用于量化沿射线路径衰减的因子 t^*，谱比值法以及由于使用窄时窗而引起的可能偏差，薄层系列造成的似衰减的影响。

11.2　简谐运动、自由和阻尼振荡

我们将由一个弹性系数为 k 的弹簧和一个挂在弹簧一端的质量为 m 的物体构成的系统(见图11.1)称为线性谐振子。相对平衡位置的位移 $y(t)$ 的微分方程是

$$m\ddot{y} + ky = 0 \tag{11.2.1}$$

式中，变量上面的“ ·· ”表示该变量对时间的二阶导数。式(11.2.1)两边同除以 m，得(Arya, 1990)

$$\ddot{y} + \omega_0^2 y = 0 \tag{11.2.2a}$$

$$\omega_0 = \sqrt{k/m} \tag{11.2.2b}$$

式(11.2.2a)有以下最为普遍形式的解，即

$$y(t) = A_1\cos\omega_0 t + A_2\sin\omega_0 t \tag{11.2.3}$$

式中，常数 A_1 和 A_2 由初始条件确定。设

$$A_1 = A\cos\phi; \quad A_2 = A\sin\phi \tag{11.2.4}$$

则式(11.2.3)变为

$$y(t) = A\cos(\omega_0 t - \phi) \tag{11.2.5}$$

式中

$$A = \sqrt{A_1^2 + A_2^2}; \quad \tan\phi = \frac{A_2}{A_1} \tag{11.2.6}$$

式(11.2.5)对应一个永不停止的简谐运动。然而，如果弹簧-质量系统包括摩擦力，那么运动将最终停止。可用一个缓冲器(见图11.1)来引入摩擦力，即系统中引入了一种与速度 $\dot{y}(t)$ 成正比的耗散或阻尼力。设比例常数为 d(正值)，则系统的微分方程变为

$$\ddot{y} + 2\beta\dot{y} + \omega_0^2 y = 0 \tag{11.2.7a}$$

$$\beta = \frac{d}{2m} \tag{11.2.7b}$$

这里的因子 2 是为了方便而引入的。为解式(11.2.7a)，使用以下形式的试验解，即

$$y(t) = e^{\gamma t} \tag{11.2.8}$$

式中，γ 由式(11.2.7a)确定。将式(11.2.8)代入式(11.2.7a)并消去共同的因子 $e^{\gamma t}$，得到

$$\gamma^2 + 2\beta\gamma + \omega_0^2 = 0 \tag{11.2.9}$$

该式的解为

$$\gamma_{1,2} = -\beta \pm \sqrt{\beta^2 - \omega_0^2} \tag{11.2.10}$$

式中，下标 1 和 2 对应“+”和“-”。式(11.2.10)给出的解的类型取决于 β 和 ω_0 的值。我们感兴趣的情况是 $\omega_0 > \beta$，此时式(11.2.10)里的平方根为虚数。设

$$\omega = \sqrt{\omega_0^2 - \beta^2} \tag{11.2.11}$$

则与 γ_1、γ_2 对应的解为

$$y_1 = e^{-\beta t}e^{i\omega t}; \quad y_2 = e^{-\beta t}e^{-i\omega t} \tag{11.2.12}$$

因我们感兴趣的是实解，所以用下式代替式(11.2.12)，即

$$y_1 = e^{-\beta t}\sin\omega t; \quad y_2 = e^{-\beta t}\cos\omega t \tag{11.2.13}$$

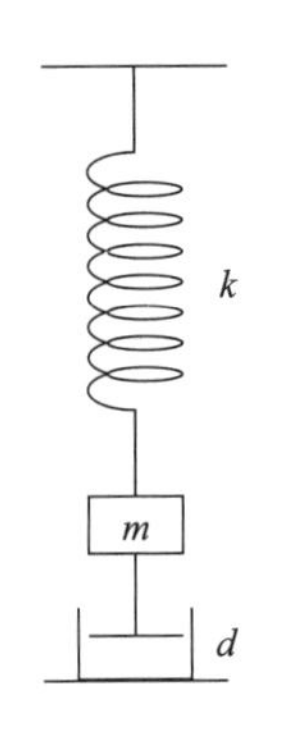

图 11.1　弹簧 - 阻尼器系统示意图

图中示出的弹簧 - 阻尼器系统用于引入阻尼振荡的概念，阻尼是由阻尼器内的摩擦引起的。

与式(11.2.5)类似，方程(11.2.7a)(当 $\omega_0 > \beta$ 时)最普遍形式的解可写为

$$y(t) = Ae^{-\beta t}\cos(\omega t - \delta) \tag{11.2.14}$$

式(11.2.14)表明，阻尼的作用是引入了随时间增长而指数衰减的因子。其中，余弦项对应一个频率为 ω 的振荡运动，尽管整个运动不是严格周期性的，但我们可以引入准周期 T(Boyce 和 Di Prima，1977)，即

$$T = 2\pi/\omega \tag{11.2.15}$$

此外，由式(11.2.11)知，$\omega < \omega_0$。式(11.2.5)和式(11.2.14)的图形见图 11.2。

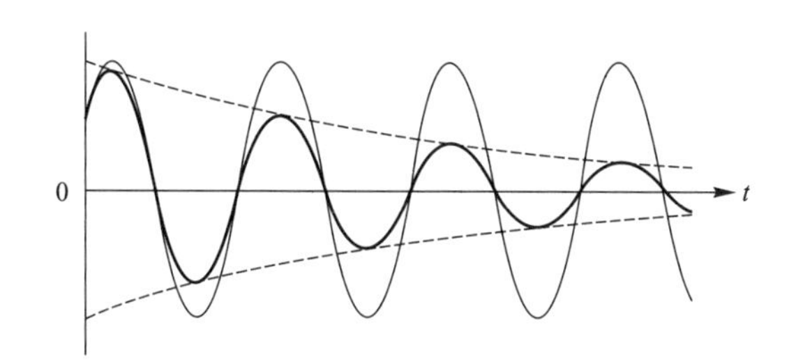

图 11.2　自由振荡和阻尼振荡曲线图

图中示出的是通过求解与图 11.1 所示的系统相应的微分方程而得到的自由振荡和阻尼振荡曲线（细的和粗的曲线）。曲线的方程见式（11.2.5）和式（11.2.14）。这里阻尼运动要求满足 $\omega_0 > \beta$ 的条件［见式（11.2.2b）和式（11.2.7b）的定义］。虚线对应式（11.2.14）中的指数衰减因子。

时间 Q

下面将讨论能量在上面提及的阻尼振荡器中的损失，并引入品质因子 Q，Q 的逆用来对阻尼进行量化。系统的能量 $E(t)$ 等于动能和势能的总和，由下式给出，即

$$E(t) = \frac{1}{2}m\dot{y}^2 + \frac{1}{2}\kappa y^2 \tag{11.2.16}$$

式中，$y(t)$ 由式（11.2.14）给出（如 Arya，1990）。

为了简化推导，假定阻尼很小，即式（11.2.14）中的阻尼系数 β 很小，以至于此式中的指数因子 $e^{-\beta t}$ 在一个振荡周期内几乎不变，并且 $\omega_0 \approx \omega$。在此假定条件下，由式（11.2.2），可得

$$E(t) = \frac{1}{2}\kappa A^2 e^{-2\beta t} = E_0 e^{-2\beta t} \tag{11.2.17}$$

式中，$E_0 \approx E(0)$。

现在引入品质因子 Q，其定义为一周内储存的能量与一周内损失的能量的比值的 2π 倍。由式（11.2.17）和式（11.2.15）得一周即一个周期内消耗的能量，为

$$|\Delta E| = T\left|\frac{dE}{dt}\right| = \frac{4\pi\beta}{\omega}E \tag{11.2.18}$$

品质因子为

$$Q = 2\pi\frac{E}{\Delta E} = \frac{\omega}{2\beta} \tag{11.2.19}$$

从而

$$\beta = \frac{\omega}{2Q} \tag{11.2.20}$$

利用式（11.2.20），可将式（11.2.14）和式（11.2.17）写成以下与 Q 有关的形式，即

$$y(t) = Ae^{-\frac{\omega t}{2Q}}\cos(\omega t - \delta) \tag{11.2.21}$$

$$E(t) = E_0 e^{-\frac{\omega t}{Q}} \tag{11.2.22}$$

因为它与时间 t 相关联，所以式（11.2.21）和式（11.2.22）中的 Q 被称为时间 Q。

根据式(11.2.21)，可给出关于 Q 的更有益的解释。首先注意，如果式(11.2.21)中 $y(t)$ 在 t_m 处达到峰值，则下一个峰值将在 t_m+T 处达到。然后，用这两个时刻的峰值求比值，得

$$\frac{y(t_m+T)}{y(t_m)}=\frac{A\mathrm{e}^{-\beta(t_m+T)}}{A\mathrm{e}^{-\beta t_m}}=\mathrm{e}^{-\beta T}=\mathrm{e}^{-\pi/Q} \tag{11.2.23}$$

这里用到了式(11.2.15)和式(11.2.20)。因此，在一个振荡周期内峰值振幅的减小量为 $\exp(-\pi/Q)$。也因此，原则上式(11.2.23)可以用来确定 Q。

11.3 黏弹性介质中沿一条线传播的波

在这种情况下，存在着一种与质点运动速度成正比的阻止运动的力，代表性的方程(Graff，1975)为

$$\frac{\partial^2\psi(x,t)}{\partial x^2}=\frac{1}{c^2}\frac{\partial^2\psi(x,t)}{\partial t^2}+b\frac{\partial\psi(x,t)}{\partial t} \tag{11.3.1}$$

式中，b 为刻画黏性阻尼的正常数。当 $b=0$ 时，式(11.3.1)变为所熟悉的波动方程。为求解式(11.3.1)，我们将采用以下形式的试验解，即

$$\psi(x,t)=A\mathrm{e}^{\mathrm{i}(\omega t-\gamma x)} \tag{11.3.2}$$

在使式(11.3.1)满足的条件下确定 γ，这就要求 γ 满足下式，即

$$\gamma^2=c^{-2}\omega^2-\mathrm{i}b\omega\equiv B\mathrm{e}^{-\mathrm{i}\varphi} \tag{11.3.3}$$

式中

$$B=\sqrt{c^{-4}\omega^4+b^2\omega^2} \tag{11.3.4a}$$

$$\tan\phi=\frac{c^2b}{\omega} \tag{11.3.4b}$$

式(11.3.3)有以下两个根，即

$$\gamma_1=B^{1/2}\mathrm{e}^{-\mathrm{i}\phi/2}\equiv k+\mathrm{i}\alpha \tag{11.3.5}$$

$$\gamma_2=B^{1/2}\mathrm{e}^{-\mathrm{i}(\phi+2\pi)/2}=-(k-\mathrm{i}\alpha) \tag{11.3.6}$$

式中，由式(11.3.5)知(Graff，1975)

$$k=B^{1/2}\cos\frac{\phi}{2} \tag{11.3.7a}$$

$$\alpha=B^{1/2}\sin\frac{\phi}{2} \tag{11.3.7b}$$

将式(11.3.5)和式(11.3.6)代入式(11.3.2)，得

$$\psi(x,t)=A\mathrm{e}^{\mathrm{i}[\omega t\mp(k-\mathrm{i}\alpha)x]}=A\mathrm{e}^{\mp\alpha x}\mathrm{e}^{\mathrm{i}(\omega t\mp kx)} \tag{11.3.8}$$

假设 $x\geqslant0$，则有界的解为

$$\psi(x,t)=A\mathrm{e}^{-\alpha x}\mathrm{e}^{\mathrm{i}(\omega t-kx)},\quad \alpha>0 \tag{11.3.9}$$

式(11.3.9)表示沿 x 轴正向传播的波，其振幅随距离的增加而减小。

11.4 带复速度的标量波动方程

在波传播问题中引入衰减的一种方便的方法是允许它的某些参数是复数（如，Ewing等，1957；Schwab和Knopoff，1971）。为此，考虑标量波动方程

$$v^2 \frac{\partial^2 \psi(x,t)}{\partial x^2} = \frac{\partial^2 \psi(x,t)}{\partial t^2} \tag{11.4.1}$$

其中

$$v = \sqrt{M/\rho} \tag{11.4.2}$$

式中，ρ为密度，M取决于式(11.4.1)所表达问题的类型。对于一根振动的绳子，M对应于施加在绳子上的切向张力（如Boyce和DiPrima，1977）。对于在问题4.11和4.12中所描述的有关P波或S波的特例，M要么等于$\lambda+2\mu$，要么等于μ，M有时也被称为弹性模量。现在我们假设M是频率的复值函数，并寻找以下形式的解，即

$$\psi(x,t) = A\mathrm{e}^{\mathrm{i}(\omega t - Kx)} \tag{11.4.3}$$

其中

$$K(\omega) = k(\omega) - \mathrm{i}\alpha(\omega), \quad \alpha > 0 \tag{11.4.4}$$

式中，$K(\omega)$为复波数。由式(11.3.9)可知，式(11.4.3)表示的是沿x轴正向传播，具有振幅衰减的波。此外，设复弹性模量为

$$M = M_R + \mathrm{i}M_I \tag{11.4.5}$$

引入复速度，为

$$v = \sqrt{\frac{M}{\rho}} \equiv v_R + \mathrm{i}v_I = |v|\,\mathrm{e}^{\mathrm{i}\phi} \tag{11.4.6a}$$

$$\tan\phi = \frac{v_I}{v_R} \tag{11.4.6b}$$

当M为实数时，v就是通常的波速。将由式(11.4.3)给出的试探解$\psi(x, t)$关于x的二阶偏导数和关于t的二阶偏导数代入波动方程式(11.4.1)，得到（O' Connell和Budiansky，1978）

$$\omega^2 = v^2 K^2 \tag{11.4.7}$$

式中

$$K = k - \mathrm{i}\alpha = \frac{\omega}{|v|}\mathrm{e}^{-\mathrm{i}\phi} = \frac{\omega}{|v|}(\cos\phi - \mathrm{i}\sin\phi) = \frac{\omega}{|v|}(v_R - \mathrm{i}v_I) \tag{11.4.8}$$

及

$$k = \omega\frac{v_R}{|v|^2}; \quad \alpha = \omega\frac{v_I}{|v|^2} \tag{11.4.9}$$

依据式(11.4.5)和式(11.4.6a)，得

$$v^2 = M/\rho = M_R/\rho + \mathrm{i}M_I/\rho$$

$$v^2 = (v_R + \mathrm{i}v_I)^2 = (v_R^2 - v_I^2) + \mathrm{i}2v_R v_I$$

让这两个等式的实部和虚部分别相等，可得到 v_R 和 v_I 与 M 的关系式，即

$$\frac{M_R}{\rho} = v_R^2 - v_I^2 \tag{11.4.10a}$$

$$\frac{M_I}{\rho} = 2v_R v_I \tag{11.4.10b}$$

式(11.4.10a)的平方加上式(11.4.10b)的平方，得到

$$\frac{M_R^2}{\rho^2} + \frac{M_I^2}{\rho^2} = (v_R^2 - v_I^2)^2 + 4v_R^2 v_I^2 = (v_R^2 + v_I^2)^2$$

从而，有

$$v_R^2 + v_I^2 = \frac{|M|}{\rho}$$

上式与式(11.4.10a)联立，求解 v_R 和 v_I，得

$$v_R = \sqrt{\frac{|M| + M_R}{2\rho}} \tag{11.4.11a}$$

$$v_I = \sqrt{\frac{|M| - M_R}{2\rho}} \tag{11.4.11b}$$

空间 Q

与式(11.2.23)类似，我们引入空间 Q，其定义为使得峰值振幅在一个波长内的衰减量为 $\exp(-\pi/Q)$ 的 Q 值。将式(11.4.4)代入式(11.4.3)，得

$$\psi(x,t) = A e^{-\alpha x} e^{i(\omega t - kx)} \tag{11.4.12}$$

式中，α 为衰减系数。若 x_m 表示 ψ 达到峰值时对应的 x，λ 为波长，则对于某给定的时刻 t，有

$$\frac{\psi(x_m + \lambda, t)}{\psi(x_m, t)} = \frac{A e^{-\alpha(x_m+\lambda)}}{A e^{-\alpha x_m}} = e^{-\alpha\lambda} = e^{-\pi/Q} \tag{11.4.13}$$

这意味着

$$\alpha\lambda = \alpha\frac{2\pi}{k} = \frac{\pi}{Q} \tag{11.4.14}$$

这里用到了式(5.4.18)。从而，有

$$Q = \frac{k}{2\alpha} = -\frac{\mathcal{R}\{K\}}{2\mathcal{I}\{K\}} = \frac{v_R}{2v_I} \tag{11.4.15}$$

这里 $\mathcal{R}$ 和 $\mathcal{I}$ 分别指示实部和虚部。式(11.4.15)的第二个等式更明确地指出了 Q 和 K 之间的关系，而最右边等式是依据式(11.4.9a)和式(11.4.9b)写出的。此外，由式(11.4.14)并使用关系式 $k = \omega/c$[见式(6.9.2b)]，得

$$\alpha = \frac{k}{2Q} = \frac{\omega}{2Qc} \tag{11.4.16}$$

注意，对于固定的 x，ψ 是 t 的函数。在这种情况下，为替代复波数，引入复频率 $\omega + i\beta$，并应用式(11.2.19)对时间 Q 的定义。此外，由于 $c = x/t$，由式(11.4.16)可知，$\alpha x = \beta t$。因此，Q 的时间定义和空间定义导致相同的指数衰减，从而没有必要对它们加

以区分(从简化上下文的角度考虑)。原则上，Q 可根据 ψ 的时间或空间衰减来确定。

现在把式(11.4.6)引入的复速度 v 写成关于 Q 的形式。为此，将 v 重写为

$$v = v_R\left(1 + \mathrm{i}\frac{v_I}{2v_R}\right) = v_R\left(1 + \mathrm{i}\frac{1}{2Q}\right) \tag{11.4.17}$$

这里用到了式(11.4.15)。显然，如果没有衰减($Q=\infty$)，则 $v=v_R$，这就是通常的速度。式(11.4.17)提供了在合成地震记录的计算中引入衰减的实用方法(如 Ganley，1981)，虽然它没有考虑频散(见 11.8 节)。

最后，注意到，Q 也有以下定义(White，1965；O'Connell 和 Budiansky，1978)，即

$$\overline{Q} = M_R/M_I \tag{11.4.18}$$

这个定义是基于黏弹性固体考虑的。由式(11.4.10)和式(11.4.15)，得

$$\overline{Q} = \frac{v_R^2 - v_I^2}{2v_R v_I} = \frac{v_R}{2v_I} - \frac{v_I}{2v_R} = Q - \frac{1}{4Q} \tag{11.4.19}$$

该式表明，当 $Q \gg 1$ 或 $\alpha \ll k$ 时，$\overline{Q} \approx Q$。

11.5　地震波在地球介质中的衰减

虽然引起衰减的确切机制还不清楚，但如上节所研究的，指数衰减为描述地球中地震波以及一般固体中波的衰减提供了一种方便的现象学框架。特别是，可以将一个平面简谐波写为

$$u(x,t) = u_0 \mathrm{e}^{-\alpha x}\mathrm{e}^{\mathrm{i}(\omega t - kx)} = u_0 \mathrm{e}^{\mathrm{i}(\omega t - Kx)} \tag{11.5.1}$$

式中，α 和 K 由式(11.4.16)和式(11.4.4)定义；u_0 为常数。对于其他非平面波的情况，处理衰减时还需要考虑几何扩散因素(见 10.11 节)。

但式(11.5.1)还不足以完全描述衰减。最重要的问题之一是 Q 与频率的关系。这个问题已经研究了很长时间，虽然 11.1 节中对可能的衰减机制的分析表明，Q 的频率依赖性应该加以考虑，但是早期的工作似乎表明，Q 独立于频率(例如，Knopoff，1964)。鉴于此矛盾，有观点认为衰减是由不同时间尺度的各种机制叠加造成的，这导了致频率依赖性的模糊(Stacey 等，1975)。然而，最近的工作表明 Q 实际上是依赖于频率的(虽然这种依赖似乎是弱的)，Q 值随频率的增大而增大(例如，Anderson，1989；Der，1998)。在任何情况下，早期的 Q 独立于频率的假设都是有用的，因为它大大简化了对衰减的分析。

另一个处于辩论之中的重要问题是衰减是否是一个线性过程。在这里，线性是指如果某个特定的谐波按某种任何特定方式受到衰减的影响，那么参与叠加的其他谐波也会受到同等的影响。该描述用数学公式可等价地表达如下：如果用 $u(x,t)$ 来表示地震波，则有(根据 Futterman，1962)

$$u(x,t) \equiv \frac{1}{2\pi}\int_{-\infty}^{+\infty} u(x,\omega)\,\mathrm{e}^{\mathrm{i}\omega t}\mathrm{d}\omega = \frac{1}{2\pi}\int_{-\infty}^{+\infty} u(0,\omega)\,\mathrm{e}^{\mathrm{i}[\omega t - K(\omega)x]}\mathrm{d}\omega$$

$$= \frac{1}{2\pi}\int_{-\infty}^{+\infty} u(0,\omega)\,\mathrm{e}^{-\alpha x}\mathrm{e}^{\mathrm{i}[\omega t - k(\omega)x]}\mathrm{d}\omega \tag{11.5.2}$$

这里 K 由式(11.5.1)确定，$u(x,\omega)$ 和 $u(0,\omega)$ 分别是 $u(x,t)$ 和 $u(0,t)$ 的傅里叶变换[见式(5.4.24)]。因此，如果把问题线性化，则处理衰减就非常简单了。首先，将波分解成傅里叶分量，把分量乘以 $\exp(-\alpha x)$，然后对衰减后的分量运用逆傅里叶变换回到时域。线性化明显地简化了对衰减的分析，人们发现这种简化在应变约为 1×10^{-6} 或更小的情况下是适用的，地震远场就是这种典型的情况(Stacey，1992)。

还有一个重要问题，即要求在衰减介质中传播的地震波满足因果性的问题。我们将看到由式(11.5.1)给出的衰减模型与线性相结合会产生严重不良的结果。

由 $k=\omega/c$ 及式(11.4.16)得

$$k(\omega)x = \frac{\omega}{c}x = \omega T; \quad \alpha(\omega)x = \frac{\omega}{2Qc}x = \frac{\omega T}{2Q}$$

再由式(11.4.4)得到

$$K(\omega)x = [k(\omega) - \mathrm{i}\alpha(\omega)]x = \omega T - \mathrm{i}\frac{\omega T}{2Q} \tag{11.5.3a}$$

$$T = \frac{x}{c} \tag{11.5.3b}$$

将式(11.5.3a)代入式(11.5.2)，并用 $A(\omega)$ 记 $u(0,\omega)$，得

$$u(x,t) = \frac{1}{2\pi}\int_{-\infty}^{+\infty}[A(\omega)(\mathrm{e}^{-\mathrm{i}\omega T}\mathrm{e}^{-|\omega|T/2Q})]\mathrm{e}^{\mathrm{i}\omega t}\mathrm{d}\omega \tag{11.5.4}$$

这里 ω 需要加绝对值，以确保当 ω 为负时也按指数衰减。

式(11.5.4)表明，$u(x, t)$是中括号里的函数的逆傅里叶变换，中括号里的函数等于两个频率函数的乘积。因此，式(11.5.4)可以写成以下卷积形式，即

$$u(x,t) = \mathcal{F}^{-1}\{A(\omega)\} * \mathcal{F}^{-1}(\mathrm{e}^{-\mathrm{i}\omega T}\mathrm{e}^{-|\omega|T/2Q}) = A(t) * \frac{1}{\pi}\frac{T/2Q}{(T/2Q)^2 + (t-T)^2} \tag{11.5.5}$$

由于因果关系，即当 $t<0$ 时，要求 $A(t)=0$，所以希望在波至时间 $T=x/c$ 之前，$u(x,t)$ 等于零。但这不是总成立，因为这里是 $A(t)$ 与一个当 $t<T$ 时不为零的函数的褶积。例如，如果 $A(t)=\delta(t)$，因为 δ 函数关于卷积具有单位性质(附录 A)，所以式(11.5.5)变为(Stacey 等，1975)

$$u(x,t) = \frac{1}{\pi}\frac{x/(2cQ)}{[x/(2cQ)]^2 + (t-x/c)^2} \tag{11.5.6}$$

此式在 $t<x/c$ 时不为零。

目前为止，都假设可应用线性以及 Q 和 c 都与 ω 无关的性质，但上面得出的非因果性的结果表明，这三个假设不能同时成立。因此，现在设 c 是 ω 的函数(从而波传播过程中会产生频散，见7.6节)，同时保持 Q 为常数(即独立于频率)，再探讨这一新的假设是否与因果关系相容。为此设

$$\mathrm{e}^{\mathrm{i}(\omega t - Kx)} = \mathrm{e}^{\mathrm{i}\omega t}\mathrm{e}^{-\mathrm{i}[\omega/c(\omega)]x - \alpha(\omega)x} \equiv \mathrm{e}^{\mathrm{i}\omega t}F(\omega) \tag{11.5.7}$$

式中，$F(\omega)$由此等式定义。为了满足因果条件，$F(\omega)$的逆傅里叶变换 $f(t)$ 在以下时刻必须为零，即

$$t < \tau = x/c_{\infty} \tag{11.5.8a}$$

$$c_\infty = \lim_{\omega\to\infty} c(\omega) \tag{11.5.8b}$$

极限速度 c_∞ 的存在性可用解析方法进行证明，这将在 11.7 节中做进一步讨论。因为衰减介质的 c_∞ 是未知的，所以波至时间 τ 也是未知的，从而波的波至时间的确定将取决于其频率分量。

现在要解决以下问题。对于给定的函数 $F(\omega)$，寻找是否存在 $c(\omega)$ 与 $\alpha(\omega)$ 的关系，使得 $F(\omega)$ 的反傅里叶变换 $f(t)$ 在 $t<\tau$ 时为零。为便于分析问题，我们将采用坐标变换，使得在旧系统下的 $t=\tau$ 对应新系统下的 $t=0$。于是，原来的 $f(t)$ 变为 $f(t+\tau)$，而 $f(t+\tau)$ 的傅里叶变换为

$$\mathcal{F}\{f(t+\tau)\} = e^{i\omega x/c_\infty}F(\omega) = e^{-i[\omega/c(\omega)-\omega/c_\infty - i\alpha(\omega)]x} \equiv F_\tau(\omega) \tag{11.5.9}$$

$F_\tau(\omega)$ 必须是其逆傅里叶为因果的函数。要找到 $c(\omega)$ 与 $\alpha(\omega)$ 之间的关系，就必须熟悉一些关于因果关系的数学结论，这些结论将在 11.6 节中讨论。

最后，将看到这样一个事实，即当 $u(x, t)$ 为实函数时所得出的重要结论，因为它确保 $k(\omega)$ 和 $\alpha(\omega)$ 具有一定的对称性。为说明这个事实，考虑实函数的 $s(t)$，其傅里叶变换为

$$S(\omega) = \int_{-\infty}^{+\infty} s(t)e^{-i\omega t}dt \tag{11.5.10}$$

$S(\omega)$ 的复共轭为

$$S^*(\omega) = \int_{-\infty}^{+\infty} s^*(t)e^{i\omega t}dt = \int_{-\infty}^{+\infty} s(t)e^{-i(-\omega)t}dt = S(-\omega) \tag{11.5.11}$$

这里用到了 $s(t)$ 为实函数的假设，即实函数与其复共轭相等（Byron 和 Fuller，1970）。从而，有

$$S^*(\omega) = S(-\omega) \tag{11.5.12}$$

将式(11.5.12)用于实函数的傅里叶变换 $u(0,\omega)$ 和 $u(x,\omega)$ [见式(11.5.2)]，得

$$u^*(0,\omega) = u(0, -\omega) \tag{11.5.13}$$

$$u^*(x,\omega) = u(x, -\omega) \tag{11.5.14}$$

式(11.5.14)也可写为

$$u^*(0,\omega)e^{iK^*(\omega)x} = u(0, -\omega)e^{-iK(-\omega)x} \tag{11.5.15}$$

这里用到了 $u(x,\omega) = u(0,\omega)\exp(-iKx)$。结合式(11.5.13)和式(11.5.15)，得

$$K^*(\omega) = -K(-\omega) \tag{11.5.16}$$

这就意味着（Futterman，1962）

$$k(\omega) = -k(-\omega) \tag{11.5.17a}$$

$$\alpha(\omega) = \alpha(-\omega) \tag{11.5.17b}$$

即 k 和 α 分别为 ω 的奇函数和偶函数。而且，由式(11.5.17a)以及 $k=\omega/c$ 得（Ben-Menahem 和 singh，1981）

$$c(\omega) = c(-\omega) \tag{11.5.18}$$

11.6 因果关系的数学考虑及应用

因果关系是数学、物理学和信号处理中的一个重要概念，因而有相关的完善的知识体系。这里将介绍最相关的几个方面，但由于对因果关系的研究需要大量用到解析函数，这超出了本书的范围，所以这里只引用一些基本的结果。因果关系可以用两个不同却互补的观点进行考察，这两种观点都已被用于对衰减的研究中。

11.6.1 希尔伯特变换、频散关系

如附录 B 所示，如果 $s(t)$ 是因果函数，那么其傅里叶变换 $S(\omega)$ 的实部和虚部构成希尔伯特变换对。设

$$S(\omega) = R(\omega) + \mathrm{i}I(\omega) \tag{11.6.1}$$

则

$$R(\omega) = \frac{1}{\pi\omega} * I(\omega) = -\frac{1}{\pi}\mathcal{P}\int_{-\infty}^{+\infty} \frac{I(\omega')}{\omega' - \omega}\mathrm{d}\omega' \tag{11.6.2}$$

$$I(\omega) = -\frac{1}{\pi\omega} * R(\omega) = \frac{1}{\pi}\mathcal{P}\int_{-\infty}^{+\infty} \frac{R(\omega')}{\omega' - \omega}\mathrm{d}\omega' \tag{11.6.3}$$

式(11.6.2)和式(11.6.3)是针对实变量 ω 推得的，但在复数域中进行分析会得到更多的成果，此时 $\omega = \mathcal{R}(\omega) + \mathrm{i}\mathcal{I}(\omega)$。不过，我们感兴趣的是在 $\omega = \mathcal{R}(\omega)$ 情况下得到的关系式。在复数域中进行研究时，只要 $S(\omega)$ 为解析函数且在下半平面[即 $\mathcal{I}(\omega) < 0$]无极点，则式(11.6.2)和式(11.6.3)成立。如果 $S(\omega)$ 解析且在上半平面无极点，则当 $t \geqslant 0$ 时，$s(t) = 0$(Solodovnikov，1960)。如果 $S(\omega)$ 有极点 $\omega = \omega_p$，则 $S(\omega_p) = \infty$。例如函数 $1/[(\omega - \omega_1)(\omega - \omega_2)]$ 有 ω_1 和 ω_2 两个极点。应该注意，这里关于 $S(\omega)$ 必须解析且在下半平面有界的要求是与傅里叶变换的定义方式有关的。若采用另一种定义(见 5.4 节)，则须用上半平面来代替下半平面。

如附录 B，在复数域证明式(11.6.2)和式(11.6.3)还需要在下半平面(包括实轴)有以下条件，即

$$\lim_{|\omega| \mapsto \infty} |S(\omega)| = 0 \tag{11.6.4}$$

如果这个条件不满足，式(11.6.4)的极限为有限值(已知或未知)，则希尔伯特关系必须做以下修改。如果 ω_0 为 $S(\omega)$ 在实轴上的解析点，则 $S(\omega)$ 在此点处可微且复函数

$$F(\omega) = \frac{S(\omega) - S(\omega_0)}{\omega - \omega_0} \tag{11.6.5}$$

在 $\omega = \omega_0$ 处非奇异且是解析的，并满足式(11.6.4)。当 $S(\omega)$ 为解析函数且在下半平面(即 $\mathcal{I}(\omega) < 0$)无极点时，$F(\omega)$ 也为解析函数且在下半平面无极点。于是，当 ω 在实轴上取值时，$F(\omega)$ 的实部和虚部构成希尔伯特变换对。由于 $s(t)$ 是实函数，所以 $s(t)$ 的傅里叶变换 $S(\omega)$ 具有共轭对称性，即 $R(\omega)$ 为偶函数，$I(\omega)$ 为奇函数，从而由

式(11.6.3)得 $I(\omega)=0$。此时，$F(\omega)$的实部和虚部分别为

$$R_F(\omega)=\frac{R(\omega)-R(\omega_0)}{\omega-\omega_0};\quad I_F(\omega)=\frac{I(\omega)-I(\omega_0)}{\omega-\omega_0}=\frac{I(\omega)}{\omega-\omega_0}$$

由 $R_F(\omega)$与 $I_F(\omega)$构成希尔伯特变换对，得到

$$R_F(\omega)=\frac{1}{\pi\omega}*I_F(\omega);\quad I_F(\omega)=-\frac{1}{\pi\omega}*R_F(\omega)$$

再由$\frac{1}{\omega}*\frac{R(\omega_0)}{\omega-\omega_0}=0$ 得(Ben-Menahem 和 Singh，1981)

$$R(\omega)=R(\omega_0)-\frac{1}{\pi}(\omega-\omega_0)\mathcal{P}\int_{-\infty}^{+\infty}\frac{I(\omega')}{(\omega'-\omega)(\omega'-\omega_0)}\mathrm{d}\omega' \tag{11.6.6}$$

$$I(\omega)=I(\omega_0)+\frac{1}{\pi}(\omega-\omega_0)\mathcal{P}\int_{-\infty}^{+\infty}\frac{R(\omega')}{(\omega'-\omega)(\omega'-\omega_0)}\mathrm{d}\omega' \tag{11.6.7}$$

这些问题的明确阐述是由 Byron 和 Fuller(1970)给出的(一些符号的差异是由于使用的傅里叶变换的定义有所不同)。

式(11.6.6)和式(11.6.7)被称为带一个减法的频散关系。根据 20 世纪 20 年代引入这些概念的两位物理学家命名的 Kramers-Kronig 关系就是这种频散关系的一个例子。这些关系最初来源于电磁理论(如 Toll，1956；Arfken，1985)，现在这个名词被用来命名在其他物理学分支中出现的类似关系。特别是，它们在衰减的研究中扮演着重要的角色，如 11.7 节所示。

11.6.2　最小相移函数

因果函数 $g(t)$的傅里叶变换为 $G(\omega)$，即

$$G(\omega)=A(\omega)\mathrm{e}^{\mathrm{i}\varphi(\omega)},A\geqslant 0 \tag{11.6.8}$$

希望解决以下问题：如果给定振幅谱 $A(\omega)$，那么关于其相位谱 $\varphi(\omega)$能说出些什么呢? 为此对式(11.6.8)两边取对数，得

$$\ln G(\omega)=\ln A(\omega)+\mathrm{i}\varphi(\omega) \tag{11.6.9}$$

式(11.6.9)类似于式(11.6.1)，只是用 $\ln A(\omega)$和 $\varphi(\omega)$分别代替 $R(\omega)$和 $I(\omega)$，因此与式(11.6.3)类似，可得

$$\varphi(\omega)=-\frac{1}{\pi}\mathcal{P}\int_{-\infty}^{+\infty}\frac{\ln A(u)}{\omega-u}\mathrm{d}u \tag{11.6.10}$$

此式成立的条件与为使式(11.6.3)成立要求 $S(\omega)$必须满足的条件类似，即只要 $\ln G(\omega)$在下半平面有界。这意味着，$G(\omega)$除了没有极点，还不能有零点，否则 $\ln G(\omega)$不会有界。显然，这一条件限制了可从振幅谱确定相位谱的函数 $G(\omega)$的类型。使得式(11.6.10)成立的函数 $G(\omega)$称为最小相位移函数(或简称为最小相位)，它们所具有的性质是在所有具有相同振幅谱的函数中具有最小相位和相位差(Toll，1956；Solodovnikov，1960；Papoulis，1962)。

最小相位函数的概念可通过下面的例子加以说明(Papoulis，1962)，设

$$g_1(t)=\mathrm{e}^{-2t}H(t) \tag{11.6.11a}$$

$$g_2(t)=(3\mathrm{e}^{-2t}-2\mathrm{e}^{-t})H(t) \tag{11.6.11b}$$

式中，$H(t)$为阶跃函数。这两个函数的图形见图 11.3。其傅里叶变换为

$$G_1(\omega) = \frac{1}{2+\mathrm{i}\omega} \tag{11.6.12a}$$

$$G_2(\omega) = \frac{1}{2+\mathrm{i}\omega}\frac{\mathrm{i}\omega-1}{\mathrm{i}\omega+1} \tag{11.6.12b}$$

式中，G_2 等于 G_1 乘以一个具有单位振幅的 ω 的函数，从而 G_1 和 G_2 具有相同的振幅谱，即

$$|G_1(\omega)| = |G_2(\omega)| = \frac{1}{\sqrt{4+\omega^2}} \tag{11.6.13}$$

但两者相位谱不同(见图 11.3)，可见振幅谱不约束相位谱。另外，$G_1(\omega)$具有最小相位，$G_2(\omega)$则不具有，因为它在下半平面有零点 $\omega_0=-\mathrm{i}$。因此，式(11.6.10)可以用来确定 $G_1(\omega)$的相位，但不能用于确定 $G_2(\omega)$的相位。

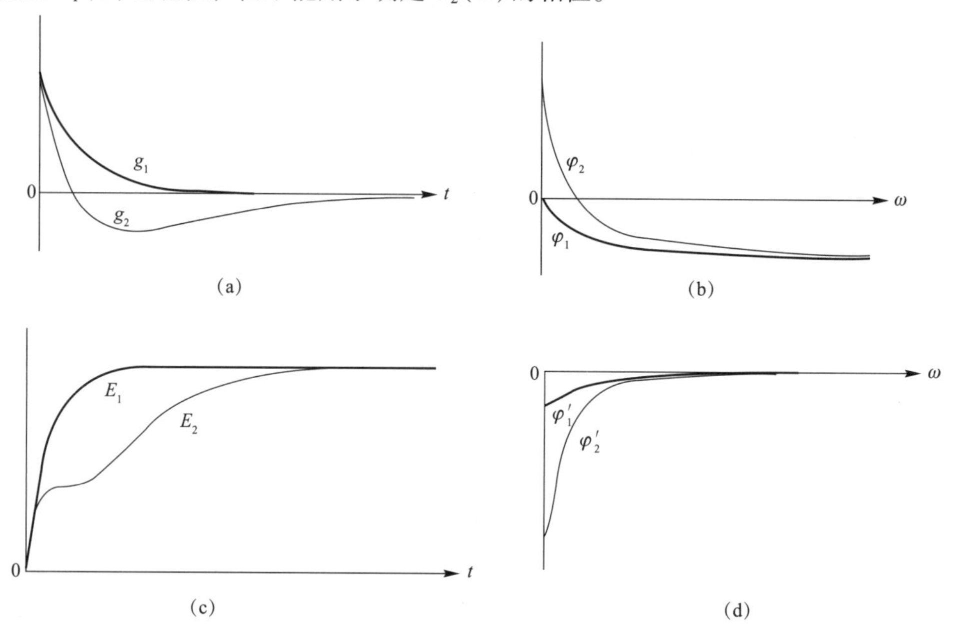

图 11.3　最小相位函数和非最小相位函数的曲线图

图中示出的是具有相同振幅谱的最小相位(或最小延迟)函数(粗曲线)与非最小相位函数(细曲线)的对比。(a)由式(11.6.11)给出的函数 $g_1(t)$和 $g_2(t)$；(b)、(d)相位谱及 $g_1(t)$和 $g_2(t)$的傅里叶变换关于 ω 的导数[见式(11.6.12)]；(c)按式(11.6.18)计算的 $g_1(t)$和 $g_2(t)$的部分能量

最小相位函数在时域上具有最小延迟函数的性质。在具有相同振幅谱的所有函数中，最小延迟函数的持续时间最短。对于给定的函数 $g(t)$，其持续时间可由下式估算，即

$$D = \int_0^{+\infty} t^2\,|g(t)|^2\mathrm{d}t \tag{11.6.14}$$

式中，因子 t^2 可认为是一个加权函数，当 $g(t)$的宽度增大时其值也增大。因此，定性地讲，越窄的函数其 D 值越小(只要振幅谱是相同的)。为了表述得更准确，并显示出时间和相位之间的关系，我们将在频率域中进行研究。出发点是以下傅里叶变换对

(Papoulis, 1962), 即

$$-\mathrm{i}tg(t)\leftrightarrow\frac{\mathrm{d}G(\omega)}{\mathrm{d}\omega}=\left(\frac{\mathrm{d}A}{\mathrm{d}\omega}+\mathrm{i}A\frac{\mathrm{d}\varphi}{\mathrm{d}\omega}\right)\mathrm{e}^{\mathrm{i}\varphi}\tag{11.6.15}$$

以及关于 $G(\omega)$ 的表达式式(11.6.8)。除此之外，我们还要用到 Parseval 公式，它将傅里叶变换对 $b(t)$ 和 $B(\omega)$ 的关系表示为

$$\int_{-\infty}^{+\infty}|b(t)|^2\mathrm{d}t=\frac{1}{2\pi}\int_{-\infty}^{+\infty}|B(\omega)|^2\mathrm{d}\omega\tag{11.6.16}$$

如果 $b(t)$ 是因果的，则前一个积分的下限实际上为零。再根据式(11.6.15)和式(11.6.16)，则式(11.6.14)变为

$$D=\int_0^{+\infty}t^2|g(t)|^2\mathrm{d}t=\frac{1}{2\pi}\int_{-\infty}^{+\infty}\left|\frac{\mathrm{d}G(\omega)}{\mathrm{d}\omega}\right|^2\mathrm{d}\omega=\frac{1}{2\pi}\int_{-\infty}^{+\infty}\left[\left(\frac{\mathrm{d}A}{\mathrm{d}\omega}\right)^2+A^2\left(\frac{\mathrm{d}\varphi}{\mathrm{d}\omega}\right)^2\right]\mathrm{d}\omega\tag{11.6.17}$$

因此，在具有相同 $A(\omega)$ 的函数集中，具有最短持续时间的函数是使 $\mathrm{d}\varphi/\mathrm{d}\omega$ 为最小的函数。最小时延函数还具有这样的性质，即对于给定的 t 值，在具有相同振幅谱的所有函数中最小时延函数具有最大的部分能量(Robinson, 1967)。对于任意的因果信号 $b(t)$，部分能量定义为

$$E^p(t)=\int_0^t|b(\tau)|^2\mathrm{d}\tau\tag{11.6.18}$$

最小时延函数的这两个性质如图 11.3 所示，图中函数 $g_1(t)$ 和 $g_2(t)$ 由式(11.6.11a，b)定义。注意，如同式(11.6.18)和式(11.6.16)预见的一样，这两个函数具有相同的总能量[由 $E^p(\infty)$ 给出]。

11.6.3　Paley－Wiener 定理及其应用

式(11.6.2)和式(11.6.3)是因果关系研究的基本结果，但不是唯一的结果。另一个非常重要的结果是由 Paley 和 Wiener(1934)给出的定理(定理Ⅻ)，该定理可用来建立一类可容许的衰减因子 $\alpha(\omega)$。定理的原版本是针对当时间大于零时函数值为零的时间函数，但它也适用于因果函数(Wiener, 1949)。该定理(也被称为因果性判据或条件)指出，如果 $A(\omega)$ 是实的非负的[即 $A(\omega)\geqslant 0$]平方可积的函数，即

$$\int_{-\infty}^{+\infty}|A(\omega)|^2\mathrm{d}\omega<\infty\tag{11.6.19}$$

则存在因果函数 $f(t)$，使得 $f(t)$ 的傅里叶变换 $F(\omega)=A(\omega)$ 的充分必要条件为(如 Zadeh 和 Desoer, 1963；Papoulis, 1962, 1977)

$$\int_{-\infty}^{+\infty}\frac{|\ln A(\omega)|}{1+\omega^2}\mathrm{d}\omega<\infty\tag{11.6.20}$$

该定理的一个重要推论是在任意有限区间里 $A(\omega)$ 不能恒为零，因为如果 $A(\omega)$ 在某有限区间里恒为零，那么被积函数在此区间上为无穷大，积分要发散，但在孤立点处 $A(\omega)$ 可以为零。

现将 Paley-Wiener 定理应用于 $A(\omega)=|F_\tau(\omega)|$，这里的 $F_\tau(\omega)$ 由式(11.5.9)给出。此时 $|\ln A(\omega)|$ 等于 $\alpha(\omega)x$，式(11.6.20)变为

$$\int_{-\infty}^{+\infty} \frac{\alpha(\omega)}{1+\omega^2} \mathrm{d}\omega < \infty \tag{11.6.21}$$

容易证明，要想充要条件式(11.6.21)满足，只要下式成立(Guillemin，1963)，即

$$\alpha(\omega) \propto \omega^s, \quad s < 1 \tag{11.6.22}$$

或等价于下式成立

$$\lim_{\omega\to\infty} \frac{\alpha(\omega)}{\omega} = 0 \tag{11.6.23}$$

不管表示衰减的机制如何假设，只要它是用式(11.5.1)模拟的，式(11.6.22)和式(11.6.23)就必须成立，这已作为11.8节中的分析以及考虑Q值对频率的依赖性而导出一般性结果的出发点。首先注意式(11.6.22)中的$s<1$是一个严格的不等式，所以从式(11.4.16)中我们看到，乘积Qc不会是常数。其次，我们将说明当$c=c(\omega)$时，Q本身不会是常数。为了说明这一点，对式(11.5.9)两边同时取对数，得

$$\ln[F_\tau(\omega)] = -\alpha(\omega)x - \mathrm{i}\left[\frac{\omega}{c(\omega)} - \frac{\omega}{c_\infty}\right]x \tag{11.6.24}$$

在已讨论过的与式(11.6.10)有关的条件下，对此式应用式(11.6.3)，得

$$\frac{\omega}{c(\omega)} = \frac{\omega}{c_\infty} - \frac{1}{\pi\omega} * \alpha(\omega) = \frac{\omega}{c_\infty} + \breve{\alpha}(\omega) \tag{11.6.25}$$

式中，$\breve{\alpha}(\omega)$表示$\alpha(\omega)$的希尔伯特变换[见式(B.10)]。应用式(11.4.16)，可将式(11.6.25)重写为

$$2Q = \frac{\omega}{c_\infty \alpha(\omega)} + \frac{\breve{\alpha}(\omega)}{\alpha(\omega)} \tag{11.6.26}$$

该式表明，Q不能为常数，不然，$\alpha(\omega)$以及$\breve{\alpha}(\omega)$将是ω的线性函数，这会与式(11.6.22)相违背。此结果是由Strick(1970)给出的。

最后，$\alpha(\omega)$的希尔伯特变换为

$$\begin{aligned}\breve{\alpha}(\omega) &= -\frac{1}{\pi}\mathcal{P}\int_{-\infty}^{+\infty} \frac{\alpha(\omega')}{\omega-\omega'}\mathrm{d}\omega' = -\frac{1}{\pi}\mathcal{P}\int_{-\infty}^{+\infty} \frac{(\omega+\omega')\alpha(\omega')}{\omega^2-\omega'^2}\mathrm{d}\omega' \\ &= -\frac{1}{\pi}\omega\mathcal{P}\int_{-\infty}^{+\infty} \frac{\alpha(\omega')}{\omega^2-\omega'^2}\mathrm{d}\omega' - \frac{1}{\pi}\mathcal{P}\int_{-\infty}^{+\infty} \frac{\omega'\alpha(\omega')}{\omega^2-\omega'^2}\mathrm{d}\omega'\end{aligned}$$

因为$\alpha(\omega)$是偶函数[见式(11.5.17b)]，所以$\dfrac{\alpha(\omega')}{\omega^2-\omega'^2}$也是偶函数，$\omega'\alpha(\omega')$为奇函数，因而得到

$$\breve{\alpha}(\omega) = -\frac{1}{\pi}\mathcal{P}\int_{-\infty}^{+\infty} \frac{\alpha(\omega')}{\omega-\omega'}\mathrm{d}\omega' = -\frac{2}{\pi}\omega\mathcal{P}\int_0^{+\infty} \frac{\alpha(\omega')}{\omega^2-\omega'^2}\mathrm{d}\omega' \tag{11.6.27}$$

式中，$\breve{\alpha}$只取决于正频率，正频率是在实验中唯一可用的频率。将式(11.6.27)代入式(11.6.25)，可得

$$\frac{1}{c(\omega)} = \frac{1}{c_\infty} - \frac{2}{\pi}\mathcal{P}\int_0^{+\infty} \frac{\alpha(\omega')}{\omega^2-\omega'^2}\mathrm{d}\omega' \tag{11.6.28}$$

式(11.6.28)将在11.8节用到。

11.7　Futterman 关系式

Futterman(1962)和 Lamb(1962)首先利用因果关系分析地震衰减，尽管 Lamb 的分析是不全面的。Futterman(1962)假设 $\alpha(\omega)$在测量的频率范围内是频率的严格线性函数，并引入了作为基本变量的介质折射率的概念。其定义为

$$n(\omega) = \frac{K(\omega)}{K_o(\omega)} \equiv \mathcal{R}\{n(\omega)\} - \mathrm{i}\mathcal{I}\{n(\omega)\} \tag{11.7.1}$$

式中，K_o 为在相同频率处的无频散时的波数。因为 Futterman 定义傅里叶变换时在指数上用的是 $\mathrm{i}\omega t$，所以他的 $K(\omega)$是这里用到的 $K(\omega)$的复共轭。Futterman 还假设存在一个作为介质特性的低截频 ω_0，此频率以下没有频散，从而有

$$K(\omega) = \frac{\omega}{C}, \quad \omega < \omega_o \tag{11.7.2}$$

式中，C 为 $c(\omega)$的无频散的低频极限。如下所示，$\omega_O > 0$。从而，根据定义，有

$$K_o(\omega) = \frac{\omega}{C}(\text{对于所有的 } \omega) \tag{11.7.3}$$

而且，由式(11.7.1)~式(11.7.3)可得

$$n(0) = 1 \tag{11.7.4}$$

由式(11.7.1)和式(11.7.3)，可将 $K(\omega)$写为

$$K(\omega) = \frac{\omega}{C}n(\omega) = \frac{\omega}{C}[\mathcal{R}\{n(\omega)\} - \mathrm{i}\mathcal{I}\{n(\omega)\}] \tag{11.7.5}$$

于是，通过与式(11.4.4)比较，可得出 $k(\omega)$和 $\alpha(\omega)$，为

$$k(\omega) = \frac{\omega}{C}\mathcal{R}\{n(\omega)\} \tag{11.7.6a}$$

$$\alpha(\omega) = \frac{\omega}{C}\mathcal{I}\{n(\omega)\} \tag{11.7.6b}$$

另外，由频散波的性质可知 $C(\omega)$是相速度(见 7.6.2 小节)，且

$$c(\omega) = \frac{\omega}{k(\omega)} = \frac{C}{\mathcal{R}\{n(\omega)\}} \tag{11.7.7}$$

Futterman(1962)还引入了简化的品质因子 Q_O，为

$$Q_O = \frac{\omega}{2\alpha(\omega)C} \tag{11.7.8}$$

式中，Q_O 在 $\alpha(\omega)$与 ω 成比例的频率范围内与频率无关。

据以前的定义，并利用式(11.4.16)，Q 必定是 ω 的函数，可以写为

$$Q(\omega) = \frac{k(\omega)}{2\alpha(\omega)} = \frac{\omega}{2\alpha(\omega)c(\omega)} = \frac{CQ_O}{c(\omega)} = \frac{\mathcal{R}\{n(\omega)\}}{2\mathcal{I}\{n(\omega)\}} \tag{11.7.9}$$

在 Futterman(1962)的工作中，一个基本结果是给出了 Kramers-Kronig 关系，此关系涉及 $K(\omega)$的实部和虚部。然而，因为 $\alpha(\omega)$不是一个因果函数的傅里叶变换(Weaver 和 Pao，1981)，所以 Kramers-Kronig 关系的推导需要证明 $K(\omega)$在下半平面解析(证明见

Futterman，1962；Aki 和 Richards，1980）以及 c_∞［式（11.5.8b）］存在。利用式(11.7.7)的第一个等式，可将 c_∞ 写为

$$c_\infty = \lim_{\omega\to\infty} \frac{\omega}{k(\omega)} \tag{11.7.10}$$

这个极限的存在对下面的推导是必要的，虽然对于电磁介质，可从分析相关物理学机制的角度证明它，但对于固体(或液体)的所有可能的衰减机制它是否必定成立还不清楚。Weaver 和 Pao(1981)讨论了这些问题，指出式(11.7.10)适用于任何介质，无论涉及的物理过程如何，只要线性、因果关系和被动性(即介质内没有能量源)成立。此外，要证明 c_∞ 存在就要求 $\mathcal{I}\{n(\infty)\}=0$(Ben-Menahem 和 Singh，1981)。这一假设在 Futterman 的分析中也很关键，他用这样的说法来证实它，即“很难想象这样小尺寸的地球结构能对入射位移波的频率为无穷的分量产生共振”。然而，这个假设并不是必要的，只要 $\mathcal{I}\{n(\infty)\}$ 有界。据此说明可推断频率为无穷的分量会没有衰减，因而有

$$\mathcal{I}\{n(\infty)\} = 0;\quad \mathcal{R}\{n(\infty)\} = n(\infty) \tag{11.7.11}$$

由式(11.7.7)和式(11.7.10)得到

$$\frac{1}{c(\omega)} = \frac{1}{C}\mathcal{R}\{n(\omega)\};\ \frac{1}{c_\infty} = \lim_{\omega\to\infty}\frac{k(\omega)}{\omega} = \lim_{\omega\to\infty}\frac{1}{c(\omega)} = \lim_{\omega\to\infty}\frac{1}{C}\mathcal{R}\{n(\omega)\} = \frac{1}{C}\mathcal{R}\{n(\infty)\}$$

现在，利用上面两式以及式(11.7.6b)和式(11.7.11)和式(11.7.1)，可将式(11.5.9)的指数的频率相关部分变为

$$\begin{aligned} h(\omega) &\equiv \frac{\omega}{c(\omega)} - \frac{\omega}{c_\infty} - \mathrm{i}\alpha(\omega) \\ &= \frac{\omega}{C}[\mathcal{R}\{n(\omega)\} - \mathcal{R}\{n(\infty)\} - \mathrm{i}(\mathcal{I}\{n(\omega)\} - \mathcal{I}\{n(\infty)\})] \\ &= \frac{\omega}{C}[n(\omega) - n(\infty)] \equiv \frac{\omega}{C}\Delta n(\omega) \end{aligned} \tag{11.7.12}$$

从而，有

$$\Delta n(\omega) \equiv \mathcal{R}\{\Delta n(\omega)\} - \mathrm{i}\mathcal{I}\{\Delta n(\omega)\} = C\frac{h(\omega)}{\omega} \tag{11.7.13}$$

由于 $h(\omega)$ 是解析函数(Futterman，1962)，故式(11.7.13)表明 $\Delta n(\omega)$ 在下半平面解析(因为它是两解析函数的比)，从而 $\Delta n(\omega)$ 的实部和虚部构成一对希尔伯特变换，即

$$\mathcal{R}\{\Delta n(\omega)\} = \frac{1}{\pi}\mathcal{P}\int_{-\infty}^{+\infty}\frac{\mathcal{I}\{\Delta n(\omega')\}}{\omega'-\omega}\mathrm{d}\omega' \tag{11.7.14}$$

$$\mathcal{I}\{\Delta n(\omega)\} = -\frac{1}{\pi}\mathcal{P}\int_{-\infty}^{+\infty}\frac{\mathcal{R}\{\Delta n(\omega')\}}{\omega'-\omega}\mathrm{d}\omega' \tag{11.7.15}$$

然后，由式(11.7.12)可知 $\Delta n(\omega)=n(\omega)-n(\infty)$，再由于

$$\mathcal{P}\int_{-\infty}^{+\infty}\frac{\mathrm{d}\omega'}{\omega'-\omega} = 0 \tag{11.7.16}$$

所以，当 $\mathcal{I}\{n(\infty)\}$ 有界时，可由式(11.7.14)得

$$\mathcal{R}\{n(\omega)-n(\infty)\} = \mathcal{R}\{\Delta n(\omega)\} = \frac{1}{\pi}\mathcal{P}\int_{-\infty}^{+\infty}\frac{\mathcal{I}\{n(\omega')\}}{\omega'-\omega}\mathrm{d}\omega' \tag{11.7.17}$$

对零频率应用式(11.7.17)，得

$$\mathcal{R}\{n(0)-n(\infty)\} = \frac{1}{\pi}\mathcal{P}\int_{-\infty}^{+\infty}\frac{\mathcal{I}\{n(\omega')\}}{\omega'}\mathrm{d}\omega' \tag{11.7.18}$$

用式(11.7.17)减去式(11.7.18)，得

$$\begin{aligned}\mathcal{R}\{n(\omega)-n(0)\} &= \frac{1}{\pi}\mathcal{P}\int_{-\infty}^{+\infty}\frac{\mathcal{I}\{n(\omega')\}}{\omega'-\omega}\mathrm{d}\omega' - \frac{1}{\pi}\mathcal{P}\int_{-\infty}^{+\infty}\frac{\mathcal{I}\{n(\omega')\}}{\omega'}\mathrm{d}\omega' \\ &= \frac{1}{\pi}\mathcal{P}\int_{-\infty}^{+\infty}\mathcal{I}\{n(\omega')\}\left(\frac{1}{\omega'-\omega}-\frac{1}{\omega'}\right)\mathrm{d}\omega' \\ &= \frac{\omega}{\pi}\mathcal{P}\int_{-\infty}^{+\infty}\frac{\mathcal{I}\{n(\omega')\}}{\omega'(\omega'-\omega)}\mathrm{d}\omega'\end{aligned} \tag{11.7.19}$$

式(11.7.19)可由式(11.6.6)和式(11.7.1)在 $\omega_0=0$ 时得到，这意味着这一基本结果并不取决于 $\mathcal{I}\{n(\infty)\}$ 的具体细节，而只要其有界。最后，因为 $n(0)=1$[见式(11.7.4)]，并且

$$\mathcal{I}\{n(\omega)\} = -\mathcal{I}\{n(-\omega)\} \tag{11.7.20}$$

所以，由式(11.7.19)和式(11.7.20)可得到

$$\mathcal{R}\{n(\omega)-n(0)\} = \mathcal{R}\{n(\omega)\}-1 = \frac{2\omega^2}{\pi}\mathcal{P}\int_{0}^{+\infty}\frac{\mathcal{I}\{n(\omega')\}}{\omega'(\omega'^2-\omega^2)}\mathrm{d}\omega' \tag{11.7.21}$$

式(11.7.21)或其变形以及关于 $\mathcal{I}\{n(\omega)\}$ 的表达式被称为 Kramers-Kronig 关系。

Futterman(1962)提出了三个关于 $\mathcal{I}\{n(\infty)\}$ 的表达式，并用式(11.7.21)计算 $\mathcal{R}\{n(\omega)\}$。其表达式之一为

$$\mathcal{I}\{n(\omega)\} = \frac{1}{2Q_0}(1-\mathrm{e}^{-\omega/\omega_0}),\quad \frac{\omega}{\omega_0}\geqslant 0 \tag{11.7.22}$$

将此式代入式(11.7.21)可得到相应的 $\mathcal{R}\{n(\omega)\}$ 值，其中包含两个在 $\omega>6\omega_0$ 时可忽略的指数项。此时，有

$$\mathcal{R}\{n(\omega)\} = 1-\frac{1}{\pi Q_0}\ln\gamma\frac{\omega}{\omega_0} \tag{11.7.23}$$

这里 $\ln\gamma$ 等于0.5772，此式表明 ω_0 必须大于零，因为当 ω_0 趋于零时 $\ln(\omega/\omega_0)$ 趋于无穷。

利用式(11.7.7)和式(11.7.23)可得

$$c(\omega) = C\left(1-\frac{1}{\pi Q_0}\ln\gamma\frac{\omega}{\omega_0}\right)^{-1} \tag{11.7.24}$$

当 $\omega/\omega_0\gg\gamma$ 时，有

$$\ln\gamma\frac{\omega}{\omega_0} = \ln\frac{\omega}{\omega_0}+\ln\gamma \approx \ln\frac{\omega}{\omega_0} \tag{11.7.25}$$

$$c(\omega) = C\left(1-\frac{1}{\pi Q_0}\ln\frac{\omega}{\omega_0}\right)^{-1} \tag{11.2.26}$$

而且，当式(11.7.26)中的对数项满足下式时，即

$$\left|\frac{1}{\pi Q_0}\ln\frac{\omega}{\omega_0}\right|^2 \ll 1 \tag{11.7.27}$$

可将 $c(\omega)$ 关于原点进行泰勒展开并保留前两项，得

$$c(\omega) = C\left(1 + \frac{1}{\pi Q_0}\ln\frac{\omega}{\omega_0}\right) \tag{11.7.28}$$

最后，由式(11.7.9)和式(11.7.26)得

$$Q = \frac{CQ_0}{c(\omega)} = Q_0\left(1 - \frac{1}{\pi Q_0}\ln\gamma\frac{\omega}{\omega_0}\right) \tag{11.7.29}$$

由式(11.7.29)可知，当下面的式(11.7.30)成立时 Q 将为负值，这就要求有一个上截止频率。另外也可看出 Q 是频率的函数，尽管在很宽的频率范围内 Q 的变化很小，因此 Futterman 模型是通常的近乎常 Q 模型。其次，ω_0 的选取具有一定的任意性，选取的 ω_0 应该小于可测到的最低频率(Futterman，1962)。

$$\omega > \frac{\omega_0}{\gamma}e^{\pi Q_0} \tag{11.7.30}$$

虽然式(11.7.24)已被广泛引用，但也备受争议。为描述这些争议，可由式(11.7.24)和式(11.7.29)得到

$$c(\omega) = C, \qquad 当\ Q = Q_0 = \infty\ 时 \tag{11.7.31}$$

$$c(\omega) > C, \qquad 当\ Q、Q_0 < \infty\ 时 \tag{11.7.32}$$

式(11.7.31)和式(11.7.32)似乎暗示在衰减介质中的波速比完全弹性介质中的波速大，黏弹性波的到达时间比预期的要早(Stacey 等，1975)。这种解释的问题是 C 为 $c(\omega)$的低频极限，而弹性波的速度(记为 c_E)实际上是 $c(\omega)$的高频极限，对应介质的瞬时响应(Savage，1976)。因为式(11.7.30)需要的高截频 c_E 不能确定，但以下观点(Savage，1976)可克服此困难。设 ω_1 为比记录仪器的通频带大的频率，该仪器将不区分 $\omega = \omega_1$ 和 $\omega = \infty$，因此 $c_E = c(\omega_1)$，再由式(11.7.24)得

$$\frac{c(\omega)}{c_E} = \frac{\pi Q_0 - \ln(\gamma\omega_1/\omega_0)}{\pi Q_0 - \ln(\gamma\omega/\omega_0)} < 1 \tag{11.7.33}$$

只要 $\omega_0 < \omega < \omega_1$，式(11.7.24)就总成立，因此，黏弹性波总比按弹性波速传播的波后到达。

11.8 Kalinin 和 Azimi 的关系、复波速

Kalinin 等人在 1967 年使用 Paley-Wiener 定理对衰减进行了分析，他们讨论了关于 $\alpha(\omega)$的三个表达式，其中一个为

$$\alpha(\omega) = \frac{\alpha_0\omega}{1 + \alpha_1\omega} \tag{11.8.1}$$

式中，α_0 和 α_1 都是正常数，原则上它们应该由衰减测量得到。$\alpha(\omega)$满足式(11.6.23)的条件，并且当 $\alpha_1\omega \ll 1$ 时，是近似线性的。于是，Kalinin 等人使用式(11.8.1)和式(11.6.28)推导出了以下关系，即

$$c(\omega) = c_\infty\left\{1 + \frac{2}{\pi}\frac{c_\infty\alpha_0\ln[1/(\alpha_1\omega)]}{1 - \alpha_1^2\omega^2}\right\}^{-1} \tag{11.8.2}$$

这通常也被认为是 Azimi 等人(1968)所做的贡献。注意，$c(\infty) = c_\infty$，$c(0) = 0$。

现在，我们将引入几个近似式，这些近似式得到的相速度表达式中不包括 c_∞、α_0 或 α_1。在 $\alpha_1\omega \ll 1$ 的假设下，式(11.8.2)变为

$$c(\omega) = c_\infty \left(1 + \frac{2}{\pi} c_\infty \alpha_0 \ln \frac{1}{\alpha_1 \omega}\right)^{-1} \tag{11.8.3}$$

另外，式(11.8.3)也可写为

$$\frac{1}{c(\omega)} = \frac{1}{c_\infty}\left(1 + \frac{2}{\pi} c_\infty \alpha_0 \ln \frac{1}{\alpha_1 \omega}\right) \tag{11.8.4}$$

为消掉式(11.8.3)和式(11.8.4)中的因子 $c_\infty \alpha_0$，可将式(11.6.26)改写成

$$2Q\alpha(\omega) = \frac{\omega}{c_\infty} + \breve{\alpha}(\omega) \tag{11.8.5}$$

通过比较式(11.8.2)和式(11.6.25)，可得到 $\breve{\alpha}(\omega)$ 的表达式。由式(11.8.1)，并假设 $\alpha_1\omega \ll 1$，再将 $\breve{\alpha}(\omega)$ 代入式(11.8.5)，消掉公共因子 ω，可得

$$2Q\alpha_0 = \frac{1}{c_\infty} + \frac{2\alpha_0}{\pi} \ln \frac{1}{\alpha_1 \omega} \tag{11.8.6}$$

如果假设式(11.8.6)右边的第二项可以被忽略(见下面)，则可得到(Aki 和 Richards, 1980)

$$2\alpha_0 c_\infty = \frac{1}{Q} \tag{11.8.7}$$

为了消掉 c_∞ 和 α_1，将考虑两个频率 ω_1 和 ω_2。对于频率 ω_1，应用式(11.8.3)，在原点处进行泰勒展开并只保留前两项，再利用式(11.8.7)，得到

$$\begin{aligned} c(\omega_1) &= c_\infty \left(1 + \frac{2}{\pi} c_\infty \alpha_0 \ln \frac{1}{\alpha_1 \omega_1}\right)^{-1} \\ &= c_\infty \left(1 - \frac{2}{\pi} c_\infty \alpha_0 \ln \frac{1}{\alpha_1 \omega_1}\right) = c_\infty \left(1 + \frac{1}{\pi Q} \ln \alpha_1 \omega_1\right) \end{aligned} \tag{11.8.8}$$

对于频率 ω_2，应用式(11.8.4)，再利用式(11.8.7)，可得

$$\frac{1}{c(\omega_2)} = \frac{1}{c_\infty}\left(1 + \frac{2}{\pi} c_\infty \alpha_0 \ln \frac{1}{\alpha_1 \omega_2}\right) = \frac{1}{c_\infty}\left(1 + \frac{1}{\pi Q} \ln \frac{1}{\alpha_1 \omega_2}\right) \tag{11.8.9}$$

式(11.8.8)在以下条件下是成立的

$$\left|\frac{1}{\pi Q} \ln \alpha_1 \omega_1\right|^2 \ll 1 \tag{11.8.10}$$

将式(11.8.8)和式(11.8.9)相乘，并忽略 $1/(\pi^2 Q^2)$ 这一项，得到(Aki 和 Richards, 1980)

$$\frac{c(\omega_1)}{c(\omega_2)} = 1 + \frac{1}{\pi Q} \ln \frac{\omega_1}{\omega_2} \tag{11.8.11}$$

类似于式(11.8.11)的适用于黏弹性固体的方程通过使用不同方法也被推导出来了(如 Liu 等，1976；Kjartansson，1979)。

为了说明式(11.8.11)后面取近似值的思想，考虑以下具体数值，即 $Q = 30$，$c_\infty = 5$ km/s 和 $\alpha_1\omega = 0.001$。然后由式(11.8.7)得 $\alpha_0 = 0.0033$，且式(11.8.6)的右边第二项等于 0.015。这个值比 $1/c_\infty$ 小得多，$1/c_\infty$ 等于 0.2，并且在这种情况下得到的近似式式(11.8.7)是合理的。条件式(11.8.10)也是满足的，因为其左边等于 0.005。还注意

到，当 ω_1/ω_2 分别等于1 000 和10 000 时，$c(\omega_1)/c(\omega_2)$ 分别等于1.07 和1.10，因此，在很宽的 ω_1/ω_2 的频率范围内频散是很小的。这些结果可解释为什么体波的频散很难被检测到。

最后推广式(11.4.17)，并得到复速度的表达式。首先，据式(11.4.16)(即 $\alpha(\omega)=\omega/(2Qc(\omega))$)，将式(11.4.4)给出的 $K(\omega)$ 写为

$$K(\omega)=\frac{\omega}{c(\omega)}-\mathrm{i}\alpha(\omega)=\frac{\omega}{c(\omega)}\left[1-\mathrm{i}\frac{c(\omega)}{\omega}\alpha(\omega)\right]=\frac{\omega}{c(\omega)}\left(1-\frac{\mathrm{i}}{2Q}\right)\tag{11.8.12}$$

式(11.8.12)中的最后一项可以认为是 $1/[1+\mathrm{i}/(2Q)]$ 在原点处的泰勒展开式而仅保留前两项，因此有

$$K(\omega)=\frac{\omega}{c(\omega)\left(1+\frac{\mathrm{i}}{2Q}\right)}\equiv\frac{\omega}{\mathcal{C}(\omega)}\tag{11.8.13}$$

式(11.8.13)定义了复速度 $\mathcal{C}(\omega)$。再用 ω、ω_r 和 c_r 来分别代替式(11.8.11)中的 ω_1、ω_2 和 $c(\omega_2)$，有

$$c(\omega)=c_r\left(1+\frac{1}{\pi Q}\ln\frac{\omega}{\omega_r}\right)$$

式中，下标 r 表示 ω 的参照点。从而，可将 $\mathcal{C}(\omega)$ 改写为

$$\mathcal{C}(\omega)=c(\omega)\left(1+\frac{\mathrm{i}}{2Q}\right)=c_r\left(1+\frac{1}{\pi Q}\ln\frac{\omega}{\omega_r}\right)\left(1+\frac{\mathrm{i}}{2Q}\right)=c_r\left(1+\frac{1}{\pi Q}\ln\frac{\omega}{\omega_r}+\frac{\mathrm{i}}{2Q}\right)\tag{11.8.14}$$

在最后一步中包含 $1/Q^2$ 的一项被忽略了。式(11.8.13)和式(11.8.14)中所涉及的近似与上述的近似类似。

式(11.8.14)是由 Aki 和 Richards(1980)在参照频率为 1 Hz(即 $\omega_r=2\pi$)的情况下给出的。虚部符号的差异是傅里叶变换定义的差别导致的。复波速是非常重要的，因为它提供了一种解释衰减和频散的方法。为了求解存在衰减时的波传播问题，可先用公式表达弹性情况下的等价问题，再用复波速取代波速(如 Aki 和 Richards，1980；Ganley，1981；Kennett，1983)。

11.9 t^*

目前为止，我们对于衰减的讨论都是假设波在均匀介质中传播。如果波在不均匀介质中传播，介质的属性随着位置的变化而变化，那么衰减导致的波的振幅变化可表示为

$$A\propto A_0\mathrm{e}^{-\omega t^*/2}\tag{11.9.1}$$

式中，t^* 的表达式为

$$t^*=\int_{\text{射线路径}}\frac{\mathrm{d}s}{Q(s)c(s)}\tag{11.9.2}$$

且 A_0 和 A 分别表示射线路径起点和终点处的振幅。位移表达式式(11.5.1)通过引入衰减系数 α[见式(11.4.16)]使得位移的振幅按指数衰减，可见式(11.9.1)是式(11.5.1)

的扩展，是将其推广到非均匀介质的情形。只要符合射线理论且在所关心的频带范围内 Q 和 c 与频率无关，式(11.9.1)就适用。特别是对于远程地震数据，分别约为 1 s 和 4 s 的纵波和横波的 t^* 值是常用的。Der(1998)对地球上不同频段的 t^* 值做了评述。下面给出了式(11.9.1)的应用。

11.10　谱比值法、时窗偏差

谱比值法被广泛应用于由地震数据估计衰减。这种方法是在频率域中应用的，并以地震记录的振幅谱分解为基础

$$A(\omega,r,\theta,\varphi) = G(r)S(\omega,\theta,\varphi)\,|R(\theta,\varphi)|\,I(\omega)P(\omega)\mathrm{e}^{-\omega t^*/2} \equiv F(\omega,r)\mathrm{e}^{-\omega t^*/2} \tag{11.10.1}$$

式中，r 是距离；θ 和 ϕ 是 9.9.1 小节中定义的方向角；ω 的函数对应振幅谱；t^* 由式(11.9.2)给出；表达式中间的几个因子分别代表几何扩散(G)、震源时间函数(S)、辐射方式(R)、仪器响应(I)、传播效应(P)以及衰减的贡献(Teng，1968；Pilant，1979)。对于点源来说，S 只是 ω 的函数。只要射线理论是适用的，则式(11.10.1)中的分解就是有效的(Ben-Menahem 等，1965)。

式(11.10.1)可应用到两个或者更多接收点(变量 r)或者频率(变量 ω)，为了指示两个值是 r 或者 ω，我们给式(11.10.1)中的函数加上下标 1 和 2，而不是在变量上加下标，然后对比值 A_1/A_2 取对数，得

$$\ln\frac{A_1(r,\omega,\theta,\phi)}{A_2(r,\omega,\theta,\phi)} = \ln\frac{F_1(r,\omega,\theta,\phi)}{F_2(r,\omega,\theta,\phi)} - \frac{1}{2}[(\omega t^*)_1 - (\omega t^*)_2] \tag{11.10.2}$$

式(11.10.2)是谱比值法的基础。在实践中，可用适当的方法选择地震同相轴和接收点，使得式(11.10.2)中的右边第一个比值项里含有可消去的一些因子(通常仅是近似的)，其结果是就给定的 r 或 ω 而言在观测数据(左边的比值)和未知值 t^* 之间形成一个线性关系。当然，观测数据是否遵循线性趋势很大程度上取决于为了得到线性关系所做的假设。谱比值法已经被应用于面波和体波，Båth(1974)对此进行了综合评述。

为了应用谱比值法，需要把感兴趣的波分离出来，因为感兴趣的波可能被一些其他波包围，因而必须消除这些波以防干扰。可使用加镶边窗的方法来实现这种分离(Båth，1974)，这样还可以减少频谱在计算过程中的泄漏，这种泄漏反过来也就是对信号的截断。但是，加窗方法会使用谱比值法获得的结果产生偏差。这可用下面简单的衰减模型来说明

$$\frac{A_z(\omega)}{A_o(\omega)} = G\mathrm{e}^{-\beta\omega} \tag{11.10.3a}$$

$$\beta = \frac{z - z_0}{2Qv} \tag{11.10.3b}$$

此式适用于利用井中地震记录进行的衰减研究。其中，A_z 和 A_0 为在深度 z 和 z_o 处记录的波的振幅谱；G 为几何扩散因子之比；假设 Q 与频率无关，v 为波的传播速度。为研

究加窗的影响，令

$$\mathcal{A}_z(\omega) = A_z(\omega)\mathrm{e}^{\mathrm{i}\phi(\omega)} \tag{11.10.4}$$

及

$$\mathcal{A}_o(\omega) = A_o(\omega)\mathrm{e}^{\mathrm{i}\phi_o(\omega)} \tag{11.10.5}$$

分别是在深度 z 和 z_0 处记录的波的傅里叶变换，且 $\mathcal{W}(\omega)$ 是时窗函数的傅里叶变换。由于窗函数作用于时间域，所以频率域的振幅之比由下式给出，即(Pujol 和 Smithson，1991)

$$\begin{aligned}\frac{|\mathcal{A}_z(\omega) * \mathcal{W}(\omega)|}{|\mathcal{A}_0(\omega) * \mathcal{W}(\omega)|} &= \frac{\left|\int_{-\infty}^{+\infty} A_z(\omega - s)\mathrm{e}^{\mathrm{i}\phi(\omega-s)}\mathcal{W}(s)\,\mathrm{d}s\right|}{|\mathcal{A}_o(\omega) * \mathcal{W}(\omega)|} \\ &= \frac{\left|G\int_{-\infty}^{+\infty} \mathrm{e}^{-\beta(\omega-s)}A_o(\omega - s)\mathrm{e}^{\mathrm{i}\phi(\omega-s)}\mathcal{W}(s)\,\mathrm{d}s\right|}{|\mathcal{A}_o(\omega) * \mathcal{W}(\omega)|} \\ &= \frac{\left|G\mathrm{e}^{-\beta\omega}\int_{-\infty}^{+\infty} A_o(\omega - s)\mathrm{e}^{\mathrm{i}\phi(\omega-s)}\mathrm{e}^{\beta s}\mathcal{W}(s)\,\mathrm{d}s\right|}{|\mathcal{A}_o(\omega) * \mathcal{W}(\omega)|} \\ &= \frac{A_z(\omega)}{A_o(\omega)}\frac{|[A_o(\omega)\mathrm{e}^{\mathrm{i}\phi(\omega)}] * [\mathrm{e}^{\beta\omega}\mathcal{W}(\omega)]|}{|\mathcal{A}_o(\omega) * \mathcal{W}(\omega)|}\end{aligned} \tag{11.10.6}$$

在最后两步中用到了式(11.10.3a)。式(11.10.6)表明在式(11.10.3a)中原来应该用的振幅比现在实际上乘了一个函数，此函数是窗函数的谱与一个随频率呈指数增长的函数的谱的乘积。这意味着如果 $\mathcal{W}(\omega)$ 的旁瓣相对较大，则它们对谱比值的贡献或许是很大的，因此在结果中引入了偏差。合成资料实验表明，采用矩形函数或者余弦函数的组合进行加窗可能得出明显假的 Q 以及不可检测的 Q 对频率的依赖性(Pujol 和 Smithson，1991)。为了使窗口偏差最小化，Harris 等人(1997)提出了使用多窗口的方法。

11.11 薄层状介质和散射衰减

非常薄的层对波传播的影响的研究首次出现在勘探地震学方面的文献之中。为介绍这方面的研究，我们考虑与波在多个薄层叠加介质中传播相应的合成地震记录，薄层的声阻抗(等于速度与密度的乘积，见 6.6.2.1 小节)如图 11.4(a)所示。假设震源位于多层介质的最顶端，接收点位于包含震源的垂直线上。这种分布是垂直地震剖面(VSP)的理想化模式，相当于实际观测中把接收点放置在钻孔的不同深度。为计算合成记录数据，需要假设介质为声波介质(Burridge 等，1988)。合成记录数据的计算可以在包含和不包含反射的情况下进行，分别见图 11.4(b)、(c)、(d)、(e)。图 11.4(b)、(c)分别为脉冲响应(震源时间函数是一个脉冲)和非脉冲时间函数计算的地震记录。注意到振幅随深度的变化而剧烈变化。因为合成地震记录是按入射平面波计算的，所以振幅的减少不是几何扩散造成的。另外，由于使用的声阻抗是实际数据的大致表示，从合成地震记录中我们必然会得到的结论是：地震能量不会到达它实际上到达的深度。得出此结论的问题在于我们忽略了层间多次反射(即多次波)的影响，这与在 8.8.1 小节中所讨论的类似。这种影响在图 11.4(d)、(e)中明显可见。图 11.4(d)对应于脉冲响应，可见在透射直达的脉冲之后有很多对应于多次波的小振幅脉冲。图 11.4(e)是按之前用过的非脉冲震源函数生成的记录，可见直达波振幅有显著的增加，这不再是首波，而是由直达透射波及多次波组合产生的复合波。除了振幅增加外，多次波对下行波的拓宽也是有贡献的，同时使得高频率分量的振幅相对减小。这种影响可以从地震道图 11.4(c)、(e)中前 28ms 的频谱中看出，见图 11.4(f)。注意到，高频分量的振幅通常比没有多次波的道集的振幅大，特别是对于更深的道集。随着震源时间函数周期的增加，这种展宽变得越来越不重要，但振幅累加仍然存在。

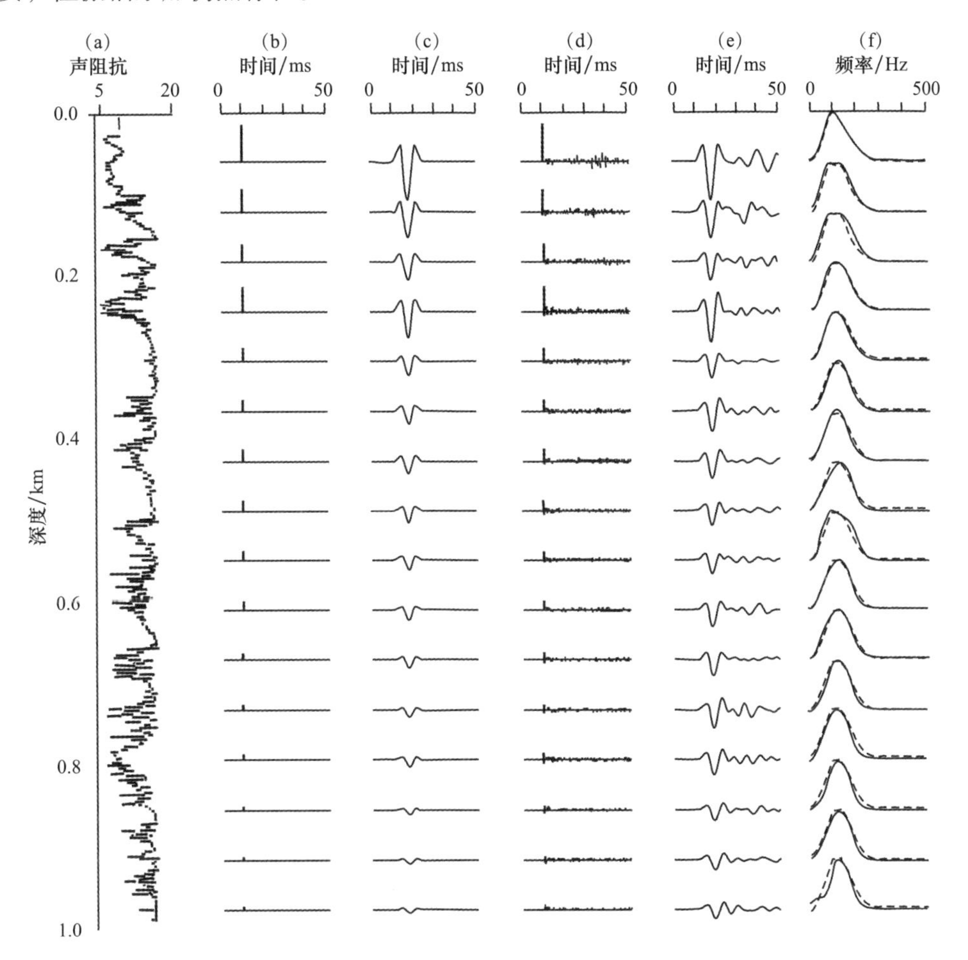

图 11.4　声阻抗曲线及合成地震记录图

(a)实际声阻抗(速度×密度)，是深度的函数，所用的速度(km/s)和密度(g/cm^3)参见 Pujol 和 Smithson 于 1991 发表的文章中的图 3。(b)垂直入射合成地震记录，所采用的一维层状介质模型是将声阻抗按每层双程时为 0.2 ms 的方式进行采样产生的，震源时间函数是一个脉冲而且只包含透射波。(c)与(b)相似，但用的是非脉冲震源函数。(d)和(e)分别与(b)和(c)相似，但是包含透射波和反射波。所有地震道都进行了标准化，使其最大振幅相同。软件由 R. Urridge 提供，由 Burridge 等描述(1998)。(f)地震道(e)(对应实线)和(c)(对应虚线)中前 28ms 道的振幅谱。所有谱都按它们相对应的最大值进行了标准化。

多次反射对波传播的潜在影响早在 20 世纪 60 年代就被认识到了，O' Doherty 和 Anstey(1971)对此做了总结和进一步探究，其结论是下行波的这种展宽与由固有衰减造成的展宽是相似的。而且，他们导出了以下透射波振幅谱 $T(\omega)$ 和反射系数序列的能谱 $R(\omega)$ 之间的关系，为

$$T(\omega,\tau) = e^{-\tau R(\omega)} \tag{11.11.1}$$

式中，τ 是从震源到接收点的旅行时。式(11.11.1)的原始推导是不清楚的，事实表明此关系的严格证明涉及复杂的数学和统计理论，也包括许多关于反射系数性质的假设。Burridge 等(1988)给出了一种证明，Resnick(1990)总结了有关此课题的已做的一些工作。

多次波的似衰减效应已经被 Schoenberger 和 Levin(1978)验证，他们使用实际的速度和密度测井数据生成了与图 11.4 相似的合成地震记录。这些学者得到的另一个结论是如果观测到的总衰减是固有衰减和多次波产生的衰减之和，则后者和前者一样重要。这两种类型衰减的可加性假设被用来依据 VSP 数据预测固有衰减(Hauge，1981；Pujol 和 Smithson，1991)；而 Richards 和 Menke(1983)用数值实验方法对此进行了研究，他们发现可加性大体上是可以满足的。最后，我们注意到在弹性性质仅一维变化的介质中，多次反射将构成散射波场，由于这个原因，由多次波产生的衰减是散射衰减的一个例子。

问　题

11.1　验证式(11.4.10)和式(11.4.11)。

11.2　验证式(11.5.5)。

11.3　证明当 $s<1$ 时，$I(s)=\int_0^{+\infty}\frac{\omega^s}{1+\omega^2}d\omega$ 是有限值，但当 $s=1$ 时，则不成立。为什么积分下限不为 $-\infty$？

11.4　验证式(11.6.27)。

11.5　验证式(11.7.16)，并证明只要 $\mathcal{I}\{n(\infty)\}$ 有界，则式(11.7.17)就是适用的。

11.6　验证式(11.7.20)和式(11.7.21)。

11.7　绘出式(11.7.29)所示的图形，取 $Q_0=100$，$\omega_0=0.001$，且 $0.01\ \text{Hz}\leqslant\omega\leqslant 10\ \text{Hz}$。

11.8　验证式(11.8.6)。

附　录

附录 A　分布理论导论

δ 函数在数学物理中起着重要的作用，并且在讨论震源问题的第 9 章和第 10 章中多次被用到。通常将 δ 当作一个函数，δ 的典型定义式为

$$\delta(x-a)=0,\quad x\neq a \tag{A.1}$$

$$\int_{-\infty}^{+\infty}\delta(x-a)\,\mathrm{d}x=1 \tag{A.2}$$

但从数学角度讲，这个定义式是不符合函数经典理论的，因为除了一个点之外处处为零的函数的积分是 0 而不是 1。如果承认定义式式(A.1)和式(A.2)是合理的，那么它们就和下式是一致的，即

$$\int_{-\infty}^{+\infty}g(x)\delta(x-a)\,\mathrm{d}x=g(a) \tag{A.3}$$

式中，$g(x)$是在 $x=a$ 处连续的任意函数。而且，由于式(A.1)的定义，所以式(A.2)和式(A.3)中的积分的积分区间可以是包括 $x=a$ 的任意小的区间。

分布理论(或广义函数理论)是由 L. Schwartz 于 20 世纪提出的。该理论处理包括 δ 函数在内的一大类数学实体，而这些数学实体不能用经典的数学分析来描述，但它们被广泛应用于偏微分方程的求解之中(还有其他诸多应用)。以下的内容是基于 Hormander (1983)、Al – Gwaiz (1992)以及 Friedlander 和 Joshi(1998)的工作并对其做了简化的分布理论。Schwartz (1966)、Zemanian (1965)以及 Beltrami 和 Wohlers(1966)的工作也可作为有价值的参考。为了简单起见，这里只考虑一维情况下的分布理论，但将其推广到高维并不难。

分布理论的基本要素是测试函数的概念。测试函数定义为在某个有限区间之外都为零且具有任意阶导数的函数，例如(参见 Strichartz，1994)

$$\varphi(x)=\begin{cases}\mathrm{e}^{8(\alpha-\beta)^{-2}}\mathrm{e}^{-[(x-\alpha)^{-2}+(x-\beta)^{-2}]}, & \alpha<x<\beta \quad \text{(A.4a)}\\ 0, & \text{其他} \quad \text{(A.4b)}\end{cases}$$

式(A.4a)中常数因子的选取是为了使得函数 $\varphi(x)$的最大值为 1(见附图 A.1)。一般地，称所选取的区间$[\alpha,\beta]$为函数 $\varphi(x)$的支撑集，$\varphi(x)$在此区间之外为零。因为此区间是有限的，所以也称其为紧支集。

为了给出分布的定义，我们先引入以下运算。对于一个局部可积函数 $f(x)$和任意测试函数 $\varphi(x)$，令

$$\langle f,\varphi\rangle=\int_{-\infty}^{+\infty}f(x)\varphi(x)\,\mathrm{d}x \tag{A.5}$$

当函数 $\varphi(x)$给定时，$\langle f,\varphi\rangle$是一个数值。任何一个能指定一个数与一个函数对应的关

系式(不必是积分式)或法则都称为一个泛函，应该将泛函与函数(单值)区别开来，函数是指定一个数与一个数对应。另一种不同类型的泛函是式(8.6.5)定义的泛函 $I(x)$。由式(A.5)定义的泛函具有线性性质，即若给定两测试函数 φ_1 和 φ_2，则有

$$\langle f, c_1\varphi_1 + c_2\varphi_2\rangle = c_1\langle f,\varphi_1\rangle + c_2\langle f,\varphi_2\rangle \tag{A.6}$$

这里 c_1 和 c_2 是任意常数。

由式(A.5)定义的泛函具有另一个性质——连续性，也就是说，如果 φ 是某个测试函数序列的极限，即

$$\lim_{n\to\infty}\varphi_n(x) = \varphi(x) \tag{A.7}$$

则有(忽略一些技术细节)

$$\lim\langle f,\varphi_n(x)\rangle = \langle f,\varphi(x)\rangle \tag{A.8}$$

式(A.7)和式(A.8)也可写为

$$\varphi_n(x) \to \varphi(x) \tag{A.9a}$$

$$\langle f,\varphi_n(x)\rangle \to \langle f,\varphi(x)\rangle \tag{A.9b}$$

现在引入分布的定义，即分布是一个线性的且连续的泛函。由式(A.5)定义的泛函称为正则分布。通常函数 $f(t)$ 和相应的分布 f 不加以区分，但有时为了方便而采用不同的符号表示分布。后面会给出具体的例子[见式(A.40)和式(A.47)]。所有不能用式(A.5)表示的泛函称为奇异分布。例如，δ 定义为

$$\langle\delta_a,\varphi\rangle = \varphi(a) \tag{A.10}$$

δ 是线性泛函，因为

$$\langle\delta_a, c_1\varphi_1 + c_2\varphi_2\rangle = c_1\varphi_1(a) + c_2\varphi_2(a) = c_1\langle\delta_a,\varphi_1\rangle + c_2\langle\delta_a,\varphi_2\rangle \tag{A.11}$$

δ 是连续泛函，因为

$$\langle\delta_a,\varphi_n\rangle = \varphi_n(a) \to \varphi(a) = \langle\delta_a,\varphi\rangle \tag{A.12}$$

当 $a=0$ 时，就省掉 δ_a 的下标 a，即记为 δ。式(A.10)通常写为式(A.3)所示的符号化形式。需要强调的是，虽然在应用中式(A.3)像实际积分一样，但不要将式(A.3)理解为一个通常意义上的积分。另外一点也要特别注意，即不能在一个点上估算分布，而应该以符号形式去理解如 $\delta(x-a)$ 这样的表达式。然而，可以说，在某些条件下 δ 等于零，但要理解这一点，还需要引入两个定义。

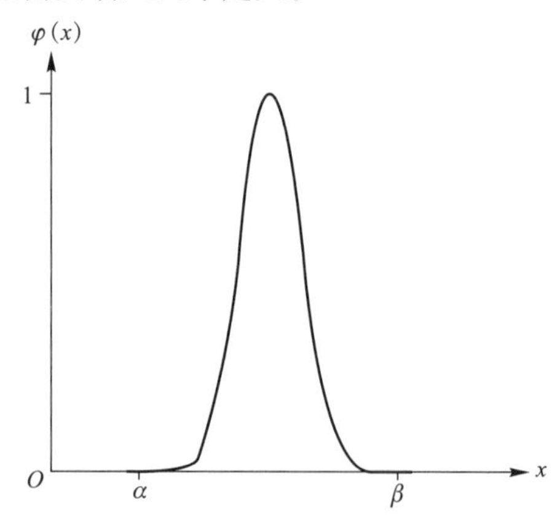

附图 A.1　由式(A.4)给出的测试函数的曲线图

如果分布 T 对于支集在区间(γ, ε)内的所有测试函数 φ 都有

$$\langle T,\varphi\rangle = 0 \tag{A.13}$$

则称分布 T 在开区间(γ, ε)内为零。

分布 T 的支集是 T 在其之外为零的最小闭区间。例如，如果测试函数 φ 的支集不包括点 a，则有

$$\langle \delta_a,\varphi\rangle = 0 \tag{A.14}$$

所以，在区间($-\infty$, 0)和(0, $+\infty$)内有 $\delta_a=0$。这也说明式(A.1)是合理的。

对于两个分布 S 和 T，如果对所有测试函数 φ 都有

$$\langle S,\varphi\rangle = \langle T,\varphi\rangle \tag{A.15}$$

则称分布 S 和 T 相等。

同函数一样，可定义偶分布和奇分布。设测试函数满足

$$\breve{\varphi}(x) = \varphi(-x) \tag{A.16}$$

如果

$$\langle T,\varphi(x)\rangle = \langle T,\breve{\varphi}(x)\rangle \tag{A.17}$$

则称分布 T 为偶分布。如果

$$\langle T,\varphi(x)\rangle = -\langle T,\breve{\varphi}(x)\rangle \tag{A.18}$$

则称分布 T 为奇分布。因为

$$\langle \delta,\varphi(x)\rangle = \langle \delta,\varphi(-x)\rangle = \varphi(0) \tag{A.19}$$

所以，δ 为偶分布。奇分布的一个例子是 $\operatorname{sgn}x$[见式(6.5.43)，见问题 A.1]。

一般地，两个分布的乘积是没有定义的，但是，如果 $f(x)$ 是具有任意阶导数的函数，T 是一个分布，则可按照下式定义二者的乘积 fT，即

$$\langle fT,\varphi\rangle = \langle T,f\varphi\rangle \tag{A.20}$$

例如

$$\langle x\delta,\varphi\rangle = \langle \delta,x\varphi\rangle = x\varphi\big|_{x=0} = 0 \tag{A.21}$$

这意味着

$$x\delta = 0 \tag{A.22}$$

反之

$$xT = 0 \tag{A.23}$$

意味着

$$T = c\delta \tag{A.24}$$

式中，c 为常数(Schwartz，1966)。

另外一个例子，因为

$$\langle x\delta_a,\varphi\rangle = \langle \delta_a,x\varphi\rangle = a\varphi(a) = \langle a\delta_a,x\varphi\rangle \tag{A.25}$$

所以

$$x\delta_a = a\delta_a \tag{A.26}$$

分布 T 的导数 $\mathrm{d}T/\mathrm{d}x$ 定义为

$$\left\langle \frac{\mathrm{d}T}{\mathrm{d}x},\varphi\right\rangle = -\left\langle T,\frac{\mathrm{d}\varphi}{\mathrm{d}x}\right\rangle \tag{A.27}$$

此定义是将对于可微函数$f(x)$成立的以下关系式做了推广

$$\int_{-\infty}^{+\infty} f'(x)\varphi(x)\mathrm{d}x = -\int_{-\infty}^{+\infty} f(x)\varphi'(x)\mathrm{d}x \tag{A.28}$$

式中，“′”表示关于x的导数。对式(A.28)的左边应用分部积分，并利用$\varphi(\pm\infty)=0$可证明式(A.28)。当$f(x)$不可导时，式(A.28)的左边无定义，但其右边可能依然存在。例如，如果$f(x)$是单位阶跃函数$H(x)$，则由式(A.28)的右边可得到

$$\int_{-\infty}^{+\infty} H(x)\varphi'(x)\mathrm{d}x = -\int_{0}^{+\infty}\varphi'(x)\mathrm{d}x = -\varphi(x)\Big|_{0}^{+\infty} = \varphi(0) \tag{A.29}$$

将式(A.29)与当$a=0$时的式(A.10)做比较，可得

$$\frac{\mathrm{d}}{\mathrm{d}x}H = \delta \tag{A.30}$$

可见，引入分布的概念，使得求诸如$H(x)$这样的函数的导函数具有了意义，而$H(x)$在原点处不可导。更一般地，如果某个函数在除了$x=a$点之外处处可导，而$x=a$是其跳跃间断点，那么该函数在$x=a$处的导数为跳跃量与δ_a的乘积(Schwartz，1966)。具有跳跃间断点的函数的简单例子就是$H(x)$和sgn$x$，它们的跳跃量分别是1和2。另一个例子是由式(A.39)(见后面)定义的函数$h(x)$的导数。这时的跳跃量等于b。

另一个与导数有关的有用的例子为

$$\langle\delta',\varphi\rangle = -\langle\delta,\varphi'\rangle = -\varphi'(0) \tag{A.31}$$

式(A.31)定义了一个偶极子(Schwartz，1966)，这与我们在讨论双力偶(见10.5节)时对δ'的解释是一致的。因为

$$\varphi'(x) = \lim_{\epsilon\to 0}\frac{\varphi(x+\varepsilon/2)-\varphi(x-\varepsilon/2)}{\varepsilon} \tag{A.32}$$

所以

$$-\varphi'(0) \approx \frac{\varphi(-\varepsilon/2)-\varphi(\varepsilon/2)}{\varepsilon} \tag{A.33}$$

利用两次式(A.27)就可得到分布的二阶导数，即

$$\left\langle\frac{\mathrm{d}^2T}{\mathrm{d}x^2},\varphi\right\rangle = -\left\langle\frac{\mathrm{d}T}{\mathrm{d}x},\frac{\mathrm{d}\varphi}{\mathrm{d}x}\right\rangle = \left\langle T,\frac{\mathrm{d}^2\varphi}{\mathrm{d}x^2}\right\rangle \tag{A.34}$$

下面是与微分运算有关的一个重要结果。设L是以下算子，即

$$L = \frac{\mathrm{d}^2}{\mathrm{d}x^2} + c_1\frac{\mathrm{d}}{\mathrm{d}x} + c_2 \tag{A.35}$$

式中，c_1和c_2是常数。又设$f_1(x)$和$f_2(x)$是微分方程

$$Lf = 0 \tag{A.36}$$

的解，并且满足条件

$$f_1(a) = f_2(a) \tag{A.37}$$

$$f_2'(a) - f_1'(a) = b \tag{A.38}$$

式中，常数b为$f'(x)$在点a处的跳跃量。再设$h(x)$为

$$h(x) = \begin{cases} f_1(x), & x \leqslant a \\ f_2(x), & x > a \end{cases} \tag{A.39}$$

由式(A.37)知，函数 $h(x)$ 在 $x=a$ 处连续。在这些条件下，如果 $\tilde{h}$ 是与 $h(x)$ 关联的正则分布，那么(Al-Gwaiz，1992)

$$L\tilde{h} = b\delta_a \tag{A.40}$$

为了证明式(A.40)，分别讨论式(A.35)等号右边的三项。第一项为

$$\begin{aligned}
\left\langle \frac{\mathrm{d}^2\tilde{h}}{\mathrm{d}x^2},\varphi \right\rangle &= \left\langle \tilde{h},\frac{\mathrm{d}^2\varphi}{\mathrm{d}x^2} \right\rangle \\
&= \int_{-\infty}^{+\infty} h(x)\varphi''(x)\,\mathrm{d}x \\
&= h\varphi'\Big|_{-\infty}^{+\infty} - h'\varphi\Big|_{-\infty}^{+\infty} + \int_{-\infty}^{+\infty} h''(x)\varphi(x)\,\mathrm{d}x \\
&= f_1\varphi'\Big|_{-\infty}^{a} + f_2\varphi'\Big|_{a}^{+\infty} - f_1\varphi'\Big|_{-\infty}^{a} - f_2\varphi'\Big|_{a}^{\infty} + \int_{-\infty}^{\infty} h''(x)\varphi(x)\,\mathrm{d}x \\
&= [f'_2(a) - f'_1(a)]\varphi(a) + \int_{-\infty}^{+\infty} h''(x)\varphi(x)\,\mathrm{d}x \\
&= b\varphi(a) + \int_{-\infty}^{+\infty} h''(x)\varphi(x)\,\mathrm{d}x
\end{aligned} \tag{A.41}$$

式(A.41)的第三个等式由分部积分得到，第四个等式由式(A.39)得到，第五个等式由式(A.37)以及 $\varphi'(\pm\infty)=0$ 得到，最后一个等式由式(A.38)得到。

式(A.35)的第二项为

$$\left\langle \frac{\mathrm{d}\tilde{h}}{\mathrm{d}x},\varphi \right\rangle = -\left\langle \tilde{h},\frac{\mathrm{d}\varphi}{\mathrm{d}x} \right\rangle = -\int_{-\infty}^{+\infty} h(x)\varphi'(x)\,\mathrm{d}x = \int_{-\infty}^{+\infty} h'(x)\varphi(x)\,\mathrm{d}x \tag{A.42}$$

这里用到了分部积分和式(A.37)。

式(A.35)的第三项为

$$\langle \tilde{h},\varphi \rangle = \int_{-\infty}^{+\infty} h(x)\varphi(x)\,\mathrm{d}x \tag{A.43}$$

由式(A.41)~式(A.43)得到

$$\langle L\tilde{h},\varphi \rangle = b\varphi(a) + \int_{-\infty}^{+\infty} [Lh(x)]\varphi(x)\,\mathrm{d}x = b\varphi(a) = \langle b\delta_a,\varphi \rangle \tag{A.44}$$

由于假设 $Lh=0$[见式(A.36)]，所以式(A.44)中的积分等于零。再由式(A.44)和式(A.15)可得到式(A.40)。这一结果证明了在求解式(C.4)时所用到的结论是正确的。

在应用中尤其重要的是分布的傅里叶变换。对应分布 T，其傅里叶变换由下式给出

$$\langle \hat{T},\psi \rangle = \langle T,\hat{\psi} \rangle \tag{A.45}$$

这里，字母上面的符号表示傅里叶变换，函数 ψ 的傅里叶变换为

$$\hat{\psi}(\omega) = \int_{-\infty}^{+\infty} \psi(x)\mathrm{e}^{-\mathrm{i}\omega x}\,\mathrm{d}x \tag{A.46}$$

这里，我们不区分5.4节中的关于空间变量和时间变量的傅里叶变换。与分布的傅里叶变换关联的测试函数 ψ 和用于定义分布的函数是不一样的，原因是函数 $\hat{\varphi}$ 没有紧支集(Schwartz，1966)。粗略地讲，当 $|x|$ 趋于无穷大时，函数 $\psi(x)$ 及其导数趋于零的速

度比 $1/|x|$ 的任何次方趋于零的速度都快。例如，e^{-x^2} 就没有紧支集。

当 T 是由式(A.5)给出的正则分布时，式(A.45)的定义和经典傅里叶变换是一致的，即

$$
\begin{aligned}
\langle \tilde{\hat{f}}, \psi(x) \rangle &= \langle \tilde{f}, \hat{\psi}(x) \rangle \\
&= \int_{-\infty}^{+\infty} f(x) \left(\int_{-\infty}^{+\infty} \psi(\omega) e^{-i\omega x} d\omega \right) dx \\
&= \int_{-\infty}^{+\infty} \psi(\omega) \left(\int_{-\infty}^{+\infty} f(x) e^{-i\omega x} dx \right) d\omega \\
&= \int_{-\infty}^{+\infty} \psi(\omega) \hat{f} d\omega \\
&= \langle \tilde{\hat{f}}, \psi \rangle
\end{aligned}
\tag{A.47}
$$

同前面一样，符号“～”用于表示分布。必须注意的是，式(A.47)的第一个等号右边的泛函是关于变量 x 定义的，这就要求第二个等号右边的外层积分写成式中所写的那样。这样写才使得被积函数是 x 的函数。

对于任何一个其傅里叶变换 $\hat{f}(\omega)$ 存在的函数 $f(x)$，有以下反变换关系，即

$$
f(x) = \frac{1}{2\pi} \int_{-\infty}^{+\infty} \hat{f}(\omega) e^{-i\omega x} d\omega \tag{A.48}
$$

此公式将用于导出下面的重要性质。即如果 $\hat{f}(\omega)$ 是函数 $f(x)$ 的傅里叶变换，则 $\hat{f}(x)$ 的傅里叶变换为 $2\pi f(-\omega)$。为了证明此性质，首先将式(A.48)中的 x 用 $-x$ 来代替，得到

$$
f(-x) = \frac{1}{2\pi} \int_{-\infty}^{+\infty} \hat{f}(\omega) e^{-i\omega x} d\omega \tag{A.49}
$$

然后，将式(A.49)中的 ω 与 x 互换，得到

$$
f(-\omega) = \frac{1}{2\pi} \int_{-\infty}^{+\infty} \hat{f}(\omega) e^{-i\omega x} dx \tag{A.50}
$$

若用 $\hat{\hat{f}}$ 记式(A.50)右边的积分表达的 $\hat{f}(x)$ 的傅里叶变换，则可以得到(Hormander, 1983)

$$
\hat{\hat{f}} = 2\pi \check{f}(\omega) \tag{A.51}
$$

这里，$\check{f}$ 由式(A.16)定义。对式(A.51)应该做如下解释，即对于给定的函数 $f(x)$，将其傅里叶变换 $\hat{f}(\omega)$ 中的 ω 用 x 来代替得到 $\hat{f}(x)$，再对 $\hat{f}(x)$ 做傅里叶变换所得到的 $\hat{\hat{f}}(\omega)$ 等于将原来的函数 $f(x)$ 中的 x 用 $-\omega$ 来代替后再乘以 2π。

利用式(A.45)的定义可推导出关于分布的与式(A.51)同等的关系式，即

$$
\langle \hat{\hat{T}}, \psi \rangle = \langle \hat{T}, \hat{\psi} \rangle = \langle T, \hat{\hat{\psi}} \rangle = 2\pi \langle T, \check{\psi} \rangle \tag{A.52}
$$

下面将给出应用式(A.52)的例子。

需要用到的一个结果是奇分布的傅里叶变换也是奇分布，这可从下式中看出，即

$$
\langle \hat{T}, \check{\psi} \rangle = \langle T, \hat{\check{\psi}} \rangle = \langle T, \check{\hat{\psi}} \rangle = -\langle \hat{T}, \psi \rangle \tag{A.53}
$$

在式(A.53)中，易证 $\hat{\hat{\psi}}=\check{\hat{\psi}}$，由奇分布的定义[见式(A.18)]可得到第三个等式。同理可证，偶分布的傅里叶变换也为偶分布。

现在我们再来考虑与导数有关的关系式。利用定义式式(A.46)，可得到 $\mathrm{d}\psi/\mathrm{d}x$ 的傅里叶变换为

$$\widehat{\frac{\mathrm{d}\psi}{\mathrm{d}x}}(\omega)=\int_{-\infty}^{+\infty}\frac{\mathrm{d}\psi(x)}{\mathrm{d}x}\mathrm{e}^{-\mathrm{i}\omega x}\mathrm{d}x=\mathrm{i}\omega\int_{-\infty}^{+\infty}\psi(x)\mathrm{e}^{-\mathrm{i}\omega x}\mathrm{d}x=\mathrm{i}\omega\hat{\psi}(\omega) \qquad (\mathrm{A}.54)$$

式(A.54)中的第二个等式是对第一个积分采用分部积分法并利用 $\psi(\pm\infty)=0$ 而得到的(见问题9.14)。

接下来再求 $\hat{\psi}(\omega)$ 的导数。由式(A.46)可得到

$$\frac{\mathrm{d}\hat{\psi}(\omega)}{\mathrm{d}\omega}=-\mathrm{i}\int_{-\infty}^{+\infty}x\psi(x)\mathrm{e}^{-\mathrm{i}\omega x}\mathrm{d}x=\mathrm{i}\,\widehat{x\psi}\,(\omega) \qquad (\mathrm{A}.55)$$

由傅里叶积分的性质可知，式(A.55)中交换微分和积分的次序是合理的。

现在推导与式(A.54)同等的关于分布的关系式，即

$$\left\langle\widehat{\frac{\mathrm{d}T}{\mathrm{d}x^2}},\psi(\omega)\right\rangle=\left\langle\frac{\mathrm{d}T}{\mathrm{d}x},\hat{\psi}(x)\right\rangle=-\left\langle T,\frac{\mathrm{d}\hat{\psi}(x)}{\mathrm{d}x}\right\rangle=\langle T,\mathrm{i}\,\widehat{\omega\psi}\,(x)\rangle$$

$$=\langle\hat{T},\mathrm{i}\,\omega\psi(\omega)\rangle=\langle\mathrm{i}\omega\hat{T},\psi(\omega)\rangle \qquad (\mathrm{A}.56)$$

在导出式(A.56)的过程中用到了式(A.20)、式(A.27)、式(A.45)(两次)和式(A.55)。在利用式(A.55)时，应注意有关式(A.47)的推导说明，且将其应用于利用式(A.56)时，需要将 x 和 ω 互换。由式(A.56)可得到

$$\widehat{\frac{\mathrm{d}T}{\mathrm{d}x}}=\mathrm{i}\omega\hat{T} \qquad (\mathrm{A}.57)$$

利用定义求取分布的傅里叶变换或许比较困难，所以通常采用其他较为方便的途径求出此变换，然后证明它满足式(A.45)(Strichartz，1994)。然而，在本书中其他地方用到的许多分布的傅里叶变换是容易导出的。下面是具体的例子。

(1)δ_a 的傅里叶变换。由式(A.45)以及式(A.10)，可得到

$$\langle\hat{\delta}_a,\psi(\omega)\rangle=\langle\delta_a,\hat{\psi}(\omega)\rangle=\int_{-\infty}^{+\infty}\psi(\omega)\mathrm{e}^{-\mathrm{i}\omega x}\mathrm{d}\omega\Big|_{x=a}$$

$$=\int_{-\infty}^{+\infty}\psi(\omega)\mathrm{e}^{-\mathrm{i}\omega a}\mathrm{d}\omega=\langle\mathrm{e}^{-\mathrm{i}\omega a},\psi(\omega)\rangle \qquad (\mathrm{A}.58)$$

可见

$$\hat{\delta}_a=\mathrm{e}^{-\mathrm{i}\omega a} \qquad (\mathrm{A}.59)$$

特别是，当 $a=0$ 时

$$\hat{\delta}=1 \qquad (\mathrm{A}.60)$$

(2)$f(x)=1$ 的傅里叶变换。因为此函数不可积，所以传统意义上此函数的傅里叶变换是不存在的。但是，从分布的角度讲，此函数的傅里叶变换是存在的。为求得 $f(x)=1$ 的傅里叶变换，利用式(A.52)，并令其中的 $T=\delta$，再由式(A.60)以及 δ 为偶分布[见式(A.19)]的事实，可得到

$$\langle \hat{\hat{\delta}},\psi \rangle = \langle \hat{1},\psi \rangle = 2\pi\langle \delta,\check{\psi} \rangle = 2\pi\langle \delta,\psi \rangle \tag{A.61}$$

利用式(A.15)，再由式(A.61)可得到

$$\hat{1} = 2\pi\delta \tag{A.62}$$

(3)在分布意义下符号函数 sgn$x$ 的傅里叶变换。为求得此变换，需要用到下面的等式，即

$$\mathrm{sgn}x = 2H(x) - 1 \tag{A.63}$$

由式(A.65)和式(A.30)可得到

$$\frac{\mathrm{d}}{\mathrm{d}x}\mathrm{sgn}x = 2\delta \tag{A.64}$$

对式(A.64)做傅里叶变换，再利用式(A.57)和式(A.60)，可得

$$\mathrm{i}\omega\,\widehat{\mathrm{sgn}x} = 2 \tag{A.65}$$

从而，有

$$\widehat{\mathrm{sgn}x} = \frac{2}{\mathrm{i}\omega} + c\delta \tag{A.66}$$

这里，c 为常数。要证明式(A.66)等号右边的第二项是必要的，只要将式(A.66)两边同乘以 iω，再利用式(A.22)[但要将式(A.22)中的 x 换为 ω]，就可得到式(A.65)。为了确定常数 c，注意到 sgn$x$ 及其傅里叶变换[见式(A.53)]和 $1/\omega$ 都是奇函数，δ 为偶函数，所以，c 必须为零。从而，得到

$$\widehat{\mathrm{sgn}x} = \frac{2}{\mathrm{i}\omega} \tag{A.67}$$

需要注意的是，分布 $1/\omega$ 必须理解为柯西积分主值，其定义为

$$\langle \frac{1}{\omega},\psi \rangle = \lim_{\epsilon\to 0}\left[\int_{-\infty}^{-\epsilon}\frac{\psi(\omega)}{\omega}\mathrm{d}\omega + \int_{\epsilon}^{+\infty}\frac{\psi(\omega)}{\omega}\mathrm{d}\omega\right] \tag{A.68}$$

(4)在分布意义上单位阶跃函数 $H(x)$ 的傅里叶变换。由于

$$H(x) = \frac{1}{2}(\mathrm{sgn}x + 1) \tag{A.69}$$

所以

$$\hat{H}(\omega) = \frac{1}{2}(\widehat{\mathrm{sgn}x} + \hat{1}) = \frac{1}{\mathrm{i}\omega} + \pi\delta \tag{A.70}$$

式(A.70)中最后一个等式的推导要用到式(A.67)和式(A.62)。

式(A.70)将用于求出两个只有在分布意义上才成立的积分表达式。将 $\hat{H}(\omega)$ 写为

$$\begin{aligned}\hat{H}(\omega) &= \int_{-\infty}^{+\infty}H(t)\mathrm{e}^{-\mathrm{i}\omega x}\mathrm{d}x = \int_{0}^{+\infty}\mathrm{e}^{-\mathrm{i}\omega x}\mathrm{d}x \\ &= \int_{0}^{+\infty}\cos\omega x\mathrm{d}x - \mathrm{i}\int_{0}^{+\infty}\sin\omega x\mathrm{d}x = \pi\delta - \frac{\mathrm{i}}{\omega}\end{aligned} \tag{A.71}$$

再令式(A.71)的实部和虚部分别对应相等，得到

$$\int_{0}^{+\infty}\cos\omega x\mathrm{d}x = \pi\delta \tag{A.72}$$

$$\int_{0}^{+\infty}\sin\omega x\mathrm{d}x = \frac{1}{\omega} \tag{A.73}$$

在附录 C 中将用到式(A. 72)。

(5)在分布意义上函数 $1/x$ 的傅里叶变换。为了求出此变换，利用式(A. 52)和式(A. 67)以及问题 A. 1 的结果，有

$$\hat{\frac{2}{\mathrm{i}x}} = -2\pi \mathrm{sgn}\omega \tag{A. 74}$$

所以(问题 A. 2)，有

$$\hat{\frac{1}{x}} = -\mathrm{i}\pi \mathrm{sgn}\omega \tag{A. 75}$$

接下来，应该继续讨论分布及其傅里叶变换的褶积问题，但是，它们在本书中很少用到，并且需要引入另外一些概念，所以这里就不讨论这些问题了。对这类问题相对简单的处理可参阅 Al-Gwaiz(1992)以及 Friedlander 和 Joshi(1998)的文献。本书中要用到的最重要的结果是两个分布的褶积的傅里叶变换等于这两个分布的傅里叶变换的乘积，并且分布 δ 相对褶积运算而言是单位元素。也就是说，任何一个分布与 δ 做褶积的结果依然是该分布。这一结果在 9. 6 节和式(B. 4)中会用到。

问 题

A. 1 证明 $\mathrm{sgn}x$ 为奇分布。

A. 2 证明式(A. 75)。

A. 3 求出 $\cos at$ 和 $\sin at$ 的傅里叶变换，其中 a 为常数，并绘出它们的图形。

附录 B　希尔伯特变换

引出希尔伯特变换的一种方便的方法是考虑一个具有因果性的实函数，即考虑具有以下性质的函数 $s(t)$

$$s(t) = 0, \quad t < 0 \tag{B.1}$$

利用亥维赛(Heaviside)单位阶跃函数，$s(t)$可写为(Berkhout，1985)

$$s(t) = H(t)s(t) \tag{B.2}$$

对式(B.2)做傅里叶变换[见式(5.4.24)]，并利用频率域褶积定理(Papoulis，1962)，得

$$S(\omega) = \frac{1}{2\pi}[\mathcal{H}(\omega) * S(\omega)] \tag{B.3}$$

式中，$S(\omega)$和$\mathcal{H}(\omega)$是$s(t)$和$H(t)$的傅里叶变换。

在引入$\mathcal{H}(\omega)$的表达式之后[见式(A.70)]，式(B.3)变成

$$\begin{aligned} S(\omega) &= \frac{1}{2\pi}\left[\pi\delta(\omega) - \frac{\mathrm{i}}{\omega}\right] * S(\omega) = \frac{1}{2}\delta(\omega) * S(\omega) - \frac{\mathrm{i}}{2\pi\omega} * S(\omega) \\ &= \frac{1}{2}S(\omega) - \frac{\mathrm{i}}{2\pi\omega} * S(\omega) \end{aligned} \tag{B.4}$$

式中，最后一步用到了褶积运算中 δ 函数具有单位元素的性质(见附录 A)。

由式(B.4)可求得

$$S(\omega) = -\frac{\mathrm{i}}{\pi\omega} * S(\omega) \tag{B.5}$$

一般情况下，$S(\omega)$是复函数，故它可写成其实部和虚部之和，即

$$S(\omega) = R(\omega) + \mathrm{i}I(\omega) \tag{B.6}$$

将式(B.6)代入式(B.5)，有

$$R(\omega) + \mathrm{i}I(\omega) = -\frac{\mathrm{i}}{\pi\omega} * R(\omega) + \frac{1}{\pi\omega} * I(\omega) \tag{B.7}$$

让等式两边的实部和虚部分别相等，得

$$R(\omega) = \frac{1}{\pi\omega} * I(\omega) \tag{B.8}$$

$$I(\omega) = -\frac{1}{\pi\omega} * R(\omega) \tag{B.9}$$

式(B.8)和式(B.9)表明，因果函数的傅里叶变换的实部和虚部互相之间有非常特殊的关系，它们构成希尔伯特变换和逆希尔伯特变换对。

由此，下面引入一个任意实函数 $y(t)$的希尔伯特变换 $\breve{y}(t)$，为

$$\breve{y}(t) = -\frac{1}{\pi t} * y(t) = \frac{1}{\pi}\mathcal{P}\int_{-\infty}^{+\infty}\frac{y(\tau)}{t-\tau}\mathrm{d}\tau \tag{B.10}$$

式中，$\mathcal{P}$ 指示积分取柯西积分主值[见式(A.68)]。式(B.10)的定义是普遍适用的。当在复平面上考虑式(B.10)等号右边的积分时，也可引入这个定义(如 Jeffrey，1992；Arfken，1985)。

当对 $\breve{y}(t)$做傅里叶变换时，可进一步研究希尔伯特变换。因为褶积的傅里叶变换等于变换的乘积(Papoulis，1962；附录 A)，由式(B.10)的左边，得到

$$\mathcal{F}\{\breve{y}(t)\} = \mathcal{F}\left\{-\frac{1}{\pi t}\right\}Y(\omega) = \mathrm{isgn}\omega Y(\omega) \tag{B.11}$$

式中

$$\mathcal{F}\{y(t)\} = Y(\omega) \tag{B.12}$$

并且，推导中引用了式(A.75)。

比较式(B.11)和式(B.12)，可知希尔伯特变换不改变 $y(t)$ 的振幅谱，但是它的相位谱被改变，因为[见式(6.5.43)]

$$\mathrm{isgn}\omega = \begin{cases} \mathrm{i} = \mathrm{e}^{\mathrm{i}\pi/2}, & \omega > 0 \\ 0, & \omega = 0 \\ -\mathrm{i} = \mathrm{e}^{-\mathrm{i}\pi/2}, & \omega < 0 \end{cases} \tag{B.13}$$

除此之外，由式(B.11)可得

$$\breve{y}(t) = \mathcal{F}^{-1}\{\mathrm{isgn}\omega Y(\omega)\} \tag{B.14}$$

式(B.11)～式(B.14)对于希尔伯特变换的数值计算极其有用。对于给定的函数 $y(t)$，先计算 $y(\omega)$，再像式(B.13)指示的那样改变 $Y(\omega)$ 的相位，然后计算它的逆傅里叶变换。运算的结果就是 $\breve{y}(t)$。

式(B.11)的另一个结论是：因为

$$(\mathrm{isgn}\omega)^2 = -1 \tag{B.15}$$

所以，连续两次希尔伯特变换使相位改变 π。因此，有

$$-\frac{1}{\pi t} * \left[-\frac{1}{\pi t} * y(t)\right] = -\frac{1}{\pi t} * \breve{y}(t) = -y(t) \tag{B.16}$$

这意味着(Mesko，1984)

$$y(t) = \frac{1}{\pi t} * \breve{y}(t) = -\frac{1}{\pi}\mathcal{P}\int_{-\infty}^{+\infty} \frac{\breve{y}(\tau)}{t-\tau}\mathrm{d}\tau \tag{B.17}$$

式(B.17)是逆希尔伯特变换的表达式。

希尔伯特变换在物理学和信号处理(Arfken，1985；Bose，1985)以及非弹性介质的研究中(见11.6～11.8节)都很重要。

下面的一些结论会在非弹性介质的研究中用到(Jeffrey，1992)。设

$$z = x + \mathrm{i}y \tag{B.18}$$

是一个复变量；当 $y=0$ 时，z 变为 x，且在实轴上。再设

$$f(z) = u(x,y) + \mathrm{i}v(x,y) \tag{B.19}$$

表示复变量 z 的函数，而 $u(x, y)$ 和 $v(x, y)$ 是实函数。于是，如果 $f(z)$ 是下半平面(即 $y \leqslant 0$)中的解析函数，并且

$$\lim_{|z|\to\infty} |f(z)| = 0 \tag{B.20}$$

则 $u(x,0)$ 和 $v(x,0)$ 构成一对希尔伯特变换。$u(x,0)$ 和 $v(x,0)$ 中的0表明两函数定义在实轴上，故若记

$$u(x,0) = \breve{\phi}(x) \tag{B.21}$$

$$v(x,0) = \phi(x) \tag{B.22}$$

则 $\breve{\phi}(x)$ 和 $\phi(x)$ 满足类似于式(B.10)和式(B.17)的方程。这些方程只涉及实变量和实函数。因此，第11章内容中最重要的考虑就是存在条件式(B.20)。

附录 C　三维标量波动方程的格林函数

下面求格林函数 $G(\boldsymbol{x}, t; \boldsymbol{x}_0, t_0)$，它是微分方程

$$\frac{\partial^2 G}{\partial t^2} = c^2 \nabla^2 G + \delta(x - x_0)\delta(t - t_0) \tag{C.1}$$

在满足因果条件

$$G(\boldsymbol{x}, t; \boldsymbol{x}_0, t_0) = 0, \quad t < t_0 \tag{C.2}$$

下的解。

下面的推导按照 Haberman(1983)的步骤。第一步，对式(C.1)做三次空间域(用 $\boldsymbol{x}$ 表示)的傅里叶变换。设

$$\hat{G}(\boldsymbol{k}, t; \boldsymbol{x}_0, t_0) = \mathcal{F}\{G(\boldsymbol{x}, t; \boldsymbol{x}_0, t_0)\} \tag{C.3}$$

式中，$\mathcal{F}$ 是式(5.4.26)中引入的傅里叶变换，则式(C.1)和式(C.2)变成(见问题 C.1 和 C.2)

$$\frac{\partial^2 \hat{G}}{\partial t^2} + c^2 k^2 \hat{G} = e^{i\boldsymbol{k}\cdot\boldsymbol{x}_0}\delta(t - t_0) \tag{C.4}$$

$$\hat{G}(\boldsymbol{k}, t; \boldsymbol{x}_0, t_0) = 0, \quad t < t_0 \tag{C.5}$$

式中，k 是式(5.4.11)中给出的矢量 $\boldsymbol{k}$ 的绝对值。

为了求解方程(C.4)，要利用 $\delta(t - t_0)$ 在除 $t = t_0$ 外到处是零的事实(见附录 A)。因此

$$\frac{\partial^2 \hat{G}}{\partial t^2} + c^2 k^2 \hat{G} = 0, \quad t > t_0 \tag{C.6}$$

对于固定的 $\boldsymbol{k}$ 和 $\boldsymbol{x}_0$，式(C.6)是关于 $\hat{G}$ 的常微分方程，具有解

$$\hat{G} = A\cos ck(t - t_0) + B\sin ck(t - t_0), \quad t > t_0 \tag{C.7}$$

式中，A 和 B 会依赖于 $\boldsymbol{x}_0$、t_0 和 $\boldsymbol{k}$。为了确定 A 和 B，必须知道 $t = t_0$ 初始时刻发生了什么。首先，因为 $\hat{G}$ 在 $t = t_0$ 时刻是连续的(见下面)，因此，由式(C.5)和式(C.7)，得

$$\hat{G}(\boldsymbol{k}, t_0; \boldsymbol{x}_0, t_0) = 0 = A \tag{C.8}$$

为了得到 B，在 t_{0-} 和 t_{0+} 之间围绕 t_0 的一个小区间对式(C.4)做积分，因为 δ 函数的积分等于1，故得到

$$\int_{t_{0-}}^{t_{0+}} \frac{\partial^2 \hat{G}}{\partial t^2} dt + c^2 k^2 \int_{t_{0-}}^{t_{0+}} \hat{G} dt = \left.\frac{\partial \hat{G}}{\partial t}\right|_{t_{0-}}^{t_{0+}} + c^2 k^2 \int_{t_{0-}}^{t_{0+}} \hat{G} dt = e^{i\boldsymbol{k}\cdot\boldsymbol{x}_0} \tag{C.9}$$

下一步令 t_{0-} 和 t_{0+} 同时趋于 t_0。因为 $\hat{G}$ 是连续的，故式(C.9)最后的积分为零，因而式(C.9)变成

$$\lim_{t_{0-},t_{0+}\to t_0}\left.\frac{\partial \hat{G}}{\partial t}\right|_{t_{0-}}^{t_{0+}} = \mathrm{e}^{\mathrm{i}\boldsymbol{k}\cdot\boldsymbol{x}_0} \tag{C.10}$$

式(C.10)表明，$\left.\frac{\partial \hat{G}}{\partial t}\right|$在 $t=t_0$ 处不连续，有一个与式(C.10)等号右边项相等的跳跃值。$\left.\frac{\partial \hat{G}}{\partial t}\right|$在 $t=t_0$ 处不连续与式(C.4)是一致的，也与附录 A 中关于阶跃不连续函数的导数的讨论一致。于是，二阶导数等于跳跃值乘以 δ 函数。因此，式(C.4)两边有同样的奇异性(由 δ 表示)。为了利用式(C.10)，当 $t<t_0$ 时，据式(C.5)，可得$\frac{\partial \hat{G}}{\partial t}=0$；当 $t>t_0$时，据式(C.7)，在取极限后，可得

$$ckB = \mathrm{e}^{\mathrm{i}k\cdot x_0} \tag{C.11}$$

由式(C.8)和式(C.11)，式(C.7)变为

$$\hat{G}(\boldsymbol{k},t;\boldsymbol{x}_0,t_0) = \frac{\mathrm{e}^{\mathrm{i}\boldsymbol{k}\cdot\boldsymbol{x}_0}}{ck}\sin ck(t-t_0),\quad t>t_0 \tag{C.12}$$

利用式(5.4.27)回到空间域，得

$$G(\boldsymbol{x},t;\boldsymbol{x}_0,t_0) = \frac{1}{(2\pi)^3}\iiint\frac{\sin ck(t-t_0)}{ck}\mathrm{e}^{-\mathrm{i}\boldsymbol{k}\cdot(\boldsymbol{x}-\boldsymbol{x}_0)}\mathrm{d}k_x\mathrm{d}k_y\mathrm{d}k_z \tag{C.13}$$

为了求解式(C.13)中的积分，引入原点在$|\boldsymbol{k}|=0$ 的球面坐标系，并用指数中的两矢量的长度 k 和 r 及它们之间的角度 θ 写出指数中的点积，有

$$\boldsymbol{k}\cdot(\boldsymbol{x}-\boldsymbol{x}_0) = kr\cos\theta \tag{C.14}$$

这里的角度 θ 与图 9.10 中的角度 θ 类似，所不同的是这里的 θ 是相对某个轴测量的，而这个轴不一定是垂直的。还应注意，积分是对 $\boldsymbol{k}$ 进行的，所以 θ 的范围在 0 和 π 之间。球坐标的体积元素是

$$\mathrm{d}V = k^2\sin\theta\mathrm{d}k\mathrm{d}\theta\mathrm{d}\phi \tag{C.15}$$

式中，ϕ 的范围是 $0\sim2\pi$，与图 9.10 中的 ϕ 类似，k 的范围是 $0\sim+\infty$。经过这些改变后，式(C.13)变为

$$G(\boldsymbol{x},t;\boldsymbol{x}_0,t_0) = \frac{1}{(2\pi)^3}\int_0^{2\pi}\int_0^{\infty}\int_0^{\pi}k\frac{\sin ck(t-t_0)}{ck}\mathrm{e}^{-\mathrm{i}kr\cos\theta}\sin\theta\mathrm{d}\theta\mathrm{d}k\mathrm{d}\phi \tag{C.16}$$

式中关于 ϕ 的积分给出 2π，而

$$\int_0^{\pi}k\mathrm{e}^{-\mathrm{i}kr\cos\theta}\sin\theta\mathrm{d}\theta = \left.\frac{\mathrm{e}^{-\mathrm{i}kr\cos\theta}}{\mathrm{i}r}\right|_0^{\pi} = \frac{2}{r}\sin kr \tag{C.17}$$

[式中用到了 $\sin\theta\mathrm{d}\theta=-\mathrm{d}(\cos\theta)$]。将这些结果代入式(C.16)并将正弦函数的积写为余弦项的和，得到[见式(A.72)]

$$\begin{aligned} G(\boldsymbol{x},t;\boldsymbol{x}_0,t_0) &= \frac{1}{(2\pi)^2cr}\int_0^{+\infty}\{\cos k[r-c(t-t_0)]-\cos k[r+c(t-t_0)]\}\mathrm{d}k \\ &= \frac{1}{4\pi cr}\{\delta[r-c(t-t_0)]-\delta[r+c(t-t_0)]\} \end{aligned} \tag{C.18}$$

最后，因为 $r>0$ 和 $t>t_0$，故第二个 δ 函数的自变量为正，从而此 δ 函数的值是零(见附录 A)。因此，有

$$G(\boldsymbol{x},t;\boldsymbol{x}_0,t_0) = \frac{1}{4\pi cr}\delta[r - c(t - t_0)] \tag{C.19}$$

问　题

C.1　验证 $\delta(x - x_0)$ 的傅里叶变换是 $\mathrm{e}^{-\mathrm{i}k\cdot(x-x_0)}$。

C.2　验证 $\mathcal{F}\{\nabla^2 G\} = -k^2\mathcal{F}\{G\}$。

附录 D 对式(9.5.12)的证明

利用指标记号并稍微重新安排之后，式(9.5.12)变为

$$4\pi\rho u_{i1}(\boldsymbol{x},t;\boldsymbol{\xi}) = (r^{-1})_{,1i}\int_{r/\beta}^{r/\alpha}\tau T(t-\tau)\mathrm{d}\tau + \frac{1}{\alpha^2 r}r_{,1}r_{,i}T(t-r/\alpha) + \frac{1}{\beta^2 r}(\delta_{i1}-r_{,1}r_{,i})T(T-r/\beta) \tag{D.1}$$

因此，证明式(9.5.12)等价于证明式(D.1)。

为了证明式(D.1)，这里引入记号，有

$$I^c = \int_0^{r/c}\tau T(t-\tau)\mathrm{d}\tau,\quad c=\alpha,\beta \tag{D.2}$$

$$I_\alpha^\beta = \int_{r/\beta}^{r/\alpha}\tau T(t-\tau)\mathrm{d}\tau \tag{D.3}$$

$$I^\alpha = I^\beta - I_\alpha^\beta \tag{D.4}$$

由式(D.2)和式(D.3)得到式(D.4)，并利用下面的关系式(问题 D.1)

$$\nabla^2\frac{1}{r} = 0,\qquad r\neq 0 \tag{D.5}$$

$$r_{,i}r_{,i} = 1 \tag{D.6}$$

$$(r_{,2})^2 + (r_{,3})^2 = 1-(r_{,1})^2 \equiv 1-r_{,1}r_{,1} \tag{D.7}$$

由式(D.6)得

$$(r^{-1})_{,i} = -r^{-?}r_{,i} \tag{D.8}$$

$$(I^c)_{,i} = \frac{r}{c}T\left(t-\frac{r}{c}\right)\left(\frac{r}{c}\right)_{,i} = \frac{r}{c^2}T\left(t-\frac{r}{c}\right)r_{,i} \tag{D.9}$$

式(D.9)的推导应用了关于积分上限函数微分的莱布尼兹公式(Arfken, 1985)。

其次，利用式(9.5.10)和式(9.5.11)更详细地写出式(9.4.1)的细节，有

$$\begin{aligned}4\pi\rho u_{i1}(\boldsymbol{x},t;\boldsymbol{\xi}) &= 4\pi\rho(\nabla\varphi)_i + (\nabla\times\boldsymbol{e})_i\\
&= -[I^\alpha(r^{-1})_{,1}]_{,1}\boldsymbol{e}_1 - [I^\alpha(r^{-1})_{,1}]_{,2}\boldsymbol{e}_2 -\\
&\quad [I^\alpha(r^{-1})_{,1}]_{,3}\boldsymbol{e}_3 - \{[I^\beta(r^{-1})_{,2}]_{,2} + [I^\beta(r^{-1})_{,3}]_{,3}\}\boldsymbol{e}_1 +\\
&\quad [I^\beta(r^{-1})_{,2}]_{,1}\boldsymbol{e}_2 + [I^\beta(r^{-1})_{,3}]_{,1}\boldsymbol{e}_3\\
&= -[\underbrace{I^\alpha(r^{-1})_{,11}}_{\text{I}} + \underbrace{(I^\alpha)_{,1}(r^{-1})_{,1}}_{\text{II}}]\boldsymbol{e}_1 -\\
&\quad [\underbrace{I^\alpha(r^{-1})_{,12}}_{\text{III}} + \underbrace{(I^\alpha)_{,2}(r^{-1})_{,1}}_{\text{IV}}]\boldsymbol{e}_2 -\\
&\quad [\underbrace{I^\alpha(r^{-1})_{,13}}_{\text{V}} + \underbrace{(I^\alpha)_{,3}(r^{-1})_{,1}}_{\text{VI}}]\boldsymbol{e}_3 -\\
&\quad [\underbrace{I^\beta(r^{-1})_{,22}}_{\text{VII}} + \underbrace{(I^\beta)_{,2}(r^{-1})_{,2}}_{\text{VIII}} + \underbrace{I^\beta(r^{-1})_{,33}}_{\text{IX}} + \underbrace{(I^\beta)_{,3}(r^{-1})_{,3}}_{\text{X}}]\boldsymbol{e}_1 +\end{aligned}$$

$$[\underbrace{I^{\beta}(r^{-1})_{,12}}_{\text{XI}} + \underbrace{(I^{\beta})_{,1}(r^{-1})_{,2}}_{\text{XII}}]\boldsymbol{e}_2 +$$

$$[\underbrace{I^{\beta}(r^{-1})_{,13}}_{\text{XIII}} + \underbrace{(I^{\beta})_{,1}(r^{-1})_{,3}}_{\text{XIV}}]\boldsymbol{e}_3 \tag{D.10}$$

由Ⅰ、Ⅶ、Ⅸ所标记的部分以及式(D.4)和式(D.5)，可得

$$[I_{\alpha}^{\beta}(r^{-1})_{,11} - I^{\beta}\nabla^2\frac{1}{r}]\boldsymbol{e}_1 = I_{\alpha}^{\beta}(r^{-1})_{,11}\boldsymbol{e}_1 \tag{D.11}$$

由Ⅲ、Ⅺ所标记的部分和式(D.4)及由Ⅴ、ⅩⅢ所标记的部分和式(D.4)，得到(不对指标 J 求和)

$$(-I^{\beta} + I_{\alpha}^{\beta} + I^{\beta})r_{,1J}^{-1}\boldsymbol{e}_J = I_{\alpha}^{\beta}(r^{-1})_{,1J}\boldsymbol{e}_J,\quad J = 2,3 \tag{D.12}$$

由式(D.11)和式(D.12)可表达式(D.1)中的第一项。

由Ⅱ、Ⅳ、Ⅵ所标记的部分及式(D.8)和式(D.9)，得到

$$\frac{1}{r^2}r_{,1}\frac{r}{\alpha^2}T\left(t-\frac{r}{c}\right)r_{,i} = \frac{1}{\alpha^2 r}T\left(t-\frac{r}{\alpha}\right)r_{,1}r_{,i},\quad i = 1,2,3 \tag{D.13}$$

再由式(D.13)计算式(D.1)中的第2项。

由Ⅻ、ⅩⅣ所标记的部分及式(D.8)和式(D.9)，得到

$$-\frac{1}{\beta^2 r}T\left(t-\frac{r}{\beta}\right)r_{,1}r_{,i},\quad i = 2,3 \tag{D.14}$$

由Ⅷ、Ⅹ所标记的部分及式(D.7)~式(D.9)，得到

$$\frac{1}{\beta^2 r}[(r_{,2})^2 + (r_{,3})^2]T\left(t-\frac{r}{\beta}\right)\boldsymbol{e}_1 = \frac{1}{\beta^2 r}(1 - r_{,1}r_{,1})T\left(t-\frac{r}{\beta}\right)\boldsymbol{e}_1 \tag{D.15}$$

由式(D.14)和式(D.15)，可表达式(D.1)中的最后一项。

问　题

验证式(D.5)和式(D.6)。

附录 E 对式(9.13.1)的证明

将式(9.9.1)重写为

$$u_k = M_{ij} * G_{ki,j} \tag{E.1}$$

将式(9.6.1)重写为

$$4\pi\rho G_{ki}(\boldsymbol{x},t;\boldsymbol{\xi},0) = \mathrm{I} + \mathrm{II} + \mathrm{III} \tag{E.2}$$

$$\mathrm{I} = \underbrace{(3\gamma_k\gamma_i - \delta_{ki})}_{A}\underbrace{\frac{1}{r^3}}_{B}\underbrace{\left[H\left(t-\frac{r}{\alpha}\right)-H\left(t-\frac{r}{\beta}\right)\right]t}_{C} \tag{E.3}$$

$$\mathrm{II} = \frac{1}{\alpha^2}\gamma_k\gamma_i\frac{1}{r}\delta\left(t-\frac{r}{\alpha}\right) \tag{E.4}$$

$$\mathrm{III} = -\frac{1}{\beta^2}(\gamma_k\gamma_i - \delta_{ki})\frac{1}{r}\delta\left(t-\frac{r}{\beta}\right) \tag{E.5}$$

下面计算偏导数 $\mathrm{I}_{,j}$、$\mathrm{II}_{,j}$和$\mathrm{III}_{,j}$。对于 $\mathrm{I}_{,j}$，有

$$\mathrm{I}_{,j} = A_{,j}BC + AB_{,j}C + ABC_{,j} \tag{E.6}$$

式中，$A_{,j}$和 $B_{,j}$由下式给出，即

$$A_{,j} = \frac{1}{r}[3(\gamma_k\gamma_j - \delta_{kj})\gamma_i + 3\gamma_k(\gamma_i\gamma_j - \delta_{ij})] = \frac{1}{r}(6\gamma_k\gamma_i\gamma_j - 3\gamma_i\delta_{kj} - 3\gamma_k\delta_{ij}) \tag{E.7}$$

其中，利用了式(9.9.9)，以及

$$B_{,j} = \frac{3}{r^4}\gamma_j \tag{E.8}$$

其中，利用了式(9.9.8)。

为了得到 $C_{,j}$，需要利用下式，即

$$\left[tH\left(t-\frac{r}{c}\right)\right]_{,j} = -t\delta\left(t-\frac{r}{c}\right)\left(\frac{r}{c}\right)_{,j} = \frac{r}{c^2}\delta\left(t-\frac{r}{c}\right)\gamma_j, c = \alpha,\beta \tag{E.9}$$

式中，第二个等式来自下式，即[见式(A.26)和式(A.30)]

$$t\delta(t-t_0) = t_0\delta(t-t_0) \tag{E.10}$$

于是，有

$$C_{,j} = \underbrace{\frac{r}{\alpha^2}\delta\left(t-\frac{r}{\alpha}\right)\gamma_j}_{D} - \underbrace{\frac{r}{\beta^2}\delta\left(t-\frac{r}{\beta}\right)}_{E}\gamma_j \tag{E.11}$$

由式(E.6)的前两项，得

$$(A_{,j}B + AB_{,j})C = \underbrace{\frac{1}{r^4}(15\gamma_k\gamma_i\gamma_j - 3\gamma_k\delta_{ij} - 3\gamma_i\delta_{kj} - 3\gamma_j\delta_{ki})}_{F}\underbrace{\left[H\left(t-\frac{r}{\alpha}\right)-H\left(t-\frac{r}{\beta}\right)\right]t}_{C} \tag{E.12}$$

F 所标记的因子给出了式(9.13.1)中积分前面的因子，而 $M_{ij}(t)$ 与 C 所标记部分的褶积给出式(9.13.1)中的积分[见式(9.5.18)]。这就得到了式(9.13.1)中的第一项。

同理，有 $\mathrm{II}_{,j}$ 和 $\mathrm{III}_{,j}$，为

$$\mathrm{II}_{,j}=\underbrace{\frac{1}{\alpha^2r^2}(3\gamma_k\gamma_i\gamma_j-\gamma_k\delta_{ij}-\gamma_i\delta_{kj})\delta\left(t-\frac{r}{\alpha}\right)}_{\mathrm{G}}+\underbrace{\frac{1}{\alpha^2}\gamma_k\gamma_i\frac{1}{r}\left[\delta\left(t-\frac{r}{\alpha}\right)\right]_{,j}}_{\mathrm{J}} \tag{E.13}$$

$$\mathrm{III}_{,j}=-\underbrace{\frac{1}{\beta^2r^2}(3\gamma_k\gamma_i\gamma_j-\gamma_k\delta_{ij}-\gamma_i\delta_{kj}-\gamma_j\delta_{ki})\delta\left(t-\frac{r}{\beta}\right)}_{\mathrm{K}}-\underbrace{\frac{1}{\beta^2}(\gamma_k\gamma_i-\delta_{ki})\frac{1}{r}\left[\delta\left(t-\frac{r}{\beta}\right)\right]_{,j}}_{\mathrm{L}} \tag{E.14}$$

其中，K 所标记部分中的项 $\gamma_j\delta_{ki}$ 来自式(E.5)中的 δ_{ki}/r。

到此已做好了导出式(9.13.1)中其他项的准备。由来自式(E.6)中的项及式(E.11)和式(E.13)构成下式，即

$$\mathrm{ABD}+\mathrm{G}=\frac{1}{\alpha^2r^2}(6\gamma_k\gamma_i\gamma_j-\gamma_k\delta_{ij}-\gamma_i\delta_{kj}-\gamma_j\delta_{ki})\delta\left(t-\frac{r}{\alpha}\right) \tag{E.15}$$

在 $M_{ij}(t)$ 与式(E.15)中的 δ 褶积之后，得到式(9.13.1)中的第二项。

类似地，由来自式(E.6)、式(E.11)和式(E.14)中的项构成下式，即

$$-\mathrm{ABE}-\mathrm{K}=-\frac{1}{\beta^2r^2}(6\gamma_k\gamma_i\gamma_j-\gamma_k\delta_{ij}-\gamma_i\delta_{kj}-2\gamma_j\delta_{ki})\delta\left(t-\frac{r}{\alpha}\right) \tag{E.16}$$

在 $M_{ij}(t)$ 与式(E.16)中的 δ 褶积之后 得到式(9.13.1)中的第三项。

最后，式(9.13.1)中的后两项来自 J ~ L，如 9.9 节中的推导。

问题解答提示

第1章

1.1　见1.3节。

1.2　利用式(1.3.1)，顺时针旋转矩阵

$$\boldsymbol{A}=\begin{pmatrix}\cos\alpha & 0 & \cos(\pi/2+\alpha)\\ 0 & 1 & 0\\ \cos(\pi/2-\alpha) & 0 & \cos\alpha\end{pmatrix}=\begin{pmatrix}\cos\alpha & 0 & -\sin\alpha\\ 0 & 1 & 0\\ \sin\alpha & 0 & \cos\alpha\end{pmatrix}$$

1.3

(a)用 $\boldsymbol{e}_k$ 乘以式(1.3.2)，并利用式(1.2.7)。

(b) $\boldsymbol{e}_j=a_{ij}\boldsymbol{e}'_j$

1.4　在图1.2(a)中，$v_1=0.55$、$v_2=0.75$、$v_1'=0.33$、$v_2'=0.85$。在图1.2(b)中，$v_1=v_1'=0.39$、$v_2=v_2'=0.65$。

1.5　从下面的表达式开始：

(a) $\nabla\cdot(\boldsymbol{a}\times\boldsymbol{b})=(\epsilon_{ijk}a_jb_k)_{,i}=\epsilon_{ijk}a_{j,i}b_k+\epsilon_{ijk}a_jb_{k,i}$

(b) $\nabla\cdot(f\boldsymbol{a})=(f\boldsymbol{a})_{i,i}=f_{,i}a_i+fa_{i,i}$

(c) $(\nabla\times(f\boldsymbol{a}))_{,i}=\epsilon_{ijk}(f\boldsymbol{a})_{k,j}$

(d) $(\nabla\times\boldsymbol{r})_i=\epsilon_{ijk}x_{k,j}=\epsilon_{ijk}\delta_{kj}$

(e) $((\boldsymbol{a}\cdot\nabla)\boldsymbol{r})_j=a_ix_{j,i}$

(f) $(\nabla|\boldsymbol{r}|)_i=(\sqrt{x_jx_j})_{,i}=(1/2|\boldsymbol{r}|)(x_jx_j)_{,i}$

1.6　$|\boldsymbol{v}|^2=v_iv_i=a_{ji}v_j'a_{ki}v_k'=|\boldsymbol{v}'|^2$

1.7　令 $\boldsymbol{n}'$ 分别等于(1，0，0)，(0，1，0)，(0，0，1)。

1.8　x_i 是矢量的分量。

1.9　中间步骤 $(\nabla(\nabla\cdot\boldsymbol{u})-\nabla\times\nabla\times\boldsymbol{u})_i=u_{j,ji}-\epsilon_{ijk}\epsilon_{klm}u_{m,lj}$。

1.10　令 i 等于1、2、3，就可以完整地写出后面的表达式。

1.11

(a)设 $|\boldsymbol{B}|=\epsilon_{ijk}b_{i1}b_{i2}b_{k3}$(列展开式)，再设 $\boldsymbol{C}$ 是交换 $\boldsymbol{B}$ 的第一列和第二列后得到的矩阵，将下标重排之后，得到 $|\boldsymbol{C}|=\epsilon_{ijk}b_{i2}b_{i1}b_{k3}=-|\boldsymbol{B}|$。类似的讨论表明，任意两列或两行交换时，此结论都成立。

(b)令 $\boldsymbol{B}$ 的前两列相等，则 $|\boldsymbol{B}|=\epsilon_{ijk}b_{i1}b_{i2}b_{k3}=-\epsilon_{ijk}b_{i1}b_{i2}b_{k3}=-|\boldsymbol{B}|$。

(c)令 $d_1=\epsilon_{lmn}|\boldsymbol{B}|$，$d_2=\epsilon_{ijk}b_{il}b_{jm}b_{kn}$，$d_3=\epsilon_{ijk}b_{li}b_{mj}b_{nk}$。由(b)可知，除非 l、m 和 n 均不相同，$d_2=d_3=0$，而且 d_1 也等于0。如果 $(l,m,n)=(1,2,3)$，根据行列式的定义，则 $d_2=d_3$ 且 $d_1=|\boldsymbol{B}|$。若 (l,m,n) 是 $(1,2,3)$ 的一个偶排列，d_1 和 d_2 的排列是偶

数，则 $d_2=d_3=|\boldsymbol{B}|=d_1$；若 (l,m,n) 是一个奇排列，则 $d_2=d_3=-|\boldsymbol{B}|=d_1$。

1.12　令 $\boldsymbol{B}=\boldsymbol{A}$，再利用问题1.11(c)的结果，利用令 $|\boldsymbol{A}|=1$，再与 a_{pn} 缩并。

1.13　令 $\boldsymbol{w}=\boldsymbol{u}\times\boldsymbol{v}$，证明 $w'_r=a_{rn}w_n$。从 $w'_r=\epsilon_{rst}u'_sv'_t=\epsilon_{rst}a_{sp}u_pa_{tq}v_q$ 入手，并利用问题1.12的结果。

1.14

(a)从 $t_{ij}v_j=\lambda v_i$ 入手，设 λ 是复数，则 $t_{ij}v_j^*=\lambda^*v_i^*$，这里星号“*”表示复共轭。用 v_i^* 缩并前一个等式，用 v_i 缩并后一个等式，再将缩并后的两等式相减。

(b)从 $t_{ij}u_j=\lambda u_i$ 和 $t_{ij}v_j=\mu v_i$ 开始，用 v_i 缩并第一个等式，用 u_i 缩并第二个等式，再将缩并后的两等式相减。

1.15　直接求解。

1.16

(a)从式(1.4.10)开始，缩并 i 和 j。

(b)从式(1.4.80)开始，利用式(1.3.9)和式(1.4.12)写出张量和矢量。

1.17　将式(1.4.113)代入式(1.4.107)，并利用式(1.4.65)和 $\delta_{kk}=3$。

1.18　从 $w'_i=\frac{1}{2}\epsilon_{ijk}W'_{jk}=\frac{1}{2}\epsilon_{ijk}a_{jm}a_{kn}W_{mn}$ 开始，利用问题1.12的结果证明 $w'_i=a_{ip}w_p$。

1.19

(a)

$$\begin{vmatrix} -\lambda & w_3 & -w_2 \\ -w_3 & -\lambda & w_1 \\ w_2 & -w_1 & -\lambda \end{vmatrix} = -\lambda(\lambda^2+|\boldsymbol{w}|^2)=0$$

(b) $W_{ij}w_j=\epsilon_{ijk}w_kw_j=0$。

1.20　利用式(1.4.113)，而 $W_{ij}=a_ib_j-b_ia_j$，并利用式(1.4.56)。

1.21　$\boldsymbol{A}\approx\begin{pmatrix}1 & 0 & -\alpha\\ 0 & 1 & 0\\ \alpha & 0 & 1\end{pmatrix}$；$\alpha\leqslant 8°$

1.22　$\mathcal{T}_c\cdot\boldsymbol{v}=\boldsymbol{v}\cdot\mathcal{T}=t_{ij}\boldsymbol{v}_i\boldsymbol{e}_j$。

第2章

2.1　利用 $u_{i,jkl}=u_{i,kjl}=u_{i,ljk}=\cdots$ 这样的关系。

2.2　利用 $x_{i,1}=u_{i,1}+\delta_{i1}$ 和当 $a\ll 1$ 时，$(1+2a)^{1/2}\approx 1+a$。

2.3　矢量积的唯一非零项对应于 $i=3$，而且等于 $\epsilon_{321}u_{1,2}=-\alpha$。

2.4　$\mathcal{E}$ 的特征值是0和 $\pm\alpha$，相应的特征向量是 $(0,0,\pm 1)$、$(1/\sqrt{2})(1,1,0)$ 和 $(1/\sqrt{2})(1,-1,0)$。

2.5　$\frac{\rho-\rho_0}{\rho_0}=\frac{V_0-V}{V}=-\frac{\mathrm{d}V}{V_0+\mathrm{d}V}=-\frac{\varepsilon_{ii}}{1+\varepsilon_{ii}}\approx-\varepsilon_{ii}$。

2.6　令 $\boldsymbol{b}=\frac{1}{2}\nabla\times\boldsymbol{u}$。从 $(\boldsymbol{e}_p\boldsymbol{e}_p\times\boldsymbol{b})_{ij}=\delta_{pi}\epsilon_{jkl}\delta_{pk}b_l=-\epsilon_{ijl}b_l$ 入手。

2.7　如果 $\boldsymbol{v}$ 是 $\boldsymbol{T}$ 的特征向量，λ 是相应的特征值，则 $\boldsymbol{x}^{\mathrm{T}}\boldsymbol{T}\boldsymbol{x}=\lambda\boldsymbol{x}^{\mathrm{T}}\boldsymbol{x}$。

2.8

(a)从与式(2.5.1)类似的表达式入手，利用式(2.5.4)和式(1.6.32)。

(b)在计算点积之前，应用式(1.6.32)于 d$\boldsymbol{R}$ 的右侧。

(c)利用式(2.6.4)和 $\mathrm{d}x_i'\boldsymbol{e}_i'(1-2\epsilon_J)\boldsymbol{e}_J'\boldsymbol{e}_J'\cdot\mathrm{d}x_k'\boldsymbol{e}_k'=(1-2\epsilon_J)(\mathrm{d}x_J')^2$，$J=1$，2，3。

(d)椭球体 $(x/a)^2+(y/a)^2+(z/a)^2=1$ 的体积是 $\frac{4}{3}\pi abc$。利用 $(1-2d)^{-1/2}\approx1+d$ 和问题1.16(a)的结果。

第3章

3.1　从式(3.2.4)入手，并用 fg 代替 p。

3.2　由于 J 是 $\boldsymbol{R}$ 和 t 的函数，$\frac{D}{Dt}=\frac{\partial}{\partial t}$。从 $J=\epsilon_{ijk}x_{1,i}x_{2,j}x_{3,k}$ 入手。在求导之后，存在三个相似的项：一个是 $C=\epsilon_{ijk}\left(\frac{\partial x_{1,i}}{\partial t}\right)x_{2,j}x_{3,k}$，其中 $\left(\frac{\partial x_{1,i}}{\partial t}\right)=\frac{\partial v_1}{\partial X_i}$。由于 $v_i=v_i(\boldsymbol{r},t)$ 和 $x_j=x_j(\boldsymbol{R},t)$，因此 $\frac{\partial v_1}{\partial X_i}=\left(\frac{\partial v_1}{\partial x_l}\right)\left(\frac{\partial x_l}{\partial X_i}\right)$。在 C 中引入该表达式，得到 $\frac{\partial v_1}{\partial x_i}J$[与问题1.11(b)中的情况一样，可知另外的两项为零]。

3.3　在第二个积分项中，将积分变量 x_i 换为 X_i。此时将积分体改为 V_0，同时需要用到雅可比式式(2.2.3)。然后从一个积分中减去另一个积分，并假设被积函数是连续的。

3.4

(a)从问题3.3中可见，由于 ρ_0 不依赖于时间，因此有 $\frac{\mathrm{D}(\rho J)}{\mathrm{D}t}=0$。然后利用问题3.1和问题3.2的结果。

(b)利用问题3.4(a)的结果以及式(3.2.4)和式(3.2.6)。

3.5　将 V 上的积分转换为 V_0(形变前的体积)上的积分，注意到 V_0 不随时间的变化而变化，因此，微分和积分可交换次序。其结果是

$$\frac{\mathrm{d}}{\mathrm{d}t}\int_V\rho\phi\mathrm{d}V=\int_{V_0}\frac{\mathrm{D}}{\mathrm{D}t}(J\rho\phi)\mathrm{d}V_0$$

然后利用问题3.1的结果，见问题3.4。

3.6　令 r 和 h 为圆盘的半径和厚度。圆盘的体积为 πr^2h，侧表面的面积为 $2\pi rh$，见问题3.7(b)。

3.7

(a)经过 A、B、C 三点的平面方程为 $ax_1+bx_2+cx_3=d$。垂直于该平面的单位向量为 $\boldsymbol{n}=\boldsymbol{p}/|\boldsymbol{p}|$，其中 $\boldsymbol{p}=(a,b,c)$。三角形 ABC 的面积 $\mathrm{d}S_n$ 是 BA 和 CA 向量积绝对值的

一半，从而有 $dS_n=\frac{1}{2}h^2n_1n_2n_3$，可得四面体的体积为

$$V=\frac{1}{2}\int_0^h dS_n(h')\,dh'=\frac{1}{3}h\,dS_n$$

其中，$dS_n(h')$是平行于 ABC 且与原点距离为 h'的三角形面积。

(b)利用下面的结果：

$$\int_V f(x_1,x_2,x_3)\,dV\leqslant \max\{|f|\}V$$

(c)考虑三角形 APB。按照问题(a)中列出的步骤，三角形的面积是 n_3dS_n。

3.8 (a)平面方程：$x_1+3x_2+3x_3=3$。法向矢量：$\boldsymbol{n}=(1,3,3)/\sqrt{19}$；$\boldsymbol{T}=(1,0,0)/\sqrt{19}$。

(b)$\boldsymbol{T}^{\mathrm{N}}=(1/19)\boldsymbol{n}$；$\boldsymbol{T}^{\mathrm{S}}=(18,-3,-3)/(19\sqrt{19})$；$\boldsymbol{T}^{\mathrm{S}}\cdot\boldsymbol{n}=0$。

(c) C_1：$(\tau_n+1)^2+\tau_{\mathrm{S}}^2\geqslant 1$；$C_2$：$\left(\tau_n+\frac{1}{2}\right)^2+\tau_{\mathrm{S}}^2\leqslant\left(\frac{3}{2}\right)^2$；$C_3$：$\left(\tau_n-\frac{1}{2}\right)^2+\tau_{\mathrm{S}}^2\geqslant\left(\frac{1}{2}\right)^2$。

第4章

4.1 用类似于式(1.4.68)的讨论。从下式入手：$\tau'_{ij}=c'_{ijkl}\varepsilon'_{kl}=a_{im}a_{jn}\tau_{mn}=c'_{ijkl}a_{kp}a_{lq}\varepsilon_{pq}$。利用 $\tau_{mn}=c_{mnpq}\varepsilon_{pq}$，证明 $a_{im}a_{jn}c_{mnpq}=a_{kp}a_{lq}c'_{ijkl}$。用 a_{rp}和 a_{sq}缩并。

4.2 利用 $c_{ijkl}=c_{jikl}$得到 $2\nu\epsilon_{mij}\epsilon_{mkl}=0$。当 $i=j$ 或者 $k=l$ 时，由式(4.6.1)可得到式(4.6.2)。

4.3 从 $\varepsilon_{ij}x_j=\nu x_i$ 入手，并利用式(4.6.8)。

4.4 由式(4.6.13)可得到 $\lambda+\mu=\lambda/(2\sigma)$ 和 $\mu=\lambda(1-2\sigma)/(2\sigma)$，再代入式(4.6.12)。

4.5 将式(4.6.12)和式(4.6.13)右边的分子和分母除以 λ，并令 $\lambda\to\infty$。

4.6 将式(4.6.14)和式(4.6.15)代入式(4.6.20)。

4.7 利用 ε_{ij}的对称性。

4.8 利用式(4.7.3)，$\varepsilon_{ij}\varepsilon_{ij}=\bar{\varepsilon}_{ij}\bar{\varepsilon}_{ij}+\frac{2}{3}\bar{\varepsilon}_{ii}\varepsilon_{kk}+(\varepsilon_{kk})^2\delta_{ii}/9=\bar{\varepsilon}_{ij}\bar{\varepsilon}_{ij}+(\varepsilon_{kk})^2/3$。将该表达式引入式(4.7.1)中的第一个等式，并利用式(4.6.20)。

4.9 从下式入手，即

$$\nabla\cdot[\nabla(\nabla\cdot\boldsymbol{u})]=[\nabla(\nabla\cdot\boldsymbol{u})]_{i,i}=u_{j,jii}$$
$$\nabla\cdot(\nabla\times\nabla\times\boldsymbol{u})=[\nabla\times(\nabla\times\boldsymbol{u})]_{i,i}=u_{j,iji}-u_{i,jji}$$
$$\{[\nabla\times(\nabla\times\boldsymbol{u})]\}_i=\epsilon_{ijk}u_{l,lkj}$$
$$[\nabla\times(\nabla\times\nabla\times\boldsymbol{u})]_i=\epsilon_{ijk}(u_{l,klj}-u_{k,llj})$$

4.10 基于式(4.8.5)用 α 和 β 写出 λ 和 μ，将结果代入式(4.6.13)。

4.11　利用式(4.8.4)和$\nabla\cdot\boldsymbol{u}=u_{3,3}$，$\nabla(\nabla\cdot\boldsymbol{u})=u_{3,33}\boldsymbol{e}_3$，$\nabla\times\boldsymbol{u}=0$，$\ddot{\boldsymbol{u}}=\ddot{u}_3\boldsymbol{e}_3$，其中两点表示关于时间的二阶求导。

4.12　利用式(4.8.4)和$\nabla\cdot\boldsymbol{u}=0$，$\nabla\times\boldsymbol{u}=-u_{2,3}\boldsymbol{e}_1$，$\nabla\times\nabla\times\boldsymbol{u}=-u_{2,33}\boldsymbol{e}_2$。

第5章

5.1　应用边界条件，并对微分方程进行积分，得到

$$h(-x/c)+g(x/c)=F(x)$$

而且，有

$$-h(-x/c)+g(x/c)=\frac{1}{c}\int_0^x G(x)\mathrm{d}s+k$$

求出$h(-x/c)$和$g(x/c)$，然后按照5.2.1小节那样进行讨论。

5.2　取代球坐标系下拉普拉斯表达式中的ϕ。

5.3　从$\nabla\cdot\boldsymbol{M}=M_{i,i}=\epsilon_{ijk}\phi_{,ji}a_k$入手。

5.4　从$\psi_{,p}=-\mathrm{i}(\boldsymbol{k}\cdot\boldsymbol{r})_{,p}\psi=-\mathrm{i}(k_jr_j)_{,p}\psi=-\mathrm{i}k_jr_{j,p}\psi$入手。

5.5　$[(\boldsymbol{k}\cdot\boldsymbol{a})_q\psi)]_{,j}=-\mathrm{i}(\boldsymbol{k}\times\boldsymbol{a})_qk_j\psi$。

5.6　这些空间导数与5.6节中的一样。不同之处是用$k_c^2\psi$来代替$-\ddot{\psi}/c^2$。

5.7　基于式(5.8.60)，$u_1=c_1\cos(\omega t-k_1x_1)$，并且$u_3=-c_3\sin(\omega t-k_1x_1)$。

5.8　由式(5.8.53)~式(5.8.55)可知，位移的实数部分为

$$\boldsymbol{u}_{\mathrm{P}}=A(l,\ 0,\ n)f(\alpha)$$

$$\boldsymbol{u}_{\mathrm{SV}}=B(-n,\ 0,\ l)f(\beta)$$

$$\boldsymbol{u}_{\mathrm{SH}}=C(0,\ 1,\ 0)f(\beta)$$

式中，$f(c)=\cos(t-\boldsymbol{p}\cdot\boldsymbol{r}/c)$。要想应用式(5.9.5)，需要下列结果。对于P波(非零项)，有

$$u_{1,1}\propto l^2A\omega/\alpha;\qquad u_{3,3}\propto n^2A\omega/\alpha$$

$$u_{k,k}\propto A\omega/\alpha;\qquad (u_{1,3}+u_{3,1})\propto 2lnA\omega/\alpha$$

对于SV波(非零项)，有

$$u_{1,1}\propto -nlB\omega/\beta;\qquad u_{3,3}=-u_{1,1};\qquad (u_{1,3}+u_{3,1})\propto(l^2-n^2)B\omega/\beta$$

对于SH波(非零项)，有

$$u_{2,1}\propto lC\omega/\beta;\qquad u_{2,3}\propto nC\omega/\beta$$

以上情况都省去了因子$\sin[\omega(t-\boldsymbol{p}\cdot\boldsymbol{r}/c)]$，$c=\alpha,\ \beta$。

5.9　与式(5.9.6)~式(5.9.8)中的矩阵相乘的速度矢量分别为

$$-A\omega\,(l,0,n)^{\mathrm{T}};\qquad -B\omega\,(-n,0,l)^{\mathrm{T}};\qquad -C\omega\,(0,1,0)^{\mathrm{T}}$$

省去了相应的正弦因子。

5.10　利用$\boldsymbol{a}_3\cdot\boldsymbol{p}=n$。

5.11　$T=2\pi/\omega$和$\sin^2(\omega t-b)=\dfrac{1}{2}$。

第 6 章

6.1　应用公式 $\tau_{3i}=\lambda\delta_{3i}u_{k,k}+\mu(u_{3,i}+u_{i,3})$。对于 P 波和 SV 波，因为 $u_2=0$ 且 u_3 与 x_2 无关，所以 $\tau_{32}=0$。类似地，对于 SH 波，有 $\tau_{31}=\tau_{33}=0$。

6.2　因为因子 b_j-b_k 是波数，所以有

$$\int_{-\infty}^{+\infty}e^{i(b_j-b_k)x_1}dk_1=\mathcal{F}\{1\}$$

利用式(A.62)以及式(A.14)后面的讨论。

6.3

(a)用类似于一般情况下的讨论证明 $e=e_1$。

(b)采用问题(a)的结果，再做类似的讨论。注意到 $\exp(0)=1$。

(c)无解的方程是 $\sin e/\alpha=1/\beta$。

6.4　如果 $f\leqslant\pi/4$，则 B_1/A 为负数或零。令 $e=\pi/2$(对于 f 的最大值)，应用斯奈尔定律。如果 $f\geqslant\pi/4$，则 $\beta/\alpha\geqslant\sqrt{2}/2$，用此结果及问题 4.10 中给出的 σ 表达式。

6.5　除了指数因子外，$\boldsymbol{a}_1$ 方向的分量为 $\sin 2e[2\sin e\sin 2f+2(\alpha/\beta)\cos f\cos 2f]$。应用 $2(\alpha/\beta)\cos f\cos 2f=2(\alpha/\beta)\cos f\cos^2 f-\sin e\sin 2f$。除了指数因子外，$\boldsymbol{a}_3$ 方向的分量为 $-2(\alpha/\beta)^2\cos e(\cos^2 2f+\sin^2 f\cos 2f)$。

6.6　直接应用斯奈尔定律。

6.7　式(5.9.9)~式(5.9.11)给出了沿传播方向上单位面积的能流，乘以能流束的横截面积，取绝对值，并按问题 5.11 那样取平均。

6.8　应用斯奈尔定律将式(6.5.36)的分子写为

$$2\sin f\sin 2f\left(\frac{\beta^2}{\alpha^2}-\sin^2 f\right)^{1/2}-\cos^2 2f=0$$

使用计算机求解这个方程。

6.9　利用式(B.14)后面所述的方法。对于 $\cos at$ 和 $\sin at$ 的傅里叶变换，见附录 A 的问题 A.3。对于 δ，见式(A.60)和式(A.75)。

6.10　对于反射系数，从式(6.6.11)左边的最后等式入手，并使用 $\mu/\beta=\rho\beta$ 和对应于 μ' 的同样的关系。对于传输系数，从式(6.6.9)入手。为了计算三种波中每种波的阻抗，使用 $\tau_{32}/\dot{u}_2$ 和由式(6.4.8)给出的 τ_{32}。

6.11　从下式开始推导，即

$$\boldsymbol{u}=\boldsymbol{a}_2C\exp[i\omega(t-x_1\sin f/\beta)]\{\exp(i\omega x_3\cos f/\beta)-\exp[-i(\omega x_3\cos f/\beta)-2i\chi]\}$$

然后，乘以和除以 $\exp i\chi$，以及

$$\boldsymbol{u}'=\boldsymbol{a}_2 2C\sin\chi\exp(i\omega x_3\cos f'/\beta')\exp[i\omega(t-x_3\sin f'/\beta')]\exp[i(\pi/2-\chi]$$

再用斯奈尔定律修改指数中的 $\cos f'$。

6.12　从下式开始推导，即

$$\mathcal{R}\{\boldsymbol{u}'\}=-2\boldsymbol{a}_2C\sin\chi\sin[\omega(t-x_1/c)-\chi]\exp(\omega x_3(\sin^2 f-\beta^2/\beta'^2)^{1/2}/\beta]$$

6.13　当 e 趋于 0 时，$\sin 2e'/\sin 2e = \alpha'/\alpha$。

6.14　类似于 6.5.1 小节中讨论的问题。

第 7 章

7.1　参考 7.3.2 小节。用 $\mathrm{i}\tan K$ 乘以式(7.3.11)，将结果与式(7.3.10)相加，并利用式(7.3.19)。

7.2　从式(6.9.16a)入手，利用 $c=\beta$，令 $m=N-1$，再将式(7.3.32)重新整理。

7.3　从式(4.2.5)和式(4.6.3)入手，若 λ 和 μ 不是常数，则有

$$\tau_{ij,j} = \mu(\nabla^2\cdot \boldsymbol{u})_i + (\lambda+\mu)[\nabla(\nabla\cdot\boldsymbol{u})]_i + (\nabla\lambda)_i(\nabla\cdot\boldsymbol{u}) + (\nabla\mu)_j\cdot(\nabla\boldsymbol{u}+\boldsymbol{u}\nabla)_{ij}$$

7.4　利用 $\lambda+2\mu=\mu\alpha^2/\beta^2$ 和式(7.2.14)。

7.5　直接推导。

7.6　直接推导。

7.7　利用 $1+\gamma_\beta^2=2-c^2/\beta^2$。

7.8　按指定的运算之后，行列式必须乘以 i^4。

7.9　直接推导。

7.10　$\mathcal{F}\{g(ax)\} = \int_{-\infty}^{+\infty} g(ax)\mathrm{e}^{\mathrm{i}kx}\mathrm{d}x$

如果 $a>0$，则引入变量 $ax=u$ 的变换；如果 $a<0$，则令 $ax=-|a|x=u$。$\exp(-at^2)$ 的傅里叶变换等于 $(\pi/a)^{1/2}\exp(-\omega^2/4a)$[如 Papoulis(1962)]。

7.11　更换变量，使得式(7.6.31)中的积分变为

$$I = \int_{-\infty}^{+\infty} \mathrm{e}^{\mathrm{i}au^2}\mathrm{d}u$$

其分为实部的积分和虚部的积分，引入类似于问题 7.10 中的变量替换，利用正弦和余弦是奇函数和偶函数的性质，再利用积分表。

7.12　从下式入手，即

$$\phi(k) = \omega(k) + \frac{1}{t}\psi(k) - k\frac{x}{t}$$

7.13　过程是直接的，但有些长。一个重要的中间结果是

$$\frac{\mathrm{d}c}{\mathrm{d}k} = \frac{1}{c}A$$

式中

$$A = \frac{(\mu_1^2\eta_1^2+\mu_2^2\eta_2^2)\eta_1^2\beta_1^2\beta_2^2\gamma_2 H}{\mu_1\eta_1^2\beta_1^2\mu_2 + \mu_1\mu_2\beta_2^2\gamma_2^2 + kH(\mu_1^2\eta_1^2+\mu_2^2\eta_2^2)\gamma_2\beta_2^2}$$

再利用此表达式及式(7.6.15)。

7.14　从下式入手，即

$$f(x,t) = \frac{2}{\sqrt{2\pi t\,|\omega_0''|}}\cos\left(\omega_0 t - k_0 t + \frac{\pi}{4}\right)$$

并且利用式(7.6.49)和式(7.6.50)。

7.15　证明在变量替换之后，对于 c 取正或取负，积分具有相同的表达式。

第 8 章

8.1　参见 8.3 节。将式(8.3.4)和式(8.3.6)右边的六项分别用 Ⅰ, Ⅱ, …, Ⅵ, Ⅶ, Ⅷ标记。然后，由第Ⅵ项、第Ⅶ项和式(8.3.7)得到 $\ddot{f}$ 的系数，由第Ⅳ项、第Ⅴ项、第Ⅷ项和式(8.3.5)可得到 $\dot{f}$ 的系数，由第Ⅰ项和第Ⅲ项得到 f 的系数。

8.2　交换 i 和 l，并利用 c_{ijkl} 的对称性。

8.3　行列式 D 为

$$D=\begin{vmatrix} B+C\mathcal{T}_{11} & C\mathcal{T}_{12} & C\mathcal{T}_{13} \\ C\mathcal{T}_{12} & B+C\mathcal{T}_{22} & C\mathcal{T}_{23} \\ C\mathcal{T}_{13} & C\mathcal{T}_{23} & B+C\mathcal{T}_{33} \end{vmatrix}$$

式中，$\mathcal{T}_{ij}=T_{,i}T_{,j}$。利用 $\mathcal{T}_{IJ}=\mathcal{T}_{JL}\mathcal{T}_{IL}=T_{,1}^2T_{,2}^2T_{,3}^2$（不按下标求和）以及类似的关系式。

8.4　对 $\boldsymbol{t}\cdot\boldsymbol{t}=t_it_i$ 求导数。

8.5　参照图 8.2。$|\Delta t|=2\sin\Delta\theta/2$，当 Δs 趋于 0 时，$\Delta\theta$ 也趋于 0，$|\Delta t|=2\sin\Delta\theta/2\approx\Delta\theta$。

8.6　由式(8.5.7)知 t 是常矢量，再利用式(8.5.4)和式(8.4.24)。

8.7　由式(8.5.12)可知矢量 $\boldsymbol{b}$ 是常矢量，再证明 d($\boldsymbol{r}$ 点乘积 $\boldsymbol{b}$)/ds = 0，从而 $\boldsymbol{r}$ 点乘积 $\boldsymbol{b}$ 为常数，而这是一个平面的方程。

8.8　参见 8.5 节。设 $\boldsymbol{r}=(a\cos u,\ a\sin u,\ bu)$，利用式(8.5.3)和式(8.5.5)得到 $\dot{\boldsymbol{r}}$ 和 $\boldsymbol{t}$，再利用 $\mathrm{d}\boldsymbol{t}/\mathrm{d}s=(\mathrm{d}\boldsymbol{t}/\mathrm{d}u)(\mathrm{d}u/\mathrm{d}s)$ 和对于 $\boldsymbol{b}$ 成立的类似关系式以及式(8.5.2)。对于 τ，利用式(8.5.12)。

8.9　利用 $\boldsymbol{a}\times\boldsymbol{a}=\boldsymbol{0}$（$\boldsymbol{a}$ 为任意矢量），$\boldsymbol{b}\times\boldsymbol{t}=\boldsymbol{n}$ 以及类似关系式。

8.10　以 r_0 和 r_1 为半径的球面面积分别为 $\delta S_0=4\pi r_0^2$、$\delta S_1=4\pi r_1^2$，根据振幅关系式式(8.7.10)可得 $\frac{1}{c}A_1^2\delta S_1=\frac{1}{c}A_0^2\delta S_0$，从而可得 $A_1/A_0=r_0/r_1$。

8.11　将第一项的哑指标 j 换成 l，交换 i 和 k，再利用 c_{ijkl} 的对称性。

8.12　由式(8.7.3)入手，再利用式(8.7.25)。

8.13　由 $\mathrm{d}\boldsymbol{e}^m/\mathrm{d}s$ 与 $\boldsymbol{t}$ 平行可得 $\frac{\mathrm{d}\boldsymbol{e}^m}{\mathrm{d}s}=\left(\frac{\mathrm{d}\boldsymbol{e}^m}{\mathrm{d}s}\cdot\boldsymbol{t}\right)\boldsymbol{t}$，再利用式(8.5.7)。

8.14　参见 8.7.2.2 小节。将式(8.7.53a)、式(8.7.53b)分别乘以 $\cos\theta$ 和 $\sin\theta$，并将乘后的两式相加，再利用式(8.7.47)，就可得到式(8.5.28)。

8.15　利用逆旋转运算。

8.16　$t=2\sqrt{H^2+x^2/4}/\alpha$。

第 9 章

9.1　类似于对问题 7.10 的解答，进行变量替换。

9.2　令 $u=s-(t-\tau)$，根据 δ 函数的性质，有

$$\int_{-\infty}^{+\infty}\delta[s-(t-\tau)]f(s)\mathrm{d}s=\int_{-\infty}^{+\infty}\delta(u)f[u+(t-\tau)]\mathrm{d}s=f(t-\tau)$$

9.3　$\delta[r-c(t-t_0)]=\delta\{c[t_0-(t-r/c)]\}=\dfrac{1}{c}\delta[t_0-(t-r/c)]$。

9.4　利用式(9.3.5)、式(1.4.61)、式(1.4.53)和式(9.4.15)。

9.5　$\nabla\phi=\left(\dfrac{\partial\phi}{\partial x_1},0,\dfrac{\partial\phi}{\partial x_3}\right)$，$\nabla\times\boldsymbol{\psi}=\left(-\dfrac{\partial\psi}{\partial x_3},0,\dfrac{\partial\psi}{\partial x_1}\right)$，再利用式(9.4.1)。

9.6　由式(9.4.2)入手，$\nabla\times(\nabla\times\boldsymbol{u})=-\left(0,\dfrac{\partial^2u_2}{\partial x_1^2}+\dfrac{\partial^2u_2}{\partial x_3^2},0\right)$。

9.7　令 $\boldsymbol{v}=(r^{-1},0,0)$，$\nabla\times\boldsymbol{v}=\left(0,\dfrac{\partial(r^{-1})}{\partial x_3},-\dfrac{\partial(r^{-1})}{\partial x_2}\right)$。

9.8　将式(9.5.6)写成分量形式，对于第一个分量，利用式(9.2.14)，另外两个分量满足与式(9.5.5)类似的方程。

9.9　利用$\partial(x_j-\xi_j)=\delta_{ij}$以及式(9.5.13)。

9.10　γ_j 为常数，再参看下一个问题。

9.11　令 $v_i=3\gamma_i\gamma_j-\delta_{ij}$($j$ 固定)，再设 θ 为 v_i 与 γ_i 之间的夹角。验证 $\cos\theta\neq0$，再验证 $\boldsymbol{v}\times\boldsymbol{\Gamma}\neq0$。

9.12　按照下式的提示进行分步积分，即

$$\int_{r/\alpha}^{r/\beta}\underbrace{\tau}_{u}\underbrace{J''(t-\tau)\mathrm{d}\tau}_{\mathrm{d}v}$$

9.13　已知$f(t)=\dfrac{1}{2\pi}\displaystyle\int_{-\infty}^{+\infty}F(\omega)\mathrm{e}^{\mathrm{i}\omega t}\mathrm{d}\omega$，其中 $F(\omega)$为$f(t)$的傅里叶变换。对此式两边关于时间分别求一阶和二阶导数，再由此式可得到所要证明的等式。利用式(11.6.16)可知，$f(t)$及其导数的能量依赖于$f(t)$的频率分量。

9.14　对 $\mathcal{F}\{h'(t)\}=\displaystyle\int_{-\infty}^{+\infty}h'(t)\mathrm{e}^{-\mathrm{i}\omega t}\mathrm{d}t$ 进行分步积分，并设 $h(\pm\infty)=0$，可得到 $\mathcal{F}\{h'(t)\}=\mathrm{i}\omega\mathcal{F}\{h(t)\}$，也用到式(6.5.68)。

9.15　在区间$[0,t]$上对 $J''(\tau)$进行积分，可得到 $J'(t)$。对 $J'(t)$求导数，再利用 $f(t)\delta(t)=f(0)\delta(t)$[见式(A.20)]和$0\delta(t)=0$。

9.16　将傅里叶积分写成实部的积分和虚部的积分，最后的结果是

$$|\{J''(t)\}|=a^2/(a^2+\omega^2)$$

9.17　参见图 9.5(a)。当 $x_3\geqslant0$ 时，$|\cos\theta|=\cos\theta$，$x_Q=\cos\theta\sin\theta$，$y_Q=\cos\theta\cos\theta$，$x_Q^2+\left(x_Q-\dfrac{1}{2}\right)^2=\dfrac{1}{4}$。

当 $x_3<0$ 时，$|\cos\theta|=-\cos\theta$，圆的中心为$\left(0,\ -\frac{1}{2}\right)$。对于$|\sin\theta|$的图形，考虑 $x_1\geqslant 0$ 和 $x_1<0$。

9.18　设 $t_{ij}=\gamma_i\gamma_j$，证明在旋转后的坐标系中 $t'_{ij}=\gamma'_i\gamma'_j u_i$。

9.19　为了避免做褶积运算，对式(9.7.2)两边进行傅里叶变换，得到

$$u_i(\boldsymbol{x},\omega)\equiv u_i=F_i(\omega)G_{ij}(\boldsymbol{x},\omega;\boldsymbol{\xi},0)\equiv G_{ij}F_j$$

式中，u_i 和 F_i 为矢量。根据 $u'_i=G'_{ij}F'_j$，用 u_m 和 F_n 写出 u'_i和 F'_i，再利用上式替换掉 u_m。用旋转矩阵的适当分量得到与式(1.4.10)类似的关系式。

9.20　同问题 9.19 的解答类似。根据式(9.9.1)，可得在频率域的关系式，为

$$u_k=M_{ij}G_{ki,j}=M_{ij}s_{kij}$$

式中，u_i 为矢量，$s_{kij}=G_{ki,j}$为张量(见前两个问题和 1.4.3 小节)。根据 $u'_k=M'_{ij}s'_{kij}$，再利用上面问题解答中所采用的过程，最后得到类似于式(1.4.12)的关系式。

9.21　根据式(9.13.3)~式(9.13.8)，与 $\boldsymbol{A}^{\mathrm{I}\beta}$ 和 $\boldsymbol{A}^{\mathrm{FS}}$ 对应的唯一不为零的项都是$(-\gamma_3,\ 0,\ \gamma_1)$，所以与 $\boldsymbol{\Gamma}$ 垂直。

9.22　根据式(9.13.3)~式(9.13.8)，与 $\boldsymbol{A}^{\mathrm{I}\alpha}$ 和 $\boldsymbol{A}^{\mathrm{FP}}$ 对应的唯一不为零的项都是 $\boldsymbol{\Gamma}$。

9.23　利用式(9.2.6)和式(9.5.13)，以及$\dfrac{\partial(x_j-\xi_j)}{\partial\xi_i}=\delta_{ij}$。

9.24　参看图 9.10。对于给定的 $\boldsymbol{\Gamma}$、$\boldsymbol{\Theta}$，与 x_1 轴和 x_3 轴的夹角分别是 ϕ 和 $\theta+\pi/2$。与 $\boldsymbol{\Phi}$ 对应的角度分别是 $\phi+\pi/2$ 和 $\pi/2$。通过适当的矢量运算，我们可证明这三个矢量构成右手系。

9.25　参看式(9.9.18)。对于对称矩张量，取得极值的条件是

$$\frac{\partial\mathcal{R}^{\mathrm{P}}}{\partial\theta}=2\frac{\partial\boldsymbol{\Gamma}^{\mathrm{T}}}{\partial\theta}\dot{\boldsymbol{M}}\boldsymbol{\Gamma}=0,\quad \frac{\partial\mathcal{R}^{\mathrm{P}}}{\partial\phi}=2\frac{\partial\boldsymbol{\Gamma}^{\mathrm{T}}}{\partial\phi}\dot{\boldsymbol{M}}\boldsymbol{\Gamma}=0。另外\frac{\partial\boldsymbol{\Gamma}}{\partial\theta}=\boldsymbol{\Theta},\quad \frac{\partial\boldsymbol{\Gamma}}{\partial\phi}=\sin\theta\boldsymbol{\Phi}。$$

9.28　满足问题 9.25 中取极值条件的 (θ,ϕ) 有$(\pi/4,0)$、$(-\pi/4,0)$ 和$(0,\pi/2)$，其中前两对角确定了 $\boldsymbol{t}$ 和 $\boldsymbol{p}$ 的方向。

9.29　利用如下关系式 $\gamma_i\overline{\boldsymbol{M}}_{ij}\gamma_j\gamma_k=(\boldsymbol{\Gamma}^{\mathrm{T}}\overline{\boldsymbol{M}}\boldsymbol{\Gamma})(\boldsymbol{\Gamma})_k$，$\delta_{ij}\overline{\boldsymbol{M}}_{ij}\gamma_k=\overline{\boldsymbol{M}}_{ii}\gamma_k=tr(\overline{\boldsymbol{M}})(\boldsymbol{\Gamma})_k$，$\delta_{kj}\overline{\boldsymbol{M}}_{ij}\gamma_i=(\overline{\boldsymbol{M}}^{\mathrm{T}}\boldsymbol{\Gamma})_k$，$\delta_{ki}\overline{\boldsymbol{M}}_{ij}\gamma_j=(\overline{\boldsymbol{M}}\boldsymbol{\Gamma})_k$。

9.30　就像问题 9.12 中指出的那样，应用分部积分，将后面的从 r/α 到 r/β 的积分写为从 0 到 $t-r/\alpha$ 的积分与从 0 到 $t-r/\beta$ 的积分之和。

9.31　利用$\overline{\boldsymbol{M}}^{\mathrm{T}}=\overline{\boldsymbol{M}}$，$\boldsymbol{\Gamma}^{\mathrm{T}}\boldsymbol{\Gamma}=1$ 以及 $\boldsymbol{\Gamma}$、$\boldsymbol{\Theta}$ 和 $\boldsymbol{\Phi}$ 相互垂直可验证式(9.13.15)~式(9.13.17)。将这些关系式应用于$\overline{\boldsymbol{M}}^{\mathrm{dc}}$可得到 $tr(\overline{\boldsymbol{M}})=0$，$\boldsymbol{\Gamma}^{\mathrm{T}}\overline{\boldsymbol{M}}\boldsymbol{\Gamma}=\sin2\theta\cos\phi$，$\boldsymbol{\Theta}^{\mathrm{T}}\overline{\boldsymbol{M}}\boldsymbol{\Gamma}=\cos2\theta\cos\phi$，$\boldsymbol{\Phi}^{\mathrm{T}}\overline{\boldsymbol{M}}\boldsymbol{\Gamma}=-\cos\theta\sin\phi$。

第 10 章

10.1　中间的步骤

$$\int_{-\infty}^{+\infty}\mathrm{d}t\int_V[u_i\delta_{in}\delta(\boldsymbol{x},-t;\boldsymbol{\xi},-\tau)-G_{in}(\boldsymbol{x},-t;\boldsymbol{\xi},-\tau)f_i]\mathrm{d}V_x$$
$$=u_n(\xi,\tau)-\int_{-\infty}^{+\infty}\mathrm{d}t\int_V G_{in}(\boldsymbol{x},-t;\boldsymbol{\xi},-\tau)f_i\mathrm{d}V_x$$

10.2　像式(9.2.3)那样表达 δ。利用式(A.31)，可得到

$$\begin{aligned}G_{np,q'}(\boldsymbol{x},t;\boldsymbol{\sigma},\tau)&=\frac{\partial}{\partial\sigma_q}G_{np}(\boldsymbol{x},t;\boldsymbol{\sigma},\tau)=\int_V\delta(\boldsymbol{\xi}-\boldsymbol{\sigma})\frac{\partial}{\partial\xi_q}G_{np}(\boldsymbol{x},t;\boldsymbol{\xi},\tau)\mathrm{d}V_\xi\\&=-\int_V\frac{\partial}{\partial\xi_q}\delta(\boldsymbol{\xi}-\boldsymbol{\sigma})G_{np}(\boldsymbol{x},t;\boldsymbol{\xi},\tau)\mathrm{d}V_\xi\\&=-\int_V\delta_{,q}(\boldsymbol{\xi}-\boldsymbol{\sigma})G_{np}(\boldsymbol{x},t;\boldsymbol{\xi},\tau)\mathrm{d}V_\xi\end{aligned}$$

10.3　对 $e_p(\boldsymbol{\xi},\tau)$ 在 V 上积分可得到总体力。体积分只与 δ 有关，对 δ 应用高斯定理可写为

$$\int_V\delta_{,q}(\boldsymbol{\xi}-\boldsymbol{\sigma})\mathrm{d}V_\xi=\int_S\delta(\boldsymbol{\xi}-\boldsymbol{\sigma})n_q\mathrm{d}S_\xi=0$$

式中，S 和 n_q 与式(10.2.9)中的相同，右边的积分等于零是因为 δ 只在 $\boldsymbol{\Sigma}$ 上不为零，而 V 和 $\boldsymbol{\Sigma}$ 没有共同的点。

对于总力矩，我们关心的是由力产生的扭矩，扭矩是力与矢量 $\boldsymbol{r}=(x_1, x_2, x_3)$ 的点积。扭矩的第 q 个分量为 $\tau_q=\epsilon_{qrp}x_rf_p$，这里力就是体力。在 V 上积分可得到总力矩，并用 ξ_r 替代 x_r。体积分中包含与 ξ 有关的因子，并且

$$\int_V\xi_r\delta_{,q}(\boldsymbol{\xi}-\sigma)\mathrm{d}V_\xi=-\sigma_{r,q}=-\delta_{rq}$$

因为面积分是关于对称张量和反对称张量乘积的积分，所以面积分等于零。

10.4　在与 δ 有关的积分中有一个因子 $-\xi_{3,3}=-1$。

10.5　格林函数 $G_{np}(\boldsymbol{x}, t; \boldsymbol{\sigma}, \tau)$ 满足式(10.2.2)，其中的 f_i 为式(10.2.10)中的 δ 函数的乘积。所得到的方程中有一项是 $\rho\partial^2G_{np}/\partial t^2$，引入变量替换 $t'=t-\tau$，然后验证 $G_{np}(\boldsymbol{x}, t-\tau; \boldsymbol{\sigma}, 0)$ 满足方程。

10.6　利用式(10.6.2)和式(10.5.2)可得到矩张量密度。只有 $[u_3]$ 和 $\nu_3=1$ 对矩张量密度有贡献。利用式(10.6.5)，并用面积与 $[u_3]$ 的平均值代替其中的积分。

10.7　将式(10.4.7)代入式(10.6.13)(假设 $[T_p]=0$)。像问题10.3的解答过程那样，将会出现 δ。最后的结果是一个在 Σ 上的关于矩张量密度的积分。这就说明 M'_{pq} 是对称的，且 $M'_{pq}=M_{pq}$。

10.8

(a)利用 $\boldsymbol{b}=\boldsymbol{t}\times\boldsymbol{p}$ 以及式(10.7.15)和式(10.7.16)。

(b)证明 $M_{ij}\boldsymbol{v}_j=\lambda\boldsymbol{v}_i$，其中，$M_{ij}$ 由式(10.7.4)给出，$\boldsymbol{v}$ 等于 $\boldsymbol{t}$、$\boldsymbol{p}$ 或 $\boldsymbol{b}$。

10.9　证明从式(10.10.3)开始，利用式(9.13.4)~式(9.13.5)和式(9.13.7)可得到沿 $\boldsymbol{\Gamma}$、$\boldsymbol{\Theta}$ 和 $\boldsymbol{\Phi}$ 方向上的投影[这一步类似于得到式(9.13.15)~式(9.13.17)的做法]。

10.10

(a)$\boldsymbol{R}$ 是两个旋转矩阵的乘积。其中之一对应于围绕 x_3 逆时针旋转角度 ϕ，另一个对应于围绕新的 x_2 顺时针旋转角度 θ。

(b) $(1,0,0)^{\mathrm{T}},(0,1,0)^{\mathrm{T}},(0,0,1)^{\mathrm{T}}$。

(c) $\boldsymbol{R}^{-1}=\boldsymbol{R}^{\mathrm{T}}$。

10.11　直接进行积分。从 $J(\tau)=(1/a)\{H(\tau)[a\tau+\exp(-a\tau)-1]-J'(\tau)\}$ 开始会容易些。

10.12　参见图 10.15。令 $\Delta=\theta$，$r_0=r$。我们感兴趣的是以 B、C、F、D 为角点的元素 $\mathrm{d}\sigma$ 的面积，此面积等于 $\overline{BC}\cdot\overline{BD}$。

第 11 章

11.1　从式(11.4.10b)中解出 v_R；将 v_R 代入式(11.4.10a)，先求出 v_{I}^2 再求得 v_{I}(选取适当的符号使其为实数)，利用式(10.4.10a)可得到 v_R。

11.2　$\mathcal{F}^{-1}\{\exp(-\alpha|\omega|)\}=(1/\pi)\alpha/(t^2+\alpha^2)$，见式(6.5.68)。

11.3　$I(s)=\pi/[2\cos(\pi s/2)]$，见式(11.5.17b)。

11.4　将原积分写成两个积分的和，其中一个的积分限介于 $-\infty$ 到 0，另外一个的积分限从 0 到 $+\infty$。在第一个积分中引入变量替换 $\omega'=-u$。在此运算完成后再用 ω' 来代替 u，此时该积分的积分限从 0 到 ∞。然后将这两个积分合并为一个。

11.5　先证明下式，即

$$P\int_{-R}^{R}\frac{\mathrm{d}\omega'}{\omega'-\omega}=\lim_{\delta\to0}\left(\int_{-R}^{\omega-\delta}\frac{\mathrm{d}\omega'}{\omega'-\omega}+\int_{\omega+\delta}^{R}\frac{\mathrm{d}\omega'}{\omega'-\omega}\right)$$
$$=\ln\frac{R-\omega}{R+\omega},\quad -R<\omega<R$$

第一个等式对应于积分主值的定义。等号右边有两个积分，后面那个积分可直接求积。前面那个积分需用 $-u$ 来替换 ω'，再进行积分运算。然后将两者的积分值求和，就得到上式的第二行。最后，让 R 趋于 ∞ 并取极限(Byron 和 Fuller，1970)。如果 $\mathcal{I}\{n(\infty)\}$ 是有限值，则可将其提到式(11.7.14)中相应积分项的外面，再通过式(11.7.16)可知，该积分项将不存在。

11.6　为了验证式(11.7.20)，通过求解式(11.7.6b)得到 $\mathcal{I}\{n(\omega)\}$。同问题 11.4 一样去验证式(11.7.21)。

11.8　由式(11.6.25)可知，$c=c_\infty[1+(c_\infty/\omega)\breve{\alpha}(\omega)]^{-1}$。与式(11.8.2)做对比，可得到

$$\breve{\alpha}(\omega)=\frac{2}{\pi}\omega\alpha_0\frac{\ln(1/\alpha_1(\omega))}{1-\alpha_1^2\omega^2}\approx\frac{2}{\pi}\omega\alpha_0\ln\frac{1}{\alpha_1\omega}$$

附录 A

A.1　证明下式成立，即

$$\int_{-\infty}^{+\infty} \mathrm{sgn}x\varphi(-x)\,\mathrm{d}x = -\int_{-\infty}^{+\infty} \mathrm{sgn}x\varphi(x)\,\mathrm{d}x \text{。}$$

A. 2　设 $T(x)=\mathrm{sgn}x$，$D(\omega)=\hat{T}=2/(\mathrm{i}\omega)$。利用类似于(A.61)的等式，由此可得 $\mathcal{F}\{D(x)\}=-2\pi T(\omega)$。

A. 3　采用类似于前一个问题的变量，证明

$$\mathcal{F}\{\exp(-\mathrm{i}ax)\}=2\pi\delta_{-a}=\delta(\omega+a)$$

从而可得

$$\mathcal{F}\{\cos(ax)=\pi[\delta(\omega+a)+\delta(\omega-a)]$$
$$\mathcal{F}\{\sin(ax)\}=\mathrm{i}\pi[\delta(\omega+a)-\delta(\omega-a)]$$

绘出这两个变换的图形，从图中可见，对于余弦函数的变换，有一对分别位于 $\omega=\pm a$ 处的向上的脉冲；对于正弦函数的变换，有一对成镜像的脉冲。其中，一个向上，位于 $\omega=-a$ 处，另一个向下，位于 $\omega=a$ 处。

附录 C

C. 1　利用式(9.2.3)和修改后的与式(5.4.26)一致的式(A.58)。

C. 2　见问题9.13。

附录 D

可以直接验证。作为使用指标符号记法的一次练习，设 $r=(x_ix_i)^{1/2}$。对于式(D.5)，证明 $(1/r)_{,jk}=(3r^{-2}x_jx_k-\delta_{jk})r^{-3}$，再缩并指标。对于式(D.6)，利用问题1.5(f)。

中英文对照表

人名

笛卡儿	Cartesian
高斯	Gauss
泰勒	Taylor
柯西	Cauchy
勒夫	Love
胡克	Hooke
赫姆霍兹	Helmholtz
伽利略	Galileo
纳维尔	Navier
瑞利	Rayleigh
克莱因-戈尔登	Klein-Gordon
克里斯托菲尔	Christoffel

名词术语

正交曲线坐标系	orthogonal curvilinear coordinates
标量积或点积	scalar, or dot product
克罗内克尔 delta 符号	Kronecker delta
矢量积或叉积	vector product or cross product
方向余弦	direction cosines
矢量分析	vector analysis
爱因斯坦求和约定	Einstein summation convention
正交变换	orthogonal transformations
张量	tensor of order
笛卡儿张量	Cartesian tensors
两张量的相加或相减	addition or subtraction of two tensors
两个张量的外积	outer product of two tensors
标量乘以张量	multiplication of a tensor by a scalar
两张量的内积或指标缩并	inner product or contraction of two tensors
缩阶	contraction of indices
对称张量	symmetric tensor
拟张量	pseudo tensors
拟矢量	pseudo vectors

散度	divergence
梯度	gradient
矢量的旋度	curl of a vector
微商定理	quotient theorem
特征值或固有矢量	eigenvalue or intrinsic vectors
求导的链式法则	the chain rule of differentiation
置换符号	the permutation symbol
拉普拉斯式	Laplacian
高斯定理	Gauss' theorem
无限小旋转	infinitesimal rotations
各向同性(张量)	isotropic(tensors)
并矢	dyads
并矢符号	dyadic
并矢和矢量的标量积的分量	components of the scalar product of a dyadic and a vector
并矢的共轭	conjugate of a dyadic
对称并矢和反对称并矢	symmetric and anti-symmetric dyadics
九元形式和分量	nonion form and components
单位并矢或等幂元	the unit dyadic or idempotent
本构方程	constitutive equations
拉格朗日观点	Lagrangian points
欧拉观点	Eulerian points
雅可比式	Jacobian
拉格朗日(或物质)描述	Lagrangian or material description
欧拉(或空间)描述	Eulerian or spatial description
位移矢量	displacement vector
有限应变张量	finite strain tensors
无限小应变张量	infinitesimal strain tensor
小形变	small deformations
正应变	normal strains
切应变	shearing strains
简单切应变，纯切应变	simple shear, pure shear
应变的主方向	principle directions of strain
主应变	principal strains
形变协调方程或形变协调条件	compatibility equations or conditions
应变二次曲面	strain quadric
旋转张量	rotation tensor
纯旋转	pure rotation
位移梯度	displacement gradient

拉伸	dilation
变化的局部时间速率	local time rate of change
物质导数	material derivative
质点速度	velocity particle
线动量	linear momentum
角动量	angular momentum
质量守恒	conservation of mass
线动量守恒	balance of linear momentum
角动量守恒	balance of angular momentum
面力或接触力	surface or contact forces
应力矢量或牵引力	stress vector traction
应力并矢	stress dyadic
兼容性方程或兼容性条件	compatibility equations or conditions
应力矢量	stress vector
力偶	couples
欧拉运动方程	Eulerian equation of motion
应力的主方向	principle directions of stress
应力的主平面	principle planes of stress
应力张量的球分量和偏分量	isotropic and deviatoric components of the stress tensor
静水压力	hydrostatic pressure
法应力矢量和切应力矢量	normal and shearing stress vectors
应力莫尔圆	Mohr's circles for stress
弹性形变	elastic
塑性形变	plastic
线弹性固体	linear elastic solids
广义胡克定律	generalized Hooke's law
连续性方程	equation of continuity
线弹性固体	linear elastic solids
超弹性体	hyperelastic
均匀各向同性弹性介质	homogeneous isotropic elastic medium
可逆过程	reversible pressures
系统的自由能	free energy of the system
动能	kinetic energy
内能	intrinsic energy
绝对温度	absolute temperature
熵	entropy
绝热过程	adiabatic
等温过程	isothermal

单轴拉张	uniaxial tension
拉梅系数	Lame' s parameters
体积模量或压缩模量	bulk modulus or modulus of compression
分离变量	separation of variables
波前	wave fronts
谐和平面波	harmonic plane waves
角频率	angular frequency
波数	wave number
应变能	strain energy
应变能密度	stress energy density
达朗贝尔解	D' Alembert solution
行波	progressive of traveling waves
驻波	standing waves
叠加原理	superposition principles
几何扩散因子	geometric spreading factor
赫姆霍兹分解定理	Helmholtz decomposition theorem
矢量赫姆霍兹方程	vector Helmholtz equation
海森矢量	Hansen vectors
简谐波势	Harmonic potentials
纵波	longitudinal wave
横波	transverse wave
入射平面	plane of incidence
弹性简谐平面波	harmonic elastic plane waves
偏振	polarization
偏振角，极化角	polarization angle
线性偏振，线性极化	linear polarized
椭圆偏振，椭圆极化	elliptically polarized
瑞利波	Rayleigh wave
能流	flux of energy
能流密度矢量	energy-flux density vector
功率密度	power density
边界条件	boundary conditions
入射波	incident waves
反射波	reflection wave
佐普里茨方程	Zoeppritz equations
牵引力	traction
自由表面	free surface
焊接状态的两固体接触面	two solids in welded contact

无孔隙的固体-液体边界	solid-liquid boundary without cavitation
反射系数	reflection coefficient
斯奈尔定律	Snell's law
表面位移	surface displacement
法线入射	normal incidence
掠入射	grazing incidence
鼓突或剥离	scabbing or spalling
能量方程	energy equation
全模式转换	total mode conversion
不均匀波	inhomogeneous waves
临界角	critical angle
时间域位移	displacement in the time domain
希尔伯特变换	Hilbert transform
柯西主值	Cauchy principal value
勒夫波	Love wave
视速度	apparent velocity
相速度	phase velocity
复速度	complex velocity
声阻抗	acoustic impedance
水平波数	horizontal wavenumber
1/4 波长法则	quarter-wavelength rule
地壳传输函数	crustal transfer function
低速层	low-velocity layer
非弹性衰减	anelastic attenuation
斯通利波	Stoneley wave
基阶模式	fundamental mode
周期(或频率)方程	period(or frequency) equation
截止频率	cut-off frequency
群速度	group velocity
节平面	nodal planes
相长干涉	constructive interference
频散	dispersion
频散波	dispersive waves
逆频散	inverse dispersion
均匀半空间	homogeneous half-space
周期方程	period equation
异常	anomalous
调制因子	modulating factor

海森伯格不确定性原理	Heisenberg uncertainty principal
稳相点	stationary point
局部频率(或瞬时频率)	local(or instantaneous)Frequency
局部波数	local wavenumber
艾里相	Airy phase
艾里相函数	Airy function
伽马函数	Gamma function
动态射线追踪	dynamic ray tracing
射线理论	ray theory
费马原理	Fermat's principle
程函方程	eikonal equation
高频近似	high-frequency approximation
零阶近似解	zeroth-order solution
焦散面	caustics
克里斯托菲尔矩阵	Christoffel matrix
出射角	take-off angle
射线参数	ray parameter
球对称介质	medium with special symmetry
曲线的单位切矢量	unit vector tangent to the curve
主法线矢量	principal normal vector
曲率	curvature
密切圆	osculating circle
曲率半径	radius of curvature
弗莱纳三面体活动标架	Frenet or moving trihedral
双法向矢量	binormal vector
弗莱纳－雪列公式	Frenet-Serret
慢度	slowness
变分	variation
定积分的变分	variation of a definite
变分原理	calculus of variations
射线振幅	ray amplitude
输运方程	transport equation
射线中心坐标系	ray-centered coordinate system
萨瓦林斯基	Savarenskii
集中力(或点源)	concentrated force(or point) source
P 波或 S 波振幅	P-wave or S-wave amplitude
偏振(或极化)三面体标架	polarization trihedral
偏振(或极化)矢量	polarization vectors

格林函数	Green's function
矩张量	moment tensor
辐射花样	radiation patterns
近场远场	near and far field
脉冲震源	impulsive source
狄拉克 delta 函数	Dirac's delta
推迟解(或推迟势)	retarded solution(or potential)
任意震源	arbitrary sources
矢量泊松方程	vector Poisson equation
拉梅解	Lame's solution
总场	total field
远场	far-field
近场	near-field
双力	double force
矢量偶极子	vector dipole
旋转中心	center of rotation
压缩和膨胀中心	centers of compression and dilatation
张开裂缝	opening crack
震源矩张量	source moment tensor
单力偶	single dipole
双力偶	double dipole
拉张和压缩轴	tension and compression axes
所谓 B 轴(空轴)	the so-called B or null axis
节点平面	nodal planes
位错	displacement
位移不连续	discontinuity in displacement
表示定理	representation theorem
互易定理	reciprocal theorem
矩张量密度	moment tensor density
等效体力	equivalent body force
点源	point source
标量地震矩	scalar seismic moment
势	potency
非地球内部固有源	indigenous
震源中心坐标系	epicentral system of coordinates
走向(角)，走向方向	strike, strike direction
倾角(倾斜)	dip angle(or dip)
倾向	dip direction

断层的上盘和下盘	hang wall and foot wall of a fault
滑矢量	slip vector
滑角	slip angle
倾滑断层	dip-slip faults
走滑断层	strike-slip faults
斜滑断层	oblique-slip faults
共轭面	conjugate planes
辅助平面	auxiliary plane
震源球	focal sphere
断层平面解或震源机制图	fault plane solution or focal mechanism
下半球等面积投影方法	lower-hemisphere equal-area projection
静位移	static displacement
断层的有限性	finite nature of the fault
非弹性衰减	anelastic attenuation
粘弹性	viscoelasticity
固有衰减	intrinsic attenuation
散射衰减	scattering attenuation
标准线性固体	standard linear solid
标准黏弹性固体	standard viscoelastic solid
阻尼器	dashpot
弹簧－阻尼器系统	spring-dashpot system
时间 Q 值	temporal Q
空间 Q 值	spatial Q
衰减系数	attenuation coefficient
复频率	complex frequency
复波数	complex wavenumber
复速度	complex velocity
有限速度（极限速度）	limiting velocity
因果条件	causality condition
带一个减法的频散关系	dispersion relations with one subtraction
最小相移函数	minimum-phase-shift functions
薄层状介质	finely layered media
最小延迟函数	minimum-delay functions
介质的折射指数	index of refraction of the medium
一个接近常 Q 的模型	a nearly constant Q modal
谱比值法	spectral ratio method
脉冲响应	impulse response

参考文献

[1] Achenbach J. Wave propagation in elastic solids[M]. North-Holland, Amsterdam, 1973.

[2] Aki K. Generation and propagation of G waves from the Niigata earthquake of June 16, 1964. Part 2. Estimation of earthquake moment, released energy, and stress-strain drop from the G wave spectrum[J]. Bull. Earthq. Res. Inst. , 1966, 44: 73 – 88.

[3] Aki K. Haskell's source mechanism papers and their impact on modern seismology, in A. // Ben-Menahem, ed. , Vincit Veritas: a portrait of the life and work of Norman Abraham Haskell, 1905-1970[C]. American Geophysical Union, 1990: 42 – 45.

[4] Aki K, Richards P. Quantitative seismology, vol. I[M]. Freeman, San Francisco, CA, USA, 1980.

[5] Al-Gwaiz M. Theory of distributions[M]. Dekker, New York, 1992.

[6] Anderson D. Theory of the earth[M]. Blackwell, London, 1989.

[7] Anderson J. Motions near a shallow rupturing fault: evaluation of effects due to the free surface[J]. Geophys. J. R. Astr. Soc. 1976, 46: 575 – 593.

[8] Arfken G. Mathematical methods for physicists[M]. Academic, New York, 1985.

[9] Arya A. Introduction to classical mechanics[M]. Prentice-Hall, Englewood Cliffs, NJ, 1990.

[10] Atkin R and Fox N. An introduction to the theory of elasticity[M]. Longman, London, 1980.

[11] Auld B. Acoustic fields and waves in solids, vol. I[M]. Krieger, Malabar, FL, 1990.

[12] Azimi Sh, Kalinin A, Kalinin V, Pivovarov B. Impulse and transient characteristics of media with linear and quadratic absorption laws [J]. Izv. , Phys. Solid Earth, 1968, 2: 88 – 93.

[13] Backus G. Interpreting the seismic glut moments of total degree two or less [J]. Geophys. J. R. Astr. Soc. 1977, 51: 1 – 25.

[14] Backus G, Mulcahy M. Moment tensor and other phenomenological descriptions of seismic sources - I. Continuous displacements[J]. Geophys. J. R. Astr. Soc. 1976, 46: 341 – 361.

[15] Bard P Y, Bouchon M. The two-dimensional resonance of sediment-filled valleys [J]. Bull. Seism. Soc. Am, 1985, 75: 519 – 541.

[16] Båth M. Mathematical aspects of seismology[M]. Elsevier, Amsterdam, 1968.

[17] Båth M. Spectral analysis in geophysics[M]. Elsevier, Amsterdam, 1974.

[18] Beltrami E, Wohlers M. Distributions and the boundary values of analytic functions [M]. Academic, New York, 1966.

[19] Ben-Menahem A. A concise history of mainstream seismology: origins, legacy, and perspective[M]. Bull. Seism. Soc. Am, 1995, 85: 1202 – 1225.

[20] Ben-Menahem A, Beydoun W. Range of validity of seismic ray and beam methods in gener-

al inhomogeneous media - I [J] . General theory, Geophys. J. R. Astr. Soc, 1985, 82: 207 – 234.

[21] Ben-Menahem A, Singh S. Seismic waves and sources[M]. Springer, Berlin, 1981.

[22] Ben-Menahem A, Smith S, Teng T L. A procedure for source studies from spectrums of long-period seismic body waves[J]. Bull. Seism. Soc. Am., 1965, 55: 203 – 235.

[23] Ben-Zion Y. On quantification of the earthquake source[J]. Seism. Res. Lett., 2001, 72: 151 – 152.

[24] Berkhout A. Seismic migration, Developments in solid earth geophysics 14A[M]. Elsevier, Amsterdam, 1985.

[25] Biot M. General theorems on the equivalence of group velocity and energy transport [J]. Phys. Rev. 1957, 105: 1129 – 1137.

[26] Bird R, Stewart W, Lightfoot E. Transport phenomena[M]. Wiley, New York, 1960.

[27] Bleistein N. Mathematical methods for wave phenomena[M]. Academic, New York, 1984.

[28] Born M, Wolf E. Principles of optics[M]. Pergamon, Oxford, 1975.

[29] Bose N. Digital filters[M]. North-Holland, Amsterdam, 1985.

[30] Bourbié T, Coussy O, Zinszner B. Acoustics of porous media [M]. Gulf and Editions Technip, 1987.

[31] Boyce W, Di Prima R. Elementary differential equations and boundary value problems [M]. Wiley, New York, 1977.

[32] Boyles C. Acoustic wave guides, Applications to oceanic science [M]. Wiley, New York, 1984.

[33] Brillouin L. Tensors in mechanics and elasticity[M]. Academic, New York, 1964.

[34] Burns S. Negative Poisson's ratio materials[J]. Science, 1987, 238: 551.

[35] Burridge R. Some mathematical topics in seismology, Courant Institute of Mathematical Sciences[M]. New York University, New York, 1976.

[36] Burridge R, Knopoff L. Body force equivalents for seismic dislocations [J]. Bull. Seism. Soc. Am., 1964, 54: 1875 – 1888.

[37] Burridge R, Papanicolaou G, White B. One-dimensional wave propagation in a highly discontinuous medium[J], Wave Motion, 1988, 10: 19 – 44.

[38] Byron F, Fuller R. Mathematics of classical and quantum physics, vol. 2[M]. Addison-Wesley, Reading, MA, 1970. (Reprinted by Dover, New York, 1992.)

[39] Cerveny V. The application of ray tracing to the numerical modeling of seismic wavefields in complex structures, in G. Dohr, ed., Seismic shear waves. Part A: theory[M]. Geophysical Press, 1 – 124, 1985.

[40] Cerveny V. Seismic ray theory[M]. Cambridge University Press, Cambridge, 2001.

[41] Cerveny V, Hron F. The ray series method and dynamic ray tracing system for three-dimensional inhomogeneous media[J]. Bull. Seism. Soc. Am., 1980, 70: 47 – 77.

[42] Cerveny V and Ravindra R. Theory of seismic head waves[M]. Toronto University Press,

Toronto,1971.

[43] Cerveny V, Moloktov I, Psencik I. Ray method in seismology[M]. Charles University Press, Prague, 1977.

[44] Chou P, Pagano N. Elasticity, tensor, dyadic and engineering approaches[M]. Van Nostrand, Princeton, NJ, 1967.

[45] Choy G, Richards P. Pulse distortion and Hilbert transformation in multiply reflected and refracted body waves[J]. Bull. Seism. Soc. Am. ,1975,65:55 – 70.

[46] Cornbleet S. Geometrical optics reviewed: a new light on an old subject[J]. Proc. IEEE 71,1983:471 – 502.

[47] Dahlen F, Tromp J. Theoretical global seismology[M]. Princeton University Press, Princeton, NJ, 1998.

[48] Davis H, Snider A. Introduction to vector analysis[M]. Brown, Dubuque, IA, 1991.

[49] Der Z. High-frequency P- and S-wave attenuation in the earth[J]. Pure Appl. Geophys. , 1998,153:273 – 310.

[50] Dziewonski A, Woodhouse J. Studies of the seismic source using normal-mode theory, in H. Kanamori and E. Boschi, eds. , Earthquakes: observation, theory and interpretation [M]. North-Holland, Amsterdam, 1983a:45 – 137.

[51] Dziewonski A, Woodhouse J. An experiment in systematic study of global seismicity: centroid-moment tensor solutions for 201 moderate and large earthquakes of 1981 [J]. J. Geophys. Res. ,1983b,88:3247 – 3271.

[52] Dziewonski A, Chou T A, Woodhouse J. Determination of earthquake source parameters from waveform data for studies of global and regional seismicity[J]. J. Geophys. Res. , 1981,86:2825 – 2852.

[53] Eringen A. Mechanics of continua[M]. Wiley, New York, 1967.

[54] Eringen A, Suhubi E. Elastodynamics, vol. II[M]. Academic, New York, 1975.

[55] Eu B. Kinetic theory and irreversible thermodynamics[M]. Wiley, New York, 1992.

[56] Ewing W, Jardetzky W, Press F. Elastic waves in layered media[M]. McGraw-Hill, New York, 1957.

[57] Fehler M, Oshiba M, Sato H, Obara K. Separation of scattering and intrinsic attenuation for the Kanto-Tokai region, Japan, using measurements of S-wave energy versus hypocentral distance[J]. Geophys. J. Int. ,1992,108:787 – 800.

[58] Fermi E. Thermodynamics[M]. Prentice-Hall, Englewood Cliffs, NJ, 1937. (Reprinted by Dover, New York, 1956.)

[59] Friedlander G, Joshi M. Introduction to the theory of distributions[M]. Cambridge University Press, Cambridge, 1998.

[60] Futterman W. Dispersive body waves[J]. J. Geophys. Res. ,1962,67:5279 – 5291.

[61] Ganley D. A method for calculating synthetic seismograms which include the effects of absorption and dispersion[J]. Geophysics, 1981,46:1100 – 1107.

[62] Goetz A. Introduction to differential geometry[M]. Addison-Wesley, Reading, MA, 1970.
[63] Goodbody A. Cartesian tensors[M]. Horwood, Chichester, 1982.
[64] Graff K. Wave motion in elastic solids[M]. Clarendon Press, Oxford, 1975.
[65] Green G. On the laws of the reflection and refraction of light at the common surface of two non-crystallized media [M]. Trans. Cambridge Philosophical Soc, 1838. (Reprinted in Mathematical papers of George Green, Chelsea, Bronx, NY, 1970.)
[66] Green G. On the propagation of light in crystallized media[M]. Trans. Cambridge Philosophical Soc., 1839. (Reprinted in Mathematical papers of George Green, Chelsea, Bronx, NY, 1970.)
[67] Gregory A. Fluid saturation effects on dynamic elastic properties of sedimentary rocks [J]. Geophysics, 1976, 41: 895 – 921.
[68] Gubbins D. Seismology and plate tectonics[M]. Cambridge University Press, Cambridge, 1990.
[69] Guillemin E. Theory of linear physical systems[M]. Wiley, New York, 1963.
[70] Gutenberg B. Effects of ground on earthquake motion[J]. Bull. Seism. Soc. Am., 1957: 47, 221 – 250.
[71] Haberman R. Elementary applied partial differential equations[M]. Prentice-Hall, Englewood Cliffs, NJ, 1983.
[72] Hansen W. A new type of expansion in radiation problems[J]. Phys. Rev., 1935, 47: 139 – 143.
[73] Hanyga A. Asymptotic theory of wave propagation, in A. Hanyga, ed. [M]. Seismic wave propagation in the earth, Elsevier, Amsterdam, 1985: 35 – 168.
[74] Harkrider D. Potentials and displacements for two theoretical seismic sources [J]. Geophys. J. R. Astr. Soc., 1976, 47: 97 – 133.
[75] Harris P, Kerner C, White R. Multichannel estimation of frequency-dependent Q from VSP data[J]. Geophys. Prosp., 1997, 45: 87 – 109.
[76] Haskell N. The dispersion of surface waves on multilayered media [J]. Bull. Seism. Soc. Am.., 1953, 43: 17 – 34.
[77] Haskell N. Crustal reflections of plane SH waves[J]. J. Geophys. Res., 1960, 65: 4147 – 4150.
[78] Haskell N. Crustal reflections of plane P and SV waves[J]. J. Geophys. Res., 1962, 67: 4751 – 4767.
[79] Haskell N. Radiation pattern of Rayleigh waves from a fault of arbitrary dip and direction of motion in a homogeneous medium[J]. Bull. Seism. Soc. Am., 1963, 53: 619 – 642.
[80] Haskell N. Total energy and energy spectral density of elastic wave radiation from propagating faults[J]. Bull. Seism. Soc. Am., 1964, 54: 1811 – 1841.
[81] Hauge P. Measurements of attenuation from vertical seismic profiles[J]. Geophysics, 1981, 46: 1548 – 1558.

[82] Havelock T. The propagation of disturbances in dispersive media[M]. Cambridge University Press, Cambridge, 1914. (Reprinted by Stechert-Hafner Service Agency, New York, 1964.)

[83] Herrmann R. A student's guide to the use of P and S wave data for focal mechanism determination[J]. Earthquake Notes, 1975, 46(4): 29 - 39.

[84] Herrmann R. Computer programs in seismology (3.0)[M]. Dept. of Earth and Atmospheric Sciences, St Louis University, St Louis, MO, 1998.

[85] Hill D. Phase shift and pulse distortion in body waves due to internal caustics [J]. Bull. Seism. Soc. Am., 1974, 64: 1733 - 1742.

[86] Hörmander L. The analysis of linear partial differential operators, vol. 1 [M]. Springer, Berlin, 1983.

[87] Hudson J. The excitation and propagation of elastic waves[M]. Cambridge University Press, Cambridge, 1980.

[88] Hunter S. Mechanics of continuous media[M]. Horwood, Chichester, 1976.

[89] Jarosch H and Aboodi E. Towards a unified notation of source parameters[J]. Geophys. J. R. Astr. Soc., 1970, 21: 513 - 529.

[90] Jeffrey A. Complex analysis and applications[M]. Chemical Rubber Company, Boca Raton, FL, 1992.

[91] Jeffreys H, Jeffreys B. Methods of mathematical physics[M]. Cambridge University Press, Cambridge, 1956.

[92] Jia Y, Harjes H P. Seismische Q-Werte als Ausdruck von intrinsischer Dämpfung und Streudömpfung der kristallinen Kruste um die KTB-lokation[M]. ICDP/KTB Kolloqium, Bochum, Germany, 1997.

[93] Johnson L. Green's function for Lamb's problem[J]. Geophys. J. R. Astr. Soc., 1974, 37: 99 - 131.

[94] Kalinin A, Azimi Sh, Kalinin V. Estimate of the phase-velocity dispersion in absorbing media[J]. Izv., Phys. Solid Earth, 1967, 4: 249 - 251.

[95] Kanai K. The reuisite conditions for the predominant vibration of ground [J]. Bull. Earthq. Res. Inst. 1957, 35: 457 - 471.

[96] Karal F, Keller J. Elastic wave propagation in homogeneous and inhomogeneous media [J]. J. Acoust. Soc. Am., 1959, 31: 694 - 705.

[97] Karato S. A dislocation model of seismic wave attenuation and micro-creep in the earth: Harold Jeffreys and the rheology of the solid earth[J]. Pure Appl. Geophys., 1998, 153: 239 - 256.

[98] Karato S, Spetzler H. Defect microdynamics in minerals and solid-state mechanisms of seismic wave attenuation and velocity dispersion in the mantle [J]. Rev. Geophys., 1990, 28: 399 - 421.

[99] Keller J, Lewis R, Seckler B. Asymptotic solutions of some diffraction problems [J].

Comm. Pure Appl. Math. ,1956,9:207 – 265.

[100] Kennett B. Seismic wave propagation in stratified media[M]. Cambridge University Press,Cambridge,1983.

[101] Kennett B. Radiation from a moment-tensor source,in D. Doornbos,ed. [M]. Seismological algorithms,Academic,New York,1988:427 – 441.

[102] Kjartansson E. Constant Q - wave propagation and attenuation[J]. J. Geophys. Res. , 1979,84:4737 – 4748.

[103] Kline M,Kay I. Electromagnetic theory and geometrical optics[M]. Interscience,New York,1965.

[104] Knopoff L Q. Rev[M]. Geophys. ,1964,2:625 – 660.

[105] Kraut E. Fundamentals of mathematical physics[M]. McGraw-Hill,New York,1967.

[106] Kulhanek O. Anatomy of seismograms[M]. Elsevier,Amsterdam,1990.

[107] Lakes R. Foam structures with a negative Poisson's ratio[J]. Science,1987a,235: 1038 – 1040.

[108] Lakes R. Negative Poisson's ratio materials[J]. Science,1987b,238:551.

[109] Lakes R. Viscoelastic solids,Chemical Rubber Company[M]. Boca Raton,FL,1999.

[110] Lamb G. The attenuation of waves in a dispersive medium[J]. J. Geophys. Res. ,1962, 67:5273 – 5277.

[111] Lanczos C. The variational principles of mechanics[M]. University of Toronto Press, Toronto,1970.

[112] Lass H. Vector and tensor analysis[M]. McGraw-Hill,New York,1950.

[113] Lee W and Stewart S. Principles and applications of microearthquake networks [M]. Academic,New York,1981.

[114] Lewis,R. Geometrical optics and the polarization vectors[J]. IEEE Trans. Antennas Propag. ,1966,AP14:100 – 101.

[115] Lindberg W. Continuum mechanics class notes (unpublished)[M]. University of Wyoming,Laramie,WY,1983.

[116] Liu H P,Anderson D,Kanamori H. Velocity dispersion due to anelasticity; implications for seismology and mantle composition[J]. Geophys. J. R. Astr. Soc. ,1976,47:41 – 58.

[117] Love A. Some problems of geodynamics[M]. Cambridge University Press,Cambridge,1911.

[118] Love A. A treatise on the mathematical theory of elasticity[M]. Cambridge University Press,Cambridge,1927. (Reprinted by Dover,New York,1944.)

[119] Luneburg R. Mathematical theory of optics[M]. University of California Press,Berkeley,CA,1964.

[120] Maruyama T. On the force equivalents of dynamical elastic dislocations with reference to the earthquake mechanism[J]. Bull. Earthq. Res. Inst. ,1963,41:467 – 486.

[121] Mase G. Theory and problems of continuum mechanics[M]. Schaum's outline series, McGraw – Hill,New York,1970.

[122] McConnell A. Applications of tensor analysis[M]. Dover,New York,1957.

[123] Mendiguren J. Inversion of surface wave data in source mechanism studies [J]. J. Geophys. Res. ,1977,82:889 – 894.

[124] Meskó A. Digital filtering: applications in geophysical exploration for oil[M]. Halsted, New York,1984.

[125] Miklowitz J. The theory of elastic waves and waveguides[M]. North – Holland, Amsterdam,1984.

[126] Minster J. Anelasticity and attenuation, in Dziewonski, A. and E. Boschi, eds. [M]. Physics of the earth's interior,North-Holland,Amsterdam,1980:152 – 212.

[127] Mooney H,Bolt B. Dispersive characteristics of the first three Rayleigh modes for a single surface layer[J]. Bull. Seism. Soc. Am. ,1966,56:43 – 67.

[128] Morse P,Feshbach H. Methods of theoretical physics (2 vols)[M]. McGraw-Hill,New York,1953.

[129] Munk W. Note on period increase of waves[J]. Bull. Seism. Soc. Am. ,1949,39:41 – 45.

[130] Murphy J,Davis A and Weaver N. Amplification of seismic body waves by low-velocity surface layers[J]. Bull. Seism. Soc. Am. ,1971,61:109 – 145.

[131] Nadeau G. Introduction to elasticity[M]. Holt,Rinehart and Winston,New York,1964.

[132] Nakamura Y,Koyama J. Seismic Q of the lunar upper mantle[J]. J. Geophys. Res. , 1982,87:4855 – 4861.

[133] Noble B,Daniel J. Applied linear algebra[M]. Prentice-Hall,Englewood Cliffs,NJ,1977.

[134] Nowick A,Berry B. Anelastic relaxation in crystalline solids[M]. Academic,New York, 1972.

[135] O'Connell R and Budiansky B. Measures of dissipation in viscoelastic media [J]. Geophys. Res. Lett. ,1978,5:5 – 8.

[136] O'Doherty R,Anstey A. Reflections on amplitudes[J]. Geophys. Prosp. ,1971,19:430 – 458.

[137] Officer C. Introduction to theoretical geophysics[M]. Springer,Berlin,1974.

[138] Paley W,Wiener N. Fourier transforms in the complex domain[M]. Am. Math. Soc. Colloquium Publications XIX,1934.

[139] Papoulis A. The Fourier integral and its applications[M]. McGraw-Hill,New York,1962.

[140] Papoulis A. Signal analysis[M]. McGraw-Hill,New York,1977.

[141] Pekeris C. Theory of propagation of explosive sound in shallow water,in Propagation of sound in the ocean[M]. Memoir 27,The Geological Society of America. ,1948.

[142] Pilant W. Elastic waves in the Earth[M]. Elsevier,Amsterdam,1979.

[143] Psencik I. Ray amplitudes of compressional,shear,and converted seismic body waves in 3D laterally inhomogeneous media with curved interfaces [J]. J. Geophys. , 1979, 45:381 – 390.

[144] Pujol J,Herrmann R. A student's guide to point sources in homogeneous media [J]. Seism. Res. Lett. ,1990,61:209 – 224.

[145] Pujol J, Smithson S. Seismic wave attenuation in volcanic rocks from VSP experiments [J]. Geophysics, 1991, 56: 1441 – 1455.

[146] Pujol J, Lüschen E, Hu Y. Seismic wave attenuation in metamorphic rocks from VSP data recorded in Germany's continental super-deep borehole[J]. Geophysics, 1998, 63: 354 – 365.

[147] Pujol J, Pezeshk S, Zhang Y, Zhao C. Unexpected values of Qs in the unconsolidated sediments of the Mississippi embayment[J]. Bull. Seism. Soc. Am., 2002, 92: 1117 – 1128.

[148] Ramsey J. Folding and fracturing of rocks[M]. McGraw-Hill, New York, 1967.

[149] Resnick J. Stratigraphic filtering[J]. Pure Appl. Geophys., 1990, 132: 49 – 65.

[150] Rey P J, Calleja P P, Trejo C. Analisis Matematico, vol. II[M]. Editorial Kapelusz, Buenos Aires, 1957.

[151] Richards P, Menke W. The apparent attenuation of a scattering medium [J]. Bull. Seism. Soc. Am., 1983, 73: 1005 – 1021.

[152] Robinson E. Statistical communication and detection[M]. Hafner, New York, 1967.

[153] Romanowicz B, Durek J. Seismological constraints on attenuation in the earth: a review, in S. Karato, A. Forte, R. Liebermann, G. Masters and L. Stixrude, eds., Earth's deep interior: mineral physics and tomography from the atomic to the global scale[C]. Geophysical Monograph 117, American Geophysical Union, 2000: 161 – 179.

[154] Santalo L. Vectores y tensores[M]. Editorial Universitaria de Buenos Aires, 1969.

[155] Savage J. A new method of analyzing the dispersion of oceanic Rayleigh waves [J]. J. Geophys. Res., 1969, 74: 2608 – 2617.

[156] Savage J. Anelastic degradation of acoustic pulses in rock - comments[J]. Phys. Earth Plan. Int., 1976, 11: 284 – 285.

[157] Savarenskii Y. Seismic waves[M]. Translated from the Russian by the Israel Program for Scientific Translations, Keter, Jerusalem, 1975.

[158] Schoenberger M, Levin F. Apparent attenuation due to intrabed multiples II [J]. Geophysics, 1978, 43: 730 – 737.

[159] Scholz C. The mechanics of earthquakes and faulting[M]. Cambridge University Press, Cambridge, 1990.

[160] Schwab F, Knopoff L. Surface waves on multilayered anelastic media[J]. Bull. Seism. Soc. Am., 1971, 61: 893 – 912.

[161] Schwartz L. Mathematics for the physical sciences[M]. Addison-Wesley, Reading, MA, 1966.

[162] Segel L. Mathematics applied to continuum mechanics[M]. Macmillan, New York, 1977.

[163] Sokolnikoff I. Mathematical theory of elasticity[M]. McGraw-Hill, New York, 1956.

[164] Solodovnikov V. Introduction to the statistical dynamics of automatic control systems [M]. Dover, New York, 1960.

[165] Spiegel M. Vector analysis[M]. Schaum's outline series, McGraw-Hill, New York, 1959.

[166] Spudich P, Archuleta R. Techniques for earthquake ground-motion calculation with applications to source parameterization of finite faults, in Seismic strong motion synthetics [M]. B. Bolt, ed., Academic, New York, 1987:205 – 265.

[167] Spudich P, Frazer N. Use of ray theory to calculate high-frequency radiation from earthquake sources having spatially variable rupture velocity and stress drop [J]. Bull. Seism. Soc. Am., 1984, 74:2061 – 2082.

[168] Stacey F. Physics of the earth[M]. Brookfield, Brisbane, 1992.

[169] Stacey F, Gladwin M, McKavanagh B, Linde A, Hastie L. Anelastic damping of acoustic and seismic pulses[J]. Geophys. Surv., 1975, 2:133 – 151.

[170] Stauder W. S waves and focal mechanisms: the state of the question[J]. Bull. Seism. Soc. Am., 1960, 50:333 – 346.

[171] Stauder W. The focal mechanism of earthquakes in H. Landsberg and J. Van Mieghem, eds. [M]. Advances in Geophysics vol 9, Academic, New York, 1962:1 – 76.

[172] Stavroudis O. The optics of rays, wavefronts and caustics[M]. Academic, New York, 1972.

[173] Steketee J. Some geophysical applications of the elasticity theory of dislocations [J]. Can. J. Phys., 1958, 36:1168 – 1198.

[174] Stratton J. Electromagnetic theory[M]. McGraw-Hill, New York, 1941.

[175] Strichartz R. A guide to distribution theory and Fourier transforms[M]. Chemical Rubber Company, Boca Raton, FL, 1994.

[176] Strick E. A predicted pedestal effect for pulse propagation in constant-Q solids [J]. Geophysics, 1970, 35:387 – 403.

[177] Struik D. Lectures on classical differential geometry [M]. Addison-Wesley, Reading, MA, 1950.

[178] Stump B, Johnson L. The determination of source properties by the linear inversion of seismograms[J]. Bull. Seism. Soc. Am., 1977, 67:1489 – 1502.

[179] Teng T L. Attenuation of body waves and the Q structure of the mantle [J]. J. Geophys. Res., 1968, 73:2195 – 2208.

[180] Thomson W. Transmission of elastic waves through a stratified solid medium [J]. J. Appl. Phys., 1950, 21:89 – 93.

[181] Timoshenko S. History of the strength of materials[M]. McGraw-Hill, New York, 1953.

[182] Tittmann B, Clark A, Richardson J, Spencer T. Possible mechanism for seismic attenuation in rocks containing small amounts of volatiles [J]. J. Geophys. Res., 1980, 85:5199 – 5208.

[183] Toll J. Causality and the dispersion relation: logical foundations[J]. Phys. Rev., 1956, 104:1760 – 1770.

[184] Tolstoy I. Wave propagation[M]. McGraw-Hill, New York, 1973.

[185] Tolstoy I, Usdin E. Dispersive properties of stratified elastic and liquid media, a ray theory[J]. Geophysics, 1953, 18:844 – 870.

[186] Truesdell C, Noll W. The non-linear field theories of mechanics in S. Flügge, ed. , Handbuch der Physik[M]. Springer, Berlin, 1965:1 – 602.

[187] Truesdell C, Toupin R. The classical field theories, in S. Flügge, ed. , Handbuch der Physik[M]. Springer, Berlin, 1960:226 – 793.

[188] Vidale J, Goes S, Richards P. Near-field deformation seen on distant broadband seismograms[J]. Geophys. Res. Lett. , 1995, 22:1 – 4.

[189] Weaver R, Pao Y H. Dispersion relations for linear wave propagation in homogeneous and inhomogeneous media[J]. J. Math. Phys. , 1981, 22:1909 – 1918.

[190] White J. Seismic waves[M]. McGraw-Hill, New York, 1965.

[191] Whitham G. Linear and nonlinear waves[M]. Wiley, New York, 1974.

[192] Wiechert E, Zoeppritz K. Uber Erdbebenwellen, Nachrichten Königl[J]. Gesell. Wissenschaften zu Göttingen, 1907:427 – 469.

[193] Wiener N. Extrapolation, interpolation, and smoothing of stationary time series[M]. The Technology Press of the Massachusetts Institute of Technology and Wiley, New York, 1949.

[194] Wilson E. Vector analysis, founded upon the lectures of J. Willards Gibbs[M]. Yale University Press, New Haven, CT, 1901.

[195] Winkler K, Murphy W. Acoustic velocity and attenuation in porous rocks, in T. Ahrens, ed. , Rock physics and phase relations, Reference Shelf 3[C]. American Geophysical Union, 1995:20 – 34.

[196] Winkler K, Nur A and Gladwin M. Friction and seismic attenuation in rocks[J]. Naturc, 1979, 277:528 – 531.

[197] Yeats R, Sieh K, Allen C. The geology of earthquakes[M]. Oxford University Press, Oxford, 1997.

[198] Young G, Braile L. A computer program for the application of Zoeppritz's amplitude equations and Knott's energy equations[J]. Bull. Seism. Soc. Am. , 1976, 66:1881 – 1885.

[199] Zadeh L, Desoer C. Linear system theory[M]. McGraw-Hill, New York, 1963.

[200] Zemanian A. Distribution theory and transform analysis[M]. McGraw-Hill, New York, 1965. (Reprinted by Dover, New York, 1987.)

[201] Zoeppritz K. Uber Reflexion und Durchgang seismischer Wellen durch Unstetigkeitsflächen, Nachrichten Königl[J]. Gesell. Wissenschaften zu Göttingen, 1919, 1:66 – 84.